U0171404

海岸带环境演变效应及其管理

黄金良 等 著

科 学 出 版 社
北 京

内 容 简 介

本书系统地总结了海岸带环境演变效应及其管理研究的成果。内容涉及采用定点观测与长时间序列数据分析、地理信息技术、环境模型等技术与方法，揭示海岸带土地利用变化过程与驱动机制，剖析自然与人类双重扰动下的海岸带水文、水质、营养盐输出、真核微生物多样性、水土流失等环境生态效应，并进一步提出流域生态流量管理、营养盐削减、水库与河流水质提升，以及海湾陆源污染控制等措施与建议，为我国海岸带综合管理提供科学依据与技术支撑，助力陆海统筹国家战略的实施。

本书可供环境科学、地理学、资源、生态等领域的科技与教育工作者参考。

审图号：GS（2021）2133号

图书在版编目（CIP）数据

海岸带环境演变效应及其管理 / 黄金良等著. — 北京：科学出版社，2022.4

ISBN 978-7-03-068612-1

Ⅰ. ①海… Ⅱ. ①黄… Ⅲ. ①海岸带－自然环境－演变－研究 Ⅳ. ① P737. 11

中国版本图书馆 CIP 数据核字（2021）第 068397 号

责任编辑：杨逢渤 李嘉佳 / 责任校对：樊雅琼
责任印制：吴兆东 / 封面设计：无极书装

科学出版社 出版
北京东黄城根北街16号
邮政编码：100717
http：//www.sciencep.com

北京建宏印刷有限公司 印刷
科学出版社发行 各地新华书店经销
*
2022年4月第 一 版 开本：787×1092 1/16
2022年4月第一次印刷 印张：25 3/4
字数：600 000

定价：298.00元

（如有印装质量问题，我社负责调换）

序　一

早在20世纪90年代，海岸带陆海相互作用研究计划（Land-Ocean Interactions in the Coastal Zone，LOICZ）成为国际地圈–生物圈计划（International Geosphere-Biosphere Programme，IGBP）的核心研究计划之一，它就人类活动对河流流域海岸带交互作用的影响、海岸带管理和可持续发展等五大主题进行了深入研究。2003年，该计划进入第二期，注重陆地–海洋统一体、考虑时空尺度如何影响海岸带变化的科学与管理方面、着重研究海岸系统与人类的相互作用与影响等。

近年来，随着全球城市化进程的不断加剧，以及全球气候变化成为不争的事实，海岸带作为地球上最有价值同时也是最为脆弱的区域，其在人类与自然双重扰动下环境演变剧烈，伴随而来的是环境生态响应信号显著。2030年可持续发展议程之联合国可持续发展目标14特别提到“海洋污染主要来自陆地，污染程度已经到达警戒值”，并提出到2025年的具体目标——“预防和大幅减少各类海洋污染，特别是陆上活动造成的污染”。近年来，“从山顶到海洋”成为国际海岸带综合管理的共识，陆海统筹成为十九大以来国家战略。该书的出版具有现实意义和理论价值。

黄金良教授研究团队对近海流域和海湾水环境进行持续、深入的研究。该书凝聚了其所在团队对福建九龙江、闽江、晋江等主要流域和13个海湾，以及渤海湾、美国切萨皮克湾上游波多马克河流域水环境10余年来持续性研究的成果。该书内容丰富，研究方法多样。既有基于长时间序列数据分析、地理信息技术和环境模型，揭示海岸带土地利用和气候变化等环境演变和水环境污染时空格局的宏观辨识，也有应用大面积长时间定点过程性观测并融合基因组高通量测序等技术，探明近海流域多时空尺度的营养盐浓度与形态、真核微生物多样性的微观研究。该书在流域过程和模型研究的基础上，提出了流域和海湾综合管理策略，层层递进，体现了微观与宏观相结合，监测、模拟与管理相结合，逻辑性强。

该书的出版可为国内其他海岸带相关研究提供借鉴与参考，对于我国现阶段流域水环境治理和近岸海域综合管理，以及陆海统筹方略的实施具有指导意义。

2022年3月20日

序　二

连接流域—河口—近海的海岸带是海陆交互作用的关键地区，也是人口密集及经济高速发展的区域，对全球变化（自然过程和人类活动）引起的环境胁迫作用响应敏感。随着人类活动的加剧，大量的污染物被排放到海岸带水环境中，引起环境污染和生态系统退化。党的十九大报告指出，“加快水污染防治，实施流域环境和近岸海域综合治理”。如何用陆海统筹的理念提出合理有效的海岸带污染防治和生态保护的对策，以保护海岸带生态安全、保证民众健康、维护海岸带可持续发展，是一项具有战略性和挑战性的研究课题。

黄金良教授在把握国际研究前沿和国内水环境实际问题的基础上，十余年来带领研究团队对福建九龙江、闽江、晋江等主要流域和 13 个海湾，以及渤海湾、美国切萨皮克湾上游波托马克河流域进行了较全面且深入的研究，取得了具有科学指导意义和实际应用价值的成果。

该书凝聚了团队多年的研究成果，内容丰富，研究技术先进、方法多样。针对我国在该领域研究的薄弱环节，将流域—河口—近海作为连续的统一体，综合应用长时间多尺度多介质定点观测与地理信息技术、环境模型及同位素示踪等技术和方法，阐述海岸带土地利用变化与气候变化特征，从水文、水质、营养盐输出、真核微生物多样性、水土流失等方面系统剖析了在自然与人类双重扰动下近海流域和海湾的环境与生态演变的过程、机制及效应，借此提出流域生态流量管理、营养盐削减、水库与河流水质提升，以及海湾陆源污染控制等措施与建议，为我国海岸带综合管理提供科学依据和技术支撑。

该书从环境演变及产生的环境生态效应入手，进而提出海岸带水环境的管理策略和措施，内容组织逻辑框架清晰。第 1 章阐述研究背景和相关领域的国内外研究进展；第 2 章通过对九龙江、闽江和福建沿海 13 个海湾近几十年土地利用以及沿海城市海岸带内外范围土地利用变化的定量分析，从流域、海湾、滨海城市等多尺度揭示海岸带土地利用变化过程与驱动机制；第 3 章基于长时间序列水文 – 气象数据，并结合环境模型识别气候变化和梯级电站开发下的流域水文效应；第 4 章围绕气候变异性、空间异质性、点源干扰，以及流域水管理制度差异等多方面深入阐释流域土地利用模式与水质动态关联及其影响机制；第 5 章通过水质的气候弹性、流域风险评估与健康指数等方法，揭示河流氮浓度的气候敏感性及其与流域健康的关系，并提出应对气候变化负面影响的适应性策略；第 6 章借助长期定位观测和环境过程模型着重探讨气候变化和土地利用模式（变化）交互影响下的近海流域营养盐输出、河流真核微生物群落结构变化和水土流失等环境生态效应；第 7 章构建 SPARROW-TN 和 SPARROW-TP 模型，探讨九龙江流域总氮（TN）和总磷（TP）的来源及传输，并基于污染源管理的情景分析提出关键污染区的污染削减量；第 8 章通过耦合流域污染源模型和河道湖库水动力、水质与水生态模型，构建闽江中上游域河流 – 库区系统的水环境混合模型，评估网箱养殖对水口库区水质的影响；第 9 章基于两年持续监测数据而建立晋江诗溪小流域水质模型 QUAL2K，展示在数据稀缺条件下可用以制订水质提升方案及流域系统治理措施；第 10 章通过地理信息系统（geographic information system，GIS）空间分析技术与通用土壤流失方程（universal soil loss equation，USLE）、泥沙输移比（sediment delivery ratio，SDR）和经验输出系数模型的整合，构建一种量化和展示海湾陆源污染负荷及其空间分布的方法，并应用于渤海湾、厦门湾和罗源湾的陆源污染物的定量评估、污染关键源区识别，提出渤海湾和东南沿海海湾陆源污染管理策略。

该书的研究结论和整体研究思路、方法可为海岸带相关研究提供借鉴与参考，对我国现阶段流域水环境治理和近岸海域综合管理具有很强的现实意义和理论指导价值。

洪华生

2021 年 3 月 3 日

前　言

海岸带是海陆交互作用的关键地区，是人类聚居和海洋资源利用的重点地区，全球约有60%的人口和2/3的大中型城市集中在海岸带区域。海岸带是陆域污染的主要受纳区域。从在海洋污染物总量中的占比来看，河流及污水处理厂尾水排放（外源污染）约占80%。农业耕作、工业生产等影响河流污染物的来源，大坝建设等土地利用活动改变着陆源污染物从河流到近岸海域的传输过程。海岸带地区的快速城镇化和工业化，对近海生态系统产生了日益严重的影响。我国海岸带水污染总体形势不容乐观：我国陆源入海污染压力仍较大、近岸局部海域污染依然严重、绝大部分近岸海域的生态环境处于"亚健康"状态。

为了解决水生态环境问题，促进水资源的可持续利用，国家和地方的相关部门出台了一系列政策措施，如《水污染防治行动计划》和《关于全面推行河长制的意见》。党的十九大报告指出："加快水污染防治，实施流域环境和近岸海域综合治理。"为全面贯彻落实党中央、国务院的决策部署，打好污染防治攻坚战，2018年12月，福建省生态环境厅等部门联合印发《九龙江口和厦门湾生态综合治理攻坚战行动计划实施方案》；2022年2月，福建省生态环境厅等部门联合印发《福建省重点流域水生态环境保护"十四五"规划》，以推进陆海统筹系统治理。在这种背景下，开展人类与自然双重扰动下海岸带环境演变和生态效应研究，并提出海岸带水环境综合管理策略具有重要的现实意义。

研究团队十余年来在国家自然科学基金项目（40901100；41471154；40810069004）、国家留学基金委员会国家公派访问学者项目（201506315023）和福建省科技厅、福建省水利厅、福建省发展和改革委员会以及泉州市永春生态环境局等项目和单位的资助下，系统地研究了福建省九龙江流域、闽江流域、福建省沿海13个海湾以及渤海湾、美国波托马克河流域等环境演变、效应及其管理，本书即为多年研究成果的结晶。全书内容包括三个部分。

第一部分为环境演变，围绕气候变化、土地利用变化两方面探讨受自然与人类双重扰动下的近海流域和海湾环境演变模式与过程机制，较为系统地从流域、海湾、沿海城市等多尺度研究了近几十年土地利用变化的过程机制。

第二部分为环境生态效应，借助长时间现场定位观测、地理信息技术、环境模型等研究气候变化和人类活动双重扰动下的近海流域与海湾水文、水质、营养盐输出、真核微生物多样性、水土流失等环境与生态效应。

第三部分为管理策略，基于现场监测、环境模型、情景分析等提出海岸带水环境管理策略，具体包括流域生态流量管理、营养盐削减、水库与河流水质提升，以及海湾陆源污染控制等管理措施与建议。

全书由黄金良撰写提纲、组织撰写和统稿。参与本书撰写的有谢哲宇、张祯宇、黄亚玲、Ayu Ervinia、黄博强、周培、李青生、刘继辉、唐莉、周珉、卞京、肖才荣、李迅，美国克拉克大学（Clark University）地理系的 Pontius 教授对书稿中土地利用变化定量分析提供了长期的技术支持等，书稿编排和图件处理等得到陈梓隆、陈胜粤、叶浩东、张宇菁、苏敏等的协助，厦门大学艾春香博士对书稿的结构提出了很多宝贵的修改意见，广东工业大学讲席教授杨志峰院士拨冗为本书写序，还有恩师洪华生先生一直以来的鞭策与鼓励，在此一并致谢！另外，本书的出版得到厦门大学“双一流”建设海洋资源环境与生态学科群专项经费的资助，也谨以本书敬献厦门大学百年华诞！

党的十九大报告提出了陆海统筹的国家战略，生态环境部及地方生态环境部门、环境与生态相关专业高等院校、科研院所等单位开始重点地关注和研究此问题，但我国有关海岸带环境演变效应及其管理研究尚处于摸索阶段，本书的整体研究思路可为国内其他海岸带相关研究提供借鉴与参考。

环境演变效应及其管理研究基础薄弱，研究方法尚不完善，本书虽然取得了一些进展，但由于时间紧迫，尤其是环境演变效应及其管理研究需要累积大量的长时间序列观测数据，加之研究人员经验和水平有限，有待将来继续完善，书中不足之处敬请专家、学者和有关部门同志批评指正。

著　者

2021 年 2 月

目　录

第1章 绪　论

海岸带是指海洋与陆地相互交换、相互作用的地带，是从海岸线向海洋和陆地延伸一定范围的地区，包括陆域和海域。海岸带由于其海陆交界的特殊地理位置及优越的环境和丰富的资源，已成为人类赖以生存和发展的重要地区。全球约有 60% 的人口和 2/3 的大中型城市集中在海岸带区域。在快速的城市化进程中，伴随着围填海、网箱养殖等高强度的人类活动方式，海岸带生态环境问题日益突显（Mori and Takemi，2016；Chauvin et al.，2016；Zhang et al.，2017）。流域—河口—近海是一个连续的统一体（图 1-1）。近岸海域水体污染物大约有 80% 来自上游流域的输入。在流域范围内的人类活动产生的陆源污染物通过河流汇入海洋，导致近海的富营养化，严重影响着海岸社会 – 生态系统可持续性（吕永龙等，2016）。把海岸带综合管理的尺度拓展到上游流域已经成为一种共识（Huang et al.，2013a；Zhu et al.，2018；Pittman and Armitage，2019）。

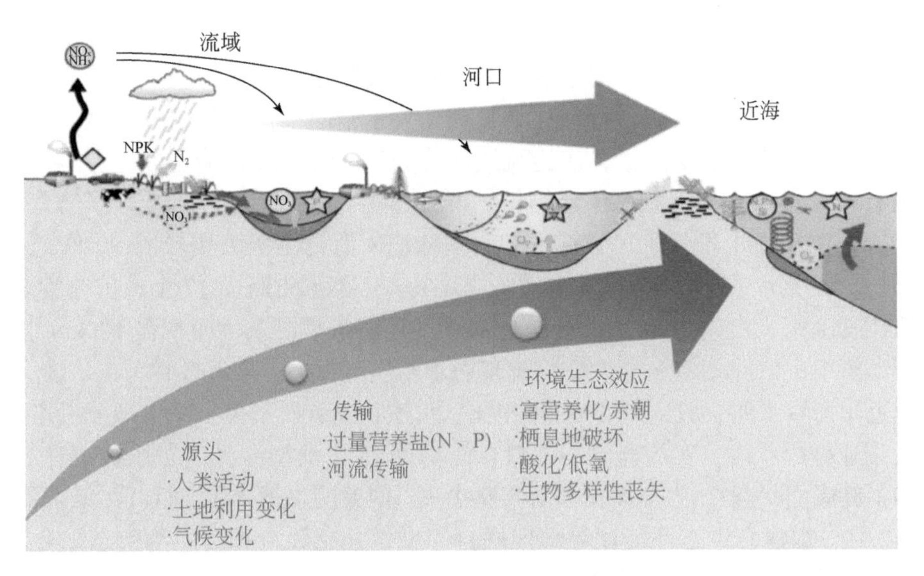

图 1-1　流域—河口—近海空间连续体

土地利用变化、气候变化导致的水资源短缺、水污染、水灾害和水生态退化已严重威胁人类生存，流域管理成为重要的议题（Bourzac，2013；Lawford et al.，2013；Green et al.，2015）。流域作为水资源管理的最佳空间单元，其土地利用对河流水质有着重要作用（Foley et al.，2005）。土地利用影响着河流污染物的来源，而土地利用活动改变着陆源污染物从源头到河段出水口的传输过程。随着人口的增加，人类对食物以及居住地的需求增加。

这种需求的增加驱动着土地利用的变化，特别是农业用地增加以及城市扩张（Foley et al.，2005），继而导致过量营养盐通过陆域和水域传输至下游河流及海湾、近海，成为水质恶化（如富营养化及低氧现象）的重要原因之一（Zhou et al.，2014）。近几十年来，全球近海流域普遍存在氮（N）、磷（P）等营养盐输出通量大量增加的现象（Howarth et al.，2011；Hong et al.，2013）。过量的 N、P 营养盐输入，会造成水体富营养化和其他生态损害，威胁人类赖以生存的生态系统服务与功能，包括饮用水的供给、娱乐、渔业等（Paerl，2006；Whitehead and Grossman，2012）。

水是可持续发展的核心，人类生产与生活离不开淡水资源，淡水资源的可持续利用与发展关系到社会、经济和环境的可持续性（Doll et al.，2003；Poff et al.，2007）。自 20 世纪以来，由于全球气候变化和人类活动等多种因素的影响，河川径流已经发生了很大的变化，目前包括河川径流在内的水资源安全受到了极大的威胁。而近海流域的水生态环境受到海洋和陆地环境的双重影响，其环境特征复杂、生物系统多样化且受人类活动干扰剧烈，这些独有的特征使得淡水资源的利用与管理被重点关注（Ranjan et al.，2009）。20 世纪 70 年代以来的研究表明，尽管流域水电梯形开发可以带来一定的经济效益，如防洪与发电，但其造成的生态破坏已经大大超出了预期（Richter and Thomas，2007；Petts，2009）。流域水电开发不可避免地影响自然流域状况，进而影响到下游的生态环境，因此电站水库下游的生态评估与管理成为科学界长期关注的一个问题（Bunn and Arthington，2002；Huang et al.，2013b）。流域的水文变化不仅仅受到人类活动的影响，还受到气候变化的干扰。如何区分并识别气候变化对流域水文变化的干扰成为研究难点。

为了解决水生态环境问题，促进水资源的可持续利用，国家和地方相关部门出台了一系列政策措施，如《水污染防治行动计划》和《关于全面推行河长制的意见》。党的十九大报告指出，“加快水污染防治，实施流域环境和近岸海域综合治理”。近年来，我国地表水质虽有所改善，但水污染总体形势仍然不容乐观，截至 2020 年 12 月，仍有 15.4% 的地表水国控监测断面水质劣于Ⅳ类标准；我国陆源入海污染压力仍较大，190 个入海河流国控断面中，Ⅳ类水质断面 62 个，占比为 32.6%；Ⅴ类水质断面 17 个，占比为 8.9%；劣Ⅴ类水质断面 8 个，占比为 4.2%。近岸局部海域污染依然严重，面积在 $100km^2$ 以上的 44 个大中型海湾中，13 个海湾一年四季均出现海水水质劣Ⅳ类；沿海各省（自治区、直辖市）中，福建近岸海域水质一般，与 2018 年相比，水质状况有所下降；绝大部分近岸海域的生态环境处于亚健康状态，实施监测的河口、海湾等 18 个典型海洋生态系统中有 15 个处于亚健康和不健康的状态①。为全面贯彻落实党中央、国务院决策部署，打好污染防治攻坚战，2018 年 12 月，福建省生态环境厅等部门联合印发《九龙江口和厦门湾生态综合治理攻坚战行动计划实施方案》；2022 年 2 月，福建省生态环境厅等部门联合印发《福建省重点流域水生态环境保护“十四五”规划》，以推进陆海统筹系统治理。在这种背景下，开展近海流域海岸带环境变化和人类与自然双重扰动下的海岸带环境及生态效应研究，并提出基于科学的流域 / 海岸带管理策略具有重要的现实意义。

①见生态环境部《2019 年中国海洋环境状况公报》。

1.1 海岸带土地利用变化

随着社会经济的快速发展与人口规模的不断增大，海岸带资源与环境面临的压力日益显著。资源与环境承载压力的加剧，尤其是人类对土地资源的需求，对生态环境的可持续发展有着严重影响，目前已经引起了管理者和学术界的广泛关注（Xu et al.，2020；Burke et al.，2021）。

土地利用是指人类根据土地的自然属性和社会经济发展的需要，有目的地长期开发、改造和利用土地资源的一切人类活动（刘纪远和布和敖斯尔，2000；Jansen and Gregorio，2002）。土地利用与土地覆被变化（Land Use and Land Cover Change，LUCC）不仅与陆地表层大量的物质循环与生命过程紧密联系，同时在特定的时空条件下还能揭示人类活动对自然资源和生态环境的作用过程（刘纪远等，2002）。1995年，国际地圈－生物圈计划和全球环境变化的人文因素计划（International Human Dimension Programme on Global Environmental Change，IHDP）共同发起了“土地利用与土地覆被变化研究计划”，将土地利用与土地覆被变化列为核心项目，该项目致力于寻求土地利用变化过程尤其是解释其变化原因的知识融合。对人类与环境耦合系统的观测、前因后果的解释、模拟等是土地利用变化科学的主要研究内容。此后，对土地利用领域方面的研究力度逐渐增加，其已经成为全球变化研究的重要组成部分。当前，土地利用变化研究的主要领域包括格局和过程、驱动力、生态环境效应等方面。

由于不断攀升的环境压力及在区域生态系统服务中的特殊作用，海岸带包括沿海流域已成为土地变化研究者们关注的焦点。沿海流域的土地利用变化对河口、近岸海域水质具有重要影响。近40年来，中国尤其是海岸带地区受城市化、农业集约化和森林砍伐等人类活动的影响，土地利用正经历着强烈而快速的变化。因此，对中国海岸带包括沿海流域的土地利用变化进行清晰而准确的量化和理解十分必要。海岸带的土地利用变化从格局到过程、海岸带土地利用变化的内在驱动机制及其环境生态效应研究是当前土地利用研究的前沿与热点。

1.2 海岸带环境与生态效应

1.2.1 气候变化的水文效应

降水是流域径流的主要来源，降水的变化通过影响流域的直接径流（包括地表径流和快速壤中流等）进而影响流域水文情势。气候变化引发全球气温上升、降雨模式变化，并影响区域的水循环，流域的水文情势也随之改变（Labat et al.，2004）。降水变化的形式是多样的，包括年均降水量、年际变化、季节性变化、降水强度变化和极值变化等。在气候变化的背景下探究河流水文的年际变化模式以及这种变化对气候状况的敏感性是气候变化研究的主要关注点之一（Helence et al.，2013）。

近年来，为了区分气候变化和人类活动对流域水文的影响，人们开展了多项研究（Tomer

and Schilling，2009；Zhang et al.，2015），可分为气候弹性模型、基于模型的方法和概念模型三种研究类型。前两种类型包括 5 种形式的干燥指数和 SWAT 模型[①]，已被广泛开发和应用于估算气候变化及人类活动对河流流量的绝对影响。Tomer 和 Schiling（2009）开发的概念模型可用于区分气候变化及土地利用对流域径流的相对影响，从经验上理解流域的生态水文特性如何应对气候变化和土地利用变化（Zhang et al.，2015）。然而，上述这些方法不能完全描述这两个因素之间的相互作用。由于降水－径流模型的参数不确定性和人类活动的滞后影响，解释其间的相互作用可能会很困难。因此，与估计气候和人类活动的绝对影响相比，尝试区分相对影响更为现实和实用。阐释气候变化与人类活动对流域水文的相对影响有助于揭示流域水文响应机制并制定气候变化的适应性策略。

1.2.2　水电梯级开发的水文效应

流域水电开发通过改变流域水文情势进而影响流域生态系统，相比于其他形式的人类活动，流域水电开发带来的生态影响更具有破坏性（Losos et al.，1995；Costigan and Daniels，2012；Zhao et al.，2012）。研究表明，水电开发可以引起流域湖库化现象，主要表现为径流脉冲现象减弱、径流变化速度降低及基流增加等（Baker et al.，2004；王修林和李克强，2006；Poff et al.，2007；Costigan and Daniels，2012；McManamay et al.，2012；Zhao et al.，2012）。同时，水电开发对流域生态水文的影响存在区域差异。例如，在干旱的新疆地区，主要表现为地下水位降低，而在湿润、半湿润的长江、黄河及淮河流域则表现为地表径流减少（Hu et al.，2008；Dai and Liu，2013）。在半干旱地区，水电开发引起径流量减少主要集中在雨季，而在其他地区的研究却发现该效应主要集中在旱季（Hu et al.，2008）。从径流的变异性来看，Zhao 等（2012）的研究发现水电开发会引起澜沧江流域 4 月、6 月、7 月及 10 月的径流量出现异常波动，在黄河流域、珠江流域的研究也发现了类似的结果（Yang et al.，2008；Chen et al.，2010）。由于气候类型的差异，美国大平原地区的流域与我国流域的径流波动规律有着显著的差异（Costigan and Daniels，2012）。

流域水电开发后的生态水文管理，从开始只注重平均流量，到广泛关注包括极端流量、径流速率和极端径流发生时间等，再到构建指标体系描述水文过程的改变（Black et al.，2005）。国外学者率先提出了量化生态水文指标体系表达水文情势。Richter 等（1996）提出了基于五大类 32 个水文指标的水文变化指标法（indicators of hydrological alteration，IHA）。Olden 和 Poff（2003）总结了 171 个水文指标，从中找到简单且具有代表性的指标，通过筛选发现 IHA 指标就足够描述这 171 个水文指标的大部分水文变化信息。IHA 的指标都是与河流生态稳定紧密相关的参数，其具有简易和代表性的优点而在分析水文情况改变的研究上得到广泛使用（Trush et al.，2000；Yang et al.，2012a；Gao et al.，2012）。为了全面了解筑坝对河流水文情势的影响，Mathews 和 Richter（2007）提

① SWAT（soil and water assessment tool）模型是 20 世纪 90 年代由得克萨斯农工大学开发的，主要用于预测用地规划对流域中水文、沉积物、化学物质（氮磷、农药等）的影响。SWAT 模型的模拟对象为流域尺度，能够综合流域的地形地质、土壤、用地、天气和管理措施进行水文和相关物质迁移转化的模拟。

出了环境流量成分（environment flow components，EFCs）方法，将水文情势划分为四个等级：极低径流、低径流、高径流和洪水。该方法已在美国及拉美地区成功应用，并用来评估筑坝对水文情势的影响（Richter et al.，2006；Esselman and Opperman，2010；Poff et al.，2010）。在我国东北地区，Yin 等（2011）也同样应用此方法评估了水电开发对生态径流的影响。

1.2.3 土地利用变化的水质效应

在海岸带范围内，人类通过农业种植、城市用地扩张、围填海等土地利用活动产生的污染物，对河流、湖泊以及下游的海湾、近岸海域水质产生影响。土地利用以点源污染和非点源污染两种形式共同影响水质。非点源污染指溶解的和固体的污染物从非特定的地点，在降水（或融雪）冲刷作用下，通过径流过程而汇入受纳水体并引起水体的富营养化或其他形式的污染，如农业生产施用的化肥，经雨水冲刷流入水体而造成的农业污染。点源污染指有固定排放点的污染源，包括人类工业活动、生活污水管道和入河排污口排放的污染等。

流域内的土地利用对河流、湖泊、河口和近海水域的水质具有重要影响。流域土地利用通过非点源污染的形式影响水质，是河流—近海水质退化的主要因素（Swaney et al.，2012；Xia et al.，2018）。探索海岸带土地利用与地表水质之间的联系，对于制定流域可持续管理措施和控制沿海海湾的陆源污染都至关重要（Huang et al.，2013c）。

近年来，针对土地利用的水质效应影响展开了大量的研究，主要集中在流域尺度（Buddhi et al.，2018；Li et al.，2019）。当前常用来分析土地利用对水质影响的研究方法为统计分析方法，包括 Pearson 相关分析（Li Y et al.，2015）和多元线性回归分析等（Valipour，2014；Valipour and Eslamian，2014；Wang et al.，2019）。然而，关于海岸带土地利用变化对海域水质的影响研究目前仍然较少，海岸带土地利用对近岸海水或海湾水质的影响主要集中在围填海的水质效应以及海水养殖的水质效应方面（Borja et al.，2016；Yuan et al.，2016；Wang et al.，2019）。海岸带地区的土地利用变化以点源污染和非点源污染的形式对海湾的水质产生影响，而陆域和海域一体化的海岸带土地利用变化的海湾水质效应及驱动机制仍然需要进一步研究。

1.2.4 土地利用变化的水土流失效应

土壤侵蚀是土壤退化的主要原因（Pan et al.，2016；Cerda et al.，2018），它严重威胁社会环境的可持续发展（Hu et al.，2017；Alam，2018）。联合国粮食及农业组织 2015 年发布的《世界土壤资源状况》报告显示，全球每年由于风蚀和水蚀导致农田土壤流失量达到 750 亿 t，这相当于 4000 亿美元的经济损失。与食品安全和水安全一样，人们越来越多地关注土壤安全。在饥饿人口增长和气候变化的压力下，土壤保护显得更加重要。作为一个复杂的过程，土壤侵蚀由多个因素交互作用决定。

土地利用变化是影响区域土壤侵蚀最重要也是最敏感的因素之一。缺乏合适的土地利用规划会加速土壤侵蚀并产生一系列环境问题。土地利用变化通过改变地表植被覆盖、土壤性质、地表径流的特征以及区域性气候条件显著地影响土壤侵蚀。评估土壤侵蚀对土地利用变化的响应机制对于土地规划与管理非常重要。目前，国内外关于土地利用变化对土壤侵蚀的影响展开了一系列研究（Jazouli et al.，2019），主要从几个方面研究土地利用变化对土壤侵蚀的影响，具体包括：从定量的角度分析不同土地利用类型对区域土壤侵蚀的贡献量（Xiao et al.，2015；Xiong et al.，2019；Chen et al.，2019）、运用模型和情景模拟预测土地利用变化对土壤侵蚀量变化的影响（Mohammad et al.，2017；Jamil et al.，2018）、探讨土地利用变化导致的区域土壤侵蚀时空变化特征（Jazouli et al.，2019；Chen et al.，2019）。目前研究鲜有从土地利用变化内在过程探讨水土流失的影响机制，因此从土地利用类型系统转移变化的角度分析流域土地利用变化对土壤侵蚀的驱动机制十分必要。

1.2.5 土地利用变化和气候变化交互作用下近海河流营养盐输出效应

气候变化、土地利用变化作为流域水文、水质乃至全球环境问题的重要驱动力（Haith and Shoenaker，1987；Sinha and Michalak，2016；Gabriel et al.，2018），显著影响了关键生态系统服务的供给。目前研究普遍认为，跟人类活动相关的水污染是导致地表水质退化的直接原因（Carpenter et al.，1998；Dodds et al.，2009；Goyette et al.，2019），而气候变化则通过影响水温和水文状况间接影响河流水质（Howarth et al.，2012）。单独的气候变化或土地利用变化都不足以解释河流污染物通量的变化趋势（Tomer and Schilling，2009）。

1.2.5.1 河流氮输出对土地利用变化和气候变化的响应

氮（N）作为一种非保守物质，河流氮输出受到流域内土地利用、水文状况、微生物氮转化过程等因素控制。土地利用作为人类活动作用于生态环境的一种最显著的形式，通过点源和非点源方式影响河流氮输出 （Xia et al.，2018）。流域水文过程和生物地球化学过程是驱动河流氮输出季节或年际变化的两大重要机制 （Huang et al.，2018）。这些人为和自然因素对河流氮输出的影响又会随着时间和空间的变化而变化 （Zhou et al.，2018）。如何从土地利用模式和水文状况的视角，揭示河流氮输出时空变异性的驱动机制是值得深入探讨的科学问题。

气候变化影响水质的过程，主要通过气候条件改变实现，如降雨影响流域水文状况，并通过稀释、浓缩以及非直接物质转移，影响河流水质；气温影响微生物转化过程，如土壤和河道的硝化、反硝化和矿化作用等，从而影响氮循环（Immerzeel et al.，2010；Baron et al.，2013）。越来越多的研究发现，城市远郊、近郊，以及城市流域内由城市化引起的水文状况的变化对河流氮输出起到增益效应（Weller et al.，2003；Groffman et al.，2004；Wollheim et al.，2005；Kaushal et al.，2008）。但也有研究发现，气候变化会掩盖土地利用变化对营养盐输出的影响。例如，Morse 和 Wollheim（2014）基于 1993~2009 年城郊小流域的长时间序列监测数据，研究土地利用和气候因子与营养盐输出的关系，虽然发现1993~2009年土地利用和人口密度呈上升趋势，但未发现营养盐浓度或输出负荷有明显增加的趋势，而是受气候因子的调节，营养盐输出呈波动性变化。此外，不同土地利用类型氮输出对气候变化的响应也不同。Strickling 和 Obenour（2018）研究发现降水量是影响氮输出年际变化的主要因素，但不同类型流域氮输出对降雨的响应不同，总体而言，农村流域的氮输出对降雨的响应比城市流域更敏感。近50年来，受到土地利用变化和水文状况的综合调控，九龙江流域两大干流河流氮输出呈指数形式上升，典型小流域河流氮输出对水文变异性的响应比干流更敏感（Huang et al.，2021）。

1.2.5.2 河流磷通量对土地利用变化和气候变化响应

磷（P）是一种不可或缺的营养物质，当磷在水生态系统中过度富集时，会引发藻华暴发。近几十年来，全球近海流域普遍存在氮、磷等营养盐通量大量增加的现象。河流氮磷通量增加会导致自然生境退化、生物多样性的丧失，危害人类赖以生存的生态系统服务的供给（Whitehead and Grossman，2012）。国内外也开展了一系列磷通量输出特征及影响机制的研究。例如，Duan 等（2012）通过对切萨皮克湾从城市到郊区不同土地利用梯度的磷输出观测发现，总磷（TP）和活性磷酸盐输出在森林和低密度住宅区最小 [2.8~3.1 kg/（km^2 • a）]，并随着流域不透水面覆盖面积的增加而增加，在城市流域达到最大值 [24.5~83.7 kg/（km^2 • a）]，低流量条件下城市流域可溶性活性磷酸盐（SRP）浓度在夏季最高、冬季最低。任盛明等（2014）对潋水河流域研究表明总磷输出量年际差异显著，流域年均总磷输出量为1201 kg/（km^2 • a）。总体上，人为因素对流域总磷输出长期变化的影响高于气候因素。气候变化与流域土地利用改变的协同效应可能增加河流营养盐脉冲式输出的强度，如 Kaushal 等（2008）发现丰水年与枯水年巴尔的摩的氮磷输出在不同土地利用类型的流域存在巨大差异。

1.2.6 流域土地利用模式和水文状况交互作用对河流真核微生物群落结构的影响

广义上，真核微生物主要包括除蓝藻外的藻类、真菌、原生动物及线虫等小型后生动物。狭义上，真核微生物主要指原生生物。众多研究表明，真核微生物主要通过共生、竞争两种过程参与其中，与细菌群落的组成密不可分（Liu et al.，2015）。由此可见，真核微生物群落在河流生态系统中发挥着不可或缺的作用。随着社会的发展，许多河流生态系统受到土地利用和自然因素等的综合作用。例如，城市化和农业活动通过影响水文过程与污染物的排放量及传输过程等，导致流域内水环境状况的时空异质性，从而引起微生物群落组成和多样性的变化。从土地利用模式和水文状况视角，探究河流真核微生物的时空分布特征及其主要的驱动因素对于了解生态系统结构和过程发挥着重要的作用，有助于评估河流生态系统健康状况以及更好地了解藻类暴发机制。

近年来，越来越多证据证明流域内的土地利用类型（如建设用地和农业用地）通过影响河流水量和营养盐水平，从而间接影响淡水生态系统微生物群落丰度和多样性（Katsiapi et al.，2012）。例如，van Egeren 等（2011）在美国威斯康星州东南部平原湖泊研究环境变量和人为因素对浮游动物群落结构影响的相对重要性发现，土地利用与浮游动物群落结构的相关性更强，而且建设用地和湖泊的形状通过影响水体中 TP 浓度，从而影响微生物结构组成。土地利用强度会影响微生物群落的 α 和 β 多样性（Allan et al.，2014），但是不同类型微生物对不同土地利用模式的响应不同。

河流流量被用来反映气候的季节变化特征，被许多研究者用于探究水文状况对河流微生物群落结构的影响，并被证明是影响河流浮游生物的重要因素。例如，许多研究发现浮游藻类生物量随着河流流量的增加而减少，因为随着河流流量的增加，水力停留时间减短，水体中浮游植物接种物减少，且其丰度降低。此外，河流流量高，则其水柱辐照度会降低，不利于浮游植物的光合作用。但是气候变化、水质和土地利用模式又会干扰河流流量与微生物群落的关系。

1.3 海岸带管理策略

1.3.1 流域模型与流域综合管理

流域综合管理需要一个分析模型，能够揭示流域环境过程的各种影响（Heathcote，2009）。统计模型可以用最少的假设从现有的数据中提取信息，但缺乏考虑过程机制；基于过程的非点源机理模型可模拟污染源在流域内陆域和水生生态环境内的转化与传输，常用的模型有 SWAT、HSPF[①]、INCA[②]系列、SWIM[③]、GWLF[④]等。这类模型可帮助研究者更深入地理解污染物来源和传输的机理，但其对数据有着更高的要求，机理模型的参数化、校准和验证过程都要求大量的基础数据和长期持续观测数据。模型复杂的过程和大量的数据输入会引起较大的误差，且易造成过度参数化和异参同效，选择模型的关键标准包括用户目标和数据可用性。研究者需要在这些标准之间进行折中，以选择合适的模型。例如，要想更准确地了解梯级筑坝对小流域的影响，使用经验模型得出的物理参数不具有物理意义，不能展示出梯级水坝在小流域中扮演的角色。在众多机理模型中，SWAT、EFDC[⑤]和 VIC[⑥]已经被证实在探究水坝的水文情势影响中有较好适用性（Wang et al.，2015）。其中，SWAT 模型的 Reservoir 模块将人工水体作为独立的模拟单元，可模拟预测人工水体内部的

① HSPF 模型由美国国家环境保护局开发，用于较大流域范围内的水文水质过程的连续模拟。

② INCA 模型以集总的方式评价点源和面源氮素对溪流化学过程的影响，模拟土壤和河流水通量、硝酸盐和铵盐浓度，以及计算氮负荷过程。

③ SWIM 模型是德国波茨坦气候影响研究所在 SWAT 模型和 MATSALU 模型基础上开发的模拟工具，模型综合了流域尺度的水文、植被、侵蚀和养分动态过程，在 100~24 000 km^2 流域应用能够很好地描述水量平衡要素的时空分布变异、土壤中的养分循环及其随径流的输送量、与植物或作物生长有关的现象、土壤侵蚀与泥沙传输动态特征、气候与土地利用变化对相关过程和特征的影响。

④ GWLF 模型主要用于模拟流域内不同土地利用类型（如耕地、林地、居民区）所产生的地表径流、土壤侵蚀，以及由其产生的 N/P 营养盐负荷。模型还包括了模拟居民区化粪池负荷、点源排放负荷，以及畜禽养殖负荷等模块。

⑤ EFDC 模型最早是由美国弗吉尼亚海洋科学研究所 Amrick 等根据多个数学模型集成开发研制的综合模型，其集水动力模块、泥沙输运模块、污染物运移模块和水质预测模块为一体，可以用于包括河流、湖泊、水库、湿地和近岸海域一维、二维和三维物理、化学过程的模拟。

⑥ VIC 模型是一种基于 SVATS 思想的大尺度分布式水文模型。

水文过程和其对径流的影响。

环境模型是流域水环境管理的重要技术手段，但在气候变异性高、人类活动复杂的沿海流域，尤其是在农业集约化程度高、水电梯级开发密集的东南沿海流域，水动力过程受到剧烈人为活动的影响，如河流湖库化、河流中的水质变化过程机理复杂、模拟难度大等，变化环境下水环境模型应用具有很大的挑战性。在某些情况下，单一的模型不能完全描述由河流、湖库等空间单元组成的流域内复杂的生态水文和生物地球化学过程，不能准确刻画在气候变化和人类活动双重扰动下的沿海流域过程，而水环境中的耦合建模方法可以提高流域模拟精度（Du et al.，2013；Cai et al.，2019），多模型联用与耦合已成为一种趋势。

1.3.2 海岸带综合管理的尺度拓展

近些年，海岸带管理尺度拓展到流域范围，基于陆海统筹的海岸带综合管理或基于生态系统的管理等理念已经成为一种共识。2010 年“世界海洋周”在厦门举办，其主题为“海岸带可持续发展：从流域到海洋”；2011 年在斯德哥尔摩举办的“世界水周”提出了沿海城市从“山顶到海洋”的管理方法，并被联合国环境规划署应用于《保护海洋环境免受陆源污染全球行动纲领》；2012 年 7 月在韩国昌原市举行的东亚海大会上，通过扩大实施海岸带管理的建议，协调流域和海岸带管理，如通过流域综合管理、水资源综合管理，最终实现海岸带可持续发展。

此外，政府工作报告也连续多年提出了从“流域到海洋”一体化的海岸带综合管理要求。2014 年政府工作报告提出“要坚持陆海统筹，全面实施海洋战略，发展海洋经济，保护海洋环境”；2015 年政府工作报告提出“要编制实施海洋战略规划，发展海洋经济，保护海洋生态环境，提高海洋科技水平，强化海洋综合管理”；2016 年政府工作报告则提出“支持东部地区在体制创新、陆海统筹等方面率先突破”；2017 年，党的十九大报告指出，“坚持陆海统筹，加快建设海洋强国”；2017 年政府工作报告提出要“强化水、土壤污染防治”“抓好重点流域、区域、海域水污染和农业面源污染防治”；2018 年政府工作报告提出“实施重点流域和海域综合治理，全面整治黑臭水体”；2019 年政府工作报告提出“加快治理黑臭水体，防治农业面源污染，推进重点流域和近岸海域综合整治”。基于“陆海统筹”的海岸带综合管理理念或基于生态系统的海岸带管理已经达成共识，但是关于陆源污染控制、海岸带综合管理、陆海统筹缺乏“从山顶到海洋”的具体案例实践与认识。

1.4 本书内容与组织框架

本书聚焦近海流域与海湾，通过长时间现场定位观测、环境系统分析、地理空间分析、同位素示踪分析等方法与技术，揭示气候变化和人类活动双重压力下的近海流域水循环、养分循环等海岸带主要生态系统过程的响应机制，阐释气候变化背景下海岸带土地利用变化过程及其水文、水质、水土流失等环境生态效应，并借此提出基于科学的流域 – 海岸带管理策略。本书遵循的逻辑框架如图 1-2 所示。

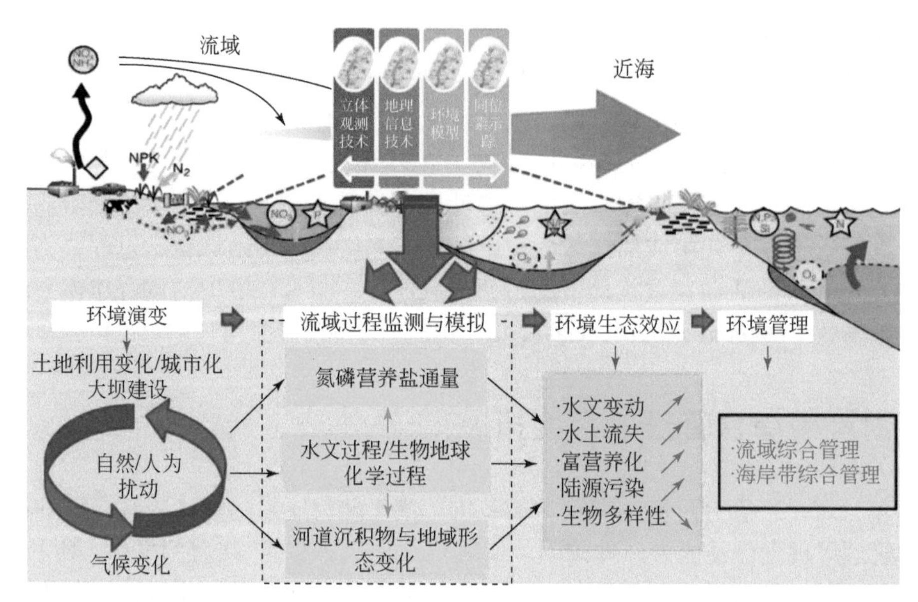

图 1-2 本书内容组织的逻辑框架

第2章 海岸带土地利用变化过程与驱动机制

LUCC是人类和自然环境之间相互作用的结果。LUCC的时空模式可以反映潜在的人类活动，并显示人类如何随着时间的推移与自然互动。鉴别LUCC有助于理解人类－环境耦合系统和人地关系。许多研究者正试图从土地利用变化的模式、过程并且从局域到全球尺度的影响来理解土地利用变化（Huang et al.，2013a）。将土地利用模式与导致其变化的潜在过程联系起来，有助于理解环境变化并制定有效的土地管理策略。

评估土地变化的传统方法是通过解译遥感图像从而生成土地利用转移矩阵。转移矩阵各行显示时间段前一个时间点的类别序列，而各列显示时间段后一个时间点对应的类别序列。转移矩阵是分析各地类时间变化的各种度量的基础。土地转移速率矩阵和土地利用动态度等传统方法可以提供土地动态时空模式的基本认识。然而，该类方法较难识别土地利用变化的内在过程（Huang et al.，2018）。

准确的LUCC分析极大地依赖使用的数据及测量方法。近20年来，研究人员开发了多种监测土地利用变化的方法，从而提供土地变化和相关人类活动的潜在信号。其中，强度分析方法可从时段、类别和转移三个层次有效识别土地利用变化的潜在过程（Aldwaik and Pontius，2012），近年来在世界各地得到了广泛的应用。

本章聚焦人类扰动强度大的海岸带重要空间单元——近海流域和海湾，采用GIS、遥感和强度分析等技术与方法，从流域、海湾、城市等不同空间尺度开展近30年福建省海岸带的土地利用变化的格局、过程和驱动机制分析的研究，阐释了城市扩张、梯级电站开发、围填海等人类活动驱动下的海岸带土地利用变化的格局与过程（Huang J L et al.，2012；Huang et al.，2018；刘继辉，2019；黄博强，2019）。

2.1 九龙江流域土地利用变化的格局与过程

九龙江地处福建省东南沿海地区（116°46′55″E~118°02′17″E，24°23′53″N~25°53′38″N），流经农业集约化程度高的漳州平原，是福建省第二大河流，主要由干流北溪及支流西溪和南溪构成，在漳州龙海市福河口汇合，由厦门港入海（图2-1）。九龙江流域总面积1.47×10^4 km^2，流域范围主要包括龙岩新罗、漳平和漳州华安、长泰、南靖、平和、芗城、龙文、龙海9个县（市、区）。

九龙江流域地貌受燕山期和喜马拉雅运动的影响，地势自北向东南倾斜，地貌类型以中低山为主；九龙江流域地处南亚热带和中亚热带，绝大部分区域属亚热带海洋性季风气候，其气温和降水具有显著的时空差异，降水量季节性变化明显，主要集中在4~9月，占全年降水量的70%以上；流域土壤以红壤、赤红壤、黄壤等地带性土壤和水稻土等人为土

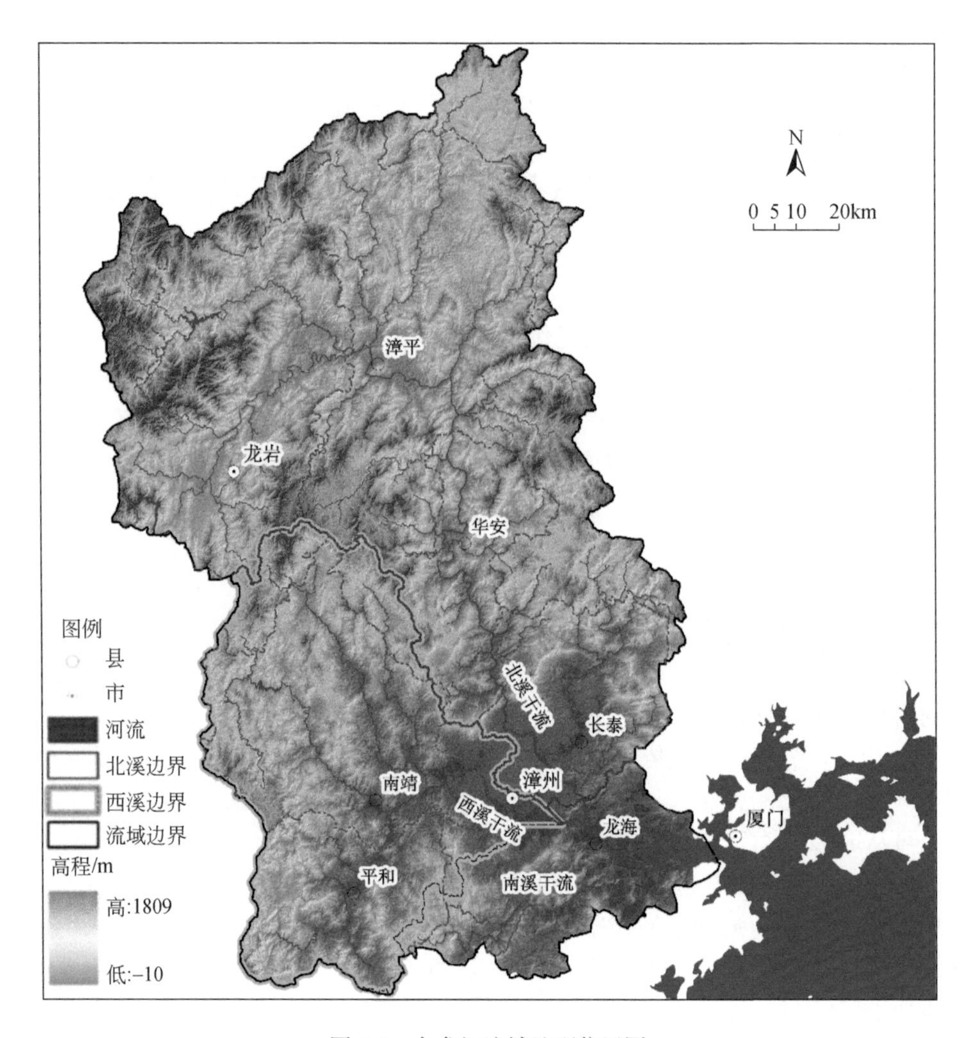

图 2-1 九龙江流域地理位置图

为主；流域北部与闽江交接，西邻汀江，东临晋江，东南濒临台湾海峡，流域平均年径流量为 1.49×10^{10} m^3，属山区性河流，水量丰富，径流的年际变化不大，季节性变化明显，河床比降大，水流急。北溪源于龙岩梅花山一带，龙海市福河口以上河段长 274 km，河道平均比降 2.4‰，多年平均流量 281.4 m^3/s，年平均径流量 8.23×10^9 m^3，汛期洪峰流量均在 1000 m^3 以上（浦南水文站）；西溪源于南靖、平和西部的坂寮岭，至龙海市福河口与北溪汇合，福河口以上河段长 166 km，河道比降 3.1‰，西溪多年平均流量（郑店）117 m^3/s，年平均径流量 3.68×10^9 m^3。九龙江水力资源蕴藏量十分丰富，20 世纪 90 年代以来，九龙江流域的水电开发力度逐渐加大。目前九龙江干流和一级支流几乎已遍布小水电站和水库，在每隔数十千米的一级支流和 100~200km 长的干流内，少则有五六个小水电站和水库，多则有十余个小水电站和水库，它们对流域水量水质均有很大影响；九龙江各县（市、区）当中，漳州市区（包括芗城、龙文和龙海）和龙岩新罗的常住人口和 GDP 较高，而漳州市区的城镇化率最高，新罗次之，漳州华安的 GDP 和常住人口最少，平和的城镇化水平最低。

平和、龙海和南靖的农作物总播种面积最多，南靖及平和的氮肥施用量远远高于其他地区。

维持九龙江流域健康对于区域经济和生态安全方面具有重要意义。九龙江流域 GDP 约占福建省的 25%，其也是龙岩、漳州、厦门三市近 1000 万人的工农业用水与饮用水源，尤其是下游的厦门市 80% 的饮用水来自此。近 30 年来九龙江流域经历了剧烈的土地利用变化，但其变化模式和过程尚不清楚。本研究应用 Aldwaik 和 Pontius（2012）提出的强度分析方法，对九龙江流域的土地变化进行了定量评估，具体目标包括：①量化土地利用变化的模式；②识别流域土地利用变化的潜在过程。

2.1.1 数据与方法

利用分类后比较来监测九龙江流域 1986 年、1996 年、2002 年和 2007 年四个年份土地利用变化。处理过程包括数据处理、图像分类和变化监测。数据处理的第一步是对获得的遥感影像进行图像到图像的地理配准：根据清晰可见的道路交叉点、河流汇合点等对 2002 年影像进行地理配准，投影坐标系统为克拉索夫斯基（Krasovsky）1940 地图投影、北京 1954 坐标系，进一步利用配准好的 2002 年遥感影像对 1986 年、1996 年和 2007 年三个年份的影像进行校正。使用 32 个地面控制点，利用一阶多项式最近邻重采样，均方根误差小于 0.5。

土地利用类型使用非监督分类与人工目视解译分类相结合的方法生成。首先将 Landsat TM 数据划分为 30 类，再将这些类合并为农业用地、建设用地和自然用地。农业用地包括水稻和旱作农业用地，建设用地包括道路、城市和农村居民点，自然用地包括林地、草地、荒地和水源。土地利用类型的重新分类既可减少遥感图像分类在解译上的误差，也有助于从宏观视角审视流域土地变化的模式与过程之间的联系。2009 年 8 月 11~14 日进行了流域的实地调查，共拍摄了 300 多张数码照片并获取了相应的 GPS 点位信息，另外还参考了谷歌地球中的高分辨率卫星图像数据等辅助数据进行遥感影像分类，利用这些信息来评估 1986 年、1996 年和 2002 年图像分类精度。1986 年、1996 年、2002 年、2007 年四个年份三种土地利用类型的整体分类错误率分别为 19.1%、16.0%、15.9% 和 20.0%（表 2-1）。

表 2-1 精度评估包括 240 个样本中的高估比例、低估比例和总体误差

土地利用类型	样本数量 / 个	高估比例 /%				低估比例 /%			
		1986 年	1996 年	2002 年	2007 年	1986 年	1996 年	2002 年	2007 年
农业用地	50	8.3	5.0	4.6	5.0	0.8	1.7	1.7	4.6
自然用地	160	1.3	1.7	1.3	4.2	5.4	4.6	2.9	3.3
建设用地	30	0	1.3	2.1	0.8	3.3	1.7	3.3	2.1
总体误差		9.6	8.0	8.0	10.0	9.5	8.0	7.9	10.0

注：①当某一像素在参照图中是 *k* 地类，而在对比图中不是 *k* 地类时，这个像素则被认为是被遗漏的 *k* 地类。当某一像素在对比图中是 *k* 地类，而在参照图中不是 *k* 地类时，这个像素被认为是多余的 *k* 地类。②一年内总体误差等于三种地类的低估误差之和，也等于三种地类的高估误差之和（Gao et al.，2011）。

利用强度分析方法开展九龙江流域四个年份土地利用变化监测。强度分析方法是美国克拉克大学庞修斯（Pontius）教授团队于 2012 年提出的一种土地利用变化的定量分析方法

（Aldwaik and Pontius，2012）。强度分析方法基于土地利用转移矩阵，从时段、地类和转移三个层次来定量分析不同土地利用类型的变化模式，并系统性地解释潜在的土地利用变化过程。时段层次探究了每个时段地类的总变化，计算不同时段的变化强度以及整个时段内的平均变化强度，以此判断不同土地利用类型在各个研究时段内变化的快慢程度；地类层次主要是探究每种土地利用类型在不同时段内的总增加强度、总损失强度、平均变化强度；转移层次主要是分析不同时段特定地类的增加或者减少，分析其他土地类型转变为特定地类的强度以及特定地类转变为其他地类的强度，并将特定地类的转变强度与平均变化强度进行比较。

2.1.2 流域土地利用变化的总体格局

流域 1986 年、1996 年、2002 年、2007 年四个年份的土地利用类型如图 2-2 所示。自然用地是流域的主要土地利用类型，在 1986~1996 年、1996~2002 年、2002~2007 年三个时间段内占 70%~74%。农业用地占 22%~28%，建设用地占 2%~4%。几乎所有的变化都是农业用地和自然用地之间的转变，主要原因是农业用地和自然用地是流域面积最大的地类。自然用地转向农业用地、农业用地转向自然用地以及农业用地转向建设用地，成为本研究中监测和量化土地变化模式与过程的关注点。在图 2-3 中可以更加直观地观察到在 1986~1996 年、1996~2002 年、2002~2007 年三个时间段内这三种主要的土地利用类型之间的转变。

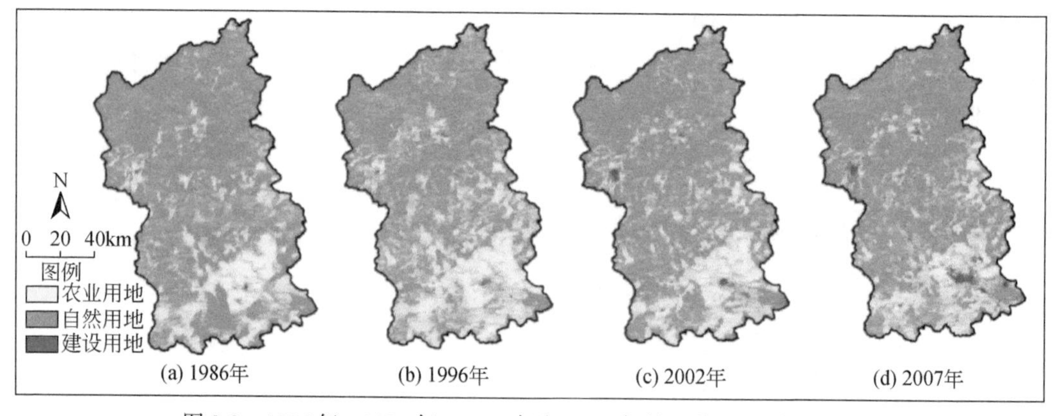

图 2-2　1986 年、1996 年、2002 年和 2007 年的三种土地利用类型图

表 2-2 ~ 表 2-4 给出了流域每个地类和总量上的总获得量、总损失量、总量、净变化量和交换量。农业用地在第一个时间段内为净增加，但在随后的时间段内为净减少；自然用地则是先净减少，后净增加，再净减少；建设用地在所有的时间段内都是净增加。在所有的时间段中，三种土地利用类型的交换量都大于净增加，但 2002~2007 年除外，当时建设用地面积的净增加大于建设用地面积的交换量，这表明三种土地利用类型的变化主要由分配不均而不是数量差距造成的。表 2-2 ~ 表 2-4 中的最后一行显示，在所有的时间段中，总体的交换面积大于总体的净增加面积。三个表中总量一栏的比较表明，1986~2007 年，所

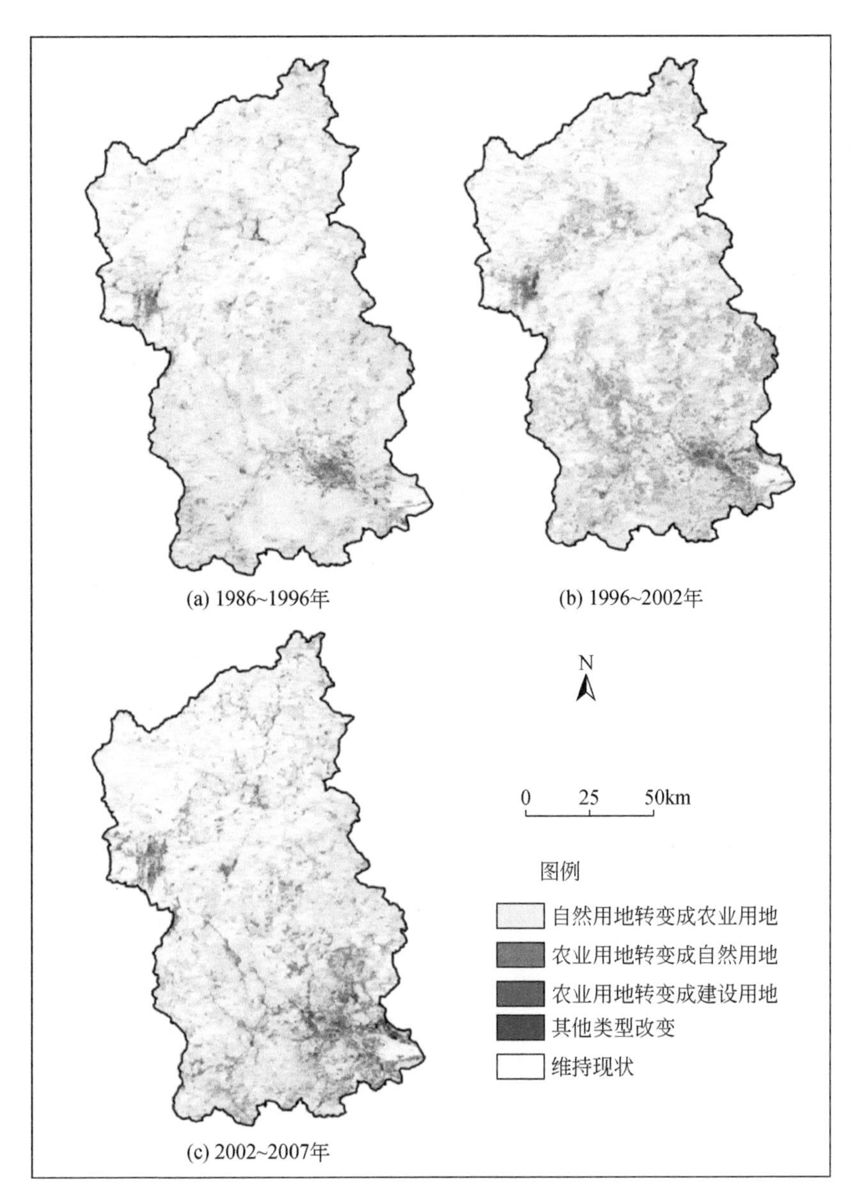

图 2-3 三个时间段土地利用转变图

有的土地利用类型的变化速度都在加快。

表 2-2 1986~1996 年土地利用变化 （单位：km^2/a）

地类	总获得量	总损失量	总量	净变化量	交换量
农业用地	216	99	315	117	198
自然用地	86	217	303	（131）	172
建设用地	21	7	28	14	14
总量	323	323	646	262	384

注：括号表示净减少。

表 2-3 1996~2002 年土地利用变化 （单位：km^2/a）

地类	总获得量	总损失量	总量	净变化量	交换量
农业用地	146	272	418	（126）	292
自然用地	245	133	378	113	265
建设用地	39	25	64	13	51
总量	430	430	860	252	608

注：括号表示净减少。

表 2-4 2002~2007 年土地利用变化 （单位：km^2/a）

地类	总获得量	总损失量	总量	净变化量	交换量
农业用地	240	277	517	（37）	480
自然用地	217	242	459	（25）	435
建设用地	88	26	114	62	53
总量	545	545	1090	124	968

注：括号表示净减少。

2.1.3 基于强度分析方法的土地利用变化的模式与过程

2.1.3.1 时段层次强度分析

图 2-4 是时段层次强度分析图。横坐标表示的是时间段，纵坐标表示的是年变化量占总面积的比例。虚线表示的是根据式（2-1）计算出来的平均变化率。

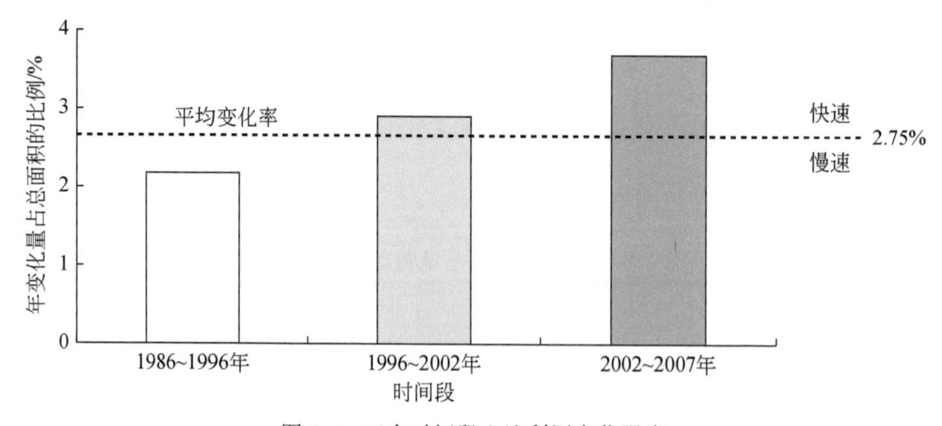

图 2-4 三个时间段土地利用变化强度

由图 2-4 可见，流域在三个时间段内的土地利用强度总体变化在加速，在 1986~1996 年这个时间段相对较慢，在后两个时段相对较快，尤其是在 2002~2007 年。时段层次强度分析给出了九龙江流域在 1986~2007 年土地利用强度在加速变化的信号。

2.1.3.2 类别层次强度分析

类别层次强度分析如图 2-5 所示。横坐标代表土地利用类型，纵坐标为年变化量占总

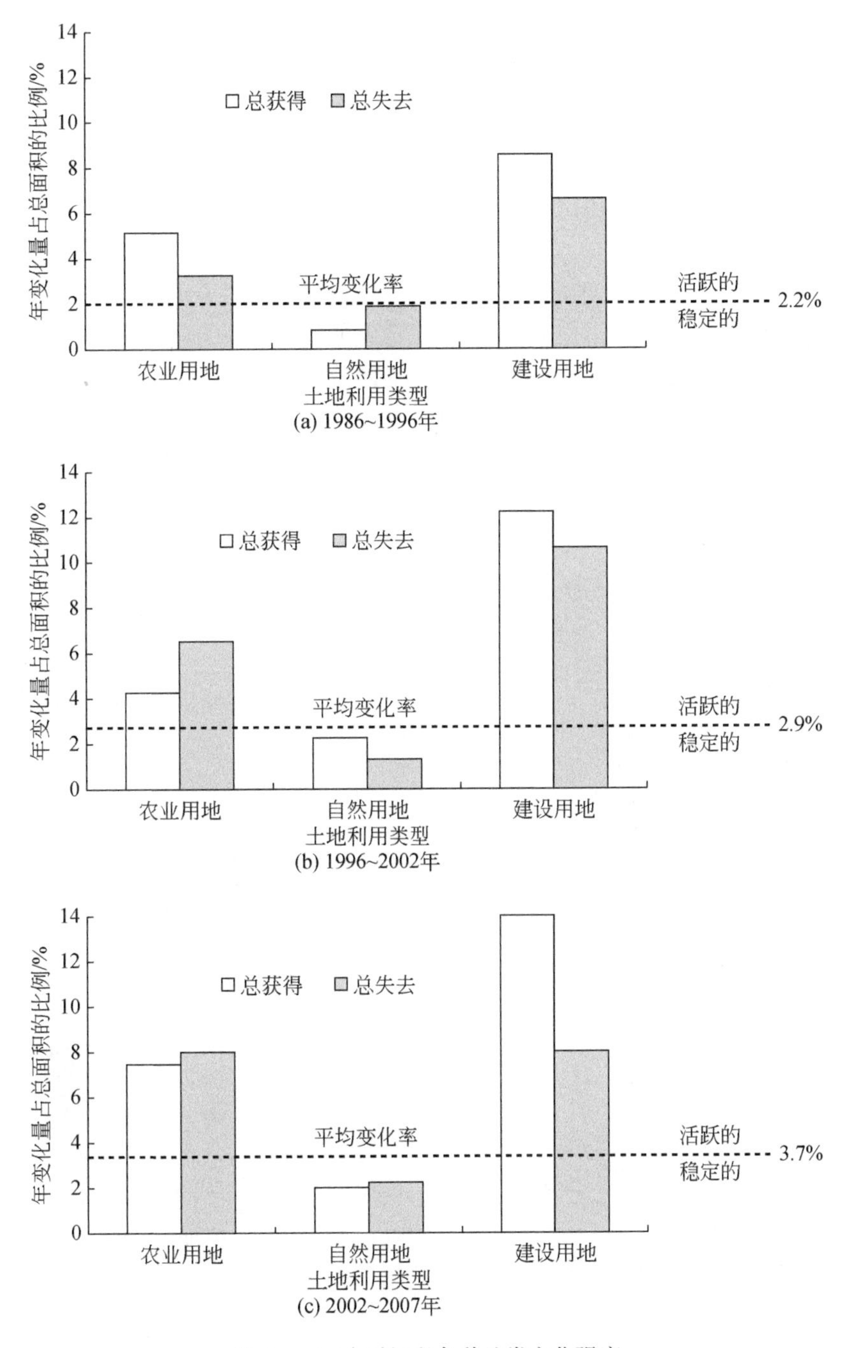

图 2-5 三个时间段各种地类变化强度

面积的比例。每个土地利用类型上有两个柱状体，分别代表总获得和总失去。横坐标上的虚线，代表平均变化率。在虚线之上代表其变化相对活跃，反之，在虚线之下则代表其变化相对稳定。

图 2-5 显示农业用地和建设用地变化非常活跃，而自然用地变化则相对稳定。这说明了如果总的土地利用变化均匀发生，那么农业用地和建设用地则经历了更剧烈的变化。这个结果在三个时间段都是一致的，说明了土地利用类型强度水平比较稳定。类似地，三个时间段的土地利用转移强度也是比较稳定的。

2.1.3.3 转变层次强度分析

地类间的转变层次强度分析如图 2-6~ 图 2-8 所示。横轴表示的是土地利用类型，纵轴表示的是土地利用的年均变化强度。图 2-6 显示的是自然用地转变成农业用地的转变层次强度。图 2-6 左边的三幅图显示自然用地转移至其他两个地类的年均变化强度，虚线表示的是自然用地转变为其他两个地类的平均减少强度；右边的三幅图显示的是其他两个地类转变成农业用地的年均变化强度，虚线表示的是农业用地来源于其他两个地类的平均增加强度。由图 2-6 可见，自然用地更多的是转变成农业用地，而不是建设用地；农业用地的增加更多的来源于建设用地（可能与遥感影像解译误差有关），而不是自然用地。因此，自然用地大量转变成农业用地，说明了在 1986~2007 年的三个时间段自然用地大量地被农业用地侵占。

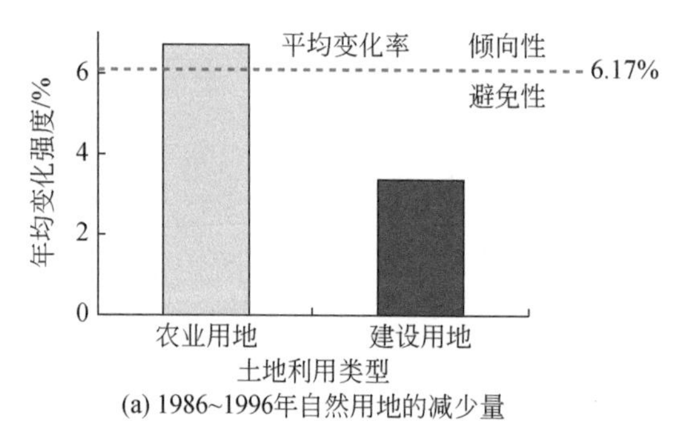

(a) 1986~1996年自然用地的减少量

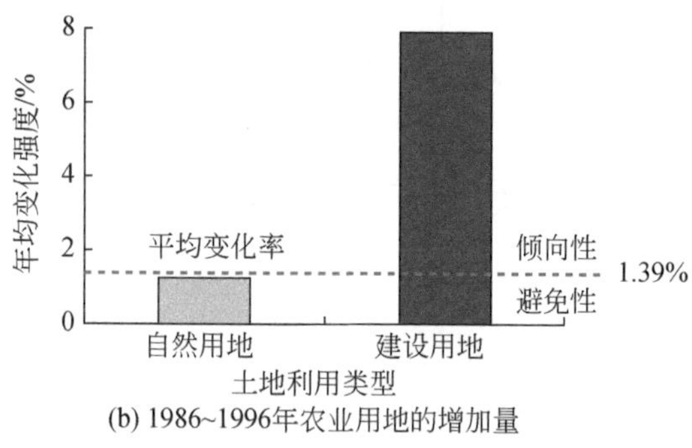

(b) 1986~1996年农业用地的增加量

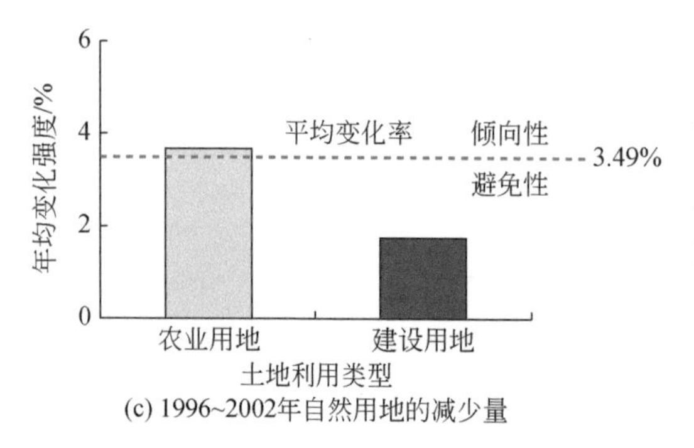

(c) 1996~2002年自然用地的减少量

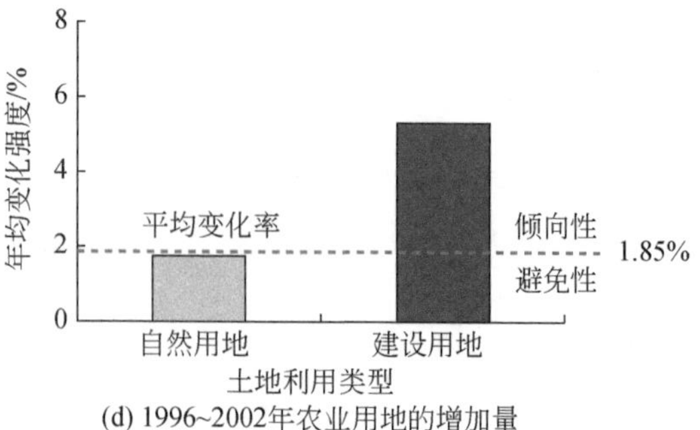

(d) 1996~2002年农业用地的增加量

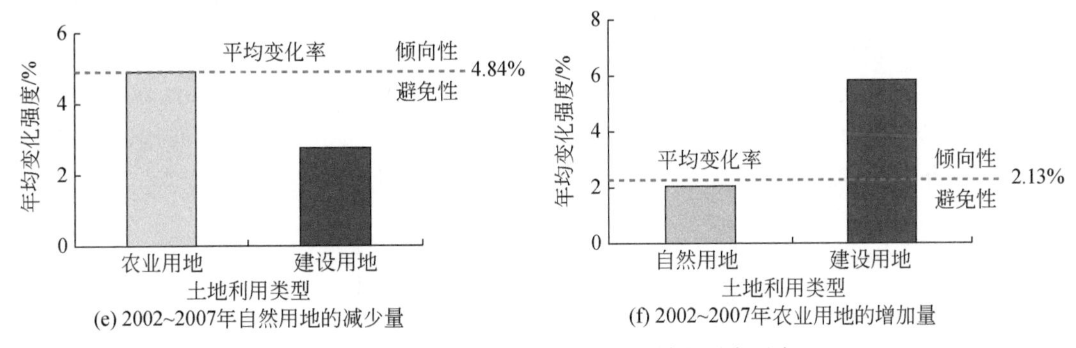

图 2-6 自然用地转变成农业用地的转变层次强度

图 2-7 显示了农业用地向自然用地的转变层次强度。左边的三幅图显示农业用地更多的是转变成建设用地，而不是自然用地。右边的三幅图显示自然用地更多的是来源于农业用地，而不是建设用地。

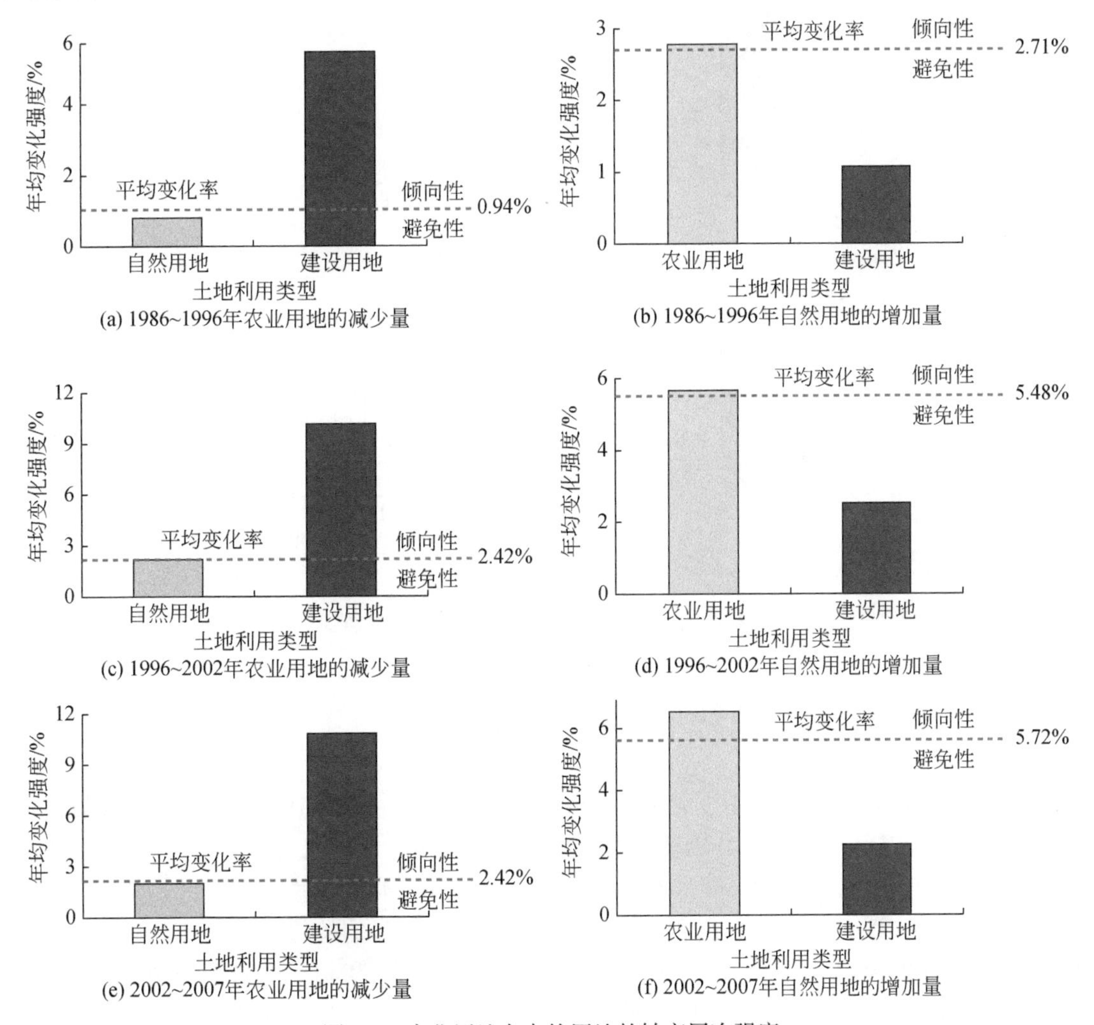

图 2-7 农业用地向自然用地的转变层次强度

图 2-8 显示了农业用地向建设用地的转变层次强度。左边的三幅图显示农业用地更多的是转变成建设用地，而不是自然用地，这与图 2-7 是一致的。右边的三幅图显示建设用地增加量更多的是来源于农业用地，而不是自然用地。根据 Pontius 等（2008）提出的两个类型间系统转变的判定标准（即两个类型之间存在相互的转变过程）：农业用地向建设用地的转变是九龙江流域地类间转移层次唯一存在系统转化过程的地类间转变。

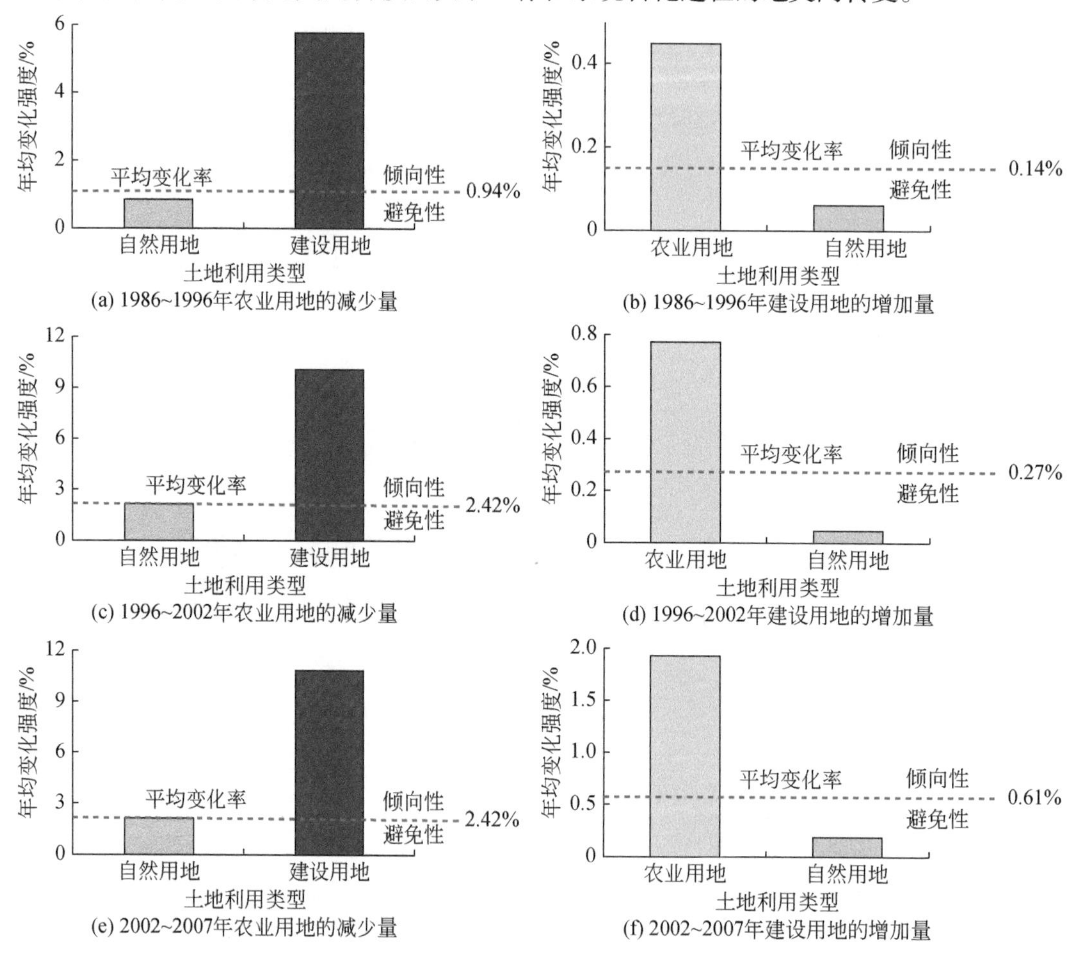

图 2-8　农业用地向建设用地的转变层次强度

2.1.4　九龙江流域土地利用变化驱动力分析

人类活动驱动的土地利用变化主要与经济发展有关。1986~1996 年、1996~2002 年、2002~2007 年九龙江流域土地利用变化呈加速变化的趋势，九龙江流域 GDP 在这三个时间段也呈加速变化的状态（图 2-9），这种趋势与土地利用变化的速率呈同步的趋势。

农业用地在第一个时间段增加，而在后两个时段呈下降的趋势，这可能和当时的农业政策有关，20 世纪 70 年代末、80 年代初，中国开始实行家庭联产承包责任制，这大大提高了广大农民的生产积极性，使得大批的荒地被开辟为农田，从而农业用地增加（叶琪和

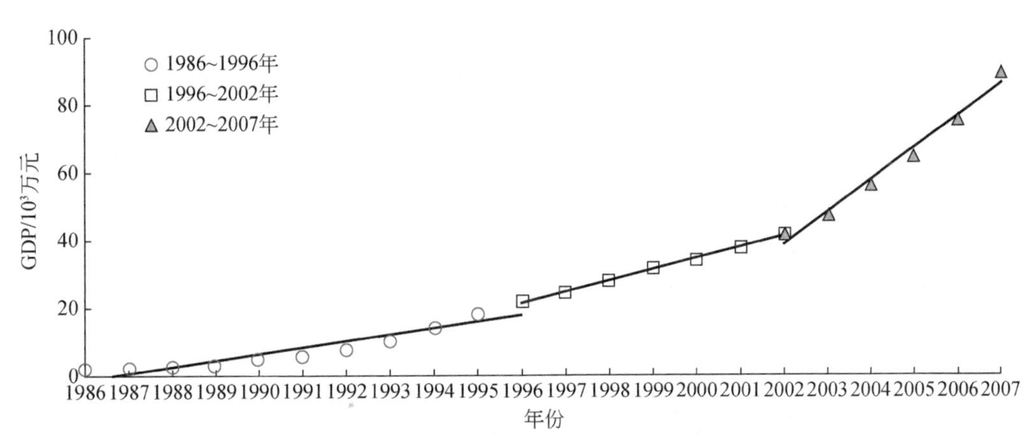

图 2-9 三个时间段九龙江流域 GDP 变化

资料来源：1986~2008 年《漳州统计年鉴》《龙岩统计年鉴》

黄茂兴，2009）。

从 1994 年开始，国家与地方制定了一系列政策促进和扶持发展经济作物及农产品加工业，各地也根据当地的实际情况发展特色的农产品，如龙海发展蔬菜，南靖发展柑橘和蘑菇，平和发展蜜柚和香蕉，漳州市区发展香蕉和花卉等，这些农产品成为当地的经济支柱（叶绿保等，2005）。从某种程度上说，1994 年颁布的《基本农田保护条例》①阻止了基本农田被大量开发。以上这些原因解释了 1986~1996 年农业用地在整体上是增加的。

从 1996 年开始，流域农业用地面积开始减少。其原因可能是福建省的粮食价格从 1998 年开始下降，这使得农民转向种植经济作物或者抛荒（叶琪和黄茂兴，2009）。农业人口数量的变化也可以解释流域农业用地面积的减少。图 2-10 显示了农业人口数量在 2002 年下降明显，这可能与人们为了获取更多收入而进入工厂打工，进而使得大量农田抛荒有关。

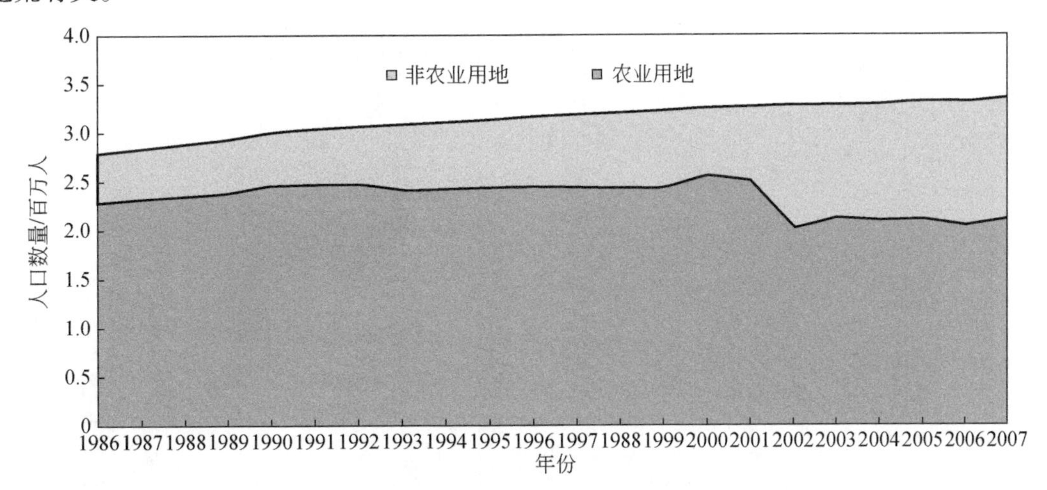

图 2-10 九龙江流域 1986~2007 年农业人口数量和非农业人口数量的变化

资料来源：1986~2008 年《漳州统计年鉴》《龙岩统计年鉴》

①该条例 1999 年废止，现行为《基本农田保护条例》（2011 年修订）。

2.1.5 小结

本研究利用遥感、GIS 技术和强度分析方法，检测了 1986~2007 年九龙江流域土地利用变化的模式，并识别了其潜在的过程与驱动机制。九龙江流域土地利用变化呈加速变化的趋势，与 GDP 的增加趋势一致。流域农业用地的增加或减少与相关的农业政策和从事农业的人口数量有直接关系。1986~2007 年九龙江流域城市化进程体现在建设用地面积的持续增加，并以牺牲农业用地为代价。

2.2 筑坝引起的九龙江北溪雁石溪上游小流域土地利用变化

20 世纪 90 年代以来，九龙江流域经历了密集的水电开发，引发了流域土地利用变化、生态退化等问题。选取九龙江北溪雁石溪上游小流域，采用遥感、GIS 技术和改进版的强度分析方法研究筑坝引起的小流域土地利用变化，为梯级电站开发背景下的九龙江流域土地持续管理提供依据。

雁石溪上游流域发源于采眉岭笔架山南坡一带，三条小溪于龙门水文站附近汇集，之后向东流经小池、龙门盆地，是雁石溪的主要支流。河道长 30.5km，流域面积 232.4km^2；流域地貌类型以中低山为主，其地势自西北和东南向中间倾斜，高程在 330~1747m，西北和东南有丘陵分布，主要为平原（图 2-11）；属于亚热带海洋性季风气候。多年平均气温

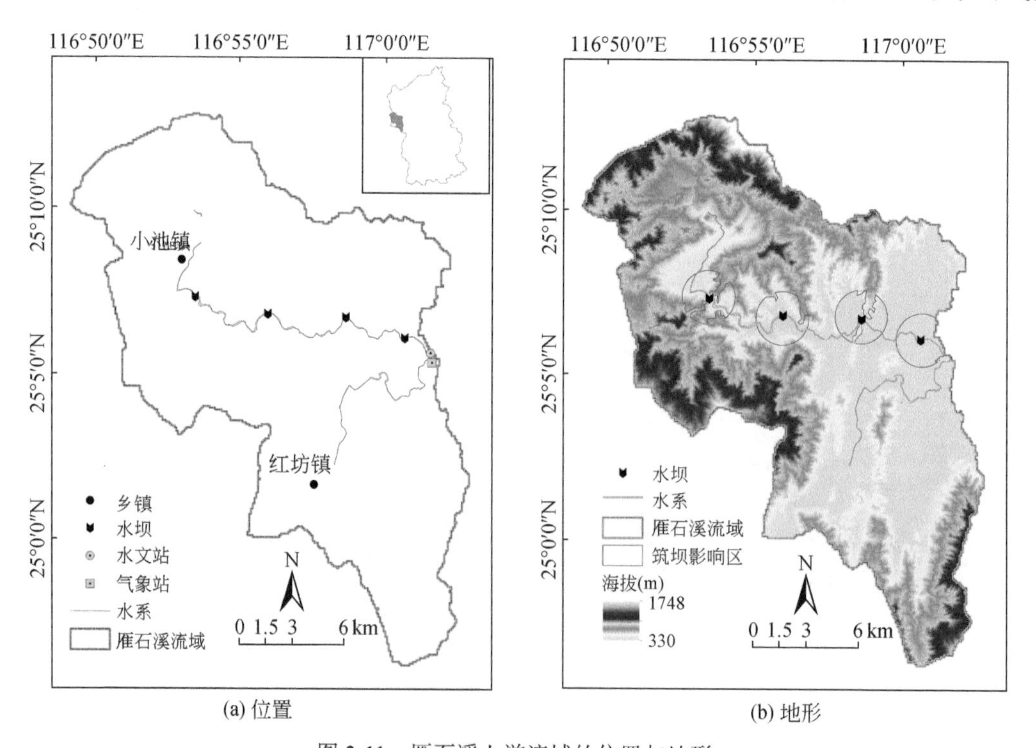

(a) 位置　　(b) 地形

图 2-11　雁石溪上游流域的位置与地形

在 17.9~20.1℃，多年平均降水量在 1600 ~ 1800 mm；森林覆盖度在 60% 以上。

2.2.1 数据与方法

遥感影像解译所使用的数据包括 2004 年 2.5m 分辨率的 SPOT 全色影像和 2001 年、2002 年、2003 年、2004 年四期 Landsat TM 影像，云量均小于 1%，SPOT 影像从国遥新天地（http://www.ev-image.com/）购置获取，Landsat TM 影像从地理空间数据云（http://www.gscloud.cn/）获取。

本研究使用 2004 年 2.5m 分辨率的 SPOT 全色影像与同区域 2001~2004 年的 TM 影像进行融合，获得研究区多光谱高分辨率的影像数据，进一步应用改进的归一化水体指数（modified normalized difference water index，MNDWI）提取水体信息。通过掩膜得到水体影像和剩余影像，分别通过非监督分类结合目视解译得到两部分影像的土地利用变化数据。土地利用类型包括水体、林地、裸地、耕地和建设用地五类。将两部分解译好的影像拼接，得到完整的流域土地利用分类结果，分类精度检验使用判读精度和 Kappa 系数来判断。取得高精度的流域土地利用变化数据后，提取库区周边海拔低于 1500m 的河谷区域，并考虑河流整体形态等因素划定筑坝的影响空间范围（图 2-11），基于此范围提取 2001~2004 年不同时期土地利用变化数据，并进一步采用改进版的强度分析方法，揭示筑坝前后土地利用变化的强度变化。技术路线如图 2-12 所示。

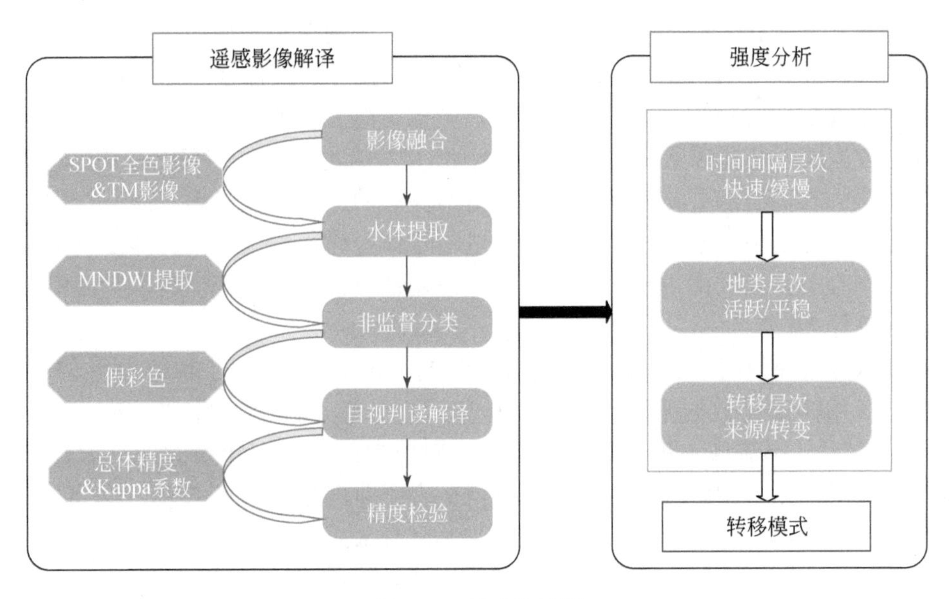

图 2-12 技术路线图

SPOT 全色影像和 TM 影像的融合结果如图 2-13（a）所示，而原始 TM 影像如图 2-13（b）所示。通过对比可以发现，融合影像在以下几个方面有着明显的优势：水体与周围地物的边界更为明显、平滑，河道更容易进行目视判读，且基本不会出现原始 TM 影像中部分河道过窄而被其他地物掩盖的现象；建设用地和耕地之间的界线变得相对清晰，更容易将二者区分开；裸地与建设用地的差别更为明显，能看到裸露地面的总体纹路。但是融合后的影像并没有解决所有原始 TM 影像中存在的问题，如异物同谱现象，该现象集中体现在水体和山地的阴影之间，使得这个问题能通过目视判读较快地解决，因为阴影往往独立成片，不会有细条状的地物连接。本研究中所使用影像的拍摄日期都在 12 月初前后，所以阴影一般只出现在山地的北面，位置较为固定。因此，融合影像能够符合小流域土地利用解译的需求。

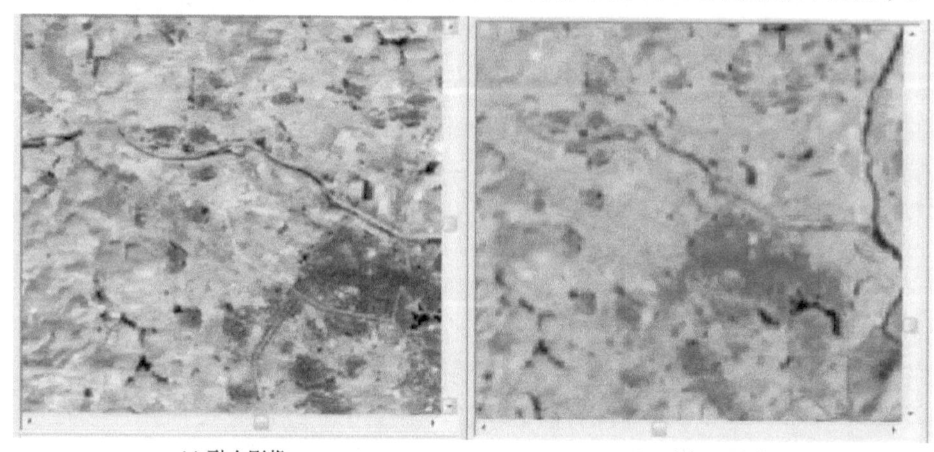

(a) 融合影像　　(b) 原始TM影像

图 2-13　融合影像与原始 TM 影像对比

小流域的水体变化数据提取存在一定难度，主要体现在小流域的河流河道窄小，在传统 TM 影像中，30m × 30m 的空间分辨率会出现一个像元内既包括河道水体信息，又有其他地物信息杂糅的可能现象，导致窄小河道在影像上混入其他地物而无法完整地展现。这种情况在城市流域中尤其常见，但是本研究通过影像融合能够在一定程度上缓解这个问题。在融合影像中，在高空间分辨率的帮助下，城市流域的河道特点显著，河道与建设用地的边界清晰。在这样的情况下，使用 MNDWI 进行水体变化数据提取时，即便仍可能因河道与邻近建筑存在的异物同谱现象而把一部分建设用地错提出来，但在目视判读中也能将其较容易地区分开来。

通过 SPOT 全色影像和 TM 影像融合获取高空间分辨率的多光谱影像，并结合 MNDWI 进行水体变化数据提取，分别进行非监督分类，再辅以目视判读解译的方法可以获得较高精度的小流域土地利用变化数据。对筑坝前后四个年份的遥感影像解译结果分别采样 250 个点，采用判读精确度和 Kappa 系数进行分类精度检验，结果见表 2-5。四个年份的解译结果的判读精确度都高于 92%，且 Kappa 系数都高于 0.85。图 2-14 为 2001~2004 年的流域土地利用变化数据的遥感影像解译结果。

表 2-5　遥感影像分类精度检验

年份	判读精确度 /%	Kappa 系数
2001	92.58	0.8591
2002	96.09	0.9107
2003	93.75	0.8821
2004	92.74	0.8659

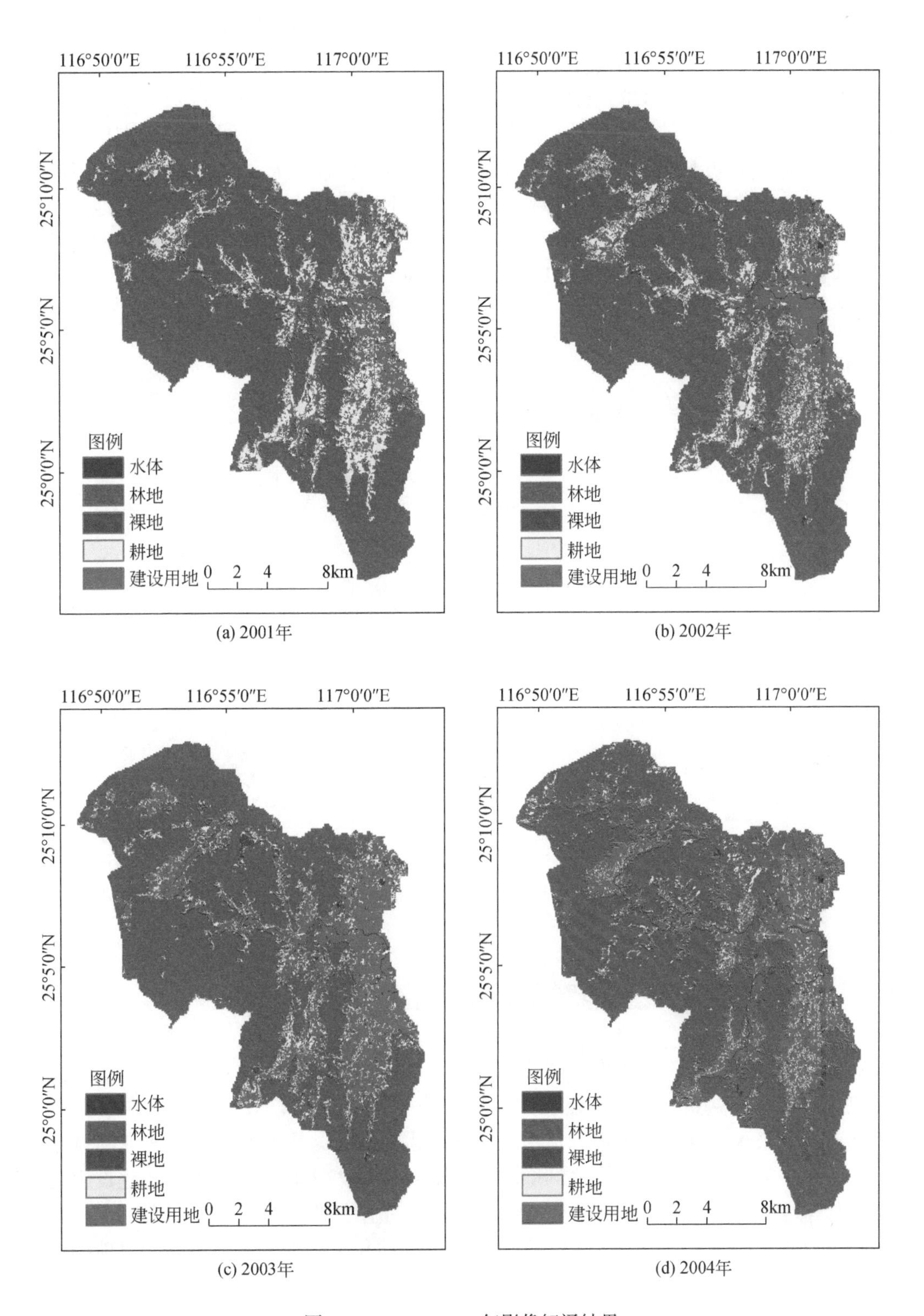

图 2-14 2001~2004 年影像解译结果

采用改进版的强度分析方法来表征土地利用变化，主要体现在转移层次方面，本章提出一种“转移模式”的土地转换模式交叉列联表，可快速直观地识别土地利用变化的强度与面积变化（Xie et al.，2020）。图 2-15 展示了转移模式的框架，其中对角线为各时间间隔内各地类的恒定值，因此不做计算。方块大小指示转移地类的面积变化，方块颜色指示转移地类的避免性与倾向性。图 2-15 的强度偏差指示转移强度 R_{tij} 与平均转移强度 W_{tj} 之差，如果某一地类转移强度大于其平均转移强度，则方块显示为红色，说明该期初地类对期末地类的转变具有倾向性。如果某一地类转移强度小于其平均转移强度，则方块显示为蓝色，说明该期初地类对期末地类的转变具有避免性。可以通过比较各行中方块的颜色与大小，了解多个时段内转移层次的特点。

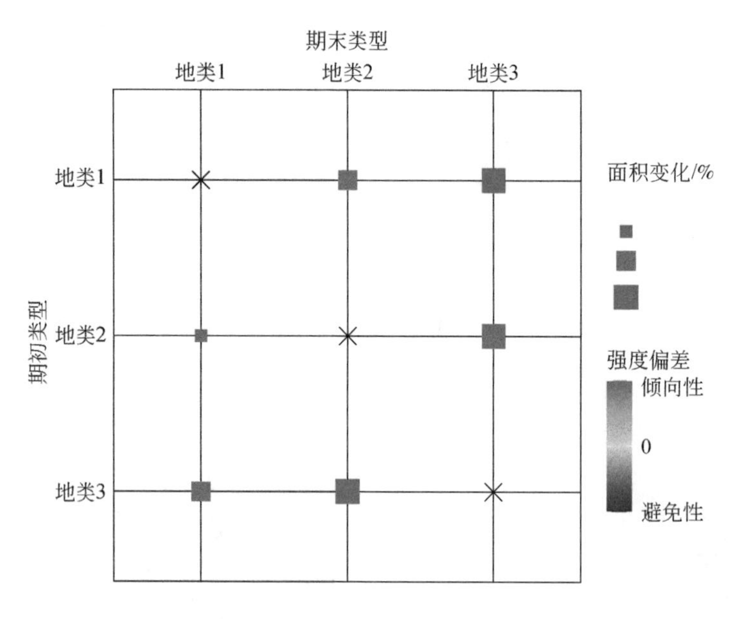

图 2-15　转移模式的框架

2.2.2　筑坝前后流域土地利用整体变化

从流域整体土地利用变化看（图 2-16），水体的增加来源于林地和建设用地，在筑坝前和筑坝中（2001~2003 年），建设用地转变为水体的变化较大；林地的增加主要来源于耕地，部分来源于裸地；裸地在流域中的面积占比较小，因此其他地类转变为裸地的面积也较小；在三个时间段内，耕地的增加主要来自林地；林地与耕地转变为建设用地的变化量在所有地类转变中占比最大。从筑坝影响区域的土地利用变化上看（图 2-16，表 2-6 ~ 表 2-9），2001~2004 年，水体、裸地和建设用地的面积呈增加趋势；林地、耕地的面积持续减少；耕地的转变量最大，分别转变为水体、林地和建设用地，且耕地转变为建设用地的变化量最大。

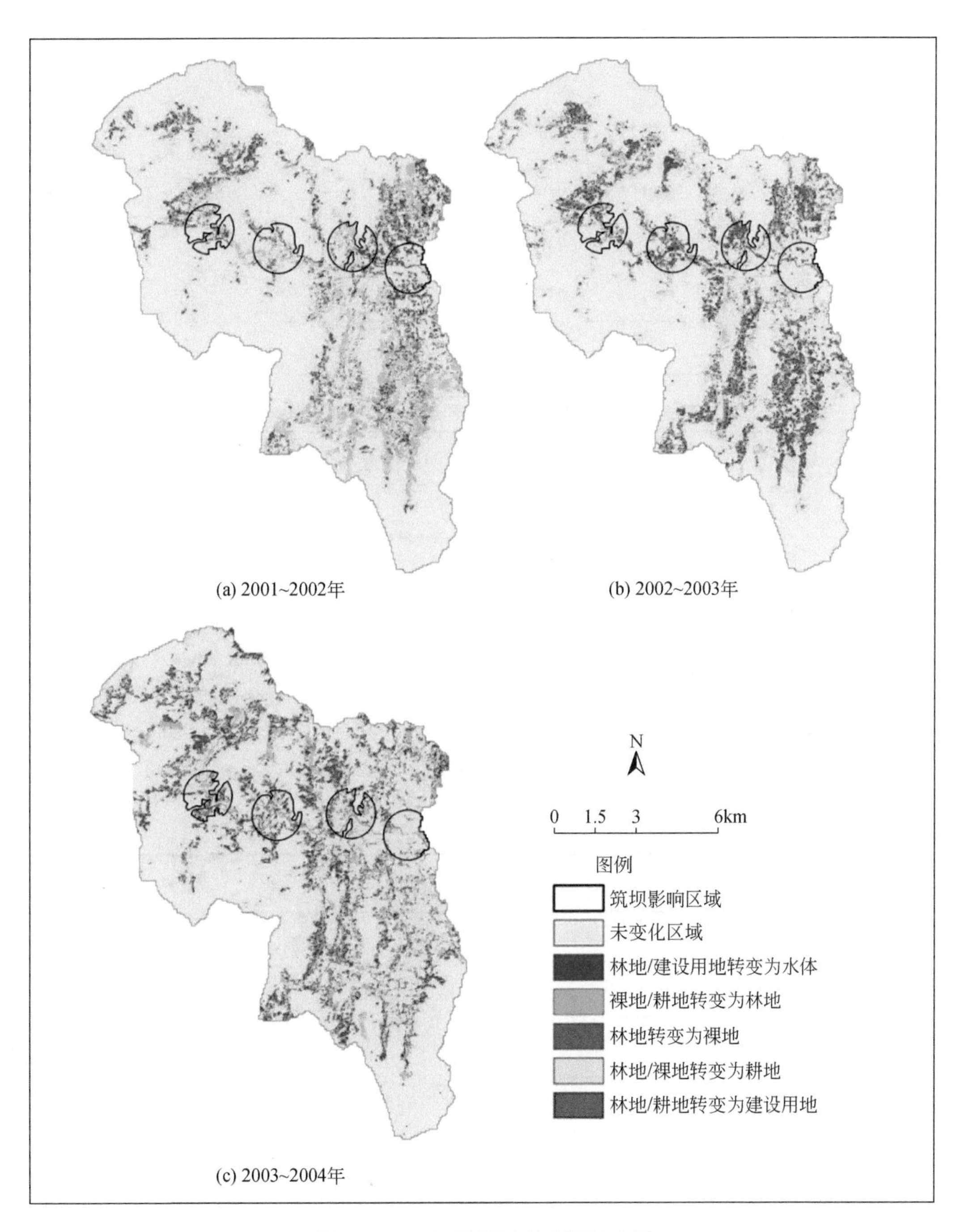

图 2-16 三个时间段土地利用转变图

表 2-6 2001~2002 年土地利用转移矩阵 （单位：%）

	地类	2002 年					总量
		水体	林地	裸地	耕地	建设用地	
2001 年	水体	1.0	0.0	0.0	0.0	0.0	1.0
	林地	0.3	39.9	0.0	2.2	1.5	43.9
	裸地	0.0	0.0	0.0	0.0	0.0	0.0
	耕地	1.7	0.2	0.0	13.3	1.9	17.1
	建设用地	0.0	0.0	0.0	0.0	38.0	38.0
	总量	3.0	40.1	0.0	15.5	41.4	100.0

表 2-7 2002~2003 年土地利用转移矩阵 （单位：%）

	地类	2003 年					总量
		水体	林地	裸地	耕地	建设用地	
2002 年	水体	1.8	0.0	0.0	0.0	0.5	2.4
	林地	0.0	38.4	0.0	2.5	2.4	43.3
	裸地	0.0	0.0	0.0	0.0	0.0	0.0
	耕地	0.1	1.3	0.0	10.2	2.6	14.2
	建设用地	0.0	0.0	0.0	0.0	40.1	40.1
	总量	1.9	39.7	0.0	12.7	45.6	100.0

表 2-8 2003~2004 年土地利用转移矩阵 （单位：%）

	地类	2004 年					总量
		水体	林地	裸地	耕地	建设用地	
2003 年	水体	0.8	0.2	0.0	0.0	0.3	1.3
	林地	0.0	34.8	0.0	0.6	1.4	36.8
	裸地	0.0	0.0	0.0	0.0	0.0	0.0
	耕地	1.7	0.1	0.0	4.7	0.9	7.4
	建设用地	0.0	0.0	0.0	0.0	54.5	54.5
	总量	2.5	35.1	0.0	5.3	57.1	100.0

表 2-9 筑坝影响范围内土地利用面积统计表 （单位：km^2）

地类	2001 年	2002 年	2003 年	2004 年
水体	0.19	0.20	0.25	0.27
林地	52.64	53.39	50.53	46.20
裸地	0.11	0.11	0.21	0.15
耕地	8.68	7.07	4.41	4.34
建设用地	11.53	12.39	17.74	22.19

2.2.3 筑坝造成的小流域土地利用变化强度分析

图 2-17 为雁石溪上游小流域筑坝前后不同时期的土地利用年际变化强度情况。2002~2003 年筑坝期间的土地利用变化强度明显高于其他两个时间段。

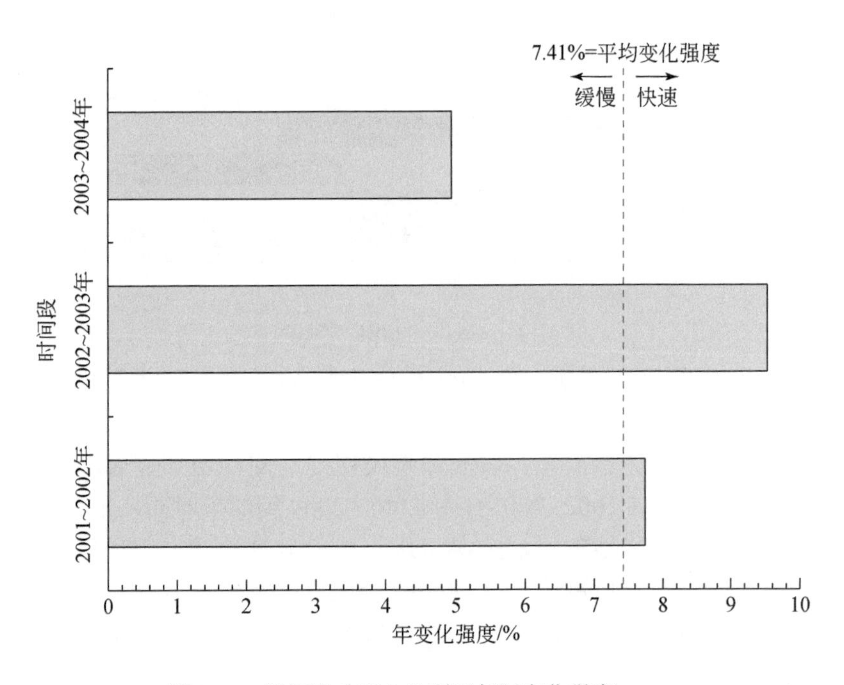

图 2-17 筑坝影响下土地利用年际变化强度

从图 2-18 可以看到 5 个土地利用类型在水坝建设期间的总体转换情况。2001~ 2002 年筑坝前时期，土地利用变化以耕地转为建设用地、林地转为建设用地和耕地为主，且该现象在 2002~2003 年和 2003~2004 年的筑坝中和筑坝后两个时期同样存在。在筑坝中和筑坝后两个时期，耕地和林地转为水体成为主导。从变化强度看，2002~2003 年和 2003~2004 年两个时间段在梯级水坝影响范围内的土地利用变化情况活跃，说明筑坝开始到结束期间对小流域土地利用变化强度的影响较大。

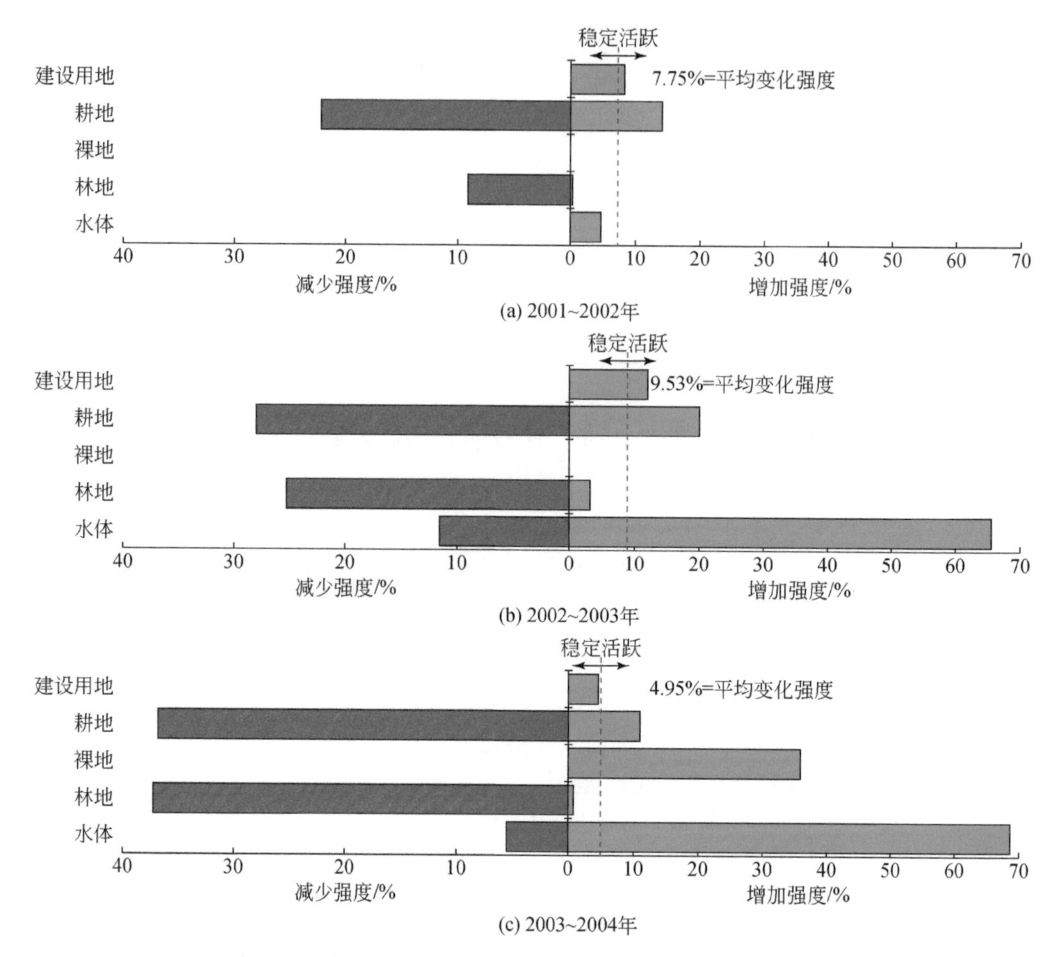

图 2-18　筑坝三个时间段雁石溪上游流域地类层次强度变化

在筑坝影响下，水体、裸地、耕地和建设用地的面积增加显著。对比三个研究时间段可见（图 2-18），水体在 2002~2003 年和 2003~2004 年两个时间段的面积增加强度较大，主要得益于水坝拦截；裸地的增加来源于水坝建设对林地的占用。另外，水体、林地和耕地面积在研究时段内有所减少。受到梯级水坝建设和建成后的拦截作用，河道变得狭窄，在河道的城区段面积有所减少。林地和耕地在城市化的进程中成为主要的土地流失源。

图 2-19 展示了雁石溪上游流域筑坝影响区域三个时间段的“转移模式”，揭示了强度分析转移层次的强度及面积变化。建设用地面积的增加主要来源于耕地、林地和水体。在 2002~2003 年（筑坝中）耕地至建设用地的转变量最大，且耕地转移至建设用地的强度在 2001~2004 年逐年增大；在 2001~2003 年，林地有避免转移至建设用地的趋势；在 2002~2004 年，水体至建设用地的转移具有倾向性。耕地的增加主要来源于林地且强度变化较为稳定，在 2002~2003 年转移面积最大。筑坝影响区内裸地的面积占比较小，变化也较少。林地面积的增加主要来源于耕地，在 2002~2003 年面积变化与转移强度最大。水体面积的增加主要来源于耕地，在 2001~2003 年（筑坝前和筑坝中）耕地至水体的转变具有

倾向性。从转变层次看，林地主要转为耕地和水体，也有部分转为建设用地；耕地主要转为水体，也有部分转为建设用地。建设用地面积的增加一方面是城市化的作用，还有一方

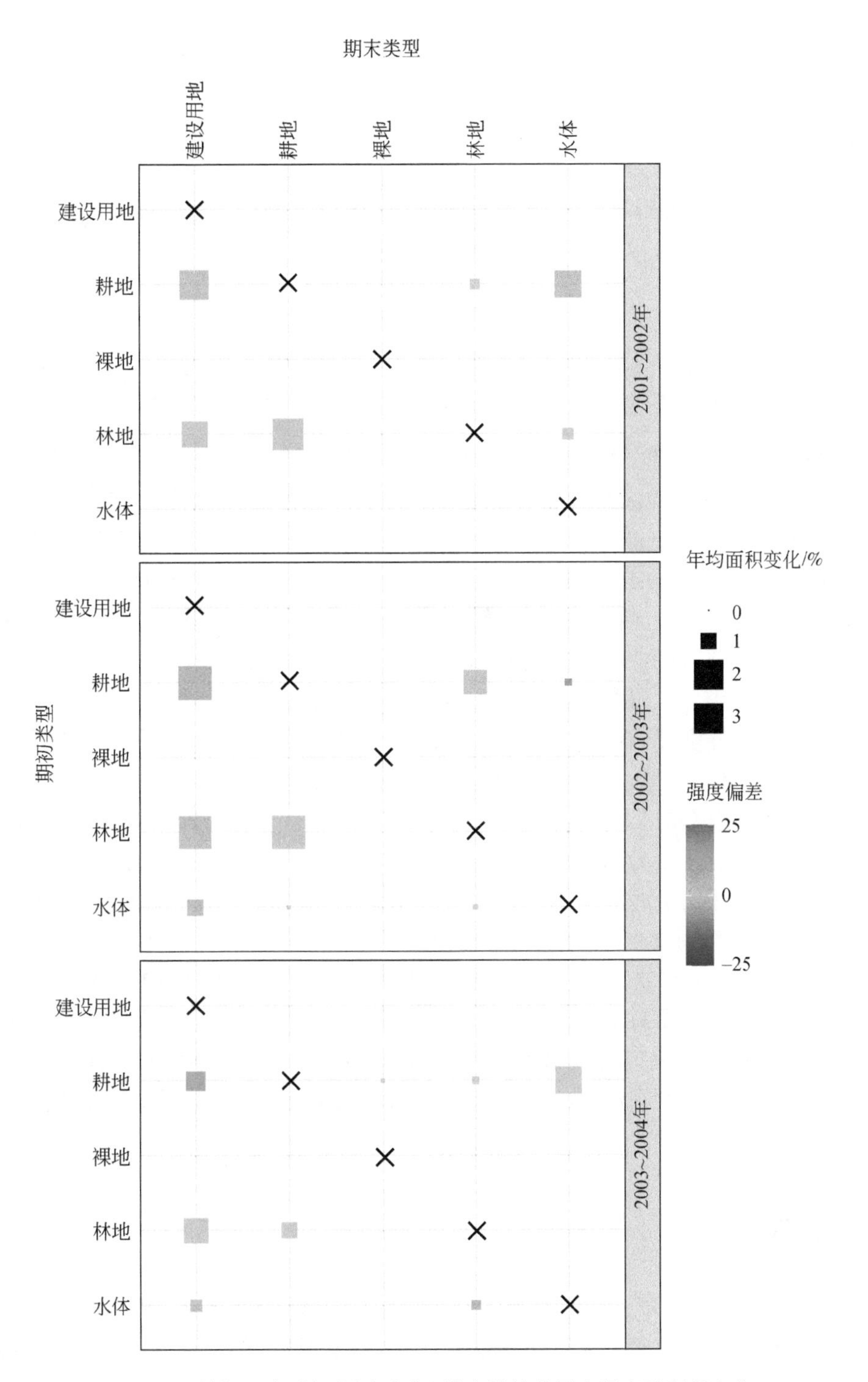

图 2-19 筑坝三个时间段雁石溪上游流域转移层次强度及面积变化

面是筑坝的需求。耕地被淹或转为建设用地的同时，也得到开垦。在城市化和筑坝的双重影响下，林地的损失最为明显。

2.2.4 小结

本节提出了监测筑坝前后小流域土地利用变化的方法，为流域筑坝的监测及可持续土地管理提供参考。筑坝期土地利用转变活跃，且耕地和林地面积的减少值得关注，在筑坝中和筑坝后两个时期，需加强监测河岸两侧土地利用动态变化，避免林地面积的减少加剧水土流失导致流域生态退化。筑坝时间过于集中则会使小流域的土地利用面积变化在短时间内发生强烈变化。

2.3 沿海城市海岸带内外土地利用变化过程与机制

自 1980 年以来，快速的城市化进程导致中国尤其是其沿海地区 LUCC 发生了显著的变化（Liu et al.，2014；Schneider and Mertes，2014）。多种方法被用来监测土地利用变化，其中强度分析方法（Aldwaik and Pontius，2012）近年来被广泛应用于定量分析加纳、澳大利亚、哥伦比亚、日本和中国等国家的土地利用变化过程。例如，Pontius 等（2008）应用该方法分析加纳国家保护区内外的土地转移情况，发现伐木是保护区内林地面积减少的主要原因，而农业活动是保护区外林地面积减少的主要原因；综合土地利用动态度是另一种广泛应用的分析方法。本研究以福建沿海城市——龙海为例，采用强度分析方法与综合土地利用动态度方法分别评估比较了龙海市域范围内海岸带内外两个区域的土地利用变化的模式与潜在过程的差异，以说明城海岸带内外区域城市化驱动强度的差异。

龙海是福建东南部的县级沿海城市（图 2-20），具有丰富多样的海洋生物资源，红树林保护区面积 5km^2，主要分布在南溪口沿岸和海门岛。龙海既具有传统的农业和水产养殖，又有经济开发区。评估龙海海岸带内外土地利用变化强度的差异，有助于加深理解城市化如何影响海岸带土地利用变化，对海岸带 / 沿海城市土地可持续管理具有指导意义。

本研究定义的“海岸带内部区域”是省道与海洋行政边界之间的 1346km^2 的区域，“海岸带外部区域”是不在沿海地区的 6711km^2 的区域。这两个区域都经历了快速城市化驱动下的土地利用变化，林地退化较为严重，但两个区域在地形上存在明显区别，“海岸带外部区域”山地较多，坡度超过 25° 的占其中的 80% 以上，而“海岸带内部区域”坡度超过 25° 的仅占 6%。

2.3.1 数据与方法

收集 1986 年、1996 年、2002 年和 2010 年的 Landsat TM/ETM+ 遥感影像资料开展解译以获取土地利用类型数据。表 2-10 描述了卫星图像的详细信息。这些陆地卫星图像来自地理空间数据云（http://www.gscloud.cn/）和美国地质调查局（http://eros.usgs.gov/）。

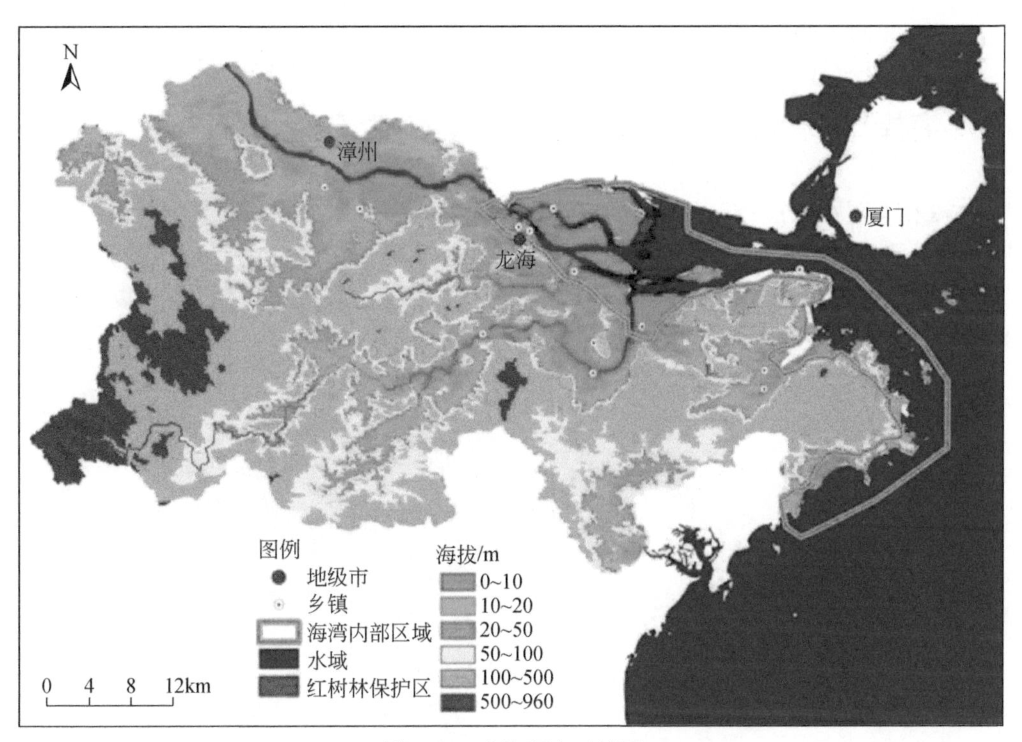

图 2-20 龙海研究区域图

通过执行地理配准、影像分类等步骤获取龙海四个年份的土地利用/土地覆被变化数据，进一步采用强度分析与综合土地利用动态度法监测龙海土地利用变化。

图 2-21 展示了 $[Y_t, Y_{t+1}]$ 期间各种强度和综合土地利用动态度的概念框架。“强度分析”转移层次将平均转移强度 W_{tj} 与每 j 列中相应的转移强度 R_{tij} 进行比较，以确定地类 i 转变为地类 j 是具有避免性还是倾向性。“强度分析”地类层次将平均变化强度 S_t 与减少强度 L_{ti} 以及增加强度 G_{tj} 进行比较，以确定该地类的增加与减少在给定时间间隔内是活跃的还是稳定的。单一土地利用动态度 N_{ti} 反映了地类 i 相对于时间间隔初始规模的年净变化。图 2-21

		期末地类					
		j=1	j=2	…	j=J	减少强度	土地利用动态度
期初地类	i=1	R_{t11}	R_{t12}	…	R_{t1J}	L_{t1}	N_{t1}
期初地类	i=2	R_{t21}	R_{t22}	…	R_{t2J}	L_{t2}	N_{t2}
期初地类	…	…	…	…	…	…	…
期初地类	i=J	R_{tJ1}	R_{tJ2}	…	R_{tJJ}	L_{tJ}	N_{tJ}
	平均转移强度	W_{t1}	W_{t2}	…	W_{tJ}		
	增加强度	G_{t1}	G_{t2}	…	G_{tJ}		
	时间间隔$[Y_t, Y_{t+1}]$内的所有地类					S_t	L_{t+}

图 2-21 土地利用强度与综合土地利用动态度在时间间隔 $[Y_t, Y_{t+1}]$ 的关系

表 2-10 Landsat 卫星影像数据

日期（年/月/日）	行列号	数据源	分辨率/m
1986/07/25	119，43	5 TM	30
1986/11/05	120，43	5 TM	30
1996/07/20	119，43	5 TM	30
1996/10/31	120，43	5 TM	30
2002/02/02	119，43	7 ETM+	15
2002/09/13	120，43	7 ETM+	15
2010/11/08	119，43	5 TM+	30
2010/10/30	120，43	5 TM+	30

右下角的 L_{t+} 是减少强度的总和。

2.3.2 海岸带内外区域土地利用总体变化情况

图 2-22 是龙海四个年份的土地利用类型变化图，以及每个时段的减少和增加。表 2-11 和表 2-12 分别为龙海市海岸带内部和外部区域的转移矩阵表。1986~2010 年，林地面积占海岸带外部区域面积的 63% 以上，水体面积占海岸带内部区域面积的 55% 以上。林地面积净减少，而建设用地面积净增加。耕地面积在海岸带外部区域的净增加率由 7% 上升至 13%，但在海岸带内部区域的净减少率由 10% 下降至 7%。

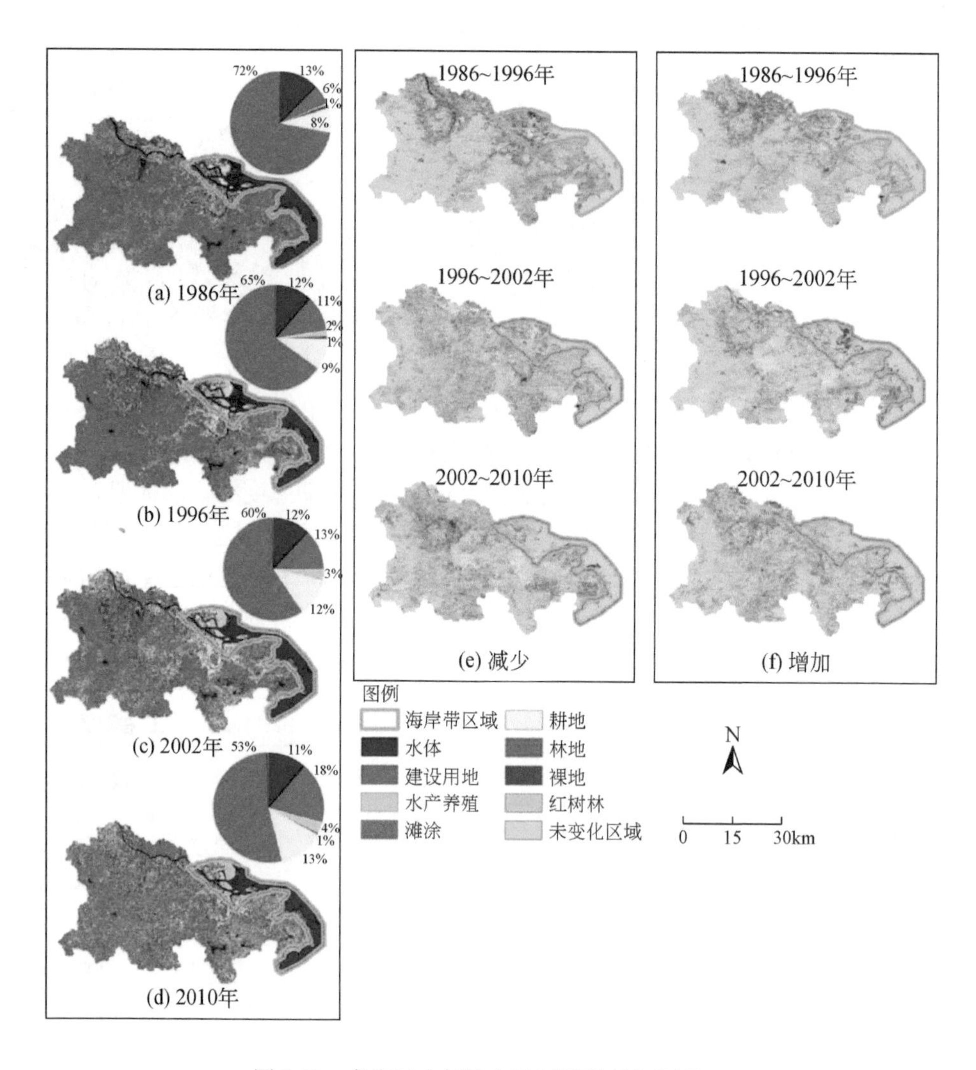

图 2-22 龙海四个年份土地利用类型变化图

（e）和（f）中的灰色区域指在时间间隔内土地利用未发生变化的区域，（a）~（d）中的左侧饼状图指各地类大于 0.5% 的面积占比

表 2-11　海岸带内部区域土地利用转移矩阵表　　（单位：%）

期初地类	期末地类						
	时间段	水体	建设用地	水产养殖	滩涂	耕地	林地
水体	1986~1996 年	52	1	2	2		1
	1996~2002 年	52	1	1		1	
	2002~2010 年	54	2	1	1		
建设用地	1986~1996 年	1	4	1		2	1
	1996~2002 年	1	8	1		1	1
	2002~2010 年		11	2		1	
水产养殖	1986~1996 年			2			
	1996~2002 年			6			
	2002~2010 年	1	1	9		1	
滩涂	1986~1996 年	2		1	4		
	1996~2002 年	5			1		
	2002~2010 年				1		
耕地	1986~1996 年	1	1	1		5	2
	1996~2002 年		4	3		3	1
	2002~2010 年		2	1		3	
林地	1986~1996 年	1	5			4	6
	1996~2002 年		2	1		4	
	2002~2010 年		2			1	3

注：表格空白值表示变化小于 0.5%。裸地与红树林面积变化均小于 1.5%。

表 2-12　海岸带外部区域土地利用转移矩阵表　　（单位：%）

期初地类	期末地类						
	时间段	水体	建设用地	水产养殖	滩涂	耕地	林地
水体	1986~1996 年	1					1
	1996~2002 年	2					
	2002~2010 年	2	1				

续表

期初地类	时间段	期末地类					
		水体	建设用地	水产养殖	滩涂	耕地	林地
建设用地	1986~1996 年		3			1	2
	1996~2002 年		6			1	4
	2002~2010 年		8			2	3
水产养殖	1986~1996 年						
	1996~2002 年						
	2002~2010 年			1			
滩涂	1986~1996 年						
	1996~2002 年						
	2002~2010 年						
耕地	1986~1996 年		1			2	4
	1996~2002 年		3			3	3
	2002~2010 年		2			5	5
林地	1986~1996 年	1	7			6	69
	1996~2002 年		3			9	63
	2002~2010 年		7			7	55

注：表格空白值表示变化小于 0.5%。裸地与红树林面积变化均小于 1.5%。

2.3.3 海岸带内外区域土地利用变化强度

图 2-23 显示了时间段层次强度分析的结果。在第一个时间段，海岸带外部区域的变化小于海岸带内部区域的变化；第二个时间段两个区域的变化相当，都是变化最快的时段；在第三个时间段，海岸带外部区域的变化大于海岸带内部区域的变化。

图 2-24 显示了不同土地利用类型变化层次强度分析的结果。由图 2-24 可见，海岸带内部区域在三个时间段土地利用变化表现为：耕地和林地两地类的减少强度，建设用地的增加强度都高于平均变化强度，最为活跃；裸地的增加与减少都呈活跃的状态，与其面积比例小有关，微小的变化就容易导致较大的变化强度。类似地，海岸带外部区域在三个时间段土地利用变化表现为：建设用地、耕地两种地类变化较为活跃，两种地类增加或减少的面积大；裸地变化强度较大，但面积变化较小。海岸带内部区域和外部区域的主要相似之处在于，两个地区都经历了林地和耕地的大量减少以及建设用地的显著增

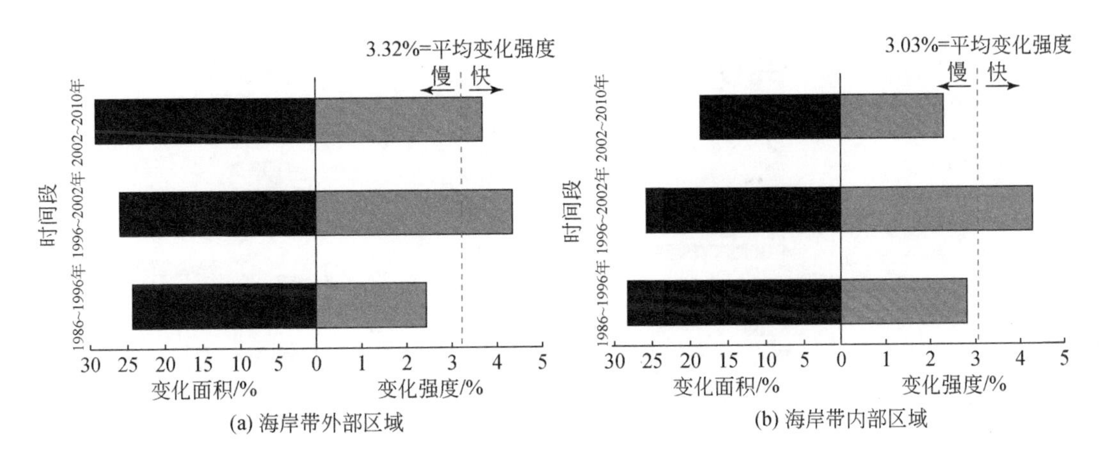

图 2-23 三个时间段层次强度分析

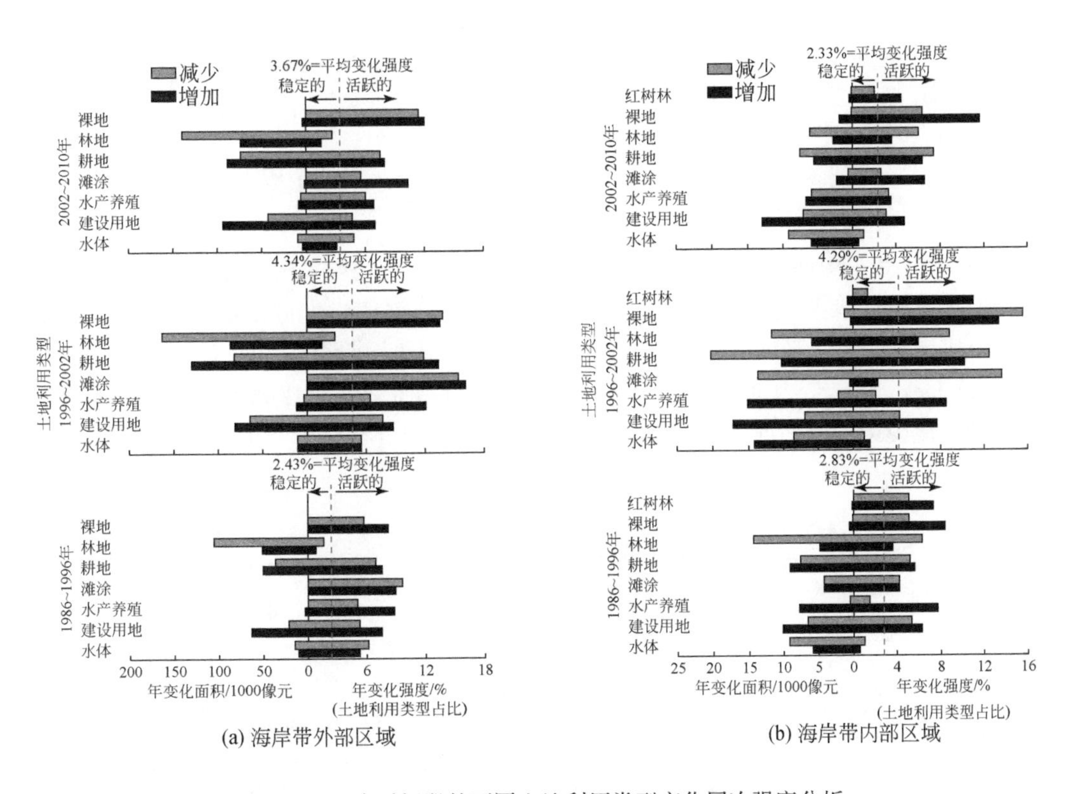

图 2-24 三个时间段的不同土地利用类型变化层次强度分析

加；主要区别在于海岸带外部区域不存在红树林，水产养殖面积也远少于海岸带内部区域。

图 2-25 给出了强度分析转移层次之建设用地增加的模式。由图 2-25（a）可见，在三个时间段，海岸带内外区域建设用地面积的增加都主要来自林地和耕地，而海岸带内部区域建设用地面积的增加还有部分来自水体 [图 2-25（b）]，尤其是 2002~2010 年，这反映了龙海海岸带内部区域近年来围填海过程的加剧。

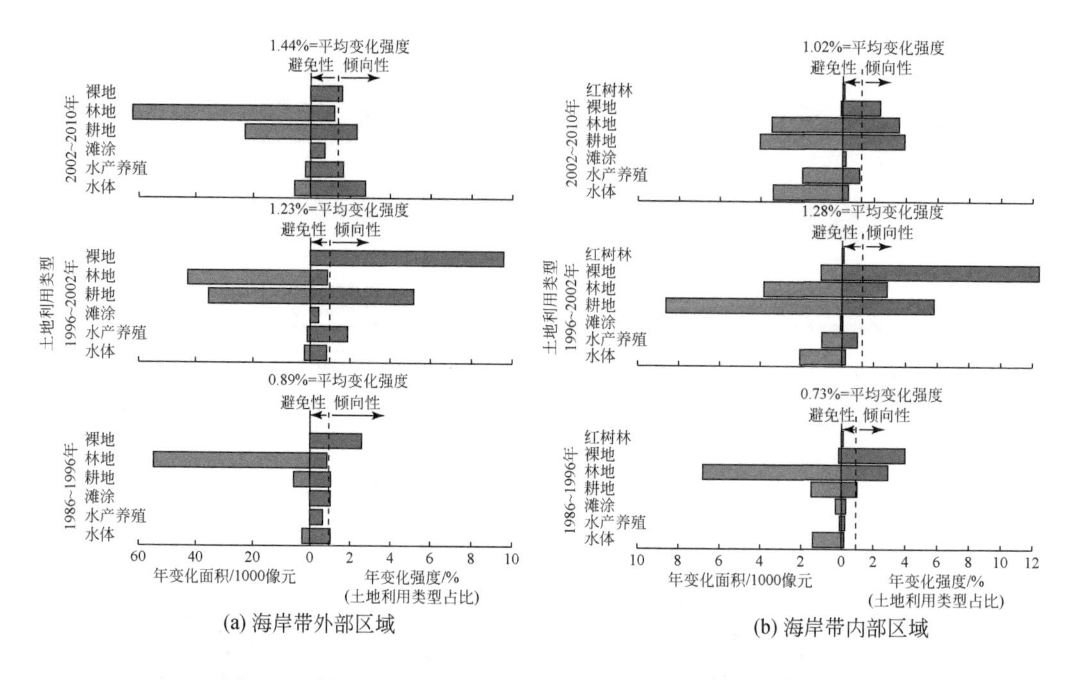

(a) 海岸带外部区域 (b) 海岸带内部区域

图 2-25 转移层次强度分析（建设用地面积增加来自的地类）

图 2-26 给出了转移层次之耕地增加的模式，在三个时间段，海岸带内外区域的农业用地面积的增加都主要来自林地。从年变化强度来看，在海岸带外部区域，林地通常避免性地转变至耕地，而海岸带内部区域则相反，在三个时间段，耕地面积的增加趋向占用林地。值得一提的是，海岸带内部区域，在三个时间段（尤其是 1986~1996 年）都存在耕地面积的增加来自建设用地的情况 [图 2-26（b）]，这或与图像分类误差有关。

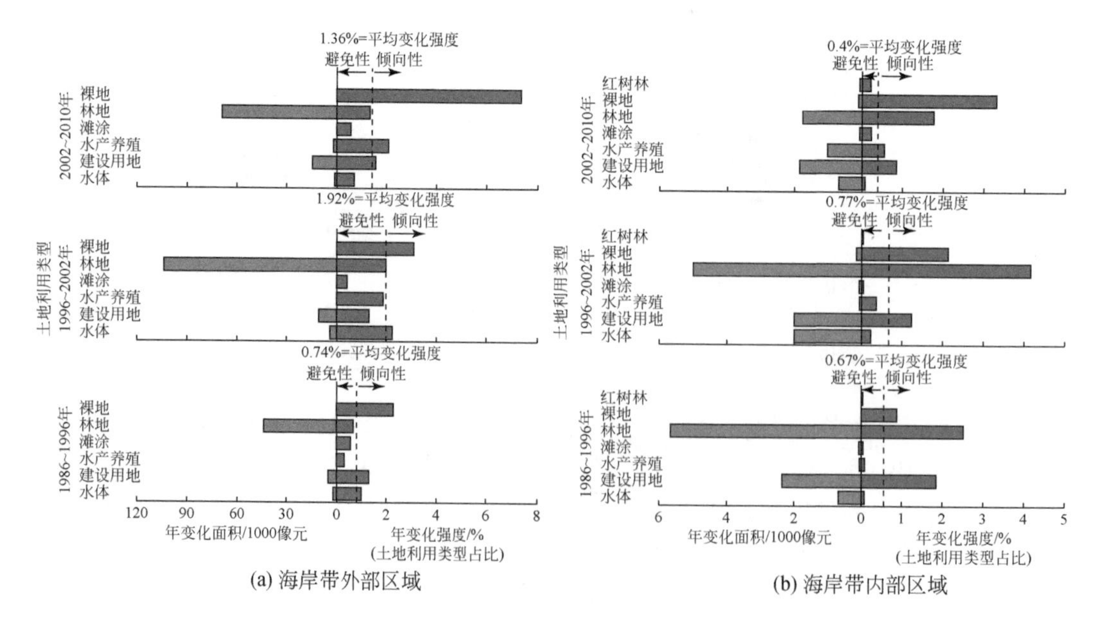

(a) 海岸带外部区域 (b) 海岸带内部区域

图 2-26 耕地收益的转移层次强度分析（耕地面积增加来自的地类）

2.3.4 海岸带内外区域综合土地利用动态度

表 2-13 比较了龙海海岸带内外区域三个时间段年变化比例与综合土地利用动态度（CLUDD）。由表 2-13 可见，在三个时间段，海岸带外部区域综合土地利用动态度都高于内部区域，这不同于年变化比例。

表 2-13 年变化比例与 CLUDD

项目	1986~1996 年		1996~2002 年		2002~2010 年	
	外部	内部	外部	内部	外部	内部
年变化比例 /%	2.4	2.8	4.3	4.3	3.7	2.3
CLUDD	41	30	64	60	43	32

表 2-14 列出了海岸带内外三个时间段各地类的单一土地利用动态度，其中 11 个数值大于 13%。这 11 个数值都来自占该区域不到 2% 的地类，这意味着每个高单一土地利用动态度是少量变化除以小分母的结果。此外，表 2-14 显示 28 个数值处于 −6%~6%，但具有较小动态度的那些地类占每个区域中每个时间段变化的一半以上。此外，所有地类都同时经历损失和增加，但单一土地利用动态度反映净变化，即增加量减去损失量。单一土地利用动态度有助于比较净变化的地类强度，但单一土地利用动态度并未显示每个地类如何对

表 2-14 单一土地利用动态度 （单位：%）

地类	1986~1996 年		1996~2002 年		2002~2010 年	
	外部	内部	外部	内部	外部	内部
水体	−2	0	0	1	−2	−1
建设用地	10	3	2	6	5	3
水产养殖	30	26	21	13	2	0
滩涂	−6	0	19	−13	29	9
耕地	3	1	7	−6	1	−2
林地	−1	−4	−1	−4	−1	−3
裸地	14	20	−1	−11	16	72
红树林		22		29		4

整体变化做出贡献。相比之下，图 2-24 中每个图的左侧显示，强度分析结果揭示了每个地类如何对整体变化做出贡献。

2.3.5 强度分析与综合土地利用动态度的分析结果对比

与 CLUDD 相比，强度分析能更加深入地揭示土地变化的潜在过程，主要是因为强度分析能以较为直观的图像形式展示三个分析层次中变化的大小和强度。相比较而言，CLUDD 不是特别有助于理解土地变化的模式，因为其缺乏明确的解释，而单一土地利用动态度不能计算每个地类的减少、增加和净变化量。

在所有时间段内，海岸带外部区域的综合土地利用动态度均大于海岸带内部区域的，主要是因为海岸带外部区域有一些小地类，导致公式中分母变小，则 CLUDD 变大。图 2-27 结果将最大减小强度与最小减小强度进行对比。例如，裸地在各个时间段内的减少强度最大，但裸地在任何时间点都占任何一个区域面积不超过 1%。这解释了小地类如何对 CLUDD 产生较大影响，以及 CLUDD 为何不能指示年变化比例。此外，图 2-27 表明林地在海岸带外部区域的所有地类三个时间段内面积减少最大，但是减小强度最小，因此林地的大量减少对海岸带外部区域的 CLUDD 没有太大贡献。CLUDD 主要指示一个区域是否有一些大的地类面积变化强度，但是较大的强度通常来自面积占比较小的地类。此外，难以将海岸带外

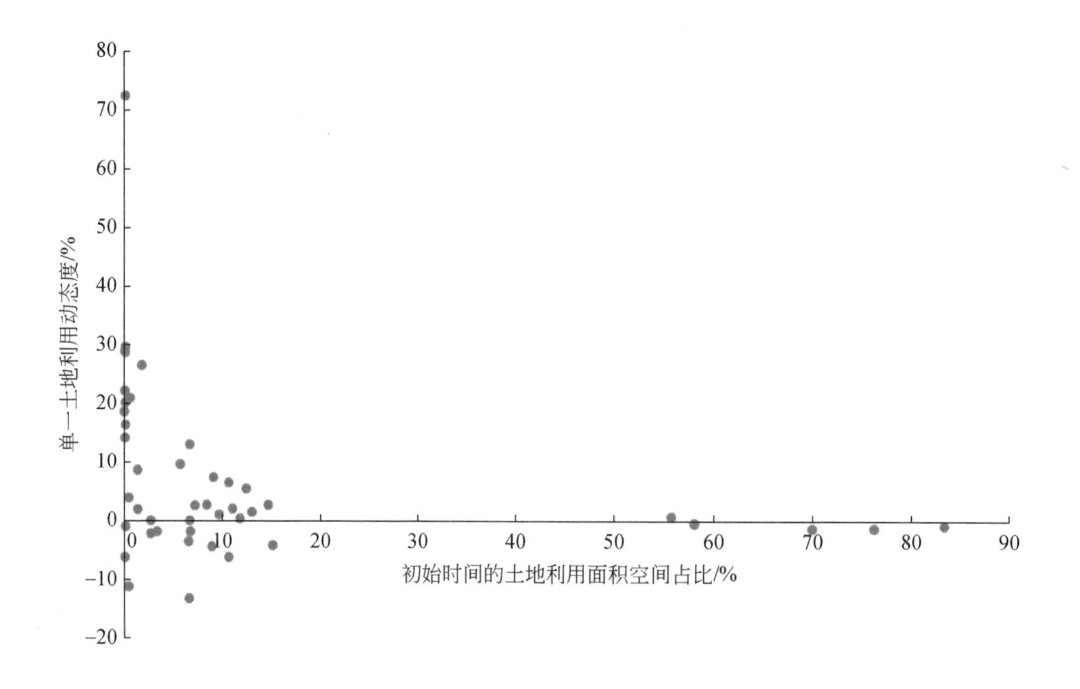

图 2-27 表 2-14 中的单一土地利用动态程度与初始时类别大小的关系

每个点是特定区域特定时间段内的一个地类；年度净变化按初始时间土地利用面积空间占比计算

部区域的CLUDD与海岸带内部区域的CLUDD进行比较，因为海岸带外部区域有7种地类，而海岸带内部区域有8种地类，海岸带内部区域比外部区域多了红树林这一地类。因此，海岸带外部区域的CLUDD是7种地类减小强度的总和，而海岸带内部区域的CLUDD是8种地类减小强度的总和。

单一土地利用动态度对地类的大小较为敏感。图2-27表明在初始时间面积占比最大的地类的CLUDD趋于零，而在初始时间面积占比较小的地类的CLUDD最大。原因是初始时的CLUDD大小与地类的单一动态度计算公式中的分母大小有关。

区域内包含大量稳定的地类会影响强度分析和土地利用动态度的变化。水体是海岸带内部区域较为稳定的地类，根据强度分析的地类层次均发现水体在研究的大部分区域中处于稳定的状态。图2-24表示海岸带内部区域的水体变化较为稳定，海岸带边界是人为划分的边界，因此这种判断较为武断。在测量沿海地区土地利用变化时，研究者们没有明确规定在空间范围内水体面积的大小。如果区域内水体面积较大，那么总体年变化比例和水体的单一动态度将会降低。如果区域内水体面积较小，则总体年变化比例和水体的单一动态度将增加。同样地，林地是海岸带外部区域另一个稳定的地类。现有研究对海岸带范围的界定尚未统一，但无疑边界的人为设定会影响土地利用变化的比较。例如，图2-23中的平均线显示海岸带外部区域的年变化比例在相同时间段内大于海岸带内部区域，但其中一个原因是海岸带内部区域存在大量的水体。比较跨区域的年变化比例具有一定的挑战性。因此，研究者们更需要关注某地类相对于其他地类的强度，而不仅仅是地类的平均强度。区域中若包含较为稳定的地类则该地类的平均强度较低，但不会影响其他地类的强度。

2.3.6 影响土地利用变化模式的潜在过程与驱动因素

人口增加和经济发展驱动着区域土地利用变化（Lambin et al.，2001；Schneider and Mertes，2014）。图2-28展示了龙海海岸带内外区域在四个年份的人口数量和经济产值。由图2-28可见，海岸带内外两区域的总人口一直在增加，而海岸带内部区域的农村人口数量相对稳定。在这两个区域，1996~2010年，工业产值占经济产值的比例越来越大。社会经济发展与图2-23结果中的土地变化之间没有明显的联系。在龙海市的土地利用变化中，第二个时间段的土地变化是三个时间段中最快的。Quan等（2015）在1995~2000年、2000~2005年和2005~2010年对泉州进行了类似的研究，结果发现第二个时间段的土地变化最快，但人口增长速度不是最大的。泉州和龙海均为东南沿海城市，与深圳和东莞等大城市相比，它们的人口增长速度相对缓慢。表2-14展示了龙海三个时间段内建设用地的单一土地利用动态度，海岸带外部区域变化在2%~10%，海岸带内部区域变化在3%~6%，而深圳和东莞的单一土地利用动态程度范围在4%~21%（Chen et al.，2014）。

1986~1996年，海岸带外部区域的耕地不断增加，但在海岸带内部区域则逐渐减少。国家农业政策是影响耕地变化的重要因素。家庭联产承包责任制是在20世纪70年代末制定的，并在80年代初期在福建省广泛传播。这项政策极大地刺激了当地农民的农业生产活动。自1994年以来，国家和地方政府提出了一系列政策法规在一定程度上刺激了龙海农

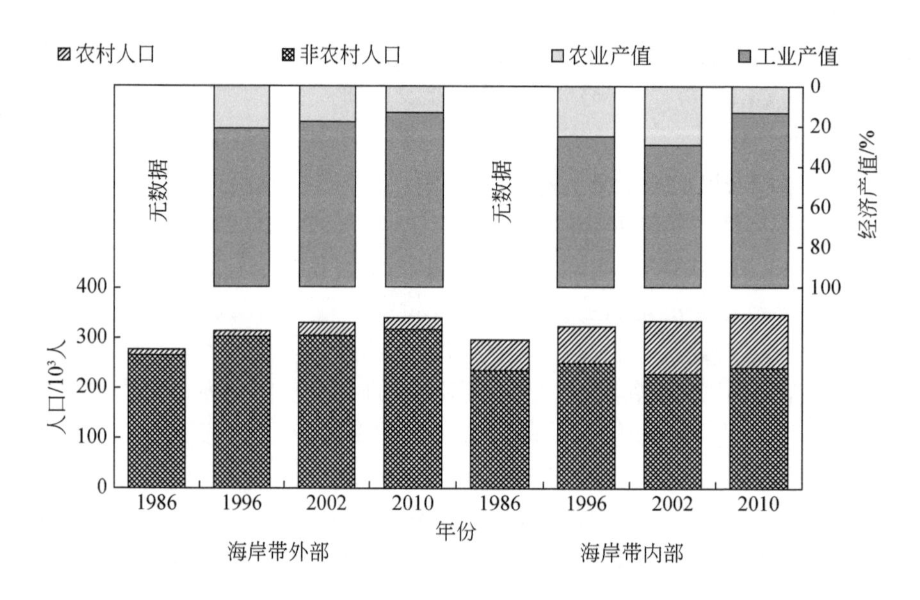

图 2-28 龙海人口及工农业产出构成

业集约化。此外，有利的气候条件和地理位置有助于持续维持龙海农业发展（Huang J L et al.，2012）。

城市扩张是中国东部沿海地区耕地流失的主要原因之一（Seto and Fragkias，2005；Liu et al.，2013）。龙海建设用地的增加主要来自农田。历史上农业活动一直位于平原区域，如果建设用地在空间上扩展，其结果很可能就是占用耕地。这解释了龙海海岸带两个区域的三个时间段内，建设用地的增加都来源于耕地。龙海建设用地的增加倾向于耕地而避免于林地，这些发现类似于九龙江流域的研究结果（Huang and Klemas，2012；Zhou et al.，2014）。

与龙海海岸带外部区域相比，海岸带内部区域空间有限，开发需求更为迫切。围填海是人类在沿海地区使用海洋的常用方式，可为工业化和城市化提供空间，这解释了龙海海岸带内部区域的建设用地部分来源于水体。

强度分析结果表明，建设用地和耕地的增加避免占用红树林，佐证了近年来龙海红树林得到有效保护：1986 年九龙江口通过建立龙海市省红树林自然保护区等措施来保护红树林；在福建省政府的支持下，龙海红树林保护区的范围从 1988 年的 200hm^2 扩大到 2006 年的 420hm^2。但与此同时，在 20 世纪 80 年代中期，沿海地区也建造了码头和养殖区，这在一定程度上可解释水产养殖地类在 1986~1996 年的高土地利用动态度。

海岸带内外两区域都经历了耕地的大量减少。无地农民的生计已经成为快速城市化背景下我国沿海地区的重要议题。鉴于沿海城市耕地面积的大量增加，未来的复垦和城市化应该考虑农民利益，谨慎看待海岸带地区耕地大量转移成建设用地的现状。城市化驱动下，龙海林地和耕地正逐渐被建设用地侵占，菲律宾马尼拉、泰国曼谷也有类似报道。

2.3.7 小结

通过龙海的案例研究，发现综合土地利用动态度可反映研究区占比较小地类的变化，而忽略了大部分其他地类的变化。单一土地利用动态度则需要给出更详细的解释说明。与土地利用动态度方法相比，强度分析能揭示潜在的土地利用变化过程。时段层次的强度分析表明，在龙海海岸带内外两个区域，第二时间段的土地利用整体变化最快，这是综合土地利用动态度未能说明的；地类层次强度分析结果表明，海岸带内外两区域的林地和耕地面积的减少最显著，而建设用地面积的增加最显著，海岸带内部区域的红树林和水产养殖面积也明显增加；转移层次强度分析表明，建设用地的增加主要来自林地和耕地，另外海岸带内部区域的围填海过程使得其建设用地还有部分来自水体。

2.4 闽江流域土地利用变化过程

闽江流域是我国东南沿海第一大流域，也是福建省的母亲河，位于 116°23′E ~ 119°35′E 和 25°23′N ~ 28°16′N（图 2-29）。流域地形西高东低，由西北向东南呈现阶梯下降，流域自西向东汇入东海，干流全长 541km，流域覆盖面积达到 60 992 km^2，约占福建省土地面积的一半。闽江流域属于亚热带海洋季风气候 ，气候温暖适宜，年均气温为 18~20℃，年均降水量为 1600~1800 mm；土壤类型主要有 18 类，其中主要类型为典型强淋溶土、土垫旱耕人为土和腐殖质强淋溶土；闽江流域可划分为上、中、下游，福建省南平市延平区以上为上游地区，包括建溪、富屯溪、沙溪三大子流域，中游地区从延平区至水口，水口以下为下游，水口以下的下游河道流经省会福州入海。闽江流域干流和六大支流的出水口以上面积按照下列顺利递减：竹岐、建溪、富屯溪、沙溪、大樟溪、尤溪和古田溪；闽江是南平、三明和福州三地市超过 1200 万人的饮用水源地，对于区域经济发展和生产生活具有巨大影响，对福建省的水环境安全至关重要。

基于 1985~2014 年闽江流域九期遥感影像数据的解译结果，采用强度分析方法，着重剖析了 1985~2014 年城市化驱动下的闽江流域主要土地利用变化过程。研究结果为第 6 章闽江流域土地利用变化的水土流失效应评估提供了基础。

2.4.1 数据与方法

本研究采用的遥感影像数据来自美国陆地卫星 4 号（Landsat 4）、美国陆地卫星 5 号（Landsat 5）、美国陆地卫星 8 号（Landsat 8）。卫星遥感数据的基本信息如表 2-15 所示。

考虑到研究区域尺度及具体需要，闽江流域研究区所选用的遥感影像数据重采样至统一的分辨率 30m。收集到的遥感影像已经过辐射校正和几何粗校正，进一步开展以地面控制点为依据的几何精校正。投影坐标系统选取横轴墨卡托 – 克拉索夫斯基投影和 UTM-WGS84 坐标系，中央精度 180°。

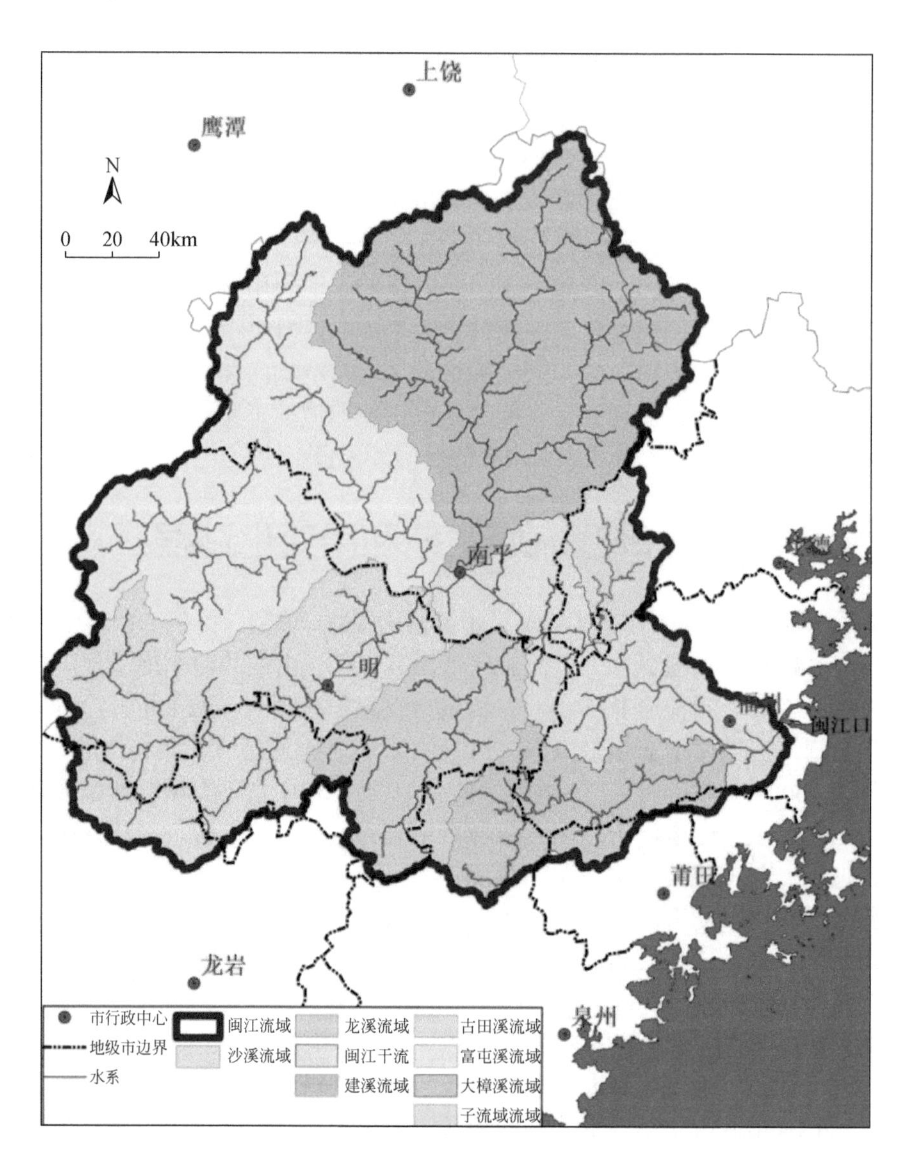

图 2-29 闽江流域研究区域图

进行遥感图像解译首先需要选取适合于本研究的遥感图像分类体系。本研究中土地利用和覆被类型包括林地、农业用地、建设用地、水体和裸地 5 类。遥感影像利用 ERDAS 9.3 软件执行非监督分类后，结合遥感影像的颜色、纹理、形状等特征或波段组合，配合高分辨率的谷歌卫星地图，判断不同土地利用类型的影像特征，建立目视解译判读标志，以便分辨不同的土地利用 / 土地覆被类型。表 2-16 为闽江流域遥感解译判别标志。

本研究采用“分层分类”结合“后退式”方法提取 1985~2014 年九期的流域土地利用数据。基于光谱特征分类方法，运用交互式拉伸、ISODATA 聚类算法和再分类相结合的方法解译 2014 年遥感影像，获取土地利用 / 覆被数据。首先，本研究在 ENVI 软件里运用交互式拉伸选择影像第 3 波段和第 5 波段的阈值，分别提取出包含植被、不透水地表和水体

表 2-15 闽江流域遥感影像数据来源

年份	行列号	时间（年 / 月 / 日）	数据源	分辨率 /m
1985	（119，41）	1987/09/14	Landsat 4 （TM）	60
	（119，42）	1983/11/30	Landsat 4 （TM）	60
	（120，41）	1988/10/10	Landsat 4 （TM）	60
	（120，42）	1988/07/15	Landsat 4 （TM）	60
1990	（119，41）	1990/07/02	Landsat 5 （TM）	30
	（119，42）	1989/06/15	Landsat 5 （TM）	30
	（120，41）	1989/11/29	Landsat 5 （TM）	30
	（120，42）	1989/11/29	Landsat 5 （TM）	30
1995	（119，41）	1995/12/09	Landsat 5 （TM）	30
	（119，42）	1995/12/09	Landsat 5 （TM）	30
	（120，41）	1995/02/02	Landsat 5 （TM）	30
	（120，42）	1995/09/27	Landsat 5 （TM）	30
2000	（119，41）	2010/04/24	Landsat 5 （TM）	30
	（119，42）	2010/04/24	Landsat 5 （TM）	30
	（120，41）	2010/10/03	Landsat 5 （TM）	30
	（120，42）	2010/10/03	Landsat 5 （TM）	30
2002	（119，41）	2002/10/22	Landsat 7 （ETM+）	15
	（119，42）	2002/03/07	Landsat 7 （ETM+）	15
	（120，41）	2002/10/08	Landsat 7 （ETM+）	15
	（120，42）	2002/10/08	Landsat 7 （ETM+）	15
2003	（119，41）	2003/12/15	Landsat 5 （TM）	30
	（119，42）	2003/12/15	Landsat 5 （TM）	30
	（120，41）	2003/10/19	Landsat 5 （TM）	30
	（120，42）	2003/10/19	Landsat 5 （TM）	30
2004	（119，41）	2004/10/05	Landsat 5 （TM）	30
	（119，42）	2004/10/12	Landsat 5 （TM）	30
	（120，41）	2004/10/05	Landsat 5 （TM）	30
	（120，42）	2004/10/05	Landsat 5 （TM）	30
2010	（119，41）	2010/04/24	Landsat 5 （TM）	30
	（119.42）	2010/04/24	Landsat 5 （TM）	30
	（120，41）	2010/10/03	Landsat 5 （TM）	30
	（120，42）	2010/10/03	Landsat 5 （TM）	30
2014	（119，41）	2014/07/22	Landsat 8 （OLI）	30
	（119，42）	2014/01/27	Landsat 8 （OLI）	30
	（120，41）	2014/01/18	Landsat 8 （OLI）	30
	（120，42）	2014/01/18	Landsat 8 （OLI）	30

的波谱影像，然后运用软件 ERDAS 9.3，将提取的植被、不透水地表和水体的三幅影像进行 ISODATA 聚类，根据此方法和研究区域的实际情况，植被、不透水地表和水体三幅影像分别被分为 150 类、120 类和 30 类。

表 2-16　闽江流域遥感解译判别标志

土地类型	林地	农业用地	建设用地	水体	裸地
判别标志					

经过 ISODATA 分类处理后的三个图层，根据人工判别、判别标志、Google Earth 和其他辅助 GIS 数据，将每一类都划分至分类标准的一类。接着对划分后的土地利用类型进行人工屏幕编辑，用以修正分类结果。对植被、水体和不透水层三个图层分类后的图层进行修正，再进行融合和归并，得到 2014 年土地利用分类图，主要操作步骤如图 2-30 所示。

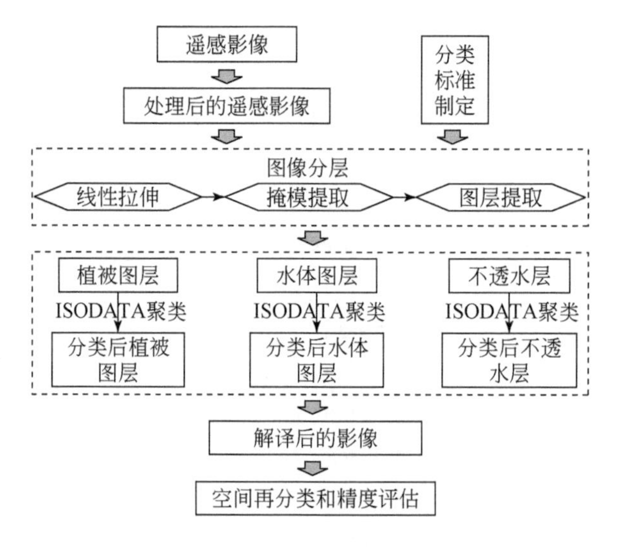

图 2-30　分层分类法流程

探究土地利用变化过程中，最常采用的生成多时相土地利用类型图的方法是分别单独对不同年份的遥感影像图进行分类。但是，这种方法由于不同年份土地利用分类图存在空间上的不重合，在进行土地利用矩阵转移分析的时候出现虚假的转移变化。而采用“后退式”的方法可以大大降低这种虚假转移的出现概率。运用“后退式”分类方法生成土地利用类型图的方法主要包括两步：首先是生成流域 2014 年的土地利用类型图；其次是以 2014 年的土地利用类型图为基础图层，叠加到 2010 年的遥感影像图像，通过目视判读对比发现两个年份之间的变化，对 2014 年的土地利用类型图进行人工屏幕编辑，修正分类结果，从而得到 2010 年闽江流域土地利用类型图。重复上述方法和步骤，得到其他七个年份的流域土地利用类型图。

采用分层随机采样的方法对解译好的遥感影像进行精度评估。选取 256 个随机的像元，对每个像元进行人工判定解译结果，最后得到闽江流域 1985~2014 年 9 期遥感影像解译结果的精度。其中，闽江流域研究区影像解译结果的平均精度为 86.33%，满足本研究 LUCC 分析对数据的精度要求。进一步采用强度分析方法来检测城市化驱动下的流域土地利用变化过程。具体方法描述同 2.1 节。

2.4.2 闽江流域土地利用总体变化情况

图 2-31 为根据上述方法解译得到的闽江流域 1985~2014 年土地利用类型图，表 2-17 为 1985~2014 年闽江流域林地、水体、裸地、建设用地和农业用地的比例。闽江流域研究区在 1985~2014 年土地利用类型发生了明显的变化，其主要特点为：①流域的土地利用类型以林地为主，占 76%~80%，林地面积先减少再增加：由 1985 年的 79.90% 下降到

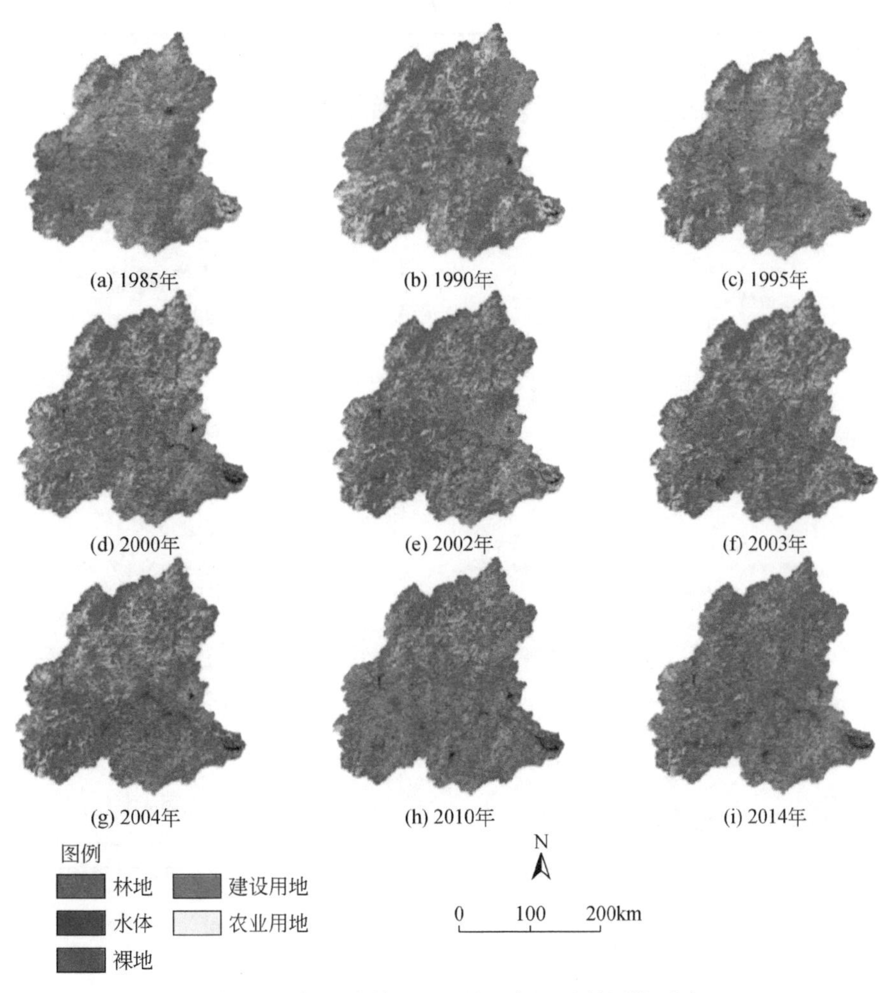

图 2-31 闽江流域 1985~2014 年土地利用类型图

2000 年的 76.32%，而 2002~2014 年受国家“退耕还林”等政策的影响，呈现出了逐渐增加的趋势；②随着城市化的进程，建设用地面积逐年增加，尤其是 1985~2000 年增加速度明显较快，从 0.96% 增加到 4.28%，增加了 3.32%，而随后的 2000~2014 年增速有所下降，从 4.28% 增加到 2014 年的 6.40%，整体增加了 2.12%；③农业用地面积除了在 1985~1990 年有少量增加，而随后其面积逐年减少，但总体变化趋势较为平缓。

表 2-17　闽江流域土地利用类型比例　（单位：%）

土地利用类型	1985 年	1990 年	1995 年	2000 年	2002 年	2003 年	2004 年	2010 年	2014 年
林地	79.90	79.27	77.57	76.32	78.08	78.97	79.09	79.65	79.91
水体	0.78	0.86	0.83	1.71	1.20	1.20	1.08	1.35	1.09
裸地	1.00	1.14	1.29	1.50	1.85	1.85	1.65	1.47	1.44
建设用地	0.96	1.10	2.59	4.28	4.72	4.72	5.09	5.59	6.40
农业用地	17.37	17.75	17.72	16.19	14.14	13.28	13.10	11.94	11.17

2.4.3　闽江子流域土地利用转移层次强度分析

闽江六大子流域土地利用转移层次的强度分析结果如图 2-32~ 图 2-37 所示。

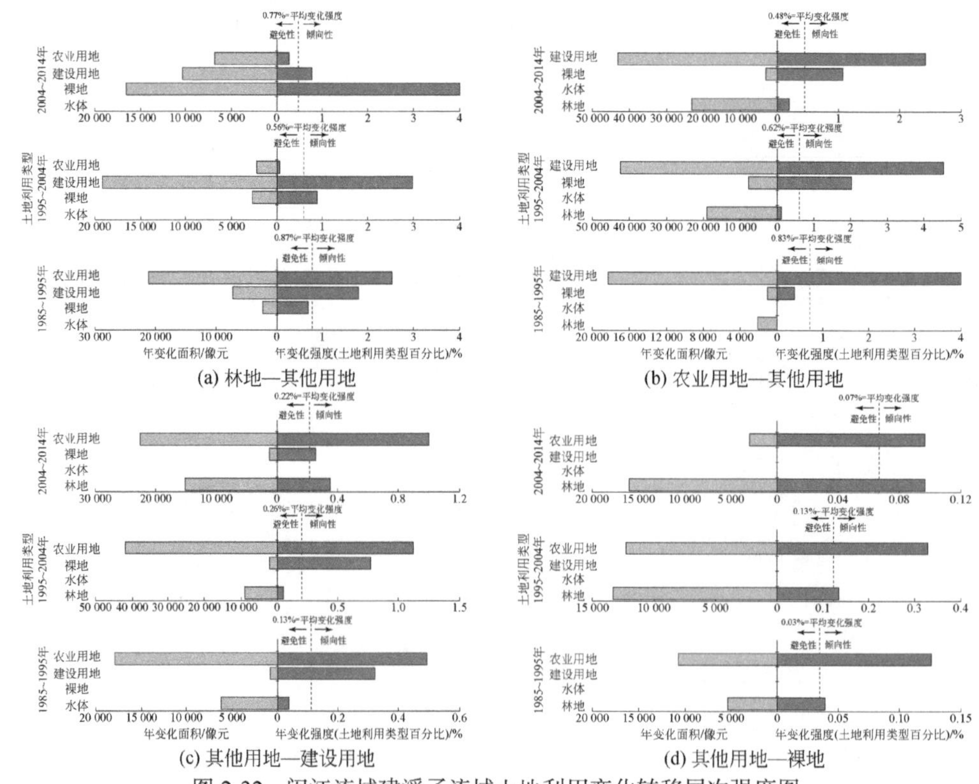

图 2-32　闽江流域建溪子流域土地利用变化转移层次强度图

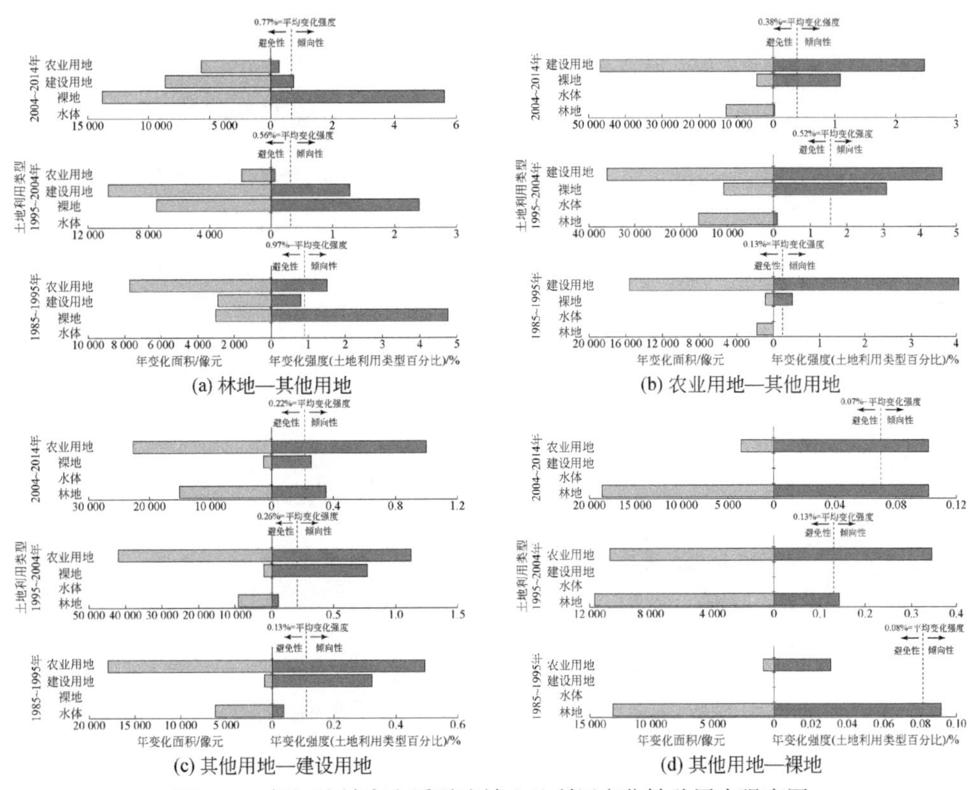

图 2-33 闽江流域富屯溪子流域土地利用变化转移层次强度图

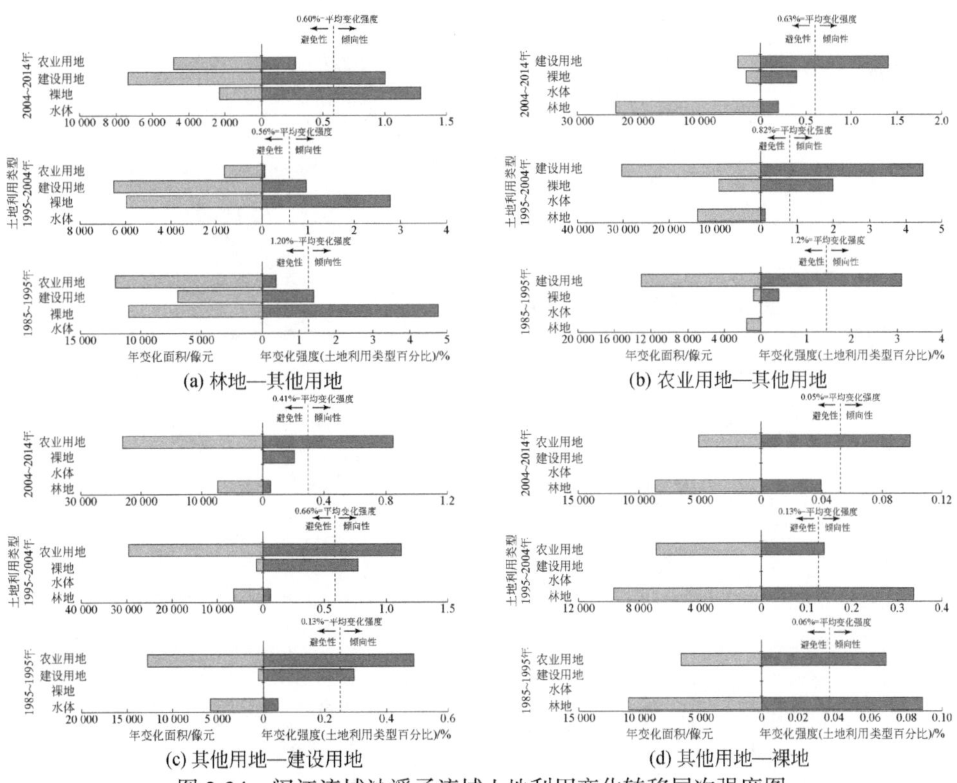

图 2-34 闽江流域沙溪子流域土地利用变化转移层次强度图

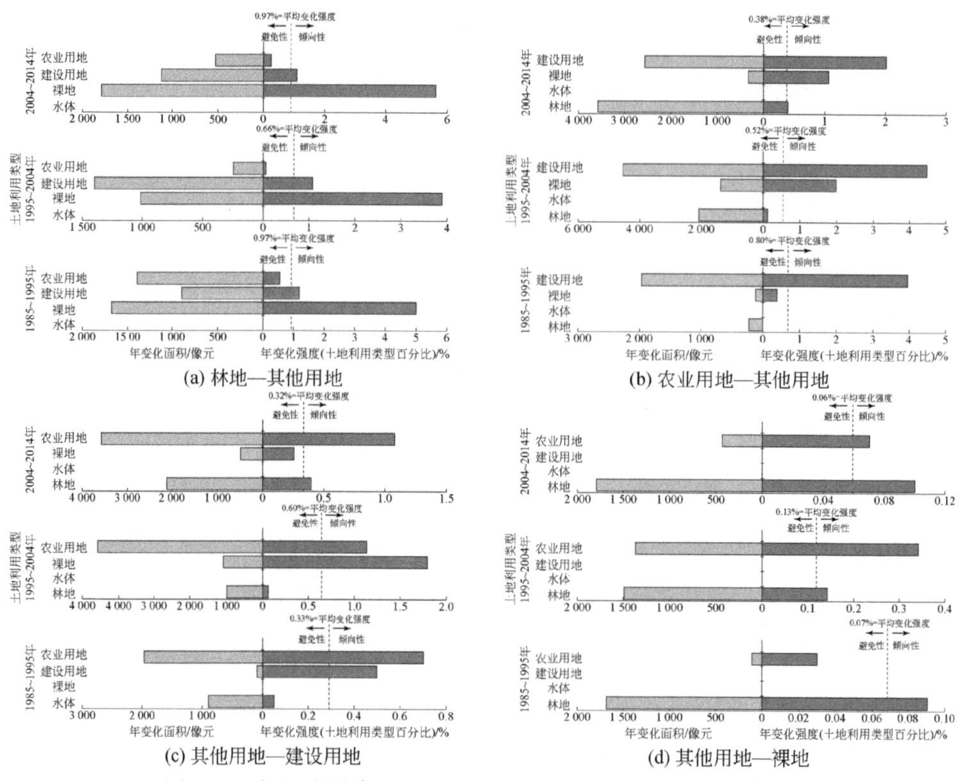

(a) 林地—其他用地　(b) 农业用地—其他用地

(c) 其他用地—建设用地　(d) 其他用地—裸地

图 2-35　闽江流域古田溪子流域土地利用变化转移层次强度图

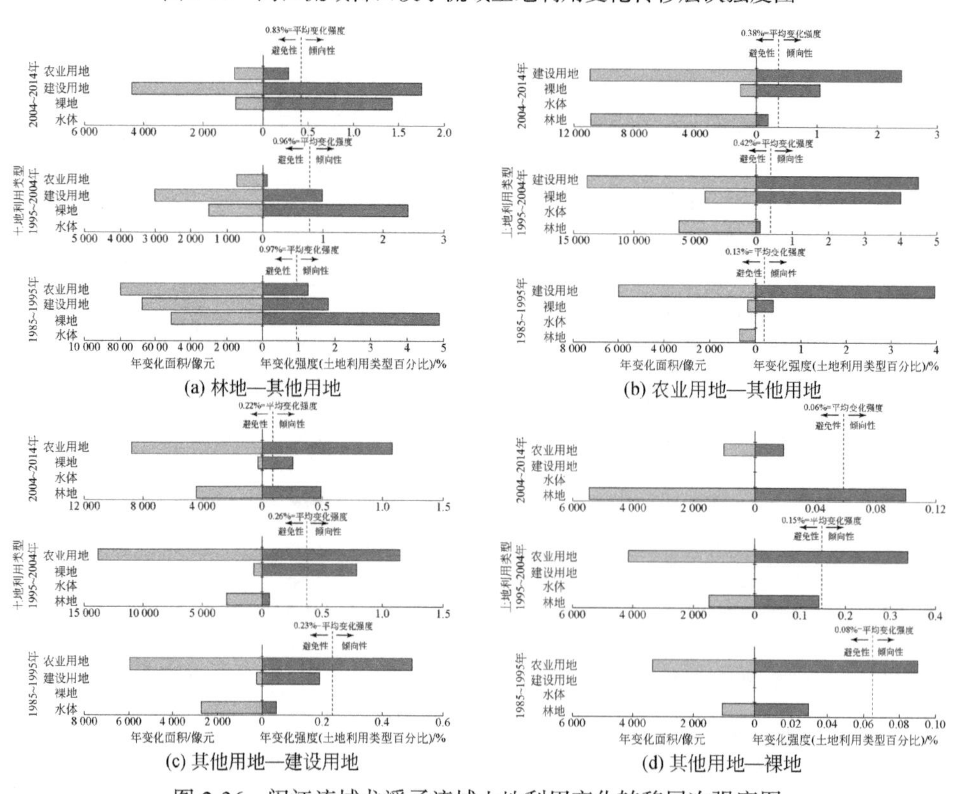

(a) 林地—其他用地　(b) 农业用地—其他用地

(c) 其他用地—建设用地　(d) 其他用地—裸地

图 2-36　闽江流域尤溪子流域土地利用变化转移层次强度图

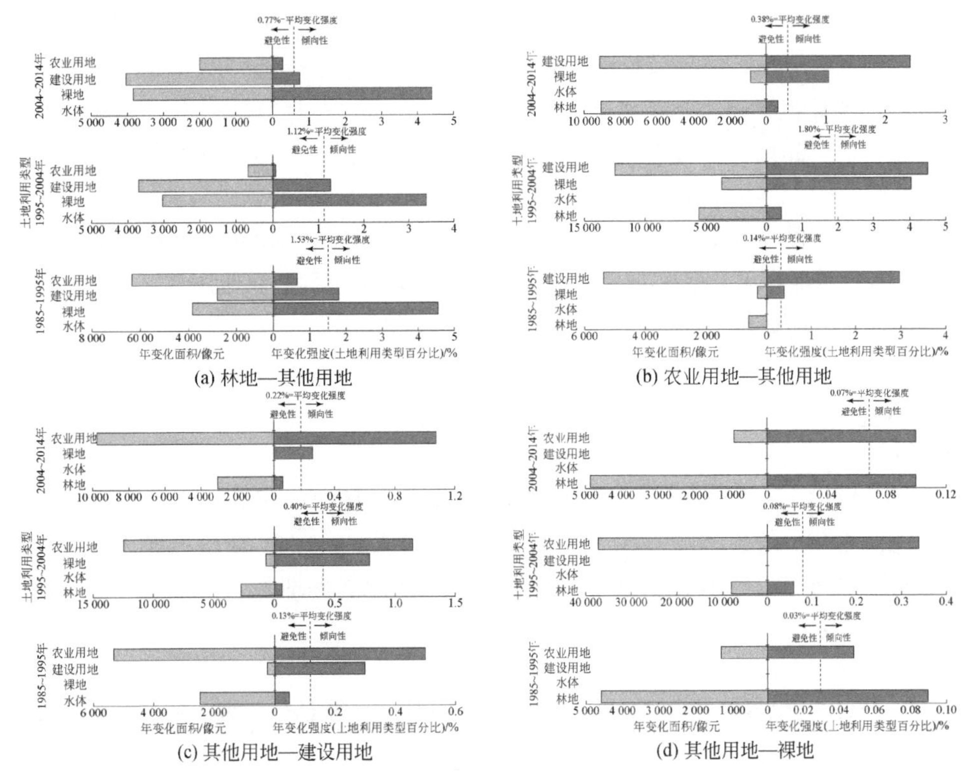

图 2-37 闽江流域大樟溪子流域土地利用变化转移层次强度图

由图 2-32~ 图 2-37 可见，随着闽江流域城市化进程的加剧，大面积的林地和农业用地转移到建设用地，导致林地和农业用地的损失，开发建设过程中不可避免地产生裸地。因此，在子流域土地利用转移强度上主要关注林地和农业用地分别转移到建设用地和裸地的转移变化。

建溪子流域的土地利用转移强度分析表明：在所有时段建设用地的增加都占用林地，其中林地转移到建设用地在第三个时间段（2004~2014 年）是持续转移的过程；林地转移到裸地在第二、第三个时间段是持续转移的过程；农业用地转移到建设用地在所有研究时间段都是持续转移的过程，农业用地转移到裸地在第二、第三个时段是持续转移的过程。

富屯溪子流域的土地利用转移强度分析表明：建设用地的增加在所有时间段都占用林地，其中林地转移到建设用地在第三个时间段（2004~2014 年）是持续转移的过程；林地转移到裸地在所有时间段都是持续转移的过程；农业用地转移到建设用地在所有研究时间段都是持续转移的过程，农业用地转移到裸地在第三个时间段是持续转移的过程。

沙溪子流域的土地利用转移强度分析表明：建设用地的增加在所有时间段都占用林地；林地转移到裸地在第一、第二个时间段是持续转移的过程；农业用地转移到建设用地在所有研究时间段都是持续转移的过程，农业用地转移到裸地在第二个时间段是持续转移的过程。

古田溪子流域的土地利用转移强度分析表明：建设用地的增加在所有时间段都占用林地，其中林地转移到建设用地在第三个时间段（2004~2014 年）是持续转移的过程；林地转移到裸地在所有时间段都是持续转移的过程；农业用地转移到建设用地在所有时间段都是持续转移的过程；农业用地转移到裸地在第二、第三个时间段是持续转移的过程。

尤溪子流域的土地利用转移强度分析表明：建设用地的增加在所有时间段都占用林地，其中林地转移到建设用地在第三个时间段（2004~2014年）是持续转移的过程；林地转移到裸地在第三个时间段是持续转移的过程；农业用地转移到建设用地在所有时间段都是持续转移的过程。

大樟溪子流域的土地利用转移强度分析表明：建设用地的增加在所有时间段都占用林地。林地转移到裸地在第一、第三个时间段是持续转移的过程。农业用地转移到建设用地、农业用地转移到裸地在所有时间段都是持续转移的过程。

2.4.4 小结

1985~2014年闽江流域建设用地面积不断地增加，林地面积先减少后逐渐增加，农业用地面积呈整体减少的趋势。六大子流域强度分析结果表明，闽江流域城市化过程以占用林地和农业用地为主，林地和农业用地转移到建设用地和裸地是1985~2014年闽江流域土地利用的主要转移过程。

2.5 福建沿海13个海湾土地利用变化过程与驱动机制

福建沿海13个海湾，包括沙埕港、三沙湾、罗源湾、闽江口、福清湾、兴化湾、湄洲湾、泉州湾、深沪湾、厦门湾、旧镇湾、东山湾、诏安湾（图2-38）。福建地处

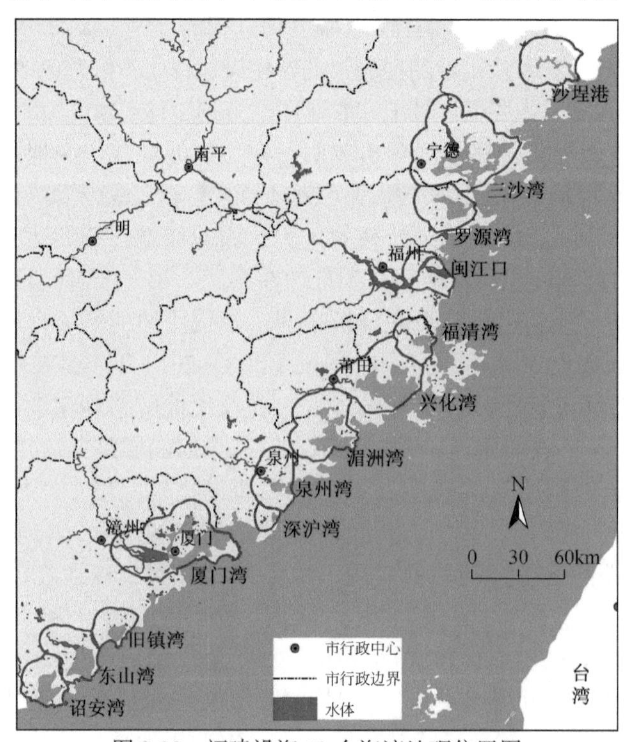

图2-38 福建沿海13个海湾地理位置图

我国东南沿海，海域辽阔、岸线蜿蜒曲折、岛屿数量众多。其中海洋面积占据全省土地总面积的“半壁江山”，达到 13.6×10^4km^2；大陆海岸线总长度居全国第二位，达到 3324km；海岸线直线长度为 535km，曲折率 1 ∶ 6.21，居全国首位。福建省海湾还拥有“港、渔、景、涂、能”五大优势资源和独特的区位优势，为海洋经济可持续发展提供了良好的基础条件。

福建海湾的地形地貌复杂多样，全省海岸呈现出海湾与岬角相间、丘陵台地与海湾平原相互交错的特征，福建省海岸的性质和曲折程度南北有异，闽江口以北的海岸带蜿蜒曲折，以山地或丘陵为主，闽江口以南的海岸带地貌较为平缓，类型包括台地、丘陵和平原；以闽江口为分界线的区域性气候有所差异，闽江口以北以亚热带或中亚热带季风气候为主，闽江口以南则以南亚热带海洋性季风气候为主。沿海地区年均气温约为 20℃，温度最低的月份为 1 月和 2 月，温度最高的月份为 7 月和 8 月，年平均降水量为 1000~1400mm，全年降水量最多的季节为 4~6 月，约占全年降水总量的 50%。8 月和 9 月降水量受热带气旋影响出现第二个峰值；亚热带地区植物种类仍以喜热型乔木、灌木、草本为主，由于开发利用和破坏现象严重，目前现存的多为人工或次生植被，主要有亚热带常绿阔叶林、常绿针叶林、灌草丛、潮间带抗盐性强的盐生或沙生草本植物和红树植物群落；注入福建省海域且集水面积在 5000km^2 以上的河流有闽江、九龙江、晋江和赛江，以闽江为最大，集水面积达 60 992km^2。此外还有霍童溪、敖江、漳江、木兰溪、萩芦溪、诏安东溪和龙江等（图 2-39）。

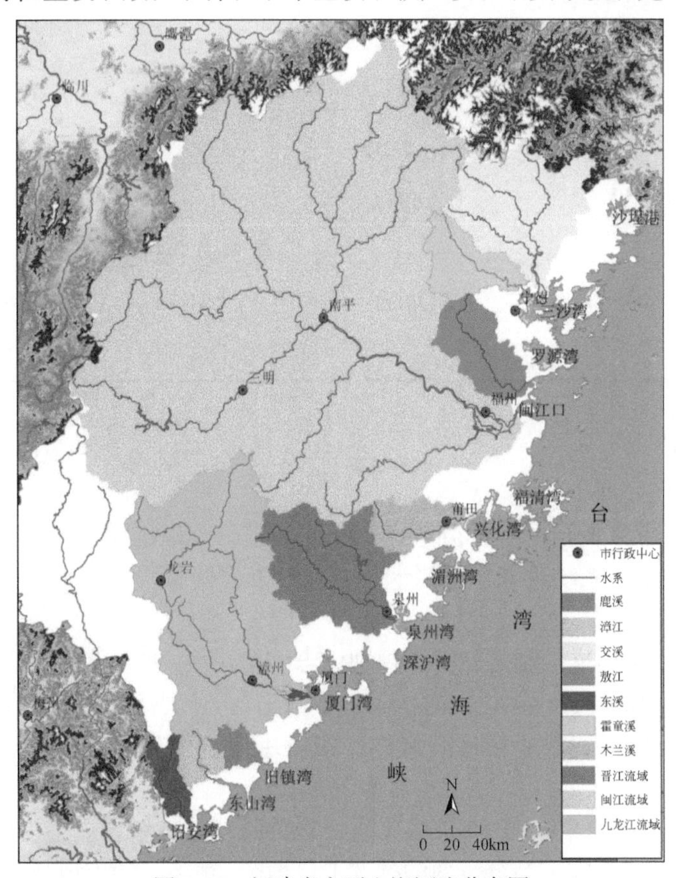

图 2-39 福建省主要入海河流分布图

采用等距离法结合近岸自然地理特征界定福建 13 个海湾陆域边界。根据全国海岸带调查范围（朱坚真和刘汉斌，2012），以海岸线向陆地一侧 10km 为缓冲区，结合陆域山脊线（集水区）对海岸带陆域范围进行界定。相邻海湾的交界以中间线进行分割。

基于土地利用动态度和强度分析法研究了福建省 13 个海湾 1990~2017 年土地利用时空动态变化格局、内在转移过程及驱动机制。

2.5.1 数据与方法

2.5.1.1 遥感影像数据来源

对福建省 13 个主要海湾的遥感影像数据进行解译以获取多年土地利用动态变化。选用的遥感影像数据来自 Landsat 5 TM、Landsat 7 ETM 和 QuickBird，卫星遥感数据基本信息如表 2-18 所示。

表 2-18 海湾遥感影像数据基本信息

年份	时间（年 / 月 / 日）	卫星（传感器）	（条带号 / 行编号）	分辨率 /m
1990	1989/12/31	Landsat 5 TM	（118，43）、（119，43）	30
			（120，43）、（121，43）	
2002	2002/03/21	Landsat 5 TM	（118，43）、（119，43）	30
		Landsat 7 ETM	（120，43）、（121，43）	
2009	2009/02/07	QuickBird	（118，43）、（119，43）	4.3
			（120，43）、（121，43）	
2017	2017/01/18	QuickBird	（118，43）、（119，43）	4.3
			（120，43）、（121，43）	

2.5.1.2 土地利用信息提取方法

1）遥感图像预处理

将海湾研究区重采样至统一的分辨率 15m，并进一步以地面控制点为依据进行几何精校正和配准。投影坐标系统选取横轴墨卡托 – 克拉索夫斯基投影和 UTM-WGS84 坐标系，中央精度 180°。

2）土地利用分类标准的制定和解译判别标志的构建

结合《土地利用现状分类》（GB/T 21010—2017）土地利用分类系统（表 2-19），将海湾研究区分为林地、农业用地、水体、建设用地、围垦区、滩涂、红树林和网箱养殖 8 类。

遥感影像利用 ERDAS 9.3 软件执行非监督分类后，同时结合遥感影像的颜色、纹理、形状等特征或波段组合，配合高分辨率的谷歌卫星地图，判断不同土地利用类型的影像特征，建立目视解译判读标志，以便于分辨不同的土地利用类型。表 2-20 为根据福建省海湾研究区影像特征建立的遥感解译判别标志。其中滩涂的范围从 0m 等深线到海岸线一侧都划分为滩涂，以避免潮汐状况对影像分类的影响。

表 2-19 土地利用分类系统

一级地类	编码	二级地类	界定标准
耕地	01		指种植农作物的土地，包括熟地，新开发、复垦、整理地，休闲地，以种植农作物为主，间有零星果树、桑树或其他树木的土地，平均每年能保证收获一季的已垦滩地和海涂
林地	03		生长乔木、竹类、灌木等林木的土地
	0303	红树林	指沿海生长红树植物的林地
商服用地	05		指主要用于商业、服务业的土地
住宅用地	07		指主要用于人们生活居住的房基地及其附属设施的土地
水域及水利设施用地	11		指陆地水域，滩涂、沟渠、沼泽、水工建筑物等用地。不包括滞洪区和已垦滩涂中的耕地、园地、林地、城镇、村庄、道路等用地
	1101	河流水面	包括人工开挖的或者自然形成的河流常水位岸线的水面。其中不包括人为建造的水库水面
	1102	湖泊水面	指天然形成的积水区常水位岸线所围成的水面
	1103	水库水面	指人工拦截汇集而成的总库容≥ $10 \times 10^4 m^3$ 的水库正常蓄水位岸线所围成的水面
	1105	沿海滩涂	滩涂是指海域的高低潮潮位之间形成的潮浸地带，包括海岛的沿海滩涂，不包括已利用的滩涂。本研究将滩涂范围以 0m 等深线到海岸线之间的区域定义为滩涂。这样即可避免遥感影像不同航拍时间导致的涨退潮对滩涂面积大小的影响
	1106	内陆滩涂	指湖泊和河流常水位到洪水位之间的地带。时令湖、河洪水位以下的滩地；水库、坑塘的正常蓄水位与洪水位之间的滩地。包括海岛的内陆滩地
其他土地	12		指上述地类以外的其他类型的土地
	1202	设施农用地	指直接用于经营性畜禽养殖生产设施及附属设施用地，直接用于作物栽培或水产养殖等农产品生产的设施及附属设施用地；直接用于设施农业项目辅助生产的设施用地，晾晒场、粮食果品烘干设施、粮食和农资临时存放场所、大型农机具临时存放场所等规模化粮食生产所必需的配套设施用地
	1206	裸土地	指表层为土质，基本无植被覆盖的土地

表 2-20 福建省 13 个海湾遥感解译判别标志

土地类型	林地	农业用地	水体	建设用地
判别标志				
土地类型	围垦区	滩涂	红树林	网箱养殖
判别标志			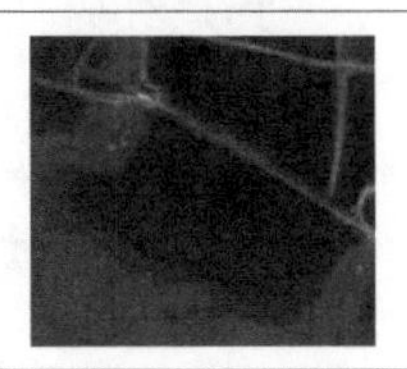	

3）提取土地利用数据

本研究采用“分层分类”结合“后退式”方法提取 1990~2017 年共四期的福建省 13 个海湾土地利用数据。具体描述同 2.4.1 节。

2.5.1.3　强度分析方法

具体描述同 2.1 节。

2.5.1.4　土地利用动态度指数法

本研究采用土地利用动态度指数法来定量分析福建省 13 个海湾土地利用动态度变化。土地利用动态度指数包括单一土地利用动态度和综合土地利用动态度（Quan et al., 2015）。土地利用动态度指数具体计算公式和注释如表 2-21 所示。

表 2-21　单一和综合土地利用动态度指数计算公式

指数	方程式	注释
单一土地利用动态度（S_j）	$S_j = \frac{L_b - L_a}{L_a} \cdot \frac{1}{T} \cdot 100\%$	S_j 为在时间段 T 内特定土地利用类型的年均单一土地利用动态度；L_a 和 L_b 分别为土地利用类型 j 在起始时间点和最后时间点的面积
综合土地利用动态度（S）	$S = \left\{ \sum_{ij}^{n} \left(\frac{\Delta S_{i-j}}{S_i} \right) \right\} \cdot \frac{1}{T} \cdot 100\%$	S 为在时间段 T 内的综合土地利用动态度；S_i 为土地利用类型 i 在起始时间点的面积；ΔS_{i-j} 为土地利用 i 转换为其他类型的总面积

2.5.2　海湾土地利用总体变化格局

基于上述方法获取福建沿海 13 个海湾 1990 年、2002 年、2009 年和 2017 年四期土地利用数据（图 2-40~ 图 2-43），并对海湾近 30 年来的土地利用类型变化情况进行统计分析（表 2-22，表 2-23）。

根据图 2-40~ 图 2-43、表 2-22 和表 2-23 可知，不同海湾的土地利用类型结构有明显的差异。从土地利用构成的类型分析，林地是沙埕港、三沙湾、罗源湾、旧镇湾和东山湾最为主要的土地利用类型，分别占研究区域总面积的 76.85%~78.17%、59.23%~60.17%、60.26%~62.26%、47.23%~50.02% 和 48.70%~50.51%。兴化湾的土地利用类型结构较为均匀，林地、农业用地、水体、建设用地、滩涂和围垦区分别约占研究区总面积 16.81%~17.75%、15.67%~18.99%、27.29%~27.47%、14.78%~22.26%、12.13%~16.18% 和 4.83%~6.62%。而其余海湾以林地、农业用地和建设用地为主。围垦区、滩涂和红树林占研究区总面积比例较小，尤其是红树林仅仅存在于泉州湾的洛阳江口、厦门湾的九龙江河口、东山湾的局部地区。对于滩涂而言，福清湾、兴化湾和湄洲湾滩涂资源相对丰富，占研究区域总面积总体超过 10%。网箱养殖主要分布在海面的水体上面，且只跟水体进行交换，因此网箱养殖在后续土地利用转移及强度分析的时候与水体合并为一类，不单独作为一类进行强度分析。

从研究区域土地利用类型总体变化情况分析，1990~2017 年，林地、农业用地、水体和滩涂的面积总体呈现出逐渐减少的趋势；而受到快速城市化进程的推动，建设用地的面积则表现出明显增加的变化趋势；红树林受到政府及有关部门的重视并对其采取相应的保护措施，因此 2017 年红树林的面积相比于 1990 年总体有所增加。

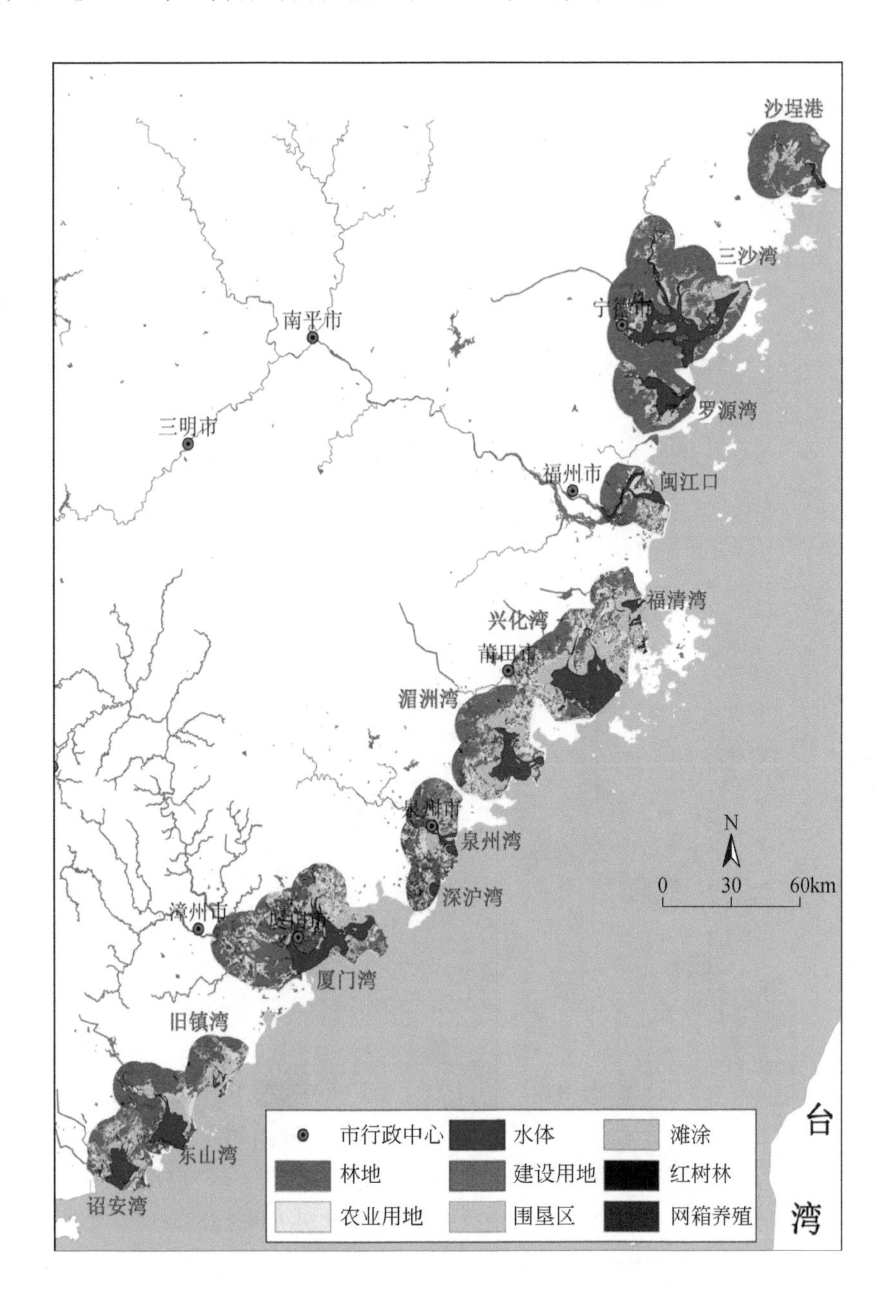

图 2-40 福建沿海 13 个海湾土地利用类型图（1990 年）

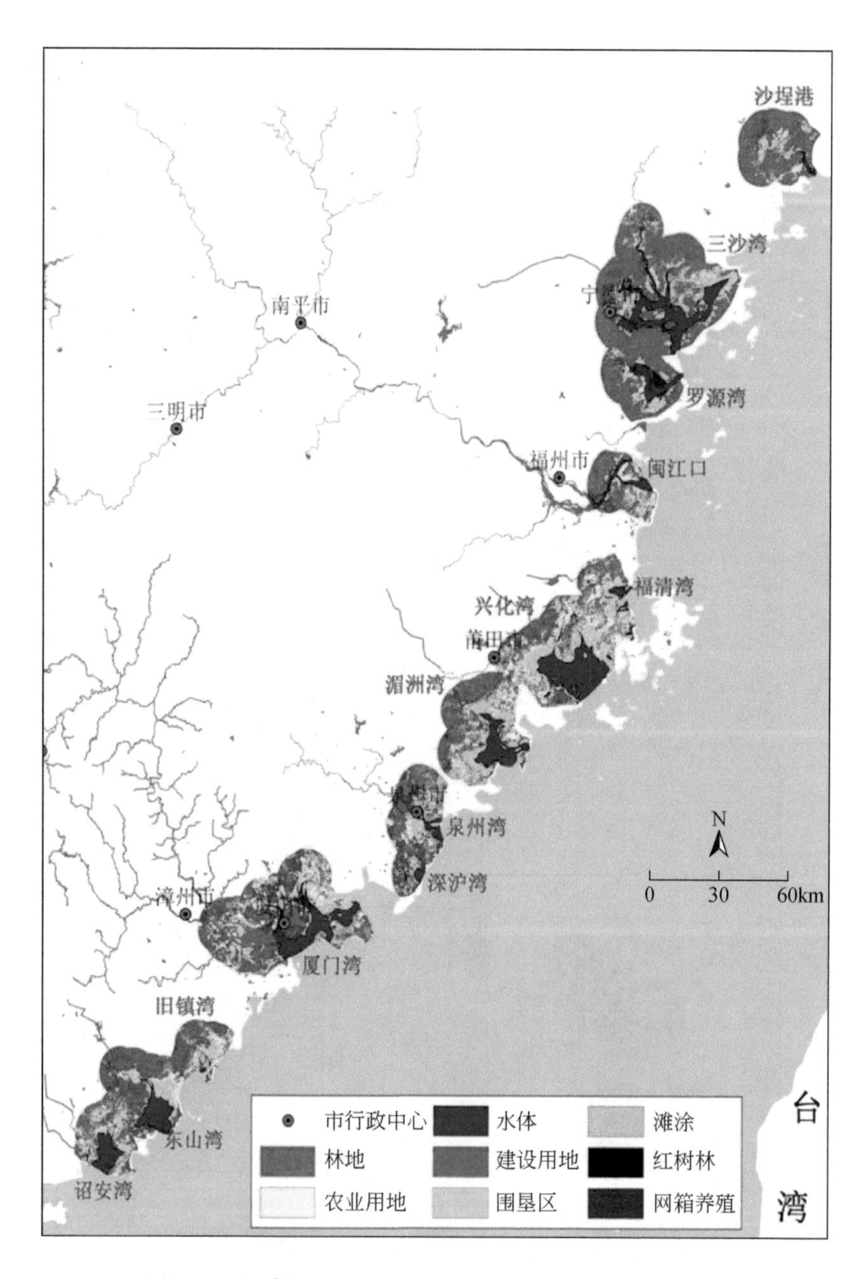

图 2-41 福建沿海 13 个海湾土地利用类型图（2002 年）

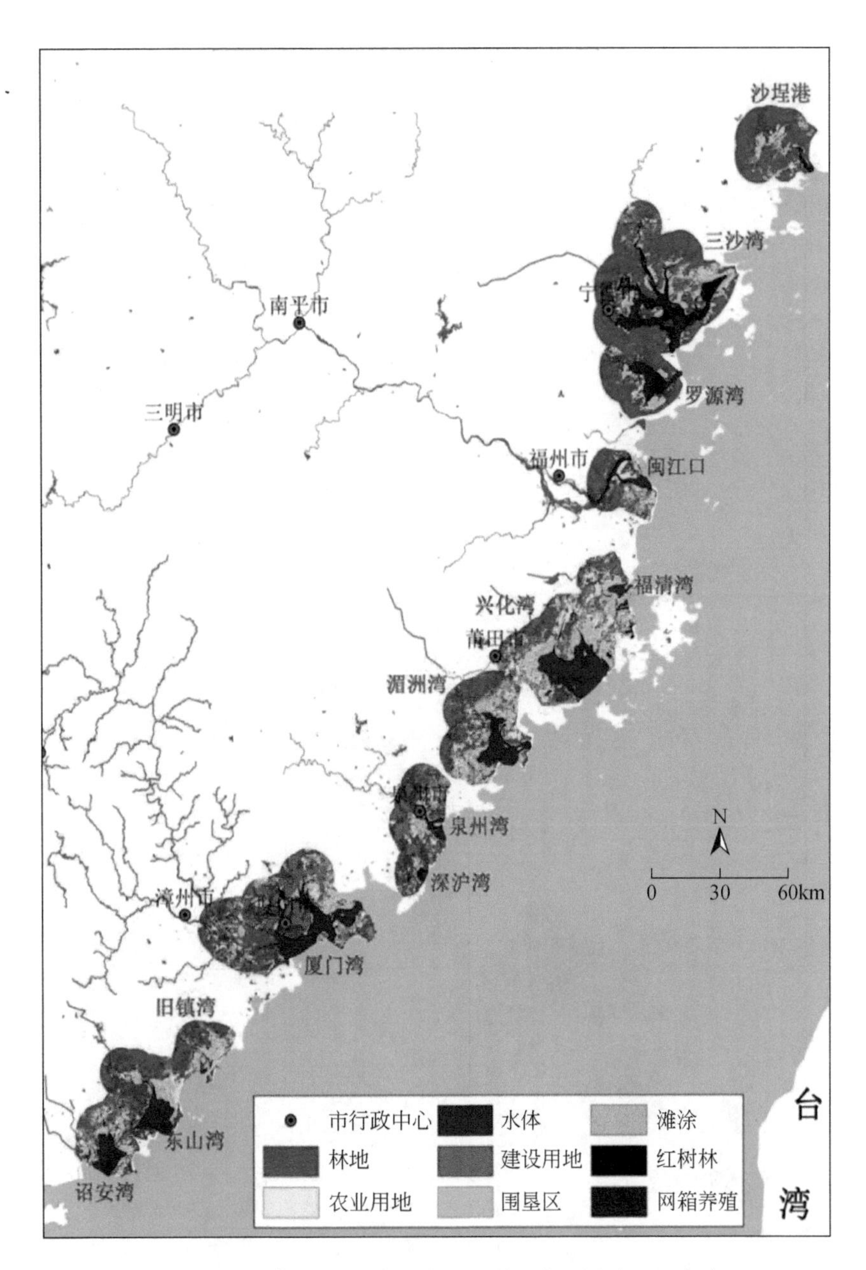

图 2-42 福建沿海 13 个海湾土地利用类型图（2009 年）

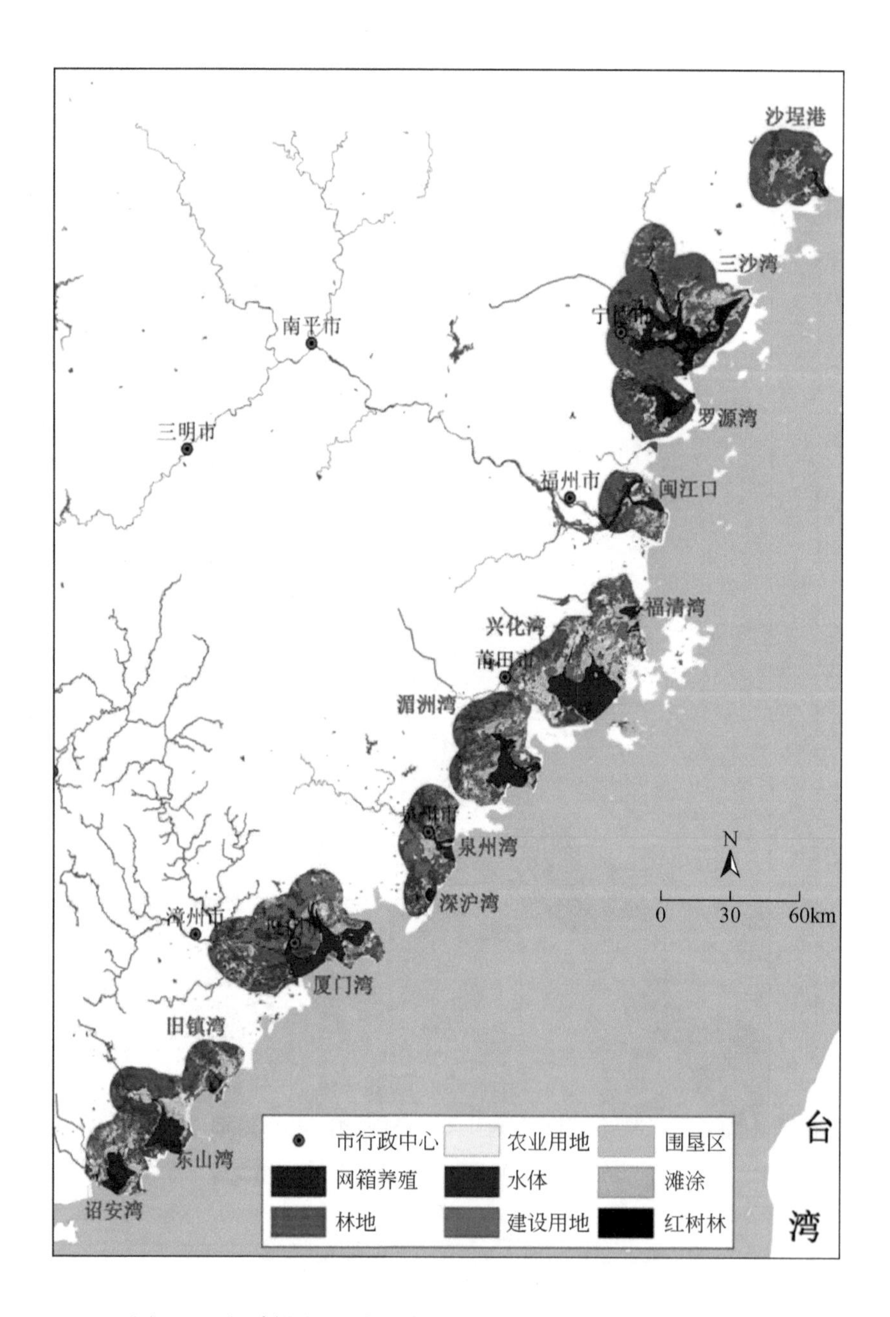

图 2-43　福建沿海 13 个海湾土地利用类型图（2017 年）

表 2-22 1990~2017 年海湾研究区土地利用类型变化 （单位：%）

海湾	土地类别	1990 年	2002 年	2009 年	2017 年
沙埕港	林地	78.17	77.84	77.46	76.85
	农业用地	6.11	5.65	5.22	4.91
	水体	2.67	2.67	2.67	2.67
	建设用地	5.36	6.18	7.01	8.28
	围垦区	0.69	1.21	1.27	1.08
	滩涂	7.00	6.45	6.37	6.21
三沙湾	林地	60.17	60.06	59.82	59.23
	农业用地	5.83	5.60	5.27	4.65
	水体	18.81	18.79	18.77	18.70
	建设用地	4.05	4.45	5.23	7.09
	围垦区	1.33	2.01	2.17	2.46
	滩涂	9.81	9.09	8.74	7.87
罗源湾	林地	62.26	61.99	61.36	60.26
	农业用地	4.13	3.86	3.59	3.15
	水体	17.87	17.68	17.54	17.42
	建设用地	5.33	6.49	8.70	13.45
	围垦区	3.96	6.22	5.88	3.15
	滩涂	6.45	3.76	2.93	2.57
闽江口	林地	49.44	48.40	47.48	46.42
	农业用地	17.60	16.29	14.50	13.32
	水体	14.10	13.90	13.88	13.84
	建设用地	13.91	16.58	19.84	22.83
	围垦区	1.22	2.16	2.09	1.86
	滩涂	3.73	2.67	2.21	1.73
福清湾	林地	27.42	27.06	26.81	26.48
	农业用地	25.77	24.46	23.49	22.16
	水体	8.85	8.84	8.84	7.89
	建设用地	16.64	18.46	19.97	29.53
	围垦区	4.44	4.72	4.78	2.74
	滩涂	16.88	16.46	16.11	11.20
兴化湾	林地	17.75	17.48	17.19	16.81
	农业用地	18.99	17.45	16.31	15.67
	水体	27.47	27.44	27.44	27.29
	建设用地	14.78	16.33	18.40	22.26
	围垦区	4.83	6.30	6.62	5.84
	滩涂	16.18	15.00	14.04	12.13
湄洲湾	林地	35.08	32.63	30.84	27.48
	农业用地	18.27	17.88	16.66	11.93
	水体	15.46	15.45	15.41	15.40
	建设用地	12.07	15.11	19.45	30.08
	围垦区	2.19	2.89	2.86	3.53
	滩涂	16.93	16.04	14.78	11.58

海湾	土地类别	1990 年	2002 年	2009 年	2017 年
泉州湾	林地	29.81	28.81	26.23	24.37
	农业用地	19.73	16.74	11.46	8.84
	水体	7.88	7.82	7.73	7.62
	建设用地	30.79	34.96	43.76	48.66
	围垦区	1.69	1.66	1.42	1.66
	滩涂	10.10	10.00	9.29	8.57
	红树林	0.00	0.01	0.11	0.28
深沪湾	林地	37.04	34.89	31.71	29.31
	农业用地	15.64	13.82	11.57	9.08
	水体	8.77	8.74	8.74	8.73
	建设用地	34.74	38.81	44.24	49.14
	围垦区	0.00	0.02	0.02	0.02
	滩涂	3.81	3.72	3.72	3.72
厦门湾	林地	27.87	26.97	24.17	22.54
	农业用地	16.10	14.02	9.91	8.33
	水体	19.03	18.63	18.58	18.41
	建设用地	20.18	23.68	33.44	39.18
	围垦区	3.82	6.64	4.27	2.63
	滩涂	12.95	9.96	9.41	8.68
	红树林	0.05	0.10	0.22	0.23
旧镇湾	林地	50.02	49.80	48.65	47.23
	农业用地	15.78	15.66	15.00	14.38
	水体	3.87	3.87	3.87	3.87
	建设用地	12.66	13.01	14.83	17.86
	围垦区	7.77	8.13	8.14	7.27
	滩涂	9.90	9.53	9.51	9.39
东山湾	林地	50.51	50.20	49.81	48.70
	农业用地	7.02	6.72	6.60	6.05
	水体	18.77	18.76	18.72	18.29
	建设用地	9.57	10.21	10.79	13.20
	围垦区	3.69	3.87	4.23	4.55
	滩涂	10.40	10.18	9.77	9.12
	红树林	0.04	0.06	0.08	0.09
诏安湾	林地	36.66	36.59	36.04	34.00
	农业用地	15.54	15.34	14.69	14.62
	水体	21.66	21.59	21.59	21.53
	建设用地	11.26	11.55	12.80	15.69
	围垦区	8.83	9.26	9.21	8.63
	滩涂	6.05	5.67	5.67	5.53

表 2-23 福建沿海 13 个海湾网箱养殖的面积 （单位：hm^2）

海湾	1990 年	2002 年	2009 年	2017 年
沙埕港	0	175.23	331.71	366.51
三沙湾	0	563.42	13 113.32	13 113.32
罗源湾	834.44	1 800.00	2 094.80	1 926.68
闽江口	0	0	0	0
福清湾	0	39.38	85.58	85.58
兴化湾	0	0	189.70	1 098.44
湄洲湾	0	26.57	425.64	1 807.83
泉州湾	0	0	0	0
深沪湾	0	0	0	0
厦门湾	0	2 187.54	0	0
旧镇湾	0	10.76	10.76	112.85
东山湾	0	0	370.97	594.04
诏安湾	0	0	746.13	1 464.17

围垦区面积占海湾研究区总面积的比例呈现波动趋势，这主要是受到海水养殖发展和围填海的共同影响。其中在 1990~2017 年，泉州湾围垦区的面积总体先减少随后有所增加；东山湾和三沙湾围垦区的总面积均逐渐增加；湄洲湾围垦区的总面积先增加后减少再增加；深沪湾围垦区的总面积增加后保持不变；其余海湾的围垦区面积在 1990~2017 年呈现出先增加随后减少的趋势。因此，在 1990~2017 年，福建省 13 个主要海湾的围垦区的总体变化趋势是先增加随后减少。

网箱养殖的变化在不同海湾呈现出不同的变化趋势。其中闽江口、泉州湾、深沪湾几乎没有网箱养殖；1990~2017 年，沙埕港、三沙湾、福清湾、兴化湾、湄洲湾、东山湾和诏安湾的网箱养殖面积总体呈现逐渐增加的变化趋势，尤其是 2002~2009 年网箱养殖面积大幅度增加，说明这段时间网箱养殖业得到大力发展。1990~2009 年，罗源湾的网箱养殖面积明显增加，随后的 2009~2017 年总体面积有所减少。1990~2002 年，厦门湾的网箱养殖面积大幅增加，从 1990 年几乎没有网箱养殖业发展到 2002 年的 2187.54hm^2，但随后全部网箱养殖被清退出厦门湾。

2.5.3 基于指数法的土地利用变化

基于上述四期海湾研究区土地利用解译结果和表 2-21 关于土地利用动态度指数的计算公式，得出福建省 13 个主要海湾单一土地利用动态度和综合土地利用动态度的计算结果，如表 2-24 所示。

表 2-24 福建沿海 13 个海湾单一和综合土地利用动态度 （单位：%）

海湾	时间段	单一土地利用动态度（S_j）								综合土地利用动态度（S）
		林地	农业用地	水体	建设用地	围垦区	滩涂	网箱养殖	红树林	
沙埕港	1990~2002 年	−0.04	−0.63	0.00	1.27	6.42	−0.65			1.32
	2002~2009 年	−0.07	−1.06	0.00	1.91	0.62	−0.18	12.76		1.45
	2009~2017 年	−0.10	−0.76	0.00	2.27	−1.82	−0.30	1.31		3.09
三沙湾	1990~2002 年	−0.02	−0.33	−0.01	0.81	4.27	−0.61			0.96
	2002~2009 年	−0.06	−0.83	−0.02	2.51	1.14	−0.56	318.21		2.53
	2009~2017 年	−0.12	−1.48	−0.04	4.45	1.64	−1.24	0.00		4.42
罗源湾	1990~2002 年	−0.04	−0.54	−0.09	1.80	4.74	−3.46	9.64		4.18
	2002~2009 年	−0.15	−1.00	−0.11	4.87	−0.77	−3.18	2.34		5.20
	2009~2017 年	−0.22	−1.54	−0.08	6.82	−5.81	−1.53	−1.00		9.20
闽江口	1990~2002 年	−0.18	−0.62	−0.12	1.60	6.44	−2.38			3.48
	2002~2009 年	−0.27	−1.58	−0.02	2.80	−0.43	−2.44			5.74
	2009~2017 年	−0.28	−1.02	−0.03	1.89	−1.41	−2.73			4.90
福清湾	1990~2002 年	−0.11	−0.42	−0.01	0.91	0.52	−0.21			0.96
	2002~2009 年	−0.13	−0.57	0.00	1.17	0.19	−0.30	16.76		1.35
	2009~2017 年	−0.16	−0.71	−1.34	5.99	−5.34	−3.81			12.22
兴化湾	1990~2002 年	−0.13	−0.68	−0.01	0.88	2.54	−0.61			1.57
	2002~2009 年	−0.24	−0.93	0.00	1.81	0.70	−0.90			2.69
	2009~2017 年	−0.27	−0.49	−0.07	2.63	−1.47	−1.71	59.88		4.02
湄洲湾	1990~2002 年	−0.58	−0.17	−0.01	2.10	2.66	−0.44			2.80
	2002~2009 年	−0.78	−0.98	−0.03	4.10	−0.14	−1.13	214.55		6.93
	2009~2017 年	−1.36	−3.55	−0.01	6.83	2.92	−2.70	40.59		11.81
泉州湾	1990~2002 年	−0.28	−1.27	−0.06	1.13	−0.08	−0.09		13.05	1.79
	2002~2009 年	−1.28	−4.50	−0.16	3.60	−2.14	−1.01		224.88	9.89
	2009~2017 年	−0.89	−2.86	−0.18	1.40	2.10	−0.96		18.07	6.29
深沪湾	1990~2002 年	−0.48	−0.97	−0.03	0.97		−0.19			1.68
	2002~2009 年	−1.30	−2.33	0.00	2.00		0.00			3.63
	2009~2017 年	−0.94	−2.69	−0.01	1.38		0.00			3.55
厦门湾	1990~2002 年	−0.27	−1.08	−0.18	1.44	6.20	−1.93		7.66	3.56
	2002~2009 年	−1.49	−4.19	−0.04	5.88	−5.09	−0.78		16.04	12.04
	2009~2017 年	−0.84	−1.99	−0.12	2.15	−4.82	−0.98		0.63	8.81

续表

海湾	时间段	单一土地利用动态度（S_j）								综合土地利用动态度（S）
		林地	农业用地	水体	建设用地	围垦区	滩涂	网箱养殖	红树林	
旧镇湾	1990~2002 年	−0.04	−0.06	0.00	0.23	0.39	−0.32			0.42
	2002~2009 年	−0.33	−0.61	0.00	2.00	0.03	−0.02			0.96
	2009~2017 年	−0.36	−0.52	0.00	2.55	−1.33	−0.16	118.60		2.48
东山湾	1990~2002 年	−0.05	−0.36	0.00	0.56	0.42	−0.18		4.04	0.63
	2002~2009 年	−0.11	−0.26	−0.04	0.81	1.35	−0.58		5.73	1.09
	2009~2017 年	−0.28	−1.05	−0.29	2.79	0.93	−0.83	7.52	2.17	2.98
诏安湾	1990~2002 年	−0.02	−0.11	−0.03	0.22	0.41	−0.53			0.68
	2002~2009 年	−0.22	−0.60	0.00	1.54	−0.08	0.00			0.92
	2009~2017 年	−0.71	−0.06	0.14	2.53	−0.79	−0.29	12.03		3.14

由表 2-24 可知，对于土地利用类型变化总体趋势而言，林地、农业用地、水体和滩涂在所有研究时间段内的单一土地利用动态度均为负值，而建设用地单一土地利用动态度为正值，围垦区和网箱养殖则呈现上下波动的趋势。这说明在研究时间段内，林地、农业用地、水体和滩涂的面积持续减少，建设用地的面积不断增加。

对于不同研究时间段单一土地利用动态度结果，其中闽江口、泉州湾、深沪湾和厦门湾在第二个时间段（2002~2009 年）的建设用地单一土地利用动态度最高，这说明第二时间段的城市化速率明显高于其他两个时间段（1990~2002 年、2009~2017 年）。其余海湾的建设用地的单一土地利用动态度在三个时间段内都是逐渐增大的，这说明城市化速率越来越快。对于林地而言，泉州湾、深沪湾和厦门湾在第二个时间段以及湄洲湾在第三个时间段的林地的单一土地利用动态度较高，分别为 −1.28%、−1.30%、−1.49% 和 −1.36%，这说明在这些时间段林地变化较为剧烈。对于农业用地而言，湄洲湾的第三个时间段以及泉州湾、深沪湾和厦门湾的农业用地总体变化速率高于其他海湾。

对于综合土地利用动态度，其中闽江口、泉州湾、深沪湾和厦门湾在第二个时间段（2002~2009 年）的综合土地利用动态度高于另外两个时间段，这说明在第二个时间段土地利用变化速率最高。其余海湾的综合土地利用动态度在三个研究时间段内都呈现出逐渐增加的趋势，这说明在三个连续的研究时间段内这些海湾的土地利用变化越来越剧烈。

2.5.4 基于强度分析的土地利用变化

2.5.4.1 时段层次强度分析

福建省 13 个主要海湾的土地利用时段层次强度分析结果如下，对于不同的研究时间段而言，沙埕港、三沙湾、罗源湾、福清湾、兴化湾、湄洲湾、旧镇湾、东山湾和诏安湾在三个时间段内的土地利用变化强度都是逐渐增强的趋势，这说明这些海湾在研究时间段内的土地利用变化越来越剧烈。闽江口、泉州湾、深沪湾和厦门湾土地利用变化速度最快的是第二个时间段 2002~2009 年，其次为 2009~2017 年，而土地利用变化速度最慢的是第一个时间段 1990~2002 年。

由表 2-25 可知，对于不同海湾平均土地利用变化强度，湄洲湾、厦门湾和泉州湾的土地利用变化强度明显高于其他海湾，其时段层次的土地利用变化统一强度值分别为 0.98、0.84 和 0.70，这说明在研究时间段内湄洲湾、厦门湾和泉州湾的总体土地利用变化速度明显较快，这主要是因为湄洲湾、厦门湾和泉州湾是福建省重要的港口，以及社会经济高速发展的城市中心，受到海岸带快速城市化进程和大规模围填海的影响，因此它们的总体土地利用变化强度较大。其次是兴化湾、闽江口、罗源湾、福清湾和深沪湾，时段层次上的土地利用变化统一强度值分别为 0.36、0.38、0.39、0.51 和 0.53；沙埕港、三沙湾、旧镇湾、东山湾和诏安湾在时段层次上的土地利用变化强度明显小于其他海湾，在时段层次上的土地利用变化统一强度值为 0.13~0.24，这说明在研究时间段内这些海湾的土地利用变化速度较慢。这主要是因为这些海湾所在港口的规模较小，同时受到海湾地形等多方面限制，其土地利用变化强度较小。

表 2-25 福建沿海 13 个海湾土地利用时段平均强度值

海湾	沙埕港	三沙湾	罗源湾	闽江口	福清湾	兴化湾	湄洲湾
平均强度值	0.13	0.17	0.39	0.38	0.51	0.36	0.98
海湾	泉州湾	深沪湾	厦门湾	旧镇湾	东山湾	诏安湾	
平均强度值	0.70	0.53	0.84	0.21	0.18	0.24	

2.5.4.2 类别层次强度分析

由图 2-44 右侧可知，对于建设用地的变化，在所有研究时间段内，福建沿海 13 个主要海湾建设用地的总增加的变化强度均大于平均变化强度，而建设用地的总损失的变化强度均小于平均变化强度，表明建设用地的总增加处于相对活跃的状态，而总损失处于相对稳定的状态，因此建设用地在整个时间段内都是持续的。

对于农业用地和林地的类别变化，大部分海湾农业用地的总损失变化强度均大于林地的总损失变化强度，这表明在土地利用总体变化过程中农业用地比林地经历了更高强度的总损失。对于农业用地的损失变化，除福清湾第三个时间段外（2009~2017 年），所有海湾的农业用地的总损失变化强度均大于平均变化强度，处于相对活跃的状态。对于林地的损失变化，湄洲湾的第一和第二个时间段、泉州湾的第三个时间段、深沪湾三个时间段、厦门湾的第二和第三个时间段、旧镇湾的第二个时间段以及诏安湾的第三个时间段林地的总损失变化强度均大于平均变化强度，处于相对活跃的状态，其余研究时间段的林地的总损失处于稳定的状态。

对于围垦区的变化，由于受到围填海以及海水养殖业大力发展的双重影响，不同海湾的围垦区在不同时间段的总增加和总损失表现出不同的变化强度和活跃状态，具体如图 2-44 所示。

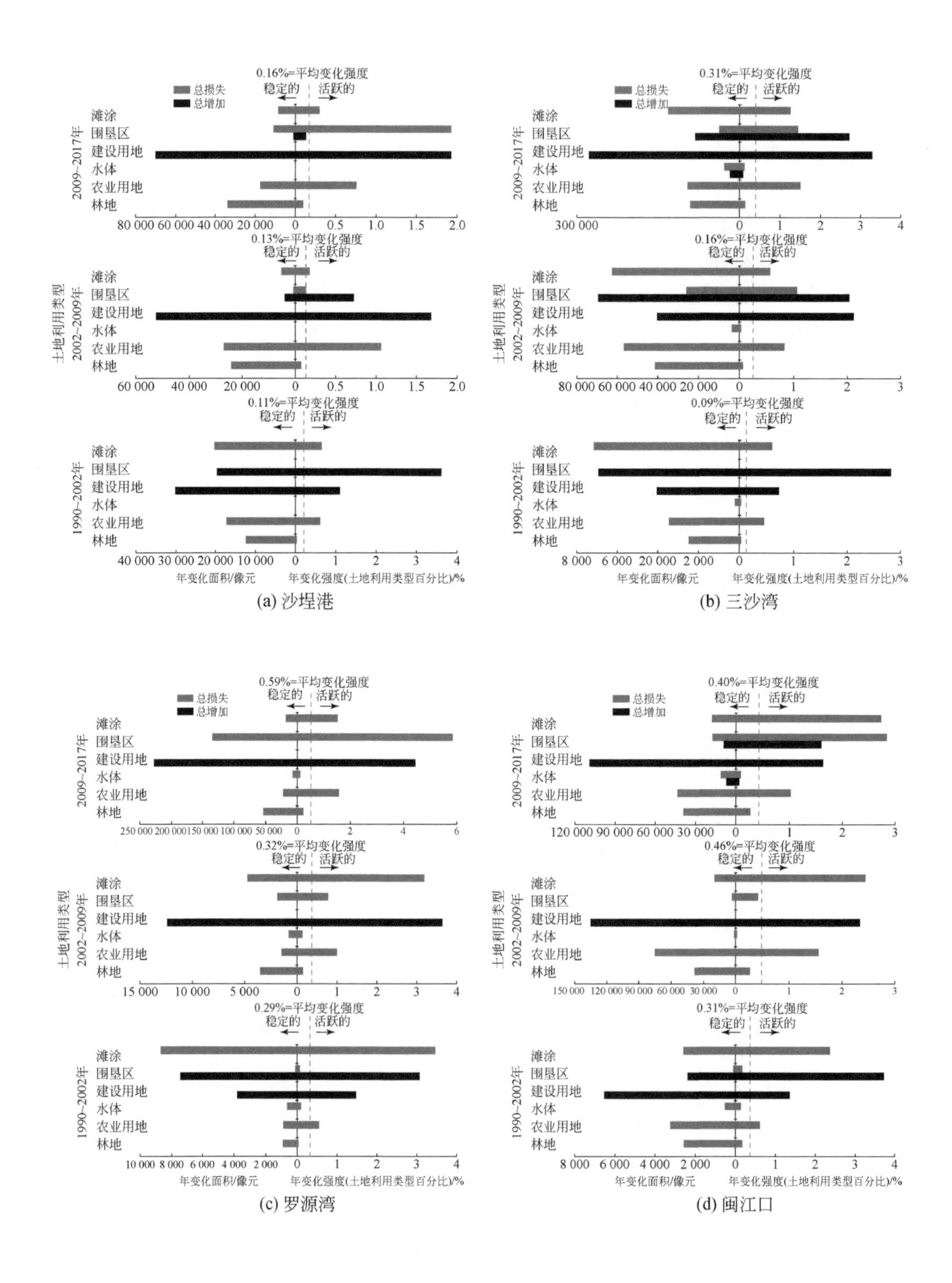

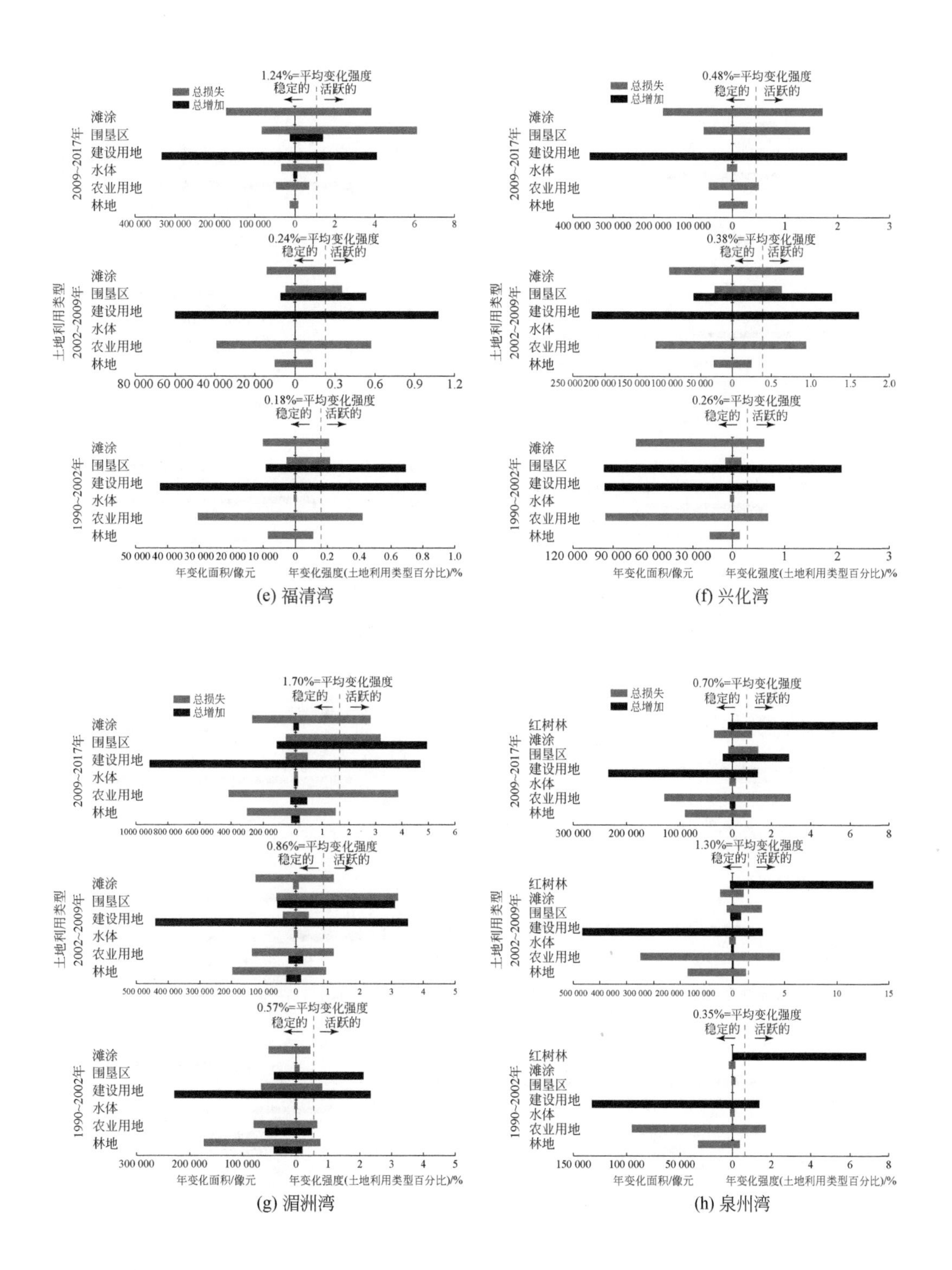

(e) 福清湾

(f) 兴化湾

(g) 湄洲湾

(h) 泉州湾

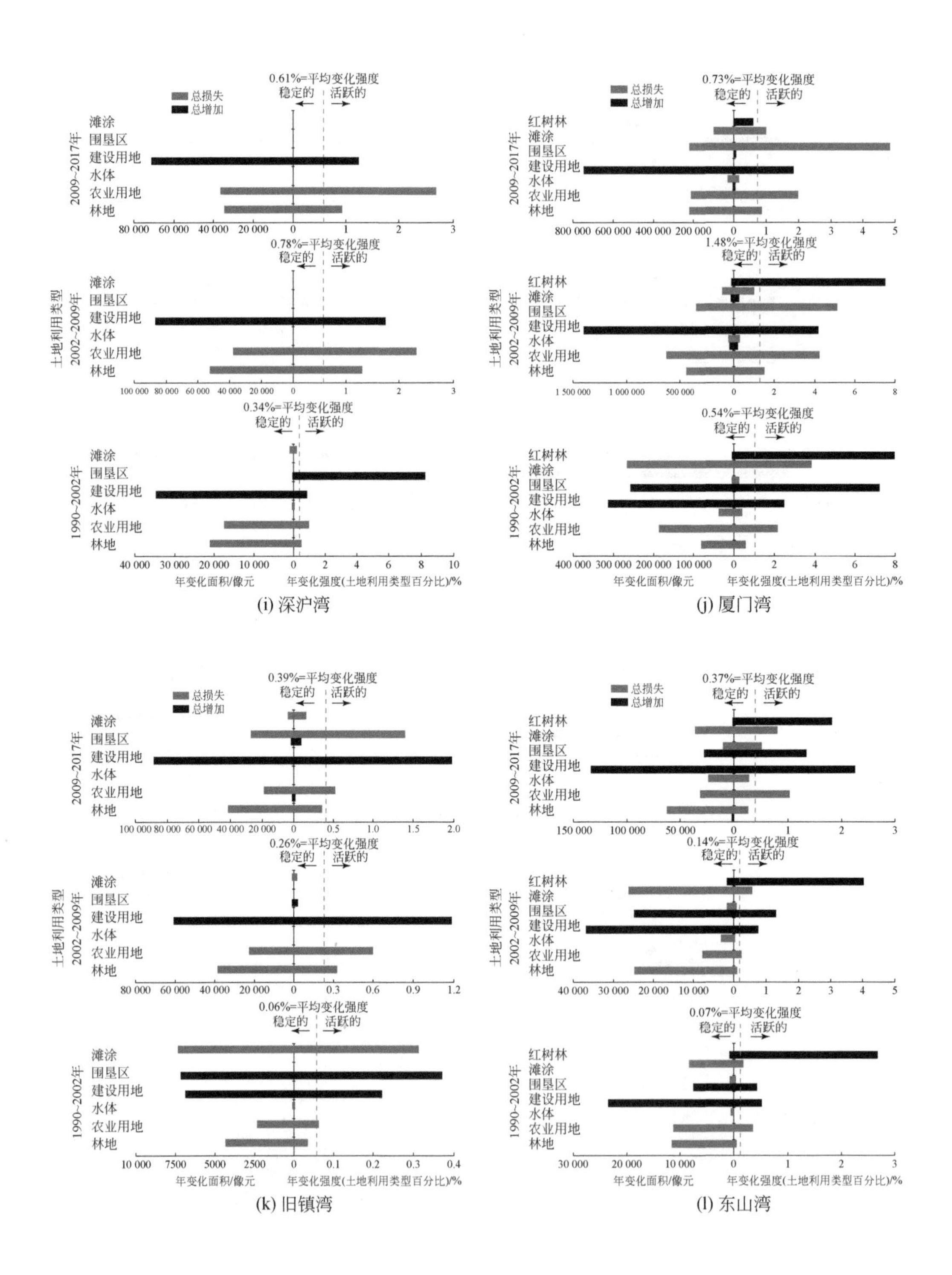

(i) 深沪湾 (j) 厦门湾

(k) 旧镇湾 (l) 东山湾

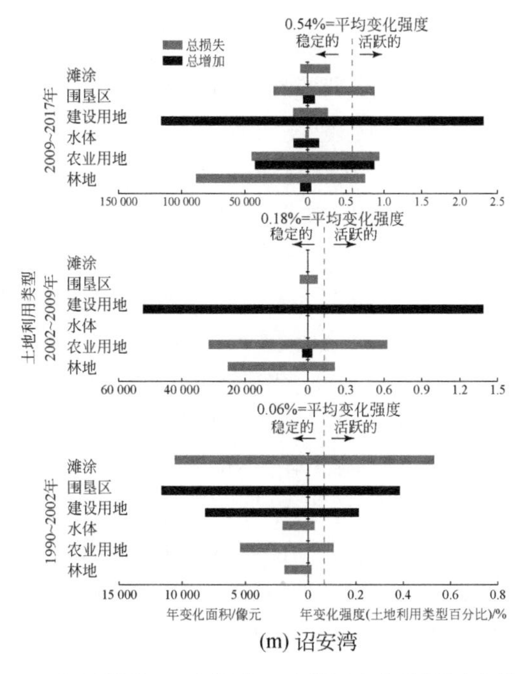

(m) 诏安湾

图 2-44 福建沿海 13 个海湾土地利用变化类别层次强度图

对于滩涂损失的变化，除了湄洲湾第一个时间段、泉州湾第一个和第二个时间段、深沪湾三个时间段、厦门湾第二个时间段、旧镇湾和诏安湾第二及第三个时间段滩涂的总损失的变化强度小于平均变化强度，处于相对稳定的状态，其余海湾所有时间段内滩涂的总损失的变化强度均大于平均变化强度，处于相对活跃的状态，这表明在这些海湾滩涂的总损失处于活跃的时间段内，围填海进程更多地占用滩涂。

对于水体损失强度的变化，除了福清湾第三个时间段（2009~2017 年）水体的总损失的变化强度大于平均变化强度，其余海湾水体的总损失的变化强度均小于平均变化强度，处于相对稳定的状态。这表明一方面在围填海进程中较少地占用水体，而更多地占用滩涂和围垦区，而另一方面也可能是由于水体占整个研究区总体面积的比例较大。

由表 2-26 可知，对于不同海湾的类别层次平均强度值，湄洲湾和福清湾的类别层次平均强度值大于其他海湾，分别为 1.70 和 1.24，这说明湄洲湾和福清湾的土地利用类型变动剧烈。其次是厦门湾、泉州湾和深沪湾，土地利用类别层次平均强度值分别为 0.73、0.70 和 0.61。

表 2-26 土地利用变化类别层次平均强度值

海湾	沙埕港	三沙湾	罗源湾	闽江口	福清湾	兴化湾	湄洲湾
统一强度值	0.16	0.17	0.59	0.40	1.24	0.48	1.70
海湾	泉州湾	深沪湾	厦门湾	旧镇湾	东山湾	诏安湾	
统一强度值	0.70	0.61	0.73	0.39	0.37	0.54	

2.5.4.3 转移强度层次分析

海岸带地区城市化是热点议题。本研究在土地利用转移层次的分析上主要关注从林地、农业用地、水体、围垦区和滩涂转移到建设用地。

在土地利用类型的转移层次上，在所有研究时间段内福建沿海 13 个主要海湾建设用地的增加均以农业用地损失为代价，因此农业用地转移到建设用地是系统转移的过程。在这过程中，不可避免地造成大量农业用地甚至基本农田保护区被占用。水体、围垦区和滩涂的丢失主要是围填海活动造成的，不同海湾的三个不同研究时间段的水体、围垦区和滩涂转移到建设用地的情况各有不同，但以围垦区转移到建设用地和滩涂转移到建设用地为主，而对水体的占用较少，这也说明福建省海湾围填海主要占用围垦区和滩涂较多。对于三沙湾、罗源湾、湄洲湾、厦门湾和东山湾，三个时间段的水体、围垦区和滩涂转移到建设用地均是持续转移的过程，即围填海持续占用水体、围垦区和滩涂。对于闽江口、泉州湾和深沪湾，三个时间段内水体和围垦区转移到建设用地是持续转移的过程，即围填海持续占用水体和围垦区。对于福清湾和兴化湾，在三个时间段内围填海持续占用围垦区和滩涂。沙埕港在第二、第三个时间段的围填海过程持续占用水体和围垦区。旧镇湾在第三个时间段围填海过程持续占用围垦区和滩涂。诏安湾在第三个时间段围填海持续占用水体、围垦区和滩涂。

此外，本研究发现在所有的三个研究时间段，林地的总体面积在不断地减少，但是在转移层次分析过程中林地的减小强度小于平均转移强度。这是由于林地占研究区域的比例较大，林地转移到建设用地的面积占总体林地的比例仍然较小，这也导致林地转移变化强度不明显。

2.5.5 指数法与强度分析方法对比

单一土地利用动态度和综合土地利用动态度可以定量分析不同土地利用类型的总体变化面积和百分比，而强度分析分析方法与土地利用动态度指数法相比具有明显的优势。首先，强度分析方法更生动地表达了在三个强度层次分析上，土地利用变化的大小和强度。其次，指数法不能表示出不同土地利用类型的丢失、增加和净增加量。最后，强度分析方法能从三个强度层次上更好地展示土地利用时空动态变化格局与内在转移过程。该研究结论与 Huang 等（2018）的研究结果类似。

2.5.6 海湾土地利用变化驱动因素分析

土地利用变化的驱动因素通常包括地形因素、社会经济因素、周边因素、土地利用政策和相关城市规划。根据本研究区域的特点及数据收集情况，选择人口增长、地形地貌、城镇周边的土地利用类型、相关法律法规出台、相关政策与规划和自然保护区建立作为代表性因素，剖析福建沿海 13 个海湾土地利用变化的驱动机制。

2.5.6.1 人口增长

人口的快速增长和社会经济的发展是海岸带城市土地利用变化的重要驱动力（Lambin et al., 2001; Schneider and Mertes, 2014）。图 2-45 是福建沿海 13 个海湾周边县市在 1990 年、2002 年、2009 年和 2017 年的人口变化趋势图。根据图 2-45 可知，福建沿海 13 个海湾周边县市的总人口呈现持续增加的趋势，尤其是厦门湾、闽江口和泉州湾周边县市的人口增长速度呈现快速增加的趋势，而其他海湾周边县市的人口增长速度相对缓慢，这也能从某种程度解释厦门湾、泉州湾和闽江口在时段层次上的土地利用变化强度大于其他海湾。

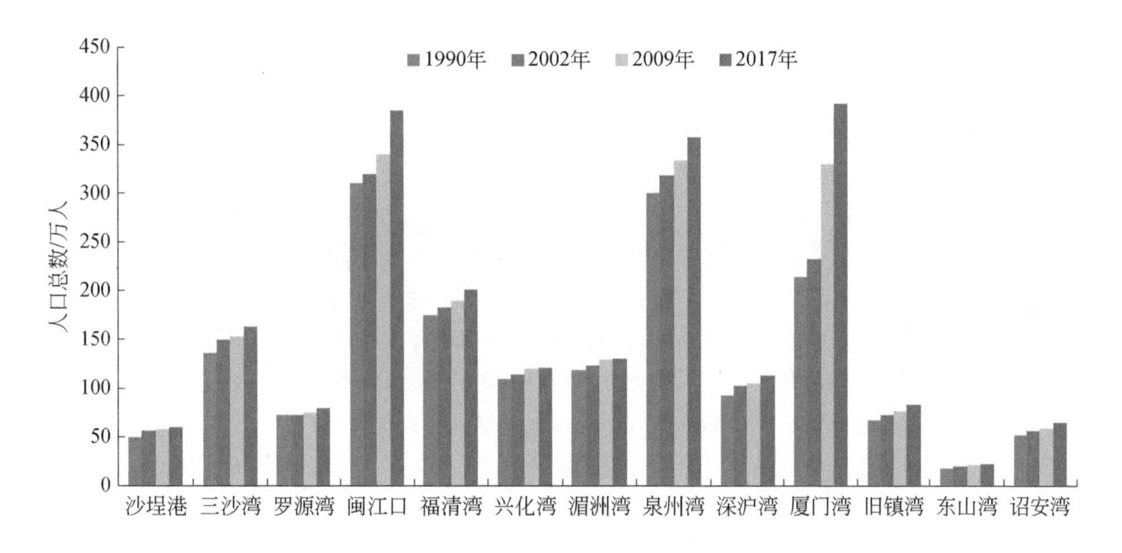

图 2-45 研究区域人口变化图

2.5.6.2 地形地貌和城镇周边的土地利用类型

地形地貌因素是决定土地利用变化的程度、空间分布和城市化扩张方向的基础，城市扩张倾向于平原地区（Müller et al.，2010）。为识别地形因素对海湾土地利用变化的影响，本研究选取海湾的坡度作为地形地貌因素的变量研究。福建沿海 13 个主要海湾研究区的坡度从分辨率为 30m 的 DEM（数字高程模型）中提取获得，其中 13 个海湾的坡度情况与建设用地变化强度如表 2-27 所示。根据表 2-27 可得，海湾研究区坡度小于 20° 的比例与建设用地变化量大小的趋势相一致。其中，宁德的沙埕港、三沙湾和漳州的旧镇湾、东山湾、诏安湾的陆域区域以高坡度的山地或者林地为主，其陆域范围坡度小于 20° 的面积仅占整个海湾研究区的 12.3%~18.3%。受到地形因素的限制，这些区域的土地开发利用难度较大，开发建设的成本较高，不利于开发建设。此外，林地主要分布在坡度较高的山地，而农业用地主要分布在平坦的平原地区，这可以解释在土地利用转移层次上由农业用地转移到建设用地是系统转移的过程。

城镇周边的土地利用类型也是最常考虑的因素之一。先前已有相关研究表明，城市建成区周边的土地被开发建设的可能性更高（Luo and Wei，2009；Müller et al.，2010；Huang et al.，2018），该结论与本研究的结果一致。由图 2-43 所示，城镇周边的土地利用类型主要是农业用地，因此在城市化的过程中农业用地更可能被开发利用，这也可以解释农业用地转移到建设用地是系统转移的过程。

表 2-27　海岸带陆域坡度小于 20°　区域比例　（单位：%）

项目	沙埕港	三沙湾	罗源湾	闽江口	福清湾	兴化湾	湄洲湾	泉州湾	深沪湾	厦门湾	旧镇湾	东山湾	诏安湾
坡度小于 20°	14.6	16.5	31.6	33.8	49.3	30.5	70.2	66.5	67.8	70.6	18.3	12.3	14.6
建设用地变化	2.91	3.04	8.11	8.92	12.89	7.48	18.01	17.88	14.4	19.01	5.2	3.63	4.43

2.5.6.3　相关法律法规出台

为了规范海域使用管理的相关技术工作，2001 年初，《中华人民共和国海域使用管理法（草案）》发布，为进一步地修改和上升为国家标准做了大量准备工作；2002 年 1 月 1 日起《中华人民共和国海域使用管理法》生效实施，通过大量的调查研究和协调，该法的出台最终解决了海陆管理分界线、海域使用论证等诸多长期困扰和阻碍立法工作的焦点问题。《中华人民共和国海域使用管理法》出台后，及时草拟了《海域使用金征收标准》《海域使用管理标准体系》等文件。福建省政府在 2001 年分别颁布实施了《福建省海域使用管理办法》《福建省海域使用金征收管理暂行办法》，海域使用管理法规体系基本建设完成。根据本研究的结果，在 1990~2002 年，福建沿海 13 个主要海湾年均围填海面积约为 11.28km^2，而 2002~2016 年的年均围填海面积达到 25.85km^2。这说明围填海相关法律法规的出台大大促进了围填海活动进行。

2.5.6.4　福建海水养殖相关政策与规划

自 20 世纪 90 年代以来，福建沿海的海水养殖进入了贝、藻、虾、蟹、鱼养殖全面发展的新阶段，海水养殖业取得了巨大的成就。海水养殖业为国家及地区带来了巨大的经济效益，为促进养殖业的大力发展福建省政府出台了一系列宏观调控政策以鼓励养殖业的发展，福建沿海的海水养殖得到了大力的发展。

但随着海水养殖业的发展，近岸海域水体富营养化和赤潮现象频发，湾内水产养殖业与临海工业、港口物流之间的矛盾日益凸显，因此部分海湾开启了海湾海水养殖业的清退工作。例如，厦门西海域主导功能是港口航运功能兼并海上旅游功能，为发挥主导功能，针对该海域存在的水产养殖影响和航道淤积日趋严重的问题，2002 年厦门市委、市人民政府开展了对关于西海域禁止水产养殖综合整治工作，并出台了相关整治方案，因此厦门 2002 年后海湾的网箱养殖几乎都被清退。根据《福建省海洋功能区划（2011—2020）》的定位，罗源湾海域以港口及航道区为主导功能，未来则以港口航运、临港工业为主发展，湾内水产养殖业也逐步清退。此外，福建省其他部分海湾也陆续开展海湾海水养殖的整治方案。

2.5.6.5　自然保护区建立

1992 年国务院批准成立深沪湾海底古森林遗迹国家自然保护区，这是为了保护海底古森林遗迹不遭受破坏。因此，深沪湾近 30 年内几乎没有大规模围填海项目。1997 年国务院批准成立漳江口红树林国家级自然保护区、2006 年省政府批准成立龙海九龙江口红树林省级自然保护区、2003 年福建省政府批准成立泉州湾河口湿地省级自然保护区，一系列的措施使得后期红树林在一定程度上得到有效保护，这也是泉州湾河口、厦门湾九龙江口和东山湾的红树林面积相比于 1990 年总体增加的重要原因。

2.5.7 小结

基于 1990 年、2002 年、2009 年和 2017 年 4 期遥感影像数据，采用土地利用动态度指数法和土地利用强度分析方法，对福建沿海 13 个主要海湾的土地利用变化特征进行分析，取得如下结论。

（1）福建沿海 13 个主要海湾的林地、农业用地、水体和滩涂的面积总体不断减少，建设用地面积不断增加；其中，建设用地、围垦区和滩涂的单一土地利用动态度高于林地、农业用地和水体，说明这三类土地类型剧烈变动；闽江口、泉州湾、深沪湾和厦门湾在第二个时间段（2002~2009 年）的城市化速率最高，其余海湾城市化速率都是越来越快。

（2）闽江口、泉州湾、深沪湾和厦门湾在第二个时间段（2002~2009 年）土地利用变化速率最快，其他海湾在三个时间段的土地利用变化速率都是越来越快，该研究结果与指数法研究结果一致。不同海湾之间，湄洲湾、厦门湾和泉州湾土地变化强度明显高于其他海湾，沙埕港、三沙湾、旧镇湾、东山湾和诏安湾的土地利用变化强度整体较小。

（3）福建沿海 13 个主要海湾在研究期间，建设用地的总增加处于相对活跃的状态，总损失处于相对稳定的状态，建设用地变化在研究期间是稳定的；对于农业用地和林地的类别变化，大部分海湾的农业用地的总损失变化强度均大于林地的总损失变化强度；对于农业用地的损失变化，除福清湾第三个时间段（2009~2017 年）外，海湾农业用地的总损失均处于相对活跃的状态；对于林地和围垦区的变化，不同海湾的活跃状况各不相同；对于滩涂损失的变化，除了湄洲湾第一个时间段、泉州湾第一个和第二个时间段、深沪湾三个时间段、厦门湾第二个时间段、旧镇湾和诏安湾第二及第三个时间段属于稳定的状态，其余海湾滩涂均为相对活跃的状态。对于水体变化，除福清湾第三个时间段外，其余海湾均属于稳定的状态，说明围填海更多地占用滩涂和围垦区。

（4）农业用地转移到建设用地是持续转移的过程，即城市化进程占用了大量的农业用地。

（5）强度分析方法相比指数法能从三个层次强度上更好地展示土地利用时空动态变化格局和内在转移过程。

（6）人口增长、地形地貌因素与城镇周边的土地利用类型因素、法律法规、相关的政策与规划和自然保护区建立等是福建沿海 13 个主要海湾 1990~2017 年土地利用变化的主要驱动因素。

2.6 本章小结

（1）对九龙江全流域 1986 年、1996 年、2002 年和 2007 年和闽江流域 1985~2014 年

的LUCC模式、过程及其驱动力进行分析，发现1986~2007年，土地利用的变化速率在加快。1985~2014年，闽江流域的建设用地面积不断地增加，农业用地面积不断地减少，林地面积先减少后逐渐增加。

（2）构建的筑坝前后小流域土地利用动态监测方法可为监管筑坝带来的流域土地利用变化提供方法及思路。筑坝期土地利用转变活跃，且耕地和林地的减少值得关注，在筑坝中和筑坝后两个时期，需加强监测河岸两侧土地利用动态变化，尽量避免因林地减少加剧水土流失导致流域生态退化。

（3）应用强度分析与土地利用动态度方法监测龙海市海岸带内外区域土地利用变化。强度分析方法更能揭示海岸带土地利用变化过程，海岸带内外区域土地利用变化强度有所不同，海岸带内外区域土地利用变化模式展示了一些共性与区别，表现为：在三个时间段海岸带内外区域建设用地增加的面积都主要来自林地和耕地，而海岸带内部区域建设用地面积的增加还有部分来自水体；在两个区域耕地面积的增加都主要来自林地，而从年变化强度来看，在海岸带外部区域，林地通常避免转变至耕地，而海岸带内部区域在三个时间段，耕地的增加趋向于占用林地。

（4）1985~2014年，闽江流域的建设用地面积不断地增加，农业用地面积不断地减少，林地先减少后逐渐增加。城市化过程以占用林地和农业用地为主，林地和农业用地转移到建设用地和裸地是主要的转移过程。

（5）福建沿海13个主要海湾的林地、农业用地、水体和滩涂的面积总体不断减少，建设用地面积不断增加。其中，建设用地、围垦区和滩涂的单一土地利用动态度高于林地、农业用地和水体，说明这三类土地类型剧烈变动。强度分析方法表明，在时段强度层次上：闽江口、泉州湾、深沪湾和厦门湾在第二个时间段（2002~2009年）土地利用变化速度最快；在类别强度层次上：福建沿海13个主要海湾建设用地的总增加处于相对活跃的状态，总损失处于相对稳定的状态；在转移层次强度上：农业用地转移到建设用地是系统转移的过程。福建沿海13个主要海湾的土地利用变化主要受到人口增长、地形地貌因素与城镇周边的土地利用类型因素、相关法律法规出台、相关政策与规划和自然保护区建立等共同影响。

第 3 章 气候变化和人类活动共同作用下的流域水文效应

在气候变化的背景下，大坝建设等人类活动对水文情势、水文过程产生了显著的影响，由此产生的流域水环境问题引起了广泛关注。研究流域水文过程对气候变化与人类活动的响应关系对流域水资源利用具有重要意义。

九龙江流域地处东南沿海，为近千万人提供生活、工业以及农业用水。20 世纪 90 年代初以来高强度的水电开发使得流域水环境状况不容乐观。水电梯级开发带来的河流湖库化，降低了九龙江的水流流速，使得水体自净能力下降，是近年来九龙江水华暴发的重要诱因之一。在气候变化的背景下，探究九龙江流域人类活动（包括土地利用变化、水电梯级开发）以及气候变化引起的水文效应，关乎区域用水安全。本章基于 20 世纪 50 年代以来的气象、水文数据等从整体上探讨了气候变化和人类活动对九龙江流域水文状况的影响（Huang et al.，2013b），并通过模型定量区分出人类活动和气候变化对九龙江流域径流动态变化的相对重要性（Ervinia et al.，2015）；基于 IHA 和 EFCs 方法等定量评估了水电梯级开发对九龙江流域流量的影响（Zhang et al.，2015）；最后基于 SWAT 模型评估了气候变化的背景下小流域水电开发的水文效应（Zhang et al.，2016，2020a）。

3.1 人类活动和气候变化对九龙江流域河流水文状况的影响

近年来，相关学者从局域、区域以及全球等不同尺度阐释了气候变化和人类活动的水文响应。一方面，流域水环境的变化与气候变化有着密切关系，在过去几十年，全球范围内的极端洪水以及干旱事件发生频率、强度与厄尔尼诺 / 南方涛动密切相关。另一方面，日益增强的人类活动（如大坝建设与城市扩张）对流域水文过程产生了重要的影响。大坝建设对流域水文条件、地貌及其生态环境产生了不可忽视的影响。相关研究表明，能够表征人类活动强度的重要指示物——土地利用 / 土地覆被变化与流域水文情势变化存在很强的关联性，当流域内的林地转化成农业用地以及农业用地或者林地转化成建设用地，流域水文状况也随之改变（Baker et al.，2004）。

气候变化和人类活动是影响我国流域水环境的两个重要因素。近年来的研究表明，气候变化以及人类活动已经对我国主要入海的大江大河（黄河、长江、海河、珠江等）、内陆重要流域（塔里木河、石羊河等）以及主要湖泊（鄱阳湖、太湖等）流域的水文环境产生了一定的影响。显然，改革开放以来，我国的水文气候特征发生了显著的变化，但这种变化表现出了明显的空间异质性。例如，由于农业灌溉用水需求增加，我国华北干旱半干旱地区以及内陆地区，径流量比降水量的变化更为明显。而在我国南方地区，由于大坝等水利工程的建设，河流湖库化极大地改变了流域水文情势（Chen et al.，2010；Zhao et al.，2012）。尽管气候变化和人类活动极大地改变了我国水文情势，针对我国东南沿海中小尺度流域的研究仍然不够。我国东南沿海地区经济发展迅速，人类活动强度大、土地变化 / 土地覆被变化剧烈、受气候变化以及相关极端事件（台风等）的影响大，同时相关南方中小尺度流域对气候变化以及人类活动引起的水环境变化更为敏感（Tomer and Schilling，2009）。

九龙江流域水环境长期受到气候变化、人类活动的影响。本研究的主要目的包括：①识别近 50 年来流域气候变化特征与水文情势；②探究气候变化以及人类活动对流域水文情势的影响。

3.1.1 数据与方法

采用九龙江流域西溪与北溪四个水文站的径流和泥沙资料。水文数据具体包括：浦南和郑店两个水文站 1967~2010 年的日径流量和月输沙量数据、漳平水文站 1967~2010 年月径流量和月输沙量数据、龙山水文站 1972~2010 年月径流量和月输沙量数据。

本章采用 1986~2009 年九龙江流域范围内的新罗、漳平、华安、长泰、芗城、龙文、龙海、南靖和平和 9 个县（区）的社会经济数据，包括 9 个指标：国内生产总值（x_1）、第一产业产值（x_2）、第二产业产值（x_3）、总人口（x_4）、非农业人口（x_5）、猪的数量（x_6）、牲畜的数量（x_7）、果园种植面积（x_8）和粮食作物的播种面积（x_9），数据来源于各县（区）统计年鉴。

选取多元恩索指数（multivariate ENSO index，MEI）和南方涛动指数（southern oscillation index，SOI）用以研究分析流域水文变化与全球变化之间的响应关系。MEI 与海平面气压、地面风的纬向和经向分量、海面温度、地面气温和天空总云量分数等因素有关。SOI 被定义为澳大利亚塔希提岛和达尔文岛的标准大气压力的标准差值。相关指数的数据来自美国国家海洋和大气管理局相关数据库（http://www.esrl.noaa.gov）。

土地利用与土地覆被变化是影响水文情势的重要因素之一（Baker et al.，2004；Holko et al.，2011）。本研究所使用的九龙江流域的土地利用与土地覆被数据是由 1986 年、1996 年、2002 年、2007 年和 2010 年的 Landsat TM/ETM 图像解译得到的。基于目视解译以及结合非监督分类等方法最终划分六类土地类型，即建设用地、林地、耕地、水体、园地和裸地。在本研究中，对于五个时间段的建设用地和林地面积的比例进行进一步分析。

本研究采用非参数 Mann-Kendell（M-K）方法来监测水文和气象状况的长期变化趋势，并进行变点分析；采用 Mann–Whitney 检验两个降水时间序列之间的差异；采用小波分析识别主要的变化模式，进一步识别流域水文情势变化与 MEI/SOI 之间的潜在关系。此外，还基于主成分分析方法，量化社会经济活动对水文条件的潜在影响。

本研究选取九龙江流域的北溪、西溪水文站 20 世纪 50 年代以来的监测数据进行分析；利用由 Baker 等（2004）提出的 Flashiness 指数进行定量分析，并识别水电开发对流域水文变化的影响，其计算公式如下：

$$\mathrm{FI}=\frac{\sum_{i=1}^{n}|q_i-q_{i-1}|}{\sum_{i=1}^{n}q_i}$$

式中，FI 为 Flashiness 指数；q 为日均径流量；i 为天数；n=365（366）。FI 是一个无量纲的指数，其值介于 0~2（Fonger et al.，2007）。FI=0，表示流域的日径流量恒定不变；FI 越高，表示流域的日径流量波动就越大。

采用数字滤波法进行基流的分割，通过滤波器把输入系列通过一定的运算变换成输出系列。滤波法较传统的图解法更加客观，操作容易，执行速度快，且参数较少（Furey and Gupta，2001）。本研究基于 Lyne-Hollick 算法进行基流的分离及基流指数的计算。基流的大小与流域面积、年均降水量、坡度、河网密度及流域的下垫面情况等一系列气象、地理环境相关。其受单次降水量的影响小，相对稳定，其主要表现为低频信号，而地表径流受降水影响大，其信号明显要比基流来得大，主要表现为高频信号。根据基流及地表径流在时间序列频域下的不同信号特征，可以进行基流与地表径流的分离，这就是基流分割的理论依据。Lyne-Hollick 算法的滤波方程为

$$b_t=Q_t-[\beta q_{t-1}+\alpha(1+\beta)(Q_t-Q_{t-1})]$$

式中，b_t 为 t 时刻（以日为时间步长）的基流；q 为滤波后的地表径流量；Q 为实测河流的径流量；α 和 β 为滤波参数。滤波是按如下规则进行的：第一个滤波是以第二个的记录数为起点向后做正向计算，第二个滤波则是在第一个滤波的基础上以倒数第二个数据点为起点做逆向运算，第三个则同理做正向计算。

3.1.2 九龙江流域气候时空变化特征

选取厦门、漳州及龙岩三地的降水量数据用以研究九龙江流域从河口到西溪再到北溪的降水量变化趋势，其结果如图 3-1 所示。从整体上来看，九龙江流域的降水量在近些年有一定程度的增加，从空间上来看该趋势从沿海到内陆逐渐减弱其显著性水平逐渐降低，经 M-K 检验可知，九龙江流域从沿海到内陆的 Z 值不断下降，从河口到西溪再到北溪的 Z 值分别为 3.010、1.681 和 0.762。

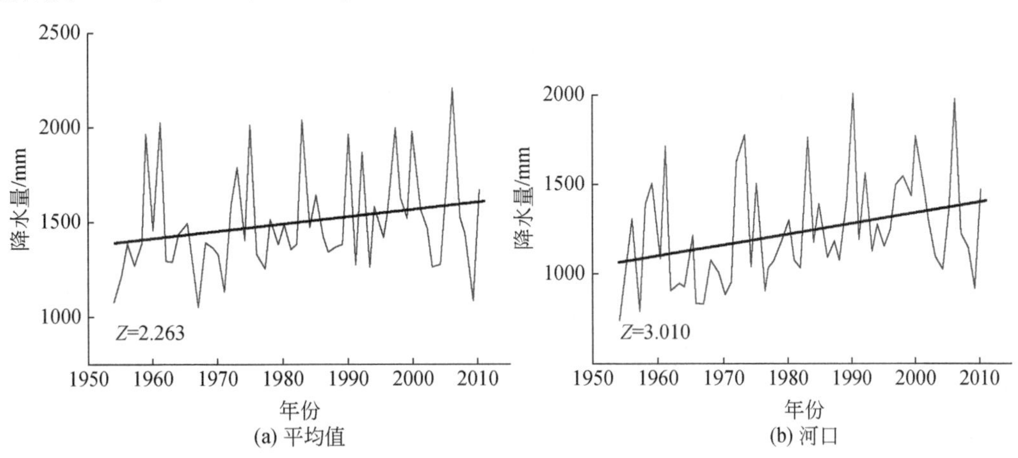

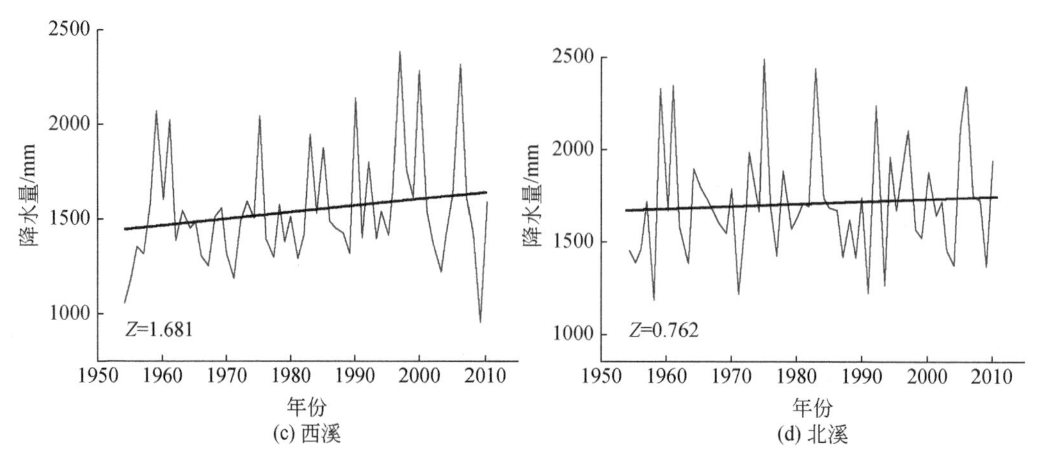

图 3-1 九龙江流域降水量变化趋势分析

1954~2010 年，九龙江流域的降水量呈上升趋势，这种趋势从河口到内陆逐渐减弱。其研究结果与我国其他区域类似的研究一致。相关研究表明，近年来我国北方地区的相关流域（如松花江、淮河以及黄河等）的降水量呈现出一定的下降趋势，而南方地区的相关流域（如长江、珠江等）的降水量却呈现出一定的上升趋势，根据相关气象站的降水记录，1951~2000 年，我国南方地区的降水量增加了 2%，而北方地区却减少了 4%~11%（Xu et al.，2004，2010）。

经 M-K 变点分析，自 1980 年起九龙江流域降水量变化特征开始改变，但其变化不显著，如图 3-2 所示，九龙江流域从河口到内陆的 UF 曲线和 UB 曲线分别在 1979 年、1976 年和 1986 年相交于置信区间内，这说明九龙江流域的降水量从这个时期开始发生了改变。九龙江流域在 1976~1986 年降水量特征出现了较为明显的变化，这可能是受到全球气候变化影响所致，该结果与塔里木河（Xu et al.，2004；Zhou et al.，2012）、黄河流域（Zhao et al.，2008）、我国的西北地区以及日本地区、欧洲地区（Franks，2002）和南美的阿根廷地区（Doyle et al.，2012）等地区的研究结果一致。

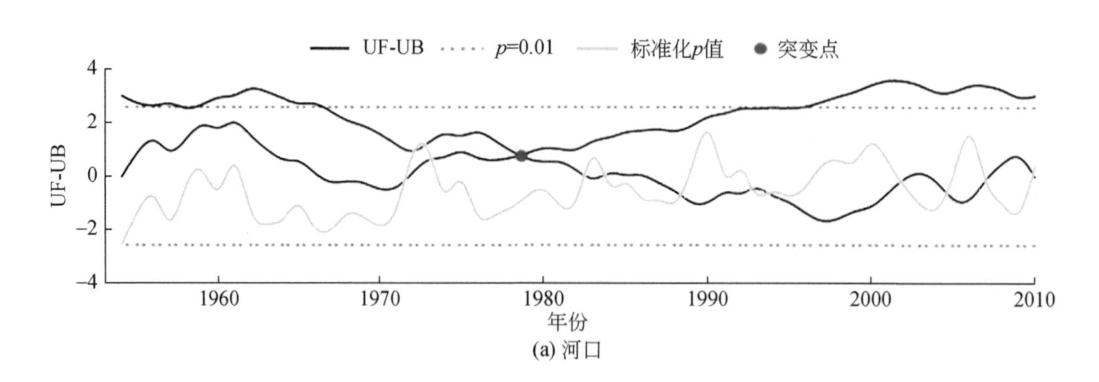

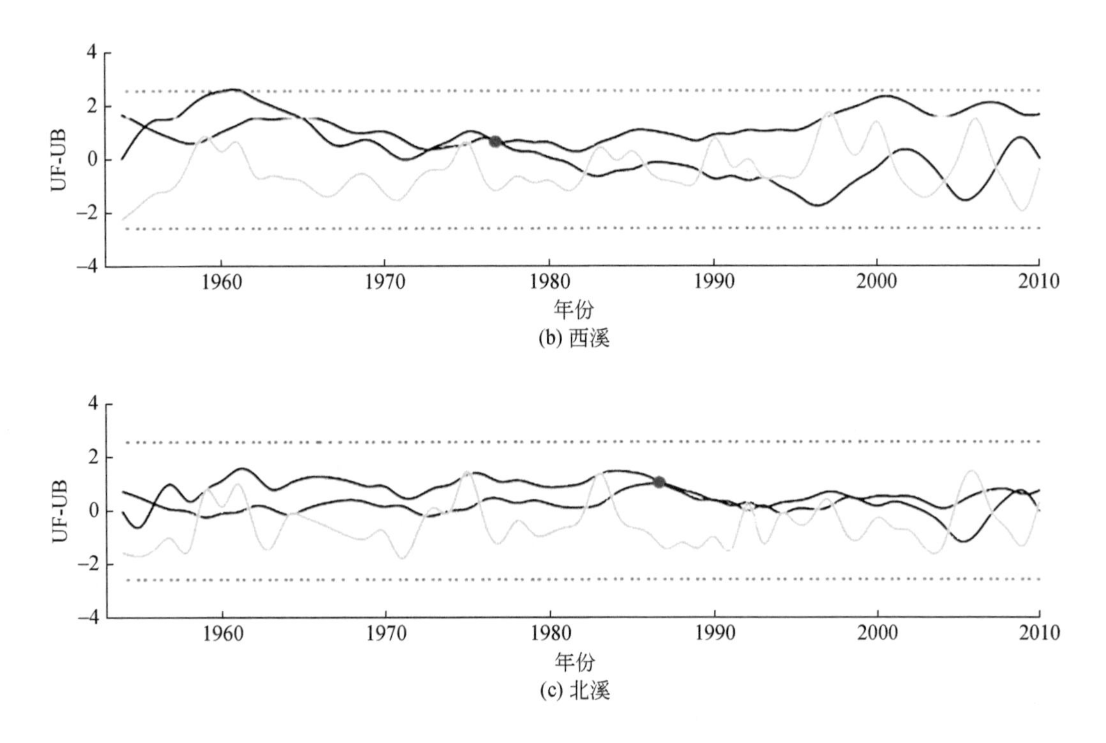

图 3-2　九龙江流域降水量变化变点分析

进一步分析可知，九龙江流域降水量变化的主要原因是近些年来秋季降水量的增加，如图 3-3 所示，九龙江流域河口、西溪及北溪地区的秋季降水量都有一定程度的增加，其增加的强度从河口到内陆逐渐减弱，这与九龙江流域降水量的变化一致。

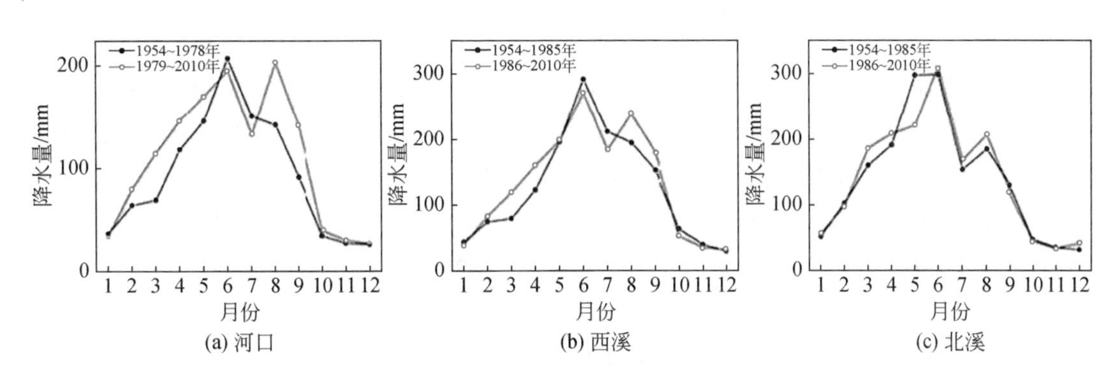

图 3-3　九龙江流域降水量的季节变化特征

进一步分析九龙江流域暴雨强度的变化规律可知，近些年来九龙江流域的暴雨场次变化规律与其降水量变化规律一致，如图 3-4 所示，九龙江流域从河口到西溪再到北溪其暴雨强度的增加是逐渐下降的，经 M-K 分析可知，九龙江流域河口、西溪、北溪地区的 Z 值分别为 3.043、1.846 和 −0.249。

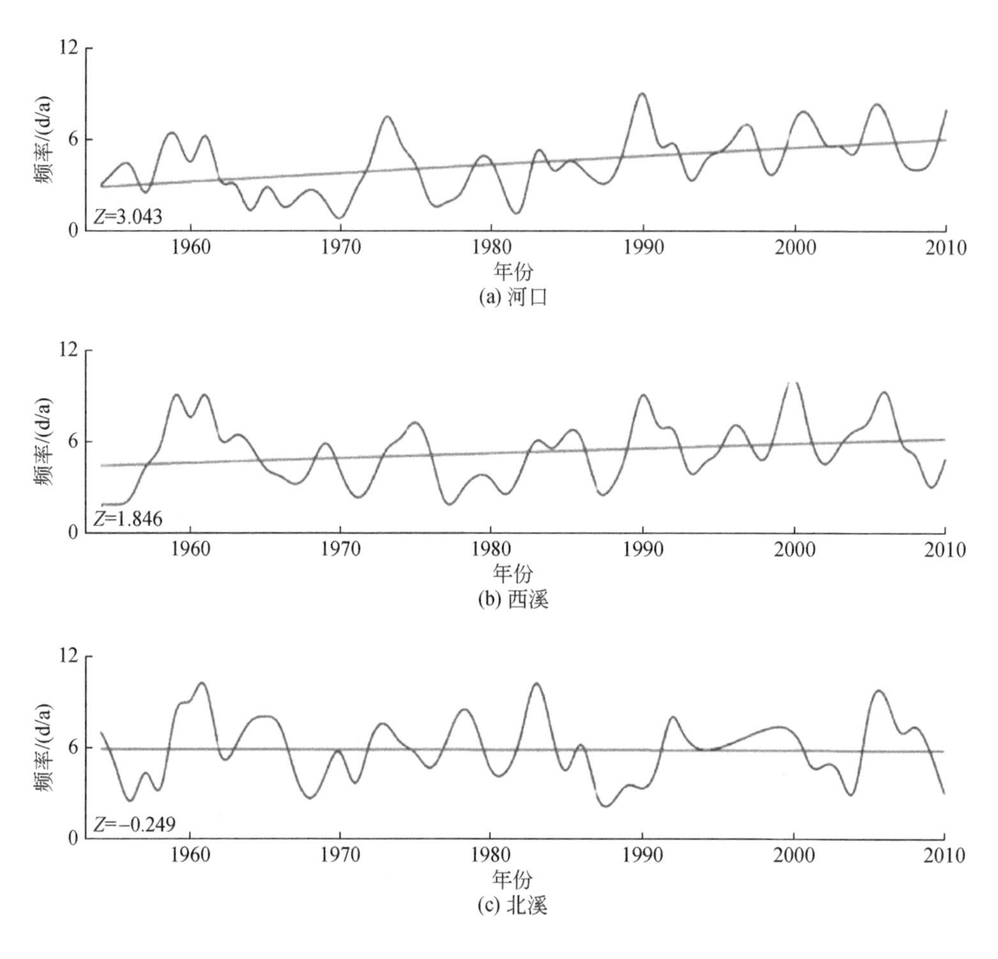

图 3-4　九龙江流域暴雨变化规律

近年来九龙江流域降水量的增加与 7~9 月的强降水事件存在一定的关联。相关研究认为，20 世纪以来，受到强降水事件的影响美国地区的平均降水量增加 5%~10%。强降水事件的变化，常常引起流域年内降水量特征的变化。例如，在我国的黄河流域，其年降水量变化曲线出现了由双峰向单峰的变化特征（Li et al.，2012）。而在我国的华南地区，由于夏季降水量的增加，广州地区的降水量高峰由 5 月向 8 月偏移（Xu et al.，2010）。

3.1.3　流域气候变化下的水文敏感性

3.1.3.1　降水量对径流量的影响

流域上游水文站的径流量对降水量变化的敏感性高于下游站点。如表 3-1 所示，北溪和西溪下游站点（即浦南站、郑店站）的月流量与月降水量之间的皮尔逊（Pearson）相关系数低于上游站点（如漳平站、龙山站等）。

表 3-1　1985~2005 年月流量与月降水量之间的 Pearson 相关系数（n=252）

系数	船场站	龙山站	郑店站	白沙站	龙门站	麦园站	漳平站	浦南站
R_c	0.810^{**}	0.815^{**}	0.755^{**}	0.790^{**}	0.810^{**}	0.772^{**}	0.782^{**}	0.744^{**}

** $p < 0.01$。

降水量是影响径流量变化的重要因素。在我国无论是在干旱的北方流域还是湿润的南方流域降水量变化都是与径流量变化呈显著的强相关关系。近年来，九龙江流域的降水量呈现出了一定的增加趋势，然而其径流量却没有出现明显的增加。九龙江流域降水量 – 径流量的相关关系在近年来出现了一定程度的减弱，特别是流域的上游地区，1985~2005 年，九龙江流域上游地区降水量 – 径流量相关关系的减弱较为明显（表 3-1）。

相关研究指出，流域降水量变化会在流域径流量变化中被放大，因此相比于降水量的变化，径流量变化对气候变化更为敏感。然而这种现象并没有在九龙江流域观测到，当九龙江北溪的降水量下降了 2% 时，与之相关的径流量却只下降低了 1.5%。由此可以推断，人类活动已经成为影响九龙江流域水文状况变化的一个重要因素。

3.1.3.2　径流量变化与恩索（厄尔尼诺 – 南方涛动，ENSO）指数的关联

恩索循环不仅改变流域径流量变化，还会引流域水文条件的周期性变化。经小波方差分析可知，九龙江流域存在着两个主要的周期分别是以一年为周期的径流年际变化及 5 年左右为周期的径流变化（图 3-5）。同时 MEI 和 SOI 的变化也具有周期性规律，存在着一个 5 年左右的冷暖变化周期和一个 13 年左右的恩索事件发生周期（图 3-5）。

进一步绘制小波分析图，结果如图 3-6 所示，九龙江流域径流量变化与 ENSO 指数变化在不同时间尺度上呈现出不同的相关关系，在 5 年的尺度上，九龙江流的径流量变化与 MEI 的强度呈正相关关系、与 SOI 的强度呈反相关关系。而在 13 年的尺度上，九龙江流的径流量变化与 MEI 的强度呈反相关关系、与 SOI 的强度呈正相关关系。以 MEI 指数变化为例，在 5 年周期的尺度上，当其小波能量较低时，九龙江流域的北溪和西溪的小波能量都出现了较低值，这说明一定程度的暖事件可以提高降水量进而引起径流量的上升。而在 13 年周

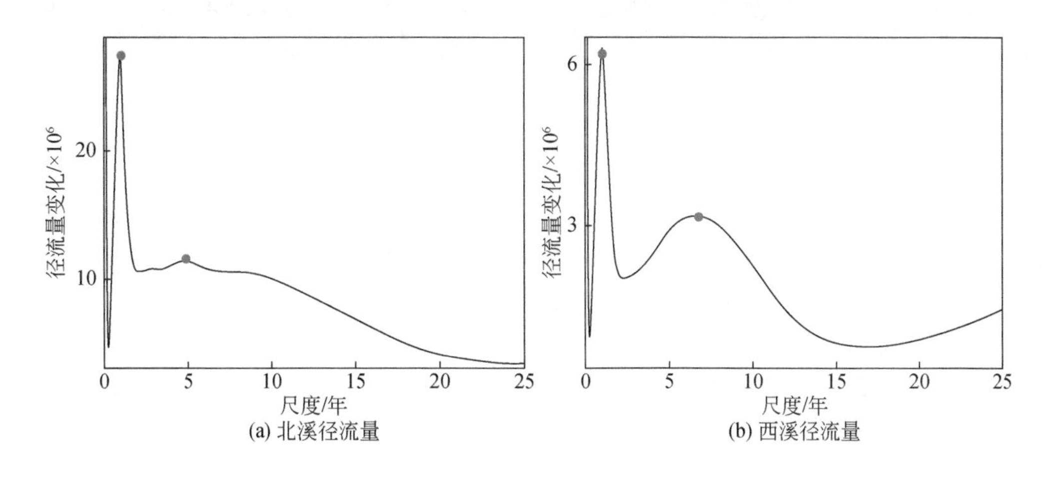

(a) 北溪径流量　(b) 西溪径流量

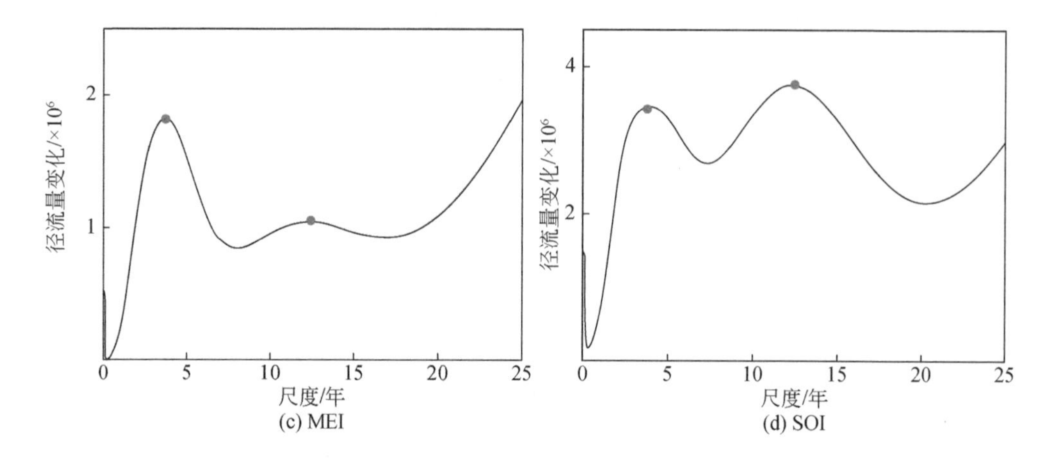

图 3-5 九龙江流域径流量及 ENSO 指数小波方差分析

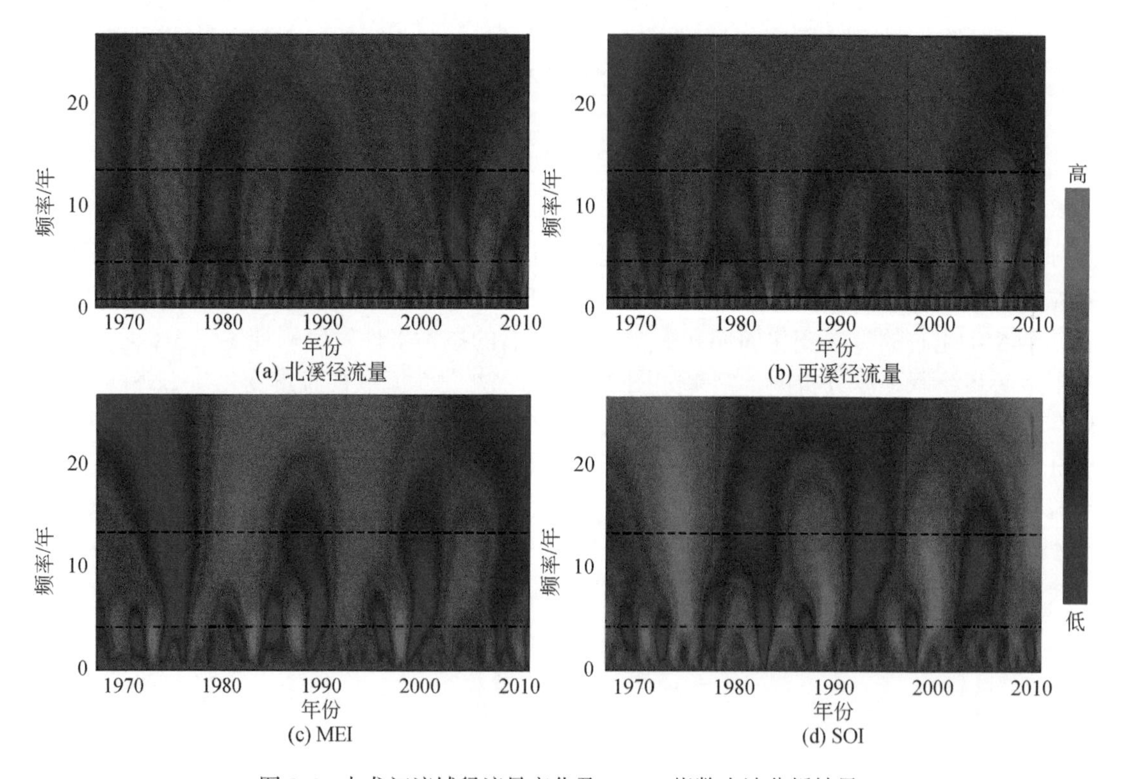

图 3-6 九龙江流域径流量变化及 ENSO 指数小波分析结果

期的尺度上，情况正好与之相反，当 MEI 的小波能量出现较高值时，九龙江流域的北溪和西溪的小波能量却较低，这说明极端事件的发生，如厄尔尼诺现象，会引起极端径流事件的发生，如径流量的下降。

MEI 和 SOI 是两个反映 ENSO 强度的重要指数。经 Pearson 相关分析可知，在九龙江流域，ENSO 指数与 2~9 月的径流量变化有很强的相关关系（表 3-2）。

表 3-2 ENSO 指数与流域径流量变化的相关分析

指数	1 月	2 月	3 月	4 月	5 月	6 月	7 月	8 月	9 月	10 月	11 月	12 月
MEI[a]	0.301*	0.538**	0.645**	0.403**	−0.073	−0.065	0.155	0.157	−0.343*	−0.336*	−0.219	−0.034
SOI[a]	−0.368*	−0.376**	−0.528**	−0.064	0.289	0.143	−0.122	−0.153	0.299*	0.379*	0.242	0.153
MEI[b]	0.319*	0.488**	0.628**	0.459**	0.038	−0.051	0.129	0.189	−0.347*	−0.399**	−0.328*	−0.120
SOI[b]	−0.379*	−0.367*	−0.536**	−0.153	0.163	0.145	−0.124	−0.258	0.263	0.374*	0.208	0.177

a 北溪；b 西溪；* $p < 0.05$；** $p < 0.01$。

3.1.4 人类活动对流域水文状况的影响

本研究采用数字滤波法进行基流的分割，基于 Lyne-Hollick 算法进行基流的分离及基流指数的计算，分析九龙江流域的水文变化情况。经 M-K 分析发现，1970~2010 年九龙江流域的 FI 呈显著的下降趋势而基流指数呈显著的上升趋势。经分析可知，九龙江北溪、西溪流域的FI值变化的 Z 值分别为 −4.248 和 −5.703，基流指数(BFI)变化的 Z 值分别为 4.334 和 6.095。这表明气候变化对九龙江流域的水文条件影响逐渐减弱。与此同时，人类活动，特别是水电开发对流域的水文影响显著增强，如图 3-7 所示。

如表 3-3 所示，九龙江流域北溪的 FI 值的均值、标准差、变异指数分别为 0.28、0.033 和 0.118；而西溪则为 0.30、0.058 和 0.193。从空间上来看，九龙江流域的西溪对人类活动更为敏感，其表现为西溪流域的 FI 值要比北溪的高，且下降得更为显著。

表 3-3 九龙江流域的 FI 值统计特征

流域	N	均值	标准差	变异指数
北溪	44	0.28	0.033	0.118
西溪	44	0.30	0.058	0.193

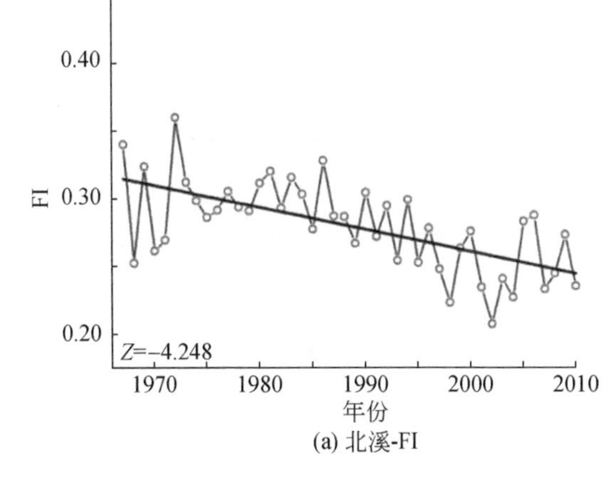

(a) 北溪-FI

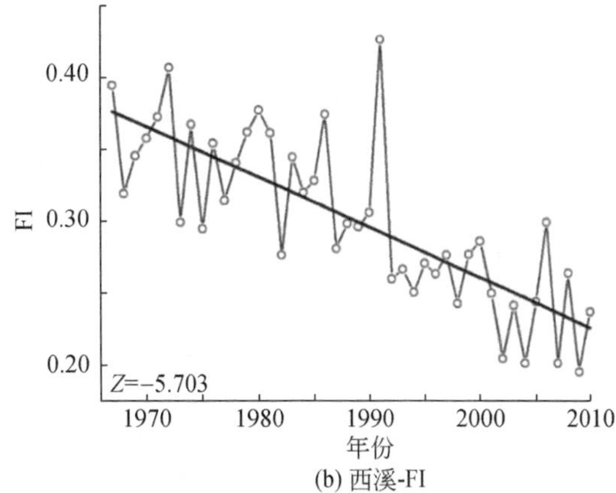

(b) 西溪-FI

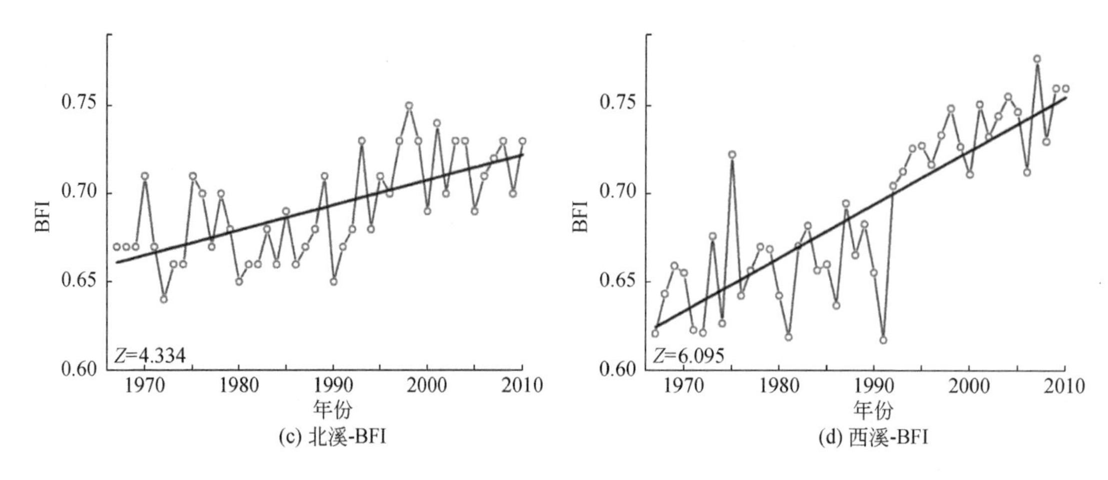

(c) 北溪-BFI (d) 西溪-BFI

图 3-7 九龙江流域的 FI 和 BFI 变化情况

经 M-K 变点分析可知，受人类活动影响九龙江流域从 1992 年起水文特征开始发生变化，如图 3-8 所示，UF 曲线与 UB 曲线在 1992 年的时间点上出现了相交的情况。而在 2000 年和 1995 年北溪和西溪的水文特征已发生了显著的变化（p=0.01），如图 3-8 所示。

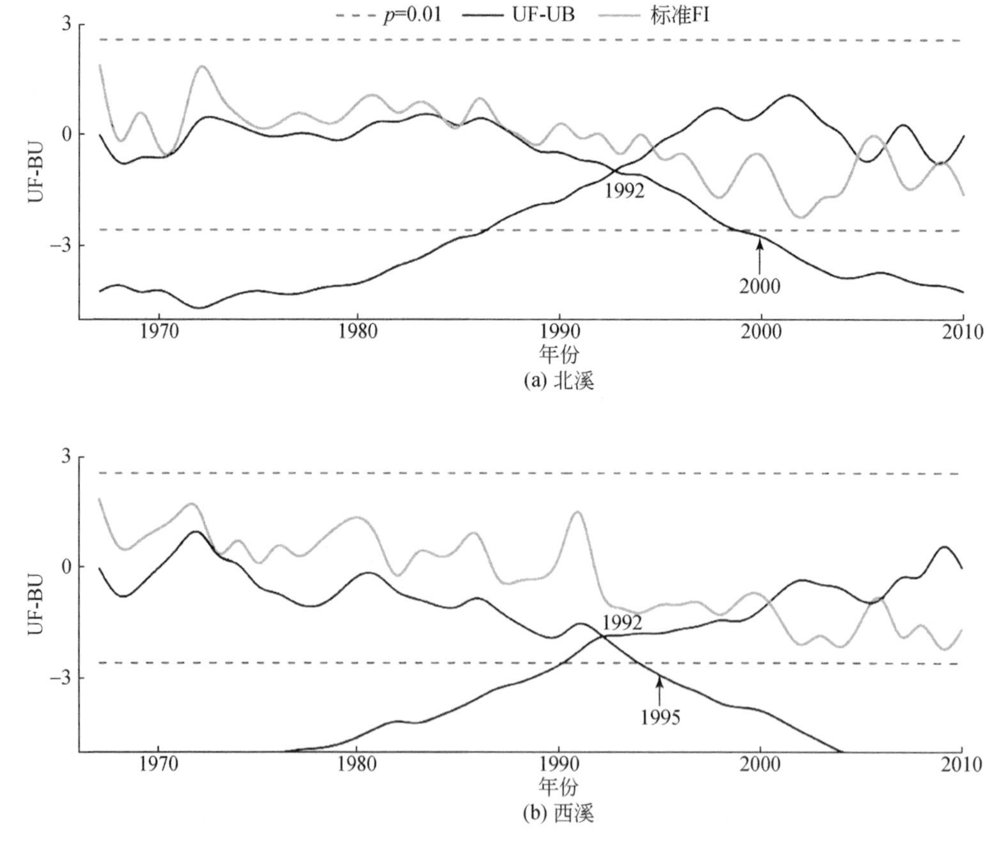

(a) 北溪

(b) 西溪

图 3-8 九龙江流域 FI 指数变化变点分析

本研究发现 1970~2010 年来九龙江流域的 FI 值呈显著下降趋势而 BFI 值呈显著上升趋势。水电站的建设使九龙江流域径流量调节由自然因素主导向水电站人为的流量调节转变，使得径流量年内波动减小且受气候变化的影响减弱，进而使流域发生湖库化。FI 值的下降说明人类活动对九龙江流域径流量变化影响强度的增加，而 BFI 值的上升反映了九龙江流域的径流量变化受降水等气候变化的影响开始减弱。

水电站的建设也改变了九龙江流域径流量的季节分布。由图 3-9 可见，水电站的调节作用使得九龙江流域的北溪（漳平站、浦南站）的丰水期延长且流量下降，平水期流量上升。但西溪（龙山站、郑店站）的丰水期推迟且流量上升，而北溪与西溪的枯水期流量未发生明显变化。

径流量的变化进一步影响了北溪与西溪输沙量的季节变化。由于丰水期的推迟（西溪）或延长（北溪），九龙江流域的北溪、西溪的输沙量的年内分布发生了改变。由图 3-10 可知，北溪（漳平站、浦南站）、西溪（龙山站、郑店站）的输沙量高峰推迟，由 6 月推迟到 8 月。北溪（漳平站、浦南站）的输沙量峰值明显增加，龙山站的输沙量虽然减少，但其峰值已经发生明显变化。大坝的截流作用使得西溪的输沙量减少。但北溪的输沙量反而增加，这可能与北溪大规模的水利建设有关。1995 年以后北溪还有大量的在建水利工程，如西陂、

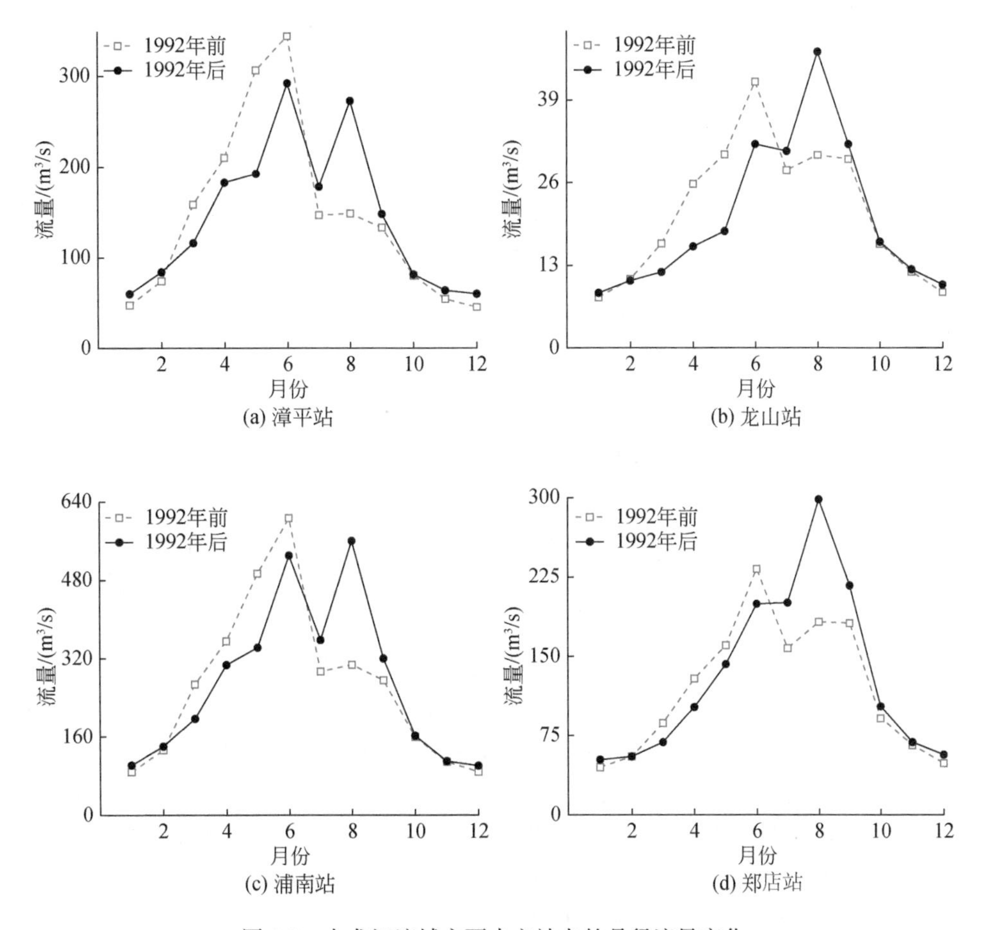

图 3-9 九龙江流域主要水文站点的月径流量变化

华口三级等十多个最大坝高超过 20m 的水电站均在建设中，大量的泥沙排入流域中，再加上北溪流域的地形坡度较高，加剧了水土流失及泥沙输入至河流。而西溪水电梯级开发基本已经完成，在建的大中型电站不多。

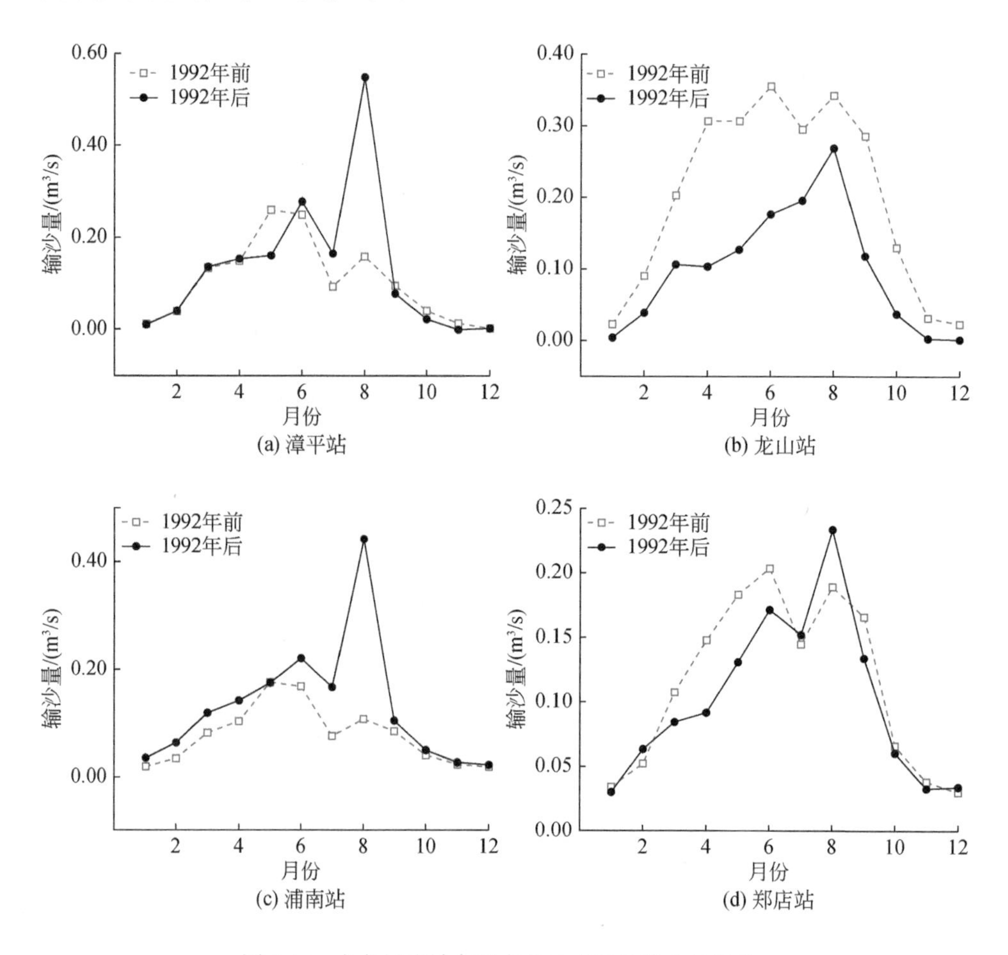

图 3-10　九龙江流域主要水文站点的月输沙量变化

北溪的 FI 值比西溪的小，年际差异也比西溪小，这与北溪流域的自然地理、土地利用情况有关。北溪的面积大于西溪，西溪受人类活动影响更为剧烈，其农业用地比例、建设用地比例均比北溪高。

九龙江流域的北溪与西溪的 FI 值在 1968~2006 年呈下降趋势（图 3-11）。进一步综合分析北溪与西溪在 1986~2007 年的 FI 指数变化特征，可以看出，2002 年前后这两个时段九龙江流域的 FI 值发生明显变化，1986~2002 年 FI 值呈下降趋势，但 2002~2007 年 FI 值呈上升趋势，这种现象可能跟流域的土地利用变化有关。由图 3-11 可见，1986~2002 年九龙江流域的林地面积呈上升趋势，从 1986 年的 65.57% 上升至 2002 年的 71.72%，而自 2002 年起九龙江流域的林地面积减少，建设用地面积比例却由 2002 年的 2.60% 快速上升到 2007 年的 4.48%，城市化进程在 2002 年后明显加剧。

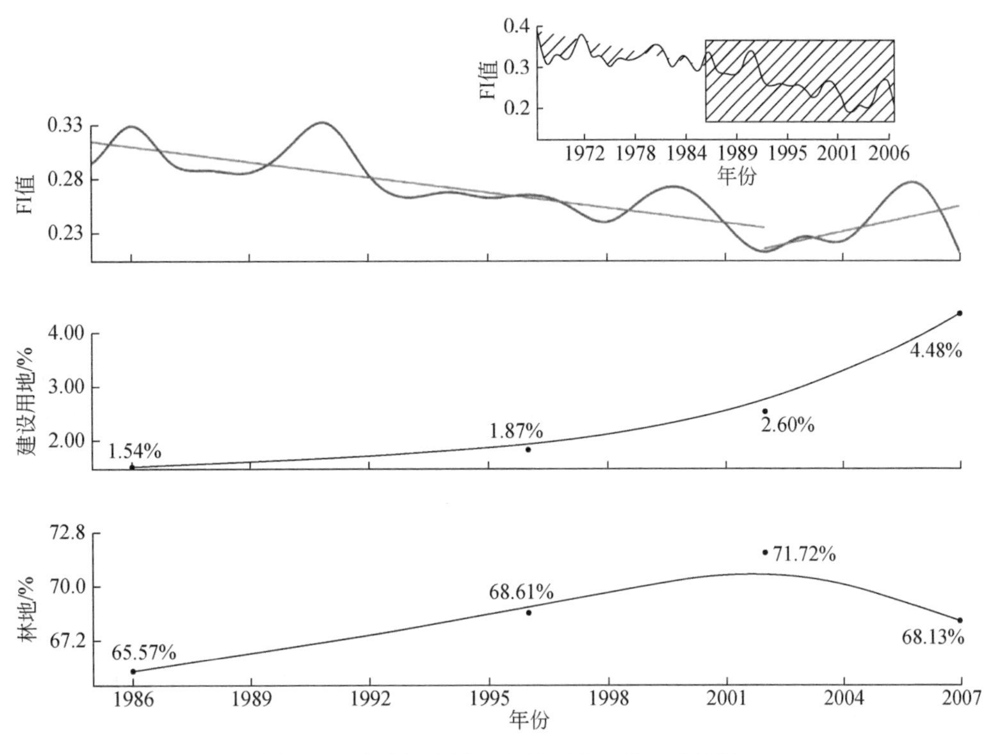

图 3-11 九龙江流域土地利用及 FI 值变化情况

①九龙江流域的 FI 值为北溪与西溪 FI 值之和的均值；② 1986~2007 年建设用地与农业用地面积比例的变化趋势线是基于 1986 年、1996 年、2002 年、2007 年和 2010 年 5 个年份九龙江流域土地利用的数据绘制而成

人类活动（包括大坝建设等）是影响流域水文的重要驱动力。基流和径流变异性特征的变化是大坝建设等人类活动对流域水文条件影响的重要外在表现之一。本研究发现，近年来九龙江流域的 FI 呈显著下降趋势，而 BFI 呈显著上升趋势。这表明 20 世纪 80 年代以来，九龙江流域的水文情势受到人类活动的影响日趋明显。经 M-K 变点分析可知，自 1992 年起人类活动对九龙江流域的水文情势变化的影响大大增强，其变化特征可能与九龙江流域的大坝建设有关。相关研究表明，流域水文特征的改变与相关的大坝建设有着密切关系，如在北美大平原地区，大坝建设会导致流域 1~90 日最小径流量增加，而 1~90 日最大径流量却明显减少。Holko 等（2011）的研究也表明水电开发以及大坝建设会显著降低流域的 FI。在我国的澜沧江、东江等流域也有类似的观测结果（Chen et al.，2010；Zhao et al.，2012）。

FI 和 BFI 是刻画人类活动对流域水文情势影响的两个重要指标。本研究发现 FI 与 BFI 呈负相关关系，这与相关研究结果类似。受到大坝建设的影响，自 1992 年以来，九龙江流域的径流量的季节性变化特征发生了较为明显的变化，表现为流域 7~9 月的径流量出现了较为明显的增加，而这一时期的降水量基本上没有变化。相比于九龙江北溪，流域面积较小的九龙江西溪流域的相关指数的变化更为明显。相关研究也指出小流域对人类活动更为敏感，在相同的条件下，当流域面积变小时，FI 值会出现一定程度的升高（Baker et al.，

2004）。

土地利用变化也是影响流域水文环境的一个重要因素之一。研究发现，土地利用变化与 FI 值的变化可能存在着一定的关联，森林面积增加、城市化进程加快都可能会引起 FI 值的波动。对美国部分流域的研究也发现土地利用变化与洪水暴发的概率的变化存在一定的关联。相关研究进一步指出城市化速率的变化也会引起流域水文条件的变化。另外在平原地区、山地地区的流域的相关研究也发现了类似的结果。

20 世纪 70 年代以来，人类活动对九龙江流域的水文情势的影响越来越大，本研究进一步发现流域人类活动主要表现为与城市化以及城市人口增长等相关的社会经济因素。过快的城市化进程加剧了中国水资源紧张的局面。人类活动可能会引起相关流域径流量的减少，如相关研究指出，近来的气候变化驱动了塔里木河上游地区径流量的增加，而受到人类活动的影响其干流的流量却有所减少（Xu et al.，2004），农业活动强度的增加以及城市化引起的人口数量的增加也可能是引起流域径流量减少的原因之一。

3.1.5 小结

九龙江流域气候变化与人类活动引起的水文情势改变的响应信号明显。1954~2010 年，九龙江流域的降水量呈显著上升趋势，这种趋势从河口到内陆逐渐减弱。流域年降水量变化与流域 7~9 月强降水事件有关。受到人类活动的影响，降水量变化没有在径流量变化中被放大。九龙江流域的径流量周期性变化可能与厄尔尼诺－南方涛动周期有关，但相比之下降水量变化对流域径流量的影响更大。人类活动（包括土地利用变化、大坝建设以及社会经济的发展）对九龙江流域的水文情势变化的影响逐渐增强。自 1992 年起，人类活动对九龙江流域的影响变得越来越显著。

3.2 气候变化和土地利用变化对流域年径流量影响的相对重要性分析

在气候变化的背景下，九龙江流域在 20 世纪 80 年代以来经历了剧烈的土地利用变化。3.1 节探讨了气候变化和人类活动对九龙江流域水文状况的整体影响，之前的研究也用 Tomer 和 Schiling（2009）提出的生态水文概念模型方法来定性区分土地利用变化和气候变化这两个因素对九龙江流域径流量的相对影响（Zhang et al.，2015）。然而，需要更多的研究来定量评估在气候变化的背景下，土地利用变化具体如何影响近 50 年来流域的年径流动态，以便制订合理的水资源管理策略（Ervinia et al.，2015）。

3.2.1 技术框架构建

本研究构建了包括水文气候变量趋势分析、径流量－气候相关分析、L-R 概念模型和水文敏感性分析的技术框架，以评估气候变化和土地利用变化对九龙江流域年径流量动态变化的影响，研究技术流程如图 3-12 所示。

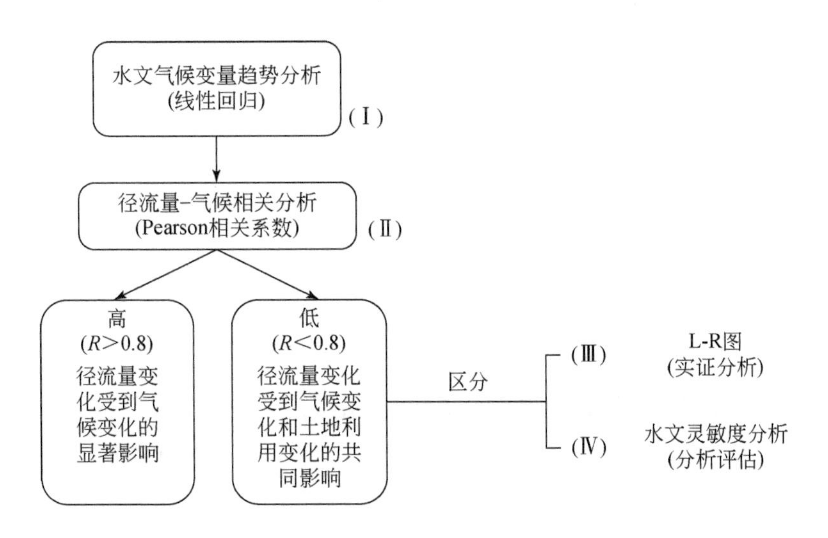

图 3-12 研究技术流程

采用回归分析检验 1961~2013 年流域水文气候变化的年度趋势。水文气候变化的增加或减少趋势由 b 值方程确定。$b>0$ 表示水文气候参数随着时间的推移而增加，$b<0$ 表示水文气候参数随着时间的推移而降低。当 $p< 0.05$（置信度为 95 %）时，变化显著。

通过计算 Pearson 相关系数（R），揭示了过去 1961~2013 年径流量与降水量以及径流量与干旱指数之间的线性关系。干旱指数是潜在蒸散量与降水量之比。计算 R 的显著性，以确定径流量是否与每个降水量和干旱指数呈线性相关。当 t 检验的 $p< 0.05$ 时，这种相关性具有统计学意义。

Tomer 和 Schiling（2009）开发了一个概念模型，该模型区分了气候变化和土地利用变化对流域水文的相对影响。此概念模型可以确定径流量变化的主要驱动因素是气候变化还是土地利用变化。鉴于经验性地描述气候变化和土地利用变化之间的相互作用的能力有限，本研究开发了一个新的概念模型，以更清楚地阐明这种相互作用。

根据水量平衡方程，流域降水量为径流量、蒸散量、蓄水量之和。因此，降水量的变化相当于径流量、蒸散量和蓄水量的变化总和。假设蓄水量的年际变化为零，因此式（3-1）将蒸散量的变化（ΔE）表示为降水量的变化（ΔP）和径流量的变化（ΔR）之间的差值。

$$\Delta E=\Delta P-\Delta R \tag{3-1}$$

式中，P 为降水量；R 为径流量；E 为蒸散量；S 为蓄水量，单位均为 mm/a。Δ 指的是每年的变化。蒸散量受气候变化和土地利用变化的影响。通过估算土地利用变化引起的蒸散量的变化，将土地利用变化对蒸散量的影响与气候变化对其的影响分开。

$$\Delta E_{\mathrm{L}}=\Delta E-\Delta E_{\mathrm{C}} \tag{3-2}$$

式中，ΔE_{L} 为土地利用变化引起的年平均蒸散量的变化；ΔE 为观测到的年平均蒸散量的变化；ΔE_C 为气候变化引起的年平均蒸散量的变化。

使用 Schreiber（1904）的模型来估计气候引起的蒸散量（E_C）。E_C 表示为干旱指数（α）的函数，干旱指数是潜在的蒸散量（PET）与降水量的比值（P）。

$$\alpha=\frac{\text{PET}}{P} \tag{3-3}$$

$$E_C=P(1-e^{-\alpha}) \tag{3-4}$$

通过将式（3-1）、式（3-2）和式（3-4）组合起来，将得到式（3-5）：

$$\Delta E_L=\Delta P e^{-\alpha}-\Delta R \tag{3-5}$$

关于 P、PET、E 和 R 的有效性数据提供了区分气候变化和土地利用变化对径流量的相对影响的机会。该方法评估了响应气候变化的径流趋势指数（RI）和土地利用变化的蒸散趋势指数（LE），公式如下：

$$\text{RI}=\frac{P-\text{PET}}{P} \tag{3-6}$$

$$\text{LE}=\frac{Pe^{-\alpha}-R}{P-R} \tag{3-7}$$

图 3-13 是 L-R 图的概念模型，可以用来区分气候变化和土地利用变化对径流量的相对影响。气候变化对 P 和 PET 有影响，但对蒸散量没有影响，因此只沿 x 轴发生变化 [图 3-13（Ⅰ）]。类似地，土地利用变化只改变蒸散量。LE 的减少主要是由于砍伐森林，而 LE 在重新造林的情况下增长 [图 3-13（Ⅱ）]。当 RI 和 LE 呈现相反的趋势时 [图 3-13（Ⅲ）]，对其气候变化和土地利用变化对其的影响可能是相似的。相反，当 RI 和 LE 表现出类似的趋势时，气候变化对其的影响被土地利用变化对其的影响抵消 [图 3-13（Ⅳ）]。

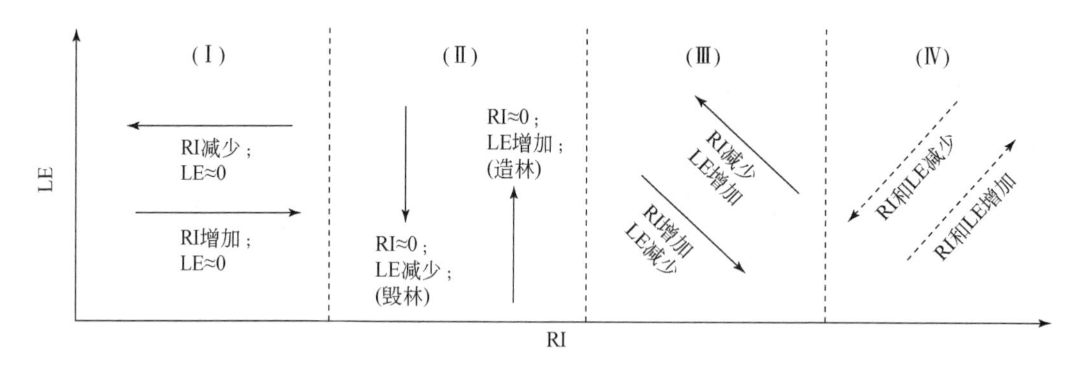

图 3-13　L-R 图的概念模型

通过水文敏感性分析对 L-R 图进行验证，进一步量化土地利用变化和气候变化对径流动态的具体影响。降水量和潜在蒸散量的变化都会导致水量平衡的变化。因此，气候变化引起的径流量变化被进一步表示为降水量和潜在蒸散量的累积变化，它们是干旱指数的函数，公式如下：

$$\Delta R_C = \Delta P[1-F(\alpha)+\alpha F'(\alpha)] - \Delta \mathrm{PET}[F'(\alpha)] \tag{3-8}$$

式中，ΔR_C 为气候变化引起的年平均径流量变化；ΔP 和 $\Delta \mathrm{PET}$ 分别为年平均降水量和潜在蒸散量的变化；α 为干旱指数（PET/P）；$F(\alpha)$ 和 $F'(\alpha)$ 为干旱指数的函数形式。干旱指数有五种功能形式。

径流产生过程还受到流域人为活动的影响，包括土地利用变化、修建梯级水坝和抽水。这些干扰的影响可以相互加强或抵消。然而，这项研究只关注土地利用变化对径流随时间的影响。1992 年以来，九龙江流域修建了 28 座大型水坝，但有一个强烈的共识是，水坝只改变径流量的季节变化，而不是年径流量的变化（Hu et al.，2008；Zhang et al.，2012）。本研究没有考虑抽水的影响，因为大量的水被带到两个水文站的下游。因此，土地利用变化对径流动态的影响可以估算如下：

$$\Delta R_L = \Delta R - \Delta R_C \tag{3-9}$$

式中，ΔR_L 为土地利用变化引起的年平均径流量的变化；ΔR 为观测到的 20 年间的年平均径流量的变化；ΔR_C 为气候变化引起的年平均径流量的变化。

从福建省水文与水资源勘测局获取浦南站和郑店站 1961~2013 年的日径流量（m^3/s）资料，进一步汇总逐日径流量数据，形成年径流量数据（m^3）。收集了 1961~2013 年龙岩和漳州气象站日降水量和日气温（最小值、平均值和最大值）数据。这些气候数据来自中国气象局网站（http://www.cma.gov.cn）。与水文数据类似，日降水量数据也是每年汇总，以获得年平均降水量（mm）。对于日气温数据，取其平均值，得到年平均气温。

3.2.2 北溪和西溪水文 – 气候长时间变化趋势

1961~2013 年除了北溪的年径流量（b_R=–0.25）略微下降，西溪的年径流量和降水量以及对北溪的年降水量呈上升趋势（图 3-14）。但是这些上升或下降的趋势都不显著（$p>0.05$），因为降水量和径流量都表现出自然波动的趋势，而且这种趋势也是可预测的。20 世纪 60 年代主要是枯水年，降水量少，径流量也少。此后，径流量随着降水量的增加稳步上升，到 20 世纪 90 年代达到峰值，紧接着在枯水年又呈下降趋势。由于气候变化的循环过程，流域的年径流量为 421~1763 mm，降水量为 960~2478 mm（Ervinia et al.，2015）。

从平均值来看，北溪的年降水量（P）大于西溪（表 3-4）。20 世纪 60~90 年代年径流量（R）持续上升，但 21 世纪前 10 年则呈下降趋势，降水量的变化趋势也是类似的。20 世纪 60~90 年代北溪和西溪的年降水量分别上涨了 2%（36 mm）和 16.5%（244 mm），同期北溪年径流量上涨了 9.2%（78 mm），西溪上涨 15.9%（152 mm）。

在 21 世纪前十年，北溪径流量减少了 11.2%（104 mm），降水量减少了 2.40%（42 mm）。21 世纪初期，径流量和降水量都表现出与 20 世纪 80 年代相反的变化趋势，但是当降水量呈下降趋势时，径流量反而上升。气候变化与径流量变化的关系的不稳定性表明流域非气候因素（如人类活动）也会引发径流状况的变动。

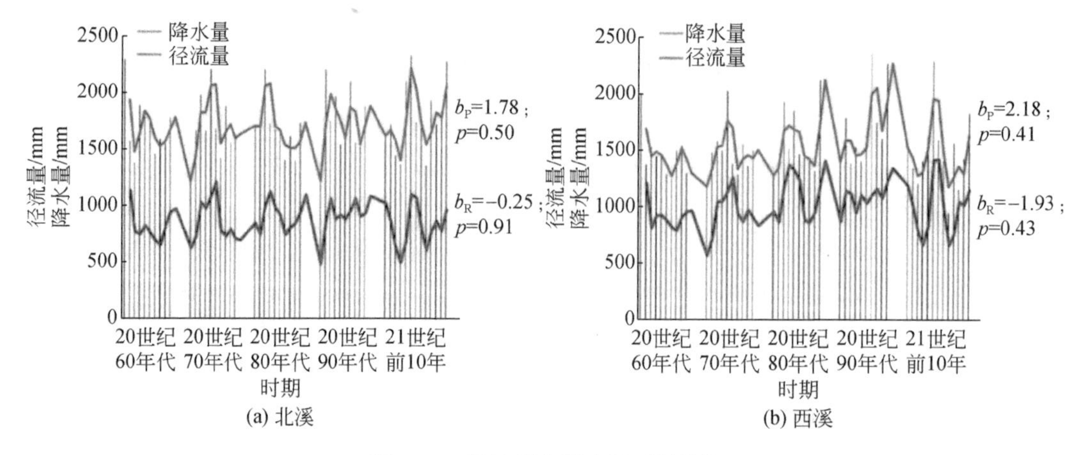

图 3-14　径流量和降水量时间趋势

表 3-4　北溪和西溪年平均径流量、降水量和水能（*R*/*P*）　（单位：mm）

时期	北溪			西溪		
	R	*P*	*R*/*P*	*R*	*P*	*R*/*P*
20 世纪 60 年代	849	1710	0.50	958	1482	0.65
20 世纪 70 年代	873	1722	0.51	966	1498	0.64
20 世纪 80 年代	912	1711	0.53	1113	1589	0.70
20 世纪 90 年代	927	1746	0.53	1110	1726	0.64
21 世纪前 10 年	823	1788	0.46	1005	1500	0.67
平均	877	1735	0.51	1030	1559	0.66

3.2.3　水文 – 气候变化模型

由径流量、降水量和干旱度指数关系构建的水文 – 气候模型表现出显著的时间变异性（图 3-15）。该模型用 a 值和 b 值来分别表征径流量对降水量和蒸散量的响应情况。a 值越高表明越多的降水量转化成径流量，b 值越高表明蒸散量越高，反之则越小。如图 3-15 所示，北溪的 a 值范围为 0.93~0.98，西溪的 a 值范围为 0.91~1.00，可见流域面积小的西溪的 a 值比流域面积大的北溪的高（p=0.030；ρ<0.05）。对于 b 值而言，北溪的 b 值比西溪的 b 值大，意味着北溪的蒸散量比西溪的大。

a 值和 b 值的变化方式类似。a 和 b 的最小值，北溪均出现在 1980 年，西溪均出现在 1990 年。b 值越小表明蒸散量越低，这主要是由植被减少（如林地向耕地转变）引起的。

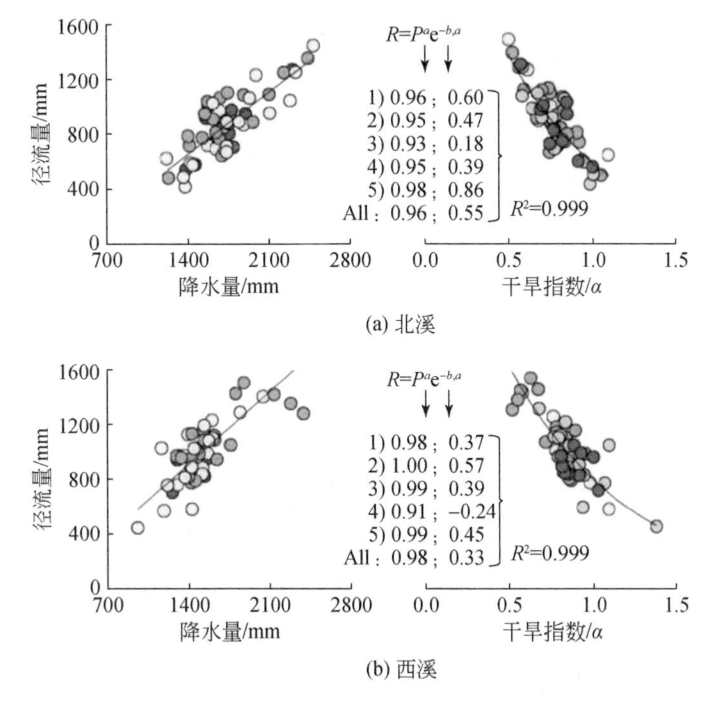

图 3-15　1961~2013 年北溪和西溪的水文 – 气候模型

图中 1=1960 年；2=1970 年；3=1980 年；4=1990 年；5=2000 年；All 指代西溪 / 北溪整体的 a 值与 b 值，1）~5）是五类典型样本的 a 值与 b 值，在图中用不同颜色表示

北溪和西溪的 a 值和 b 值的最高值分别出现在 2000 年和 1970 年，表明在这个时间段内的蒸散量大。

3.2.4　土地利用变化和气候变化引起的流域径流量的变化

2000 年之前，由于气候变化的原因北溪和西溪径流量增加，但是在 2000 年北溪的径流量却大幅度下降（图 3-16）。北溪和西溪由气候变化引起的径流量增加量分别是 8~26 mm、26~83 mm。对于西溪而言，大部分时间气候变化促使了径流量的增加，但是在 21 世纪前 10 年，径流量下降了约 175 mm。结果表明，流域面积越小，气候变化产生的径流量越大。

气候变化通过改变降水模式影响流域水文变化。本研究发现气候变化对径流动态的影响在 20 世纪 60 年代和 70 年代强于其后几十年。其他研究也观察到径流量和降水量之间有很强的关系。例如，Huang 等（2014）报道了台湾流域降水量增加导致的河流径流量增加。研究表明，近几十年来，年平均径流量的变化与年降水量动态具有同步性。然而，北溪在 20 世纪 80 年代和 21 世纪初的情况和西溪在 90 年代的情况并非如此，这意味着这几十年的径流动态不能完全解释为气候变化单独的影响。

除了气候变化，土地利用变化也是径流产生过程变化的一个重要因素，主要通过实

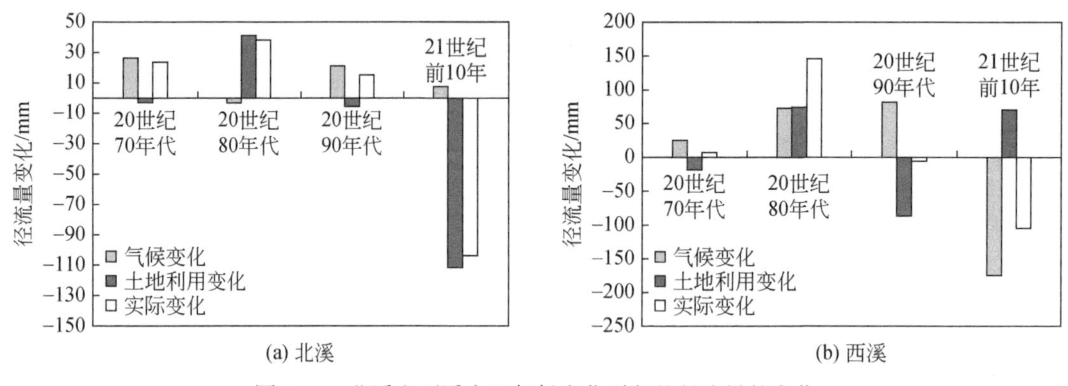

图 3-16　北溪和西溪由于气候变化引起的径流量的变化

际径流量变化（ΔR）和气候变化产生的径流量变化（ΔR_C）表征。本研究表明，20 世纪 80 年代土地利用变化是北溪和西溪径流量显著增加的重要驱动力，分别促进径流量增加了 41 mm 和 75 mm，表明这段时间植被面积减少（图 3-16）。21 世纪前十年，土地利用变化使得北溪径流量减少了 115 mm。同一时期，西溪由于土地利用变化，径流量增长了 71 mm。

土地利用变化影响流域蒸散量、水循环和能量平衡。本研究表明，土地利用变化对径流动态产生了较大的影响，北溪在 20 世纪 80 年代增加了径流量，西溪在 20 世纪 80 年代和 21 世纪初增加了径流量（图 3-16）。土地利用变化的影响可能与这几十年间九龙江流域森林面积的减少以及农业用地面积和建设用地面积的增加有关。20 世纪 80 年代，九龙江流域土地利用变化导致蒸散量减少。森林砍伐或城市化也可使流域蒸散量减少。1986~1996 年，九龙江流域的林地面积明显减少，农业用地面积增加（Huang J L et al.，2012；Zhou et al.，2014）。20 世纪 80 年代以来，为响应国家农业政策，促进社会经济发展，整个地区开始出现农业活动。其他研究指出，从森林到农业用地的土地类型的转变可能会增加年平均径流量，从而影响流域水文（Tomer and Schiling，2009）。21 世纪前 10 年，土地利用变化在很大程度上导致了北溪径流量的减少。为增加森林覆盖率而采取的土地保护措施可能导致长期平均年径流量在空间上大幅减少。人类活动导致九龙江流域的径流变异性增加（Huang et al.，2013a；Zhang et al.，2015）。本研究从土地利用变化的角度阐述了人类活动对流域水文的影响。

气候变化和土地利用变化交互影响实际径流量变化（图 3-16）。在北溪，1980 年和 2000 年径流量大幅度变化主要是受土地利用变化的影响造成。同样地，在这两个时间段西溪径流量也发生大幅度变化，但是这种变化主要是由受气候变化和土地利用变化共同影响造成的。本研究通过 5 种方法预测气候变化对径流量的影响，事实证明各种方法的结果基本一致（ANOVA，F=0.008，p>0.05）。

3.2.5　土地利用变化增强了气候变化对年径流量的影响

气候变化对径流量变化的影响可以通过构建 L-R 图的方法将其与土地利用变化对径流

量影响区分开来，构建 L-R 图主要是构建 RI-LE 的散点图（图 3-17）。根据 L-R 图的概念，在 20 世纪 70 年代和 90 年代两个时间段内，气候变化是北溪径流量增加的主要控制因素。在这两个时间段内，RI 呈上升趋势，而 LE 变化较小，意味着径流量的增加主要是受气候参数如降水量、潜在蒸散量的影响，而实际蒸散量对其影响较小。在 80 年代，径流量呈上升趋势，但这主要是受土地利用变化（如森林砍伐）的影响，因为 LE 呈下降趋势，RI 小幅上升。21 世纪前 10 年，径流量呈下降趋势，这也与土地利用变化密不可分。LE 增大使得这段时间内的径流量减少。

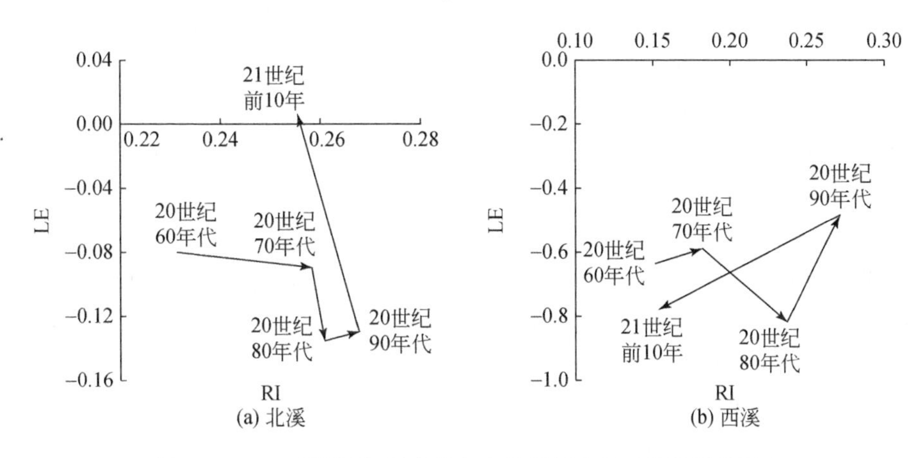

图 3-17　L-R 图识别气候变化与土地利用变化对径流量的影响

在北溪和西溪气候变化和土地利用变化对水文影响是不同的，特别是在 20 世纪 90 年代至 21 世纪前 10 年。在 20 世纪 90 年代，径流指数和土地 – 蒸散量值增加量相等，表明径流量的变化很小，因为在这个时间段气候变化和土地利用变化对径流量的影响效应相反，但是土地利用变化（如植树造林）使径流量减少。2000 年，土地利用变化和气候变化对径流量的影响作用是相反的，但是这一时期 RI 和 LE 呈下降趋势。前期的径流量变化比后期的径流量变化大表明气候变化产生的径流量的减少量比土地利用变化造成的量大。总而言之，L-R 图可以用来区分气候变化与土地利用变化对径流量的影响，以及两者对径流量的交互影响。

3.2.6 区分气候变化和土地利用变化对河流径流动态的相对影响

目前，区分气候变化与人类活动对流域水文影响的方法主要有三种：气候弹性模型、基于模型的方法和概念模型。现有应用较广的生态水文概念模型只评估气候变化与人类活动的相对影响（Tomer and Schiling，2009）。本研究引入了一种新的概念模型，称为 L-R 图，以区分气候变化和土地利用变化随时间变化对径流动态的相对影响。我们最初应用了 Tomer 和 Schiling（2009）年提出的生态水文分析，结果表明人类活动导致了九龙江流域更大的流量变化，但未能提供 20 世纪 70 年代至 21 世纪前 10 年有关这两种因素在北溪和西溪的变化和相互作用的详细数据（Zhang et al.，2015）。

同时应用 L-R 图的概念模型和水文敏感性分析方法，区分气候变化和土地利用变化对九龙江流域径流量变化的影响。两种方法得到的结果都是一致的（图 3-16，图 3-17）。在北溪流域，20 世纪 70 年代和 90 年代，气候变化主导径流动态，20 世纪 80 年代和 21 世纪初，土地利用变化对径流量的影响更大；20 世纪 80 年代、90 年代和 21 世纪初，气候变化和土地利用变化共同影响了西溪径流量的动态变化。L-R 图形象地展示了控制九龙江流域河流径流动态的主要因素以及气候变化和土地利用变化之间的相互作用；而基于 5 种干旱指数模型的水文敏感性分析结果，可以验证 L-R 图和深化对特定气候变化和土地利用变化对径流量影响的理解。本研究应用 L-R 图的概念模型，结合水文敏感性分析，明确了气候变化和土地利用变化对九龙江流域径流动态的影响。

3.2.7 不同流域间水文对气候变化和土地利用变化响应的差异

对气候变化和土地利用变化的水文的响应差异可能受到流域特征的影响，包括植被类型、地形和流域面积（Zhang et al.，2015）。本研究表明，20 世纪 90 年代至 21 世纪初，九龙江北溪与西溪两大流域对气候和土地利用变化的水文响应不同，气候变化对西溪的影响大于北溪。两个河段均有年降水量增加的趋势，但西溪年径流量呈增加的趋势，而北溪年径流量呈减少的趋势，这表明北溪承受了比西溪更多的人类活动。不仅如此，在 20 世纪 90 年代至 21 世纪初，土地利用变化明显地导致了北溪径流量的减少和西溪径流量的增加。北溪上游以森林为主，可能比西溪更易受生态保护措施的影响。植树造林可以增加蒸散量和蓄水量。密集植被和深根植物通常比浅根植物有更大的蓄水量。森林在流域内更能阻滞水，因此植树造林可减少年径流量。建设用地面积的增加可能是西溪近几十年来径流量增加的原因。城市化导致流域自然透水地表转变成不透水地表，进而导致径流量增加。

3.2.8 小结

（1）将 L-R 图与水文敏感性分析相结合，分析了气候变化和土地利用变化对 50 年来（20 世纪 70 年代至 21 世纪前 10 年）九龙江流域径流动态的影响。由 L-R 图得到的结果与水文敏感性分析的结果基本一致：20 世纪 60 ~70 年代，北溪和西溪受人类活动限制，径流量受到了气候变化的强烈影响；在 20 世纪 80 年代和 21 世纪初，土地利用变化对流域水文产生了更多影响；北溪流域的径流量变化在 20 世纪 90 年代主要受气候变化影响，西溪流域的径流量变化在 20 世纪 80 年代主要受气候变化和土地利用变化的共同影响。

（2）构建的 L-R 图显示了影响九龙江流域河流径流量变化的主要因素以及气候变化和土地利用变化的相互作用。应用基于 5 种干旱指数模型的水文敏感性分析结果可以验证 L-R 图概念模型，深化了气候变化和土地利用变化对河川径流动态影响的认识。本研究进一步揭示了近 50 年来中国东南沿海流域土地利用变化是如何增强或抵消气候变化对年径流动态的影响。

3.3 九龙江流域水电开发的水文效应

河川径流为人类提供了生产生活的必需品，对人类社会经济发展起着重要的作用。数千年来，人类通过大坝建设等各种活动，改变了河流水文情势与特征（Huang et al.，2013a）。大坝建设通过改变河流的自然流速和流量，以适应人类活动的需求，有利于水资源的利用。近几十年来，世界各地的大坝建设极大地改变了流域水环境特征（Zhang et al.，2012）。定量评估大坝建设等相关水利工程建设的水文效应已成为流域水资源规划与管理的重要内容（Shiau and Wu，2004；Zhao et al.，2012）。

近几十年来，不少学者尝试通过关联大坝建设与水文情势分析其带来的影响。170 多项水文指标（如平均流量、洪峰频率、峰值排水量等）被开发出来以评估河流生态系统中水文情态改变及其引起的生态响应。然而，目前对相关水文情势变化的研究主要集中在高径流事件和低径流事件上，这些事件无法对流域水文情势进行一个较为全面的刻画。基于此，Richter 等开发出了水文变化指标方法用以全面评估流域水文环境的变化及其对相关生态系统服务与功能的影响。该方法近年来被广泛地应用于评估大坝建设对流域水文环境的影响，如美国中部大平原、伊利诺伊河、美国东南部、黄河、长江、淮河等大坝建设的水文响应（Hu et al.，2008；Yang et al.，2012b；Lian et al.，2012）。此外，已有研究应用流量历时线（flow duration curve，FDC）识别大坝的调节功能。

实施科学的流量管理是保护流域水生态环境的重要措施之一。相关研究表明，截至 2050 年，全球不少国家将面临水资源短缺的问题，这将对流域水生态系统带来巨大的挑战（Petts，2009）。维持河流自然流量已经成为流域水环境管理的一个热点研究问题（Poff et al.，2010）。目前大多数研究都是强调对流域的最小下泄量的管理以实现供水、发电等与经济活动相关的收益最大化。然而，相关研究指出单一的最小下泄量管理不足以保护河流生态系统多样性，流域径流量管理应该更加关注一个完整的自然径流过程（Yang et al.，2012b；Richter and Thomas，2007；Yin et al.，2011）。基于此，Richter 等（2013）在 IHA 的方法上提出变化范围方法（range of variability approach，RVA），用以定量评估人类活动引起的水文情势变化，相关研究表明该方法是指导流域径流量管理的一种有效方法（Hu et al.，2008；Yin et al.，2011）。

流域的水文情势改变可影响流域生态系统。为了维持一个较为良好的流域水生态系统，需要对径流量的大小、频率、持续时间、发生时间以及变化速率等方面进行全面、合理地评估（Lian et al.，2012；Yang et al.，2012b）。然而大坝对流域水文情势的影响表现出明显的空间异质性（Richter et al.，1996；McManamay et al.，2012）。例如，塔里木河在大坝建设以后地下水位出现了较为明显的上升，而长江、黄河、淮河等流域的河道水位在大坝建设以后出现较为明显的下降（Yin et al.，2011）。此外，还有研究指出大坝建设还会引起流域月径流量特征的变化。然而，目前我国的相关研究大多集中于长江、黄河等大尺度流域中的大型大坝建设的影响（Hu et al.，2008；Dai and Liu，2013；Zhang et al.，2012），对中小尺度流域中的中小型大坝的影响研究相对较少。而相比于大型大坝，全球的中小型大坝的数据众多，其对流域生态系的影响可能会比大型大坝更大，也更有代表性，因此需要给予更多的关注（Dai and Liu，2013）。

九龙江流域内建有超过 13 500 个水利工程设施，其中包括 120 多个中小型水坝。本研究基于对流域水文情势的全面分析为流域流量管理提供相关依据，研究的目标如下：①分析大坝建设引起的流域水文情势变化；②确定九龙江流域的生态流量范围，为流域管理提供依据。

3.3.1 研究方法

3.3.1.1 FDC 方法

FDC 方法是用于分析流域径流量特征及其变化的有效方法之一。FDC 是刻画流域量在一个时段内超过一定阈值持续天数的一种物理性质的统计曲线，其纵坐标为日平均流量，横坐标为超过该流量的相对百分数。通过对比建坝前后的流量历时曲线变化特征，可以进一步分析大坝建设对流域径流量调节的影响。

3.3.1.2 IHA 方法

IHA 方法是指与河流生态紧密相关的流量参数，图 3-18 为 IHA 方法量化水文情势示意图，该指标体系可归纳为月流量状况、极端流量现象的大小与历时、极端流量现象的出现时间、高低流量脉冲的频率与历时、流量的变化率与频率等具有生态意义的 5 组参数，水文变化指数的流量参数及其对生态系统的影响。该方法的优点在于 5 组流量参数易于受人为调节和管理，在河流管理与水生态理论之间构筑了一条通道。该方法已被成功地运用于长江、珠江及黄河流域水电开发的生态水文效应评估中（Trush et al.，2000；Hu et al.，2008；Lian et al.，2012；Costigan and Daniels，2012；Gao et al.，2012；Yang et al.，2012b）。

3.3.1.3 RVA 方法

Richten 等（1996）提出了水文变化范围法，该方法在 IHA 方法的基础上，以建坝前水文时间序列中相应的参数的范围为环境流量评估的基础，基于水文指数频率的 75% 以及 25% 区间范围，进一步确定 RVA 的管理目标。基于确定的环境流量范围计算河流在受影响后的水文改变度，进而制定相关的生态流量管理策略，水文改变度的计算方法如下：

$$\mathrm{HA}=(F_o-F_e)/F_e \tag{3-10}$$

式中，HA 为水文改变度；F_o 为目标指数的观测值；F_e 为目标指数期望值。

RVA 方法是在 IHA 方法的基础上提出的，RVA 不仅强调对径流量下限的管理，还强调对径流上限的管理。从管理的对象上来看，RVA 对流域的水文情势进行一个较为全面的管理，与传统的管理方法相比，RVA 还对径流的时间、速率、频率等进行管理。本研究为了对比其相比于传统的最小泄量法的效果，不仅利用枯期径流量的 20% 作为流域径流量的最小下

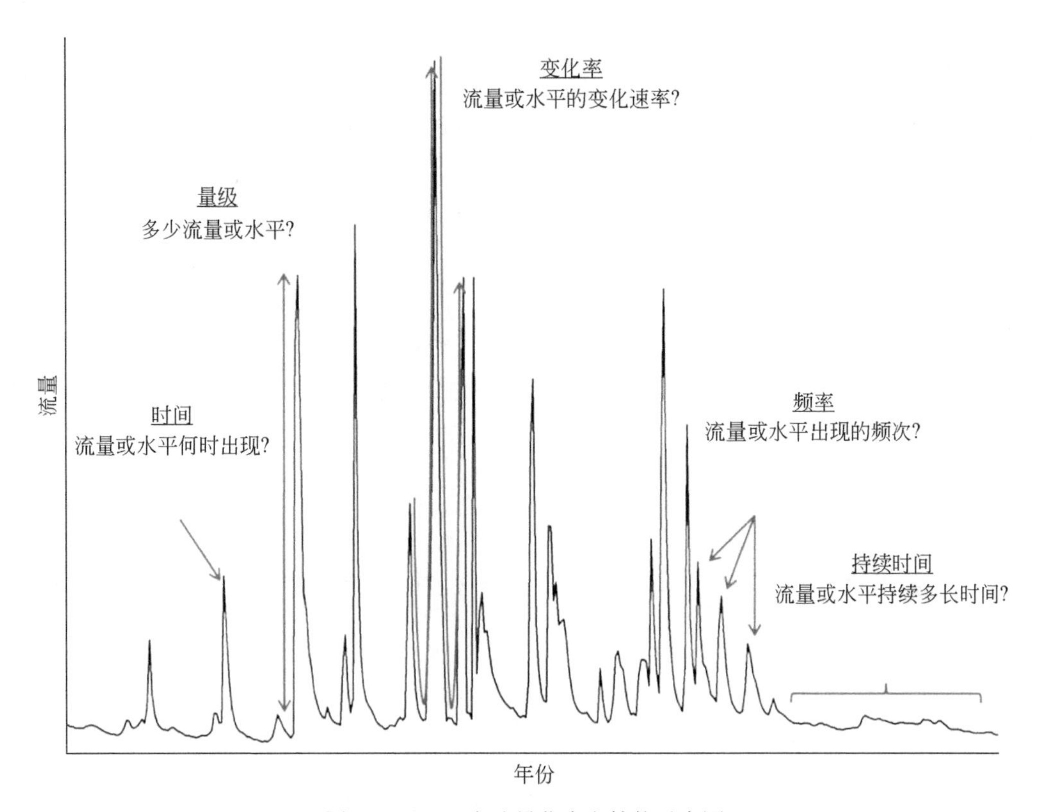

图 3-18 IHA 方法量化水文情势示意图

泄量，还运用了最小下泄量法对流域的径流量管理进行分析。

3.3.1.4 EFCs 方法

为了更全面地了解水电开发引起的生态径流量的变化，Mathews 和 Richter（2007）提出了 EFCs 方法，该方法把流域径流分为四个等级：洪水、高径流、低径流及极低径流。该方法已在美国及拉美地区成功地应用（Richter et al.，2006；Esselman and Opperman 2010；Poff et al.，2010）。Yin 等（2011）运用了 EFCs 方法对我国东北地区的水电开发进行评估与管理。

3.3.1.5 直方图匹配法（HMA 法）

HMA 法是基于频率变化向量来建立相似度矩阵（Shiau and Wu，2004）。其具体方法如下，首先对水文参数进行分组：

$$n_c = \frac{n^{1/3}}{2r_{iq}} \tag{3-11}$$

式中，n_c 为分组数；r 为极大值与极小值的差；n 为样本数量；r_{iq} 为上下四分位的差。

其次通过分组可以得到频率变化向量进而对组间不相似度进行估算，如式（3-12）：

$$d_{QH}=\sqrt{(|h-k|)^{T}A(|h-k|)} \tag{3-12}$$

式中，d_{QH} 为组间不相似度；h 和 k 为样本的频率向量；A 为相似度向量，如式（3-13）所示：

$$\begin{cases} h=(h_1, h_2, \cdots, h_{nc})^{T} \\ k=(k_1, k_2, \cdots, k_{nc})^{T} \\ A=[a_{ij}], \quad a_{ij}=1-\dfrac{d_{ij}}{d_{max}} \end{cases} \tag{3-13}$$

式中，a_{ij} 为类别 i 和 j 的相似度；d_{ij} 为类别 i 和 j 的距离；d_{max} 为类别 1 到 n_c 之间的距离。因此指标的不相似度可以表示为

$$D_{Q,m}=\frac{d_{Q,m}}{\max(d_{Q,m})}\times 100\% \tag{3-14}$$

式中，$D_{Q,m}$ 为第 m 个指标的不相似度；$d_{Q,m}$ 为第 m 个指标的距离；$\max(d_{Q,m})$ 为指标的最大距离，如式（3-15）所示：

$$\max(d_{Q,m})=\sqrt{2+2\left(1-\frac{1}{n_{c,m}-1}\right)} \tag{3-15}$$

式中，$n_{c,m}$ 为第 m 个指标的样本数。

最后通过对各个指标的不相似度进行估算，可以得出总体的不相似度（D_Q）：

$$D_Q=\left(\frac{1}{H}\sum_{m=1}^{H}D_{Q,m}^{2}\right)^{1/2} \tag{3-16}$$

3.3.2 基于 FDC 的水坝建设对流域径流量影响的整体评估

基于 FDC 分析方法，通过对比建坝前后的流量分析特征，可知总体上九龙江流域的日径流量呈现一定的下降趋势（图 3-19）。在北溪流域，日径流量在低百分位出现了一定程度的下降，而在高百分位出现了一定程度的上升。通过对比两条曲线的变化可以进一步估算数出建坝前后大坝蓄水和放水的量，由于大坝建设九龙江北溪流域的蓄水量约为 4.2 亿 m^3（蓄水时间约为 136 天），其放水量约为 0.6 亿 m^3（放水时间约为 229 天）。九龙江西溪流域的蓄水量约为 0.6 亿 m^3（蓄水时间约为 116 天），放水量约为 1.3 亿 m^3（放水时间约为 249 天）。

研究表明，FDC 可以较为合理地描述出流域径流量的变化特征。本研究对比建坝前后的流量历时曲线可知，受到大坝调控的影响，九龙江流域径流量年内变化量有所下降。在汉江和长江等流域的研究也发现了类似的结果。相比于西溪流域，九龙江北溪流域的蓄水量较高。一方面，北溪流域大坝较多，河道长度较长，其总库容较大，蓄水能力更强；另一方面，北溪流域建有不少引水设施用以供应当地居民的饮用水、农业和工业用水，也使得其对水资源的消耗增加。

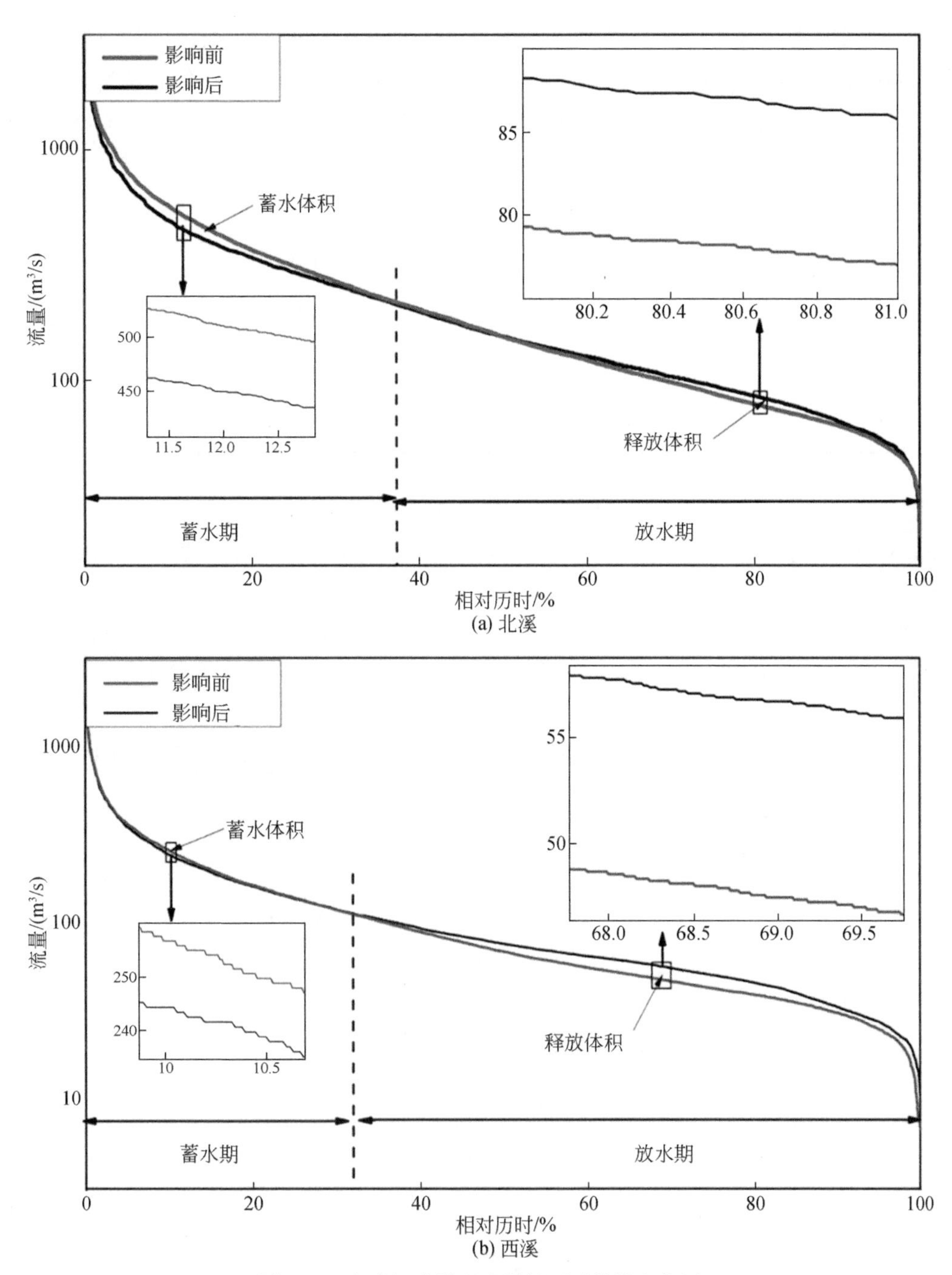

图 3-19　九龙江流域径流量的历时曲线变化图

3.3.3　九龙江流域总体径流量变化

基于 FDC 指标体系，运用 HMA 对九龙江流域低径流（包括 1~12 月最小径流量）、极低径流（包括峰值、持续时间、发生时间和频率）、高径流（包括峰值、持续时间、发生时间、频率、速率）及洪水（包括大小洪水发生的频率）进行总体评估，其结果如表 3-5 所示，从总体上来看九龙江流域水文变化主要体现在高、低径流的变化。从空间上来看，九龙江西溪流域变化更为剧烈。九龙江北溪流域的低径流、极低径流及高径流的不相似度分别为 25.35%、25.89%、26.38%；九龙江西溪流域的低径流、极低径流和高径流的不相似度分别为 26.68%、32.30% 和 40.43%。

表 3-5　基于 HMA 对九龙江流域生态径流变化的总体估算　（单位：%）

流域	低径流	极低径流	高径流	洪水
北溪	25.35	25.89	26.38	8.02
西溪	26.68	32.30	40.43	6.37

相关研究表明水电开发会引起流域高、低径流规律的变化（Ouyang et al.，2011；McManamay et al.，2012）。从总体看来看九龙江流域水文情势的变化主要体现在高、低径流的变化，而九龙江流域洪水变化较低。相比之下北溪和西溪的洪水变化不相似度仅为 8.02% 和 6.37%。这是由于流域的洪水等极端事件受到降水的影响较大，且九龙江流域的电站以中小型电站为主且其调控能力较弱，使得洪水的变化规律对流域水电开发的敏感度较低。

3.3.4　基于 IHA 和 EFCs 方法的流域径流量变化的全面评估

3.3.4.1　月径流量变化

九龙江流域的月径流量变化情况如表 3-6 所示，由于水电开发，九龙江流域的北溪和西溪发生了类似的变化，7 月至次年 2 月九龙江流域的月径流量有所上升而 2~5 月九龙江流域的月径流量有所下降。经 Mann-Whiney 分析可知，西溪受水电梯级开发的影响要大于北溪，1 月、8 月、10 月及 12 月的径流量发生了显著的变化。

表 3-6　九龙江流域月径流量变化情况　（单位：%）

支溪	1 月	2 月	3 月	4 月	5 月	6 月	7 月	8 月	9 月	10 月	11 月	12 月
北溪	10.5	−12.1	−37.7	−10.1	−33.4	6.4	21.6	17.4	10.7	6.2	4.8	10.7
西溪	18.7*	−13.3	−14.1	−19.1	−23.2	−8	30.3	54.2*	25.3	28*	11.1	20.9*

* $p< 0.05$。

从径流量的变异性上来看，九龙江流域变得更加均一。如图 3-20 所示，当月径流量的弥散系数低于 0.7 时，月径流量变异性上升；而当月径流量的弥散系数高于 0.7 时，月径流量变异性下降。径流量变异性高的月份（如北溪的 13 月）的径流变异性下降，而径流变异性低的月份（如北溪的 1 月）的径流变异性开始上升。

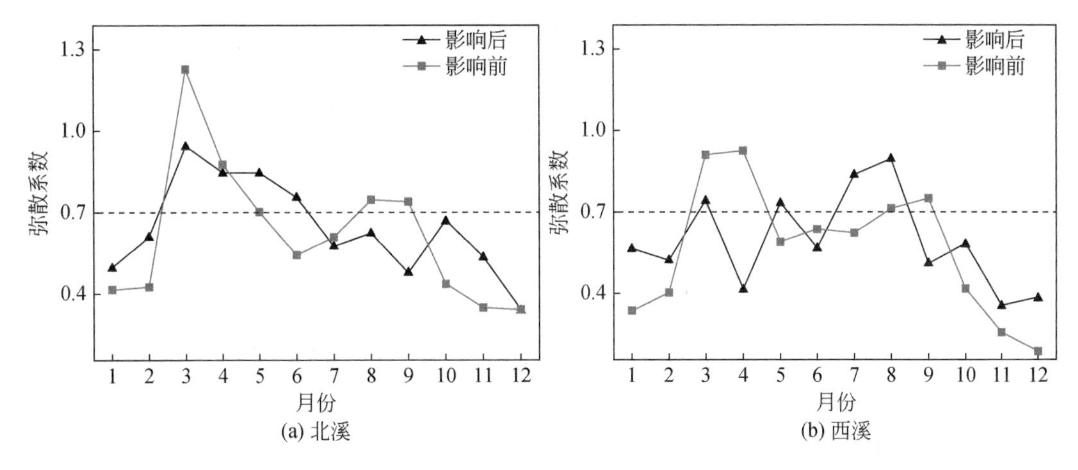

(a) 北溪 (b) 西溪

图 3-20 九龙江流域的月径流量变异性分析

在水电开发后九龙江流域的月径流量发生了明显的变化，在 7~8 月，月径流量有所上升；而在 2~5 月，月径流量有所下降。这与我国的淮河流域、长江流域及澜沧江流域的研究的结果相一致（Hu et al.，2008；Gao et al.，2012；Zhao et al.，2012）。从空间上来看，九龙江西溪流域径流量变化更为显著，这可能与西溪流域面积大小有关，相关研究表明面积较小的流域对于水电开发等人类活动更为敏感，而西溪的流域面积较小且水电开发剧烈（Matteau et al.，2009）。

3.3.4.2 极端径流事件分析

九龙江流域的极端径流事件（最高径流和最低径流事件）的变化情况如表 3-7 所示。九龙江流域北溪的极端径流事件主要发生在 2 月初和 7 月末，而西溪则主要发生在 2 月末和 8 月初。由于九龙江流域水电开发，近些年来，九龙江流域极端径流事件的发生时间有所变化，主要表现为极低径流事件发生的时间提前和极高径流事件发生的时间的推迟。如表 3-7 所示，九龙江流域西溪的极低径流事件发生的时间提前了 14 天，北溪极高径流事件发生的时间推迟了 18 天。

表 3-7 九龙江流域极端径流事件发生的时间变化 （单位：天）

流域	筑坎前低径流事件发生时间	筑坎后低径流事件发生时间	筑坎前高径流事件发生时间	筑坎后高径流事件发生时间
北溪	34.0	33.0	171.0	189.0
西溪	64.5	50.5	211.5	215.0

九龙江流域的不同时间尺度的极端径流事件持续时间的变化如表 3-8 所示，九龙江流域的北溪和西溪的变化规律有所不同，对于北溪而言，大部分指标呈下降趋势而西溪则呈上升趋势。

表 3-8 九龙江流域极端径流事件持续时间变化 （单位：%）

流域	最小连续1日	最小连续3日	最小连续7日	最小连续30日	最小连续90日	最大连续1日	最大连续3日	最大连续7日	最大连续30日	最大连续90日
北溪	−20.3	−5.9	7.2	10.4	−0.4	−9.6	−7.4	−6.6	−7.5	−8.2
西溪	8	11.7	13.7	12.7	7.1	6	−2.1	−0.2	8	9.8

流域水文情势的变化是气候变化与人类活动相互作用的结果。极端径流事件发生的时间变化可以反映出水文情势的季节性变化，而水文情势的季节性变化是地形、地势、气候变化及人类活动等众多因素相互作用的结果（Lian et al.，2012）。本章的研究发现在水电开发后九龙江流域极端径流事件发生的规律有一定的变化，九龙江流域的极低径流事件的发生时间有所提前而极高径流事件的发生却有所推迟，这种变化与在中国南方的其他流域的研究结果相关一致（Shiau and Wu，2004；Hu et al.，2008；Gao et al.，2012）。

大型水电站的开发会引起流域最小径流量的增加，同时最大径流量会有一定量的减少（Poff et al.，2007），然而九龙江流域的情况与之有所不同。九龙江西溪流域的最小径流量和最大径流量都有所升高，这是由于九龙江流域的水电站开发是以中小型水电站为主的，相比于大型或者巨型水电站，中小型水电站一个明显的特征是其库容相对较小，使得其调节能力较弱，因而无法应对汛期流域径流量的突然上升，使得最大径流量有所升高（Lian et al.，2012）。相比之下，北溪流域的用水需求量较大，使得最小径流量及最大径流量都有所下降。

3.3.4.3 径流高低脉冲变化

九龙江流域的高、低径流的变化情况如表 3-9 所示，除了低脉冲个数，其他三个指标在九龙江西溪、北溪两个流域都呈现出同样的变化趋势。北溪流域的低脉冲数和低脉冲时间分别变化了 101.8% 和 −62.1%。从空间上来看西溪流域的高脉冲数减少了 37.1%，北溪流域的变化要比西溪流域更为显著，所有的指标都发生了显著的变化。

表 3-9 九龙流流域径流高低脉冲变化 （单位：%）

流域	低脉冲数	低脉冲时间	高脉冲数	高脉冲时间
北溪	101.8*	−62.1*	−21.4**	19.2
西溪	−15.5	−29.0**	−37.1*	6.7

* $p<0.005$；** $p<0.05$。

近年来的研究表明，径流高低脉冲数的减少是流域水电开发引起的一个显著的水文变化特征（Costigan and Daniels，2012）。然而本研究却发现九龙江北溪流域的低脉冲数异常升高。这可能与近年来九龙江北溪流域的用水需求有关，作为龙岩、漳州、厦门三地市的近 1000 万人的水源地，九龙江北溪流域建有大量的水利工程，使得低脉冲数有所增加。在我国淮河、塔里木河用水需求较大的流域也发现了类似的研究结果（Hu et al.，2008）。

由于中小型水电站的库容有限，调控能力较弱，其建设会引起径流高脉冲持续时间的变化（Yang et al.，2008；Lian et al.，2012）。本章的研究同样发现了在水电开发后期九龙江流域的高脉冲持续时间有所增加。水电站的蓄水作用使得流域的径流高脉冲数有所减少，然而当蓄水量接近水库的库容时，电站就开始持续放水使得流域的高脉冲持续时间有所增加。

3.3.4.4 径流速率和频率变化

九龙江流域径流速率及频率变化如表3-10所示，九龙江两个流域的变化规律类似。北溪流域的落水率和年涨落水次数发生了显著的变化，分别升高了28.3%和40.7%。西溪流域的涨水率和年涨落水次数发生了显著的变化，分别下降了61.0%和升高了46.4%。

表3-10 九龙流流域径流速率和频率变化 （单位：%）

流域	涨水率	落水率	年涨落水次数
北溪	−26.9	28.3**	40.7*
西溪	−61.0*	0.8	46.4*

* p<0.005；**p< 0.05。

电站在发电的过程中需要不停地放水与蓄水，因此径流速率和频率变化可以直接反映流域水电开发的强度，特别是年涨落水次数。近年来在我国淮河流域、黄河流域、台湾地区，以及美国的研究发现，水电开发会引起径流速率和频率的变化（Shiau and Wu，2004；Hu et al.，2008；Yang et al.，2008；Costigan and Daniels，2012）。本研究发现九龙江流域北溪和西溪的年涨落水次数分别增加了40.7%和46.4%。由此可见，九龙江西溪受到电站的发电的影响更大。

3.3.5 生态流量范围

流域水文情势是决定水生生物结构和功能以及河流水质的主要因素。流量的大小将影响下游生物的栖息地和水质。流量过低会导致水质退化，而水流过高则可能影响相关生物栖息地。维持流域自然流量已经成为流域水环境管理的一个热点研究问题。目前大多数研究都是强调对流域的最小下泄量的管理以实现供水、发电等与经济活动相关的收益最大化（Ouyang et al.，2011）。然而，相关研究指出单一的最小下泄量管理不足以保护流域生态系统的多样性，流域径流量管理应该更加关注一个完整的自然径流过程。

科学的流量管理方案制订对九龙江流域的生态环境有着重要的影响。基于传统的最小泄量法（Tennant法），九龙江北溪、西溪流域的最小日下泄量分别为51.3 m^3/s和24.5m^3/s。本研究采用RVA方法对九龙江流域的生态流量范围进行了评估，与传统的方法相比，该方法不仅对最小下泄量进行评估，还对流域的最大流量进行评估（图3-21）。从图3-21可以看出，九龙江北溪8月的流量上限高于RVA流量上限，而5月的流量低于RVA流量下限，在九龙江西溪的研究中也有相应的结果，其8月、9月、11月以及12月的流量均高于RVA

流量上限（图 3-21）。

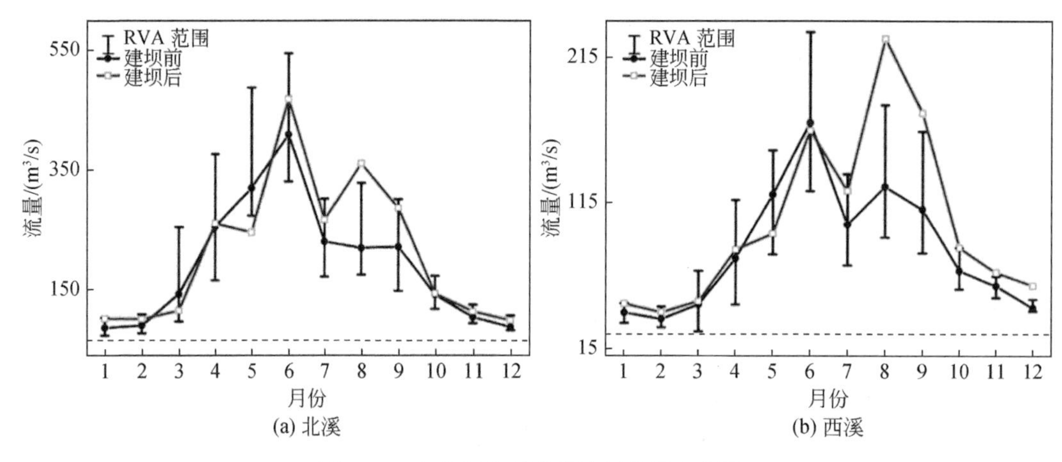

图 3-21　九龙江流域月径流量的适宜范围

大坝建设是影响九龙江流域流量变化速率及其频率的重要因素之一。基于 RVA 方法对径流的上升率、下降率以及逆转次数的生态流量范围（表 3-11），建坎后北溪流域下降率及西溪流域的上升率均高于 RVA 边界。此外，九龙江流域的逆转次数也高于 RVA 的边界。

表 3-11　九龙江流域径流变化速率及其频率的范围

水文参数	北溪			西溪		
	RVA 范围	建坝前	建坝后	RVA 范围	建坝前	建坝后
上升率 /（m^3/s）	16.0~33.5	24.0	17.6	10.1~19.8	15.2	5.9
下降率 /（m^3/s）	−17.5~−12.2	−15.0	−19.2	−8.4~−5.5	−7.1	−7.2
逆转次数 / 次	103.0~137.0	119.9	168.7	98.3~108.8	106.7	156.2

注：上限为 RVA 的第 25 分位和第 75 分位。

3.3.6　小结

基于 FDC 分析方法、IHA 方法和 RVA 方法，对九龙江流域大坝建设引起的水文效应进行了整体分析。受到大坝建设的影响，九龙江流域 7 月至次年 1 月的平均日流量增加，2~5 月的平均日流量减少。西溪的月径流量变化较明显，月径流量的变化率高于北溪。流域的极端低径流事件发生的时间有所提前而极端高径流事件发生的时间有所推迟。北溪流域低脉冲数（101.8%）及低脉冲持续时间（−62.1%）都发生了显著变化。受大坝建设影响，九龙江流域径流速率及其频率变化明显。北溪和西溪的涨水率分别下降了 26.9% 和 61.0%，年涨落水次数分别增加了 40.7% 和 46.4%。基于水文变化范围法，本研究进一步量化了生态流量，为九龙江流域的生态流量管理提供了参考。

3.4 小流域梯级电站水电开发的水文效应

由于能源、供水和洪水控制等需求不断增长，亚洲成为大坝建设的热点地区。大量研究清楚地表明，水坝可能会降低流域的连通性，从而对流域造成潜在的生态影响（Ouyang et al.，2011）。因此，了解大坝建设对径流量的影响对流域健康至关重要。

比较方法被广泛用于确定筑坝对径流量的影响，并根据观测的水文数据将建坝的影响与气候变化的影响区分开来。IHA 是描述径流量最重要的比较方法之一，该方法被广泛用于确定中国大坝建设的影响。然而，只有在水文观测数据足够多的情况下，IHA 统计数据才有意义，才可减少气候变化的干扰（Richter et al.，1997）。由于水文数据不足，IHA 方法可能仅适用于大流域。

水文模型被认为是可预测河流流量并评估气候变化等不同情景下的未来流量趋势的重要工具。一些研究借助模型增加水文观测数据时间长度，以便为 IHA 分析提供可靠的模拟结果。然而，这些研究大多是在假设径流量只受气象资料驱动的情况下进行的，模型结构中没有考虑水坝的调节作用。水坝的调节作用是改变水文状况最重要的因素之一。SWAT 模型是基于过程的流域模型，该模型针对水坝和水库引起的水文变化而设置了特定的水库模块。SWAT 模型被广泛用于评估受大坝影响的水流流态变化和营养盐运输，并被证明是评估大坝建设的可靠模型（Ouyang et al.，2011）。

本研究提出了一种将 SWAT 模型与 IHA 相结合的比较建模方法，以评价在气候变化的背景下九龙江雁石溪上游源头小流域梯级水坝建设的水文效应（Zhang et al.，2020）。具体而言，本研究目的包括：①评估小水坝建设的水文效应；②深入理解水坝建设与气候变化的交互作用对流域径流的影响。

3.4.1 方法构建

IHA 方法通常是基于大坝建设的两个时期，即建坝前和建坝后的水流状况进行比较（Richter et al.，1996）。然而，在较短的时间内，建坝后的径流状态可能受到气候变化的影响，其结果可能具有误导性。为了从气候变化的同步扰动中区分出大坝建设对流域径流量的影响，本研究设计了四个场景（图 3-22），以评估气候变化或大坝建设及二者交互作用对径流量的影响。以 2002 年为节点，评估气候变化背景下的大坝建设的水文效应，原因有二：其一，2002 年是全球极端干旱的一年（Kaushal et al.，2008），对九龙江流域来说也是枯水年；其二，雁石溪上游小流域的水坝也是在 2002 年以后建造。因此，设计了以下四个场景。

（1）基准期情景（BL）是雁石溪上游小流域筑坝前观测到的自然流量状况。

（2）气候变异性情景（CL）是雁石溪上游小流域筑坝后模拟的自然流量状况。

（3）筑坝情景（DA）是雁石溪上游小流域筑坝前水坝调节流量的模拟情况。

（4）气候变异性与水电开发共同作用情景（CD）是雁石溪上游小流域截流后观测

到的流量。

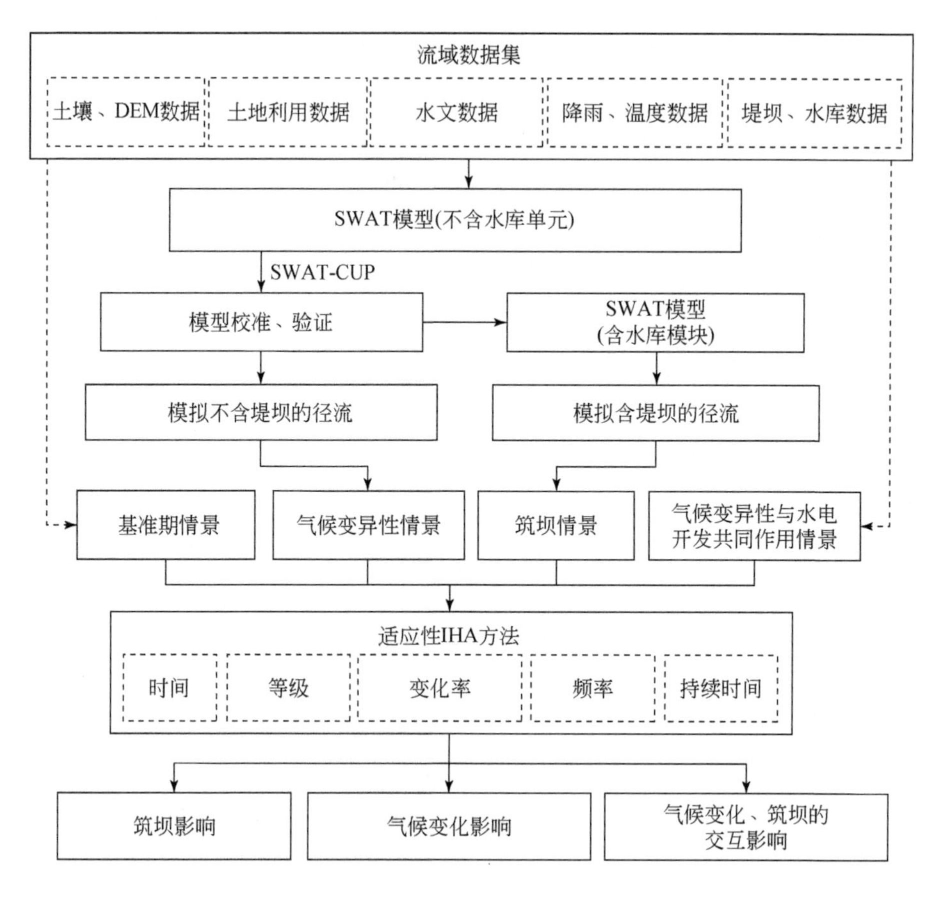

图 3-22　比较建模研究流程图

构建小流域 SWAT 模型以模拟雁石溪上游小流域的流量。首先，基于分辨率为 25 m 的 DEM，结合 4 座水坝位置，概化 SWAT 模型，将流域划分为 11 个子流域，其中每个水坝坝址位置作为子流域出口，评估其水文响应。进一步根据流域的坡度、土壤和土地利用创建流域水文响应单元（HRUs）。根据 Her 等 2015 年提出的方法，为限制 HRUs 的数量，在 HRUs 分布中设置了 15% 和 5% 的土地覆被和土壤类型阈值，最终数量是 402。最后，准备附近气象站的日降水量、温度、太阳辐射和风速等气象数据，将这些气象数据作为雁石溪上游小流域 SWAT 模型的大气输入。SWAT 水库模块基于水库水量平衡模拟大坝运行。

$$V=V_{stored}+V_{flowin}-V_{flowout}+V_{pcp}-V_{evap}-V_{seep}$$

式中，V 为在最后一天蓄水的体积（m^3/H_2O）；V_{stored} 为开始蓄水的体积；V_{flowin} 为进入的水体积；$V_{flowout}$ 为流出的水体积；V_{pcp} 为降水体积；V_{evap} 是通过蒸发流失的水体积；V_{seep} 为下渗流失的水体积。为了计算落在水体上的降水量以及蒸发和渗漏量，需要水库的表面积。它是一个重要的因素，随水库储水量的变化而变化。落在水库上的降水体积，某一天蒸发损失的水量，以及某一天通过水库底部下渗损失的水量，都与表面积密切相关。选择年均放水量（IRESCO =0）作为水库出水量的计算方法。确定敏感参数，然后用 SWAT-CUP 进行校准和验证。另外选取 Nash-Sutcliffe 效率来评价所开发模型的性能。

数据及来源：龙岩气象站提供了 1998~2004 年由中国气象局管理的降水量和风速的数据。数字高程模型（DEM，25 m×25 m）由福建省测绘地理信息局提供。利用 Landsat ETM + 图像和 SPOT 图像对 2002 年土地利用数据进行分类（本书 2.2 节已有详细描述）。通过福建省的土壤调查，得到了雁石溪上游小流域土壤图。日流量数据来自 1998~2004 年龙岩市水文局和龙岩市水利局。

3.4.2 基于 SWAT 模型的小流域水电梯级开发的水文效应评估

本研究利用 SWAT 模型评估梯级水坝建设的小流域水文效应，并进一步运用模型的校正期与验证期的纳什系数结果证明其在雁石溪上游流域的适用性。在证明了模型适用性后，通过使用和不使用水库模块展开 2003~2004 年的水文情势情景分析。将 2003~2004 年考虑和不考虑梯级水坝影响的两种模拟效果进行对比，发现梯级水坝在小流域有显著的水文效应。再分别量化分析年际、年内不同水期和极端径流事件中梯级水坝造成的水文情势变化，探究在这三个情景下梯级水坝对径流的影响（Zhang et al.，2020b）。

3.4.2.1 SWAT 模型的率定与验证

模型参数根据 1998~1999 年的每日径流量数据进行率定，使用 SWAT-CUP 验证了 SWAT 模型在 2000~2002 年的有效性（图 3-23）。

用 SWAT-CUP 确定的最敏感参数与地表径流过程有关。在校正期和验证期，日径流量模拟的纳什系数（NSE）值分别为 0.89 和 0.73，模型表现基本令人满意（表 3-12）。

表 3-12 SWAT 模型在校正期和验证期的月与日径流量模拟的纳什系数结果

时期	月模拟	日模拟
校正期（1998~1999 年）	0.92	0.89
验证期（2000~2002 年）	0.77	0.73

使用了水库模块的 SWAT 模型在 2003~2004 年的月径流量模拟中 NSE 系数达到 0.95，接近前人利用 SWAT 模型模拟天盐河（256km）径流量的纳什系数结果 0.98（Fan and Shibata，2015）。SWAT 模型的水库模块将水库或大坝作为特殊水体进行模拟，是对水库和水坝在小流域的水文影响进行评估的可靠工具。表明 SWAT 模型中的水库模块适用于模拟梯级水坝建设对小流域径流量变化的影响。

3.4.2.2 利用 SWAT 水库模型评价大坝建设对径流的影响

利用 SWAT 模型的水库模块，对大坝调节的径流进行模拟，并与无水库模块的径流进

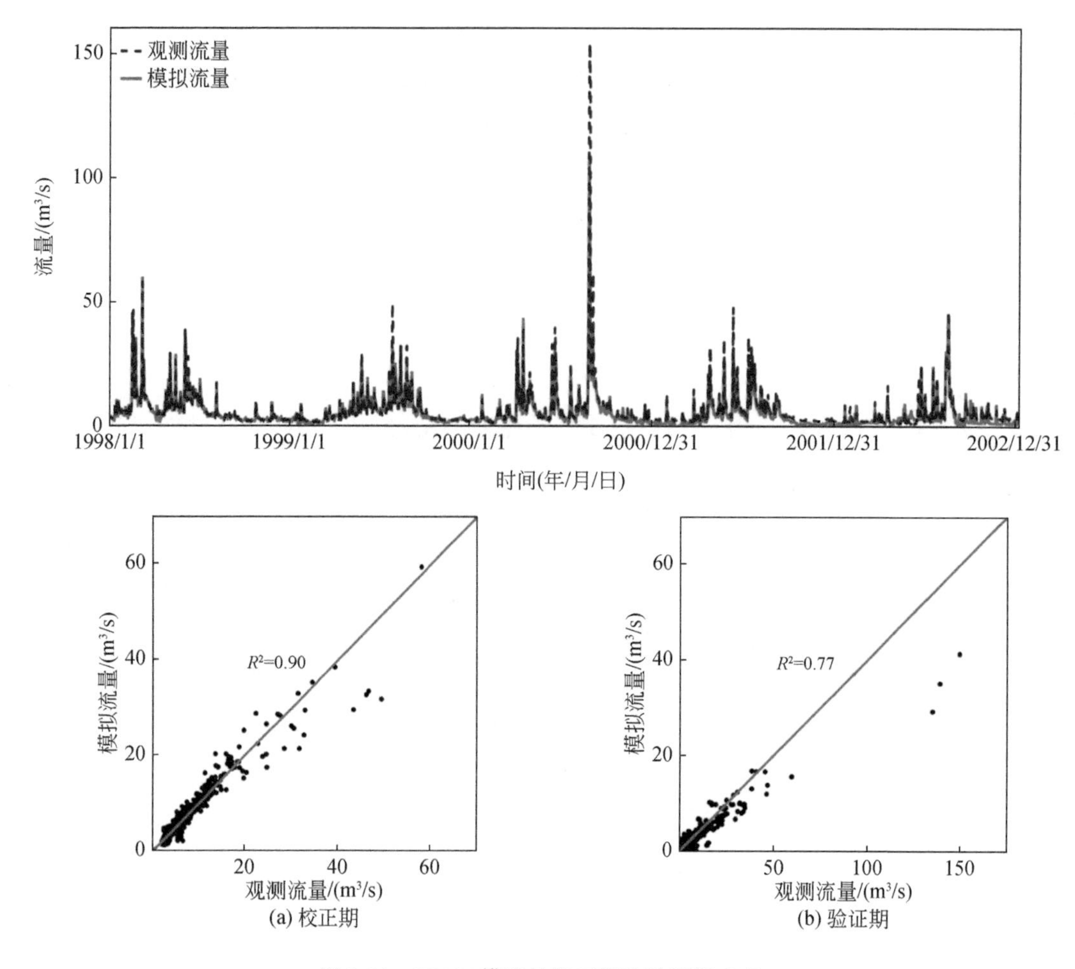

(a) 校正期 (b) 验证期

图 3-23 SWAT 模型的校正期和验证期表现

行模拟对比。需要指出的是，这些模型是在相同的气候条件下运行的，以消除气候变化的偏差。带水库模块的模型具有较高的 NSE 值，特别是对于日径流量（表 3-13），说明该结构更加可靠和适用。特别是在相对干旱的年份，如 2004 年（表 3-14、图 3-24），假设流量仅仅是由气象数据造成的，而没有考虑水坝的调节，则可能会高估径流量。对比两种模型结构，汛期平均流量下降 24.06%，与蒸发、渗透及存储在大坝有关（图 3-25）。此外，大洪水事件的模拟最大流量 2003 年 5 月的流量总额减少了 20.84%，这一事件（5 月 11~26 日）降低了 6.8%。与此同时，小洪水事件可能对大坝建设更加敏感。在 2003 年 8 月的一次小洪水事件中，观测到的洪峰流量减少了 200% 以上。

表 3-13 考虑和不考虑梯级水库影响的 2003~2004 年的月、日径流量模拟结果的 NSE 值

项目	月模拟		日模拟	
	不考虑水库	考虑水库	不考虑水库	考虑水库
NSE 值	0.81	0.95	0.70	0.91

表 3-14 2003~2004 年年平均径流量模拟结果对比

比较类别	2003 年年平均径流量	2004 年年平均径流量
建坝前 /10^6m^3	188.37	174.75
建坝后 /10^6m^3	155.67	123.03
削减量 /10^6m^3	32.70	51.72
削减率 /%	17.36	29.60

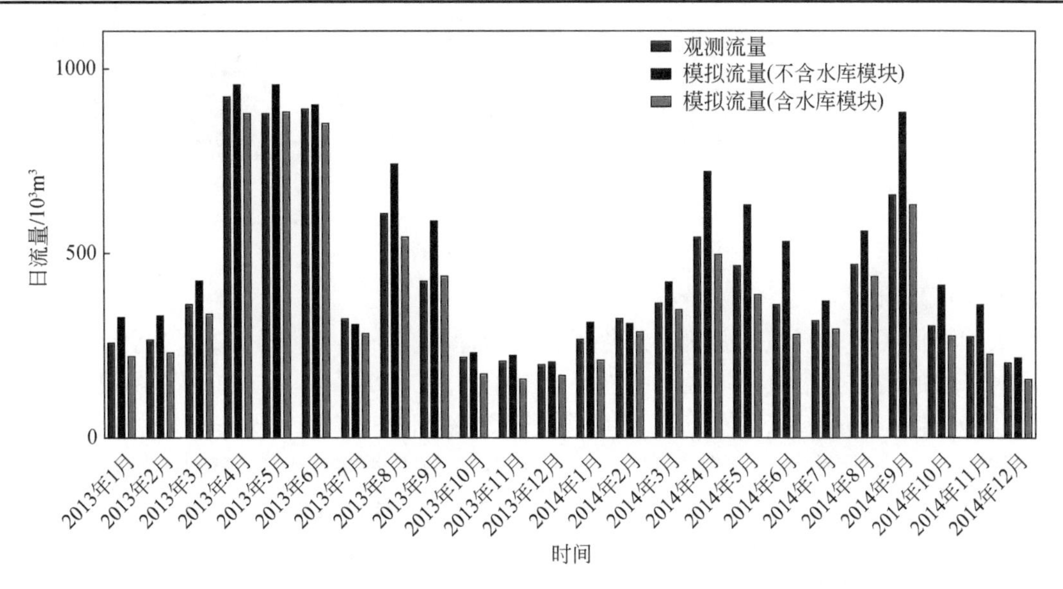

图 3-24 2003~2004 年月平均流量监测月与模型模拟结果（考虑与不考虑梯级水坝的影响）

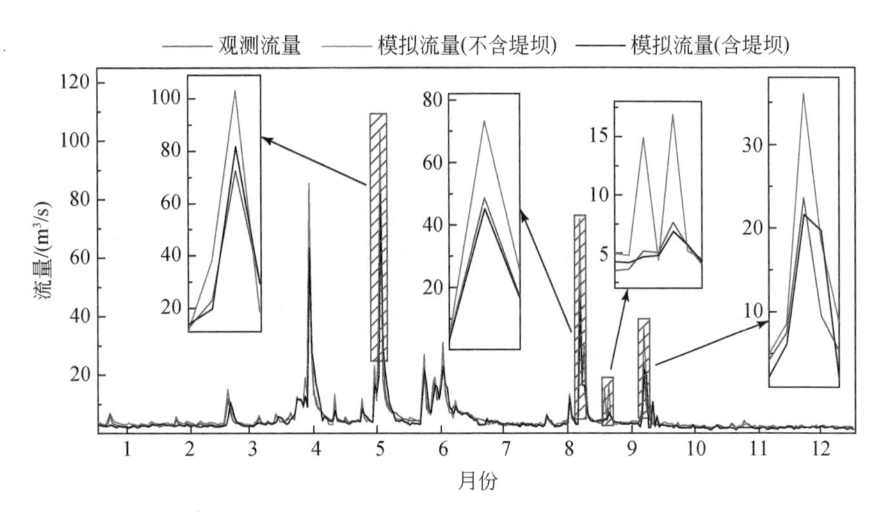

图 3-25 2003 年洪涝灾害期间 L-S 河流域出水口含堤坝和不含堤坝流量的观测和模拟

3.4.2.3 使用比较建模方法评估气候变化和（或）大坝建设对径流状态的影响

1）月流量的大小

单独评价了大坝建设和气候变化对径流状态的影响（图 3-26）。很明显，与基准期相比，大坝会降低径流的量级，尤其是在旱季。而 CL 情景下降水的提升会提升雨季径流的量级。气候变化可能是控制河流流量大小的主要因素。

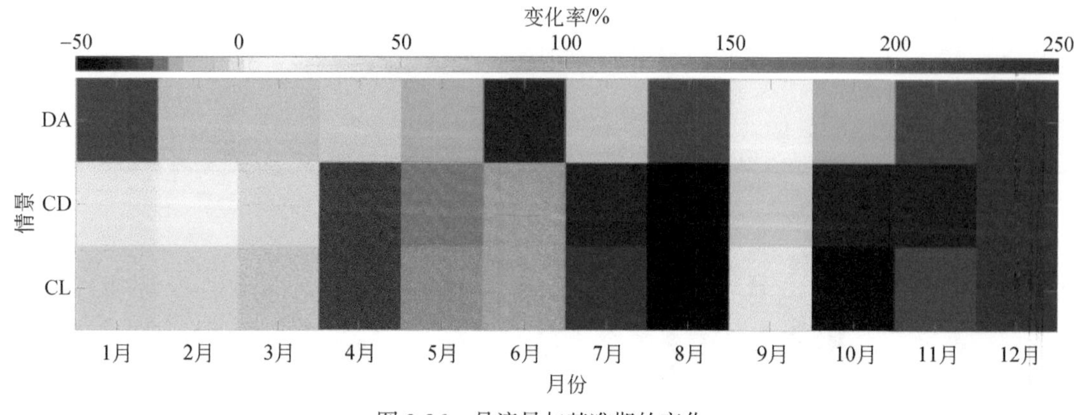

图 3-26　月流量与基准期的变化

2）极端径流

大坝降低了极端径流的强度。筑坝后各项指标均有所下降（图 3-27，DA 情景）。与此同时降水的增加会增大极端径流的强度（图 3-27，CL 情景）。与 BL 情景相比，1 日和 3 日的最小流量明显减小，筑坝后减小幅度大于 25%（图 3-27，DA 情景）。相比之下，由于气候变化，1 日最大流量增加超过 100%（图 3-27，CL 情景）。基底流量指数（BFI）在气候变化与大坝建设的交互影响下增加异常（图 3-27，CD 情景），推测大坝建设可能在特定环境背景下放大气候变化的效应。大坝建设对极端径流事件发生日期的影响不大。与 BL 情景相比，大坝建设导致极端径流事件日期略有变化，气候变化可能是影响极端径流事件日期的主要因素（表 3-15）。

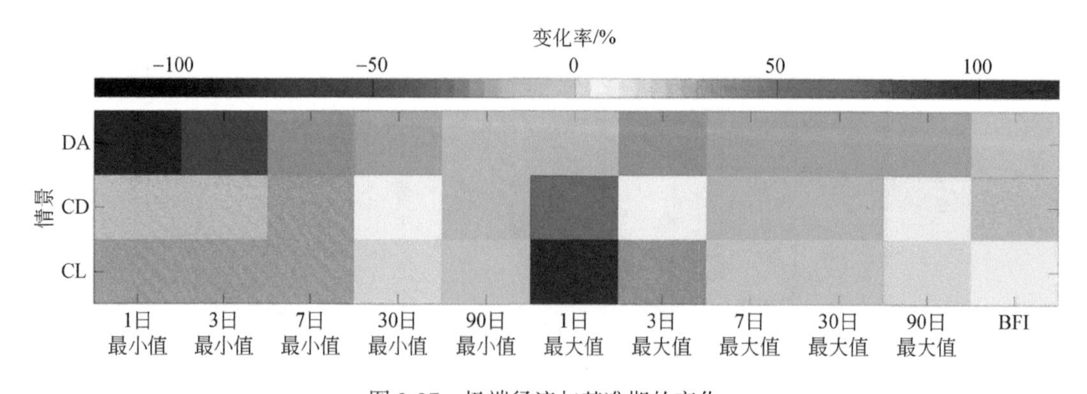

图 3-27　极端径流与基准期的变化

表 3-15　极端径流事件发生日期（当年第几天）

日期	情景			
	BL	CL	DA	CD
最小值日期	156	365	130	320
最大值日期	223	138	193	104

3）脉冲和流型的变化

脉冲的模式可能受到水坝建设和气候变化的交互影响的控制。在干旱年，大坝建设可以增加脉冲数（图 3-28，BL 情景和 DA 情景），而在湿润年，大坝建设可以减少脉冲数（图 3-28，CL 情景和 CD 情景）。流型的变化也有类似的结果（表 3-16）。

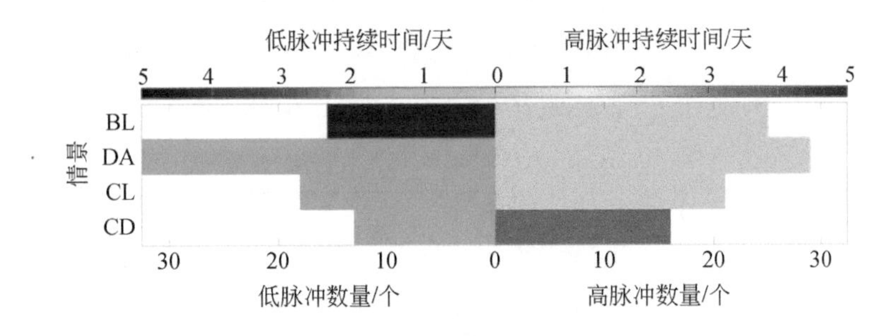

图 3-28 计数和脉冲持续时间

表 3-16 径流的速率和频率

项目	情景			
	BL	CL	DA	CD
上升速率 / (m^3/s)	0.5	0.38	0.625	0.23
下沉速率 / (m^3/s)	−0.29	−0.395	−0.55	−0.28
交换频率 / 次	132	186	194	148

3.4.3 SWAT 模型水库模块的适用性

本研究构建模型可很好地评估水库或大坝的水文效应（图 3-25，表 3-17）。与九龙江流域之前的研究相比（Zhang et al.，2015），本研究有助于深入了解气候变化背景下大坝建设的水文响应。改进后的 SWAT 模型构建更为可靠。本研究中筑坝后径流量减少约 23%，其中大部分发生在 4 月下旬至 9 月，蒸散发较高。这一结果与前人的研究一致，即大坝可以通过增加流域的蒸散发而减小径流量的大小。

SWAT 模型及其延伸 SWAT-CUP 模型的应用可用于评估大坝建设的影响，并提供一系列参数来覆盖敏感性分析和建模过程。本研究中最敏感的参数是 CN2、ESCO、GW_DELAY、Alpha_bf 和 Soil_AWC，分别代表流域的初始径流曲线数、土壤水分蒸发补偿因子、含水层补给时段的时间间隔、基本流量系数和土壤初始含水量（表 3-17）。山地流域如雁石溪上游小流域的径流流态主要受地表径流过程控制，其中 CN2 是最敏感的参数。这一结果与巢河流域、瓜达卢佩河流域、密西西比河流域和切萨皮克湾流域的研究结果一致。此外，CN2 变化为 10% 时，径流波动的范围为 45%~55%。此外，与基流有关的其他参数是影响径流模拟的重要外部因素，这一点已被其他研究证实。研究还发现，在较平的流域，由于土壤的渗透性较大，基流的形成会改变入渗特性。

表 3-17 SWAT 模型灵敏度参数*

过程	等级	参数	参数描述	校正值
地表径流	1	CN2	初始径流曲线数	72
基流	2	ESCO	土壤水分蒸发补偿因子	1.01
	3	GW_DELAY	含水层补给的时间间隔	13
	4	Alpha_bf	基本流量系数	0.05
土壤	5	Soil_AWC	土壤初始含水量	0.1

* 用 SWAT-CUP 检测敏感参数，p 值 <0.05。

3.4.4 气候变化背景下梯级水库建设的水文效应

大坝可以存储高流量脉冲，降低洪峰流量（Ouyang et al.，2011）。大坝的建设也改变了雁石溪上游小流域的脉冲模式。由于水库库容有限，小水电大坝调节能力较弱，其他研究也观察到了脉冲变化规律（Zhang et al.，2015）。大坝的运行可能与特定的环境设置高度相关。大坝可能会降低流量的大小，包括高流量状态和低流量事件。相关研究也表明，大坝可能会增加雨季的流量，减少旱季的流量。本研究进一步证实大坝运行对小流域水流脉冲的影响与气候变化高度相关，大坝可以缓冲丰水年的脉冲，也可以破坏枯水年的脉冲。

小流域由于尺度小，对水坝建设等人类活动更加敏感。然而，本研究发现并不是所有的水文指标都对大坝建设敏感。在某些情况下，气候变化可能是影响径流状况的重要因素：流域基流指数增加主要受气候变化控制，气候变化与降水和温度变化有关（Tomer and Schilling，2009）。人类活动可能通过改变流域的蒸散发来改变径流类型，同时大坝也以类似的方式改变了径流（Zhang et al.，2015）。本研究表明建坝能增加流域的蒸散发，从而改变流域的基流指数。

3.4.5 小结

本研究构建的将 SWAT 和 IHA 相结合的比较建模方法对于评估雁石溪上游小流域气候变化条件下水坝建设的水文效应是有效的。梯级水坝可显著调节水量降低洪峰，并通过增加蒸散发来减少径流量。水坝可以在丰水年份缓冲径流脉冲，或在枯水年份破坏径流脉冲。水坝建设放大了气候变化的影响，表现为丰水年基流指数增加。本研究可加深水坝建设与气候变化的双重作用对流域径流变化的认识。

尽管雁石溪上游小流域模拟流量与实测流量基本一致，但仍存在不确定性。这些不确定性主要与水坝长期运行的累积效应有关。因此，迫切需要将模型模拟与长期监测相结合，以加深对气候变化下大坝建设的水文效应的认识。

3.5 本章小结

本研究立足于长时间序列水文 – 气象数据整合分析从宏观上识别气候变化和人为活动对流域水文状况的整体影响，构建模型定量剖析土地利用变化与气候变化对流域自 20 世纪 60 年代以来径流量年际变动的相对影响，并从全流域、小流域尺度借助水文变动指数法和机理模型分别揭示流域梯级电站开发的水文效应。具体结论如下。

（1）九龙江流域水文情势受到气候变化和人类活动的双重影响。近年来九龙江流域降水有所增加，但由于大量建坝筑库和过度引水，实际水资源量没有增加反而减少。人类活动（包括土地利用变化、大坝建设以及社会经济的发展）对九龙江流域的水文情势变化的影响逐渐增强。自 1992 年起，人类活动对九龙江流域的影响变得越来越显著。

（2）构建了一个包含水文 – 气候变量趋势分析、径流 – 气候相关分析、L-R 图的概念模型和水文敏感性分析的技术框架，以定量区分、直观表达气候变化和土地利用变化对九龙江流域径流量动态变化的影响。20 世纪 70 年代和 90 年代，气候变化主导北溪流域径流动态，20 世纪 80 年代和 21 世纪初，土地利用变化对其径流生成的影响更大；20 世纪 80 年代、90 年代和 21 世纪初，气候变化和土地利用变化共同影响了西溪径流量的动态变化。

（3）九龙江流域近年来水电梯级开发的水文效应显著，主要体现在高、低径流规律的变化上。流域面积相对较小的西溪流域受到水电梯级开发的影响更大，而北溪流域受到了水电开发和引水的双重扰动。

（4）构建了将 SWAT 和 IHA 相结合的比较建模方法，并评估了气候变化条件下雁石溪上游小流域水坝建设的水文效应。梯级水坝可显著调节水量降低洪峰，并通过增加蒸散发来减少径流量；水坝可以在丰水年份缓冲径流脉冲，或在枯水年份破坏径流脉冲；水坝放大了气候变化的影响，表现为丰水年基流指数增加。

第4章 近海流域土地利用模式与河流水质关联分析

河流水质受自然和人为因素的影响。城镇化、农业活动、工业活动和污水排放等人类活动，都可视为流域土地利用与土地覆被变化（LUCC）过程中的一部分（Baker，2003）。探索土地利用与土地覆被变化与水质之间的联系，可预测河流潜在污染源，助力流域水环境管理。

近海流域土地利用影响着河流污染物的来源，如化肥、畜禽粪便和农村生活污水，并通过河流将污染物传输到河口与近岸海域，构成了海域陆源污染的重要来源。目前研究普遍认为土地利用与非点源污染相关，并使用土地利用面积比例作为非点源污染量的替代指标。对土地利用与水质关系的本质缺乏探讨，许多关键问题还未得到明确的解答，如土地利用与水质的关联是否受气候变化的影响？土地利用与水质二者关联的空间差异性如何？点源污染是否会影响土地利用与水质二者关联？不同水环境管理制度下流域土地利用对水质的影响程度如何？对这些问题的探讨与回答有助于深入理解土地利用与水质二者的关联，支持流域水环境管理及土地可持续利用。

本章围绕气候变异性、空间异质性、点源污染干扰，以及流域水管理制度差异等多方面深入阐释流域土地利用与水质动态关联及其影响机制，内容包括基于多元线性回归分析研究气候变化下的九龙江流域土地利用与水质的动态关联（黄金良等，2011；Huang et al.，2013a）；采用地理加权回归（geographically weighted regression，GWR）分析模型探究三种主导土地利用模式不同的流域土地利用类型与河流水质关联的空间变异性（Huang et al.，2015）；基于自组织映像（self-organizing mapping，SOM）方法探讨点源污染对闽江流域土地利用与水质关联的影响（Zhou et al.，2016）。最后，研究美国波多马克河流域土地利用与水质的动态关联，为中国流域管理提供借鉴（卞京，2017）。

4.1 九龙江流域土地利用模式与河流水质的动态关联

非点源污染越来越被视为水环境问题的重要诱因，土地利用与水质之间关系研究也日显其重要性。流域尺度的方法已普遍用于土地－水质研究，其将流域细分为土地利用与土地覆被的各种组合，以便流域出口的水质可以与土地利用相关联。遥感数据可得性的提高使得地方和区域尺度的土地/景观与水质关联的研究更容易实施。但实地采样和水质监测也同样重要，因为土地利用与水的经验关系受采样策略（包括采样位置和频率）的影响（Baker，2003）。回归分析已被广泛用于检验土地利用与水质之间的关系，一些研究者构建了经验回归模型，但没有评估其预测能力（Xiao and Wei，2007）。很少有研究评估土地/

景观 – 水质的经验回归模型的预测能力。

土地利用对河流水质的影响依赖于时间和空间尺度，并随时间和空间的变化而变化。尽管许多研究着眼于土地利用变化和水质之间的一般关系，但距离完全理解二者的关联仍有相当的距离。此外，由于每个流域的景观特征都有其独特的组合，土地利用和水质之间的联系仍然存在一些混杂的结果或不一致之处（Baker，2003）。

针对时间尺度的影响，目前开展了土地利用与水质二者关联的季节性差异研究。一些研究通过将不同季节的水质与相应季节的土地利用与土地覆被相关联来解决季节性问题。近年来，研究人员开始意识到气候变异性在这种联系上的重要作用，对土地利用与土地覆被和水质二者关联进行了年度分析，发现土地利用与土地覆被对水质的影响取决于该年份的是丰水年或是枯水年。例如，Kaushal 等（2008）发现，硝氮的输出表现出明显的年际变化，在马里兰州枯水年有所下降，而在丰水年则有所增加。但是，关于丰、枯水年土地利用与水质的动态关联的研究仍鲜有报道。

景观格局在流域水质变化中发挥着重要作用。土地利用与土地覆被是从一般到特定类别的层次结构安排。许多景观格局分析是基于 LUCC 数据进行的。关于土地利用变化对水质影响的研究已扩展到包括对土地覆被空间分布的分析（Lee et al.，2009）。河岸森林、湿地和沉淀池等景观类别会影响污染物的运输和滞留，并在一定程度上降低产生面源污染的风险。空间格局是影响水质和水生生态系统的重要因素。自 20 世纪 80 年代以来，研究机构一直使用景观格局指数（landscape pattern metric，LPMs）来量化空间异质性和景观结构，包括组成和配置。但是，景观格局与人类和生态过程（如水质）之间的关系仍然是充满挑战性的研究。

在北美洲和欧洲，已经有许多研究将景观与流域尺度上的水质联系起来。然而，在中国，土地 / 景观与水质之间的联系仍值得深入探讨。一方面，改革开放以来，伴随着中国经济高速发展和人口快速增加，城市化、土地利用变化剧烈；另一方面，在工业和市政生活废水点源污染处理能力有限及化肥、水产养殖等非点源污染难以控制的双重压力下，中国尤其是沿海地区的水环境问题不容乐观。根据 2009 年环境保护部发布的《中国环境状况公报》，主要河流河段中有 43% 处于中度至重度污染。鉴于此，2011 年国务院政府工作报告指出，推进大江大河重要支流、湖泊和中小河流治理。党的十九大报告指出，“加快水污染防治，实施流域环境和近岸海域综合治理”。

九龙江流域在最近 30 年经历了剧烈的土地利用与土地覆被变化与水质退化。本研究旨在揭示丰、枯水年九龙江流域土地 / 景观特征与水质之间的动态联系，并评估经验回归模型的预测能力。

首先对 1996 年、2002 年和 2007 年的水质指标、土地利用面积比例和景观指数进行单样本 K-S 检验（Kolnogorov-Smirnov 检验），判别其是否符合正态分布。水质参数、土地利用和景观格局数据经过对数化转换之后，所有的水质参数、土地利用和景观格局指数都呈正态分布。在进行了 K-S 检验之后，利用 SPSS 软件对 1996 年、2002 年和 2007 年的土地利用面积比例、景观指数以及取对数后的水质指标进行标准化处理。进一步设计了 13 种情景，对影响水质的不同变量组合进行分析，旨在遴选具有稳定关系的自变量。通过分析发现 13 种参数组合里，香农多样性指数（Shannon's diversity index，SHDI）与水质参数有较稳定的相关性：SHDI 与 COD_{Mn}、NH_4^+-N 呈正相关关系，反映了 SHDI 可以作为水质预测的指标。

4.1.1 基于多元线性回归的流域土地利用 / 景观格局与水质关联分析

根据遴选的自变量组合，对经过标准化处理的数据利用后退式多元线性回归建立土地利用 / 景观格局与水质的关联模型。以 COD_{Mn} 和 NH_4^+-N 为因变量，农业用地面积比例（%AGR）、自然用地面积比例（%NA）、建设用地面积比例（%BL）、斑块密度（patch density，PD）和香农多样性指数（SHDI）为自变量进行多元线性回归分析，1996 年、2002 年和 2007 年全流域多元线性回归分析结果如表 4-1 所示。

表 4-1 流域土地利用 / 景观格局和水质关联多元线性回归分析结果

土地利用景观指数	1996 年		2002 年		2007 年	
	NH_4^+-N	COD_{Mn}	NH_4^+-N	COD_{Mn}	NH_4^+-N	COD_{Mn}
PD	−0.580**					
SHDI				0.695*		
%AGR					−0.905**	
%NA						
%BL	0.834**	0.661*	0.675*		0.940**	0.741**
R^2	0.712	0.437	0.455	0.438	0.892	0.549

* 表示 $p < 0.05$，** 表示 $p < 0.01$，样本数为 11。

由表 4-1 可见，在三个年份中，%BL 指标始终存在，表明建设用地面积比例是影响水质的重要环境变量。在 1996 年和 2007 年，%BL 与 COD_{Mn}、NH_4^+-N 均呈显著的正相关；在 2002 年，SHDI 与 COD_{Mn} 呈正相关；1996 年的全流域模型中，PD 与 NH_4^+-N 呈负相关；%AGR 在 2007 年的全流域模型中与 NH_4^+-N 呈负相关关系。

2007 年的 NH_4^+-N 模型的关联性（R^2=0.892）要强于 1996 年（R^2=0.712）和 2002 年（R^2=0.455）的模型；同样地，2007 年 COD_{Mn} 模型的关联性（R^2=0.549）要强于 1996 年（R^2=0.437）和 2002 年（R^2=0.438）的模型。

本研究表明，%BL 是流域尺度与 NH_4^+-N 和 COD_{Mn} 相关的最重要变量。其他研究者也获得了类似的结果（Lee et al.，2009）。但有些研究发现，在污水处理厂或工业废水未排放到溪流中的研究区域，NH_4^+-N 与城市土地覆被没有显著相关。%BL 与 NH_4^+-N，COD_{Mn} 之间的显著关系可能表明废水管理存在问题。Ahearn 等（2005）得出的结论是，流域污水处理不充分可导致总氮浓度与建设用地之间有显著相关性。该研究认为由于城市地区的许多遮盖物是不透水的，该流域产生的污染物如市政生活污水等会通过排水管网进入污水处理厂集中处理，因此使用城市面积作为非点源污染源的表征会产生虚假的结果。

在本研究中，%AGR 对水质的影响似乎与 2007 年最初预期的结果相反。Sliva 和 Williams（2001）发现，在流域尺度上，春季、夏季和秋季的 %AGR 都与 NH_4^+-N 呈负相关关系。Zhao（2008）也得出了类似的结论，即农业与总磷（TP）和 NH_4^+-N 呈负相关。他推测，在快速的城市化背景下，农业不再是污染的源，而是污染的汇。相反，Bahar 等（2008）及 Lee 等（2009）得出的结论是，%AGR 与下降的水质的指标 [如硝酸盐（NO^{3-}）] 呈正相关。Sun 等发现，%AGR 与 TP 和 NH_4^+-N 没有显著的相关性，而位于小于 15° 或者大于 25° 的坡度上的农田与 COD_{Mn} 和 NH_4^+-N 呈正相关。

景观格局在污染物的运输和滞留中起着重要作用。在本研究中，SHDI 是解释 2002 年 COD_{Mn} 变化的预测因子。高 SHDI 与流域中土地利用与土地覆被类型的变化密切相关，这与人类的强烈干扰有关，并预示着斑块丰富且景观复杂结构。其他研究也发现，SHDI 与退化的水质参数呈正相关（Lee et al.，2009），这表明 SHDI 是有效描述景观格局和水质关系的指标之一。

关于 PD 和水质参数之间联系的结果是多面的。在本研究中，PD 与 NH_4^+-N 呈负相关。Uuemaa 等（2007）发现，夏季景观水平的 PD 与 BOD_7 和 COD_{Mn} 呈负相关。Uuemaa 等（2005）发现景观水平的 PD 与 TP 呈正相关。Lee 等（2009）揭示了景观水平的 PD 和城市土地利用的 PD 均与 COD_{Mn} 呈正相关。他们还发现，秋季农业用地和森林的 PD 与 TP 呈正相关。作为衡量空间异质性的指标，PD 评估了流域区域内土地利用斑块的数量，但没有提供有关土地利用的规模和空间分布的信息。应进一步考虑局部水平上（如市区或农业用地）PD 对水质的影响，以探索景观格局与水质之间的联系。

与景观指数 – 水质的联系相比，LUCC 解释了本研究中 NH_4^+-N 和 COD_{Mn} 浓度的更多变化。有学者甚至发现景观指数与水质之间没有相关性。但是，也有学者指出，使用景观指数可以解释水质的某些变化，而 LUCC 则无法解释。最近，Lee 等（2009）指出，大多数研究已采用景观指数来描述景观水平的格局，这使得难以将研究结果用于其进一步应用。显然，就水质应用而言，有必要进一步完善景观指数的使用。

4.1.2 基于冗余分析的流域土地利用 / 景观格局与水质关联分析

以 COD_{Mn}、NH_4^+-N 为物种变量，农业用地（%AGR）、自然用地（%NA）、建设用地（%BL）、PD 和 SHDI 为环境变量进行冗余分析，结果如表 4-2 和图 4-1 所示。

表 4-2 流域土地利用 / 景观格局和水质关联冗余分析结果 （单位：%）

尺度	第一轴			第二轴		总变化量
	年份	主要变量	变量解释	主要变量	变量解释	前两轴解释
全流域	1996	PD、%BL	74.7	%NA、%AGR	0.7	75.4
	2002	%BL	67.5	%NA、%AGR、PD、SHDI	2.4	69.9
	2007	%BL	90.0	%NA、%AGR、PD、SHDI	2.8	92.8

由表 4-2 可知， 74.7%、67.5% 和 90.0% 的水质变化是由土地利用和景观格局变化决定的。由前 4 个排序轴所占的总信息量来看，水质的空间分布数据矩阵均达到了较高的水平，前两个排序轴占到总信息量的 60% 以上，可见水质的空间分布变化完全可由前两个排序轴

进行解释。

图 4-1 分别为 1996 年、2002 年和 2007 年的冗余分析排序图，可以看出，1996 年，第一轴的水质变量是 COD_{Mn}、NH_4^+-N；2002 年，第一轴的水质变量为 NH_4^+-N，第二轴的水质变量为 COD_{Mn}；2007 年，第一轴的水质变量是 COD_{Mn}、NH_4^+-N。

1996 年，第一轴的主要环境变量是 PD 和 %BL，第二轴的主要环境变量是 %NA 和 %AGR；2002 年，在第一轴的主要环境变量是 %BL，第二轴的主要环境变量是 %NA、%AGR、PD 和 SHDI；2007 年，在第一轴的主要环境变量是 %BL，第二轴的主要环境变量是 %NA、%AGR、PD 和 SHDI。在 1996 年和 2007 年，%BL 和 COD_{Mn} 都呈强的正相关关系；%BL 和 NH_4^+-N 始终呈正相关关系；在 1996 年 NH_4^+-N 与 PD 呈负相关关系；在 2002 年，SHDI 与 NH_4^+-N 呈正相关关系。

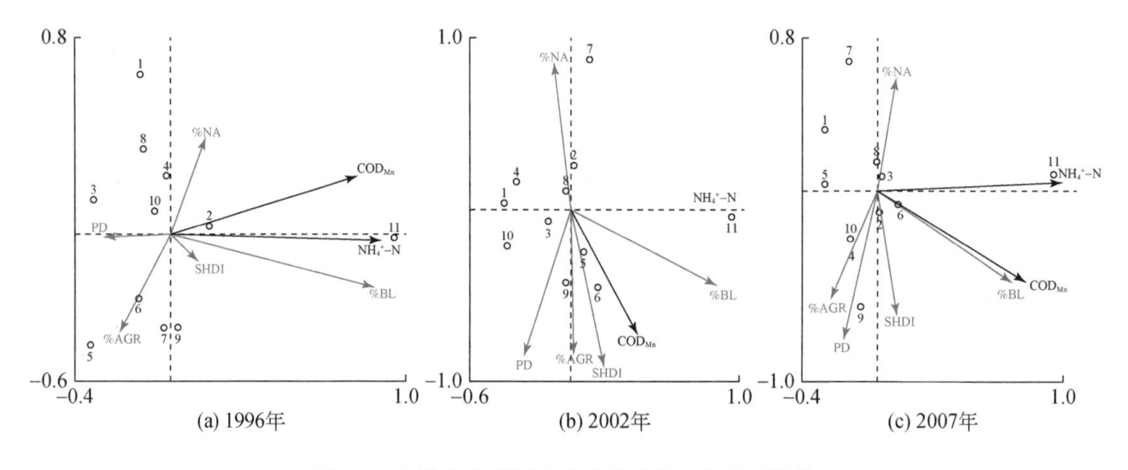

图 4-1　流域土地利用和水质关联的冗余分析结果

4.1.3　九龙江流域土地利用 / 景观格局与水质关联模型的验证

相比于 2002 年，1996 年的土地利用变量能够更多地解释水质变化，因此利用 1996 年的模型验证 2007 年（同为枯水年）的 NH_4^+-N 和 COD_{Mn}。相关的土地利用 / 景观格局 – 水质的关联模型归纳见表 4-3。

表 4-3　流域验证 COD_{Mn} 和 NH_4^+-N 的多元回归方程

年份	回归模型	R^2	调整后 R^2	p	β
1996	$\ln COD_{Mn}$=0.401+9.392%BL	0.437	0.374	0.027	BL=0.661
1996	$\ln NH_4^+$-N=0.107+32.966%BL−0.094PD	0.712	0.640	0.007	BL=0.828；PD=−0.389
2007	$\log COD_{Mn}$=0.339+4.279%BL	0.549	0.499	0.009	BL=0.741
2007	$\ln NH_4^+$-N=−0.273−2.389%AL+16.811%BL	0.892	0.865	0.000	AL=−0.815；BL=1.059

如表 4-3 所示，在 2007 年全流域的模型中，土地利用和景观指数分别与 NH_4^+-N 和 COD_{Mn} 具有显著正相关关系。本研究利用 2002 年的 11 个子流域以及 2007 年的 15 个子流域（图 4-2）的土地利用和水质数据来验证由 11 个子流域的数据建立的 1996 年和 2007 年的全流域回归方程。验证效果如表 4-4 和图 4-3 所示。

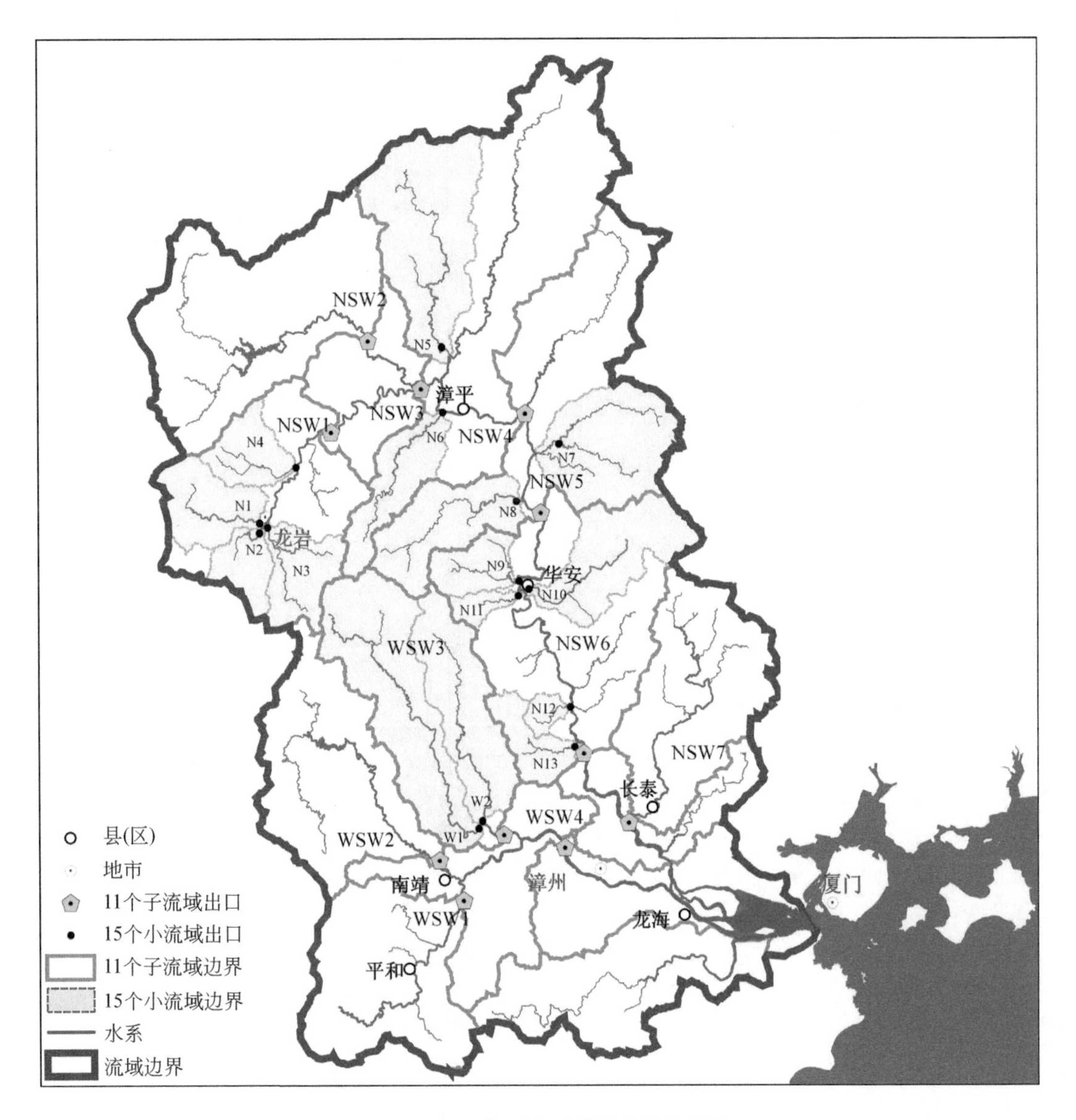

图 4-2 用于模型验证的子流域分布图

由表 4-4 和图 4-3 可知，除了 2007 年的全流域模型，其他模型中 NH_4^+-N 的预测效果要好于 COD_{Mn}。

1996 年流域模型高估了所有小流域的 NH_4^+-N 值，尤其以 WSW4 小流域高估最多（图 4-3）。2007 年流域模型高估了 N1 和 N2 的 NH_4^+-N 值，而低估了 N3 的 NH_4^+-N 值。

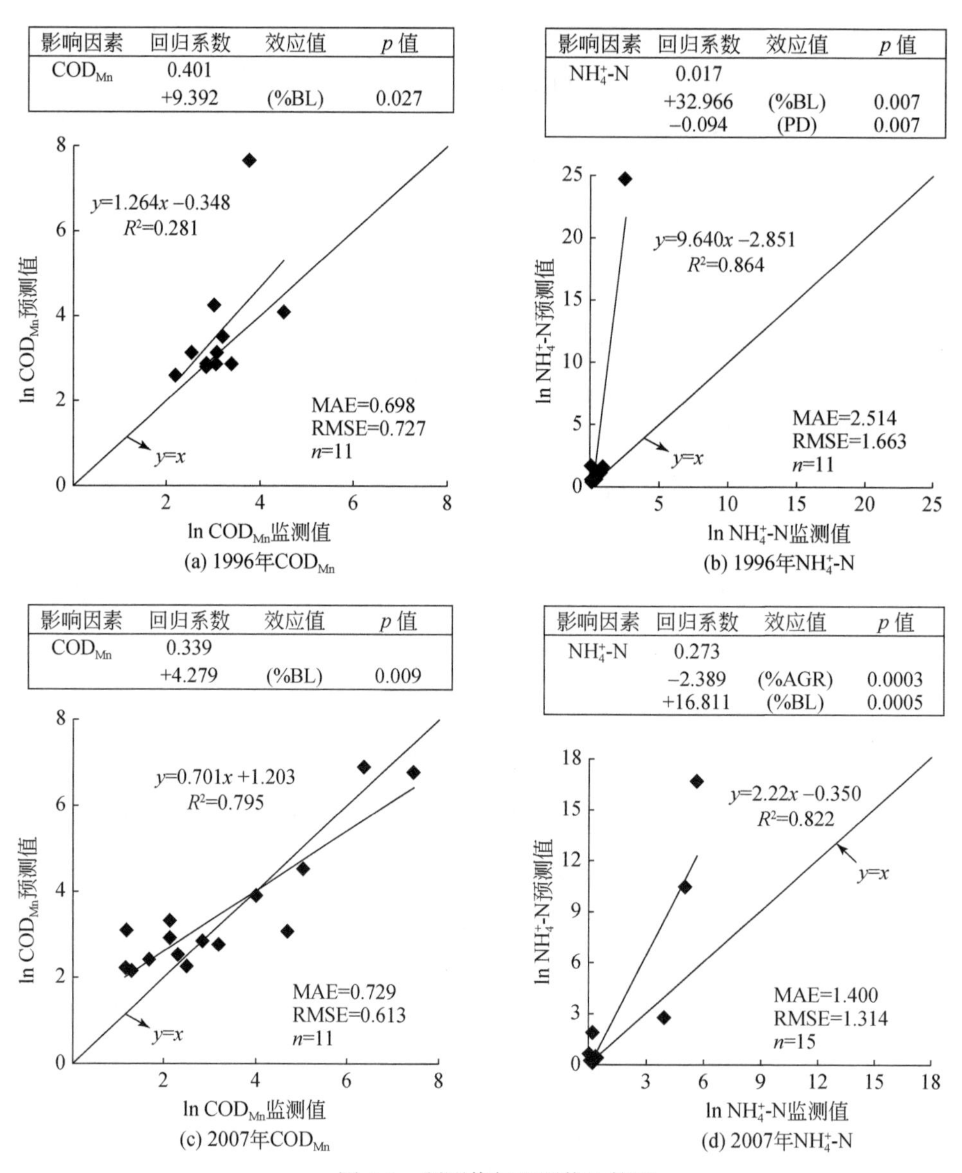

图 4-3 预测值与监测值比较图

图的上方是预测方程，图中的方程是回归方程，同时给出方程 R^2

表 4-4 模型验证结果

回归模型	流域名称	COD_{Mn}			NH_4^+-N		
		预测值	实测值	残差	预测值	实测值	残差
C1996	NSW1	2.80	2.85	−0.05	0.62	0.16	0.46
	NSW2	3.12	3.09	0.03	1.18	0.34	0.84
	NSW3	2.86	3.39	−0.53	0.70	0.25	0.45
	NSW4	2.87	3.08	−0.21	0.49	0.35	0.14

续表

回归模型	流域名称	COD_{Mn}			NH_4^+-N		
		预测值	实测值	残差	预测值	实测值	残差
C1996	NSW5	3.53	3.21	0.32	0.88	0.59	0.29
	NSW6	4.08	4.49	−0.41	1.72	0.99	0.73
	NSW7	2.60	2.21	0.39	0.82	0.44	0.38
	WSW1	3.14	2.54	0.6	1.18	0.81	0.37
	WSW2	4.25	3.03	**1.22**	1.69	0.15	**1.54**
	WSW3	2.87	2.86	0.01	0.49	0.21	0.28
	WSW4	7.68	3.77	**3.91**	24.71	2.54	**22.17**
	平均值	3.62	3.14	0.48	3.13	0.62	**2.51**
C2007	N1	6.91	6.36	0.55	16.68	5.7	**10.98**
	N2	6.77	7.43	−0.66	10.47	5.06	**5.41**
	N3	4.53	5.04	−0.51	2.83	4.00	**−1.16**
	N4	3.10	1.16	**1.94**	0.67	0.08	0.59
	N5	2.50	2.3	0.2	0.51	0.22	0.29
	N6	2.28	2.51	−0.24	0.28	0.37	−0.09
	N7	2.74	3.21	−0.48	0.31	0.42	−0.11
	N8	3.91	4.00	−0.09	1.87	0.22	**1.65**
	N9	2.14	1.3	0.84	0.20	0.21	−0.01
	N10	2.42	1.67	0.75	0.17	0.33	−0.17
	N11	2.23	1.15	**1.08**	0.25	0.36	−0.11
	N12	2.91	2.13	0.78	0.39	0.46	−0.07
	N13	3.31	2.12	**1.19**	0.48	0.36	0.12
	W1	3.07	4.7	**−1.63**	0.36	0.50	−0.15
	W2	2.87	2.85	0.02	0.28	0.18	0.11
	平均值	3.45	3.20	0.25	2.38	1.23	**1.15**

注：C1996 是 1996 年的全流域回归模型；C2007 是 2007 年全流域模型；加粗表示预测值不在 95% 置信区间内。

景观 / 土地利用与水质二者的关联随时间而变化（表 4-4）。具体而言，景观变量与 NH_4^+-N、COD_{Mn} 的关系在丰水年（2007 年）比在枯水年（1996 年、2002 年）更显著。Ahearn 等（2005）还发现，枯水年比平水年对 NO_3^--N 的影响小。Kaushal 等（2008）发现，硝氮的输出表现出明显的年际变化，在枯水年浓度低，而在丰水年浓度较高。

本研究建立并评估了枯水年和丰水年 NH_4^+-N 和 COD_{Mn} 的经验回归模型。在丰水年，具有单一景观度量（康孝岩等，2015）的 COD_{Mn} 模型具有较低的 R^2（小于 0.6），但与具有较高 R^2（大于 0.8）的 NH_4^+-N 模型相比，其具有更高的预测能力。Uuemma 等（2007）

发现，根据验证阶段的结果，校准阶段中 R^2 大于 0.8 的回归模型不一定能产生准确的预测，这与本研究开发的 NH_4^+-N 模型的性能相似。另外，Xiao 和 Wei（2007）得出结论，当经验回归模型的 R^2 小于 0.6 时，其预测能力是有限的，若他们的模型经过进一步验证将发现，COD_{Mn} 模型在丰水年具有良好的验证结果 [图 4-3 （c）]。

本研究建立的经验回归模型较适合于预测没有污水处理厂的流域河流水质。2007 年丰水年的回归模型高估了 N1 和 N2 中的 NH_4^+-N 值，这可能是由于 N1 和 N2 小流域中的大部分污水都经过了污水处理厂处理。这一发现可以看作是支持 Ahearn 论点的证据，即使用城市不透水地表率表征非点源污染程度可能产生误导性的结果。此外，2007 年的高浓度 NH_4^+-N 可能是强降水量和随后的高径流量所致。流域气候变化在很大程度上影响了所构建的土地利用 – 水质回归模型的预测表现。

4.1.4　流域管理启示

建设用地是影响流域水质最重要的一种土地利用类型，这在一定程度上表明九龙江流域的污水管理存在一定问题。这种情况在中国大多数流域都很普遍。随着污水处理厂的大量建设，我国工业废水和市政生活污水处理率一直在提高，但离发达国家的处理率 80% 仍有距离。因此，建设用地面积比例（%BL）是无污水处理厂流域水体 NH_4^+-N 和 COD_{Mn} 的预测因子。这一发现对于九龙江流域的水质管理具有借鉴意义。

4.1.5　小结

本研究结果表明，九龙江流域丰、枯水年景观特征与水质之间存在动态联系。对于没有废水处理厂的子流域，建设用地面积比例与 NH_4^+-N 和 COD_{Mn} 显著相关。在丰水年中，景观变量与 NH_4^+-N 和 COD_{Mn} 的关系要强于枯水年。本研究构建的经验回归模型更适合预测没有污水处理厂的河流水质。气候变化在一定程度上影响水质与景观特征之间的联系。本研究对于中国许多面临类似废水管理和土地利用模式的流域水质管理具有意义。另外，考虑到实际的土地利用 – 水质关系受采样策略的影响很大，需进一步优化采样策略，增加水质监测点位与采样频率。

4.2　九龙江流域土地利用模式与水质关联的空间变异性

通常情况下，建设用地和农业用地与水质呈显著正相关，与点源或非点源污染造成的水质恶化有关（Pratt and Chang，2012）。林地与营养盐含量呈显著负相关（Bahar et al.，2008）。然而，现有研究也发现，由于季节或年际的变化、空间尺度以及流域特征的差异，土地利用模式与水质之间的关系具有非稳态性。

上述研究大多采用 Pearson 相关分析和多元回归分析等传统的分析方法。这些方法通常用于分析整个研究区域的平均情况，但可能会隐藏一些局部关系，特别是在不同的主导土地利用类型的流域，如城市、森林或农业流域。显然，全局统计无法探索具有巨大空间变异性的流域土地利用模式与水质之间关系的空间变异。

对流域土地利用模式与水质关系的空间变异性的研究对于中国的流域管理至关重要，因为淡水质量是主要关注点，尤其是在相对发达的地区，如中国东部沿海地区（Huang et al.，2013d）。在人类活动密集、土地利用模式空间变异性大、水质恶化严重的沿海流域，土地利用模式与水质之间的关系还有待进一步探索。本研究的具体目标为探究河流水质与土地利用模式二者关联的空间变异性，以得到流域管理启示。

4.2.1　数据与方法

于 2010 年 2 月至 2013 年 11 月对九龙江 21 个源头子流域在丰、平、枯三个水期分别开展四次基流河水水样采集，水质指标包括 NH_4^+-N、COD_{Mn}、SRP、NO_3^--N、Cl^-、Na^+ 和 K^+。利用 12 次采样数据均值表征各流域水质。

使用 ArcGIS 空间分析工具划分了 21 个源头子流域的边界，并进一步提取了各小流域的土地利用面积比例，这是建立土地利用模式与水质指标之间空间变化关系的必要步骤，进一步在 ArcGIS 环境下利用 Moran's I 确定水质参数随时间变化的空间依赖程度，明确水质参数在 21 个采样点之间没有明显的空间聚类。

本研究应用 GWR 分析模型分析了土地利用模式与水质指标之间关系的空间变化，GWR 通过局部参数而非传统回归分析的全局参数来评估二者的关联，该模型可以表示为

$$y_i=\beta_0(u_j, v_j)+\sum_{i=1}^{p} \beta_i(u_j, v_j)x_{ij} + \varepsilon_j \tag{4-1}$$

式中，y 为因变量；u_j 和 v_j 分别为观测点 j 所在的纬度和经度；$\beta_0(u_j, v_j)$ 为观察点 j 的截距；$\beta_i(u_j, v_j)$ 为位置 j 处自变量的局部参数估计（回归系数）；ε_j 为误差项；x_{ij} 为位置 j 处变量 i 的值；p 为变量的个数。

GWR 通过使用距离衰减函数对样本点周围的所有观测值进行加权来进行校准，假设离采样点位置较近的观测值对该位置的局部估计值有较大影响。本研究将使用基于高斯距离衰减加权法。加权函数定义为

$$W_{kj}=\exp(-d_{kj}^2/b^2) \tag{4-2}$$

式中，W_{kj} 为观测值 j 对于观测值 k 的权重；d_{kj} 为观测值 k 与 j 之间的距离；b 为内核带宽。当距离大于内核带宽时，权重迅速接近于零。 本项研究中采用自适应内核带宽，最佳内核带宽是通过最小化校正的 Akaike 信息量准则来确定的。

GWR 可测量土地利用与水质二者关系的空间变化。GWR 可用于计算一组局部回归结果，包括每个回归点的局部参数估计、局部 R^2 值和局部残差。GWR 模型中的局部参数估计表明了自变量与各个采样点的每个因变量之间的关系，其中负号表示负向关系，正号表示正向关系。局部参数估计的绝对值越高，说明自变量和因变量的相关关系越强。GWR 模型的局部 R^2 值反映了自变量在不同采样点解释因变量空间方差的能力，其中较高的局部 R^2 表示自变量可以解释更多的因变量空间方差。所有 GWR 分析和 GIS 分析均使用 ArcGIS 9.3。

本研究以七个水质指标为因变量，以土地利用类型为自变量。为了避免土地利用类型之间可能存在的多重共线性，每个 GWR 模型只使用一个土地利用类型指标来分析其与一个水质指标的关联。考虑到各子流域的水体和裸地面积比例均低于 2%，本研究仅分析了四种土地利用类型（耕地、建设用地、林地和园地）共建立了 28 个 GWR 模型。

4.2.2 耕地与水质关联空间变异性

由表 4-5 可见，耕地面积比例与所有水质指标的关联具有很强的空间非平稳性。21 个典型小流域的 NO_3^--N 浓度与其耕地面积比例均呈正相关关系，但是仍具有很显著的空间变异性，农业流域的 NO_3^--N 模型的局部估计参数比城市流域和自然流域的值大，而城市流域的局部估计参数值最小，表明农业流域的 NO_3^--N 浓度与耕地面积比例的关联最强。在城市流域，NH_4^+-N 浓度与耕地面积比例呈负相关关系，与大部分农业流域的耕地面积比例呈正相关关系（浙溪、大深溪除外），而与自然流域的耕地关联既有正相关，也有负相关。SRP 浓度与城市流域和农业流域的耕地面积比例呈正相关关系，在部分自然流域二者的关联呈正相关关系，其余为负相关关系。城市流域和自然流域的 COD_{Mn}、Cl^-、Na^+、K^+ 的浓度与耕地面积比例呈负相关关系，而在大部分农业流域它们呈正相关关系。

耕地模型的局部 R^2 具有很大的差异，表明不同小流域耕地对水质指标预测能力有很大的差异性（图 4-4）。就 NH_4^+-N、SRP、NO_3^--N 而言，农业流域的 R^2 值最大，在农业流域耕地可以解释这三个指标 17%~31% 的信息，而在城市流域的 R^2 最小，耕地仅能解释这三个指标 0~8% 的信息，表明在农业流域耕地解释 NH_4^+-N、SRP、NO_3^--N 的能力最强。然而，所有水质指标在大部分流域的局部 R^2 都小于 0.3，意味着在全流域耕地面积比例都不是一

表 4-5 耕地 GWR 模型水质指标局部估计参数

流域类型	小流域	NH_4^+-N	SRP	COD_{Mn}	NO_3^--N	Cl^-	Na^+	K^+
城市流域	苏溪	−1.47	0.67	−9.18	0.37	−33.64	−4.71	−13.89
	龙门溪	−0.20	1.10	−8.90	0.40	−32.17	−4.66	−13.22
	小溪	−1.21	0.79	−8.89	0.33	−32.35	−4.67	−13.31
自然流域	林邦溪	2.26	1.62	−7.59	0.53	−25.25	−4.17	−10.21
	岩山溪	1.40	1.36	−7.38	0.52	−24.45	−4.04	−9.87
	万安溪	0.43	0.51	−6.66	0.90	−19.86	−3.27	−7.77
	双洋溪	−1.62	−0.49	−5.30	1.11	−15.22	−1.38	−5.66
	新桥溪	−1.39	−0.40	−5.07	1.15	−14.53	−1.11	−5.32
	新安溪	−1.68	−0.42	−5.10	1.03	−15.52	−1.43	−5.75

续表

流域类型	小流域	NH_4^+-N	SRP	COD_{Mn}	NO_3^--N	Cl^-	Na^+	K^+
农业流域	大深溪	−0.40	0.06	−2.51	1.54	−8.75	0.68	−2.14
	浙溪	−0.30	0.14	−1.64	1.52	−8.17	0.50	−1.57
	赤溪	0.26	0.36	3.32	2.18	−1.64	1.79	3.99
	温水溪	0.32	0.38	3.40	2.22	−1.38	2.47	4.00
	西公溪	0.29	0.37	3.48	2.23	−1.35	2.19	4.18
	下樟溪	0.60	0.45	5.18	3.06	5.46	4.57	3.94
	竹溪	0.71	0.45	5.65	3.79	8.25	4.99	4.18
	龙津溪	0.84	0.47	6.71	4.61	11.95	6.11	4.81
	花山溪	1.24	0.36	5.57	8.53	18.11	5.45	3.99
	船场溪	1.16	0.34	4.71	8.02	15.19	4.72	3.14
	龙山溪	0.95	0.39	5.33	6.37	12.75	4.71	3.96
	永丰溪	0.94	0.40	5.31	6.15	12.22	4.65	3.97

个很好预测水质的指标，尤其在城市流域和自然流域。

本研究发现，在大多数农业流域中，农业用地占比与水质指标具有较强的正相关关系，而在城市流域和自然流域，农业用地占比与水质指标具有负相关或较弱的正相关关系（表4-5），这与基于GWR的另一项分析一致。农业用地对农业流域水质的负面影响更大的主要原因是该地区施肥量最大。另一个可能的解释是，当流域内城市用地的比例远远大于农业用地的比例时，农业活动成为可忽略不计的污染源。对于森林占比很大的自然流域，森林中的沉积和过滤通常能有效控制和减少地表径流输送的泥沙污染物，这可能导致污染物浓度较低。

基于普通最小二乘（ordinary least squares，OLS）法等传统统计方法，研究者对耕地与水质的关系进行了广泛的探讨，得出了相互矛盾的结论。一方面，在城市化程度较低的流域，农业用地通常被认为是一个重要的非点源污染源，农业用地面积比例与水质指标浓度，特别是与营养盐浓度之间往往存在显著的正相关关系，营养盐主要来自施肥和畜牧业（Shen et al.，2011）。本研究通过GWR分析，得出了类似的结论，即NO_3^--N与本研究的农业用地面积比例呈显著正相关关系（表4-5）。另一方面，在城市化流域（Zhao，2008）和农业用地面积比例较高的流域，未发现农业用地与水质之间存在显著负相关关系。在使用OLS法研究农业用地和水质之间的关系时，研究者从降雨特征、地形、农业实践（Lee et al.，2009）以及空间尺度效应等方面解释了这一现象背后的潜在决定

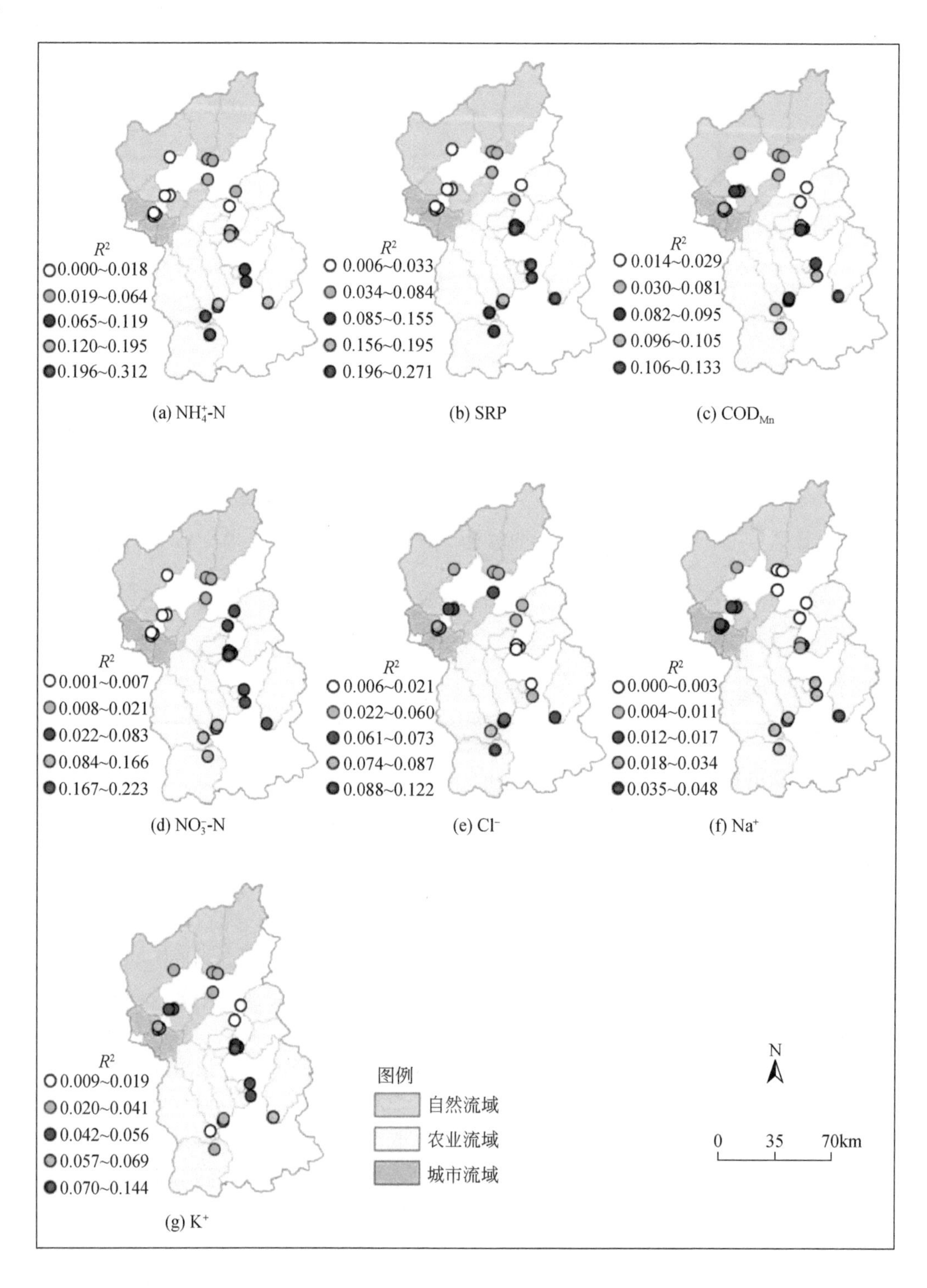

图 4-4 耕地 GWR 模型局部 R^2

因素。然而，这种关系仍有一些例外。有学者通过研究发现，低占比的农业用地（低于10%）仍然可能对水质退化作出很大贡献。显然，OLS 法未能从局部空间变异的角度探讨这种关系。

4.2.3 建设用地与水质关联空间变异性

由表 4-6 可知，大部分的农业流域和自然流域的建设用地面积比例与水质的正相关性强于城市流域。农业流域 COD_{Mn} 模型的局部估计参数值远远大于自然流域和城市流域的值。农业流域的 SRP 和 Na^+ 模型的局部估计参数也略高于自然流域和城市流域。除了船场溪、永丰溪、龙山溪、花山溪，其他农业流域的 Cl^- 模型的局部估计参数也相对较大。而对于 NH_4^+-N、SRP、COD_{Mn}、Cl^-、K^+ 模型，它们的最小的局部估计参数值均出现在城市流域。总体而言，建设用地对农业流域和自然流域水质的影响要大于城市流域，意味着在所有流域增加相同的污染物，农业流域和自然流域水体中污染物浓度改变幅度要大于城市流域。

由图 4-5 可知，大部分水质指标的局部 R^2 值大于 0.5（Na^+ 除外），说明在全流域建设用地对水质都有重要的影响。但不同类型小流域的 R^2 具有较大的差异，就 SRP、NO_3^--N、Cl^-、Na^+、K^+ 而言，其最大的局部 R^2 出现在自然流域，农业流域的 COD_{Mn} 模型的局部 R^2 相对较大，而城市流域的大部分水质指标的局部 R^2 都相对较小，表明相对城市流域而言，建设用地面积比例能更好地预测农业流域和自然流域的水质。

表 4-6 建设用地 GWR 模型水质指标局部估计参数

流域类型	小流域	NH_4^+-N	SRP	COD_{Mn}	NO_3^--N	Cl^-	Na^+	K^+
城市流域	苏溪	4.82	1.81	12.16	7.42	57.93	18.62	28.24
	龙门溪	5.09	1.82	12.39	7.48	58.15	18.74	28.33
	小溪	4.92	1.82	12.47	7.46	58.18	18.73	28.37
自然流域	林邦溪	6.59	1.89	13.59	7.71	59.63	19.45	29.09
	岩山溪	6.74	1.90	13.83	7.71	59.87	19.53	29.25
	万安溪	8.92	1.97	14.16	7.87	60.87	19.99	29.67
	双洋溪	23.17	2.06	15.45	7.74	62.20	20.35	30.70
	新桥溪	19.28	2.07	15.67	7.72	62.39	20.41	30.86
	新安溪	20.59	2.06	15.78	7.66	62.16	20.29	30.81

续表

流域类型	小流域	NH_4^+-N	SRP	COD_{Mn}	NO_3^--N	Cl^-	Na^+	K^+
农业流域	大深溪	5.65	2.17	18.77	7.59	63.94	21.25	32.29
	浙溪	4.85	2.16	20.01	7.47	63.93	21.24	32.53
	赤溪	6.60	2.31	73.27	7.64	67.36	24.75	36.02
	温水溪	7.35	2.43	80.61	8.20	70.07	28.02	38.17
	西公溪	7.76	2.39	79.92	8.03	69.45	27.36	37.94
	下樟溪	9.18	2.35	94.27	8.39	75.39	30.53	36.82
	竹溪	8.98	2.31	87.14	7.69	73.77	28.98	35.63
	龙津溪	8.44	2.41	88.74	8.39	79.31	33.36	36.75
	花山溪	8.60	2.05	25.76	3.41	59.04	17.40	29.03
	船场溪	9.34	2.03	23.36	3.56	58.44	16.91	29.05
	龙山溪	9.12	2.08	36.18	4.49	61.78	19.37	30.51
	永丰溪	9.15	2.09	38.32	4.61	62.13	19.63	30.69

当使用 OLS 法时，建设用地面积比例也是反映水质恶化的良好指标，建设用地与水质之间的关系始终是正向的。这个结果并不出人意料，因为建设用地与住宅、市政、工业污水排放、道路除冰器应用以及相应的降雨地表径流污染物有直接关系（Pratt and Chang，2012）。应该注意的是，一些研究者意识到这种关系受城市地区废水处理情况的影响。

GWR 方法为研究建设用地与水质之间关系的空间变化提供了另一种解决方案。基于 GWR 的建设用地与水质的局部关系研究表明，农业流域和自然流域中建设用地对水质的不利影响比城市流域更为严重，这一点已得到证实。与城市流域相比，农业流域和自然流域建设用地与大多数水质指标呈正相关关系（表 4-6）。这一结果可被视为支持 Tu（2009）研究结果的证据。也就是说，增加相同比例的建设用地对农业流域和自然流域水质的不利影响要大于城市流域。在自然流域中，建设用地是重要的污染源，导致大量污染物进入水体。可以将自然流域视为一个小的水文敏感单元或关键源区，建设用地增加常造成不成比例污染（Dickinson et al.，1990；Tripathi et al.，2003）。因此，针对关键源区实施最佳管理方案是改善环境质量的有效途径。

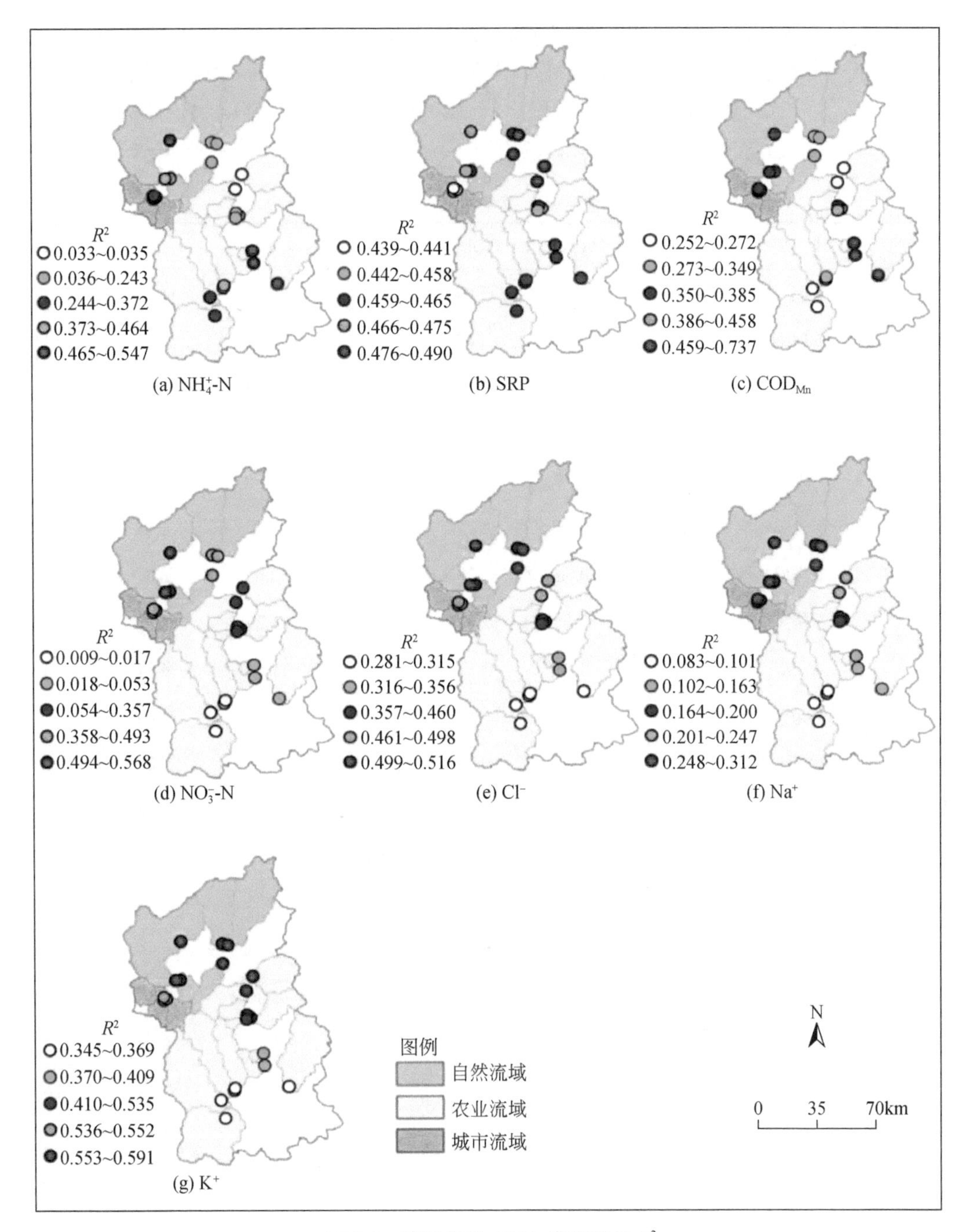

图 4-5 建设用地 GWR 模型局部 R^2

4.2.4 林地与水质关联空间变异性

由表 4-7 可知，林地面积比例与大部分小流域的水质指标呈负相关关系，其中与所有典型小流域的 SRP、COD_{Mn}、NO_3^--N、Na^+ 和 K^+ 呈负相关关系，表明林地面积比例增加可以有效保持和改善水质。然而，在不同土地利用模式的流域内，林地与水质关联呈现较明显的空间非平稳性。就 NH_4^+-N、SRP、Cl^- 和 K^+ 而言，城市流域的林地面积比例与水质的关联相对较强。相比城市流域和自然流域，农业流域的 NO_3^--N 与林地面积比例的负相关性最强，尤其是农业活动强度较大的流域，如花山溪、永丰溪、船场溪、龙山溪。

表 4-7　林地 GWR 模型水质指标局部估计参数

流域类型	小流域	NH_4^+-N	SRP	COD_{Mn}	NO_3^--N	Cl^-	Na^+	K^+
城市流域	苏溪	−4.00	−0.91	−5.89	−5.33	−27.29	−8.42	−13.83
	龙门溪	−4.08	−0.93	−5.86	−5.27	−27.22	−8.42	−13.85
	小溪	−3.99	−0.91	−5.76	−5.22	−26.58	−8.33	−13.59
自然流域	林邦溪	−4.12	−0.96	−5.10	−4.74	−24.15	−8.03	−12.71
	岩山溪	−3.99	−0.94	−4.84	−4.63	−22.88	−7.86	−12.19
	万安溪	−4.12	−0.98	−4.25	−4.53	−21.70	−7.85	−11.66
	双洋溪	−2.09	−0.56	−2.29	−3.84	−12.65	−6.77	−7.80
	新桥溪	−1.62	−0.46	−2.01	−3.74	−11.29	−6.66	−7.22
	新安溪	−1.57	−0.46	−2.16	−3.75	−11.04	−6.57	−7.18
农业流域	大深溪	0.36	−0.09	−0.50	−3.11	−0.67	−6.03	−3.03
	浙溪	0.25	−0.17	−0.96	−3.02	0.70	−5.85	−2.87
	赤溪	−0.28	−0.39	−3.93	−2.54	1.19	−5.74	−4.87
	温水溪	−0.37	−0.42	−4.38	−2.47	−0.22	−5.98	−5.04
	西公溪	−0.38	−0.42	−4.38	−2.46	0.13	−5.85	−5.26
	下樟溪	−0.74	−0.34	−6.86	−4.70	−13.83	−8.35	−5.63
	竹溪	−0.75	−0.29	−6.68	−5.09	−15.39	−8.46	−5.74
	龙津溪	−0.76	−0.26	−6.74	−5.22	−16.56	−8.60	−5.71
	花山溪	−0.77	−0.13	−5.43	−6.59	−17.98	−8.36	−6.00
	船场溪	−0.77	−0.12	−5.33	−6.61	−17.68	−8.33	−6.09
	龙山溪	−0.78	−0.17	−5.69	−6.19	−17.33	−8.36	−6.04
	永丰溪	−0.78	−0.17	−5.72	−6.14	−17.23	−8.36	−6.04

由图 4-6 可知，不同类型流域的林地模型的局部 R^2 值有很大差异。大部分模型在农业流域的局部 R^2 较高（NO_3^--N 除外），城市流域 NO_3^--N 模型的局部 R^2 最高。此外，自然流域的大部分林地模型的局部 R^2 都相对较小，这也进一步证明了林地有助于河流水质改善。大部分农业流域，林地可以很好地预测 NH_4^+-N、COD_{Mn}、Cl^-、NO_3^--N、K^+，林地能解释这

些水质指标 30% 以上的信息。总的来说，相比自然流域而言，农业流域和城市流域的林地预测水质指标的能力更强。

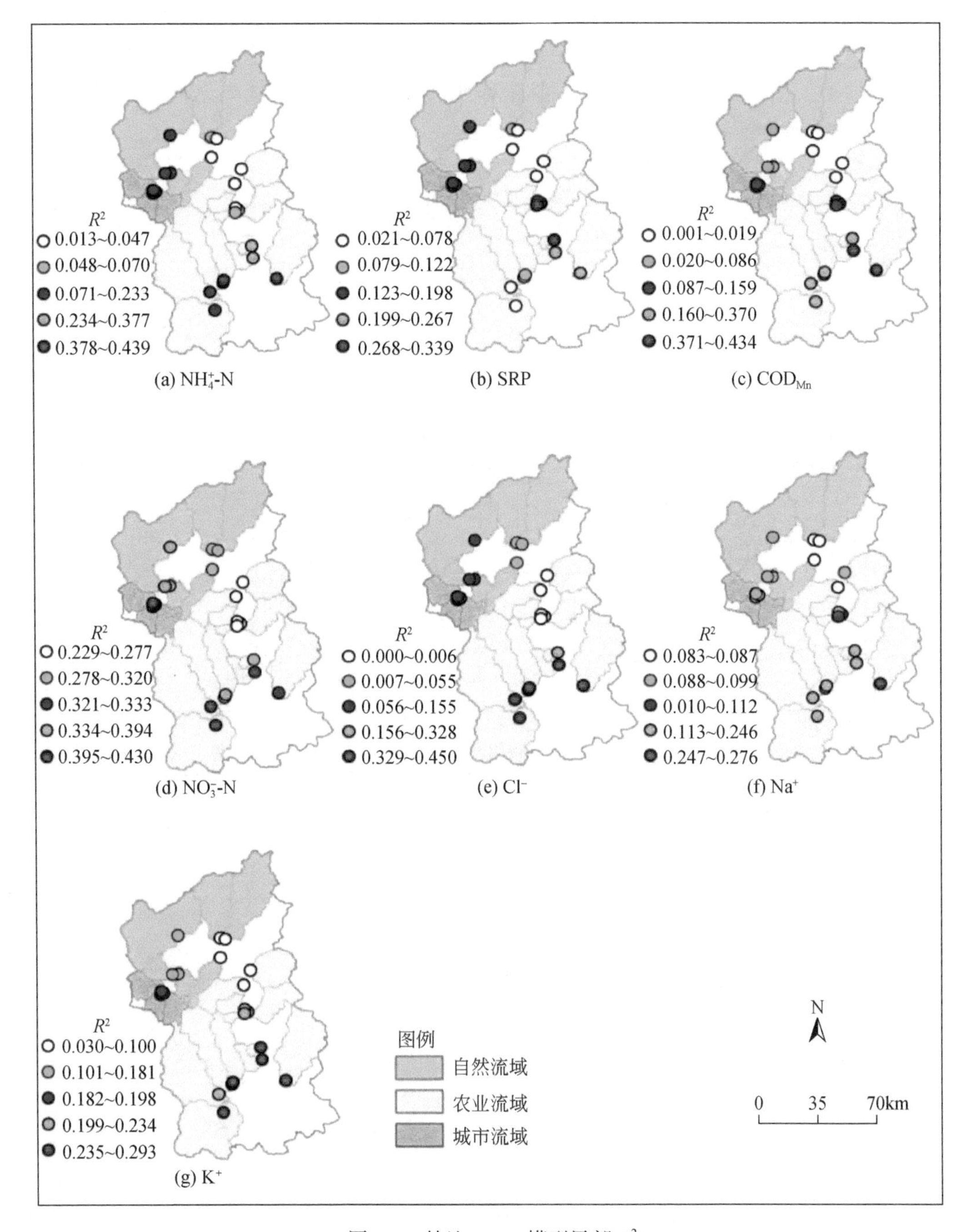

图 4-6 林地 GWR 模型局部 R^2

随着城市化水平的提高，河流水质不断恶化，相反地，林地覆盖率高的区域，受人类活动干扰小，河流水质会相对较好。为了深入探究林地与水质关联对城市化水平的响应，本研究建立林地 GWR 模型水质指标局部估计参数与建设用地面积比例的一元回归模型，结果如图 4-7 所示。由图 4-7 可见，大部分局部估计参数（大部分为负值）与建设用地面积比例呈负相关，其中 NH_4^+-N、SRP、Cl^-、Na^+、K^+ 的局部估计参数与其呈显著的负相关关系，表明这几个水质指标与林地面积比例的负相关性随着城市化水平的提高而增强，意味着在所有小流域增加相同面积比例的林地，林地对水质改善效果在高城市化水平的流域要明显强于低城市化水平的流域。

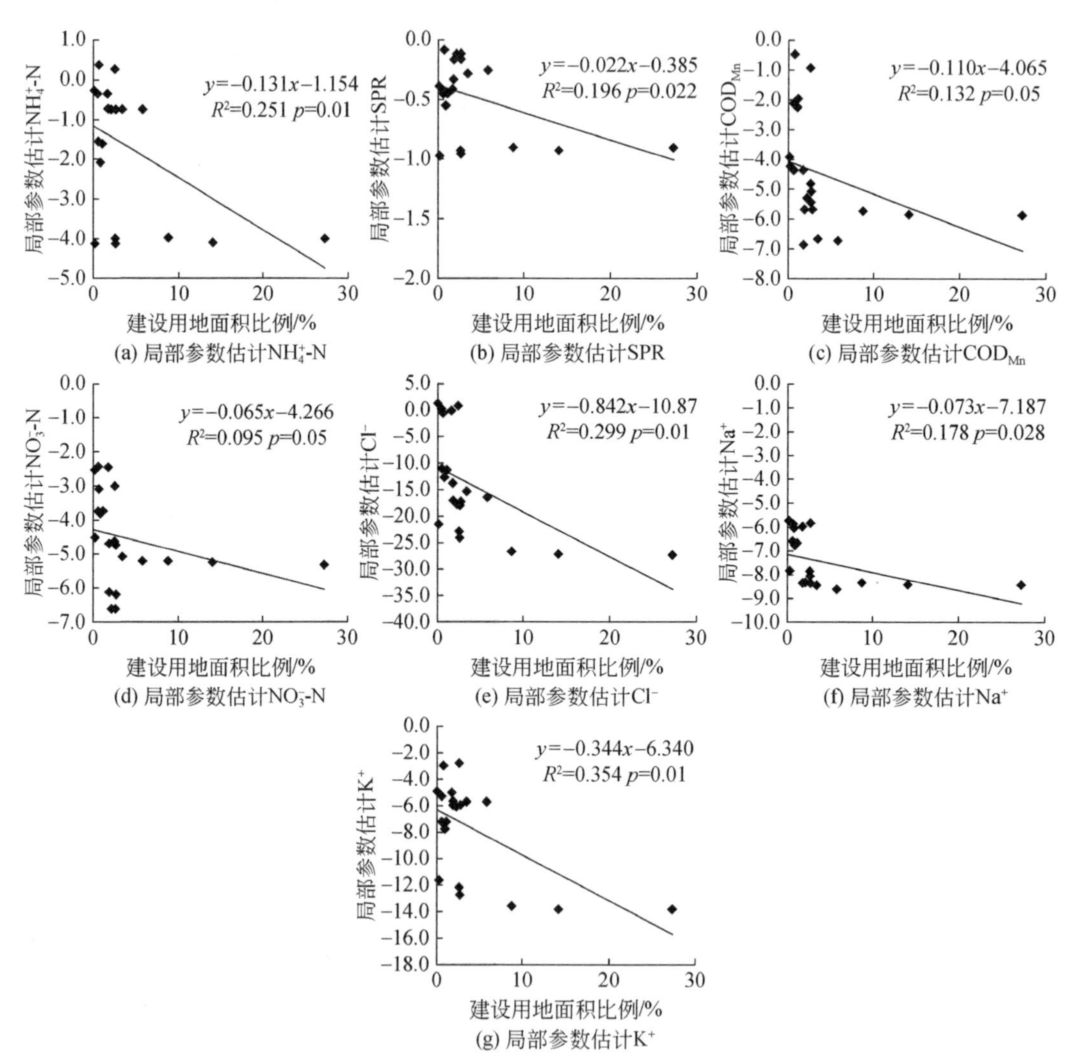

图 4-7　建设用地面积比例与林地 GWR 模型水质指标局部估计参数散点图

由图 4-8 可见，林地模型的 NH_4^+-N、SRP、Cl^-、K^+ 的局部估计参数（大部分为负数）与耕地面积比例呈显著的正相关关系，表明林地与 NH_4^+-N、SRP、Cl^-、K^+ 的负相关性随着耕地面积比例的增加而减弱。

在世界范围内各流域的研究中，林地面积比例与水质呈很好的相关关系（Bahar et al., 2008）。本研究使用 Pearson 相关分析和 GWR 得出了类似结论（表 4-5~表 4-8）。基于 OLS 法，

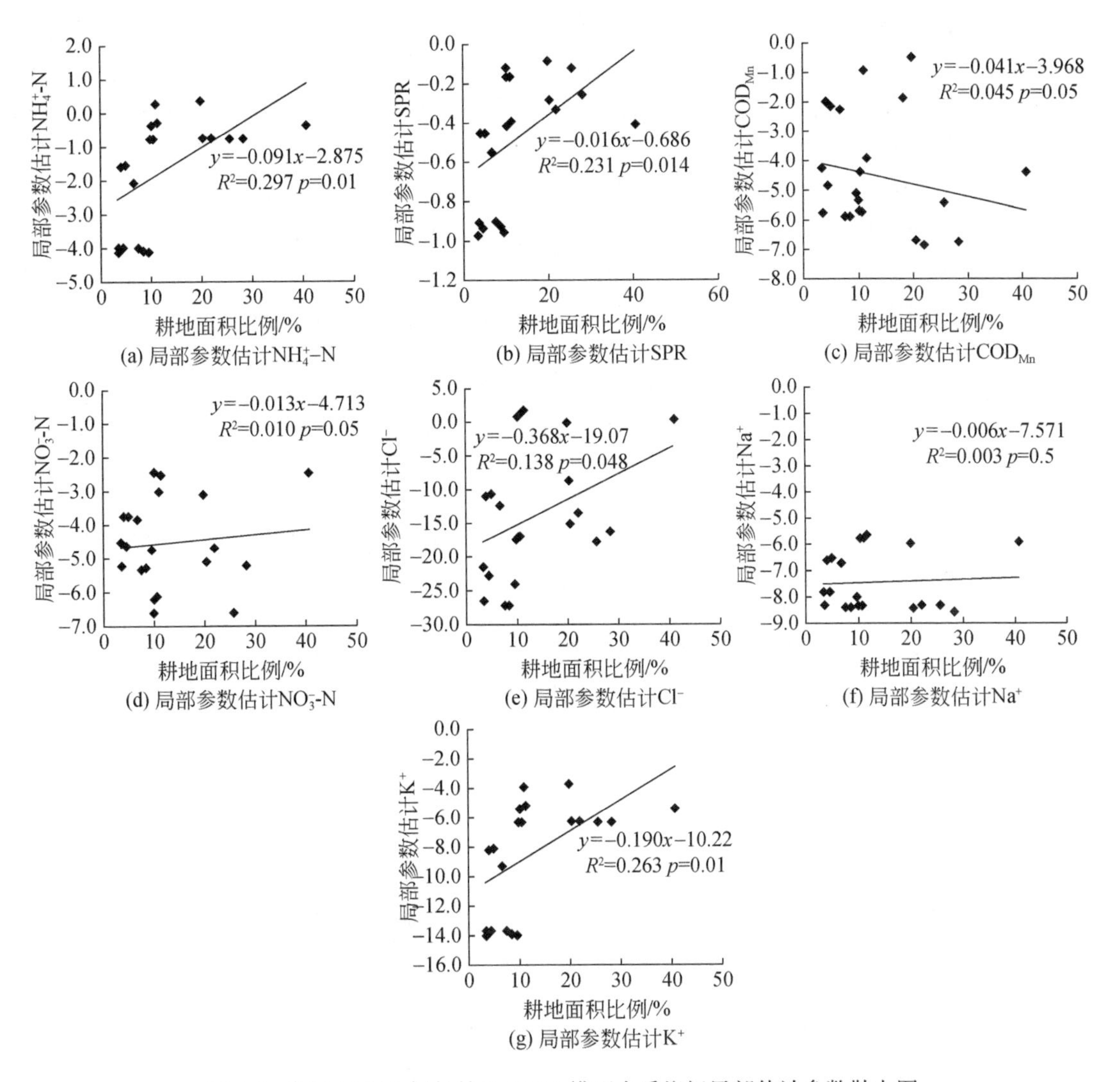

图 4-8 耕地面积比例与林地 GWR 模型水质指标局部估计参数散点图

一些研究发现林地与水质之间没有显著的负相关关系。例如，无论林地是否是研究区域的主要土地覆被类型，水质指标与景观变量之间的回归方程中都不存在林地。然而，林地占了九龙江流域的 70% 以上（2010 年）。本研究 GWR 的应用表明，城市流域中林地面积比例与 NH_4^+-N、SRP、Cl^- 和 K^+ 有更强的负相关性，这意味着大面积的林地可以改善城市流域水质质量。此外，对于某些农业流域，林地面积比例与 NO_3^--N 的负相关性更强，这表明农业流域中较高的林地覆盖率可以降低河流中 NO_3^--N 的浓度。

4.2.5 园地与水质关联空间变异性

由表 4-8 可知，园地面积比例与所有小流域的 NH_4^+-N、COD_{Mn}、NO_3^--N、Na^+ 的浓度呈

正相关关系，另外与大部分小流域（船场溪除外）的 SRP 浓度也呈正相关关系，说明作为特定的一类农业用地，园地对水质恶化有重要的影响。然而，园地面积比例与水质的关联具有明显的空间非平稳性。就 NH_4^+-N 而言，在自然流域和城市流域，其与园地面积比例的关联强于农业流域。在全流域，园地与 Cl^- 浓度和 K^+ 浓度的关系既有正相关，也有负相关。农业流域的 Cl^- 浓度与园地面积比例关联呈正相关关系，而大部分城市流域和自然流域的 Cl^- 浓度与园地面积比例呈负相关关系。城市流域的 K^+ 浓度与园地面积比例呈负相关关系，相反地，农业流域和自然流域的 K^+ 浓度与园地呈正相关关系。总体而言，自然流域和城市流域的园地面积比例与 NH_4^+-N、COD_{Mn}、NO_3^--N、Na^+ 的浓度的关联要强于农业流域。

表 4-8　园地模型水质指标局部参数估计

流域类型	小流域	NH_4^+-N	SRP	COD_{Mn}	NO_3^--N	Cl^-	Na^+	K^+
城市流域	苏溪	20.72	0.92	22.18	26.30	−261.06	23.93	−64.70
	龙门溪	24.83	2.09	24.66	26.74	−233.12	24.32	−50.65
	小溪	22.04	1.31	25.19	26.79	−255.30	24.63	−61.01
自然流域	林邦溪	46.19	8.05	66.45	33.30	−105.41	30.04	15.77
	岩山溪	47.75	8.50	79.90	35.17	−104.14	32.12	18.39
	万安溪	73.66	15.77	95.35	34.42	67.69	29.35	101.23
	双洋溪	62.75	15.73	34.22	12.72	−92.47	25.59	54.20
	新桥溪	61.10	15.65	31.22	11.63	−99.32	25.19	53.18
	新安溪	65.54	15.83	34.65	13.02	−97.93	26.87	54.37
农业流域	大深溪	41.34	12.48	22.18	8.18	−28.38	24.45	78.71
	浙溪	30.62	10.24	22.91	8.43	25.45	25.48	73.62
	赤溪	15.08	7.47	22.25	7.67	112.46	26.88	71.25
	温水溪	14.56	7.14	21.80	7.32	116.63	26.44	72.34
	西公溪	14.23	6.78	22.42	7.60	118.33	27.39	74.15
	下樟溪	1.62	0.49	13.61	11.75	38.57	20.27	12.33
	竹溪	1.54	0.34	12.79	12.31	38.86	19.65	12.52
	龙津溪	1.47	0.28	12.54	12.22	38.06	19.15	11.90
	花山溪	1.42	0.01	9.65	14.57	39.43	17.69	12.90
	船场溪	1.45	−0.02	9.61	14.78	40.24	17.92	13.50
	龙山溪	1.47	0.07	10.46	14.16	39.87	18.39	13.33
	永丰溪	1.47	0.08	10.56	14.10	39.91	18.47	13.37

由图 4-9 可知，园地模型的局部 R^2 具有较大的空间非平稳性。就 COD_{Mn}、NO_3^--N、Cl^-、Na^+、K^+ 而言，农业流域园地模型的局部 R^2 值比城市流域和自然流域的高，在农业流域，园地能解释这些水质指标 30% 的信息。对于 SRP 而言，城市流域和农业流域中的花山溪、永丰溪、船场溪和龙山溪的局部 R^2 比自然流域和其余的农业流域的 R^2 值低，表明在高城市化水平和高农业开发强度的小流域，园地不是 SRP 的主要污染源。类似地，在高城市化水平的小流域，园地对 NH_4^+-N 的影响也被削弱，其局部 R^2 值也相对较小。总体而言，在农业流域内，园地能较好地预测 NH_4^+-N、COD_{Mn}、NO_3^--N、Cl^-、Na^+、K^+，在自然流域，园地是预测 SRP 的一个较好的指标。

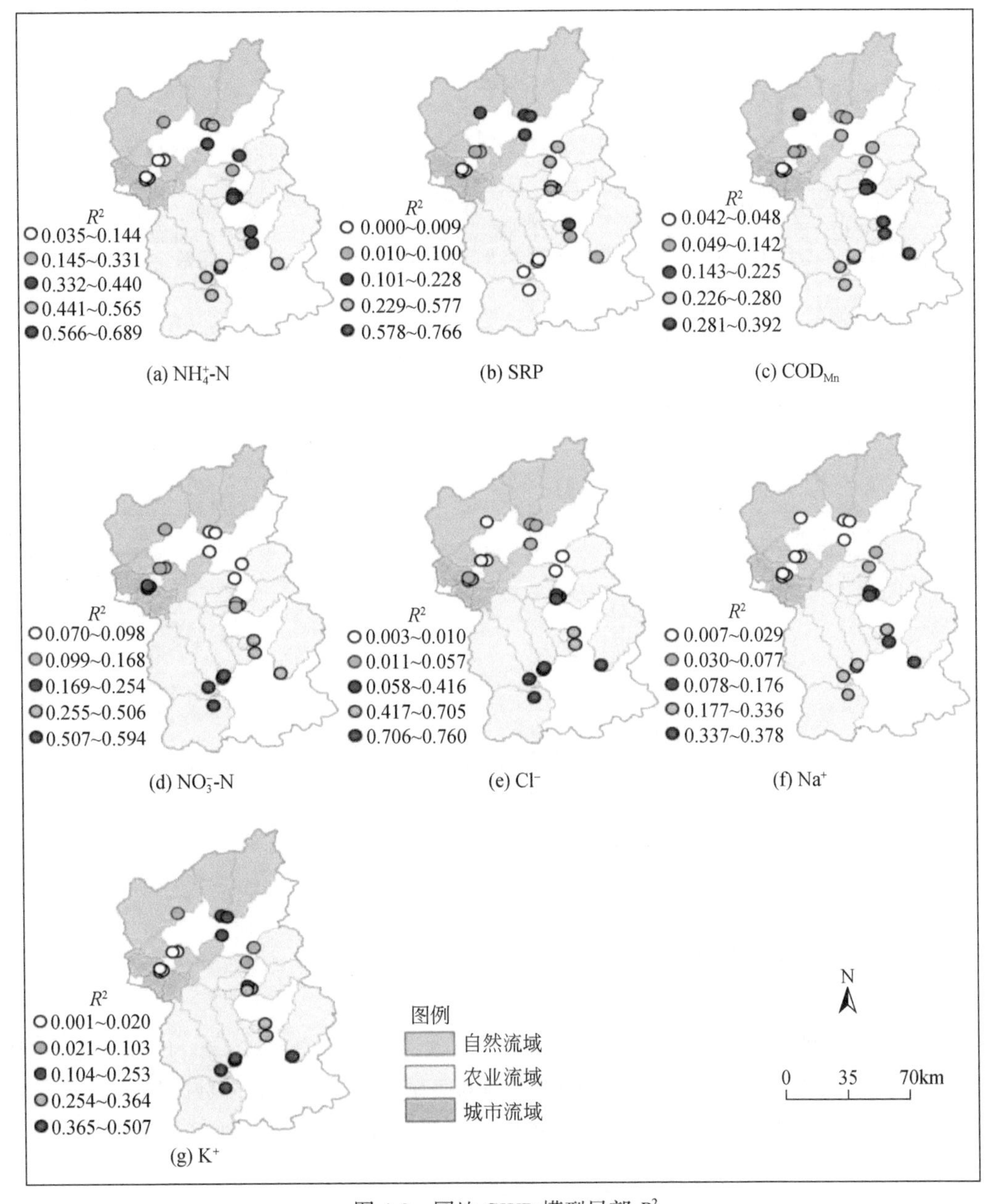

图 4-9 园地 GWR 模型局部 R^2

林地比例高的流域，其水质往往较好，相反地，园地比例大，农业活动开发强度大，非点源污染加剧，水质恶化严重。为了进一步探究园地面积比例与水质关联对小流域林地面积比例大小的响应，本研究构建了园地 GWR 模型水质指标局部估计参数与林地面积比例的一元回归模型，结果如图 4-10 所示。由图 4-10 可知，NH_4^+-N、SRP、COD_{Mn} 和 Na^+ 的局部估计参数（大部分为正数）与林地面积比例呈显著的正相关关系，由此说明，林地面积比例的增加，使得园地对这几个水质指标的影响更加显著。

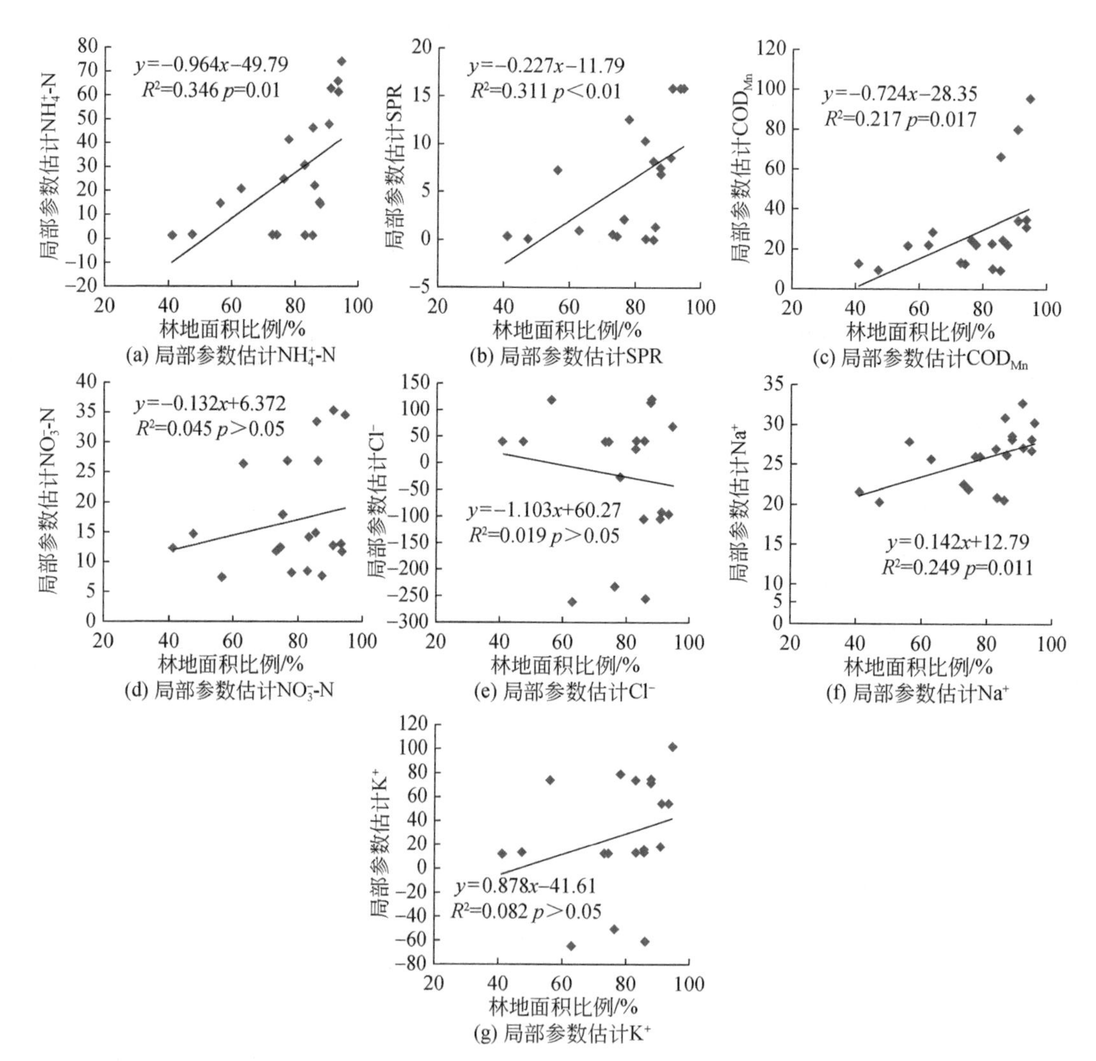

(a) 局部参数估计NH_4^+-N (b) 局部参数估计SPR (c) 局部参数估计COD_{Mn}

(d) 局部参数估计NO_3^--N (e) 局部参数估计Cl^- (f) 局部参数估计Na^+

(g) 局部参数估计K^+

图 4-10 林地面积比例与园地 GWR 模型水质指标局部估计参数散点图

园地面积比例对自然流域和城市流域的 NH_4^+-N，COD_{Mn}，NO_3^--N 和 Na^+ 的不利影响大于农业流域（表 4-8）。自然流域中存在着更强的关系，这是由于大多数园地（当地水果包括龙眼、荔枝、柚子和柑橘）传统上是以牺牲林地为代价种植在坡地（坡度大于 15°）。

4.2.6 流域管理启示

农业流域中耕地与水质的正相关性要比城市和自然流域的强，这意味着应更多地关注农业流域的面源污染问题。在农业流域和自然流域，建设用地与大多数水质指标之间的正相关性要强于城市流域，这表明管理部门应更加关注城市化程度较低的自然流域、农业流域的城市化进程导致的水环境问题。相比之下，林地面积比例与 NH_4^+-N、SRP、Cl^-、Na^+ 之间的负相关关系，表明农业集约化可能削弱林地的生态系统功能。因此，应鼓励制定“退耕返林”等政策。城市流域和自然流域的园地面积比例与 NH_4^+-N、COD_{Mn}、NO_3^--N 和 Na^+ 呈较强的正相关关系，且这种正相关关系随着流域内林地面积比例的增加而增强，因此园地发展应慎重规划、科学管理，特别是在自然流域。

4.2.7 小结

本研究结果有助于理解流域土地利用模式与河流水质二者关联的空间差异性。从全局来看，水污染与建设用地面积比例的关联性强于耕地或林地面积比例。与水污染的关联，耕地面积比例有弱关联性，林地面积比例有负关联性，而建设用地面积比例有正关联性。耕地面积比例的局部 R^2 都低于 0.4，具有高建设用地面积比例的子流域都具有高污染物浓度，低不透水率的流域建设用地面积比例的增加会导致污染物浓度的显著增加。相对于农业流域，在城市流域里林地面积比例与水污染具有更强的负相关性。

4.3 点源污染对闽江流域土地利用模式与水质关联的影响

流域内的土地利用对河流、湖泊、河口和近岸海域的水质具有重要影响，相关分析、多元回归、冗余分析等统计方法已广泛用于揭示土地利用与水质之间的关系。研究者通常应用这些方法来分析土地利用和水质之间的关系。然而，研究区域内的污染源可能各不相同，尤其是以各种用途为主的流域（Baker，2003），因此，使用上述统计方法可能会忽略土地利用与水质二者关系的空间变化。GWR 分析模型通过将空间坐标纳入回归模型来捕捉其空间差异。GWR 通常只使用一个土地利用类型作为自变量来分析其与每个水质参数的关联。在处理多变量数据时，构建了大量的 GWR 模型来解释大量的土地利用类型和水质参数的关联。因此，由于结果中过多的详细空间变化，GWR 在制定土地利用管理策略方面的价值有限。

在考虑空间变化的同时，应该如何处理多元环境数据以制定适当的管理策略？一种可行的方法是对具有类似特征的地点进行聚类分析，然后分析每个聚类中土地利用模式与水质的关系。通过聚类分析，可以揭示基于全局统计数据可能隐藏的土地利用 – 水质二者关联，从而简化土地利用管理策略。此外，研究者很少考虑点源污染对土地利用 – 水质关系的影响。点源污染与土地利用面积比例不成正比。工业、生活排放密集的小区域会产生严重的点源污染。因此，点源污染可能对土地利用与水质之间的关系带来巨大的不确定性。

SOM 是一种使用人工神经网络的分支算法。其是对样本及其变量进行分类和关联的通用工具（Li et al.，2012；Kohonen，2013）。SOM 能够处理非线性问题，因此在环境研究中变得很流行（Kohonen，2013）。

本章 4.1 节和 4.2 节分别应用多元线性回归和 GWR 来分析九龙江流域土地利用和水质之间的整体和局部关系。然而，需要做更多的尝试来了解在点源污染存在的情况下，土地利用模式如何影响水质。本研究以闽江流域 139 个采样点为研究对象，采用 SOM、聚类分析、后退式逐步回归和相关分析相结合的方法，探讨了闽江流域河流水质变化与土地利用的关系。本研究假设严重的点源污染可能会削弱土地利用与水质之间的相关性；排除受点源污染影响的水质数据将导致土地利用和水质之间的相关性更强。研究目标包括：①识别 139 个子流域的水质变化模式；②解释土地利用和非点源污染在控制每种水质模式中的作用；③揭示土地利用 - 水质相关性的空间变异性及点源污染对其的影响。

4.3.1 数据与方法

4.3.1.1 数据来源

本研究选取了能覆盖整个闽江流域且无云层干扰的 6 张 2014 年 Landsat 8 的遥感影像。这些影像来自地理空间数据云（http://www.gscloud.cn/）。

闽江流域的点源污染信息主要来自《福建统计年鉴》，如图 4-11 所示。福州、三明和南平 2014 年工业用水量分别为 5.23 亿 t、16.27 亿 t 和 2.24 亿 t。经过处理的工业废水占工业用水量的 34%、36% 和 35%。经过处理后的污水中化学需氧量比处理前减少了 94%、86% 和 85%。工业废水处理设施中，NH_4^+-N 去除率分别为 84%、64% 和 90%。对于生活污水，福州、三明、永安、南平、邵武、武夷山、建瓯和建阳处理量分别为 $214.7 \times 10^6 m^3$、$39.4 \times 10^6 m^3$、$24.4 \times 10^6 m^3$、$17.5 \times 10^6 m^3$、$6.3 \times 10^6 m^3$、$5.2 \times 10^6 m^3$、$4.6 \times 10^6 m^3$ 和 $4.9 \times 10^6 m^3$。经处理的生活污水分别占总生活污水排放量的 86%、85%、86%、89%、88%、86%、67% 和 86%。尽管以点源污染形式排放的污水有相当一部分进行了处理，但按照中国《地表水环境质量标准》（GB 3838—2002），处理后的污水仍然

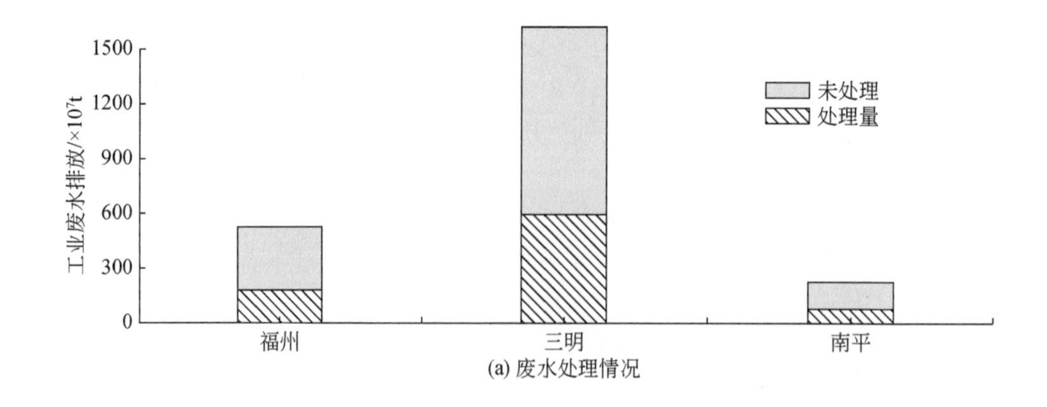

(a) 废水处理情况

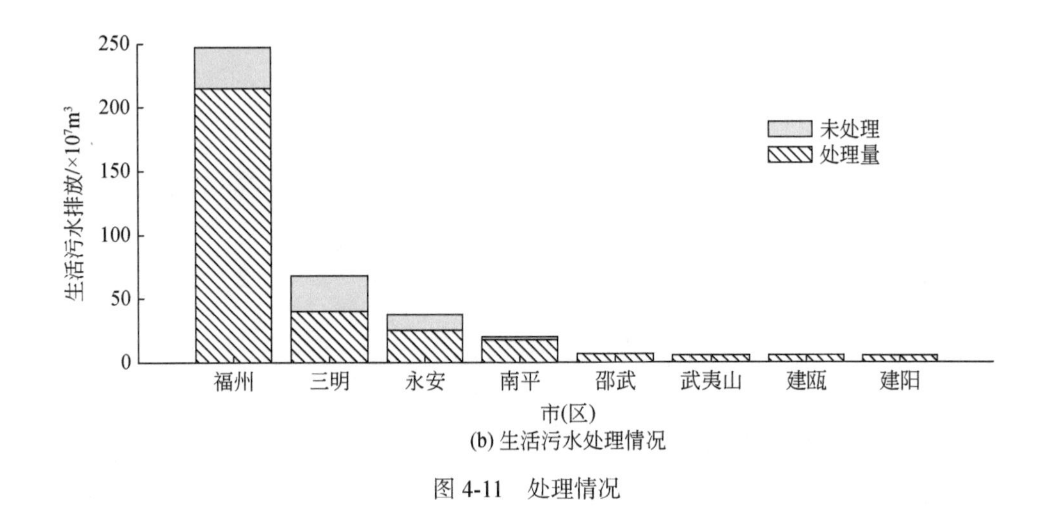

(b) 生活污水处理情况

图 4-11 处理情况

不能达到饮用水的标准。甚者，污水处理设施排放的经过处理后的一些污染物浓度超出了《生活饮用水卫生标准》（GB 5749—2006）的最高限值。由于污水处理效率不高、污水处理设施不足和处理后污水浓度依然较高，点源污染在闽江流域依然不可忽视。

2014 年 7 月 27 日到 2014 年 8 月 2 日，对闽江全流域进行调查，共选取了 165 个河流出口进行水样采集，进一步筛选出 139 个水质无异常值的点位进行分析（图 4-12，图 4-13）。在采样期间，闽江流域日均降水量为 0~0.39mm。采样前 7 天的日均降水量为 0.33~1.6mm。选取雨季进行采样是因为雨季的水质数据更能代表点源污染和非点源污染的综合作用。点源污染趋向于和河流流量独立而非点源污染通常被认为与河流流量呈正相关，枯水季河流里水质主要表征点源污染。为了探索点源污染对土地利用面积比例与水质关系的干扰，选取了氨氮（NH_4^+-N）、硝氮（NO_3^--N）、总氮（TN）、可溶性活性磷酸盐（SRP）、总磷（TP）和高锰酸钾指数（COD_{Mn}）6 个指标。

4.3.1.2 基于 SOM 的方法

图 4-14 为基于 SOM 方法的流程图。第一，进行实地水样采集、现场土地利用情况调查和遥感影像的解译。第二，剔除具有异常水质数据的点位，选取 139 个采样点，使用 SOM 和分层聚类分析对其进行聚类和可视化，评价各类水质特点。第三，分别对所有的水质监测点位进行监测，以及依次删除每一类的点位，进行水质与土地利用比例的回归分析。同时结合土地利用、工业污水排放和城市污水排放信息，分析点源污染和非点源污染对水质的影响。第四，对点位数量满足分析要求的类别，进行水质与土地利用面积比例之间的 Pearson 相关性分析。综合回归分析相关性分析的结果，证实点源污染对土地利用面积比例与水质关系分析的影响。第五，针对不同类的非点源污染及点源污染的情况，提出了对应水资源管理的建议。具体的方法介绍如下。

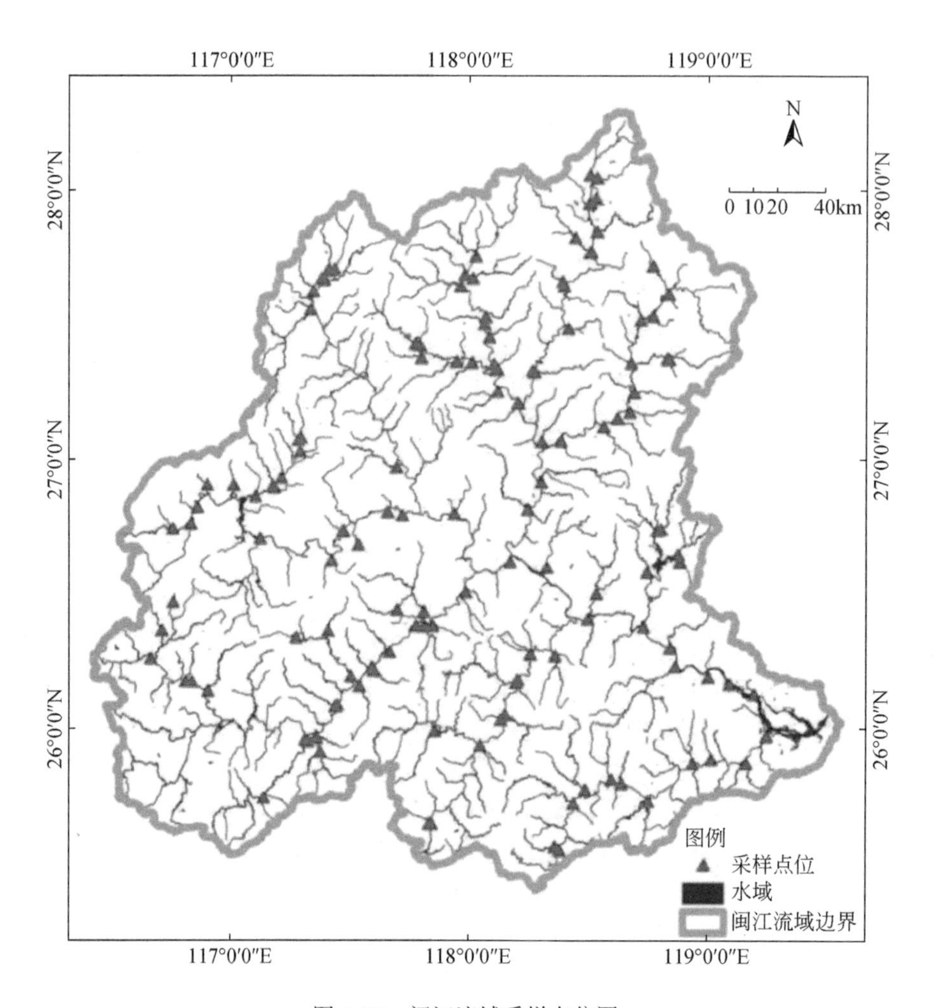

图 4-12　闽江流域采样点位图

图 4-13　闽江流域采样点示例

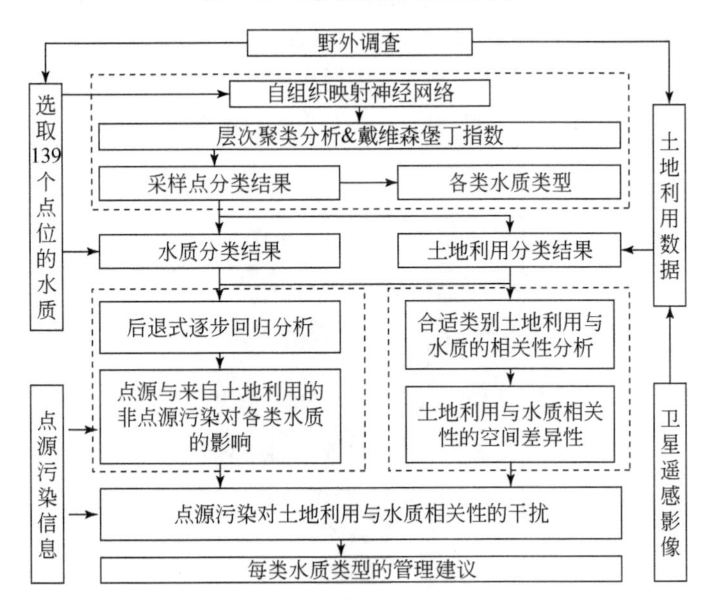

图 4-14　基于 SOM 方法流程图

1）SOM 神经网络

SOM 神经网络也称 Kohonen 网络，是一种基于非监督和竞争学习的人工神经网络模型（Kohonen，2001）。SOM 的应用十分广泛，到 2005 年末已有 7768 份分析、发展及应用 SOM 方法的科学发表物（Kohonen，2013）。在环境相关学科方向可用于水质分析、土壤和沉积物中离子分析、土壤生物质量分析、环境和经济系统综合模拟、大气环流模式（general circulation model，GCM）气候模型降尺度处理以及城市等级划分等方向。

典型的 SOM 网络共有两层——输入层和输出层。输入层各神经元通过权向量将外界信息汇集到输出层的各神经元。输入层的节点数与样本维数相等。输出层也称竞争层，其神经元排列形式有多种，如一维线阵、二维平面阵和三维栅格阵。二维平面阵组织是 SOM 网络的典型组织方式，且输出层各节点互相连接（图 4-15）。SOM 网络的训练过程如下：

（1）权值初始化。对输出层的权值向量赋予随机数并进行归一化处理，得到连接输入节点到第 j 个输出节点的初始权向量 W_j（j=1，2，…，p）；建立初始优胜邻域 N（0）；赋予学习率 η 初始值。

（2）接受输入。从训练集中随机选取一个输入模式并进行归一化处理，得到变量 X_p。

（3）寻找获胜神经元。计算 X_p 与 W_j 的点积，选出点积最大的作为获胜节点；如果输入未归一化，应计算其欧几里得距离，从中找出距离最小的为获胜节点。

（4）定义优胜邻域 $N(t)$，以获胜节点为中心确定 t 时刻的权值调整域，一般初始邻域较大，训练过程中邻域 $N(t)$ 随着训练时间逐渐收缩。

（5）调整权值。对优胜邻域内所有节点按照下式调整权值：

$$\omega_{ij}(t+1)=\omega_{ij}(t)+\eta(tN)[x_i-\omega_{ij}(t)] \quad i=1, 2, \cdots, n;\ j \in N(t) \tag{4-3}$$

式中，$\omega_{ij}(t)$ 为权值；x_i 为变量；$\eta(tN)$ 为训练时间 t 和邻域内第 j 个神经元与获胜神经元之间的拓扑距离 N 的函数，该函数中 t 增加时，η 减少，N 增加时 η 减少。

（6）结束检查。对不同的训练次数 t，重复步骤（2）~（5）。当网络权值稳定时视为收敛。网络收敛后，根据输出节点的响应，完成样本的聚类。

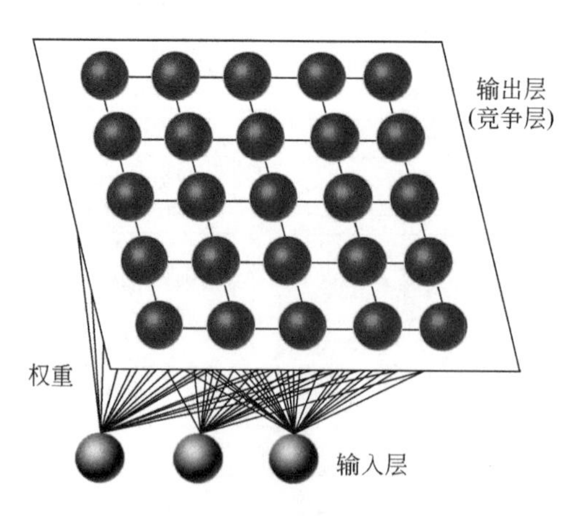

图 4-15　SOM 结构图

通过 SOM 网络的训练步骤后，SOM 将输入数据分成了几类。输出层的最佳结构是六边形栅格，因为这种结构不像四边形一样只有水平和垂直的方向（Kohonen，2001）。输出层的节点数对检测数据可分离度非常重要。本研究结合了两种选择输出层节点数的方式：一种是认为输出层节点数应该接近 $5\sqrt{n}$，其中 n 为训练样本的数量（本研究中为水质数据采样点个数）；另一种方法以数量误差和拓扑误差最小时的节点数为最佳（Kohonen，2001）。数量误差指的是输入向量与它最佳匹配节点的平均距离，拓扑误差是评价所有输入向量的拓扑保护的指标。

本研究使用 SOM 描述 139 个点位水质特征的空间分布类型。为了直观形象地表征水质与土地利用的相关性，本研究在 SOM 过程中将土地利用的掩模值设置为 0，使其不参与 SOM 结构的形成，以消除土地利用对 SOM 组织方式形成的影响。在使用水质数据对 SOM 进行训练后，将土地利用类型按照所对应的采样点位呈现在 SOM 图中。

2）层次聚类分析

在数据挖掘和统计学中，层次聚类分析是一种建立不同类别层次关系的聚类分析。层次聚类的方法一般分为两类。一类是聚合，这是一种“自下而上”的方式，每个观测对象在开始时都属于个类，随着层次向上移动，成对的观测对象聚集为一类。另一类是分裂，这是一种“自上而下”的方式，所有的观测对象开始时都为一类，随着层次向下移动，不断分裂为不同类别。层次聚类分析的结果一般展现形式为树状图。

为了确定哪些类别需要被合并或分裂，需要进行不同观测对象间差异性的分析。层次聚类分析中大多数采取合适的算法（计算不同类之间距离）和一种连接标准（明确规定计算数据集中成对观测对象距离的函数）。选择合适的算法对聚类的结果有着重要的影响，不同的算法下，相同元素间的距离可能不同。一些常用的算法有欧几里得距离、平方欧几里得距离、曼哈顿距离、最大距离和马氏距离。其中最常用的为欧几里得距离或者平方欧几里得距离。连接标准以观测值间成对距离的函数来决定不同观测数据集的距离，有完全聚类联接、单联接聚类法、平均联接聚类法、质心联接聚类法。

本研究采用离差平方和的连接标准，使用欧几里得距离来衡量 SOM 结果的矢量。这种方法可以确定 SOM 神经网络聚类的边界，可以在避免信息遗漏的条件下减小噪声，更好理解类别形成。层次聚类分析后，如果在树状图结果中选择具体聚类数据，就由戴维森堡丁指数确定。戴维森堡丁指数值越小，对应的类别被区分得越好。最后用克鲁斯卡尔 – 沃利斯检验来确认最终各类水质中水质参数的差异性。

3）相关性分析

相关性分析是指对两个或多个具备相关性的变量元素进行分析，从而衡量两个变量因素的相关密切程度。相关性的元素之间需要存在一定的联系才可以进行相关性分析。

使用相关性分析揭示土地利用与水质关系的空间差异性。根据本研究的假设，受点源污染越严重的一类中，土地利用与水质关系相关性更弱。因此相关性分析有助于证实点源污染对土地利用与水质相关性的干扰。本研究具体使用的是 Pearson 相关性分析，在统计学上 $p < 0.01$ 和 $p < 0.05$ 水平上（双尾检验）来检测各类中土地利用与水质的相关性。在进行相关性分析前，使用单样方 Kolmogorov–Smirnov 检验判定所有参数是否正态分布。

4）后退式逐步回归分析

回归分析是确定两种或两种以上变量间相互依赖的定量关系的一种统计分析方法。逐步回归的基本思想是将变量逐个引入模型，每引入一个解释变量后进行 F 检验，并对已经选入的解释变量逐个进行 t 检验，当原来引入的解释变量由于后面解释变量的引入变得不再显著时，则将其删除，以确保每次引入新的变量之前回归方程中只包含显著性变量。这是一个反复的过程，直到既没有显著的解释变量选入方程，也没有不显著的解释变量从回归方程中剔除为止，以保证最后得到的变量集是最优的。

回归模型采用 R^2 进行评价，R^2 的大小意味着自变量对因变量的解释程度高低。在本研究中，使用后退式逐步回归分析来证实点源污染对各类中土地利用与水质关系的干扰。因点源污染与土地利用面积比例具有独立性，被点源污染影响的水质数据在进行回归分析时可视为异常值。排除被点源严重污染的水质数据将会提高回归模型的拟合度。本研究首先将水质数据进行对数转换；其次分别使用所有数据和分别排除每一类数据中的异常值，进行水质与土地利用间的回归分析；最后比较排除数据中的异常值的回归模型与不排除数据中的异常值的回归模型的拟合度。若拟合度（R^2）增大，则说明被排除数据中的异常值的类受点源污染影响。

$$R^2=1-\sum_{i=1}^{n}(Y_i-\hat{Y}_i)^2\Big/\sum_{i=1}^{n}(Y_i-\bar{Y}_i)^2$$

式中，n 为时段总数；Y_i 为第 i 个因变量；$\bar{Y}$ 为因变量的平均值；$\hat{Y}_i$ 为第 i 个拟合值；R^2 为拟合度，一般情况下取值在 0~1，拟合效果随着 R^2 接近 1 而更好。

4.3.2 SOM 对水质分类及可视化

在 165 个采样点中，选取水质监测数据的无异常值 139 个，使用 SOM 方法根据 6 个水质指标（NH_4^+-N、NO_3^--N、TN、TP、SRP 和 COD_{Mn}）对这些点位进行聚类分析并可视化。在聚类前，根据方法中介绍的原则，确定输出层的节点数。首先由探索式 $5\sqrt{n}$（n 在此处为采样点数 139）计算出数值为 59，然后在 59 附近进行多种输出层格局的实验，选择 QE 和 TE 最小值时的网络格局：节点数目为 54（6×9）个。同时选择六边形栅格以充分体现各节点间的联系。

输出层特征确定后，进行网络的训练。为了直观呈现水质与土地利用的关系，将各点水质监测数据与对应子流域的土地利用面积比例同时输入 SOM 输入层。为了消除土地利用对 SOM 结构形成的影响，将土地利用面积比例的权重全部设置为 0，这样土地利用数据不参与 SOM 网络的训练，只在训练后的 SOM 网络中展示。

图 4-16 展示了各水质指标与土地利用类型在训练后 SOM 中的结果，图 4-17（c）展示的是训练后 139 个水质采样点在 SOM 网络节点的分布位置。从图 4-16 中可以较明显观察到一些水质参数的变化特征。例如，氮和磷在 SOM 平面左下方的浓度值均较高，且向右上方浓度值不断降低。NH_4^+-N、NO_3^--N 和 TN 浓度有相同的分布类型，其浓度均由 SOM 平面的左下方向右上方降低。SRP 和 TP 在 SOM 平面左侧具有较高浓度值，COD_{Mn} 在 SOM 平面下方浓度值较高且向上方降低。

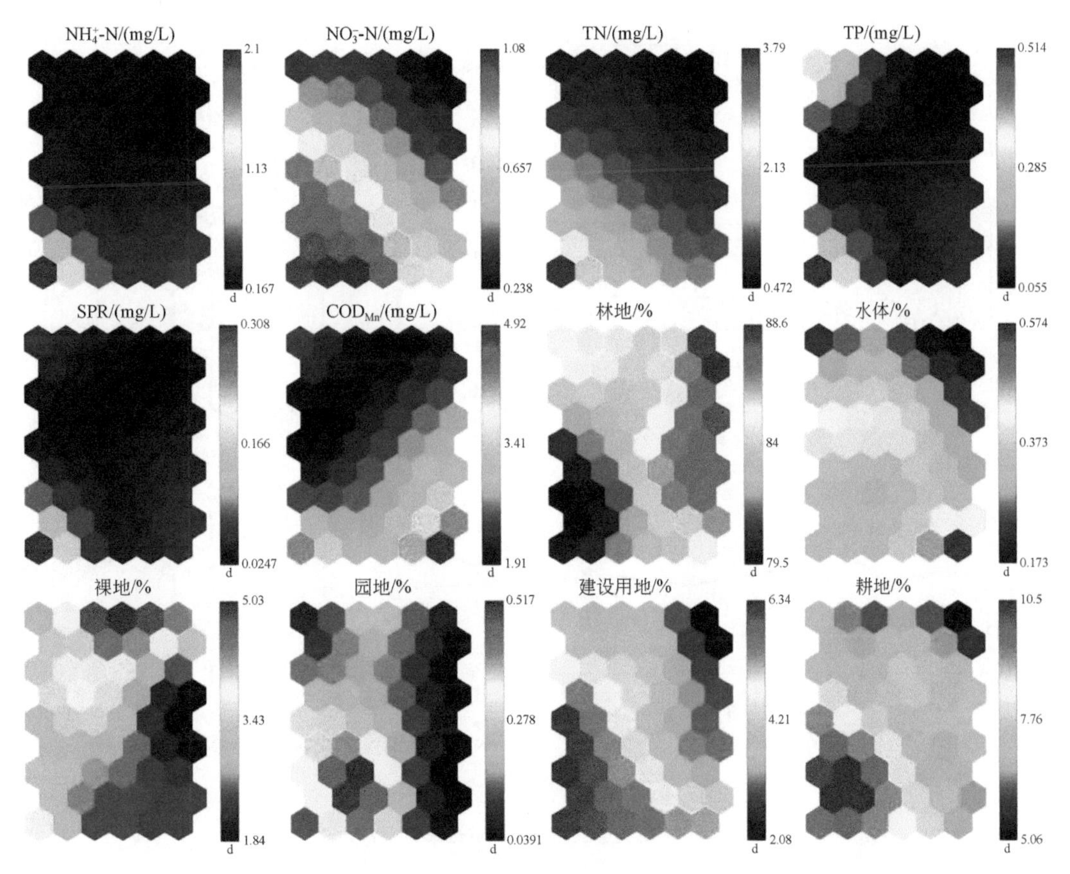

图 4-16 各指标在训练后在 SOM 中的展示

图标下的“d”表示去标准化后的结果

同时，在图 4-16 中也能直观地看出土地利用类型与水质参数间的相关性。例如，在 SOM 平面左下方的采样点水样具有较高浓度的氮和磷，这与耕地和建设用地的趋势相一致。具有高面积比例的林地的子流域对应的采样点各水质指标浓度均较低。在 SOM 平面左下方具有较高浓度的水质参数，但对应子流域的林地面积比例较低。

经过训练后，对 SOM 输出层节点采用离差平方和法，使用欧几里得距离的层次聚类分析 [图 4-17（a）]。根据戴维森堡丁指数，选取指数值最小时对应的分类数目 [图 4-17（b）]。因第 7 类为空，采样点最终被聚类为 6 类 [图 4-17（c）]。

4.3.3 各类水质及土地利用类型分析

层次聚类分析后，使用克鲁斯卡尔 – 沃利斯检验对六类水质参数的差异性进行了再次确认，发现在 p<0.01 的条件下，六类之间所有水质参数差异性均显著。此步骤再次确认了上述分类方法的合理性。

本研究发现，不同类的采样点有着不同的水质类型（图 4-18）。根据《地表水环境质

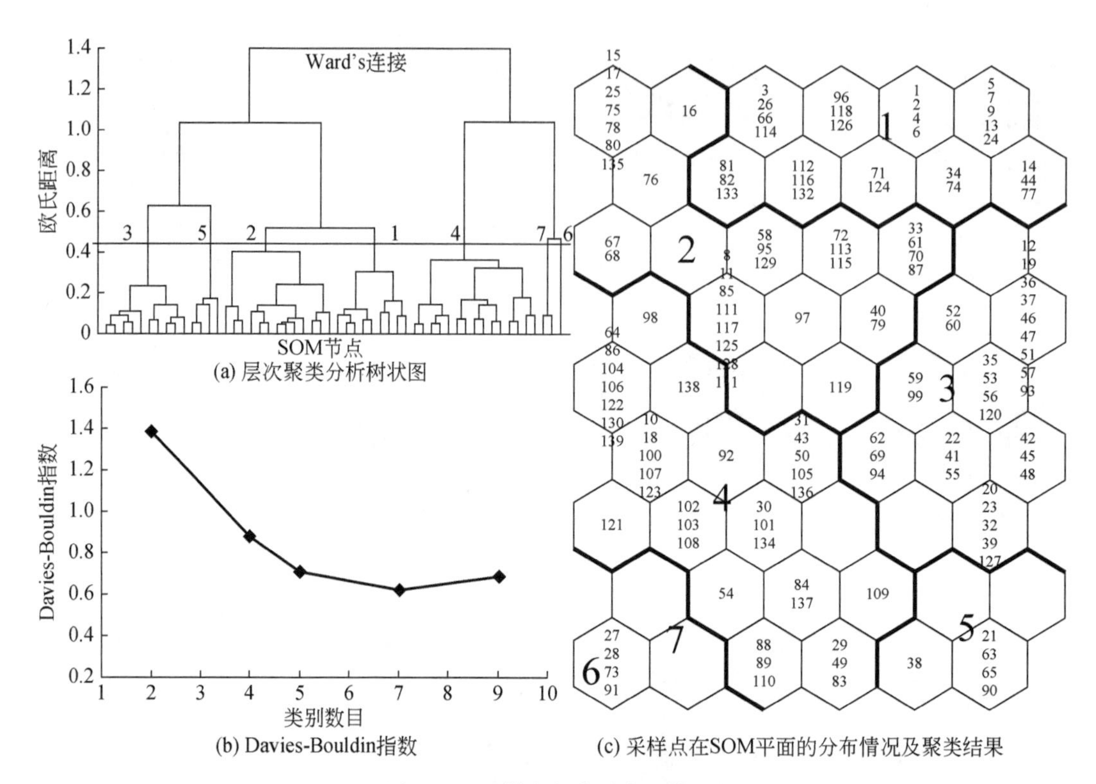

图 4-17　采样点与水质类型情况

因为第 7 类为空，所以采样点被聚类为 6 类

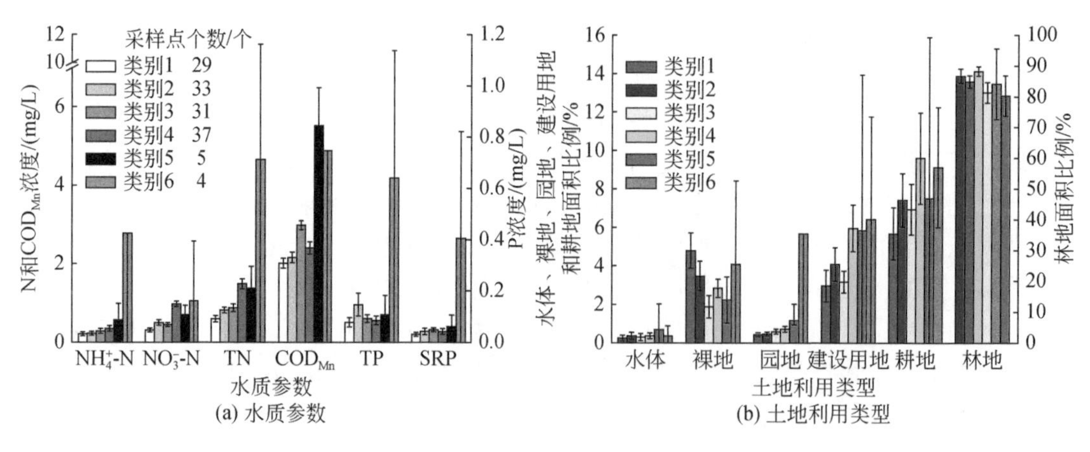

图 4-18　六类水质参数和土地利用类型的平均值及 95% 置信区间

Kruskal-Wallis 检验表明各类水质参数之间在 $p<0.01$ 的条件下具有显著性

量标准》（GB 3838—2002），其中，总氮为湖、库标准。对各类水样的 NH_4^+-N、TN、COD_{Mn} 和 TP 进行了评价（表 4-9）。在 6 类中，类别 1 的各水质参数浓度均最低，污染程度最轻 [图 4-18（a）]。类型 2 和类别 3 中，虽然水质参数浓度并非完全一致，但依据《地表水环境质量标准》（GB 3838—2002），二者有着相同的水质等级。类别 1~ 类别 3 的水质均满足作为饮用水源的要求，而类别 4~ 类别 6 则不满足。类别 4 和类别 5 中，TN 为Ⅳ类。

类别 6 中，NH_4^+-N、TN 和 TP 均为劣Ⅴ类。类别 5 和类别 6 中，COD_{Mn} 浓度比其他类的都要高很多。类别 6 中，除了 COD_{Mn} 以外，其他水质参数浓度比其他类的都高。因此，除类别 2 和类别 3 有着同样水质等级外，水污染程度从类别 1~ 类别 6 逐渐变得严重。

表 4-9 各类水质标准情况

参数	类别 1	类别 2	类别 3	类别 4	类别 5	类别 6
NH_4^+-N	Ⅱ	Ⅱ	Ⅱ	Ⅱ	Ⅱ	劣Ⅴ类
TN（湖、库，以 N 计）	Ⅲ	Ⅲ	Ⅲ	Ⅳ	Ⅳ	劣Ⅴ类
COD_{Mn}	Ⅱ	Ⅱ	Ⅱ	Ⅱ	Ⅲ	Ⅲ
TP	Ⅱ	Ⅲ	Ⅲ	Ⅱ	Ⅲ	劣Ⅴ类

注：依据《地表水环境标准》（GB 3838—2002）。

图 4-18（b）展示了每类的土地利用类型，同时各类的点位空间分布位置如图 4-19 所示。在 6 类中，类别 1 主要分布在永泰、德化和浦城（图 4-19），三者森林覆盖率处于福建省内领先地位。第一类采样点对应的子流域都具有高面积比例的林地和裸地、中等面积比例的园地和低面积比例的农业用地、建设用地和水体 [图 4-18（b）]。类别 2 主要分布在浦城、光泽、尤溪和泰宁，这些县以农业产品和生态旅游而闻名。对应的子流域有着高面积比例的水体、中等面积比例的林地、耕地、园地和裸地，以及低面积比例的建设用地。

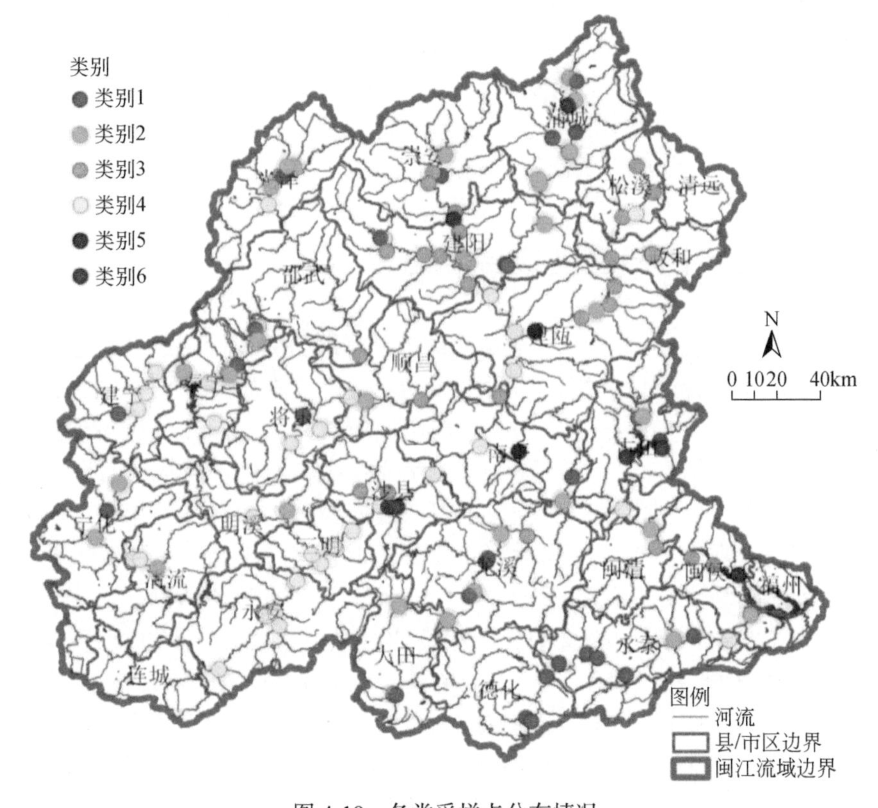

图 4-19 各类采样点分布情况

类别 3 主要分布在建阳、建瓯和顺昌，三地以森林和粮食作物闻名。对应的子流域有着高面积比例的林地，低面积比例的耕地、建设用地和园地。类别 4 主要分布在沙县、永安、建瓯、建宁、南平和三明，这些区域工业和农业活动强度较高。对应的子流域有着高面积比例的耕地、建设用地和园地，中等面积比例的水体和低面积比例的林地。类别 5 主要分布在建瓯和南平，二者生活污水处理量占总生活污水排放量的 67% 和 89%。对应的子流域有高面积比例的建设用地和水体，中等面积比例的林地和耕地，低面积比例的园地和裸地。类别 6 主要分布在沙溪和古田，两地工业活动和水产养殖活动剧烈。对应的子流域有着高面积比例的耕地、建设用地和裸地，以及低面积比例的林地。

流域内土地利用面积比例通过非点源污染影响对应河流水质（Swaney et al.，2012）。农业活动，如化肥和杀虫剂施用被认为是影响水质的重要因素。本研究中，耕地和园地被认为是闽江流域的非点源污染的来源。同时建设用地内的生活及工业活动产生的点源污染也被认为是影响河流水质的最重要因素之一。一些文献中甚至认为建设用地可作为点源污染的代表（陈强等，2005）。

本研究得到 6 类采样点的不同水质类型。类别 1 的所有水质参数浓度在 6 类中均为最低 [图 4-18（a），表 4-9]。这是因为类别 1 采样点对应的子流域所在的县城，如泰宁、德化和浦城的森林覆盖率在闽江流域中较高。虽然类别 2 和类别 3 的水质参数浓度并不完全相同，但二者水质等级一致（表 4-9）。二者的水质参数的浓度比类别 4~ 类别 6 水质参数浓度均低，可能的原因是林地的净化能力和中等程度的农业活动未产生严重污染。按照《地表水环境质量标准》（GB 3838—2002），类别 4~ 类别 6 的水质不符合作为饮用水水源的标准。类别 4~ 类别 6 对应子流域主要位于城市区域，如永安、三明、沙县、南平和建宁（图 4-19）。建设用地和耕地的面积比例较高，林地的面积比例较低 [图 4-18（a）]。工业、生活和农业污染是这些被污染水体的污染源。虽然这些地区有污水处理设施，但参差不齐的处理效率使污水处理设施排放出来依然较高浓度的污染物依然污染着河流的水体。

4.3.4 后退式逐步回归模型拟合度比较

以各水质参数为因变量，将其与各类土地利用面积比例进行回归分析是目前常用的一种分析方法，可用于解释土地利用面积对水质的变异性。本研究分别单独舍弃每类采样点位的数据，进行后退式逐步回归分析，并与使用所有数据进行回归分析得到的拟合度进行比较。根据第 2 章中介绍，受点源污染严重的水质参数，在回归时属于异常值，会造成模型拟合效果较差，即土地利用面积比例数据对水质变异性的解释性效果较差。若舍弃受点源污染影响的某类，那么舍弃后得到的回归模型的拟合度应更高。本研究据此来判断各类水质受点源污染的情况，回归模型的拟合度（以 R^2 表示）如图 4-20 所示。

当舍弃类别 1 时，TP 回归模型的 R^2 增大。当舍弃类别 2 时，所有水质参数回归模型的 R^2 增大。当舍弃类别 3 时，NH_4^+-N、NO_3^--N、TN 和 SRP 回归模型的 R^2 增大。当舍弃类别 4 时，NH_4^+-N、TP、SRP 和 COD 回归模型的 R^2 增大。当舍弃类别 5 时，NO_3^--N 和 TN 回归模型的 R^2 增大。当舍弃类别 6 时，NH_4^+-N、NO_3^--N、TN 和 COD_{Mn} 回归模型的 R^2 增大。模型拟合度指标 R^2 增大意味着被舍弃的类里水质受点源污染影响。

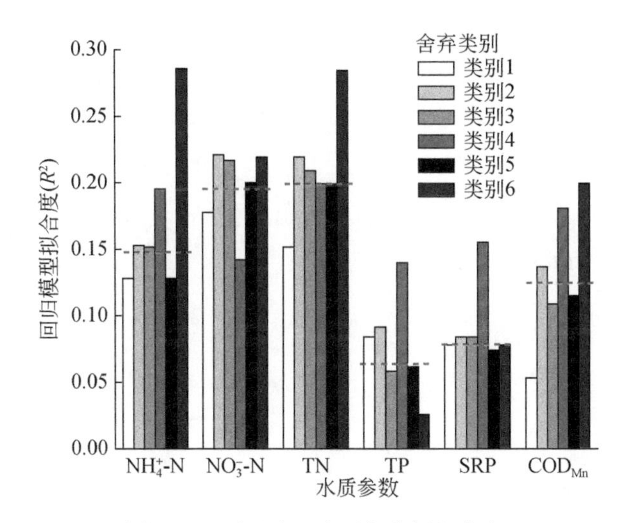

图 4-20 后退式逐步回归分析拟合度

图例表示在回归时排除的类别，红色水平虚线表示使用所有的点位数据进行回归的拟合度

4.3.5 不同类中土地利用面积与水质相关性分析

在确定各类中是否受点源污染之后，本研究采用 Pearson 相关性分析来判断各类中点源污染程度的强弱。因类别 5 和类别 6 点位数据不足 [图 4-18（a）]，因此仅对类别 1~ 类别 4 分别进行了土地利用面积比例与水质的 Pearson 相关性分析。

在进行相关性分析之前，本研究使用单样本 K-S 检验判定所有参数的正态性，以使其满足分析的要求。结果显示双尾检验的 p 值大于 0.05，表示数据适合进行相关性分析。

相关性分析结果反映了不同地类的土地利用面积比例和水质间相关性情况（表 4-10）。在类别 1 中，NH_4^+-N 与建设用地面积比例呈显著的正相关关系（$p<0.01$）。SRP 和裸地面积比例呈显著的正相关关系（$p<0.01$）。COD_{Mn} 与林地面积比例呈显著的正相关关系（$p<0.05$），与裸地、园地（$p<0.01$）和建设用地（$p<0.05$）面积比例呈显著的负相关关系。在类别 2 中，NH_4^+-N 与建设用地（$p<0.01$）以及耕地面积（$p<0.05$）比例呈显著的正相关关系，与林地面积比例呈显著的负相关关系（$p<0.05$）。SRP 与耕地面积比例呈显著的正相关关系，与林地面积比例呈显著的负相关关系（$p<0.01$）。在类别 3 中，TP 与建设用地面积比例呈显著的正相关关系（$p<0.05$）。SRP 和水体面积比例呈显著的正相关关系（$p<0.01$）。类别 4 中，所有地类土地利用面积比例与水质参数间没有显著的相关性。

表 4-10 各地类的土地利用面积比例与水质参数间 Pearson 相关性系数

	林地	水体	裸地	园地	建设用地	耕地
			类别 1			
NH_4^+-N	−0.345	0.167	−0.098	0.051	0.474**	0.312
NO_3^--N	−0.227	0.036	−0.128	−0.047	0.316	0.261
TN	−0.195	0.191	−0.335	−0.156	0.331	0.331

续表

	林地	水体	裸地	园地	建设用地	耕地
TP	0.013	0.089	−0.035	0.132	0.178	−0.129
SRP	−0.128	−0.093	0.431*	−0.034	−0.065	−0.031
COD_{Mn}	0.436*	0.079	−0.476**	−0.505**	−0.458*	−0.070
			类别 2			
NH_4^+-N	−0.415*	−0.151	−0.263	0.074	0.478**	0.413*
NO_3^--N	−0.052	0.288	0.313	0.260	0.037	−0.162
TN	−0.190	0.074	0.018	0.203	0.250	0.074
TP	0.081	−0.206	−0.115	−0.233	−0.019	0.000
SRP	−0.457**	0.011	−0.126	0.245	0.338	0.454**
COD_{Mn}	−0.045	0.026	−0.194	−0.141	0.030	0.147
			类别 3			
NH_4^+-N	0.095	0.224	0.118	0.042	0.114	−0.252
NO_3^--N	0.018	0.011	0.143	0.107	0.028	−0.105
TN	0.114	0.042	−0.042	−0.020	0.092	−0.169
TP	−0.260	0.191	0.129	−0.169	0.393*	0.070
SRP	−0.100	0.516**	0.169	−0.271	0.128	−0.062
COD_{Mn}	0.048	−0.302	0.071	−0.218	−0.118	0.013
			类别 4			
NH_4^+-N	−0.148	0.148	−0.266	0.061	0.272	0.101
NO_3^--N	−0.005	−0.200	−0.043	0.301	0.048	−0.033
TN	0.016	0.050	−0.153	0.188	0.072	−0.051
TP	−0.166	−0.035	0.053	−0.054	0.085	0.179
SRP	0.032	−0.110	0.129	−0.225	−0.174	0.050
COD_{Mn}	0.070	0.094	−0.123	−0.025	−0.189	0.026

** 表示 $p < 0.01$（双尾）；* 表示 $p < 0.05$（双尾）；由于样本数太少，类别 4 和类别 5 未进行相关性检验。

许多研究已证实了土地利用与水质间的关系确实存在。然而，研究者很少考虑点源污染对土地利用与水质间关系的影响。本研究探索了 6 个类别中点源与非点源污染对水质的影响情况。

后退式逐步回归分析结果中，分别舍弃各类后，回归模型拟合度 R^2 均增大，说明点源污染不同程度地影响了本研究中的 6 类水质。

类别 1~ 类别 3 中，可以判定来自土地利用的非点源污染和点源污染均不严重。因为水质参数均达到一定清洁程度的标准（表 4-10）。类别 1~ 类别 3 对应的子流域所处地理位置的工业活动不频繁。大面积的林地和小面积的耕地、园地与建设用地可以解释该子流域非点源污染的情况相对较轻。

类别 4 中，来自土地利用的非点源污染和点源污染均对水体有较严重的污染。点源污染影响着所有的水质参数，特别是 NH_4^+-N、TP、SRP 和 COD_{Mn}。因为排除类别 4 后退式回归模型中土地利用对水质的解释程度更好，即拟合度指标 R^2 增加。此类点源污染可归因于城市区域，如永安、三明、沙溪、建宁和建瓯的剧烈工业活动和生活污水排放。同时，子流域具有较高面积比例的耕地、园地和建设用地。这些土地利用类型与非点源污染有着密切的关系。由于只有 TN（Ⅳ类）超标，所以非点源污染和点源污染程度并未严重到使得 NH_4^+-N、TP、SRP 和 COD 浓度超过Ⅲ类指标。TN 的浓度未达到标准的可能是来自高面积比例的耕地、园地和建设用地的非点源污染和来自城市区域的点源污染。

类别 5 中，点源污染对水质起着主要控制作用。舍弃类别 5 进行的回归模型中，NH_4^+-N 和 TN 的拟合度指标 R^2 增大，说明点源污染对二者有影响。对应的子流域主要分布在城区，如建瓯和南平。二者污水处理效率比其他地方都要低（图 4-19）。本研究猜测工业和生活污水排放导致严重的点源污染。该类的中等面积比例的耕地和低面积比例的园地意味着非点源污染不是那么严重。而仅仅 TN 为Ⅳ类，因此推断点源污染对 TN 起着控制作用，同时点源污染对 NO_3^--N 的影响没严重到使得其不符合标准。

类别 6 中，点源污染控制着 NH_4^+-N、TN 和 COD_{Mn}，非点源污染控制着较高浓度的 NO_3^--N、TP 和 SRP。由后退式逐步回归的结果，可知点源污染影响 NH_4^+-N、TN 和 COD_{Mn}。沙溪和古田剧烈的工业活动可解释严重的点源污染。同时，除了 COD_{Mn} 外的所有水质参数浓度在类别 6 都是最高的。废水处理设施排放的水体中，只有 COD_{Mn} 满足饮用水水源的标准，其他水质参数如 NH_4^+-N、TN 和 TP 经过处理后依然为国家地表水质量标准中的劣Ⅴ类，这揭示了严重的点源污染未导致 COD_{Mn} 超标。同时推断较高面积比例的耕地会导致高浓度的 NO_3^--N、TP 和 SRP。

闽江流域对类别 4 和类别 6 所在区域水资源管理，建议要同时控制来自土地利用的非点源污染和点源污染。类别 5 中着重控制点源污染。虽然类别 1~ 类别 3 的水质符合清洁标准，但点源污染依然存在，仍值得关注。

本研究主要关注点源污染和非点源污染对水质的影响，而未考虑影响土地利用 – 水质关系的其他众多因素，这些因素在某种程度上揭示了后退式逐步回归模型中 R^2 值都较小的现象。

土地利用 – 水质关系具有空间差异性（表 4-10）。许多研究也都发现了差异性，普遍的解释是污染源在不同区域内不同，特别是在有着多种土地利用类型的流域内。普遍的理解是，林地能够吸收营养盐等，建设用地和农业用地则是点源污染和非点源污染的来源。这种理解可以帮助解释类别 1 中 NH_4^+-N、SRP 与林地面积比例的负相关性，类别 1 和类别

2 中建设用地和 NH_4^+-N，类别 4 中建设用地和 TP 及类别 1 中耕地和 NH_4^+-N、SPR 间的正相关性。

类别 3 中 SRP 与水体面积比例呈正相关，可能的原因是水体蓄积从土地利用，如耕地和园地中传输过来的磷。如果蓄积的营养盐的量超过了水体的容量，水体将会向流域的出口输送营养盐。类别 3 的河道和水生生物特征也许是造成与其他种类不同的原因。

特别地，多数研究中 COD_{Mn} 与园地、建设用地面积呈正相关，与林地面积呈负相关（黄金良等，2011；孙丽娜等，2013；耿润哲等，2015）。这种结果是预料之外且与其他研究得到的现象相反。大多数类别 1 的采样点都位于永泰、德化和浦城县，这三个县城的林地覆盖率在闽江流域中处于领先位置。因此，这种特别现象一种可能的原因是，通过地表径流传输到河流后，衰败的植被中产生的有机物质不易分解，而来自工业用地的有机物质则容易分解。类别 1 中林地面积的增加导致了不易分解的有机物质增加，建设用地、园地和裸地面积的增加增大了易分解的有机物质的比例，且这些易分解的有机物质在传输到河流出口时已大部分被分解。另一种可能的原因是，在类别 1 的子流域中，相比林地，农业活动抑制了有机物由植被向径流传输的过程（Yang et al.，2013）。本研究中，果园面积的增加可能抑制了有机物向径流水体中的流失。

研究发现，点源污染影响着土地利用和水质的相关性。从后退式逐步回归分析中发现每一类均受点源污染的影响。点源污染在类别 1 中最少，接着是类别 2 和类别 3。点源污染在类别 4~ 类别 6 中较为严重。类别 2 和类别 3 中相关性分析的显著相关的水质参数比类别 1 少。在类别 4 中没有显著相关性。因此，点源污染越严重，显著关联的土地利用面积 – 水质参数就更少。因此点源污染掩盖了类别 4 中土地利用 – 水质的相关性，弱化了类别 1~ 类别 3 的土地利用 – 水质的相关性。

4.3.6 小结

本研究提出了基于 SOM 方法以揭示闽江流域土地利用面积比例和河流水质二者的关联。139 个子流域被分类为 6 类，各类的水质和土地利用类型均有各自不同的类型。点源污染不同程度地影响着每一类的水质。在污染较轻的类别里，点源污染和非点源污染程度都较轻。在污染较严重的类别中，非点源污染和点源污染均对水质有着负面作用。点源污染会减弱甚至掩盖土地利用 – 水质间的相关性。点源污染越严重，呈显著相关性的土地利用 – 水质参数越少。本研究揭示了点源污染能够掩盖土地利用面积比例与水质间的相关性。所提出的方法可以定性的分析点源污染和非点源污染对水质的影响，可在一定程度上解释各类流域水质不同的原因。

本研究中的采样时间段选取在 7 月底到 8 月初，虽然选择该时间段是为了更好地研究点源与非点源污染的作用，但因为土地利用和水质的关系在时空上有差异性，本章关于点源污染和非点源污染相对重要性的结果只能表示在此特定季节下具有高的可信度。长期大范围对流域水质监测需要耗费大量的时间与资金，但进一步对土地利用 – 水质关系的调查十分必要，以便针对不同季节制定相应的水资源管理策略。

4.4 波托马克河流域土地利用模式与水质关联分析

土地利用通过非点源污染的形式影响水体质量，对河流水质退化有重要影响。在当前各国加强控制点源污染的背景下，城市与农村的非点源污染成为了控制水质污染的重难点。欧美等发达国家先污染先治理，普遍积累了成功的治水经验，流域水环境管理制度也相对完善。本研究选取北美最大海湾———切萨皮克湾上游第二大流域波托马克河流域，梳理了 1992 年、2001 年、2006 年、2011 年四个年份波托马克河流域土地利用变化及水质变化，建立流域土地利用与水质二者动态关联模型，得到了流域管理的有益启示。

4.4.1 水环境相关法律、政策

4.4.1.1 《清洁水法案》

1972 年，美国国会正式通过了《清洁水法案》，这是美国水污染控制的基本法规。该法规首次确立了排污许可证计划，被称作“国家消除污染排放制度”，多年后形成现在的排污许可证制度，需说明的是，该制度对点源污染、非点源污染均适用。该法案于 1978 年正式发布，到目前为止，法案中的部分条例内容已经历不断更新完善（Eshleman and Sabo，2016）。该法案用以针对工业污染物的集中处理来减少污染物对河流的输入，保护国家水域，使其维持在健康稳定的状态，并确立了水污染治理中联邦政府的主导地位。该法案 305（b）授权各州评估自己管辖范围内的所有水体是否符合特定用途，以及是否整体水质满足于某一用途。当水质未能达到某一指定标准时，则将其认定为受污染水体，此时州政府需识别问题区域，采取必要的措施解决问题，在整治过程中监督效力。

《清洁水法案》明确把污染物的所有输出者列为管控对象。“国家污染物排放消除体制”主要管理直接排放污染物的目标对象；“国家预处理项目”主要管理把污染物输入到集中污水处理系统的目标对象。后者要求其目标对象必须在排污行为前拥有排污许可证，并完全严格遵守法律预设的排放限值，把待处理的废水输入到指定处理厂，未遵守相应条款说明的对象会被追究法律责任并承担其行为造成的后果与代价。许可证规定企业在将废水排入集中处理系统前，需要自身先对污染物做好处理工作，并对输出水质的标准设置具体限制。

预处理项目主要由政府主导。美国国家环境保护局发布的预处理条例已经将责任细化到各个层级，包括联邦、州、当地政府、企业和公众。有别于联邦、州政府主导开展的环境项目，预处理项目的主要责任承担对象是各地政府。集中处理系统的主体公共污水处理厂是预处理项目的首要管理机构。一旦公共污水处理系统所做出的污水处理计划通过准许，就马上拥有对管控对象间接排放进行管理的职责与权利，且美国国家环境保护局或各州政府会对计划的细节进行审核，获取执行预处理计划的许可要求公共污水处理厂精准到所有排入者所属企业的信息，并且及时将处理要求和标准通知到各个排污企业，定期对企业排放的污水进行测试，对企业的紧急控制方案展开评价工作，监督检查不合规现象并寻找原因等。此外，为保持自身的透明性，公共污水处理厂需要公示调查结果并采取社会公众参与的形式。

污水厂有监督执法权（孙丽华，2015）。企业源被要求获取有效的许可证，其中规定了企业在废水排放的各种标准，包括出水限值、报告、通知等事项。公共污水处理厂对所有污水排放的企业开展年度监督检查，测定企业是否遵循预处理标准的情况。公共污水处理厂有权责令整改未遵守排污许可规定标准的企业。必要时采取强制阻止非法排放行为并作出罚款要求，甚至撤销该企业的排污许可证。为保证污水厂能够按法案条例的要求贯彻落实其职责，美国国家环境保护局对公共污水处理厂本身设定针对性的执法响应计划，用于执法活动的保障。

公众有权起诉排污企业。预处理项目本身接受社会公众的监督，项目审核环节以及落实到各企业的排放限值的设置应向社会公开，准许、支持公众对具体的企业和污水厂的处理、排放情况提出意见和建议。当污水处理厂对预处理项目做出调整和修改时，需要制定修订流程，公开各项过程并收集公众意见，维护公众利益，提高公众在环保决策中的参与度。公共污水处理厂需要公布每年里出现违规行为的企业的名单，并提交年度工作汇报，总结一年中开展的相关活动和执法过程中遇到的问题。《清洁水法案》第 505 条规定，为保障受影响的公民的利益，其有权起诉未严格遵守许可证要求的污水处理厂。同时，公民有权起诉违背预处理标准的企业。

4.4.1.2 TMDL 计划

最大日负荷总量（total maximum daily loads，TMDLs）是指在保证水质达标的前提下，水体自身可承受的某一特定污染物的日负荷的最大值。TMDL 计划是在 1972 年美国国家环境保护局在《清洁水法案》中提出的，是针对已采取控制措施却仍未达标的受限水体进行处理的计划（王道涵等，2014）。TMDL 计划引入季节性因素的影响和安全临界值的变化，将某一具体目标污染物的负荷分配到各个污染源（包括点源污染和非点源污染），采取合理高效的治理措施来促进水体达到所要求的水质标准。TMDL 计划的执行涵盖以下环节：识别目标水体，按实际情况设置水质指标顺序，确定区域最大日负荷总量并科学分配，落实管理行动，对所采取的行动进行评估。

污染负荷分配依据的方法为

$$\mathrm{TMDL} = \mathrm{WLA} + \mathrm{LA} + \mathrm{MOS}$$

式中，WLA 为区域所能承受的现存和未来点源污染的污染负荷；LA 为区域所能承受的现存和未来非点源污染的污染负荷；MOS 为该区域内一定时期特定条件下的安全临界值，它代表了污染物质与受纳水体水质两者关系的不确定性估计。安全临界值是为了应对不确定因素的影响，它的主要作用是构建不确定因素与目标水体之间的关系。

4.4.1.3 BMPs

最佳管理措施（best management practices，BMPs）是美国目前使用率最高、效果最佳的针对非点源污染进行控制的方法，它包括所有可以预防或缓解水环境污染的措施或程序。

美国早在 20 世纪 70 年代就开始实施 BMPs，包括农业 BMPs 和城市 BMPs，目前来说效果显著。据 2006 年美国国家环境保护局的研究统计，与 1990 年相比，美国农业非点源污染的面积已经减少了 65%（汪红梅，2013）。

农业 BMPs 是将环境负影响降到最低的耕作方式。应用这种措施的农业区把化肥、农药、杀虫剂、动物废弃物、其他威胁水环境的污染物质浓度控制到最低水平，同时进行最优种植来保证产量。农业 BMPs 措施主要有 5 类：管理、种植、耕作、工程、其他措施。每一类都有针对性的具体措施。

暴雨发生时，雨水会使水环境偏离稳定状态，更主要的是它是各种污染物的载体，促进水土流失，把大量污染物带入河流，而美国实施的城市 BMPs 是针对暴雨水径流量采取的一系列管理行为，用以预防、控制、缓解水质污染，控制流域水量、水质。暴雨径流 BMPs 处置策略针对不同活动的暴风雨进行适宜性调整，最大限度地降低暴风雨对水环境危害。该项管理措施最初在 1983 年制定并应用于水利、水土流失等问题，之后经过不断发展，在城市暴雨水的管理中也有所应用，防治暴雨加剧的地表冲刷、非点源污染的危害，是一项减少流域负面影响、致力于保护河流水质的管理实践（汪红梅等，2013；Song and Deng，2017）。暴雨水管理措施包括渗透铺装、公园和街旁绿地、雨水收集装置等结构性措施，避免雨水将污染物直接冲刷进河流水体，减少进入周边水体中的污染物的量，让雨水渗入土壤或加速蒸发。既调节了雨季的暴雨水径流总量，降低径流冲刷的影响，提高城市排水能力从而避免雨水滞留造成的内涝，又能起到美化环境、净化空气、利于居民身体健康（张纯和宋彦，2015）。

4.4.2 数据与方法

4.4.2.1 土地利用数据处理

从美国地质勘探局（USGS）获取波托马克河流域的 DEM 文件和土地利用数据，包括 1992 年、2001 年、2006 年和 2011 年四期数据（图 4-21~ 图 4-24），首先提取该流域 27 个子流域的边界文件，再通过各个小流域的边界裁剪土地利用信息，分别统计各 Value 类型的 Count 值，按照当年的土地利用分类标准对 Value 进行类型识别，从而计算各年份子流域土地利用类型比例。小流域边界提取和土地利用数据的获取均基于软件 ArcGIS 10.2，土地利用图层的提取方法为掩膜提取。由于波托马克河流域从上游至下游的子流域土地利用分布情况呈梯级变化，因而先将 27 个子流域按照土地利用比例情况分成四大类，如图 4-25 所示，包括自然流域、混合流域、农业流域、城市流域。

4.4.2.2 水质数据处理

搜集整理了 1990~2010 年波托马克河的 27 个子流域的 NH_4^+、NO_2、NO_3^-、TN、TP 的相关监测数据（数据源：www.chesapeakebay.net/data）。由于年限不同，不同阶段的水质数据的采样频率和数据样本数存在差异。1990~2000 年仅有 7 个子流域有相关的水质数据，而且只有 TN 和 TP 两个浓度数据。2001~2005 年 10 个子流域有河流溶解性无机氮（DIN）、

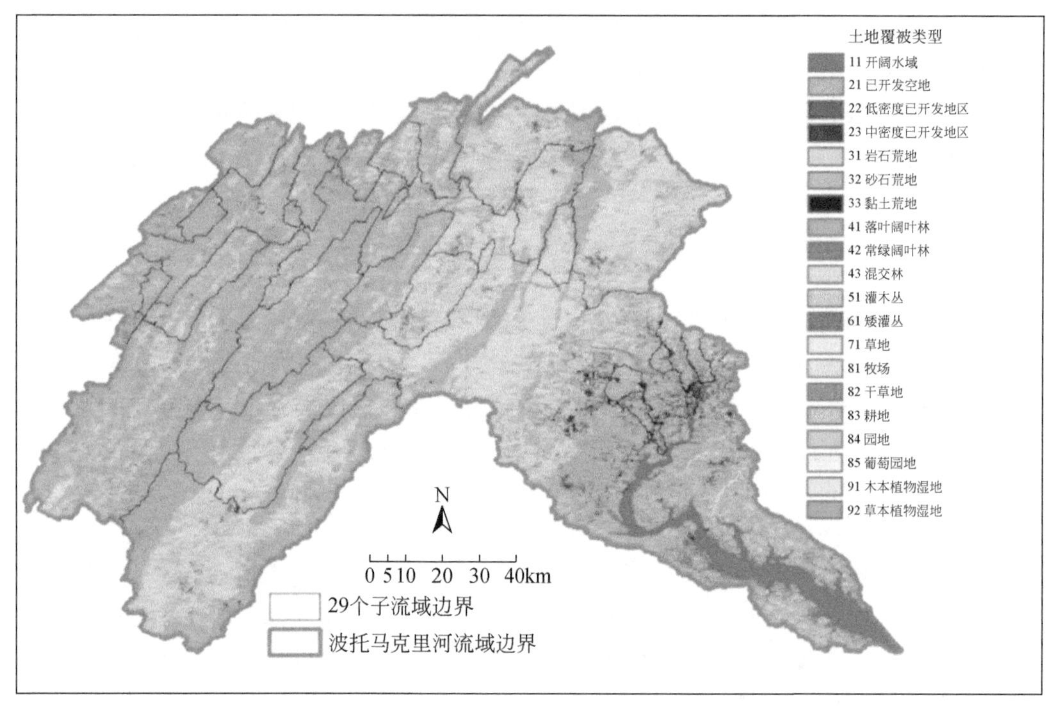

图 4-21　1992 年波托马克河流域土地利用图

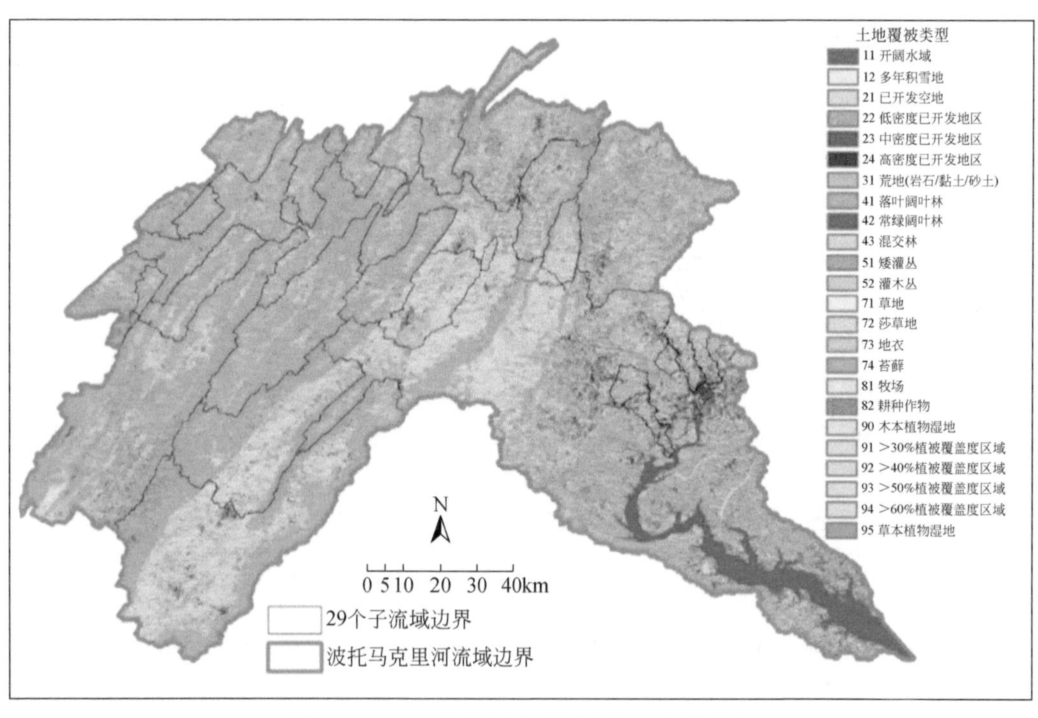

图 4-22　2001 年波托马克河流域土地利用图

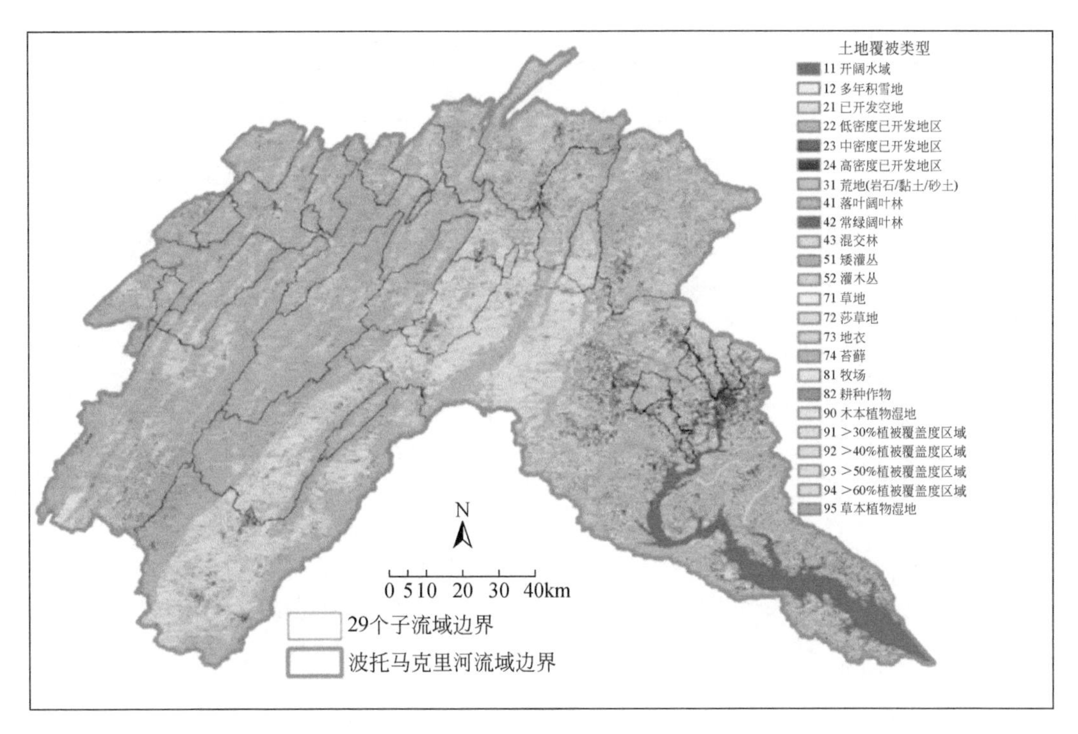

图 4-23 2006 年波托马克河流域土地利用图

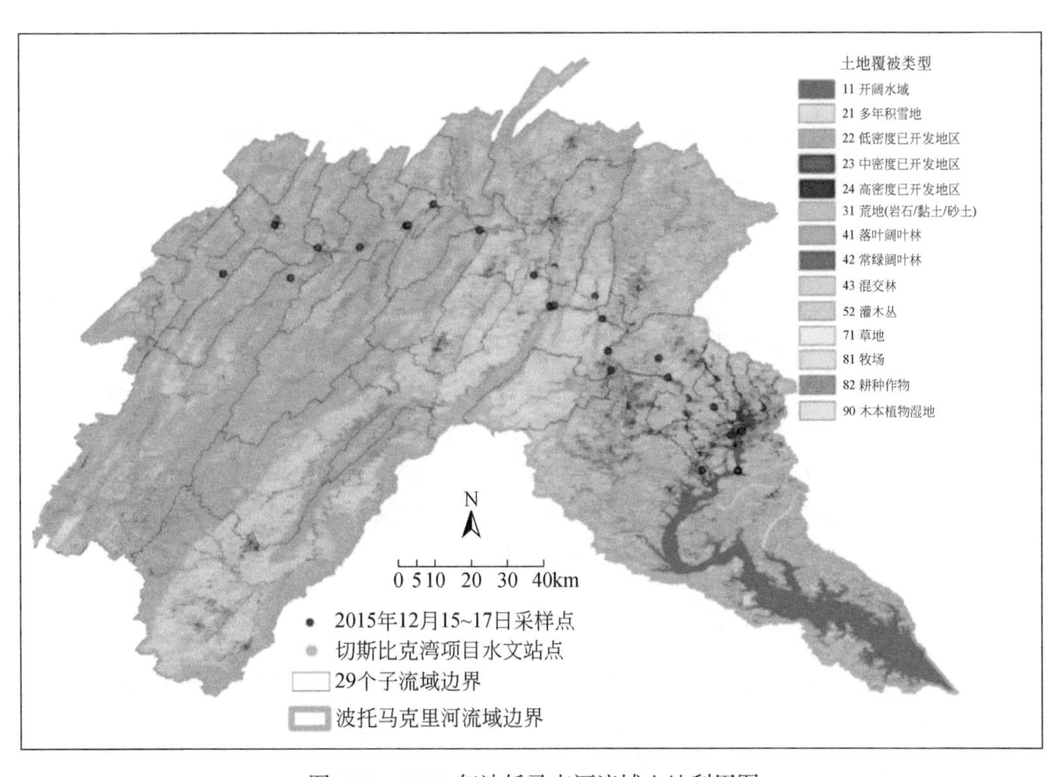

图 4-24 2011 年波托马克河流域土地利用图

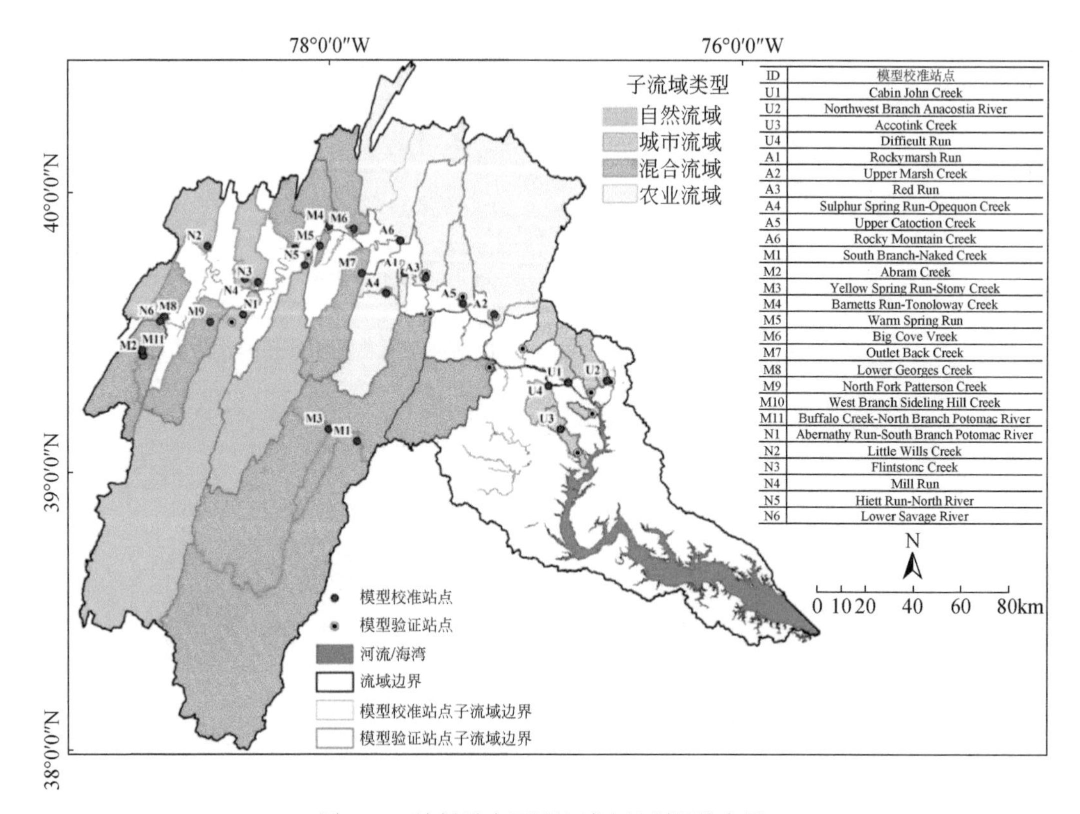

图 4-25 波托马克河子流域土地利用分布图

NH_4^+、NO_2、NO_3^- 浓度数据，13 个子流域有 TN 和 TP 的浓度数据。2006~2010 年 15 个子流域有 DIN、NH_4^+、NO_2 浓度数据，12 个子流域有 NO_3^- 浓度数据以及 17 个子流域有 TN、TP 浓度数据。

关于水质的空间变异，分别计算各个子流域某一种营养盐在整个时间序列上的平均值，软件 ArcGIS 10.2 通过显示的颜色深浅程度代表子流域该营养盐的浓度水平，呈现六项营养盐在空间上的分布情况，从而研究水质的空间变化；计算六项水质数据在四种流域类型下子流域 1990~2010 年的月均值，研究波托马克河流域水质在四类流域类型中的空间变异。

关于水质的时间变异，计算各水质在自有数据以来至 2015 年内于子流域中的月均值，研究水质在时间序列上的变化情况；按照季节统计水质数据，春季（3~5 月）、夏季（6~8 月）、秋季（9~11 月）、冬季（12 月至次年 2 月），研究水质在季节中的变异。

4.4.2.3 流域土地利用与水质关联分析

开展河流水质 – 土地利用二者的关联分析，通过往年各子流域的土地利用面积比例与某一水质参数在丰水期（1~5 月）或枯水期（6~12 月）的浓度，采用逐步回归的方法构建回归方程，将现年的子流域的土地利用面积比例代入该方程获得一组该水质参数的预测值。例如，验证 TP 在 1990~2000 年丰水期构建的回归模型，方法为分别计算各子流域 TP

在该时间序列上 1~5 月的均值，以 TP 均值为因变量，对应流域 1992 年的土地利用面积比例为自变量，在 SPSS 中进行回归分析，再将各子流域于 2001 年的土地利用面积比例代入该回归方程求得 TP 的预测值作为纵坐标，取各子流域 2001 年 TP 在丰水期中的均值（TP 的实测值）作为横坐标，做平面直角坐标系图，显示趋势线及 R^2，用同样方法计算其他水质参数于其他丰水期、枯水期的回归模型。由于未获取 2016 年流域土地利用数据，因而 2011~2015 年水质参数和 2011 年土地利用面积比例构建的回归模型的预测能力未被检验，仅计算研究期间土地利用类型与水质参数的 Pearson 相关系数。

4.4.3 流域土地利用分布

本研究中采用 1992 年、2001 年、2006 年和 2011 年波托马克河流域的土地利用数据，计算各子流域每一类土地利用类型的面积比例，结果分别如图 4-26~ 图 4-29 所示。

如图 4-26 所示，1992 年波托马克河流域主要包括林地、农田、建设用地、裸地、湿地、水体六类，其中前三类土地利用类型在各子流域的面积比例较大且空间差异性也较大，林地面积比例为 31.16%~87.01%，农田面积比例为 5.59%~63.92%，建设用地面积比例为 0.14%~45.52%，而后三类土地利用类型在各子流域的面积比例相对较小且空间差异性也较小，裸地面积比例为 0.04%~8.53%，湿地面积比例 0.08%~1.93%，水体面积比例为 0.08%~3.55%，按照各个子流域内的主要土地利用类型，将 27 个子流域划分成四大类，即城市流域、农业流域、混合流域、自然流域；从全流域尺度上看，波托马克河流域的土地利用类型以林地、农田为主，林地面积比例最高，为 64.92%，集中在混合流域和自然流域这两大类的 17 个子流域中，农田次之，面积比例为 30.01%，其中在农业流域这一类的 6 个子流域中，建设用地、裸地、水体、湿地面积比例相对较小，分别为 3.31%、0.77%、0.54% 和 0.45%。

把 2001 年、2006 年、2011 年三个年份波托马克河流域的土地利用类型分成了八类，包括林地、农田、建设用地、裸地、灌木地、草本地、湿地和水体，且三年的土地利用类型变化幅度较小，其中前三类土地利用类型在各子流域的面积比例依旧较大且空间差异

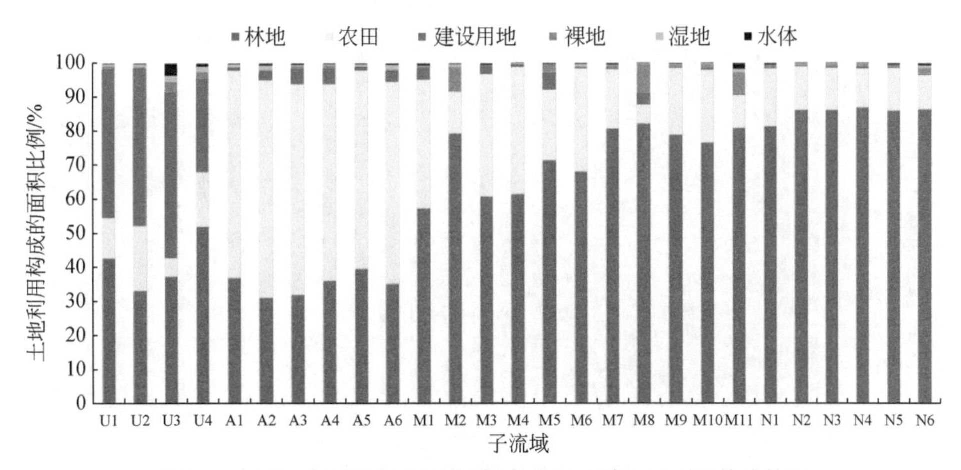

图 4-26 1992 年波托马克河流域 27 个子流域土地利用构成情况

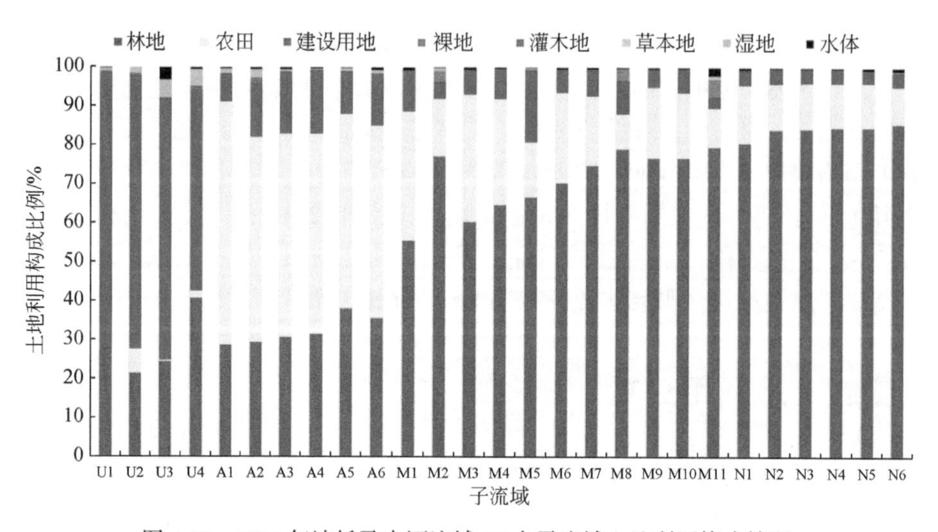

图 4-27 2001 年波托马克河流域 27 个子流域土地利用构成情况

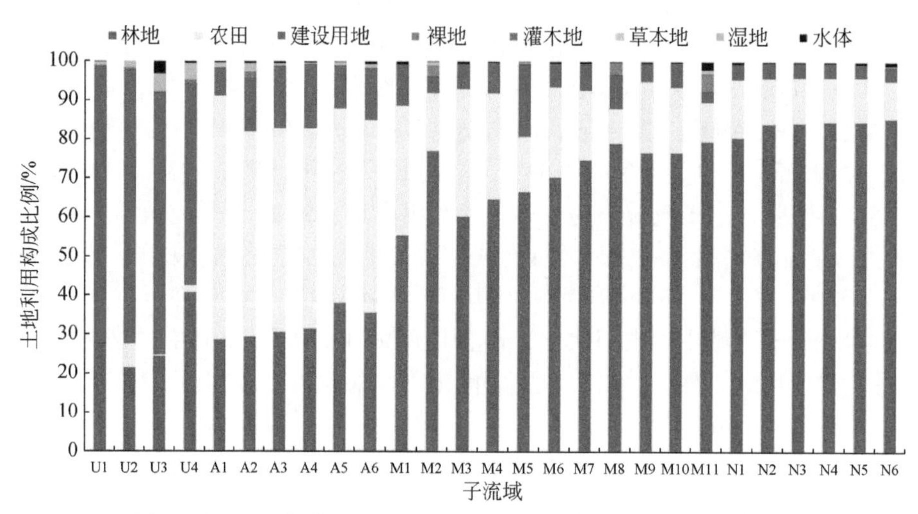

图 4-28 2006 年波托马克河流域 27 个子流域土地利用构成情况

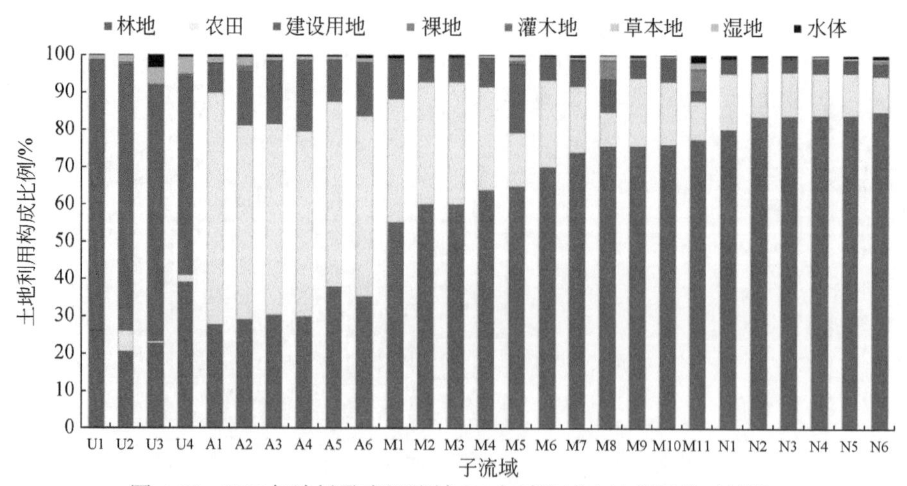

图 4-29 2011年波托马克河流域 27 个子流域土地利用构成情况

性也较大，林地面积比例为 20.11%~85.62%，农田面积比例为 0.03%~62.61%，建设用地面积比例为 2.83%~72.68%，而后五类土地利用类型在各子流域的面积比例较小且空间差异性也较小，裸地面积比例为 0~5.58%，灌木地面积比例为 0~1.23%，草本地面积比例为 0~0.95%，湿地面积比例为 0~4.46%，水体面积比例为 0.02%~3.18%。

4.4.4 流域水质的时空变异

4.4.4.1 水质的空间变异

基于各个子流域的已有数据年份的水质数据（DIN、NH_4^+、NO_2、NO_3^-、TN、TP）平均值，得出波托马克河流域六项水质数据的箱形图，以展示水质在四类流域中的空间变异（图 4-30）。

由图 4-31 可知，DIN、NO_2、NO_3^-、TN、TP 的平均浓度为农业流域 > 城市流域 > 混合流域 > 自然流域，NH_4^+ 的平均浓度为城市流域 > 混合流域 > 农业流域 > 自然流域。其中 DIN、NO_2、NO_3^-、TN 在农业流域中的平均浓度远大于其他三类流域，且这些水质参数在城市流域、混合流域、自然流域中的平均浓度相对较近似，NH_4^+ 在四类流域类型中的平均浓度差异较大，其在城市流域中浓度最大，混合流域中次之，自然流域中最小；TP 在农业

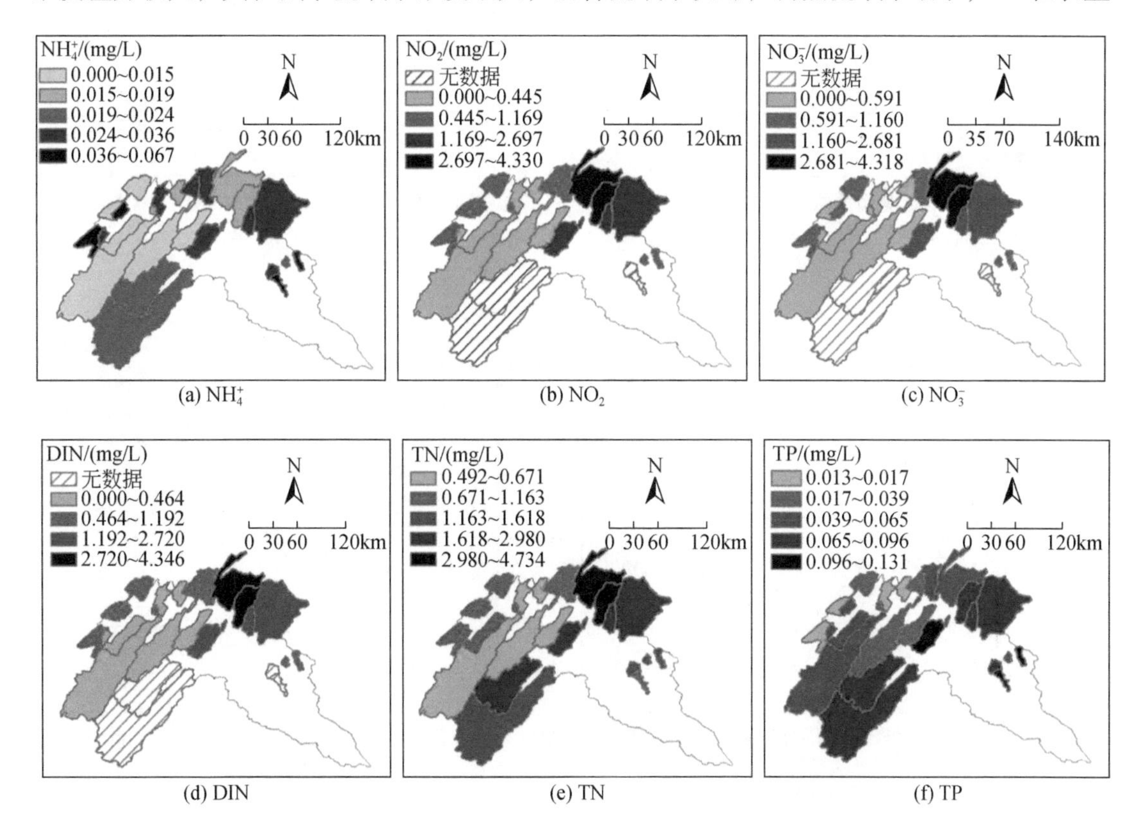

图 4-30 波托马克河流域水质的空间变化

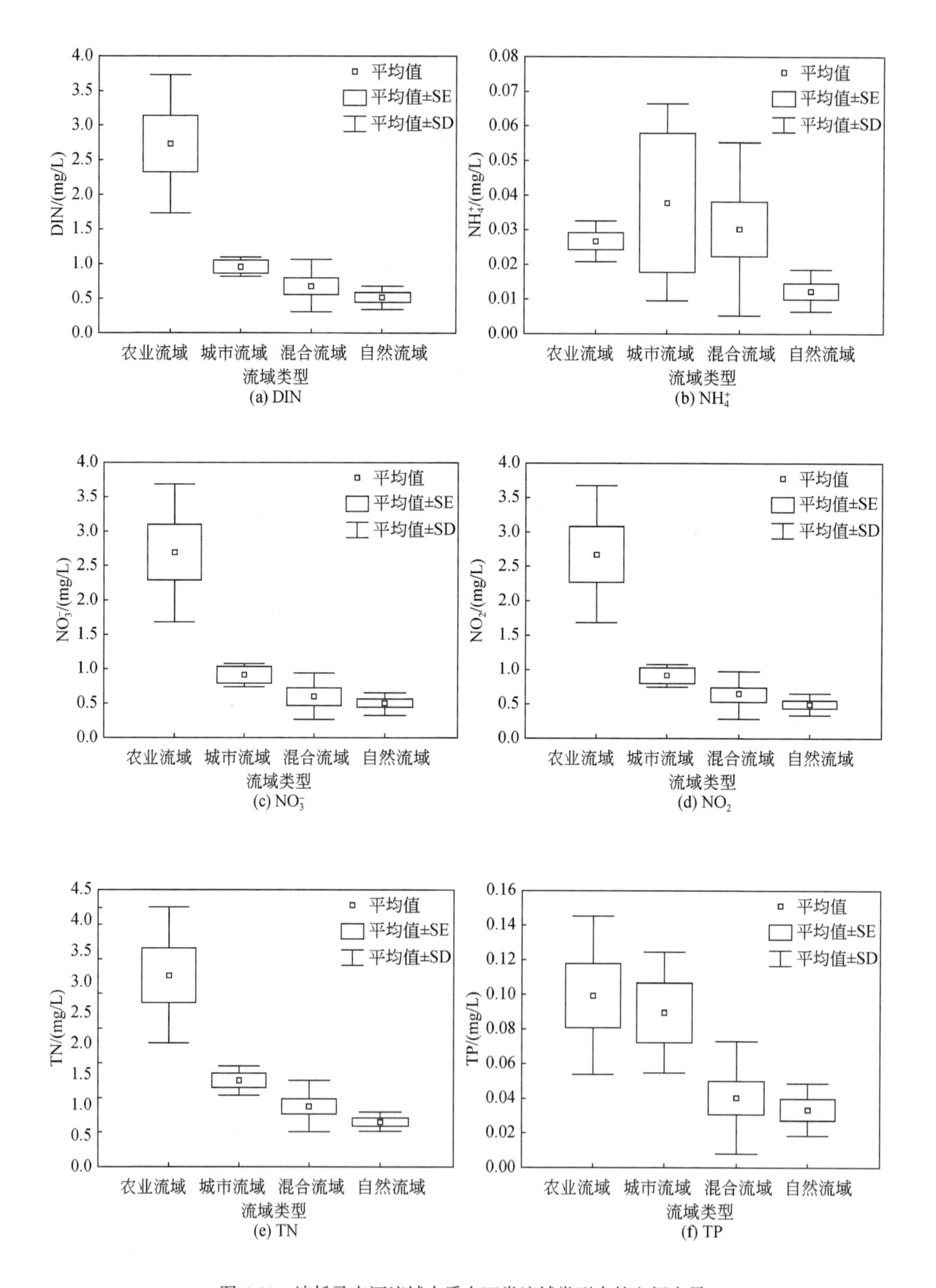

图 4-31 波托马克河流域水质在四类流域类型中的空间变异

流域和城市流域中平均浓度相近且大于混合流域和自然流域，而后两类的 TP 平均浓度也相近。六个水质参数中，平均浓度最大值有五个在农业流域，分别是 DIN、NO_2、NO_3^-、TN、TP，NH_4^+ 的平均浓度最大值在城市流域。DIN、NO_3^-、TN 浓度在农业流域中最大。表明了与农耕活动相关的非点源污染是氮输出的主导因素。NH_4^+ 和 TP 的浓度在城市流域中较大，表明与废水污水相关的点源污染是 NH_4^+ 和 TP 的主要来源。

4.4.4.2 水质的时间变异

由图 4-32 可知，波托马克河流域六项水质参数浓度在总体时间尺度上均呈下降趋势，其中 DIN、NH_4^+、NO_2、TN 变化趋势较相似，表现为 2004 年后上升，在 2005 年达到第一个高峰，之后呈现下降趋势，于 2006 年达到一个谷底后又开始上升，DIN 和 NO_2 在 2008 年达到第二个高峰，NH_4^+ 和 TN 分别在 2009 年、2007 年达到第二个高峰，之后总体上都呈下降趋势并在 2012 年达到新的谷底，之后有缓慢回升的趋势。NO_3^- 从 2004 年有数据以来就呈下降趋势并于 2006 年达到谷底，之后变化趋势与前四个水质参数类似。TP 从 1990 年有数据以来，大致呈下降趋势，2003 年降至最低点，之后回升并于 2010 年达到另一个高峰，随后又开始下降，在 2013 年达到第二个谷底，之后也有回升的趋势。

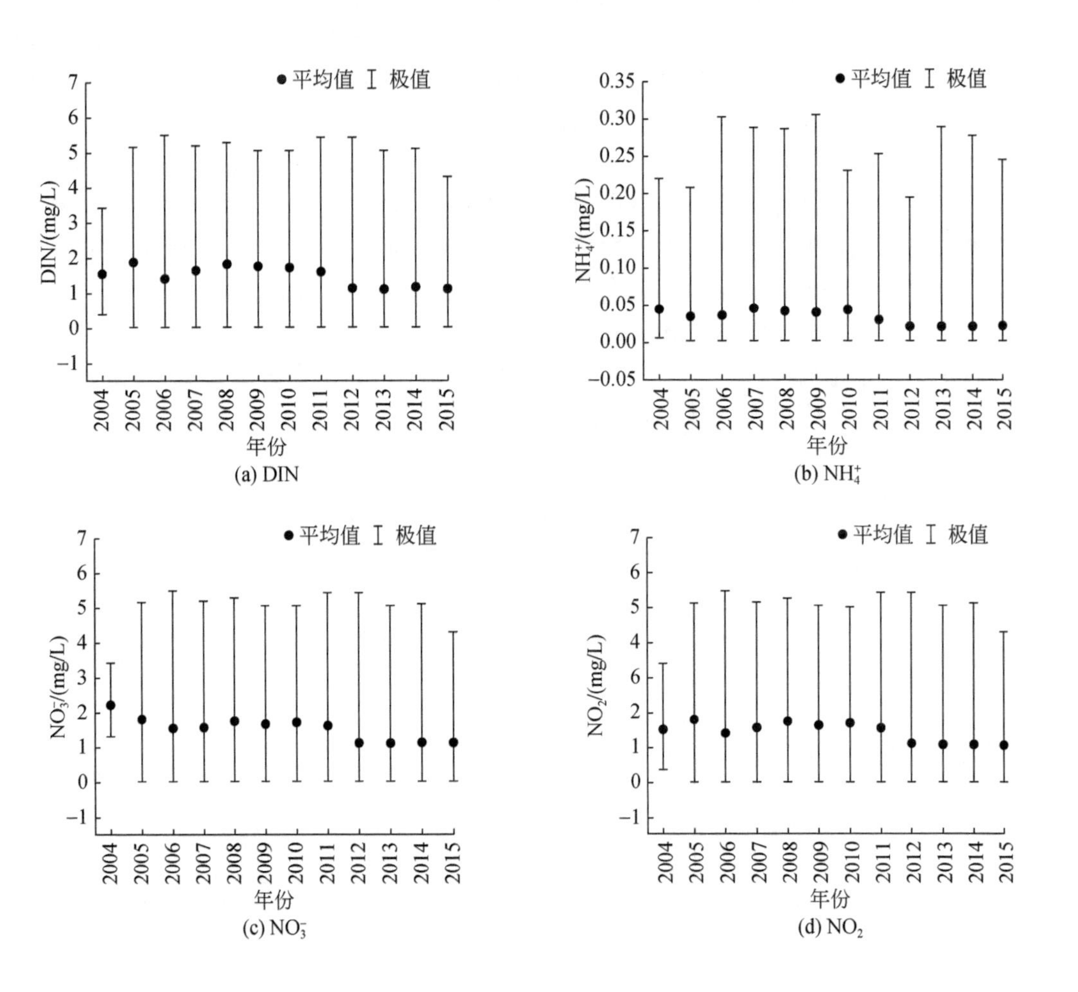

(a) DIN (b) NH_4^+ (c) NO_3^- (d) NO_2

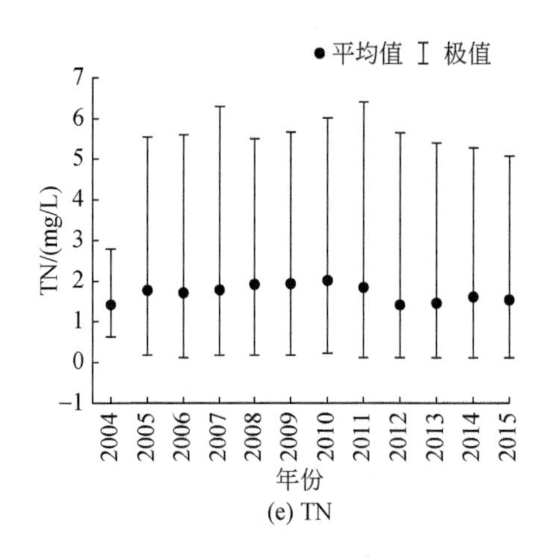

(e) TN

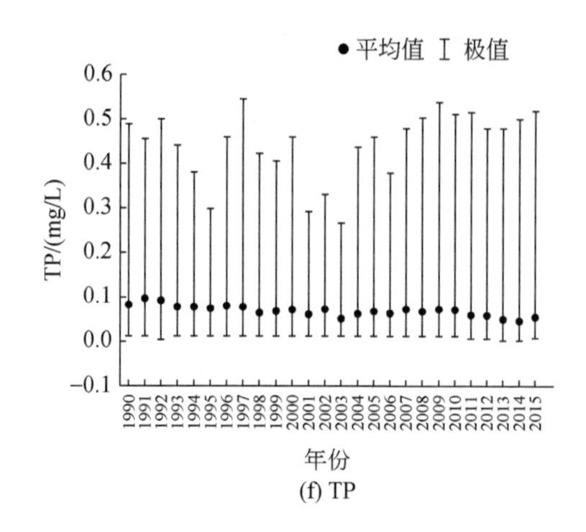

(f) TP

图 4-32 1990~2015 年水质的年际变化

由图 4-33 可知，从季节上看，六项营养盐中有四项呈现出类似的分布规律，且季节性变化明显，分别是 DIN、NO_2、NO_3^-、TN，表现为春季、夏季、秋季中浓度水平相当，均明显低于冬季中对应营养盐的浓度均值，而在前三个季节中春季浓度均值高于秋季，夏季浓度均值又略低于秋季。这四类氮盐受到流域中浮游动植物生长、繁殖、消亡过程的重大影响，氮盐变化趋势与浮游动植物生物量的变化趋势恰好相反。浮游动植物往往在夏季大量繁殖，其增长过程会吸收大量的无机氮，当渐渐过渡到秋季后，其繁殖速度呈下降趋势，一方面，消耗的氮盐的量减少；另一方面，生物残体发生矿化作用，体内含有的有机氮化合物渐渐被微生物分解，水体中的氮盐浓度稍有回升，而到了冬季，河流水体内的无机氮含量达到顶峰。春季时浮游动植物开始进入繁盛期，不断吸收无机氮作为生长补给，促使其含量再次下降。NH_4^+、TP 表现出不同的季节性分布特征，其中 NH_4^+ 在各个季节里浓度均值差异较小，夏季呈最高，冬季、春季次之，秋季最小。TP 无明显季节性变化，在春季、夏季、秋季中浓度均值相当，但高于冬季中的浓度。

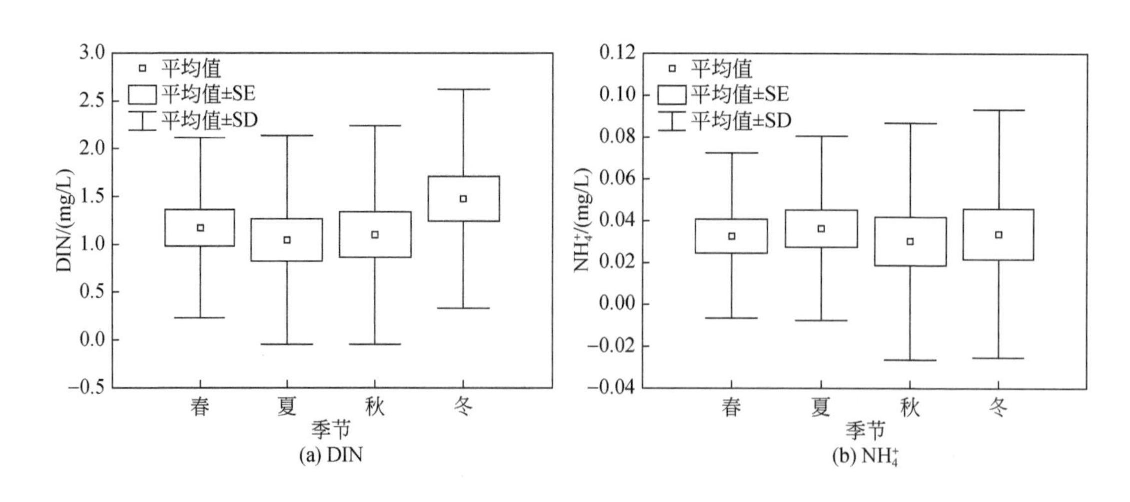

(a) DIN　　(b) NH_4^+

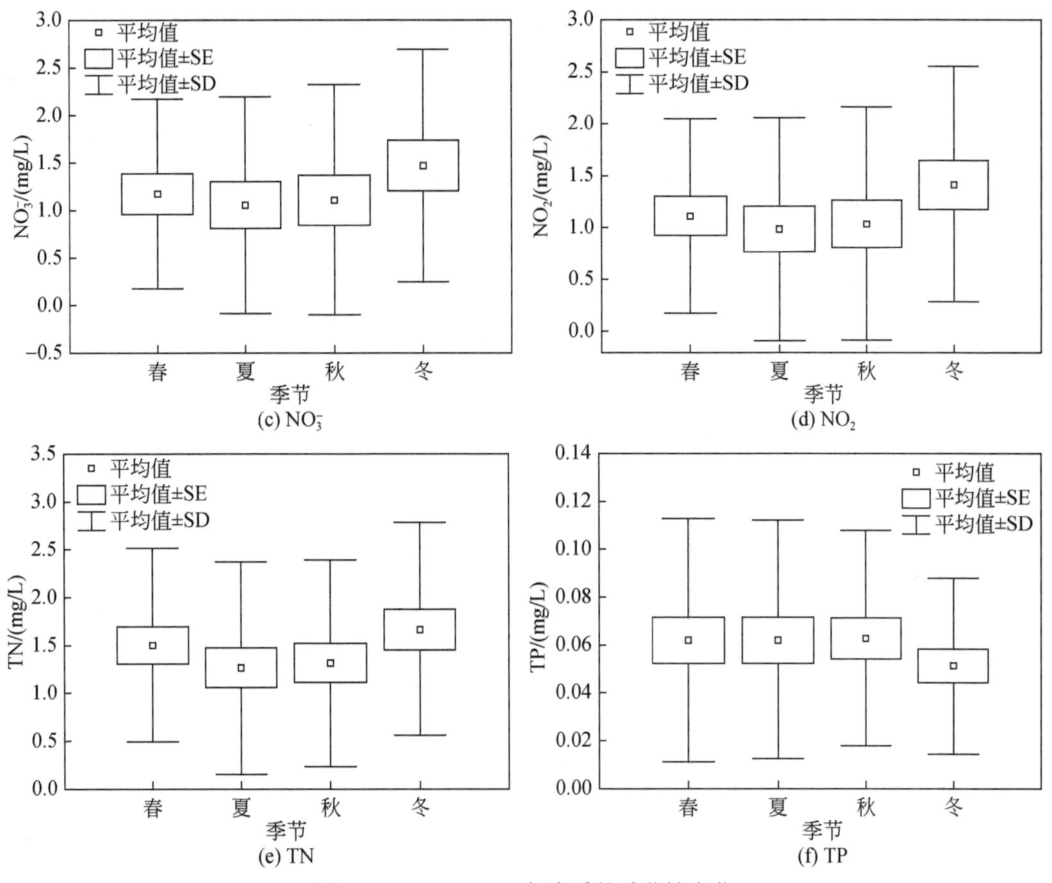

(c) NO_3^-

(d) NO_2^-

(e) TN

(f) TP

图 4-33 1990~2015 年水质的季节性变化

4.4.5 流域土地利用与水质关联分析

基于 1990~2000 年波托马克河流域各子流域的 TP 浓度平均值与 1992 年土地利用面积比例构建多元回归模型（表 4-11，表 4-12）。耕地面积比例是影响 TP 的重要土地利用类型，而在分丰水期和枯水期后发现，回归方程在丰水期的 R^2 略有提升。基于 2001 年波托马克河流域土地利用面积比例数据，应用表 4-11、表 4-12 构建的回归模型预测 2001 年子流域的 TP 浓度，并与 2001 年实测 TP 浓度值进行拟合，分析回归模型的预测能力，结果如图 4-35、图 4-36 所示。

表 4-11 1990~2000 年波托马克河流域 TP 的多元回归方程（未分期）

参数	回归方程	NO.	R^2	p
TP	0.025+0.213 × 耕地面积比例	9	0.793	0.001

表 4-12 1990~2000 年波托马克河流域 TP 的多元回归方程（分水期）

参数	回归方程	NO.	R^2	p
TP（丰水期）	0.026+0.262 × 耕地面积比例	8	0.797	0.001
TP（枯水期）	0.024+0.141 × 耕地面积比例	9	0.749	0.003

注：水质数据年限为 1990~2000 年，土地利用数据年限为 1992 年，回归方程使用逐步回归的方法。

根据图 4-34 和图 4-35 可知，分丰水期和枯水期后模型预测能力有提升，R^2 从 0.71 上升到 0.82，回归模型预测 2001 年波托马克河流域相应的子流域的 TP 浓度的能力较好，表现在丰水期和枯水期 R^2 分别为 0.8297 和 0.8277，两个时期的预测值与实测值拟合的趋势线与 $y=x$ 偏离程度均较小，耕地面积比例与 TP 的线性回归关系较好，在丰水期和枯水期耕地面积比例对于 TP 的影响程度相近，对于 TP 有较好的解释。

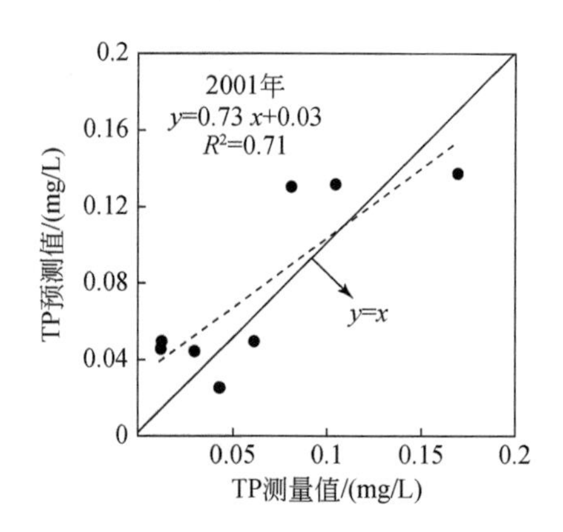

图 4-34　表 4-11 构建的回归模型的预测能力

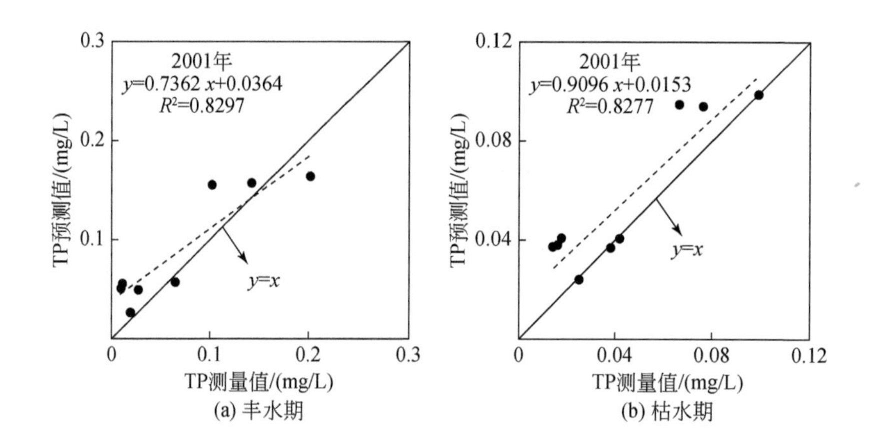

图 4-35　表 4-12 构建的回归模型的预测能力

基于 2001~2005 年波托马克河流域子流域的 DIN、NH_4^+、NO_2、NO_3^-、TN、TP 浓度平均值与 2001 年土地利用面积比例构建多元回归模型，如表 4-13 和表 4-14 所示。分丰水期和枯水期后的模型整体上 R^2 有提升，除了 NH_4^+，耕地面积比例是影响其他 5 个水质参数的重要土地利用类型，而裸地则出现在 NH_4^+ 的回归模型中。基于 2006 年波托马克河流域土地利用面积比例的数据，应用回归模型预测 2006 年流域相关子流域的 DIN、NH_4^+、NO_2、NO_3^-、TN、TP 浓度，并与 2006 年的实测浓度值进行拟合，分析回归模型的预测能力，结果如图 4-36、图 4-37 所示。

表 4-13 2001~2005 年流域各水质参数的多元回归方程（未分丰水期和枯水期）

参数	回归方程	NO.	R^2	p
DIN	0.529+5.149×耕地面积比例	10	0.729	0.002
NH_4^+	0.019+3.413×裸地面积比例	10	0.664	0.004
NO_2	0.453+5.249×耕地面积比例	10	0.736	0.001
NO_3^-	0.390+5.344×耕地面积比例	10	0.731	0.002
TN	0.682+5.237×耕地面积比例	13	0.669	0.001
TP	0.023+0.208×耕地面积比例	13	0.698	0.000

表 4-14 2001~2005 年流域各水质参数的多元回归方程（分丰水期和枯水期）

参数	回归方程	NO.	R^2	p
DIN（湿）	0.424+5.656×耕地面积比例	10	0.743	0.001
DIN（干）	0.82+3.227×耕地面积比例	9	0.659	0.008
NH_4^+（湿）	0.017+3.793×裸地面积比例	10	0.642	0.005
NH_4^+（干）	0.022+2.262×裸地面积比例	9	0.806	0.001
NO_2（湿）	0.344+5.767×耕地面积比例	10	0.751	0.001
NO_2（干）	0.763+3.283×耕地面积比例	9	0.664	0.007
NO_3^-（湿）	0.339+5.759×耕地面积比例	10	0.750	0.001
TN（湿）	0.581+5.417×耕地面积比例	13	0.673	0.001
TP（湿）	0.024+0.227×耕地面积比例	13	0.743	0.000
TP（干）	0.025+0.139×耕地面积比例	12	0.474	0.013

注：水质数据年限为 2001~2005 年，土地利用数据年限为 2001 年，回归方程使用逐步回归的方法。

根据图 4-36、图 4-37 可知，模型预测能力在分丰水期和枯水期后有较大提高，表现在 R^2 提升且趋势线与 $y=x$ 拟合度更好。对于 DIN、NH_4^+、NO_2、NO_3^-、TN，与枯水期相比，丰水期的趋势线与 $y=x$ 偏离程度较更小，TP 则相反。各回归模型对 2006 年各子流域的 DIN、NH_4^+、NO_2、NO_3^-、TN、TP 浓度的预测能力较好，R^2 值均在 0.6 以上，耕地面积比例和 DIN、NO_2、NO_3^-、TN、TP 线性关系较好，裸地面积比例和 NH_4^+ 线性关系较好，即耕地面积比例对于 DIN、NO_2、NO_3^-、TN 的解释能力较强，裸地面积比例对于 NH_4^+ 的解释能力较强。

基于 2005~2010 年波托马克河流域各子流域的 DIN、NH_4^+、NO_2、NO_3^-、TN、TP 浓度平均值与 2006 年土地利用面积比例构建多元回归模型，如表 4-15、表 4-16 所示。除了 NH_4^+，耕地面积比例是影响其他 5 个水质参数的重要土地利用类型，而裸地则出现在 NH_4^+

的回归模型中。基于 2011 年波托马克河流域土地利用面积比例数据，应用回归模型预测 2011 年各子流域的 DIN、NH_4^+、NO_2、NO_3^-、TN、TP 浓度，并与 2011 年的实测值进行拟合，分析回归模型的预测能力，如图 4-39、图 4-40 所示。

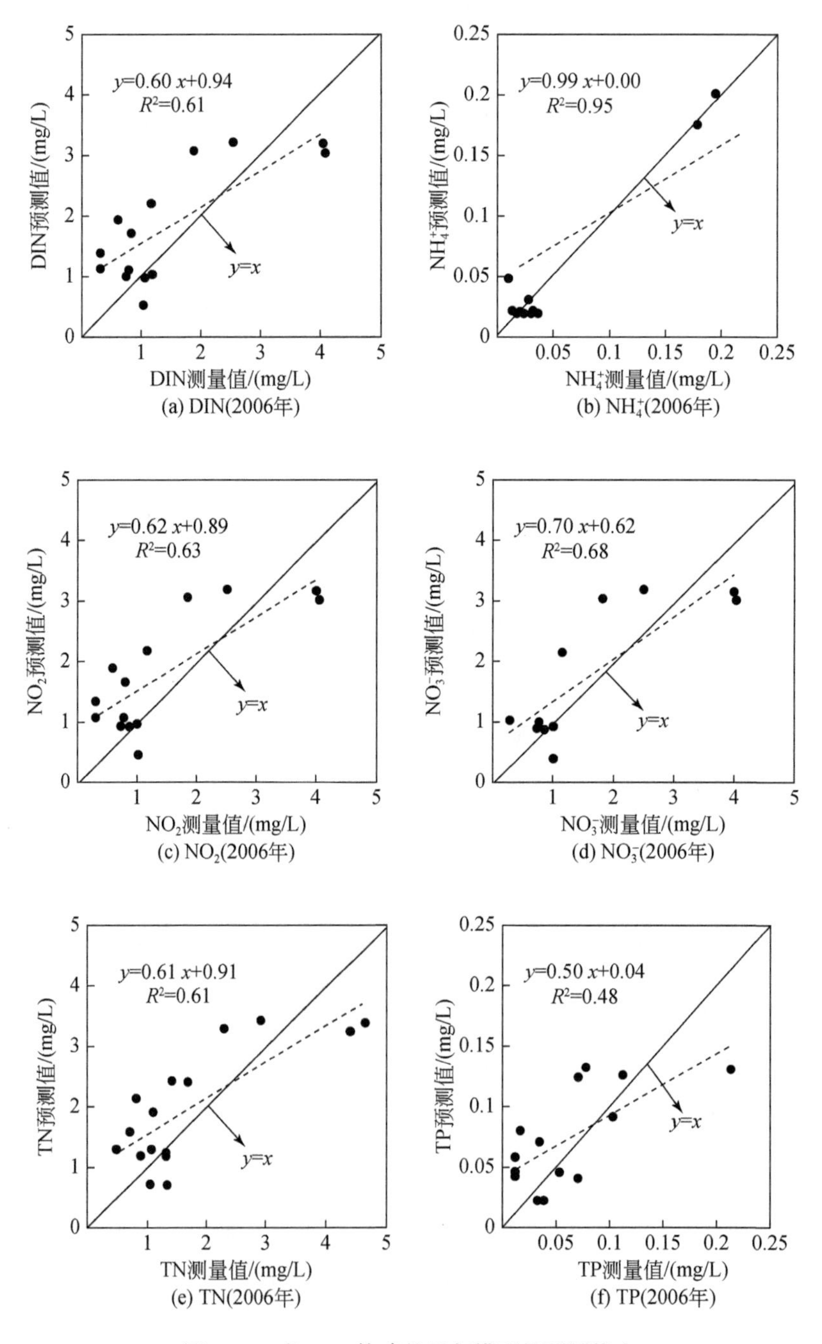

图 4-36　表 4-13 构建的回归模型的预测能力

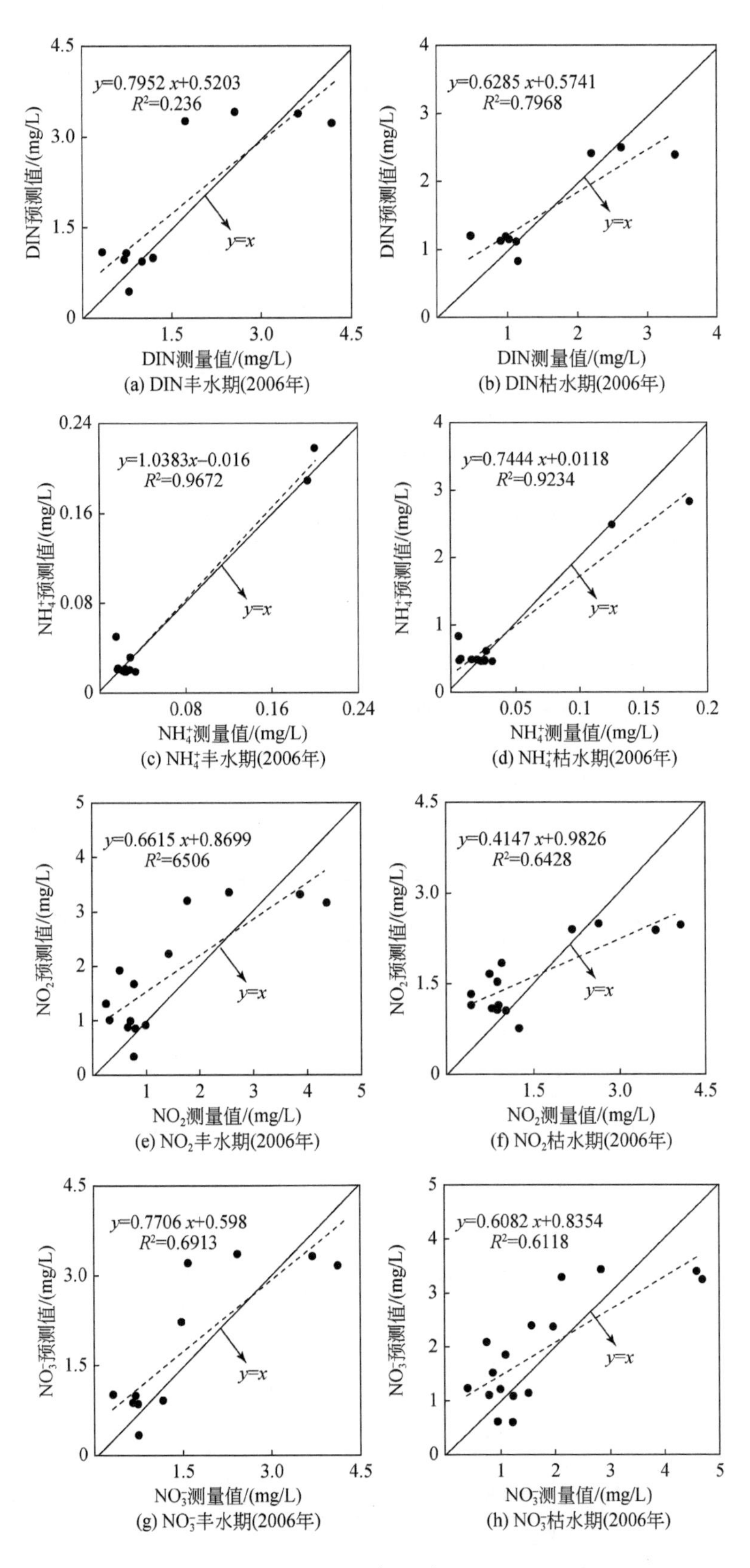

(a) DIN丰水期(2006年)　(b) DIN枯水期(2006年)

(c) NH_4^+丰水期(2006年)　(d) NH_4^+枯水期(2006年)

(e) NO_2丰水期(2006年)　(f) NO_2枯水期(2006年)

(g) NO_3^-丰水期(2006年)　(h) NO_3^-枯水期(2006年)

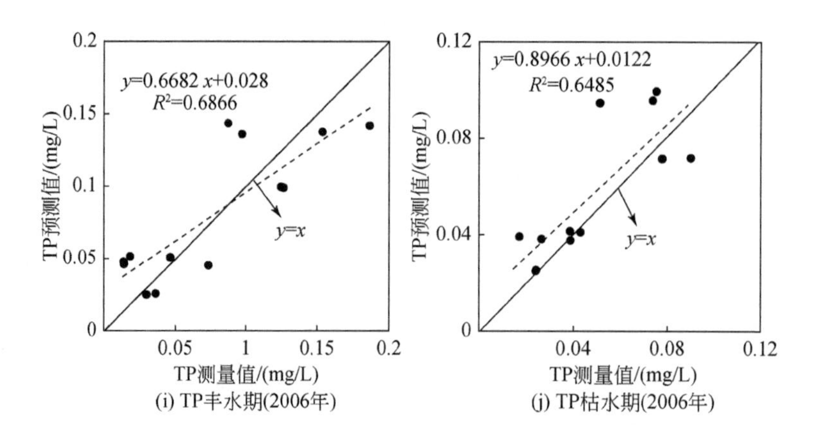

图 4-37　表 4-14 构建的回归模型的预测能力

表 4-15　2006~2010 年流域各水质指标的多元回归方程（未分丰水期和枯水期）

参数	回归方程	NO.	R^2	p
DIN	0.529+5.149 × 耕地面积比例	14	0.729	0.002
NH_4^+	0.019+3.413 × 裸地面积比例	14	0.664	0.004
NO_2	0.453+5.249 × 耕地面积比例	14	0.736	0.001
NO_3^-	0.390+5.344 × 耕地面积比例	11	0.731	0.002
TN	0.682+5.237 × 耕地面积比例	16	0.669	0.001
TP	0.023+0.208 × 耕地面积比例	16	0.698	0.000

表 4-16　2006~2010 年流域各水质指标的多元回归方程（分丰水期和枯水期）

参数	回归方程	NO.	R^2	p
DIN（湿）	0.163+4.913 × 耕地面积比例	14	0.527	0.003
DIN（干）	0.232+5.149 × 耕地面积比例	14	0.625	0.001
NH_4^+（湿）	0.013+6.224 × 裸地面积比例	14	0.728	0.000
NH_4^+（干）	0.019+5.033 × 裸地面积比例	14	0.778	0.000
NO_2（湿）	0.053+5.1 × 耕地面积比例	14	0.571	0.002
NO_2（干）	0.133+5.301 × 耕地面积比例	14	0.645	0.001
NO_3^-（湿）	0.27+4.951 × 耕地面积比例	11	0.613	0.004
NO_3^-（干）	0.343+5.143 × 耕地面积比例	11	0.691	0.002
TN（湿）	0.479+4.832 × 耕地面积比例	16	0.525	0.001
TN（干）	0.771+5.357 × 耕地面积比例	13	0.633	0.001

续表

参数	回归方程	NO.	R^2	p
TP（湿）	0.023+0.154×耕地面积比例	16	0.464	0.004
TP（干）	0.023+0.135×耕地面积比例	13	0.427	0.015

注：水质数据年限为 2006~2010 年，土地利用数据年限为 2006 年，回归方程使用逐步回归的方法。

根据图 4-38、图 4-39 可知，分丰水期和枯水期后趋势线和 $y=x$ 拟合度提高，其中以 TP 最为明显。对于 DIN 和 TP，丰水期与枯水期相比，丰水期的趋势线与 $y=x$ 偏离程度较更小，NO_2、NO_3^-、TN 则相反。除 NH_4^+ 以外，各回归模型预测能力较好，表现在 R^2 值均在 0.6 以上，趋势线与 $y=x$ 偏离程度较更小，耕地面积比例与 DIN 、NO_2、NO_3^-、TN、TP 的线性回归关系较好，可认为耕地是影响这几类水质参数的主要土地利用类型。对于 NH_4^+，无论丰水期还是枯水期，趋势线与 $y=x$ 偏离程度均很大，说明回归模型预测 2011 年子流域的 NH_4^+ 浓度的能力较差，裸地面积比例不能很好地解释 NH_4^+ 的浓度。

基于 2011~2015 年波托马克河流域各子流域的 DIN、NH_4^+、NO_2、NO_3^-、TN、TP 浓度平均值与 2011 年土地利用面积比例构建多元回归模型，如表 4-17、表 4-18 所示。NH_4^+、TN、TP 在分水期后的预测因子略有改变，表现为同一水质参数在丰水期和枯水期的主导土地利用类型不同或受多个土地利用类型共同作用。耕地依旧是影响 DIN、NO_2、NO_3^- 的

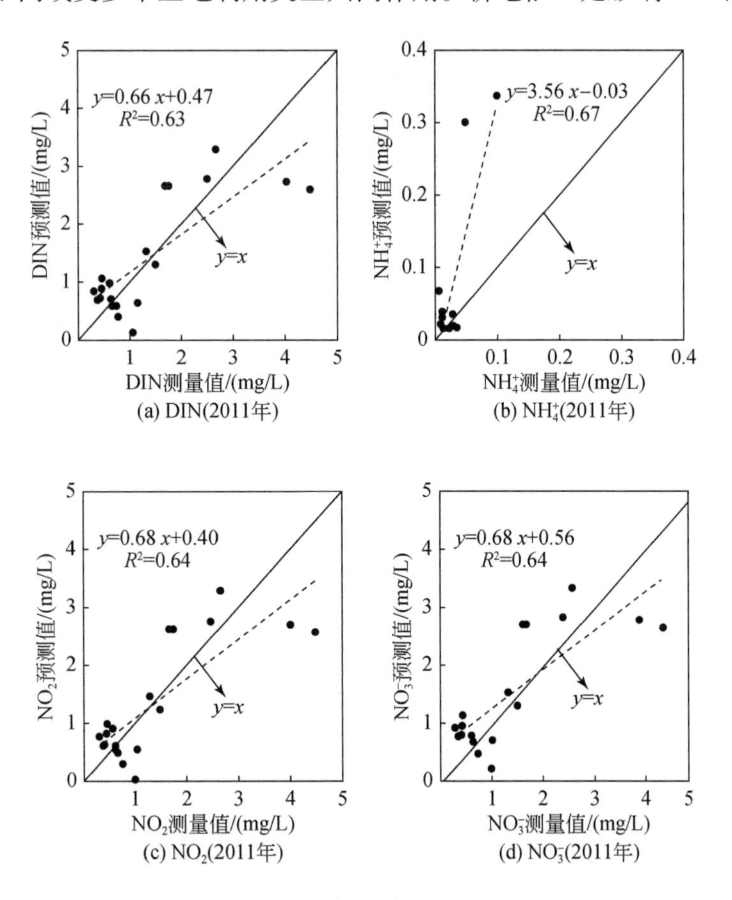

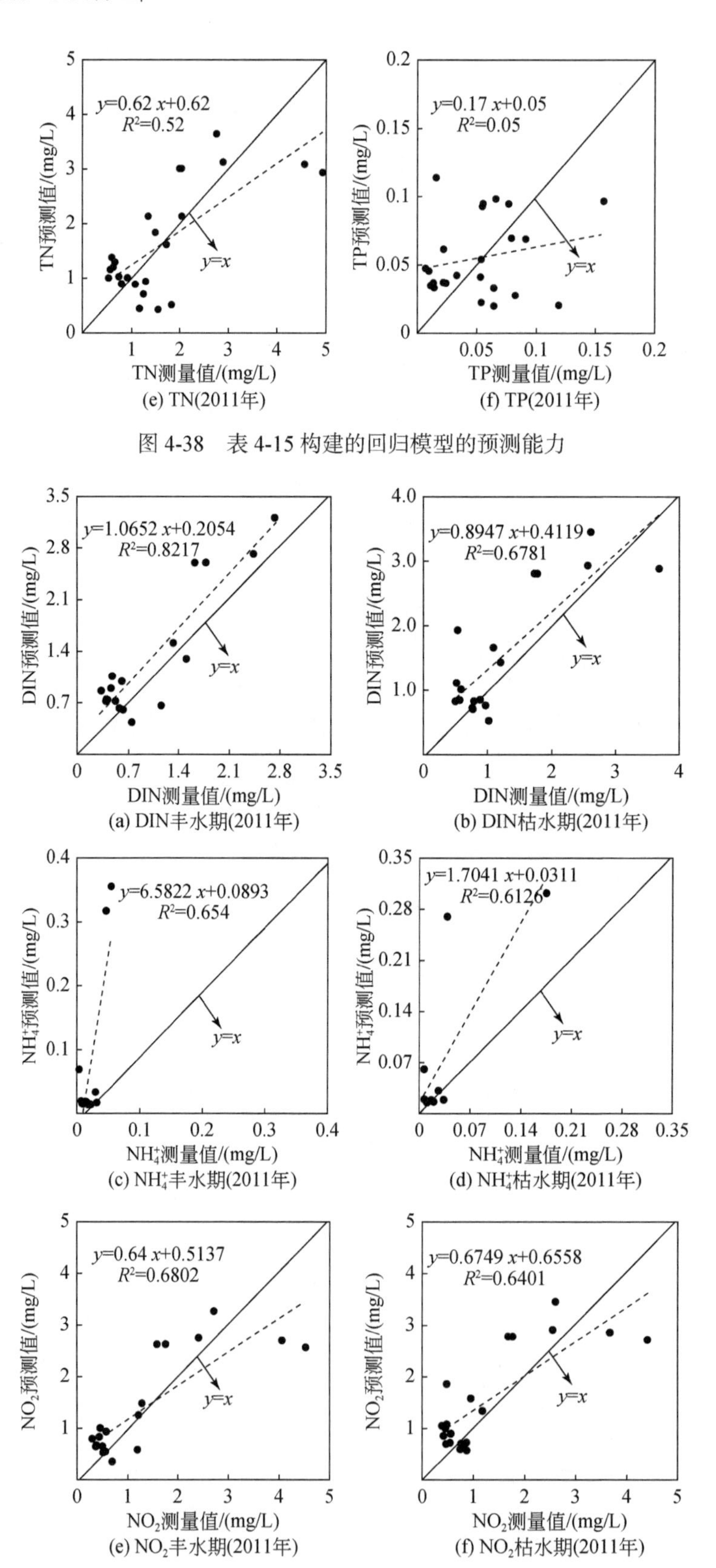

图 4-38　表 4-15 构建的回归模型的预测能力

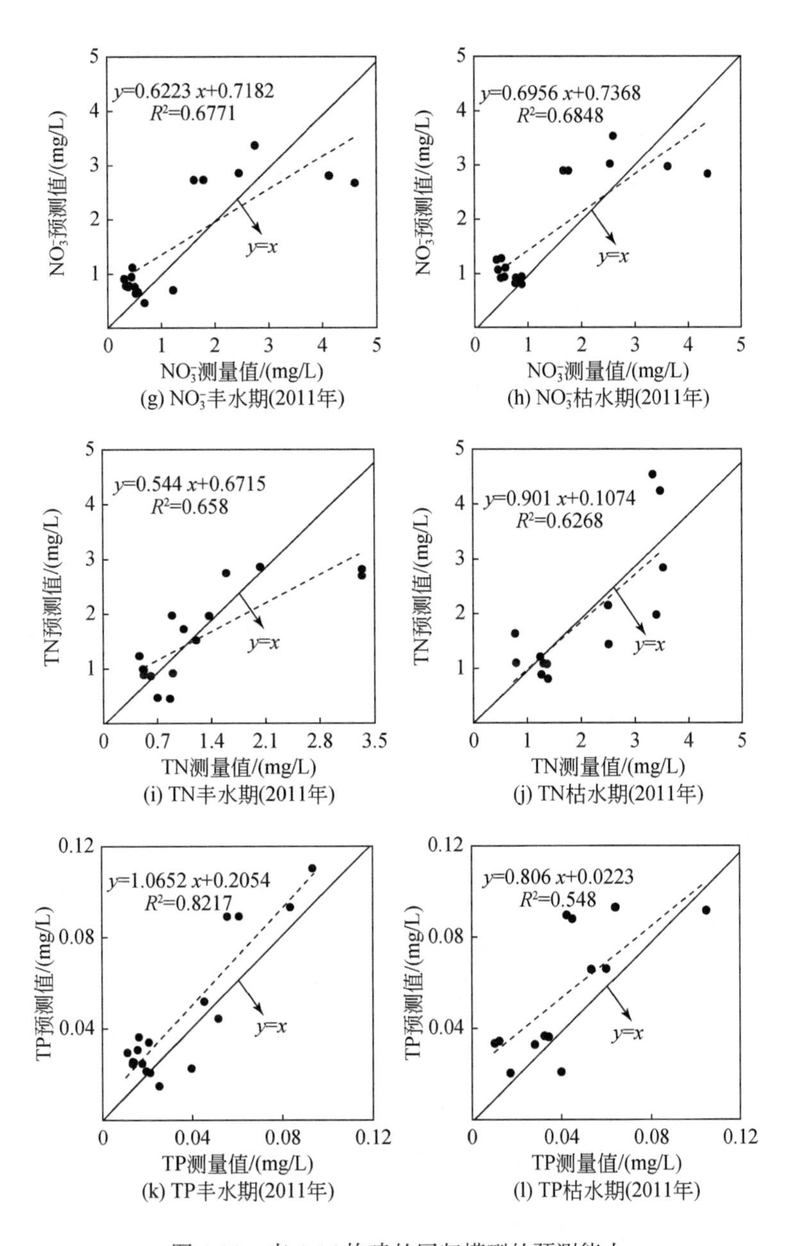

图 4-39 表 4-16 构建的回归模型的预测能力

重要土地利用类型，NH_4^+ 在枯水期的回归模型中除了裸地还有湿地，TN 除了受耕地影响，在枯水期和丰水期还和林地面积比例呈负相关，TP 在丰水期、枯水期分别受林地、湿地的影响。

由于缺少 2016 年波托马克河各个子流域的土地利用面积比例情况，表 4-17、表 4-18 的回归方程的预测能力未被验证，仅通过 SPSS 计算 2011~2015 年水质与土地利用面积比例的 Pearson 相关系数，如表 4-19 所示，可以发现耕地面积比例与 DIN、NO_2、NO_3^-、TN 呈极显著正相关，表明农业活动对波托马克河的氮污染有决定性影响。建设用地面积比例和 NH_4^+ 和 TP 呈正相关，说明建设用地对这两类参数有贡献作用。林地面积比例几乎和所有水质参数呈极显著负相关关系，说明林地对大多数营养盐有削减作用。湿地面积比例和大部分水质参数呈显著正相关关系，这和传统观点认为湿地对水质有改善作用相反。

表 4-17　2011~2015 年流域各水质指标的多元回归方程（未分丰水期和枯水期）

参数	回归方程	NO.	R^2	p
DIN	0.027+4.636× 耕地面积比例	23	0.610	0.000
NH_4^+	0.014+1.351× 湿地面积比例 +0.0403× 裸地面积比例	23	0.516	0.011
NO_2	0.003+4.632× 耕地面积比例	23	0.628	0.000
NO_3^-	0.052+4.592× 耕地面积比例	20	0.639	0.000
TN	1.988+3.041× 耕地面积比例 −2.146× 林地面积比例	27	0.691	0.001
TP	0.123−0.121× 耕地面积比例	27	0.503	0.000

表 4-18　2011~2015 年流域各水质指标的多元回归方程（分丰水期和枯水期）

参数	回归方程	NO.	R^2	p
DIN（湿）	−0.099+4.793× 耕地面积比例	23	0.624	0.000
DIN（干）	0.191+4.448× 耕地面积比例	23	0.625	0.000
NH_4^+（湿）	0.016+1.044× 湿地面积比例	23	0.295	0.007
NH_4^+（干）	0.013+1.738× 湿地面积比例 +0.583× 裸地面积比例	23	0.440	0.003
NO_2（湿）	−0.119+4.776× 耕地面积比例	23	0.621	0.000
NO_2（干）	0.167+4.452× 耕地面积比例	23	0.627	0.000
NO_3^-（湿）	−0.0072+4.748× 耕地面积比例	20	0.637	0.000
NO_3^-（干）	0.214+4.405× 耕地面积比例	20	0.634	0.000
TN（湿）	1.724+3.298× 耕地面积比例 −1.985× 林地面积比例	27	0.677	0.000
TN（干）	3.446−3.211× 林地面积比例	27	0.522	0.000
TP（湿）	0.116−0.114× 林地面积比例	27	0.520	0.000
TP（干）	0.036+2.634× 湿地面积比例	27	0.455	0.000

注：水质数据年限为 2011~2015 年，土地利用数据年限为 2011 年，回归方程使用逐步回归的方法。

表 4-19　2011~2015 年波托马克河流域土地利用与水质的 Pearson 相关系数

土地利用类型	DIN	NH_4^+	NO_2	NO_3^-	TN	TP
水体	0.136	0.387*	0.134	0.110	0.002	0.307
建设用地	0.124	0.400*	0.120	0.105	0.091	0.602**

续表

土地利用类型	DIN	NH_4^+	NO_2	NO_3^-	TN	TP
裸地	−0.111	0.562**	−0.124	−0.139	−0.119	−0.206
林地	−0.706**	−0.309	−0.703**	−0.689**	−0.635**	−0.676**
灌木	0.050	0.358*	0.045	0.020	0.075	0.191
草地	−0.209	0.157	−0.216	−0.219	−0.128	−0.130
耕地	0.771**	−0.174	0.772**	0.766**	0.709**	0.110
湿地	0.600**	0.398*	0.596**	0.580**	0.214	0.544*

** 表示在 p=0.01 处显著，* 表示在 p=0.05 处显著，各水质数据为 2011~2015 年的均值。

河流内营养盐的输入受到多方面因素的综合作用，包括流域内土壤类型、河流的水文波动、大气沉降作用、土地利用类型以及人为调控、水环境管理行为等。波托马克河流域从上游至下游显著的梯级土地利用 / 土地覆被变化分布对研究由土地利用造成的非点源污染对水质的影响有重要意义。

本研究中，耕地出现在大部分水质参数的回归方程中。TN 在 2011~2015 年的经验模型中受到林地面积比例的影响较大，而在 2011 年之前的模型中仅有耕地面积比例为其预测因子，DIN、NO_2、NO_3^- 的经验模型在整个时间序列上都相对稳定，只有耕地面积比例一个预测因子，表明了波托马克河流域农耕活动对河流氮的输入起了主要作用，为控制这三类水质参数，应针对农耕活动强度进行适当削减，并对耕地面积调控。国内对氮的研究也有类似研究结果，2013 年，杨飞等（2013）对中国过去 30 年氮污染负荷展开调查研究，发现全国平均单位耕地面积有 138.13kg/hm^2 来源于畜禽的排放，四川、山东等省份畜禽业快速发展，造成很大污染，促使耕地的氮负荷相应较大，对河流水质构成极大威胁。付永虎等（2011）以湖南省桃江县为例，研究氮对农业土地利用的响应，发现该县单位土地利用面积在过去的 30 多年内的氮足迹贡献度几乎翻了一倍，主要归因于农业活动投入的增强。

NH_4^+ 与建设用地面积比例关系能反映流域内对点源污染管理能力与废水处理效率。课题组以九龙江为例，基于景观生态学与统计方法对该流域内城镇建设用地对水质的作用展开定性分析，发现 NH_4^+ 与建设用地面积比例呈极显著正相关关系（表 4-20），建设用地面积比例出现在了 NH_4^+ 各年份的回归方程中，如表所示，因而认为九龙江流域内城镇建设用地对水环境质量影响较密切，且较高的建设用地面积比例会引发水质不断恶化。而在波托马克河流域，NH_4^+ 浓度和建设用地面积比例呈显著正相关关系（p<0.05），NH_4^+ 的经验模型中建设用地面积比例并不是预测因子，这一定程度说明点源污染问题在流域得到较好地解决。另外，美国《清洁水法案》的有效执行促使排污企业对污水的预处理集中，BMPs 也执行得较好，这或是土地利用与水质关联回归模型对 NH_4^+ 具有较低的预测能力的原因。还有研究通过类似方法研究美国西雅图土地利用 – 水质关联，他们发现该地区氮盐与土地覆被面积的相关关系不显著，表现在显著水平小于 0.05，对应的经验模型的 R^2=0.19，而河流内磷盐浓度与流域土地利用关联更显著 R^2=0.58。

表 4-20　2007 年九龙江流域城镇建设用地面积比例、城镇景观格局指数与水质相关性分析

指标	参数	%Urban	NP	LPI	LSI	PD
COD_{Mn}	相关系数	0.701*	0.341	0.555*	0.564*	0.315
	显著性	0.005	0.233	0.039	0.036	0.273
NH_4^+	相关系数	0.695**	0.045	0.643**	0.393	0.314
	显著性	0.006	0.88	0.002	0.164	0.274
TP	相关系数	0.789**	0.248	0.722**	0.553*	0.456
	显著性	0.001	0.393	0.004	0.04	0.101

与 TN 经验模型变化相似，TP 在 2011 年之前的模型中仅有耕地面积比例一个预测因子，在 2011~2015 年的模型中受林地和湿地的影响，在相关性分析中 TP 和建设用地面积比例呈极显著正相关关系，与林地面积比例呈极显著负相关关系，与湿地面积比例正相关。

整合 1990~2015 年土地利用与水质关联如表 4-21 所示，横向观察关联模型回归系数，可以发现两个规律：①部分水质参数的回归方程中的系数有随时间序列减小的趋势；②部分水质参数在回归方程中与其相关的土地利用类型从一种发展到了多种，前者可能是因为在《清洁水法案》、TMDL 计划等政策背景下，污染物的回收效率与处理技术提升，使得土地利用面积比例与代表污染程度的营养盐浓度的关联削弱；后者可能是由于随着时间的变迁，土地利用的空间格局也在不断演变，而土地利用类型对水环境的影响不仅和其面积比例变化有关，还受到景观格局指数的影响，伴随着生境不断发生破碎化，某些土地利用类型如湿地或耕地等转变成更小面积的个体，而其他土地利用类型如林地依旧成片集中存在，其对水环境的影响效果更大，所以不同土地利用类型对污染的贡献度有所变化。此外污染源种类的多样化及本身的排放强度变化也会对此产生影响。

表 4-21　1990~2015 年波托马克河流域水质 - 土地利用回归模型

土地利用类型	1990~2000 年		2001~2005 年		2006~2010 年		2011~2015 年	
	丰水期	枯水期	丰水期	枯水期	丰水期	枯水期	丰水期	枯水期
				DIN				
耕地			5.656	3.227	4.913	5.149	4.793	4.448
R^2			0.743	0.659	0.527	0.625	0.624	0.625
				NH_4^+				
裸地			3.793	2.262	6.224	5.033		0.583
湿地							1.044	1.738
R^2			0.642	0.806	0.728	0.778	0.295	0.440
				NO_2				
耕地			5.767	3.283	5.1	5.301	4.776	4.452
R^2			0.751	0.664	0.571	0.645	0.621	0.627

续表

土地利用类型	1990~2000 年		2001~2005 年		2006~2010 年		2011~2015 年	
	丰水期	枯水期	丰水期	枯水期	丰水期	枯水期	丰水期	枯水期
NO_3^-								
耕地			5.759		4.951	5.143	4.748	4.405
R^2			0.75		0.613	0.691	0.637	0.634
TN								
耕地			5.417		4.832	5.357	3.298	
林地							−1.985	−3.211
R^2			0.673		0.525	0.633	0.677	0.522
TP								
耕地	0.262	0.141	0.227	0.139	0.154	0.135		
林地							−0.114	
湿地								2.634
R^2	0.797	0.749	0.743	0.474	0.464	0.427	0.520	0.455

由于丰水期降水多且强度大，降雨地表径流将大量污染物带入受纳水体，提高土地利用类型对河流营养盐的贡献度，使土地利用 – 水质关联更密切，因此丰水期回归方程的 R^2 比枯水期大。而表 4-21 中部分水质参数在枯水期的 R^2 却大于丰水期，可能是部分流域在雨季的降水强度较大，使得雨水对营养盐的稀释作用大于对其的输出作用，从而掩盖了后者的效应。此外，由于枯水期的时间跨度比丰水期多两个月，使水质参数的数据量多于丰水期，也会使模型对土地利用的解释能力造成一定的影响。

受季节作用影响，降水量的差异使得地表径流对非点源污染的驱动力不同，雨季时较大的径流冲刷作用使土壤中流入河流的污染更严重，土地利用类型对水质的威胁受时空尺度的影响。波托马克河流域降雨具有明显的季节性差异，由降雨引发的地表径流污染对水体中营养盐浓度也有季节性特征，因此，在研究土地利用与水质关联时，需要分丰水期和枯水期考虑。研究区从上游到下游呈梯度性土地利用布局，在丰水期和枯水期分别有不同的土地利用类型对河流营养盐负荷产生主要作用。以 TP 回归模型为例，在丰水期林地面积比例是预测因子，而在枯水期湿地面积比例是预测因子，因为在河流高流量状态下，土壤中的磷元素会促使 TP 浓度升高，Ahearn 等（2005）在对 Fanno Creek 的研究中有相同的发现。但是在俄勒冈州波特兰都会区和克拉克县、华盛顿地区，TP 浓度在丰水期依旧很低（Pratt and Chang，2012）。从 TP 的回归模型的检验上看，相比于 2006 年全年的回归模型（图 4-40），在分丰水期和枯水期之后的模型（图 4-41）的预测能力显著提升，表现在 R^2 值更高，趋势线和 $y=x$ 拟合程度更好。

流域土地利用类型与水质具有显著的相关性。从不同水期及全流域土地利用类型的面积比例与水质的回归模型来看，影响无机氮（DIN、NO_3^-、NO_2）的主要因子为耕地与

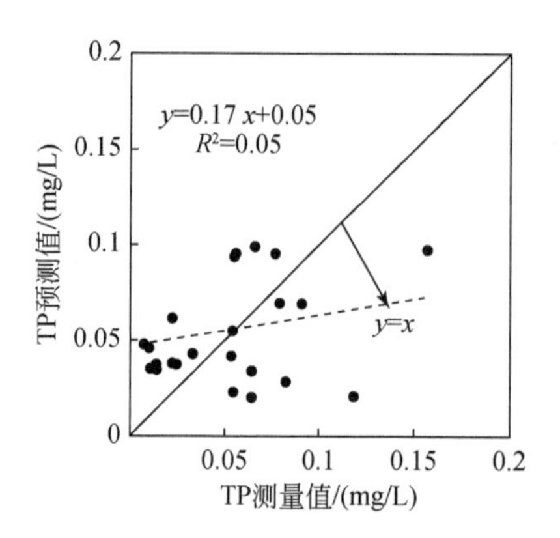

图 4-40　2006 年全年 TP 的回归模型的预测能力（2011 年）

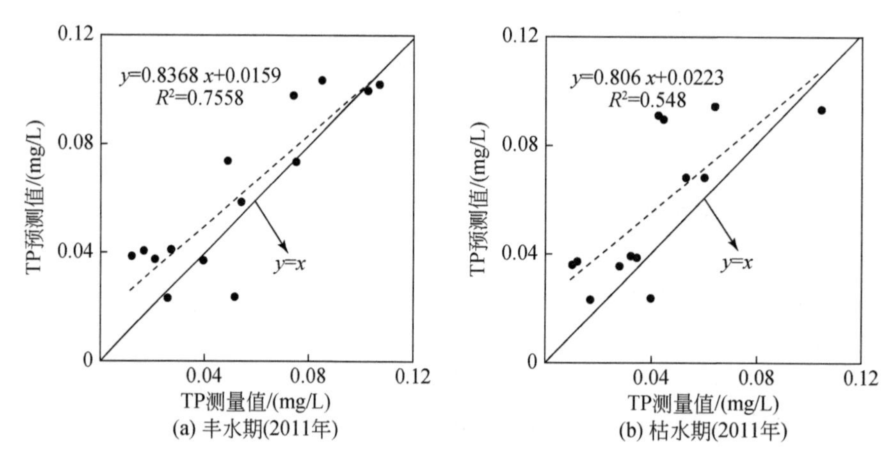

图 4-41　2006 年丰水期、枯水期 TP 的回归模型的预测能力

林地面积比例，Pearson 相关性分析结果也基本一致。在波托马克河，湿地面积比例和 DIN、NO_3^-、NO_2 浓度呈极显著的正相关关系，和 NH_4^+、TP 显著正相关。湿地面积比例是 2011~2015 年 TP 在枯水期以及 NH_4^+ 在丰、枯水期回归模型的预测因子。

湿地能对生物降解能力较差的污水起到净化作用。以往大部分湿地对水质影响的研究都将湿地列为“汇”，即认为湿地能起到水质净化的作用。湿地内所生长的水生植物的生物量和种类是决定水质净化效果的关键因素，一方面水生植物在生长繁殖过程中会吸收、富集水体中的营养盐，另一方面其根系形成的过滤层能促进不溶性胶体、悬浮颗粒等沉降、被底泥吸收，氮、磷等营养盐及重金属通过水生植物的人工收割来移除。若发生水生植物疯长的情况或未及时清理时，随着残体腐烂分解，原本已被吸收的营养盐将被释放，再次造成水体污染。本研究中湿地和水质参数正相关可能是由于对湿地水生植物管理的欠缺，不及时捞除、清理使得其成了污染物的“源”，也有可能由于湿地面积占比较小，或破碎化分布使得对水质的影响被其他土地利用类型掩盖。

4.4.6 对我国流域管理的启示

我国目前正面临着水资源短缺、水污染、水生态退化等问题。从水资源与水环境管理的角度，我国现有的水资源利用与水环境管理制度尚有诸多不完善的地方。从土地利用与水质关联的角度，结合当前波托马克河流域水环境管理的法律、政策等，得到了针对我国流域水环境管理的一些启示。

（1）从土地利用角度。研究中耕地面积比例是大部分水质指标的预测因子，且呈极显著正相关关系，对水质起着重要作用，因而必须重视农业活动相关的氮的输出。由于林地和草本植物对水质的正面作用，可以在河流旁修建合理的绿化带作水质缓冲区、提高城市的绿化率，增强对进入河流的地表径流的过滤效果，或作为“汇”吸纳、截留各类营养盐及污染物。湿地的环境消纳能力有限，应考虑提升湿地环境自净能力，再科学利用湿地对水质的净化作用，通过湿地水体中动植物对污染物的吸收、悬浮物的沉淀作用减少或降解污染物来保护水质。与本研究中建设用地面积比例仅与 TP 呈极显著正相关关系不同，国内许多研究中建设用地面积比例是 NH_4^+ 的预测因子，且和 NH_4^+ 呈极显著正相关关系，需加强点源污染的管理从而控制 NH_4^+ 和 TP 的输出。在丰水期地表径流较大，流域水质受土地利用影响较大，所以在丰水期需更加注意防治非点源污染对水环境的威胁。在土地利用 - 水质关联模型中，每个水质参数分别有各自主要影响的土地利用类型，因此对目标营养盐的管理要对特定土地利用类型采取相应措施。各营养盐在不同类型流域、不同季节均呈现不同分布，因此在小流域的水环境污染防治过程中要有针对性地对土地利用类型面积比例进行控制，在各季节对浓度较大的营养盐采取削减措施，提高水环境管理措施的效率。

（2）从法律、政策角度。在波托马克河流域，能反映城市废水处理能力的 NH_4^+ 与建设用地面积比例没有显著正相关关系，表明了点源污染得到有效解决，这源于波托马克河《清洁水法案》的贯彻落实，以及 TMDL 计划、BMPs 等管理措施的有效执行。我国可借鉴美国水环境保护的相关管理法案、政策及其他措施，根据我国水环境现实状况和管理实际来优化、完善现有管理制度。2008 年的《中华人民共和国水污染防治法》将水环境保护的迫切性呈现在公众面前，在条文中确立了政府在防治管理执法中的相关权限，但其对具体问题执法活动的具体操作细节、相应执行机关没有明确说明。近年来，针对我国水环境、水生态问题形势严峻、黑臭水体常见、河流 / 海域藻华频发，我国出台了一系列政策措施，2015 年 4 月 2 日国务院印发《水污染防治行动计划》；2016 年 12 月 11 日中共中央办公厅、国务院办公厅印发《关于全面推行河长制的意见》的通知；2017 年 12 月，党的十九大报告指出，“加快水污染防治，实施流域环境和近岸海域综合治理”。近年在中央环保督察、各级政府“碧水”攻坚战等监督监管推动下，我国水环境问题得到极大的改观，但离“清水绿岸、鱼翔浅底”的目标仍有很长的距离。

4.4.7 小结

研究了美国波托马克河流域土地利用与水质的动态关联，并从土地利用影响水质的角度，总结了波托马克河流域管理的可借鉴之处，获得了我国流域管理的有益启示。从土地利用/土地覆被变化的角度看河流污染，无论是全球还是地方性河流，都有相似的结果：耕地、林地、湿地对营养盐变化起到重要作用。同时，土地利用与水质关联的季节性因素也需注意，丰水期和枯水期对当地的水质起决定性作用的土地利用类型不同。

4.5 本章小结

围绕气候变异性、空间异质性、点源污染干扰，以及流域水管理制度差异等多方面深入阐释流域土地利用与水质动态关联及其影响机制，具体结论如下。

（1）九龙江流域丰、枯年份景观特征与水质之间存在动态联系。建设用地的面积比例与河流 NH_4^+-N 和 COD_{Mn} 高度相关。在丰水年中，景观指数与 NH_4^+-N 和 COD_{Mn} 的关系要强于枯水年。本研究构建的经验模型更适合于预测没有污水处理厂的河流水质。气候变异性影响了流域景观特征与河流水质二者的关联。

（2）九龙江河流水质与土地利用二者关联具有显著的空间非平稳性。耕地面积比例与水质的关联性在农业流域强于城市流域和自然流域，建设用地面积比例对水质的影响在农业流域和自然流域强于城市流域。

（3）点源污染掩盖了土地利用面积比例与水质间的相关性。点源污染以不同程度影响着每一类的水质。点源污染会减弱甚至掩盖土地利用面积比例 - 水质间的相关性。点源污染越严重，呈显著相关关系的土地利用 - 水质参数越少。

（4）波托马克河流域土地利用与水质关联模型中，耕地是大部分水质指标的预测因子，且呈极显著正相关；建设用地面积比例仅与 TP 呈极显著正相关，不同于国内流域建设用地面积比例与河流 NH_4^+ 呈极显著相关；波托马克流域水质与土地利用模式二者关联模型受季节性影响显著。波托马克河流域水环境管理相关的法律、政策对我国流域水环境治理具有借鉴意义。

第 5 章　近海流域河流氮浓度对气候变化的响应

DIN 是评价水生生态系统营养状态、流域健康以及河流系统恢复力（弹性）的重要指标（Greaver et al.，2016；Lu et al.，2017）。气候条件和人类氮输入，如农业肥料、化石燃料燃烧和生活污水，是控制河流氮动态的重要因素（Paerl，2006；Galloway et al.，2008；Greaver et al.，2016）。理解气候因素与河流氮输出等的关联，是制订气候变化适应性策略的必要步骤。

健康的流域可提供一系列关键的生态系统服务，如水质净化、水土涵养、洪涝控制及气候调节等。已有研究表明，流域土地快速集约化和气候变化通过增加水文极端值和城市 / 农业径流污染物负荷，对流域健康产生负面影响。据美国国家环境保护局报道，健康流域具有较强的应对气候变化的恢复力。评估流域健康关乎制订可持续措施和气候变化的适应性应对策略以达到联合国可持续发展目标（Sustainable Development Goals，SDGs）（Ahn and Kim，2017）。目前流域健康评估主要围绕水质指标开展，鲜有研究综合考虑气候、水文和水质指标。从流域尺度综合评估生态系统健康有助于识别优先管理区域，以减缓和适应气候变化和土地利用变化所带来的负面影响。

过程模型有助于确定气候因素对水质的影响，但长时间序列输入数据的获取以及模型的不确定性和参数率定的复杂性为构建模型带来了一定的困难（Whitehead et al.，2006）。另外，统计方法也常被用于识别与探讨气候与水质的变化及二者间的关系，但主要聚焦于全流域的逐年变化趋势。近年来 Jiang 等（2014）引进了水质气候弹性的理论，用于描述气候变化与水质二者的关系。该理论被用于评估全球尺度的大河流和区域尺度的河流。但对于不同土地利用方式主导的流域（如城市流域、自然流域、农业流域）水质变化对气候状况的敏感性方面的研究鲜有报道。流域水环境变化是全球变化（如气候变化和土地利用变化）与区域环境变化（如河流氮输出等）耦合的结果，对其开展研究，关乎当地水环境安全。然而，相关弹性理论过于简单，不能刻画流域对气候变化等环境灾害的恢复力和脆弱性。鉴于此，近年来相关学者提出了流域健康的理论，实践表明该方法可以从流域系统的可靠性、恢复力以及脆弱性等方面评估并量化气候变化和土地利用变化对水质的影响。因此，通过整合水质气候弹性方法和流域健康指数方法用以评估气候变异性和土地利用模式交互作用下的河流氮输出响应是一个较新颖且有意义的尝试。

作为中国东南沿海流域，近几十年来九龙江流域经历了快速的土地利用变化（第 2 章）和以极端事件发生频次增加为信号的气候变化（第 3 章）。我们应用多时空尺度的方法探讨了不同土地利用梯度下九龙江流域氮输出年际变化（Huang et al.，2021），但目前对有关氮浓度对气候变化的响应仍亟待深入了解。该项研究对气候变化背景下的流域水质控制及流域适应性管理具有现实意义。本章的主要内容包括：探讨氮浓度与气候变化的关系，评估流域健康，揭示环境变量、氮浓度的气候弹性以及流域健康之间的关系（Ervinia et al.，2019）。

5.1 研究方法

5.1.1 现场监测与数据收集

收集分析了九龙江流域2010~2017年连续八年的水文气候和氮浓度观测数据。其中在北溪选取了5个采样点（N1、N2、N3、N4、N5），西溪选取了4个采样点（W1、W2、W3、W4）（图5-1）。表5-1给出了9个采样点的基本流域特征和土地利用面积比例。不同主导土地利用类型的小流域划分原则如下：建设用地面积比例高于8%的流域为城市流域，农业用地面积比例高于10%的流域为农业流域，林地面积比例高于80%的为自然流域（黄金良等，2005）。划分依据主要参考LAWA（2003）、冯媛（2012）等研究，并综合考虑流域地理位置等因素。

在2010~2017年收集了子流域出水口的水样（所有采样点的站点 n= 60）。每年对地表水进行三次采样（丰水期、平水期和枯水期）。并于2014~2017年开展了逐月采样与分析。除地表水外，2018年4月还从地下水井（深度约20 m）采集了地下水样本（三类子流域 n = 4）。通过计算月径流量的第25和第75百分位值来定义这三个水期：枯水期（p<25%）、平水期（25%~75%）和丰水期（p>75%）（Huang et al.，2014）。三个水期分为丰水期（4月、5月、6月、8月）、平水期（2月、3月、7月、9月、10月）和枯水期（11月、12月、1月）。基于上述数据集，估算了流域健康评估的五个指标。

表5-1　9个采样点的土地利用组成和人口密度

站点	站名	面积/km²	人口密度/（人/km²）	平均海拔/m	土地利用组成/%		
					林地	耕地	建设用地
N5	苏溪	132	201	680	63.1	9.2	27.3
N4	龙门溪	237	197	680	76.5	9.1	14.1
N3	双洋溪	658	85	650	91.1	7.3	0.9
N2	新桥溪	972	99	593	93.7	4.4	1.1
N1	浦南	9560	168	616	80.1	16.4	3.6
W4	花山溪	1050	531	345	47.4	49.4	2.7
W3	龙山溪	676	175	507	83.4	13.1	2.8
W2	永丰溪	432	156	477	83.0	13.9	1.9
W1	郑店	3772	373	411	67.1	28.0	4.9

注：人口密度来源于2014年《漳州统计年鉴》和《龙岩统计年鉴》；根据2010年土地利用数据计算土地利用组成。

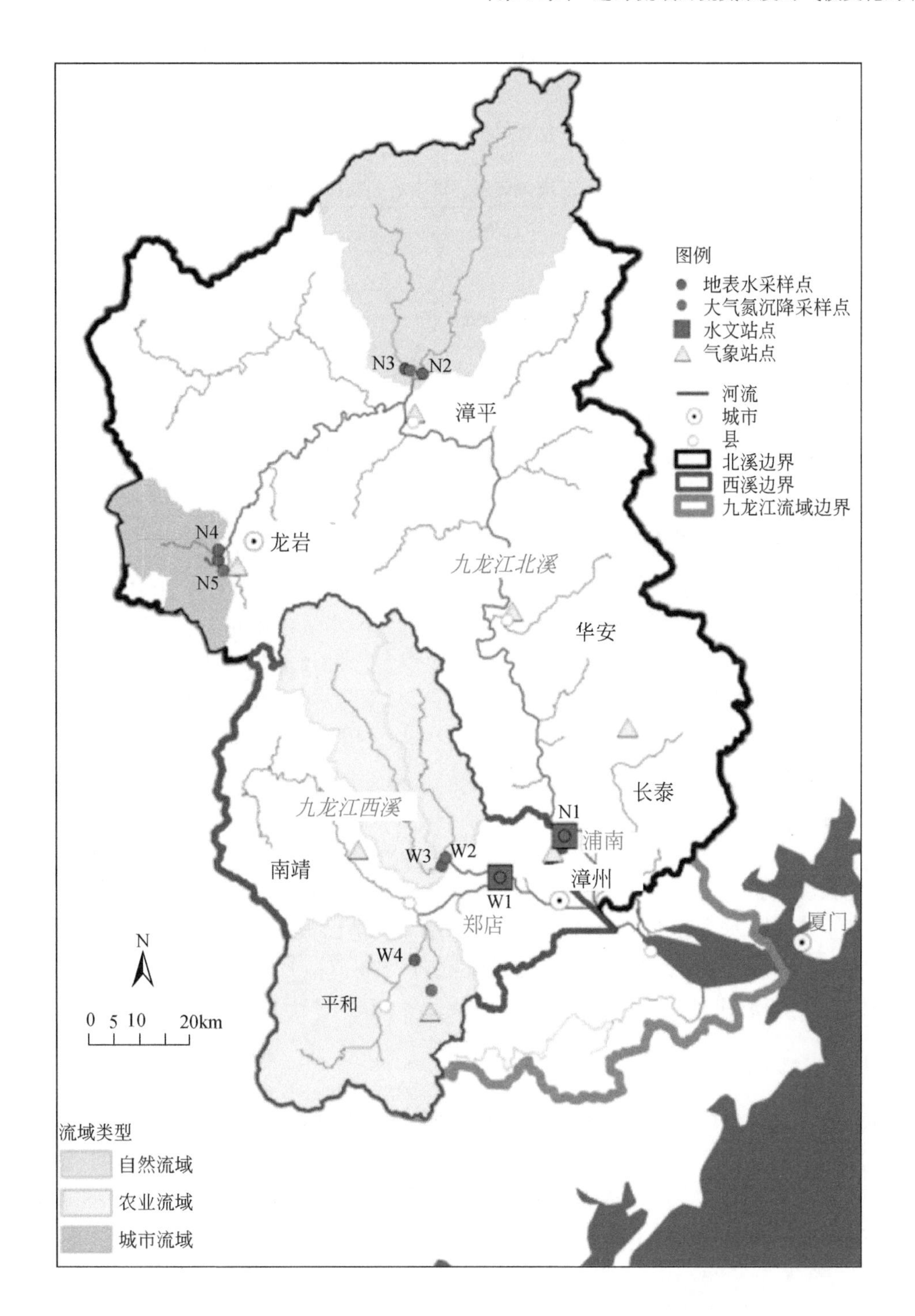

图 5-1 采样点位分布情况

流域内 7 个气象站的降水量、气温等日值气象数据均来自九龙江流域水环境信息平台。应用泰森（Thiessen）多边形法确定各子流域的平均降水量和平均温度。从福建省水文局获得北溪和西溪（浦南和郑店）下游的日流量（m^3/s）数据。对于其他站点的流量，通过应用校验过的 SWAT 模型进行模拟估算（Huang et al.，2013d）。

表 5-2 总结了九龙江流域健康评估的每个研究标准所使用的阈值。每个标准描述如下。

表 5-2　九龙江流域健康评价中的各项指标及其阈值

指标	范围	描述
标准化降水指数（SPI）	1	从 SPI 中提取 CDF，得出
枯水流量（LFD，mm/d）	0.50~1.00	从每月流量持续时间曲线中提取 Q_{90}
丰水流量（HFD，mm/d）	1.65~6.07	从每月流量持续时间曲线中提取 Q_{10}
氨氮浓度（NH_4^+-N，mg/L）	1.9	淡水生物的剂量标准
硝态氮浓度（NO_3^--N，mg/L）	1.5	营养化水平的边界

5.1.1.1　标准化降水指数（SPI）

降水被认为是控制旱涝形成和持续的主要因素。SPI 可以在 1~72 个月的长时间范围内指示干燥和潮湿时段。SPI 是使用 R 程序中的标准化降水 – 蒸散指数（SPEI）软件包计算的。为了计算 SPI，首先将逐月长期降水量记录拟合为伽马分布，然后将其转换为正态分布。SPI 的正值和负值分别表示降水量高于和低于长期降水量记录的中位数。SPI 值分为四类：正常（$-0.99 < SPI < 0.99$）、中度干燥（$-1.49 < SPI < -1.0$）、重度干燥（$-1.99< SPI< -1.5$）和极度干燥（$SPI <-2$）。

5.1.1.2　径流量

水文状况受土地利用变化的影响，如森林砍伐和城市化，从而导致径流量对降雨事件的响应发生变化。水文标准（如枯水流量和丰水流量）已被广泛用于评估流域健康。基于 FDC 确定流量排放标准的阈值。超过每月流量的 75%（Q_{75}）和 25%（Q_{25}）的两个流量分别被视为 LFD 阈值和 HFD 阈值。

5.1.1.3　水质

富营养化是一个广泛且日益严重的环境问题，可能对水生生物造成许多不利影响，损害其他指定用途，并通过污染饮用水来威胁人类健康。在该研究中，选择 NH_4^+-N 和 NO_3^--N 来作为判断农业活动、生活废水和工业废水等人为活动产生影响的指标。NH_4^+-N 和 NO_3^--N 水质标准排放的阈值分别为 1.9 mg/L 和 1.5 mg/L（表 5-2）。

5.1.2　$R_{el}R_{es}V_{ul}$ 框架

流域健康评估基于 $R_{el}R_{es}V_{ul}$ 概念框架，该框架可提供不同流域环境变化的特征信息，$R_{el}R_{es}V_{ul}$ 共分为四个步骤，包括数据输入（标准选择）、RRV 框架建模过程、指标计算和流域健康指数（WHI）计算（图 5-2）。

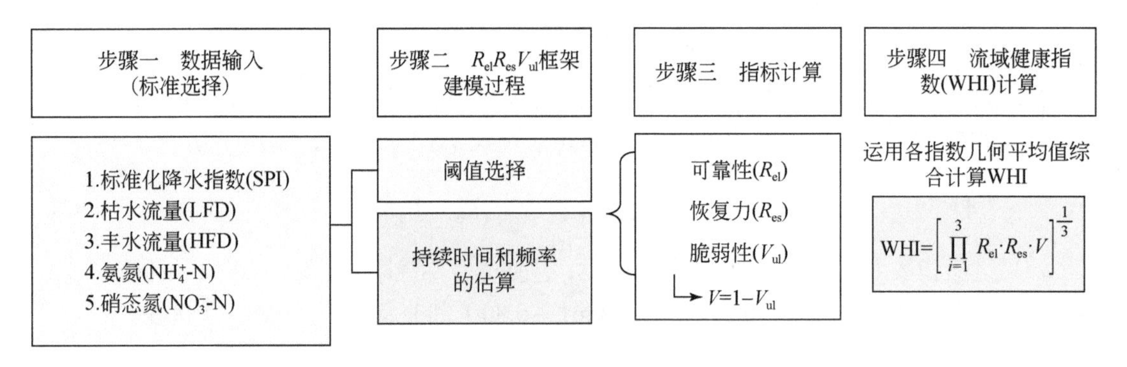

图 5-2 九龙江流域健康评价的四个步骤

可靠性（R_{el}）衡量故障发生的频率。当流域无法在可接受的范围内发挥作用，从而导致流域修复机制不平衡时，就定义为失效事件（Lu et al.，2015）。可靠性（R_{el}）由式（5-1）计算为

$$R_{el}=\left(1-\frac{N_r}{N}\right) \tag{5-1}$$

式中，N_r 为流域不满足研究标准（失效事件）的时间段数；N 为分析的时间段总数，因此 N_r 与 N 的比值是符合准则的经验失效概率。

流域从失效序列中恢复的能力由式（5-2）中定义的恢复力（R_{es}）来评估。R_{es} 表征失效事件的持续时间：

$$R_{es}=\left(1-\frac{N_{fs}}{N_r}\right) \tag{5-2}$$

式中，N_{fs} 为失效序列的总数；N_r 与式（5-1）中 N_r 意义相同。失效序列的平均持续时间越长，流域越难从失效中恢复。

脆弱性（V_{ul}）表征失效事件的大小，根据研究标准的影响，假设失效最长的时间段是最严重的，以此来衡量失效的严重程度。因此，V_{ul} 为每个连续失效序列中发生的最大失效的平均值。本研究提出了一种修正的 V_{ul} 度量，其尺度在式（5-3）中定义为 0~1。

$$\begin{gathered} V_{ul}=\sum_{k=1}^{N}\left\{\left[\frac{X_{obs}(k)-X_{std}}{X_{max}-X_{std}}\right]H[X_{obs}(k)-X_{std}]\right\} \\ \left\{\left[\frac{X_{std}-X_{obs}(k)}{X_{std}-X_{min}}\right]H[X_{obs}(k)-X_{std}]\text{ 在 LFD 条件下}\right\} \end{gathered} \tag{5-3}$$

式中，$X_{obs}(k)$ 为第 k 个时间段的观测值；X_{max} 为最大观测值；X_{min} 为最小观测值；X_{std} 为相应的合规标准；H 为只考虑失效事件的 Heaviside 函数，负参数为 0，正参数为 1。可以认为，当 X_{obs} 与 X_{std} 的偏差很小时，V_{ul} 值趋于 0，而偏差大时，V_{ul} 趋于 1。V_{ul} 的值与 R_{el} 和 R_{es} 的值相反。为了使三个指标保持一致，将负面影响的脆弱性指标标准化为

$$V=1-V_{ul} \quad (5\text{-}4)$$

流域健康指数（WHI）基于每个采样点的 $R_{el}R_{es}V_{ul}$ 概念框架，使用几何均值计算，因为它比其他均值对单个变量的变化更敏感，WHI 通过式（5-5）进行计算：

$$\text{WHI}=[\prod_{i=1}^{3} R_{el}\cdot R_{es}\cdot V]^{\frac{1}{3}} \quad (5\text{-}5)$$

流域健康指数（0.00~1.00）可划分为 5 类，包括非常不健康（0.00~ 0.20）、不健康（0.21~ 0.40）、中等健康（0.41 ~ 0.60）、健康（0.61 ~ 0.80）和非常健康（0.81 ~ 1.00）。

5.1.3 水质的气候弹性

水质气候弹性（CEWQ）定义了水质随气候参数（即气温和降水量）的变化而变化。温度的弹性（ε_T）和沉淀弹性（ε_P）可使用式（5-6）和式（5-7）来计算：

$$\varepsilon_T=\text{中位数}\left(\frac{\text{WQ}_t-\overline{\text{WQ}}}{T_t-\overline{T}}\ \frac{\overline{T}}{\overline{\text{WQ}}}\right) \quad (5\text{-}6)$$

$$\varepsilon_P=\text{中位数}\left(\frac{\text{WQ}_t-\overline{\text{WQ}}}{P_t-\overline{P}}\ \frac{\overline{P}}{\overline{\text{WQ}}}\right) \quad (5\text{-}7)$$

式中，$\overline{\text{WQ}}$、$\overline{T}$、$\overline{P}$ 分别为月平均水质、月平均气温和月平均降水量。WQ_t、T_t 及 P_t 分别为 t 时刻的水质、气温和降水量。

使用 2010~2017 年的每月时间序列，计算了每个站点 NH_4^+-N 和 NO_3^--N 的气候弹性值。为了估计 ε_T (NH_4^+-N)，使用每月时间序列数据集，计算每对 $NH_4^+\text{-N}_t$ 和 T_t 的 $\left(\frac{NH_4^+\text{-}N_t-\overline{NH_4^+\text{-}N}}{T_t-\overline{T}}\ \frac{\overline{T}}{\overline{NH_4^+\text{-}N}}\right)$ 值。上述公式给出的非参数估计值 ε_T，以及中位数绝对偏差（MAD）和四分位间距（IQR）用于检查弹性值的有效性。

CEWQ 分为四种类型的弹性等级：①当绝对值 <0.1 时为非弹性（IE）；②当 0.1 ≤ 绝对值 <0.5 时为相对弹性（RE）；③当绝对值≥ 0.5 时具有强弹性（SE）；④绝对值等于 1.0 时为单位弹性（UE）。并运行 t 检验用于评估相关参数的显著性水平（检验水准 $\alpha=0.05$）。

为了比较不同水文气候条件下的氮含量，丰水年和枯水年的水文指数定义为 8 年内水文年径流量与平均径流量之比。丰水年和枯水年的水文指数最高和最低分别为 1.6（2016 年）和 0.8（2017 年）。通过建立径流量与气温之间的线性关系，定义水文气候参数之间的时滞性。然后描绘了气温的滞后移动的月平均值与月平均径流量值之间的关系。通过计算丰、平、枯季节的平均氮浓度与流域类型（如森林流域、城市流域和农业流域）之间的关系，进而推断土地利用和气候变化对氮浓度的交互影响。

关联流域空间特征与水质气候弹性，以确定影响水质对气候驱动因素响应的流域特征。本研究考虑的流域特征包括土地利用面积比例、人口密度、地理位置（即纬度和海拔）和流域规模。利用线性回归分析方法分析了水质气候弹性与流域特征之间的关系（表 5-2）。

5.1.4 统计分析

采用线性回归分析方法探讨了流域特征、水质气候弹性与流域健康指数之间的关系。考虑的流域特征包括：农业用地面积比例、林地面积比例、城市用地面积比例、人口密度、海拔和流域面积。分析前进行 K-S 拟合优度检验，以检验各变量分布的正态性。当显著性水平 >0.05 时，变量为正态分布。分析表明，流域特征变量的对数转换比原始数据更合适。因此，所有的分析都是在对数转换后进行的。采用双尾 f 检验检验相关关系的显著性。

5.2 氮浓度与气候变量的关系

氮浓度的温度弹性系数（ε_T）与降水弹性系数（ε_P）如图 5-3 所示。对于 NH_4^+-N 而言，ε_T 的数值范围在 −1.14~0.83，ε_P 的数值范围在 −0.21~0.3。NH_4^+-N 在自然流域的 ε_T 和 ε_P 均为正的，而在城市流域则表现为负弹性，同时在农业流域的变异性较大。九龙江流域的两大流域：北溪、西溪的 NH_4^+-N 与气温以及降水量表现为负响应关系。此外，NO_3^--N 的 ε_T 数值范围在 −0.46~0.32，同时 ε_P 数值范围在 −0.21~0.14。不同流域 NO_3^--N 负响应强度为：自然流域 > 城市流域 > 北溪出口，正响应的强度为：农业流域 > 西溪。ε_P 负弹性代表了稀释效应，同时正弹性指示了冲刷效应。氮浓度对温度与降水量的响应模式一致的。然而，对比降水量（p<0.05），氮浓度对气温响应更强烈。

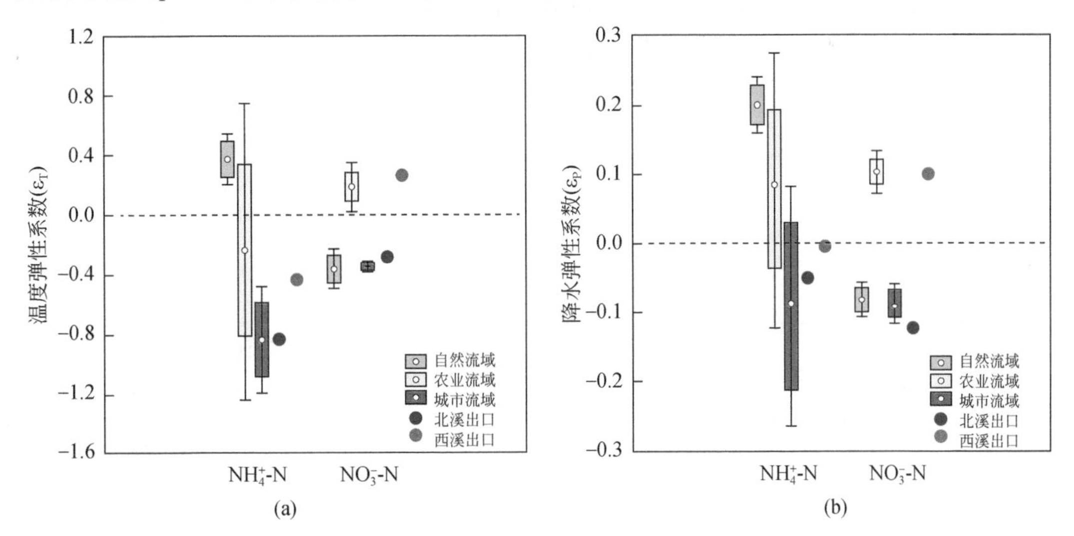

图 5-3 九龙江流域三种不同类型流域以及北溪和西溪 NH_4^+-N 与 NO_3^--N 的温度弹性系数（ε_T）与降水弹性系数（ε_P）状况（2010~2017 年）

箱：平均 ±SE；线：平均 ±SD

气候驱动因素通过两种机制影响年际氮（N）浓度动态：土壤氮的循环过程和水文过程。本研究结果表明，流域中三种氮形态的气候弹性有很大差异，可能与氮的来源有关。

NH_4^+-N 对自然流域的温度和降水表现为正弹性关系，这表明土壤氮矿化为主要作用。气温升高很可能会增强控制矿化过程的微生物数量，而降水量的增加会导致土壤湿度增加，从而增加氮矿化的速率（Greaver et al.，2016；Lu et al.，2017；Whitehead et al.，2006）。NO_3^--N 与气候参数之间的正弹性关系仅出现在农业流域中，这可能与丰水期降水量增加导致土壤中无机硝态氮肥料的淋溶过程有关。同时，土壤含水量以及气温等条件可能会加剧微生物主导下的氮转化过程（即硝化作用），产生转移至河流水体中的硝酸盐。农业流域 NO_3^--N 与径流量之间存在协同效应（Abbott et al.，2018）。

城市子流域的弹性表现为负，其浓度随气温和降水量的增加而降低。氮与气候参数之间的异步模式可能是高流量期间城市点源污染的稀释效应所致（Huang et al.，2014）。平水期和枯水期的高 NO_3^--N 浓度表明大气氮沉降过程城市流域的土壤 N 转化有限。森林流域和城市流域下的 NO_3^--N 浓度较低，表明硝酸盐向地下水的淋溶有限。相反，在农业流域 NO_3^--N 浓度很高。这项调查的结果表明，与气候变化有关的水文过程决定了城市流域的年内氮变化，而微生物活动和氮转化是自然和农业流域氮循环的主要过程。

5.3　氮浓度与径流的关系

图 5-4 与图 5-5 展示了氮浓度在年内的空间差异。在大部分研究区域，NH_4^+-N 在枯水期浓度达到峰值而在平水期或丰水期浓度下降，呈现出径流量与浓度的非同步波动。相反地，在自然流域，NH_4^+-N 平均浓度在枯水期最低，平水期最高。通过对比农业流域 NH_4^+-N 月平均浓度 [（1.27±0.64）mg N/L] 以及自然流域 NH_4^+-N 月平均浓度 [（0.62±0.22）mg N/L]，其在城市流域浓度更高 [（1.89±0.57）mg N/L]。

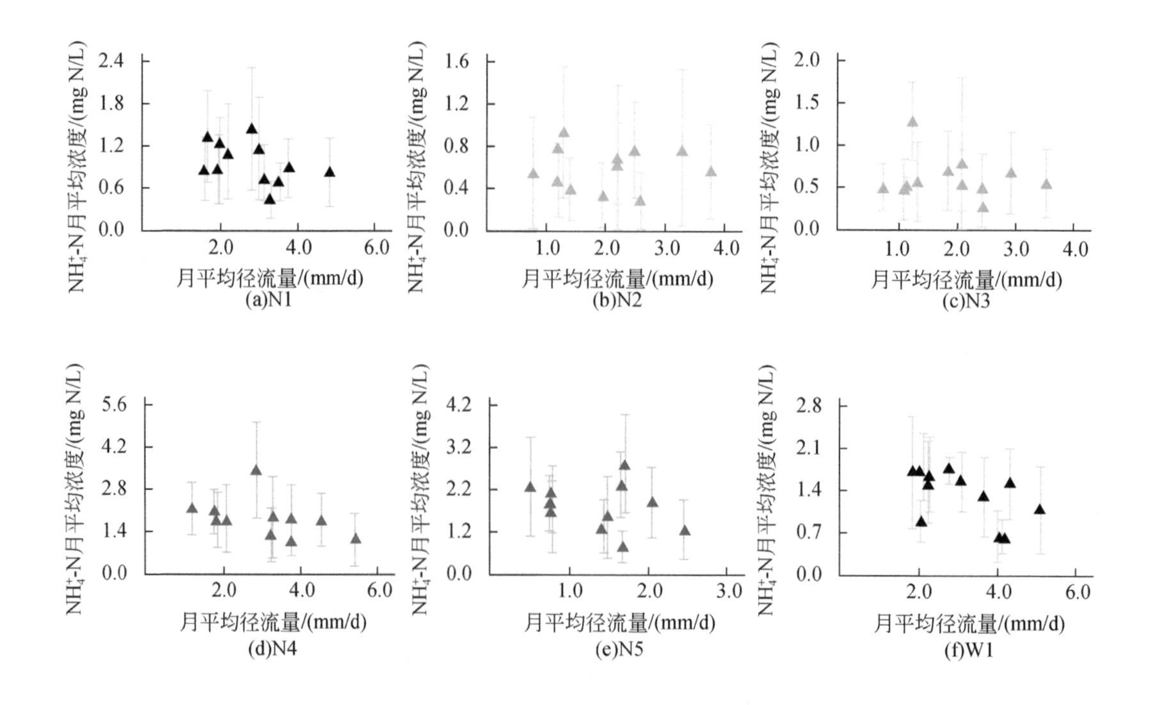

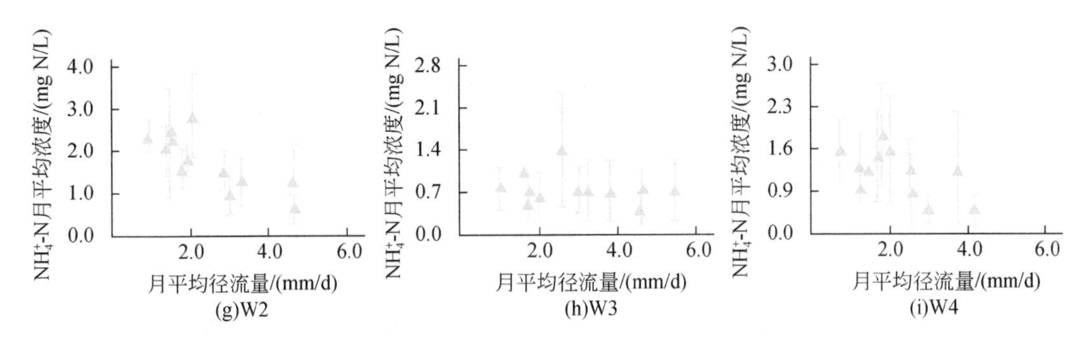

图 5-4 NH_4^+-N 月平均浓度与月平均径流量的关系

绿色、红色以及黄色标记分别代表了自然流域、城市流域以及农业流域。黑色标记则代表了北溪以及西溪出口。误差条代表 95% 置信间隔

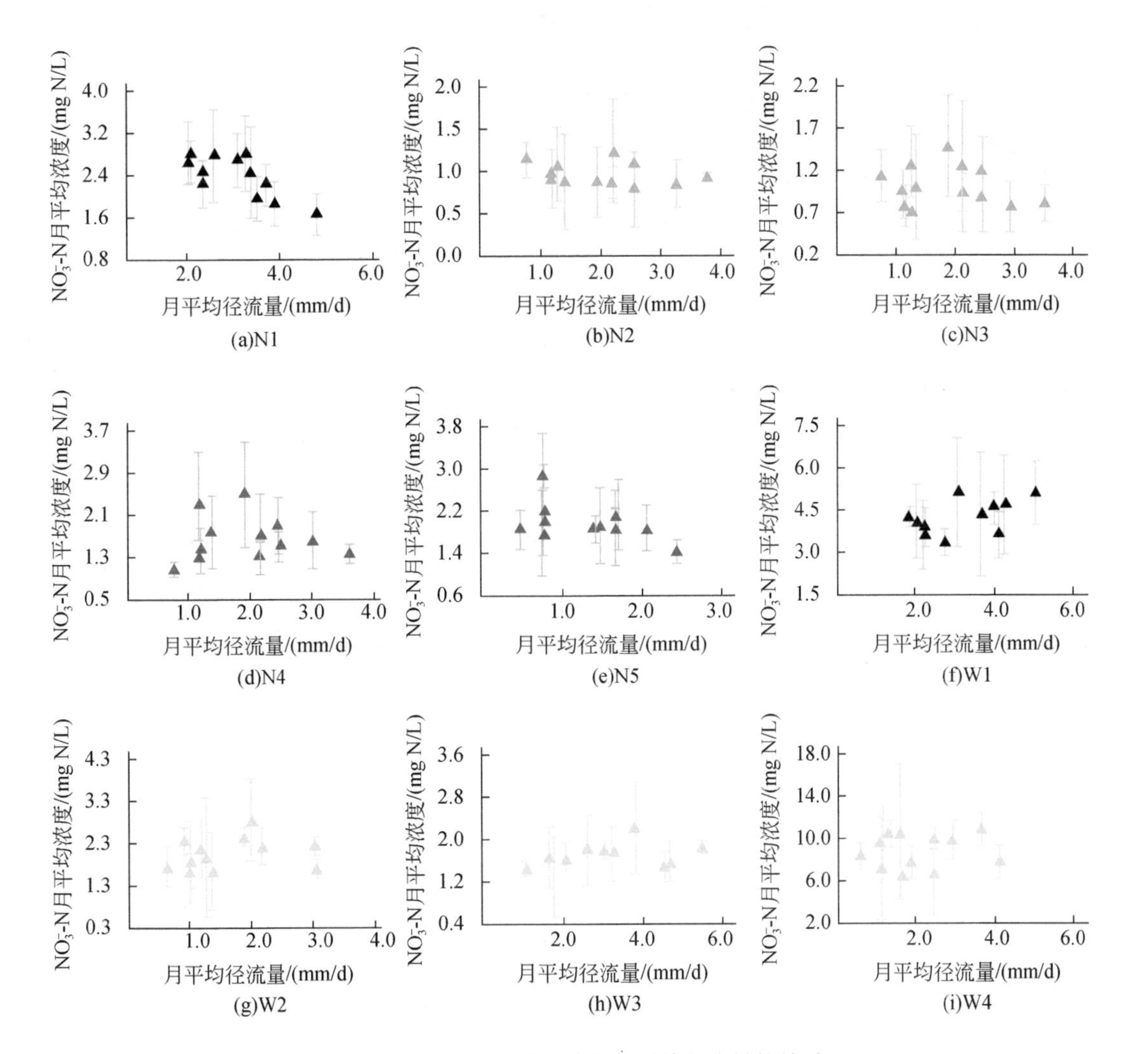

图 5-5 NO_3^--N 月平均浓度与月平均径流量的关系

绿色、红色及黄色标记分别代表了自然流域、城市流域以及农业流域，黑色标记则代表了北溪以及西溪出口，误差条代表 95% 置信区间

图 5-4 表明在农业流域以及西溪 [图 5-5（f）~（i）]，NO_3^--N 月平均浓度与径流量呈现出同步的波动趋势（浓度与径流量正相关）。北溪出口 NO_3^--N 与径流量的波动模式不一致，表现为随着径流量的上升而减小，尤其是在春夏季节 [图 5-5（a）~（e）]。对比非同步的流域，NO_3^--N 和径流量同步波动的流域有更高的 NO_3^--N 浓度。在自然流域，NO_3^--N 月平均浓度最低 [（1.03±0.19）mg N/L]。对于城市以及中度耕作流域（如 W2 与 W3），NO_3^--N 月平均浓度分别为（1.81 ±0.42）mg N/L 和（1.92 ±0.35）mg N/L。W4 的农业活动强度最大，其 NO_3^--N 月平均浓度达到最高值 [（9.27±1.60）mg N/L]。总体而言，西溪与北溪的 NO_3^--N 月平均浓度更高。NO_3^--N 月平均浓度与流域内农业有关的土地面积比例呈现正相关关系（r=0.99，p<0.01）。

5.4 气候 – 氮灵敏度与流域特征的关系

土地利用面积比例，人口密度以及地理位置与气候 – 氮灵敏度系数的关系如表 5-3 所示。耕地面积比例是 ε_T（NO_3^--N）（R^2=0.59，p=0.015）以及 ε_P（NO_3^--N）（R^2=0.47，p=0.041）的显著决定性因素，意味着随着耕地面积比例的增加，硝酸盐对气温与降水量的响应更显著。建设用地面积比例与气候 – 氮弹性系数无显著相关性，但在一定程度上降低 NH_4^+-N 对降水量响应的灵敏度（R^2=0.43，p=0.054）。林地面积比例与 ε_P（NH_4^+-N）和 ε_T（NO_3^--N）有显著相关性，其与 NH_4^+-N 的 ε_P 呈正相关，与 ε_T（NO_3^--N）呈负相关。除了耕地面积比例，人口密度与纬度也对 ε_T（NO_3^--N）和 ε_P（NO_3^--N）有显著影响（表 5-3）。研究结果表明，在密集的人口分布区域，NO_3^--N 对气温以及降水量更敏感，而在更高的纬度区域则表现为更弱的敏感性。气候 – 氮敏感度与流域面积大小无显著的相关关系。

表 5-3　氮浓度气候弹性变量与流域特征的线性回归结果

变量	耕地面积比例 /%	建设用地面积比例 /%	林地面积比例 /%	人口密度 /（人 /km²）	纬度 /（°）	流域面积 / km²
			ε_T（NH_4^+-N）			
R^2	0.02	0.28	0.19	0.07	0.08	0.07
p	0.71	0.14	0.24	0.48	0.47	0.48
β_0^*	−0.21	−0.05	−1.91	−0.04	−13.58	−0.21
β_1^*	−0.007	−0.05	0.02	−0.001	0.53	−0.000 1
			ε_P（NH_4^+-N）			
R^2	0.10	0.43	**0.46**	0.21	0.07	0.05
p	0.40	0.054	**0.044**	0.21	0.50	0.54
β_0	0.11	0.12	**−0.52**	0.16	−2.78	0.07
β_1	−0.004	−0.012	**0.007**	−0.000 5	0.11	−0.000 01
			ε_T（NO_3^--N）			
R^2	**0.59**	0.13	**0.50**	**0.52**	**0.69**	0.000 1
p	**0.015**	0.38	**0.048**	**0.026**	**0.005**	0.97
β_0	**−0.38**	−0.015	**1.08**	**−0.44**	**17.03**	−0.09

续表

变量	耕地面积比例 /%	建设用地面积比例 /%	林地面积比例 /%	人口密度 /（人 /km^2）	纬度 /（°）	流域面积 / km^2
			ε_P（NO_3^--N）			
β_1	**0.02**	−0.013	**−0.02**	**0.002**	**−0.69**	0.000 01
R^2	**0.47**	0.10	0.22	**0.43**	**0.54**	0.06
p	**0.041**	0.41	0.19	**0.05**	**0.024**	0.51
β_0	**−0.09**	0.02	0.25	**−0.11**	**5.14**	0.01
β_1	**0.005**	−0.004	−0.003	**0.000 4**	**−0.21**	−0.000 01

注：线性回归系数 $y=\beta_0+\beta_1x$；加粗字体指示回归显著性 $p<0.05$。

5.5 径流量年际变化与氮浓度

径流量与月平均气温之间的关系呈顺时针方向 [图 5-6（b）]。当使用北溪滞后 45 天的平均气温以及西溪滞后 15 天的平均气温时，其关系接近线性 [图 5-6（c）、（d）]。基于两者接近线性的关系，本研究选取月平均滞后气温来表示月平均径流量。

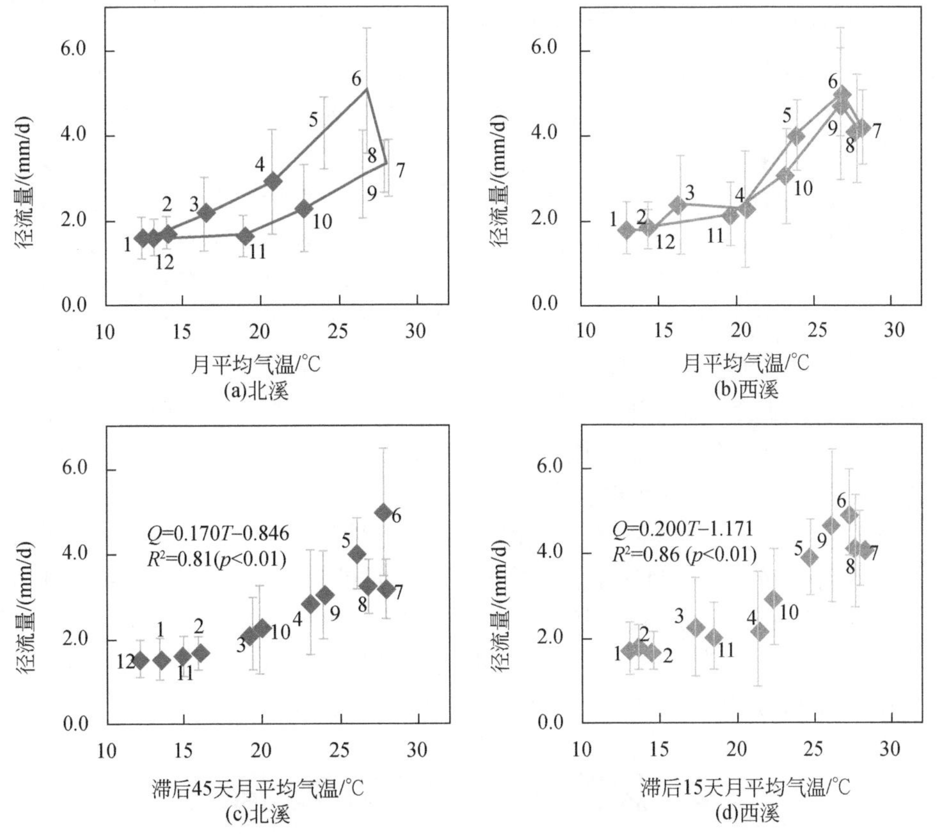

图 5-6 北溪和西溪流域月平均气温或滞后月平均气温与径流量的关系

点代表月平均径流量，误差条代表了置信区间枯水年的径流量与滞后平均气温相关性比平均值小（图 5-7）。对于丰水年，径流量与气温变化剧烈，尤其是在平水期。丰水年的 3 月以及 10 月的径流量接近 8 年平均值的 3 倍。

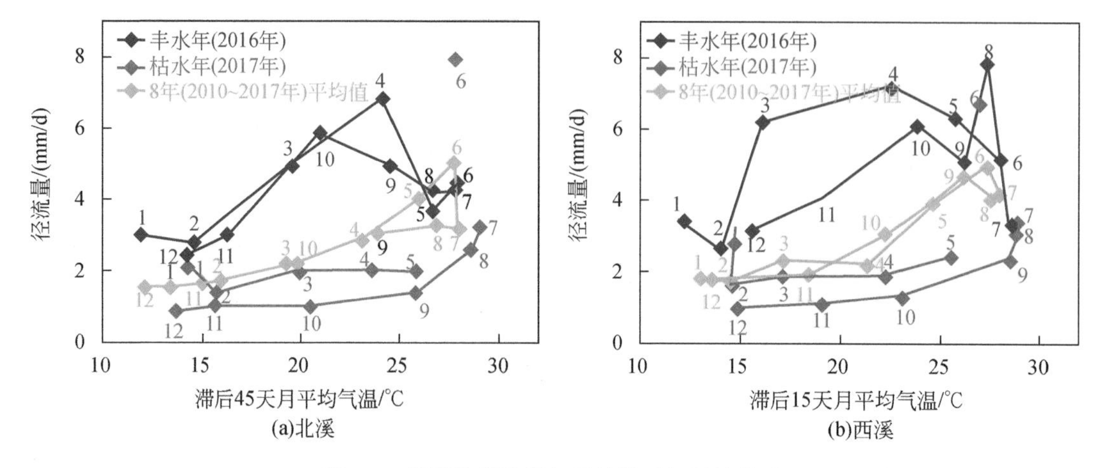

图 5-7 月平均径流量与平均滞后气温的关系

误差条代表了 95% 的置信区间

在丰水年，NH_4^+-N 平均负荷在平水期和丰水期明显较高（p<0.05）；自然流域在丰水年与枯水年表现出相对稳定的季节模式。在丰水年，城市与农业流域在平水期或丰水期 NO_3^--N 浓度值达到峰值。NO_3^--N 在丰水年枯水期或平水期浓度更高（p<0.05）。在不考虑土地利用变化的情况下，通过与 8 年平均以及丰水年的对比，NO_3^--N 浓度在枯水年的丰水期数值更高。

由于大多数氮的转化和迁移都取决于土壤的性质和气候条件，因此在极端天气条件下，氮的浓度有很大的变化（Kaushal et al.，2008；Lu et al.，2017）。本研究表明，氮浓度对极端天气条件有强烈的响应，丰水年的氮含量较高，而枯水年的氮含量较低。径流量也随气温变化增加，特别是在春季和秋季的平水期。这一结果与其他研究一致，即枯水年溪流氮浓度随径流量的减少而增加，氮输出显著减少（Kaushal et al.，2008；Lu et al.，2017）；丰水年地下水位可能会更高，进而导致更多的氮淋溶输入，将更多的硝酸盐从土壤输送到河流。降雨的增加还可以通过影响微生物活动增强土壤中的矿化、硝化和反硝化等氮的迁移转化过程，因此在丰水年氮浓度会相应增加。

城市和农业子流域氮浓度对气候变化影响的脆弱性较高。本研究发现，在丰水年，城市子流域的 NH_4^+-N 浓度约为自然子流域的 NH_4^+-N 浓度的 2.5 倍，农业子流域硝酸盐浓度最高，比丰水期自然子流域的硝酸盐浓度高出 5 倍以上。城市流域和农业流域在高流量条件下可能更容易产生高氮输出现象。在暴雨期间地表径流脉冲过程中，与城市河流中反硝化生物“热点”相互作用的能力也可能有限（Kaushal et al.，2008）。

5.6 风险评估与流域健康指数

表 5-4 给出了单一驱动力之下计算的 $R_{el}R_{es}V_{ul}$ 数值。

表 5-4 九龙江流域 2010~2017 年的 $R_{el}R_{es}V_{ul}$ 结果

指标	可靠性（R_{el}）	恢复力（R_{es}）	脆弱性（V_{ul}）	$R_{el}R_{es}V_{ul}$
SPI	0.72±0.01	0.54±0.09	0.30±0.05	0.65±0.05
LFD	0.76±0.01	0.34±0.09	0.54±0.04	0.49±0.05
HFD	0.74±0.01	0.34±0.07	0.40±0.06	0.53±0.05
NH_4^+-N	0.80±0.18	0.68±0.27	0.13±0.06	0.77±0.17
NO_3^--N	0.35±0.33	0.31±0.32	0.15±0.23	0.42±0.30

本研究发现对于气候变量（如 SPI、LFD、HFD），九龙江流域有更高的 R_{el} 和 R_{es}。NO_3^--N 指标展示了最低的 R_{el} 和 R_{es}，这意味着相比较于 NH_4^+-N，流域河流 NO_3^--N 浓度超标更为严重，因此导致了更低的 R_{el} 的数值。河流长期的 NO_3^--N 问题导致了流域恢复力较低。在流量方面，九龙江流域展示了更低的脆弱性。正如表 5-4 所示，对于研究指标 SPI 以及 NH_4^+-N 的 $R_{el}R_{es}V_{ul}$ 数值，其均表现为高的健康状态（0.61~0.80）。对于 LFD、HFD 以及 NO_3^--N 等指标，则被划分为中等健康状态（0.41~0.60）。

图 5-8 揭示了平均的 $R_{el}R_{es}V_{ul}$ 指标以及健康指数的空间变化状况。

对于可靠性指标 [图 5-8（a）]，在森林主导的自然流域，WHI 值范围在 0.61~0.80，这意味其受到更少的破坏。而在农业流域、城市流域和北溪，可靠性指标数值下降到 0.41~0.60，在西溪甚至更低。图 5-8（b）表明农业活动更强的流域以及西溪恢复力值更低，其数值范围在 0.20~0.40。这个模式与可靠性指标结果一致，表明两个指标具有一致性。城市流域与农业流域，NH_4^+-N 与 NO_3^--N 对 R_{el} 和 R_{es} 两指标影响较大。另外，脆弱性空间分布展示了九龙江流域大部分子流域均在相对健康的状态 [图 5-8（c）]。

整合单一风险指标结果以评估九龙江流域健康指数 [图 5-8（d）]。流域健康指数的数值范围在 0.61~0.80，主要集中在森林主导的自然流域，这意味着良好的流域健康状态与气候、水文以及水质状况相关。流域健康指数下降到 0.41~0.60（中等健康）的部分，主要集中在城市流域与农业流域。花山溪子流域（W4）呈不健康状态，该子流域 50% 的土地为农业用地，流域健康指数为 0.38。相比于北溪，图 5-8（d）展示了西溪流域更低的健康状况，这可能是与高强度的农业活动导致了更高的氮输入有关。

流域的健康取决于土地利用、地形、气候、土壤类型和植被等因素的组合（Ahn and Kim，2017）。研究结果表明，九龙江流域 $R_{el}R_{es}V_{ul}$ 指数的 SPI 值较高（0.61 ~ 0.80）。该研究基于 SPI 的 $R_{el}R_{es}V_{ul}$ 指数高于地处中度干旱的伊朗流域。这种差异可能是由于空间气候动态的变化。九龙江流域的流量结果表明，该流域处于中等健康状态。这可能是年内和年际降水量的变化造成的。与 NO_3^--N 浓度相比，NH_4^+-N 浓度低于水质标准阈值。施肥产生的非点源污染是农业流域 NO_3^--N 污染的主要原因。

自然流域的脆弱性指数较低，具有较高的可靠性和恢复力，这可能与该类流域农业活动较少和森林覆盖率较高有关。农业流域和城市流域的 R_{el} 值和 R_{es} 值较低而 V_{ul} 值较高，农业活动导致的水质退化可能是其脆弱性高的原因。其他研究也发现了农业流域高 V_{ul} 氮指标，并将建设用地面积比例作为城市流域点源污染的代表指标。

本研究基于 $R_{el}R_{es}V_{ul}$ 概念框架探讨了九龙江流域健康指数在不同主导土地利用方式子流

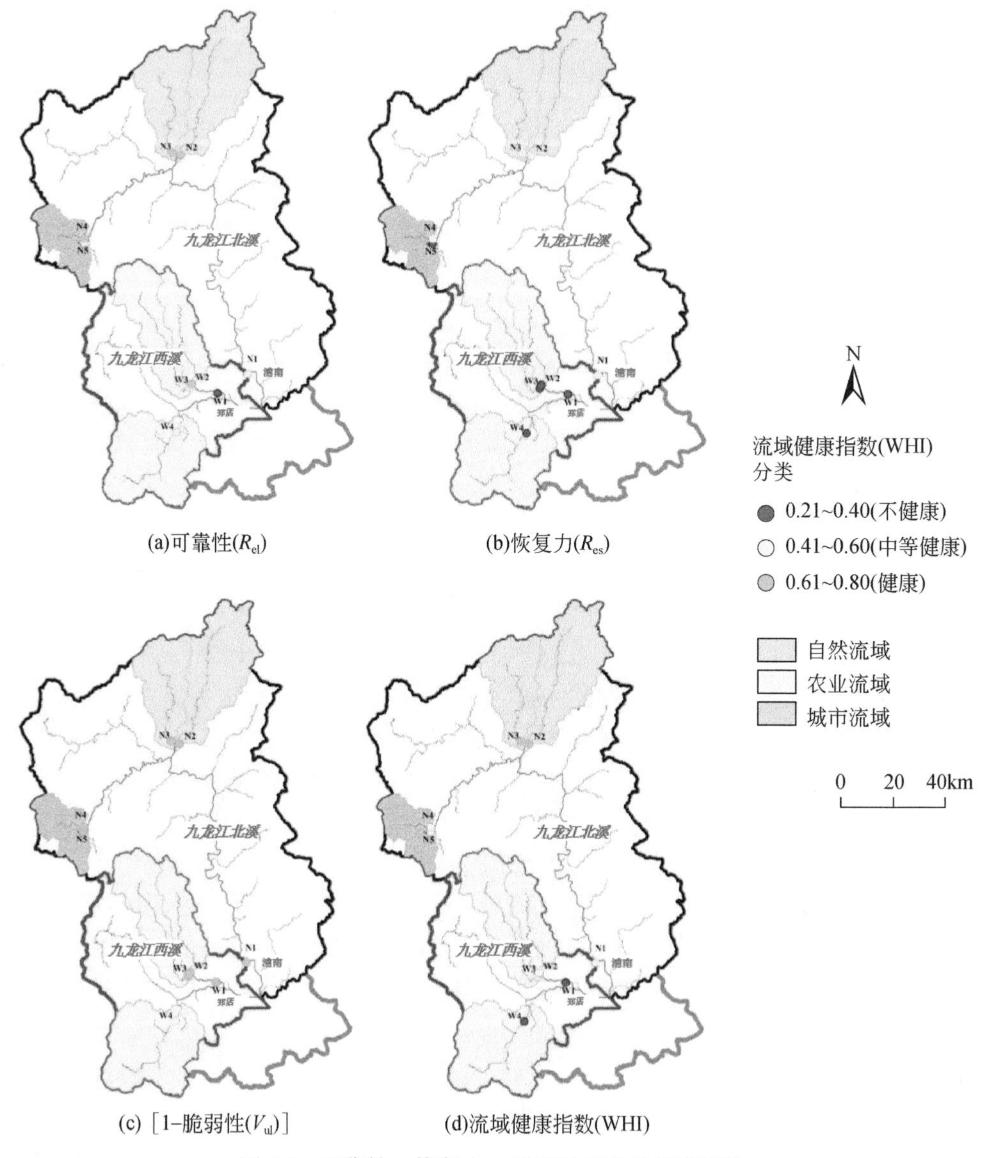

(a)可靠性(R_{el}) (b)恢复力(R_{es})

(c)［1–脆弱性(V_{ul})］ (d)流域健康指数(WHI)

图 5-8 可靠性 – 恢复力 – 脆弱性和流域健康指数

域的空间差异性。自然流域被认为是健康的，而城市和农业流域被认为是中等健康的。在 W4 和西溪河段检测到不健康状况。它证实了在农业流域和城市流域往往具有较低程度的可靠性、恢复力和流域健康，以及较高的脆弱性值。

5.7 环境变量、氮浓度的气候弹性以及流域健康之间的关系

土地利用面积比例、人口密度以及地理位置均对气候 – 氮敏感性以及流域健康有潜在的影响（表 5-5）。耕地面积比例对 ε_T（NO_3^--N）（R^2=0.59，p=0.015）和 ε_P（NO_3^--N）（R^2=0.47，

p=0.041）具有重要的正面作用。这意味着更高的农业用地面积比例趋向于增加河流氮浓度对气温以及降雨的敏感性。建设用地面积比例对气候 – 氮弹性没有显著的相关关系，但在一定程度上，其对于 NH_4^+-N 的降雨弹性具有一定负作用（R^2=0.43，p=0.054）。林地面积比例与 ε_P（NH_4^+-N）呈正相关关系，对 ε_T（NO_3^--N）呈负相关关系。

表 5-5　流域特征、氮浓度的气候弹性以及流域健康之间的线性关系

变量	耕地面积比例 /%	建设用地面积比例 /%	林地面积比例 /%	人口密度 /（人 /km^2）	纬度 /（°）	高程 / m	流域大小 / km^2
			ε_T（NH_4^+-N）				
R^2	0.02	0.28	0.19	0.07	0.08	0.002	0.07
p	0.71	0.14	0.24	0.48	0.47	0.91	0.48
β_0^*	−0.21	−0.05	−1.91	−0.04	−13.58	−0.12	−0.21
β_1^*	−0.007	−0.05	0.02	−0.001	0.53	-2.6×10^{-4}	-6.1×10^{-5}
			ε_P（NH_4^+-N）				
R^2	0.10	0.43	**0.46**	0.21	0.07	0.0006	0.05
p	0.40	0.054	**0.044**	0.21	0.50	0.95	0.54
β_0	0.11	0.12	**-0.52**	0.16	−2.78	0.04	0.07
β_1	−0.004	−0.012	**0.007**	-5.2×10^{-4}	0.11	3.1×10^{-5}	-1.2×10^{-5}
			ε_T（NO_3^--N）				
R^2	**0.59**	0.13	**0.50**	**0.52**	**0.69**	**0.81**	0.0001
p	**0.015**	0.38	**0.048**	**0.026**	**0.005**	**0.002**	0.97
β_0	**−0.38**	−0.015	**1.08**	**−0.44**	**17.03**	**1.07**	−0.09
β_1	**0.02**	−0.013	**−0.02**	**0.002**	**−0.69**	**−0.002**	-1.2×10^{-6}
			ε_P（NO_3^--N）				
R^2	**0.47**	0.10	0.22	**0.43**	**0.54**	**0.89**	0.06
p	**0.041**	0.41	0.19	**0.05**	**0.024**	**0.0005**	0.51
β_0	**−0.09**	0.02	0.25	**−0.11**	**5.14**	**0.39**	0.01
β_1	**0.005**	−0.004	−0.003	**4.8×10^{-4}**	**−0.21**	**-7.1×10^{-4}**	-8.6×10^{-6}
			WHI				
R^2	**0.74**	0.001	**0.70**	**0.80**	**0.70**	**0.65**	0.02
p	**0.003**	0.92	**0.005**	**0.001**	**0.005**	**0.015**	0.71
β_0	**0.63**	0.53	**0.11**	**0.66**	**−4.91**	**0.19**	0.54
β_1	**−0.01**	-4.4×10^{-4}	**0.005**	**-6.0×10^{-4}**	**0.21**	**6.2×10^{-4}**	-4.6×10^{-6}

注：线性相关系数 $y=\beta_0+\beta_1x$；加粗字体表示相关性显著 p<0.05。

除了土地利用，人口密度、高程以及纬度对 ε_T（NO_3^--N）和 ε_P（NO_3^--N）具有显著的影响，该结果意味着九龙江流域更高密度人口分布区、更低的纬度以及更低的海拔等地区，河流 NO_3^--N 浓度对气温以及降雨有更高的敏感性。此外，对于流域健康指数，相比于耕地以及人口密度，坡度对其有更显著的负面影响（表 5-5）。流域健康指数与林地面积比例之间具有显著的相关性，这揭示了当林地面积比例增加的时候，流域健康指数会显著提高。另外，流域面积大小与气候水质敏感性、流域健康指数没有显著的相关性。

流域的内部特征会影响陆地水文循环对大尺度气候变化的敏感性。本研究通过探索土地利用、水质的气候敏感性和流域健康之间的关系，可增进对气候 – 土地 – 水联结体的理解。农业用地面积比例与硝酸盐的气候弹性呈显著正相关，表明农业用地面积比例高时气候对水质影响较大。农业氮输入的有效性和水文连通性可以解释这种正相关关系。这一发现支持了先前研究（Correll et al.，1999；Fukushima et al.，2000；Whitehead et al.，2009；Khan et al.，2017）关于农业流域氮浓度随降水量增加而增加的观察结果。

林地面积比例与 NO_3^--N 气温弹性呈显著负相关，表明较高的森林覆盖率可以降低升温对地表 NO_3^--N 浓度的影响。这类似于 Monteith 等（2000）的研究，他们认为气温上升有利于植物对硝酸盐的生物固定，可导致河流中硝酸盐浓度降低。相比之下，林地的面积比例与 NH_4^+-N 的降水弹性呈显著正相关。这一现象表明降水量增加和林地土壤湿度增强的矿化过程可能有助于增加土壤 NH_4^+-N 储量。这项研究的结果与先前的研究一致，即密集的河岸植被可能会因有机物分解而向地表水释放大量的 NH_4^+-N。

人口密度与 NO_3^--N 的气候弹性呈正相关，表明在人口密集地区，NO_3^--N 浓度对气候（气温和降水量）的响应往往更强。中国的大多数流域，包括九龙江流域，由于污水处理厂数量有限，高营养盐浓度的废水被暂时储存在集水区，在暴雨时被冲洗出来。因此，可以理解，密集的人类活动倾向于加强硝氮浓度对气候变化的响应。同时，海拔与 NO_3^--N 的气候弹性呈强负相关，表明位于低海拔的流域对气候变化对水质的影响更为敏感。鉴于农业活动主要集中在九龙江流域的低海拔地区，海拔梯度也可能反映土地利用的影响。Nottingham 等（2015）给出了类似的发现，其研究结果表明矿化过程随着海拔的升高而减弱，并归因于气温对分解、生物固氮和较高海拔处微生物过程的限制。本研究还进行了氮浓度关系的近似敏感性因素和健康关系因素之间的深入对比。林地面积比例和海拔与流域健康指数呈显著正相关，而耕地面积比例和人口密度与流域健康指数呈显著负相关。这一结果与 Mallya 等（2018）的发现一致，他们认为，林地的稀释效应可能在改善流域健康状况方面发挥了作用。

集水区的面积大小对氮浓度和流域健康指数的气候敏感性没有显著影响。集水区面积对溶解无机氮浓度的影响从无到有不等。然而，随着集水区面积的增加，DIN 浓度的降低有一定的一致性。集水区面积的增加会导致更多的地表径流，而高径流量会提高河流的稀释能力，导致营养物浓度降低。此外，在更大的集水区范围内，与生物固定相关的氮持留和氮循环量也增加了。本研究结果表明流域特征对河流水质应对气候变化的重要性。

5.8 管理启示

受人类活动干扰的流域经历了更大幅度的气候变化驱动的氮浓度变化，这是因为其内部特征，如密集的农业活动、密集的人口密度和低海拔，可能会加剧河流氮浓度的气候敏感性。关键区域对流域内部特征如何调节氮浓度对气候变化的响应的进一步了解，可用以制订实施针对性流域管理措施。实施最佳管理实践，如雨水滞留池、受管理的湿地和维护完整的河岸走廊，以及绿色雨水基础设施，如城市流域和农业流域的绿色屋顶，可以提高氮滞留能力，减缓极端气候条件对九龙江流域水污染的影响。极端气候条件下氮浓度的变化间接表明了气候波动与氮循环过程（即矿化、淋溶、反硝化等）之间的联系。本研究在描述流域人地耦合关系与动态过程方面有一定局限性。流域内的自然因素和人为因素控制着流域内营养物浓度的年内和年际变化。然而，了解河流氮对流域气候变化和土地利用变化交互作用下的响应机制是流域管理的关键步骤。因此，可进一步开展基于过程的模型研究，以充分理解九龙江流域氮循环关键过程。

5.9 本章小结

（1）不同主导土地利用模式的流域河流氮浓度对气候敏感性不同：农业流域水质对气候呈正弹性，自然流域对气候呈混合弹性，而城市流域对气候呈负弹性。氮浓度的年际变化可能是由气候驱动的径流变化和土地利用模式的相互作用造成的。

（2）流域健康评估显示，与农业流域和城市流域相比，自然流域具有更高的可靠性、恢复力和低脆弱性。

（3）流域内部特征、水质气候弹性和流域健康之间相互作用：耕地面积比例和人口密度与气候弹性呈显著正相关，与流域健康呈负相关；人类活动可能增加气候敏感性，降低流域健康指数；森林覆盖率和海拔与 NO_3^--N 的气候弹性呈负相关，与流域健康呈正相关。

（4）受人类活动扰动的子流域比自然流域更易受到气候变化的影响。气候条件和土地利用模式的变化对可持续水资源管理至关重要。

第 6 章　气候变化和土地利用变化共同作用的近海流域环境生态效应

在气候变化和土地利用变化的共同作用下，近海流域的氮磷输出通量、河流微生物物种组成与多样性易发生改变，水土流失现象频发，关系到流域 – 近岸海域生态系统健康及关键生态系统服务的供给，探讨气候变化和土地利用变化共同作用下的近海流域环境生态效应，可为我国流域和近岸海域水环境防治提供科学依据。本章主要内容包括：基于九龙江流域不同主导土地利用类型源头小流域 2010~2017 年水质监测数据和模拟流量数据，研究不同水文年、不同水期、不同主导土地利用类型小流域河流氮输出对土地利用模式和水文状况的响应机制（黄亚玲和黄金良，2021；Huang et al.，2021）；采用现场监测、GIS、模型模拟和数理统计等方法，探究九龙江流域河流磷浓度与输出负荷的时空变化特征，识别九龙江西溪河流沉积物磷的赋存形态及分布特征，揭示九龙江流域磷输出对土地利用模式及水文状况的响应（黄亚玲等，2019；谢哲宇等，2021）。基于 INCA-N 模型，阐释土地利用与气候变化共同作用下的氮输出影响机制（Ervinia et al.，2020）；应用 18SrDNA 高通量测序技术，研究枯水期、平水期和丰水期不同土地利用类型流域（农业流域、城市流域和自然流域）河流表层水中真核微生物物种组成和多样性，探究土地利用模式和水文状况对河流真核微生物群落结构的影响机制（Huang and Huang，2019）。最后，基于闽江流域 1985~2014 年 9 期的土地利用分类数据、RUSLE 模型和 SEDD 模型，揭示闽江流域土地利用变化的水土流失效应（黄博强，2019）。

6.1　土地利用模式和水文状况交互作用下的流域氮输出

近几十年来，土地利用变化、气候变化等因素导致世界范围内大部分近海流域河流氮输出通量大量增加（Howarth et al.，2011；Hong et al.，2013）。河流氮通量增加会造成河流与近岸海域富营养化，诱发水华与赤潮，威胁人类赖以生存的生态系统服务与功能。人类活动，如城镇化、农业活动等对氮循环的干扰，会降低饮用水质量，对人类健康带来不利影响。因此，从人类活动、气候变化等角度研究河流氮输出的影响机制成为近年来的热点。

基于九龙江流域不同主导土地利用类型源头小流域 2010~2017 年水质监测数据和模拟流量数据，研究不同水文年、不同水期不同主导土地利用类型小流域河流氮输出对土地利用模式和水文状况的响应机制。主要内容包括：河流氮素组成时空变化模式；河流氮输出的季节性变化模式；河流氮输出年际变化模式；河流氮输出对土地利用模式和水文状况的响应。通过剖析亚热带近海流域土地利用模式和水文状况对河流氮输出的影响机制，为九龙江流域综合管理和区域用水安全提供科学依据。

6.1.1 研究方法

6.1.1.1 水质监测与分析

本研究遴选 10 个不同主导土地利用类型源头小流域，共设置 13 个采样点开展基流水质调查与采样分析（图 6-1）。小流域类型分别包括：城市流域（U1~U3，DX）、农业流

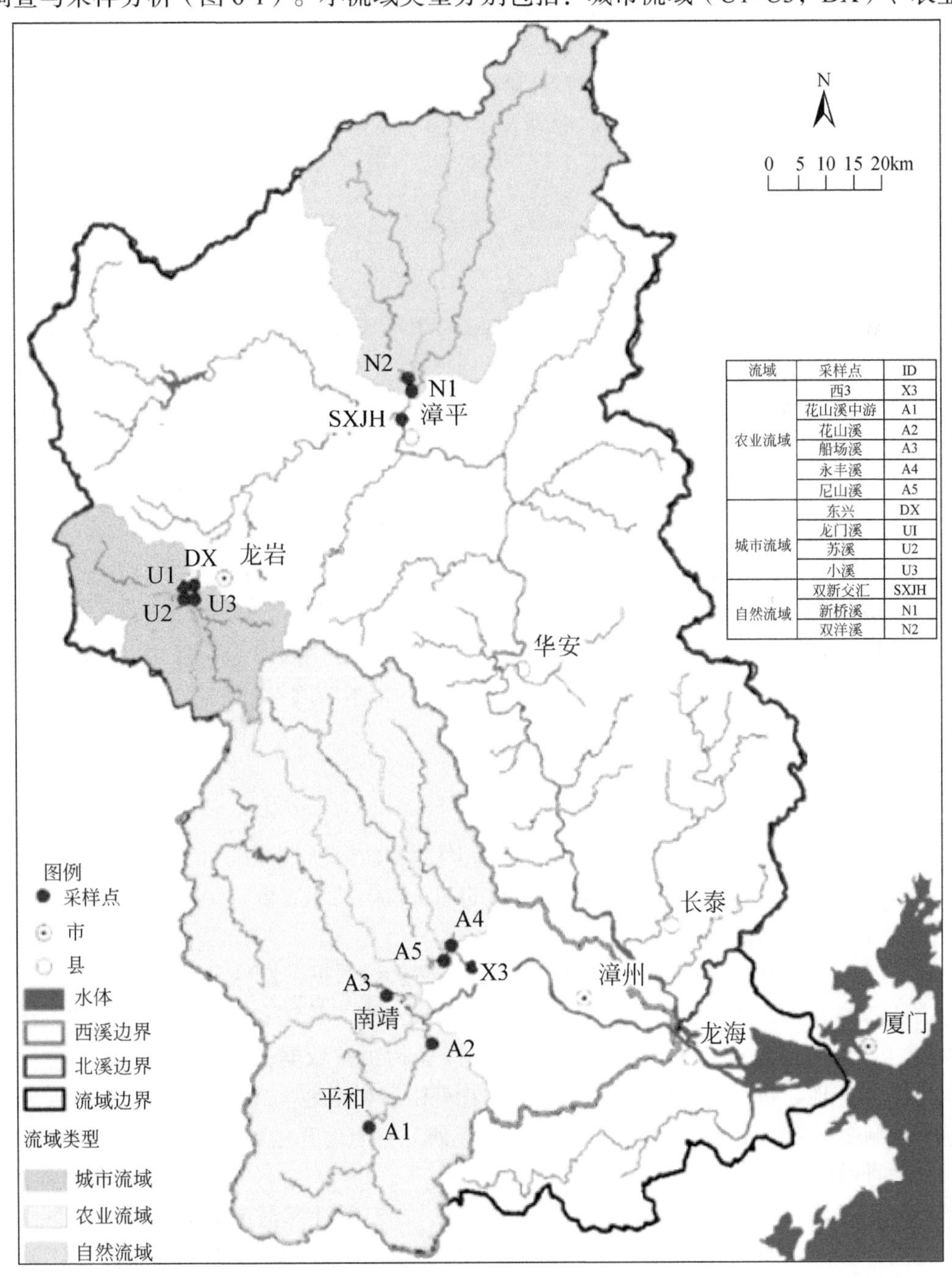

图 6-1 采样点位分布情况

域（A1~A5，X3）、自然流域（N1、N2 和 SXJH），划分依据主要参考文献（Huang et al.，2014；LAWA，2003），并综合考虑流域地理位置等因素设计。

河流氮的监测时间为 2010~2017 年，其中，2010 年 3 月 ~2013 年 12 月采样频率为 3 次 /a，平水期（2 月或 3 月）、丰水期（8 月），枯水期（11 月）；2014 年 1 月 ~12 月，监测频率为 1 次 / 月；2015 年 3 月 ~2016 年 3 月，采样频率为 2 次 / 月；2016 年 4 月 ~2017 年 12 月，采样频率为 1 次 / 月。本研究中使用有机玻璃采水器（型号为 WB-PM，2 L）采集 0.5 m 深河流表层水，水样装于聚乙烯瓶（500 mL）中，运输过程中样品保存于 4℃采样箱中。主要监测指标包括：总氮（TN）、氨氮（NH_4^+-N）、硝态氮（NO_3^--N）、亚硝态氮（NO_2^--N），所有指标均在 48 h 内完成测定，实验原理及步骤详见《水和废水监测分析方法（第四版）》。其中 TN 和 NO_2^--N 的浓度于 2015 年 3 月开始监测，因此，河流氮输出的年际变化模式分析中仅考虑 NH_4^+-N 和 NO_3^--N。

6.1.1.2 水文年 / 季节划分

本研究分别计算 1961~2002 年北溪和西溪的年平均径流深，并将 2010~2017 年北溪和西溪的各年平均径流深与平均值对比，高于平均值的定义为丰水年，反之则为枯水年（Ervinia et al.，2018）。结果表明，对于北溪而言，2010 年、2012~2014 年、2016 年为丰水年；2011 年、2015 年、2017 年为枯水年。对于西溪而言，2010 年、2013 年、2016 年为丰水年；2011~2012 年、2014~2015 年、2017 年则为枯水年。此外，对 1961~2002 年月径流量数据计算四分位数，以 25% 和 75% 位置上的值定义不同水期，即枯水期（$p<25\%$）：11 月、12 月、1 月；平水期（$p=25\%\sim75\%$）：2 月、3 月、7 月、9 月、10 月；丰水期（$p>75\%$）：4 月、5 月、6 月、8 月（Huang et al.，2014）。但是，2010~2017 年，降水量的季节性变化导致平水期的径流量反而高于丰水期，为了对比丰水年和枯水年同一采样时间段内氮浓度及氮输出负荷的变化趋势，不同水文年丰水期、平水期和枯水期的划分均参照上述划分依据。

6.1.1.3 研究步骤

1）流量模拟

鉴于大部分小流域出口未设置水文站点，因此本研究所使用的日流量数据（2010 年 1 月 ~2017 年 12 月）是基于九龙江流域已构建的 HSPF 模型（周培，2016）模拟所得。

2）土地利用数据获取

本研究选用 2010 年和 2016 年 Landsat TM 遥感影像数据，影像分辨率为 30 m，采用基于光谱特征的分类方法，运用交互式拉伸、ISODATA 聚类算法和再分类相结合的方法解译 2010 年、2016 年 TM 遥感影像，获取土地利用 / 土地覆被数据，最后将土地利用数据归并成六大类：林地、耕地、水体、建设用地、果园和未利用地。2010 年和 2016 年再分类后的遥感影响精度分别为 83.7% 和 90.0%，符合本研究对土地利用数据的精度要求。

3）通量计算

采用全局均值法和流量权重法（Huang et al.，2021）计算河流氮的年输出通量，并将两种方法计算的结果取平均值用于后续分析，从而减少一些如水文状况等引起的不确定性因素的影响（Huang J C et al.，2012）。当研究期间内的水质监测次数 <2 时，仅使用全局

均值法计算通量，如日输出负荷的计算。

4）数理统计方法

应用单样本 K-S 检验检验水质指标 TN、NO_3^--N、NH_4^+-N、NO_2^--N 浓度和输出负荷以及土地利用面积比例（林地占比、耕地比例、果园占比、建设用地占比）、径流深是否符合正态分布，对于不符合正态分布的指标进行 ln 转换，使之符合正态分布。应用 Kruskal-Wallis 非参数检验研究各类样本总体分布是否有显著差异；应用 Pearson 相关分析法研究不同变量（如氮浓度输出负荷与土地利用、人口密度、径流深）之间的关系。

6.1.2 不同类型小流域径流深季节性变化模式

在枯水年，农业流域、城市流域和自然流域的日平均径流深最高值分别为 2.16 mm、1.96 mm、1.69 mm，均出现在平水期，最低值依次为 1.71 mm、1.69 mm、1.51 mm，则发生在枯水期，但除了农业流域，其他类型流域的季节差异性不显著（p>0.05）。在丰水年，丰水期的日平均径流深最高，枯水期最低，且不同季节的差异性显著（p<0.05）（表 6-1）。

表 6-1 枯水年、丰水年不同水期小流域日平均径流深 （单位：mm）

流域	水期	枯水年	丰水年
农业流域	枯水期	1.71±2.36	1.33±0.68
	平水期	2.16±2.53	2.77±2.37
	丰水期	2.06±1.49	3.64±2.70
城市流域	枯水期	1.69±1.51	1.12±0.55
	平水期	1.96±1.64	3.00±4.20
	丰水期	1.72±1.26	6.30±9.35
自然流域	枯水期	1.51±1.52	1.02±0.43
	平水期	1.69±1.24	2.64±3.23
	丰水期	1.62±1.19	4.47±5.41

6.1.3 河流氮素的组成结构

九龙江流域河流的溶解态无机氮（DIN）主要由 NO_3^--N、NH_4^+-N 组成，平均贡献比例达 95% 以上（图 6-2），不同类型流域的主导无机氮形态存在差异。农业流域和自然流域的主导形态为 NO_3^--N，平均贡献比例分别为 69.1%~80.4%、49.5%~61.8%。城市流域 NH_4^+-N 的平均贡献比例略高于 NO_3^--N。在农业流域，所有水期主导的 DIN 形态均为 NO_3^--N，尤其是在丰水期。在城市流域，在枯水年的枯水期以及丰水年的平水期和丰水期，NH_4^+-N 占主导（50.8%~58.1%），而在其他水期则转变为 NO_3^--N（49.2%~54.2%）。

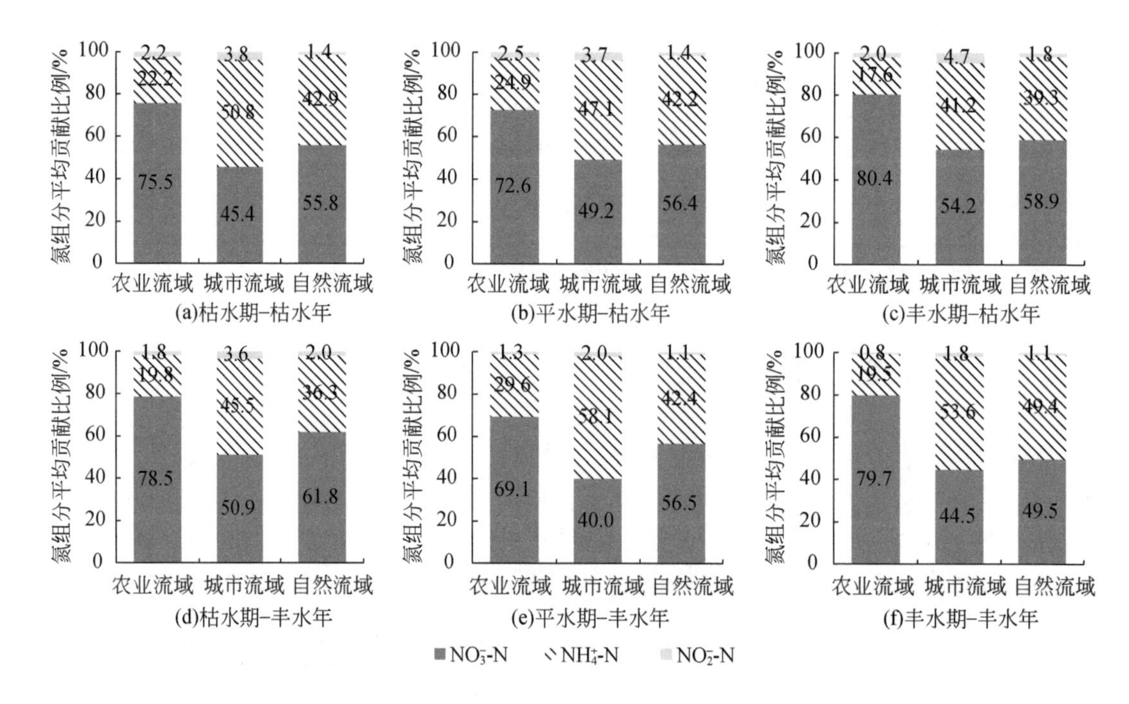

图 6-2 2015~2017 年不同水期氮素组成结构

土地利用模式等人类活动是驱动典型小流域河流氮输出空间变异性的主要因子。已有研究表明，城市化扩张和农业活动会加剧河流氮污染程度（Zhou et al.，2018）。不同类型流域污染源的差异导致氮素的组成形式不同。由于农业生产的需要，大量的化学肥料和粪肥在农业流域使用，而土壤中未被农作物吸收的“富余”氮素容易通过壤中流进入河流，从而导致河流中NO_3^--N等营养盐含量增加。而城市流域的主要污染源为生活污水、工业废水、畜禽养殖等点源污染和非点源污染，从而形成农业流域的 NO_3^--N 的浓度和负荷高于城市流域和自然流域，而城市流域的 NH_4^+-N 输出最高，农业流域次之的空间变化格局，与其他研究结论（Bu et al.，2016）一致。

6.1.4 河流氮输出季节变化模式

农业流域各季节的 TN（6.13~8.81 mg/L）、NO_3^--N 平均浓度（4.16~5.25 mg/L）均是最高的，城市流域（TN：2.29~4.79 mg/L；NO_3^--N：1.60~2.86 mg/L）次之（图 6-3）；NH_4^+-N 浓度的空间变化趋势为：城市流域（1.26~2.02 mg/L）> 农业流域（1.17~1.71 mg/L）> 自然流域（0.40~0.85 mg/L）；农业和城市流域的 NO_2^--N 平均浓度无明显季节差异，但明显高于自然流域。在枯水年和丰水年，大部分季节农业流域的 TN、NO_3^--N 日均负荷均是最高的，分别为 8.50~27.31 kg/（km^2 • d）和 5.53~14.50 kg/（km^2 • d），自然流域最小；大部分季节里城市流域的 NH_4^+-N 日均负荷 [1.65~7.45 kg/（km^2 • d）] 最高，农业流域次之 [1.80~5.28 kg/（km^2 • d）]；在枯水年，各季节的 NO_2^--N 日均负荷均为农业流域 > 城市流域 > 自然流

域的变化趋势，在丰水年，除了枯水期外，其他两个水期的空间变化模式均为：城市流域 > 农业流域 > 自然流域。

对于 TN 浓度而言，无论是丰水年还是枯水年，大部分流域的丰水期最高，而枯水期最低。在枯水年，不同季节农业流域、城市流域和自然流域的 NO_3^--N 浓度无明显差异，而在丰水年平水期或枯水期的浓度更高，丰水期最低。在枯水年，农业流域和城市流域的 NH_4^+-N 浓度最高值出现在枯水期，而自然流域的最高平均浓度则出现在平水期，分别为

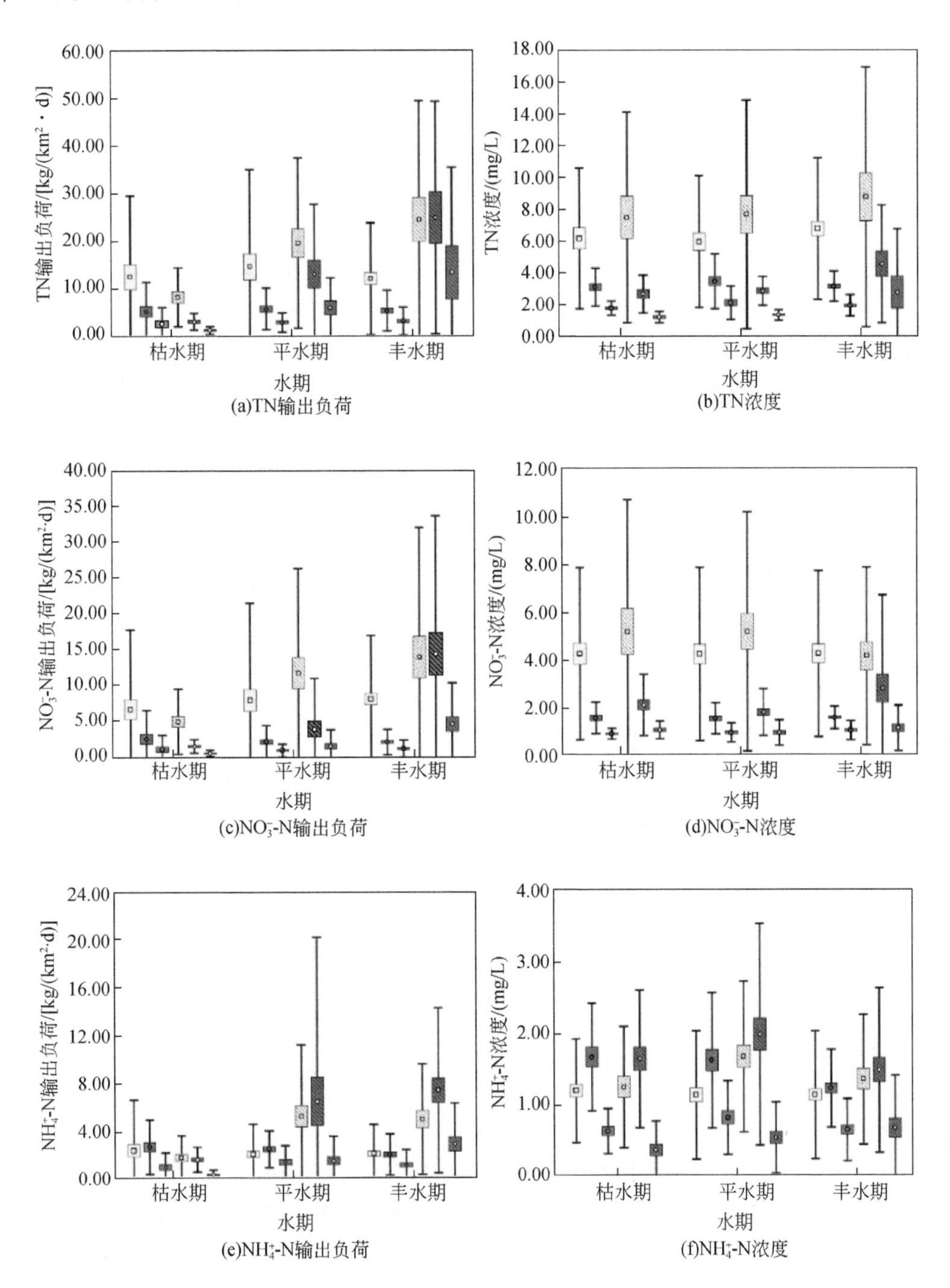

(a)TN输出负荷 (b)TN浓度

(c)NO_3^--N输出负荷 (d)NO_3^--N浓度

(e)NH_4^+-N输出负荷 (f)NH_4^+-N浓度

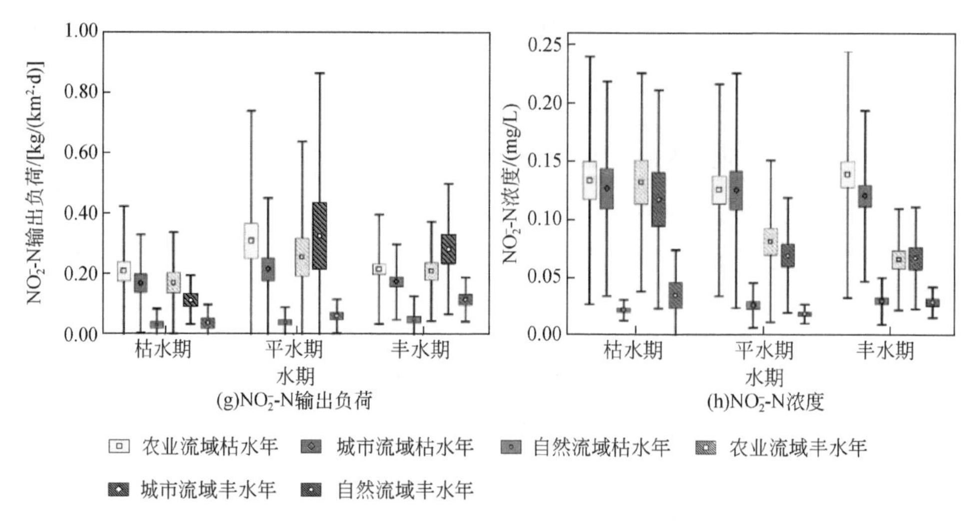

图 6-3　枯水年和丰水年不同水期不同类型小流域 N 指标日平均输出负荷及浓度

（1.23±0.73）mg/L 和（1.75±0.78）mg/L、（0.85±0.51）mg/L；在丰水年，农业流域和城市流域最高浓度则出现在平水期，而自然流域丰水期的 NH_4^+-N 高于其他两个水期。对于 NO_2^--N 而言，在枯水年，城市流域丰水期的浓度略高于其他两个水期，而在丰水年农业流域和城市流域的最高浓度则出现在枯水期。但是，无论在枯水年或丰水年，大部分流域的氮指标浓度无显著的差异性（$p<0.05$）。对于不同水文年而言，大部分类型流域丰水年的 TN、NO_3^--N 和 NH_4^+-N 浓度高于枯水年，尤其在丰水期，且丰水年的不同类型流域的氮浓度的季节差异性更显著（图 6-3），而 NO_2^--N 的浓度则在枯水年更高。

对于农业流域而言，在枯水年，3 个水期的 TN 日均输出负荷为 12.42~15.02 kg/(km^2•d)，最高值出现在平水期，而丰水年丰水期的日均输出负荷最高，这与日均径流深季节性变化趋势一致；在枯水年，丰水期 NO_3^--N 的日均输出负荷略高于平水期和枯水期，与浓度的变化趋势一致，但在丰水年，丰水期的日均输出负荷最高，平水期次之，变化趋势与径流深一致；在枯水年和丰水年，NH_4^+-N 日均输出负荷分别为 2.11~2.41 kg/（km^2•d）、1.80~5.28 kg/（km^2•d），变化趋势与其浓度的季节性变化趋势一致；在不同水文年，NO_2^--N 的日均输出负荷值变化趋势均为：平水期 > 丰水期 > 枯水期，但在枯水年主要受径流深季节性变化的影响，而在丰水年 NO_2^--N 的浓度和径流深的变化共同影响其季节性变化趋势。

对于城市流域而言，在枯水年，平水期的 TN 日均输出负荷最高，在丰水年则是丰水期最高，说明城市流域 TN 日均输出负荷值的变化主要受径流深变化驱动；在枯水年，3 个水期的 NO_3^--N 日均输出负荷差异微小，在丰水年的丰水期则明显高于枯水期和平水期；在枯水年，NH_4^+-N 的日均输出负荷的变化趋势为：枯水期 > 平水期 > 丰水期，与其浓度的变化趋势一致，在丰水年的变化趋势则反之，与径流深的变化趋势一致；就 NO_2^--N 而言，在枯水年和丰水年的日均输出负荷变化趋势与农业流域一致。

对于自然流域而言，在不同水文年，TN 的日均输出负荷变化趋势均是丰水期 > 平水期 > 枯水期，但丰水年的季节波动性明显高于枯水年。在枯水年和丰水年，NO_3^--N 日均输出负荷最高值均出现在丰水期，与浓度的变化趋势一致；NH_4^+-N 日均输出负荷最高值分别出现在平水期和丰水期。在枯水年，丰水期的 NO_2^--N 的日均输出负荷值高于其他两个水期，与浓度的变化趋势一致，而在丰水年的变化趋势与日径流深的变化趋势一致。

无论在丰水年还是枯水年，各类型流域的 TN 平均浓度最高值均出现在丰水期，与径流深的季节性变化趋势基本一致，意味着径流深变化是控制流域内 TN 输出负荷季节性变化的主导因子，这与其他区域的研究结论一致（Kaushal et al.，2008）。在枯水年，农业流域的 NO_3^--N 平均浓度最高值出现在丰水期，鉴于丰水期 NO_3^--N 平均浓度高于枯水期，且 NO_3^--N ： TN 大于 NH_4^+-N ： TN，可能因为九龙江流域的化肥施用主要集中在 3~5 月，降雨季节非点源污染加剧，从而导致河流 NO_3^--N 浓度增加，说明主导污染源为农业面源污染。此外，在枯水年，丰水期的径流深较平水期而言有所减少，可能会对河流的污染物产生浓缩效应。在丰水年，农业流域的 NO_3^--N 最高浓度出现平水期，而最低值出现在丰水期，进一步证明化肥施用等农业活动是农业流域 NO_3^--N 的主要来源。另外，说明在雨季初期地表上大量的污染物容易被雨水冲刷，随径流汇入河流导致水体中的污染物浓度增加，但随着流量增加，河流径流稀释作用占主导地位，使得水体中 NO_3^--N 浓度降低。对于城市流域和自然流域而言，在枯水年 NO_3^--N 浓度的季节变异性小，可能主要受微生物活动的影响（Chen et al.，2011），在丰水年，丰水期的 NO_3^--N 浓度最高，枯水期次之，除了受非点源污染和水文调节的影响外，可能与土壤及河道中微生物 N 转化过程有关。例如，城市流域在枯水年的丰水期 NH_4^+-N 浓度低，而 NO_3^--N 和 NO_2^--N 浓度高，意味着存在 NH_4^+-N 去除现象，可能发生硝化过程（梁杏等，2020）。除丰水年的自然流域外，大部分类型流域的 NH_4^+-N 的浓度最高值出现在枯水期或平水期，表明 NH_4^+-N 主要受生活污水、工业废水等点源污染和非点源污染的影响，径流深的增加会稀释河水中 NH_4^+-N 的浓度（卓泉龙等，2018）。

6.1.5 河流氮输出的年际变化模式

农业流域的 NO_3^--N 年平均浓度值（3.1~5.9 mg/L）高于城市流域（1.5~3.2 mg/L）和自然流域（0.5~1.2 mg/L）；城市流域的 NH_4^+-N 平均浓度（0.9~2.5 mg/L）最高，农业流域（0.3~1.6 mg/L）次之（图 6-4）。农业流域 NO_3^--N 和 NH_4^+-N 平均浓度呈波动式上升趋势，在 2016 年二者的年平均值达到最高值，最低值分别出现在 2013 年和 2010 年。城市流域的 NO_3^--N 平均浓度呈波动式下降趋势，在 2012 年平均浓度最高，2015 年则最低；城市流域 NH_4^+-N 平均浓度的年际变化较为剧烈，呈先下降后上升的趋势，在 2014 年最低，而后持续上升，到 2016 年达到一个小高峰，2017 年的平均浓度值较 2016 年有所下降。2010~2017 年，自然流域的 NO_3^--N 平均浓度年际变化幅度较小，呈小幅度上升趋势；2010~2014 年，NH_4^+-N 平均浓度变化不明显，2014~2017 年则呈明显的上升趋势。

农业流域的 NO_3^--N 年平均输出负荷变化范围为 1203.3~4347.3 kg/（km^2 · a），而城市流域和自然流域分别为 1090.8~2725.9 kg/（km^2 · a）和 249.5~1348.4 kg/（km^2 · a）。城市流域的 NH_4^+-N 年平均输出负荷 [611.8~2927.1 kg/（km^2 · a）] 高于农业流域 [225.8~1698.0 kg/（km^2 · a）] 和自然流域 [17.6~1072.0 kg/（km^2 · a）]。对于农业流域，2010~2012 年，NO_3^--N 的年平均输出负荷值随着径流深下降而下降，在 2014~2016 年，年平均浓度和年平均输出负荷值均呈上升趋势，在 2017 年，年均浓度和径流深较 2016 年减少，而年平均输

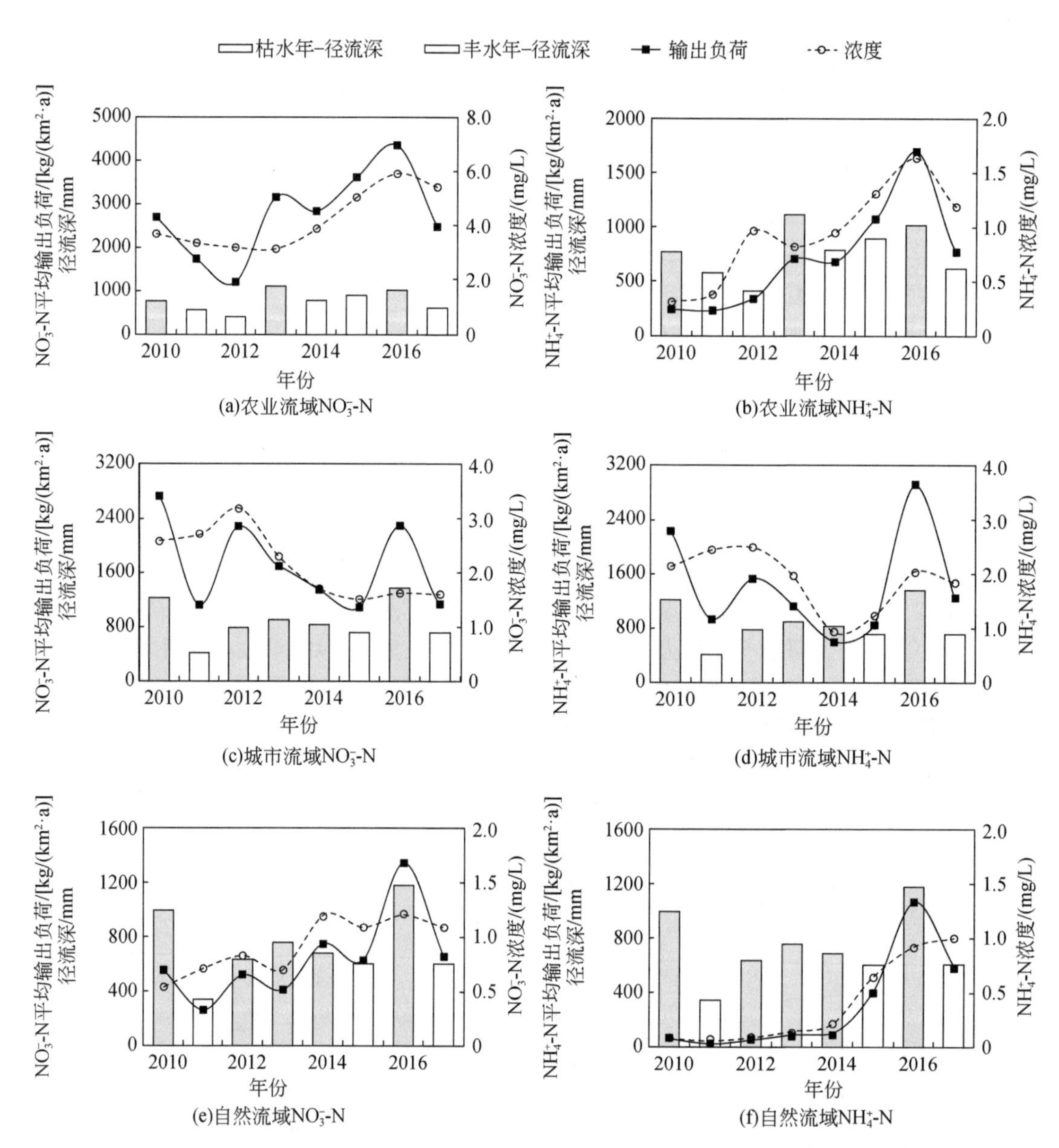

图 6-4　2010~2017 年不同类型流域 NO_3^--N 和 NH_4^+-N 年平均输出负荷、平均浓度及径流深变化

出负荷则急剧下降；2010~2017 年，农业流域的 NH_4^+-N 年均输出负荷与浓度的变化趋势较为相似，均呈波动式上升趋势；对于城市流域和自然流域而言，2010~2011 年、2016~2017 年，NO_3^--N 的年平均输出负荷随着径流深的减少而减小；在 2012~2015 年，城市流域的 NO_3^--N 年平均输出负荷随着浓度的减少而减小，总体呈下降趋势，而自然流域的 NO_3^--N 年平均输出负荷随着浓度的波动变化而变化。城市流域的 NH_4^+-N 年际变化模式与 NO_3^--N 基本一致，但自然流域 NH_4^+-N 年平均输出负荷持续升高，到 2016 年达到峰值，2017 年年平均负荷随着径流深的减少而减小。相比城市流域和自然流域，农业流域的 NO_3^--N 的年平均输出负荷变化幅度最大；城市流域 NH_4^+-N 的年平均输出负荷值的波动性最明显。总体而言，除了城

市流域的 NO_3^--N 年平均输出负荷的最高值出现在 2010 年（丰水年），三种类型流域的 NO_3^--N 和 NH_4^+-N 年际平均输出负荷最高值均发生在 2016 年，而 2016 年径流深也是相对较高的。

不同水文年河流氮输出的驱动机制存在明显的差异。就氮输出负荷年际变化而言，农业流域氮输出负荷与径流深的变化趋势一致；城市流域在 2010~2012 年，2016~2017 年的变化趋势与径流深变化一致，而在 2013~2015 年与浓度变化趋势一致；在自然流域氮输出负荷主要与浓度的变化趋势一致，推测农业流域的氮输出负荷的年际变化主要受径流深的控制，枯水年流域内输入的氮，如肥料施用，可能累积于地表或土壤中，在丰水年则随着径流被冲刷进入河流（Wollheim et al.，2005），这与美国中西部农业流域的研究结论一致（Kalkhoff et al.，2016）。对于城市流域而言，在径流深明显变化的年份，氮输出负荷主要受径流深调节，而在径流深变化不明显的年份，氮输出负荷主要与受人类活动控制的氮浓度更密切相关。对于自然流域而言，氮输出负荷的年际变化趋势与氮浓度的变化有关，意味着自然流域水环境对人类活动的响应更敏感。

6.1.6 河流氮输出与土地利用和水文状况的关系

在枯水年，TN、NO_3^--N 的平均浓度、日均输出负荷和年均输出负荷与园地、耕地面积比例呈显著正相关，与林地面积比例呈显著负相关（图 6-5）。NO_2^--N 的浓度或输出负荷主要与耕地面积比例和人口密度呈显著正相关，且其平均浓度和年均输出负荷与林地面积比例呈显著负相关；NH_4^+-N 浓度和年均输出负荷与建设用地面积比例和人口密度呈显著正相关。日径流深和年径流深与所有指标的年均浓度均无显著相关性，仅与 NO_3^--N 和

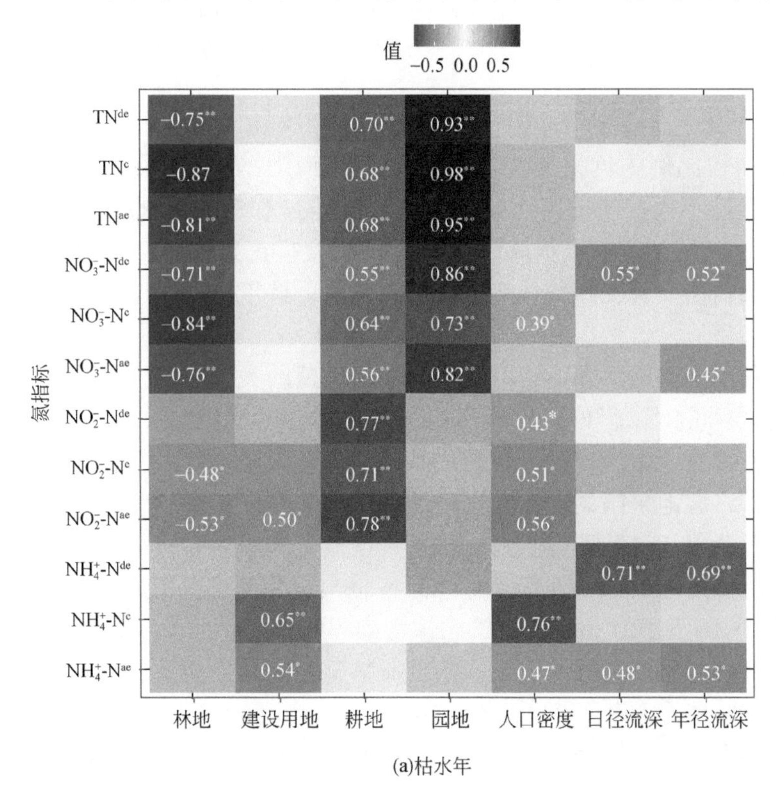

(a)枯水年

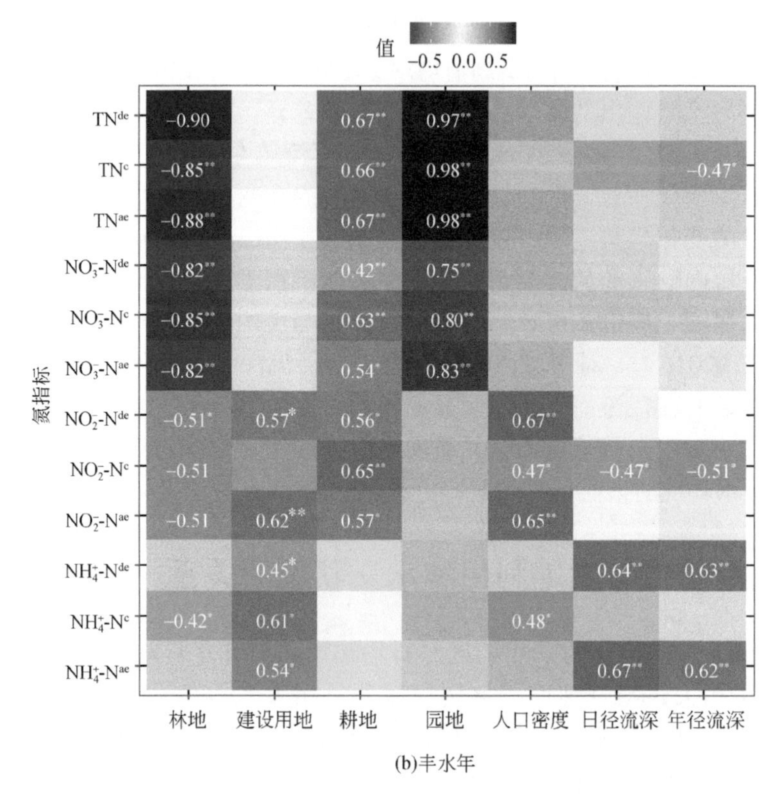

(b)丰水年

图 6-5　不同水文年氮浓度 / 负荷与人口密度、土地利用、径流深的 Pearson 相关系数

c 代表浓度；de 代表日输出负荷；ae 代表年输出负荷
* 表示显著性水平 $p<0.05$；无数字表示显著性水平 $p>0.05$

NH_4^+-N 的日均输出负荷或年均输出负荷呈显著正相关性。与枯水年相比，丰水年大部分氮指标与林地面积比例的负相关性增强，与耕地面积比例的相关系数有所减小，与园地面积比例的相关性不大；建设用地面积比例对 NH_4^+-N 和 NO_2^--N 的影响更广泛，而人口密度主要与 NO_2^--N 的浓度或输出负荷以及 NH_4^+-N 浓度呈正相关性。日径流深和年径流深与 NO_3^--N 日输出负荷由显著正相关性变为弱正相关性，且年径流深与 TN 和 NO_2^--N 浓度均呈显著负相关。

不同土地利用类型与不同形态氮浓度和输出负荷的关系不同，证明九龙江流域不同氮形态的污染来源不同。园地和耕地等表征农业活动的土地利用模式是 NO_3^--N 的主要“源”。目前，九龙江流域农业生产仍处于粗犷式阶段，肥料施用强度大、利用效率低，盲目施肥现象普遍。另外，坡地果园的开发尤其是幼龄果园的开发，会导致土壤侵蚀、水土流失，加剧水质恶化。九龙江流域现有研究也发现大量氮肥施用是导致水体氮含量增加的主要因素。建设用地面积比例是影响研究区内 NH_4^+-N 输出负荷的重要指标。大部分研究普遍认为随着流域内城市用地面积比例的增加，水体污染程度会明显加重，如 NH_4^+-N 浓度增加，林地面积比例与大部分水质指标浓度及输出负荷呈显著负相关关系，说明林地面积比例增加能够有效缓解河流水质恶化（卓泉龙等，2018）。

土地利用和水文状况均会影响九龙江流域河流氮输出，但是不同水文年二者的影响程度存在差异。在枯水年，土地利用对氮浓度的影响更显著，而径流深主要影响氮输出负荷；在丰水年，土地利用与氮浓度和氮输出负荷的相关系数差异较小，径流深的增加对 TN、NO_3^--N 浓度有明显的稀释作用，而仅对 NH_4^+-N 输出负荷有显著的影响，结果表明九龙江典型小流域氮浓度主要受人类活动的影响，而河流氮输出负荷受人类活动和水文状况的双重控制。此外，城市流域和农业流域氮输出的季节性和年际的绝对变化量比自然流域更高，尤其在径流深显著增加的年份，说明与气候状况相关的水文过程对农业流域和城市流域的氮输出可能存在增益作用（Kaushal et al.，2008）。已有的研究也发现九龙江流域城市流域和农业流域对气候变化的响应更敏感，这可能因为城市流域和农业流域受人类活动干扰强度大，在枯水年或枯水期污染物在流域内累积，而在丰水年或丰水期则容易被冲刷出来，随降雨径流汇入河流。

6.1.7 小结

（1）典型小流域河流氮输出存在显著的时空变异性：农业流域的 NO_3^--N 浓度和输出负荷最高，而城市流域的 NH_4^+-N 浓度和输出负荷最高，且相应指标的年际变异性也是最明显的。

（2）大部分流域的氮指标浓度无显著的季节差异性，但是丰水年的大部分类型流域的氮浓度和输出负荷季节差异性明显高于枯水年。不同类型流域河流氮输出负荷年际变化模式不一致：农业流域河流氮输出负荷与径流深的变化趋势一致，城市流域在 2010~2012 年、2016~2017 年的变化趋势与径流深变化一致，而在 2013~2015 年与浓度变化趋势一致；在自然流域，河流氮输出负荷主要与浓度的变化趋势一致。相比农业流域，城市流域和自然流域氮的年输出负荷受径流深的影响较弱。

（3）土地利用、径流深与氮浓度和输出负荷有显著的相关性，但是不同水文年相关性存在一定差异。相比径流深，土地利用与氮年均浓度和输出负荷的正相关性更显著，尤其在丰水年。总体而言，河流氮浓度的变化趋势主要受人类活动的影响，而河流氮输出负荷的变化趋势受人类活动和水文状况等共同控制。

6.2 基于 INCA-N 模型探究土地利用与气候变化共同作用下的流域氮输出响应

河流溶解无机氮（DIN）是水生生态系统健康的关键指标，关系到流域－近岸海域空间连续体的富营养化问题（Duan et al.，2000；Paerl，2006；Zhou et al.，2018）。土地开发和气候变化对河流生态系统构成严重威胁。陆地来源的氮污染主要与农业施肥、城市和工业废水以及化石燃料燃烧有关，其排放量占全球活性氮排放总量的一半以上（Galloway et al.，2008）。在全球变暖的背景下，气温升高和降水模式改变引发河流流量和氮负荷变化（Huang et al.，2013b）。土地利用和气候变化可对流域水文产生负面影响，并改变污染物的来源、转化和运输过程（Morse and Wollheim，2014）。当前，对土地利用和气候变化导致的氮污染的变化程度和规模的认识仍需进一步加强（Greaver et al.，

2016）。

近年来一些研究开始探讨气候变化和土地利用变化对水文和水质的潜在影响（Greaver et al., 2016）。气候变化和土地利用变化可能相互作用，导致协同和拮抗效应，从而使这些压力的相对重要性变得不确定。例如，在泰国东北部第二大集水区进行的一项研究（Shrestha et al., 2018）表明，气候变化是导致河流流量和硝态氮负荷减少的主要因素，而经济情景下土地利用变化的影响可以忽略不计。Tu（2009）发现，在美国马萨诸塞州高度城市化的流域，氮负荷对气候变化和土地利用变化都很敏感。然而，加拿大安大略省一个集约化农业流域的一项研究表明，在驱动氮负荷变化方面，土地利用变化比气候变化更重要（El-Khoury et al., 2015）。最近，一些研究指出了气候变化和土地利用变化对径流和氮负荷的交互影响的重要性（Huang et al., 2021）。阐释土地利用与气候变化如何改变氮循环的关键过程（如矿化、硝化、淋溶和反硝化等）以及说明其对陆地和淡水生态系统中氮可用性的影响仍然是一项挑战。

基于过程的流域模型，如 SWAT，已被证明是理解流域径流过程、营养盐循环和评估水资源管理策略的有效工具。然而，这类模型需要大量的数据输入。INCA-N 模型是一种基于过程的模型，由于其简单的结构、模型参数和相对较低的数据需求，可用于评估流域氮循环的关键过程（Lu et al., 2017）。重要的是，结合情景分析方法，借助该模型可以模拟不同气候变化和土地利用变化情景下流域氮输出的响应。

本研究将 INCA-N 模型应用于九龙江流域，该区域被认为是全球河流无机氮输出的热点区域之一。近年来大量河流氮输出对于九龙江流域和厦门 – 金门沿海水域这个空间连续体的富营养化和有害藻华具有重要贡献（Li et al., 2011; Du et al., 2013）。本书 3.2 节的研究表明气候变化是导致径流量增加的主要因素，而 5.1 节的研究表明气候变异性和土地利用变化的相互作用放大了河流氮输出。本节的具体研究目标包括：①利用 INCA-N 模型识别九龙江流域河流氮的来源和过程；②定量评估气候变化和土地利用变化对流域河流氮输出的影响。研究结果对制定当地水安全策略具有重要意义，研究思路也可供人类活动和气候变化双重压力下的其他类似流域借鉴。

6.2.1 INCA-N 模型构建与参数化

6.2.1.1 数据收集

INCA-N 模型数据获取情况如表 6-2 所示。INCA-N 模型所需的水文有效降水量（mm）及土壤缺水量（mm）可以通过水文模型 PERSiST 计算获得；已获取的氮输入数据中，大气氮干湿沉降和肥料施用产生的氮排放量数据并未分成氨氮和硝态氮两类，能否满足 INCA-N 模型的需要还需要进一步探讨。

1）水文气象数据

气象数据包括九龙江流域内 7 个气象站的气温和降水量［图 6-6（b）］，由中国气象局提供。应用哈格里夫斯方程估算了潜在蒸散发。采用泰森多边形法确定每个亚流域的日平均降水量、气温和 PET 时间序列。在浦南和郑店分别测量了北溪和西溪下游的日流量数据，由福建省水文局提供。

表 6-2 INCA-N 模型所需收集的数据和获取情况

数据类型	数据名称	空间 / 时间分辨率	时间范围	数据来源
地理空间数据	DEM	30m × 30m	2010 年	福建省基础地理信息中心
	土地利用图	30m × 30m	1996~2010 年	陆地卫星 TM/ETM+ 图像分类
水文－气象数据	日平均气温 /℃ 日降水量 /mm	7 个监测站点 / 日	2014~2017 年	中国气象局
	日径流量 /（m^3/s）	7 个监测站点 / 日	2014~2017 年	福建省水文局
水质数据	NO_3^--N/（mg N/L） NH_4^+-N/（mg N/L）	浦南、郑店 2 个监测站点 / 月	2014~2017 年	现场监测
氮输入数据	大气氮干湿沉降	14 个监测站点 / 月	2017~2018 年	现场监测
	肥料施用产生的氮排放	7 个县 / 年	2014 年	《漳州统计年鉴 2015》《龙岩统计年鉴 2015》；地方环境保护部门污染物排放调查
	污水排放			
	大气氮沉降	14 个监测站点 / 月	2017~2018 年	现场监测
气候模型	BCC-CSM1.1	（2.79° × 2.81°）/d	1961~2099 年	北京气候中心
	NorESM1-M	（1.89° × 2.5°）/d	1961~2099 年	挪威气候中心
	IPSL CM5A MR	（1.26° × 2.5°）/d	1961~2099 年	皮埃尔－西蒙－拉普拉斯研究所

2）现场取样和监测

2014~2017 年，逐月从北溪和西溪出水口采集地表水样本。水样保存于 4℃，在进行氮分析前立即通过 0.45μm 的滤膜进行过滤。NH_4^+-N 和 NO_3^--N 在取样后 24h 内按照标准方法测定。2017 年 6 月至 2018 年 9 月，对 14 个站点的大气氮沉积进行了逐月监测 [图 6-6（b）]。用 6L 聚乙烯桶收集雨水，并在降雨后立即取样。样品在进行氮分析之前被冷藏于 4℃冰箱。暴露 30 天的大量沉积样本使用一个装在 6L 聚乙烯桶上的 23cm 漏斗开放采样器收集。在枯水季节，用 250mL 蒸馏水冲洗大收集器。

3）基于 CMIP 5 多模型数据库

使用三个 GCM 和两个排放情景生成未来气候的气候预测数据。选择两种典型的代表浓度路径（RCP 4.5 和 RCP 8.5）来对比未来温室气体排放情景。RCP 4.5 表示一种温和的缓解情景，即排放量在 2040 年达到峰值，然后下降。RCP 8.5 表示一个照常排放情景，即在整个 21 世纪，排放将持续增加。利用 CMIP 5 的网站从覆盖研究区域的特定网格单元中提取气象数据（如气温、降水量）。CMIP 5 模型输出的数据包括历史实验 1961~2005 年的每日气候时间序列数据，以及在 RCP 4.5 和 RCP 8.5 情景下的未来时期 2006~2099 年的每日气候时间序列数据。

6.2.1.2 INCA 模型概述

1）模型介绍

INCA-N 模型是一个多源评估的半分布式综合流域氮模型，能够模拟集水区多种氮源

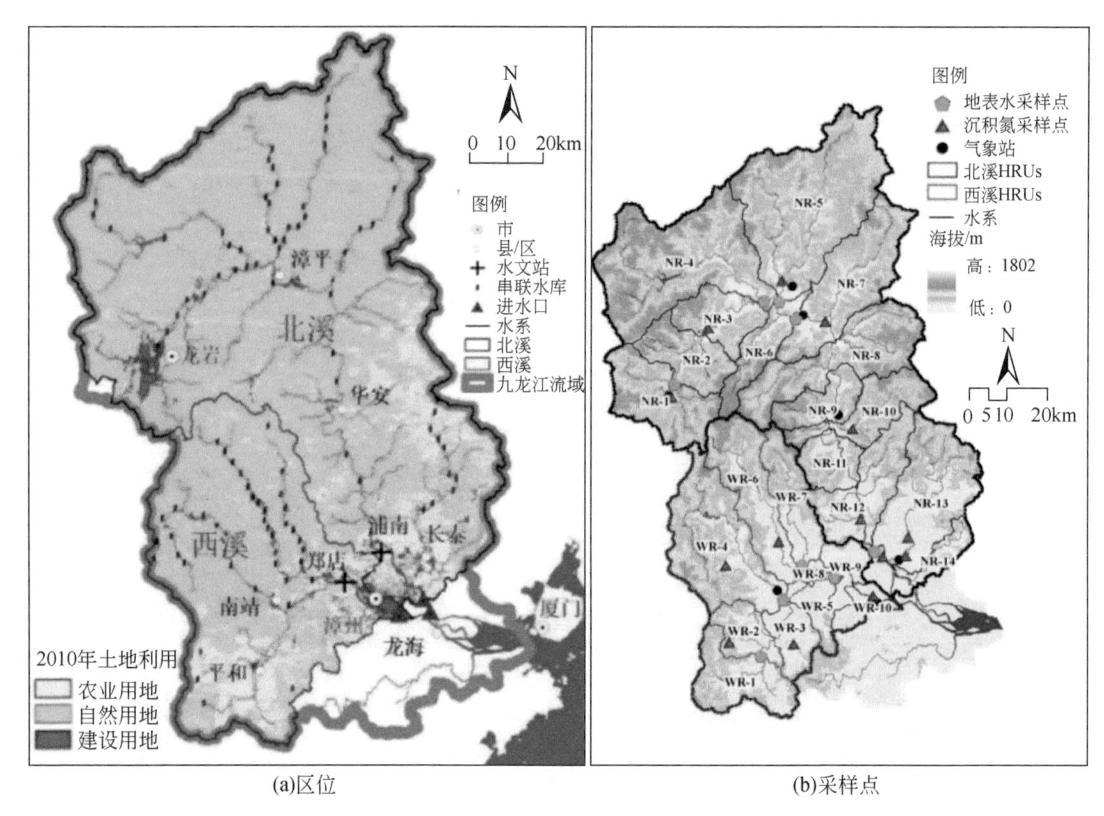

(a)区位　　(b)采样点

图 6-6　流域区位及采样点位图

[包括大气沉降、陆地环境（如农业、森林渗漏、市区或污水直接排放）]综合影响下的流域氮转化，汇集与迁移（图 6-7）。INCA-N 具有模型结构相对简单，可移植性较强，在氮动态模拟上功能全面，具有良好的开放性便于用户根据实际环境进行修改等优点，能够充分考虑流域氮循环过程中的动态变化，定量评估气候变化对流域氮输出的影响。

一个完整的 INCA-N 模型可以分为五个部分：土地利用和子流域边界资料输入模块；水文模块；氮输入模块；流域土壤和地下水氮迁移过程模块；河流氮迁移过程模块。各模块在 INCA 模型中也是独立的模型，进行独立的运算。土地利用和子流域边界资料输入模块、水文模块和氮输入模块的结果为其他模块（主要是流域土壤和地下水氮迁移过程模块、河流氮迁移过程模块）提供输入数据。

INCA-N 模型的第一个子模型是水文模型，它需要输入包括气温、有效降水量（hydrologically effective rainfall，HER）和土壤水分亏损量（soil moisture deficit，SMD）等数据，其中有效降水量和土壤水分亏损量等数据均来自 HBV 水文模型（Seibert and Vis，2012）计算公式如下：

$$\mathrm{HER}=P\left(\frac{\mathrm{SM}}{\mathrm{FC}}\right)^{\beta} \tag{6-1}$$

$$\mathrm{SM}_i=\mathrm{SM}_{i-1}+P-\mathrm{HER}-E_\mathrm{a} \tag{6-2}$$

式中，P 为实际降水量，mm；SM 为土壤水分含量，mm；FC 为田间持水量，mm；β 为模

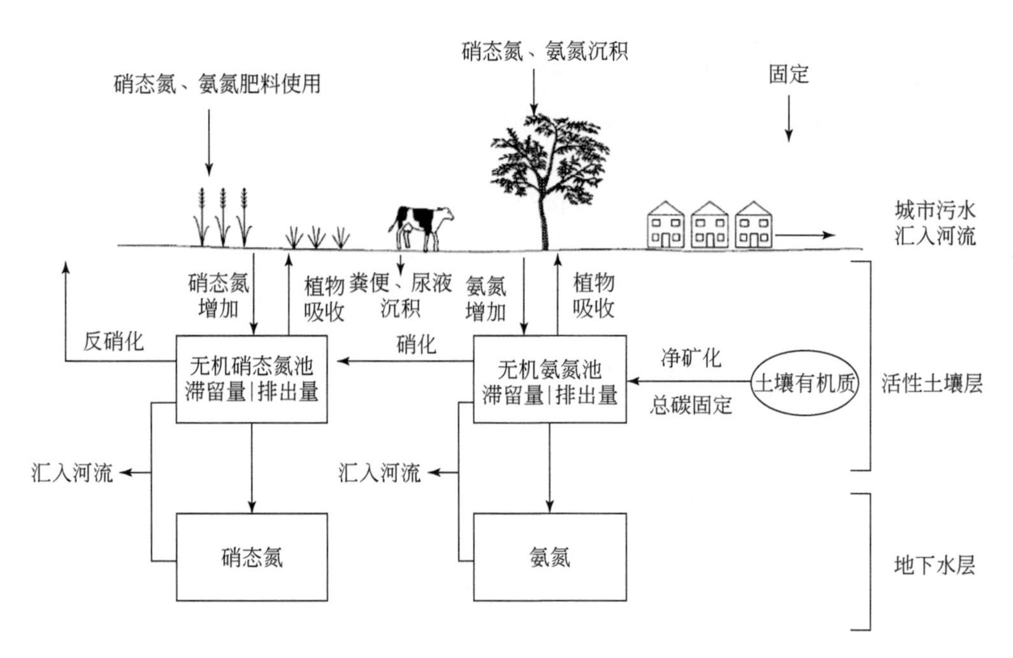

图 6-7　INCA-N 模型氮污染源沉降、转化、汇集与迁移过程

型参数；SM_i 为第 i 天土壤水分含量；SM_{i-1} 为第 i−1 天土壤水分含量；E_a 为实际蒸发量，mm。土壤水分可以认为是减去蒸发蒸腾和径流后留下的水分。SMD 表示 SM 从 FC 扣除（即 FC−SM）。由于 FC 是土壤持水量的最大值，所以 SMD 与 FC 的比值（SMD/FC）代表相对于饱和土壤水分的亏损，SMD 与 FC 比值越高，表明土壤条件越干燥。

INCA-N 模型的第二个子模型是模拟土壤中氮转化和损失的动态过程，包括植物吸收、矿化、硝化、生物固定、反硝化和固定化。土壤反应带的水渗透到深层地下水带和河流中，假定地下水区不发生微生物作用，河流系统中氮转化过程主要有稀释、硝化和反硝化。土壤、地下水和河流中硝态氮的质量平衡公式分别为式（6-3）~ 式（6-5）：

$$\frac{dx_1}{dt}=U_1\ 100-\frac{x_1 x_2 \cdot 86\,400}{V_r+x_3}-C_1S_1\frac{x_1}{V_r+x_3}\ 10^6+C_2\ 100-C_3S_1S_2\frac{x_1}{V_r+x_3}\ 10^6 + C_4S_1\frac{x_4}{V_r+x_3}\ 10^6 \tag{6-3}$$

$$\frac{dx_5}{dt}=\frac{\beta x_1 x_2 \cdot 86\,400}{V_r+x_3}-\frac{x_5 x_6 \cdot 86\,400}{x_7} \tag{6-4}$$

$$\frac{dx_8}{dt}=S_3-\frac{x_8 x_9 \cdot 86\,400}{x_{10}}-\frac{C_5 a_{1,\,t-1}\,x_{10}}{1000}+\frac{C_6 a_{2,\,t-1}\,x_{10}}{1000} \tag{6-5}$$

式中，x_1、x_5 分别为土壤和地下水硝态氮含量，kg N/ km^2；x_8 为河流硝态氮含量，kg N；U_1 为硝态氮干湿沉降和肥料施用日硝态氮输入速率，kg N/（hm^2 • d）；S_3 为上游河段点源污染硝态氮输入量，kg N/ d；x_2、x_6 分别为土壤和地下水储量流出量，m^3 /（s • km^2）；x_9

为河流流量，m^3/s；V_r、x_3、x_7 分别为土壤持水量、土壤排水量、地下水排水量，m^3/km^2；x_{10} 为河段体积，m^3；β 为流动指数，ø；常数 C_1、C_2、C_3、C_4 分别为土壤反硝化速率，m/d、固定速率，kg N/（hm^2 • d）、植物对 NO_3 的吸收速率，m/d 和硝化速率，m/d；C_5 和 C_6 分别为河流中反硝化和硝化速率，m/d；S_1 和 S_2 分别为土壤水分因子和季节性植物生长指数，ø。$a_{1,t-1}$ 和 $a_{2,t-1}$ 分别为第 t–1 天河流中硝态氮和氨氮的浓度，mg N/L；86 400 为把秒换算成天的因子。

土壤、地下水和河流中氨氮的质量平衡公式为式（6-6）～式（6-8）：

$$\frac{dx_{11}}{dt}=U_2 100-\frac{x_{11}x_2 \cdot 86\,400}{V_r+x_3}-C_4S_1\frac{x_{11}}{V_r+x_3}+C_7S_1 100 - C_8S_1\frac{x_{11}}{V_r+x_3}10^6-C_9S_1S_2\frac{x_{11}}{V_r+x_3}10^6 \tag{6-6}$$

$$\frac{dx_{12}}{dt}=\frac{\beta x_{11}x_2 \cdot 86\,400}{V_r+x_3}-\frac{x_{12}x_6 \cdot 86\,400}{x_7} \tag{6-7}$$

$$\frac{dx_{13}}{dt}=S_4-\frac{x_{13}x_9 \cdot 86\,400}{x_{10}}-\frac{C_6a_{2,t-1}x_{10}}{1000} \tag{6-8}$$

式中，x_{11}、x_{12} 分别为土壤带和地下水中氨氮的含量，kg N/km^2；x_{13} 为河道氨氮含量，kg N；U_2 为湿法和干法氨氮沉降和肥料使用氨氮日输入速率，kg N/（hm^2 • d）；S_4 为上游和任何出水源的氨氮输入质量，kg N/d；常数 C_7、C_8、C_9 分别为矿化速率，kg N/（hm^2 • d）、固定化速率，m/d 和植物对氨氮的吸收速率，m/d。

构建INCA-N模型所需的土地利用和子流域边界资料需要在GIS软件中进行统计分析，转化成各子流域面积，子流域内河流总长度和各类土地利用类型面积比例等量化信息，作为 INCA-N 模型所需的流域基本信息。INCA-N 自带的水文模型需要的数据皆为日数据，分别为气温（℃）、实际降水量（mm）、有效降水量（mm）、土壤缺水量（mm）。其中，有效降水量需要使用 IHACRES 模型计算得出，土壤缺水量可以使用 MORECS 模型计算得出。氮输入模块需要的肥料输入数据有日肥料输入的硝态氮 [kg N/（hm^2 • d）] 和日肥料输入的氨氮 [kg N/（hm^2 • d）]，并需要先分为各子流域的肥料氮输入量，再进一步细分为各子流域内的各土地利用类型的氮输入量。氮输入模块还包括各子流域日硝态氮干沉降量 [kg N/（hm^2 • d）]、日硝态氮湿沉降量 [kg N/（hm^2 • d）]、氨氮干沉降量 [kg N/（hm^2 • d）] 以及氨氮湿沉降量 [kg N/（hm^2 • d）]。各子流域点源污染氮输入在 INCA-N 模型中以近似前两者的形式输入，B 为污染物硝态氮浓度（mg/L），C 为污染物氨氮浓度（mg/L）。氮输入模块需要的输入数据虽然要求按照日为时间分辨率进行输入，但是允许通过将年施肥量按日平均时间序列分解获得日数据。

INCA-N 模型使用手动模型校准和模型方程验证来确定可能对水文和氮的模拟起到重要控制作用的参数（Jackson-Blake and Starrfelt，2015）。该过程主要以两个步骤完成，以减少参数间相互作用的复杂性（Jarvie et al.，2002）。第一步：校准与水文相关但与氮无关的参数；第二步：校正与氮相关的参数（土壤硝化、反硝化、矿化、固定化、硝态氮吸收速率、铵根吸收速率、生长曲线偏移量、生长曲线幅值、土壤总有效水量比、地下水反硝化、河道内硝化和河道内反硝化），用模拟的水质指标浓度拟合实测水质指标浓度，用 NSE 和 R^2 评估拟合度，公式如下：

$$\mathrm{NSE}=\frac{\sum_{i=1}^{n}\left(\mathrm{obs}_i-\overline{\mathrm{obs}}\right)^2-\sum_{i=1}^{n}\left(\mathrm{obs}_i-\mathrm{sim}_i\right)^2}{\sum_{i=1}^{n}\left(\mathrm{obs}_i-\overline{\mathrm{obs}}\right)^2} \tag{6-9}$$

$$R^2=\left[\frac{\sum_{i=1}^{n}\left(\mathrm{obs}_i-\overline{\mathrm{obs}}\right)-\sum_{i=1}^{n}\left(\mathrm{sim}_i-\overline{\mathrm{sim}}\right)}{\sqrt{\sum_{i=1}^{n}\left(\mathrm{obs}_i-\overline{\mathrm{obs}}\right)^2}\sqrt{\sum_{i=1}^{n}\left(\mathrm{sim}_i-\overline{\mathrm{sim}}\right)^2}}\right]^2 \tag{6-10}$$

式中，obs_i 和 sim_i 分别为实测值和模拟值；$\overline{\mathrm{obs}}$ 和 $\overline{\mathrm{sim}}$ 分别为实测平均值和模拟平均值。

NSE 的值在 $-\infty\sim1$，NSE 的值越接近 1 认为拟合度越好。当 NSE 和 R^2 值大于 0.5 时认为模型的仿真性能是可信赖的。

流域土壤和地下水氮迁移过程模块中为子流域内各土地利用类型氮迁移变化过程设置了参数（表 6-3）。这些参数显著影响着模型对各子流域土壤和地下水氮迁移过程的模拟，是影响模型模拟结果准确度的重要因素。河流氮迁移过程模块是 INCA 的最后一个模块，也是对河流相关参数的进一步调整。

表 6-3　流域土壤和地下水氮迁移过程模块中的参数

类型	参数	单位	范围		手动校准
			最小值	最大值	
水文数据	土层时间常数	天	1	20	2
	基流常数	ø	0.3	0.9	0.7
	地下水时间常数	天	10	200	365
	地下水初始流量	m^3/s	0.001	0.02	0.02
	地下水持续流量	m^3/s	0	0.01	9999
	最大渗透速率	mm	1	50	1
	超渗降水比例	ø	0	1	0.25
	土层临界流量	m^3/s	0.01	5	0.5
	流量参数 a，b（$V=aQ^b$）	a（m^{-2}） b（ø）	0.001 0.3	0.2 0.99	0.05 0.3

续表

类型	参数	单位	范围		手动校准
			最小值	最大值	
氮过程（土）	脱氮率	m/d	0.01	19	0.008
	固氮率	kg N/（hm^2·d）	0	0.01	0.001
	植物 NO_3^- 的吸收速率	m/d	0	162	0.05
	植物 NH_4^+ 吸收速率	m/d	0	162	0.05
	硝化速率	m/d	0	54	0.08
	矿化率	kg N/（hm^2·d）	1	292	0.05
	固氮效率	m/d	0	0.1	0.05
	生长曲线偏移量	ø	0	1	0.66
	生长曲线的振幅	ø	0	1	0.34
	土壤中总水分与有效水分的比率	ø	1	5	2
氮过程（地下水）	地下水初始 NO_3^-	mg N/L	0	10	3.5
	地下水初始 NH_4^+	mg N/L	0	2	1
	脱氮率	m/d	0.01	19	0
氮过程（河流）	河流初始 NO_3^-	mg N/L	0	10	3
	河流初始 NH_4^+	mg N/L	0	2	1
	河流硝化作用	天	0.1	5	0.02
	河流脱氮作用	天	0.04	0.09	0.02

2）GCM 降尺度模式概述

本研究利用 SDSM 方法构建九龙江流域 GCM 降尺度模式，SDSM 是一种随机天气发生器和转换函数相结合的统计降尺度方法。SDSM 统计降尺度方法的原理是：区域气候变化情景是以大尺度（如大陆尺度甚至行星尺度）气候为条件的，通过把大尺度、低分辨率的 GCM 输出信息转化为区域尺度的地面气候变化信息（如气温、降水量），从而弥补 GCM 对区域气候预测的局限性。SDSM 方法的一般过程如图 6-8 所示。

GCM 降尺度模式构建时根据所选的气象站点位，选取 HadCM3 模型的 A2a 和 B2a 景数据，其网格号如表 6-4 所示。

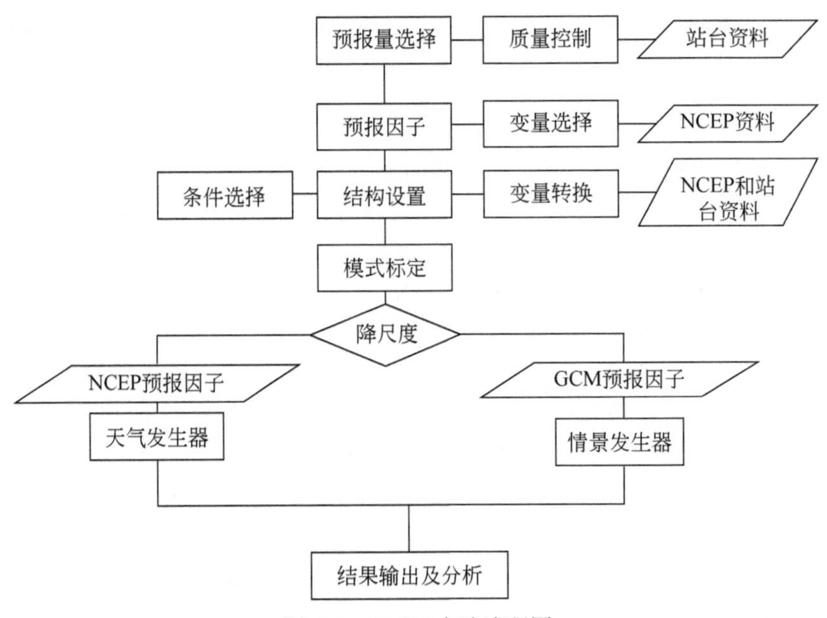

图 6-8 SDSM 方法流程图

表 6-4 HadCM3 模型格点数据情况

站点	纬度	经度	HadCM3 网格号
永安（YA）	25.58°N	117.21°E	33x25y
长汀（CD）	25.51°N	116.22°E	32x25y
龙岩（LY）	25.06°N	117.02°E	33x25y
上杭（SH）	25.03°N	116.25°E	32x25y
漳州（ZZ）	24.30°N	117.39°E	33x26y
厦门（XM）	24.29°N	118.04°E	33x26y
东山（DS）	23.47°N	117.30°E	33x26y

选择的大气变量来自美国国家环境预报中心（National Center for Environmental Prediction，NCEP）和国家大气研究中心（National Center for Atmospheric Research，NCAR）联合推出的再分析资料，共包括 23 个变量，包括 500 hPa，850 hPa 和近地表面的风速、涡度、散度、位势高度、相对湿度、平均海平面气压以及 2 m 处大气温度等。把这些再分析资料重采样，使之与 HadCM3 的分辨率相同，然后对变量进行标准化处理。

3）土地利用和氮沉降变化情景设置

建模的重点是评估环境变化对氮循环的影响。土地利用类型的转变、径流、氮沉降都是影响氮循环的重要环境变化因素。例如，农田的增加对氮循环有普遍影响，这是由于化肥施用增加了氮的输入量。同样，气候变化引起降水量或强度的变化，对土壤氮淋溶和反硝化速率产生重大影响（Rankinen et al.，2002；Lu et al.，2017）。九龙江流域在过去 30 年经历了广泛的土地利用变化。因此，本研究对不同土地利用类型和氮沉降水平进行情景分析，主要考虑土地利用 / 土地覆被情景：①土地利用现状（基线情景）；②耕地增加；③耕地减少；④建设用地增加。另外，还考虑氮沉降的两种情况：相对于当前氮沉降增加

50% 和减少 50%。所有情景均在 3 种水文气候条件下探讨其对河流氮输出和相关氮转化过程的影响。

6.2.2 INCA-N 模型校验与不确定性分析

校准和验证期间的流量、NO_3^--N 浓度和 NO_3^--N 输出模拟如图 6-9 所示。校准和验证性能指详见表 6-5。北溪和西溪的模拟流量和实测流量在校准期内的 NSE 分别为 0.531 和 0.655。北溪和西溪的 R^2 分别为 0.597 和 0.662。为了进行模型验证，NSE 为 0.614，R^2 为 0.659 的北溪流量统计值高于校准期间获得的流量统计值；而西溪的流量统计值，NSE 为 0.556，R^2 为 0.611，比校准期的流量统计值低。与上升段相比，下降段的模拟水文曲线与观测水流的吻合程度更高。与基流期相比，北溪和西溪的高流期模拟均略有低估。与西溪相比，INCA-N 模型更好地模拟了北溪 NO_3^--N 浓度的动态变化 [图 6-9（c）和（d）]。为了评估模型对 NO_3^--N 浓度和输出模拟的性能，本研究只考虑了 R^2 统计量。北溪和西溪的 NO_3^--N 浓度模拟在校准期内的 R^2 分别为 0.741 和 0.089，验证期内北溪和西溪的 NO_3^--N 浓度模拟的 R^2 分别为 0.530 和 0.106。每月 NO_3^--N 输出的校准和验证表现表示满意的模型 [图 6-9（e）和（f）]，与整体 R^2 值超过 0.5。考虑到模型可视化和统计评估结果，模拟流量、NO_3^--N 浓度与流域输出观测值吻合度较好，证实九龙江流域 INCA-N 应用的适用性。相比之下，INCA-N 模型对 NH_4^+-N 的模拟结果不理想（表 6-5）。

表 6-5 INCA-N 模型在九龙江流域应用性能统计结果

参数			北溪	西溪
校准期（2014~2015 年）	径流（m³/s）	NSE	0.531	0.655
		R^2	0.597	0.662
	NO_3^--N 浓度 /（mg/ L）	R^2	0.741	0.089
	NO_3^--N 输出量 /[kgN/（km² • a）]	R^2	0.537	0.749
	NH_4^+-N 浓度 /（mg/ L）	R^2	0.184	0.007
	NH_4^+-N 输出量 /[kgN/（km² • a）]	R^2	0.046	0.032
验证期（2016~2017 年）	径流 /（m³/s）	NSE	0.614	0.556
		R^2	0.659	0.611
	NO_3^--N 浓度 /（mg/ L）	R^2	0.530	0.106
	NO_3^--N 输出量 /[kgN/（km² • a）]	R^2	0.586	0.651
	NH_4^+-N 浓度 /（mg/ L）	R^2	0.001	0.086
	NH_4^+-N 输出量 /[kgN/（km² • a）]	R^2	0.529	0.566

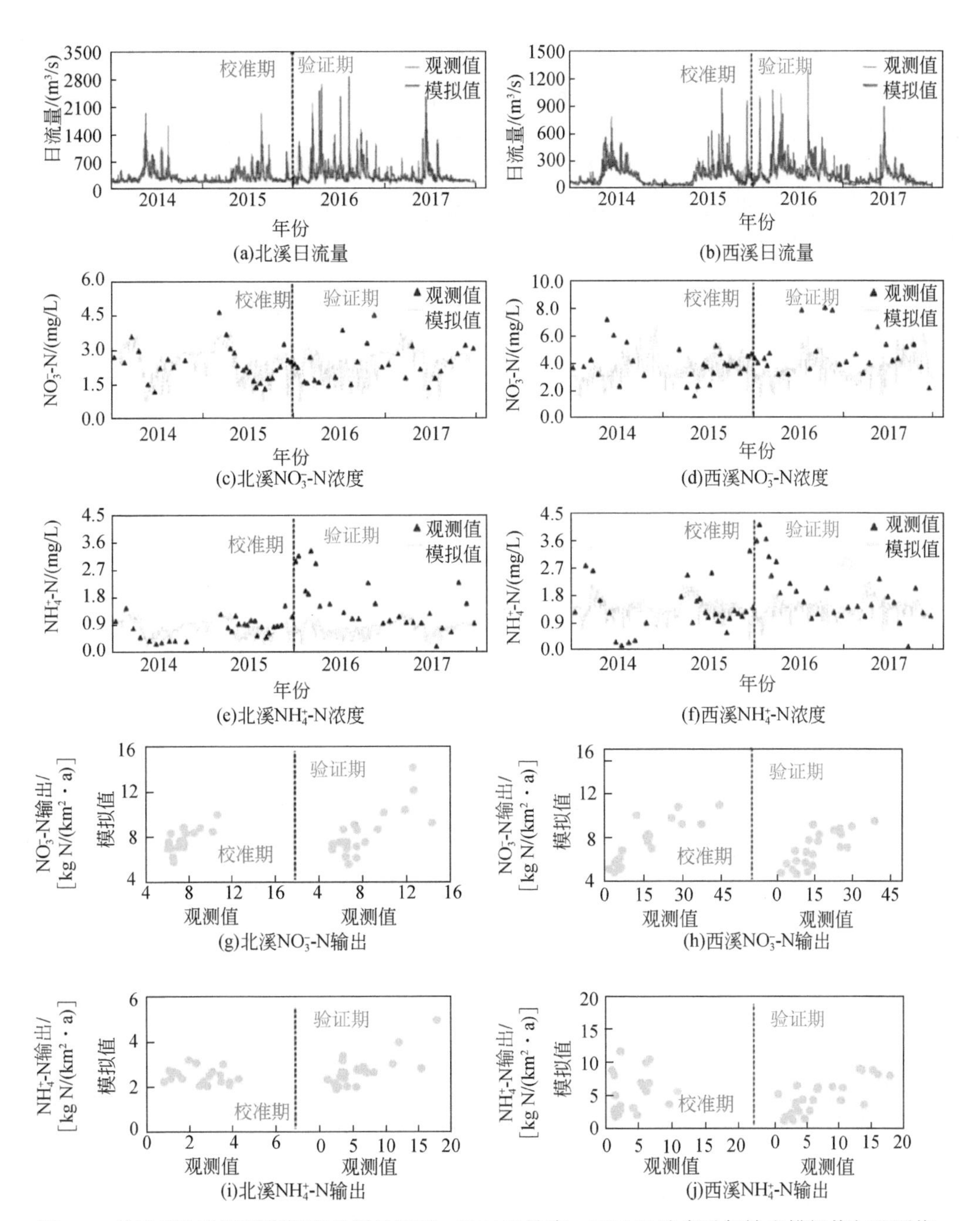

图 6-9 校准期和验证期西溪和北溪日流量、NO_3^--N 浓度、NH_4^+-N 浓度及氮输出模拟值与观测值

在校准和验证期间，观测和模拟了北溪和西溪的日流量、NO_3^--N 和 NH_4^+-N 的浓度和输出；灰色线和红色线分别表示观测和模拟的径流量；蓝色三角形和黄色部分表示观察和模拟的氮浓度；绿色的点表示氮的输出

6.2.3 基于 INCA-N 模型识别流域氮源与氮过程

九龙江流域北溪和西溪人为氮输入速率、土壤氮转化速率、河道氮转化速率如表 6-6 所示。在北溪和西溪，氮肥施用和大气氮沉降是水体中氨氮和硝态氮的主要来源。与人为

输入氮相比，土壤氮矿化作用对河流中氮的贡献量较少。土壤硝化作用、NO_3^--N 淋溶、植物吸收和土壤反硝化作用是主要的土壤氮转化过程。如表 6-6 所示，北溪和西溪河道硝化和反硝化速率均小于 1 kg N（km^2 • a），可以忽略不计，但这很可能是由模型低估造成的。土壤氮素转化过程与气候因子呈正相关（图 6-10）：矿化率与土壤水分呈正相关；固氮率与温度显著相关；而北溪和西溪的淋溶率与径流量显著正相关。土壤硝化，植物吸收，反硝化和固氮的速率与气候因素没有显著相关性，说明人类氮输入对其影响更大。

表 6-6 INCA-N 模型提供的 2014~2017 年人为氮输入速率和转化过程的估计 [单位：kg N/（km^2 • a）]

项目	源 / 过程	北溪	西溪
NH_4^+-N 源	化肥施用	17.1	184.5
	污水排放	2.36	1.79
	大气氮沉降	16.1	23.3
NO_3^--N 源	化肥施用	12.8	6.1
	大气氮沉降	9.6	12.2
土壤氮转化过程	固氮作用	5.3	6.5
	矿化作用	2.5	3.6
	固定作用	9.7	68.3
	硝化作用	15.7	109.3
	反硝化作用	7.1	44.2
	植物吸收	24.5	28.2
	NO_3^--N 淋溶	27.8	48.3
	NH_4^+-N 淋溶	8.2	17.3
河流氮过程	硝化作用	0.19	0.09
	反硝化作用	0.59	0.25

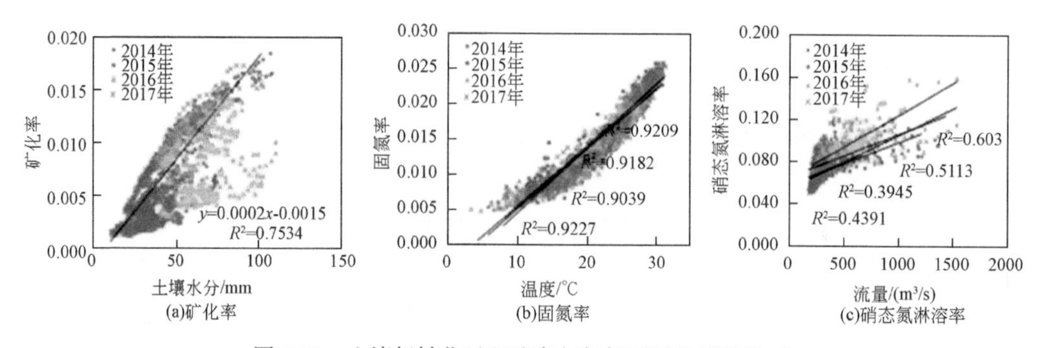

图 6-10　土壤氮转化过程速率与气候因子的线性关系

模拟结果表明，氮肥施用和大气氮沉降是九龙江流域氮的主要来源。农业活动是人为氮输入至陆地生态系统的重要方式之一（Galloway et al.，2008）。在过去的几十年里，流域内农业活动强度不断加剧，氮肥施用总量显著增加（Huang et al.，2021）。在20世纪80年代，由于国家大力发展农业，九龙江流域的硝态氮输出通量主要受施肥量控制。化肥的过度施用导致流域内土壤氮饱和外溢流失，增加水环境中氮含量（Huang et al.，2021）。其他流域如密西西比河和长江也报道了类似的结果（Turner and Rabalais，1991；Duan et al.，2000）。此外，大气氮沉降已被公认为是森林生态系统中人为氮的重要来源。大气中氮沉降量的增加可能会增加硝态氮淋溶，导致河流和湖泊水体富营养化。

土壤硝化作用是硝化细菌将环境中的 NH_4^+ 氧化成 NO_3^- 的过程，主要受温度和土壤含水量的控制（Lu et al.，2017）。本研究发现土壤硝化作用是氮循环的主导过程。模拟结果表明，北溪和西溪平均土壤硝化速率分别为 15.7 kg N/（km^2 • a）和 109.3 kg N/（km^2 • a），其中农业用地的硝化作用大于矿化作用，说明土壤中的无机氮主要来源于肥料施用。已有研究发现农业流域的硝化速率通常较高。本研究基于模拟的方法估算土壤中的关键氮转化过程，结果与九龙江流域其他研究一致。在九龙江流域中，实测的矿化速率为 6.26 kg N/hm^2、固氮速率为 7.4 kg N/hm^2、淋溶速率为 27.5 kg N/hm^2、反硝化速率为 6.7~10.6 kg N/hm^2。西溪的反硝化率远远高于九龙江全流域中的平均值。本研究估算西溪土壤反硝化率高达 44.2 kg N/（km^2 • a）。随着农业活动强度增大，西溪的土壤氮素反硝化率也可能增加。其他研究也表明，土壤氮素反硝化率与施肥量密切相关，农业集约化带来的大量化肥的施用是西溪氮的主要来源（Zhou et al.，2018）。

陆地和水生生态系统中可利用的氮量受氮的输入量、微生物转化过程以及生态系统之间的运移过程的影响（Whitehead et al.，2006；Greaver et al.，2016）。九龙江流域的氮循环过程模拟结果表明，土壤氮循环过程与气候条件（例如土壤湿度、气温、径流量）呈正相关，其中，氮矿化率与土壤水分呈正相关。矿化作用是微生物将有机氮物质分解为较小分子的无机氨氮（NH_4^+-N）。土壤湿度增加会提高微生物活性并形成可矿化的氮（Li et al.，2014）。水分会影响土壤中的氧气利用率，是运输酶和沉积物所必需的。因此，控制土壤氮矿化的微生物种群受流域内降雨的季节性变化的影响。本研究发现固氮率与温度有较好的相关性。微生物氮转化所必需的酶动力学需要一个合适的温度。温度升高可能会提高固氮率，而淋溶率则与径流量密切相关，通常径流量越大，氮的淋溶率或输出量越高。水循环通过水流运输和土壤水分运动影响氮的迁移转化过程（Lu et al.，2017）。

本研究发现，土壤硝化、植物吸收、反硝化和固化的模拟速率与气候条件没有显著相关性。据报道，这些过程通常与非农业流域的土壤水分高度相关（Lu et al.，2017）。在农业流域中大量施用化肥会增加土壤中的无机氮含量，从而导致无机氮含量比流域基流值高得多（Galloway et al.，2008）。土壤中人为氮的输入促进九龙江流域氮循环（Huang et al.，2014；Huang et al.，2021）。河流氮转化过程是氮循环过程的基本组成部分，主要受水文状况、河流等级和河床状况等因素调节（Alexander et al.，2000）。INCA-N 模型模拟结果推测九龙江流域河道的硝化和反硝化速率受到抑制。相比河道氮转化过程，土壤氮转化过程在九龙江流域氮循环过程中发挥着更重要的作用，可能因为较高的径流量不利于河流中的微生物转化。

6.2.4 模型视角下的流域气候变化和（或）土地利用变化对河流氮输出的影响

6.2.4.1 未来区域气候变化情景

基于龙岩、漳州、漳平三个气象站 1961~2005 年历史观测数据进行偏置校正后的 GCM 输出结果如表 6-7 所示。龙岩、漳州和漳平校正后的温度和实测温度的拟合度 R^2 分别为 0.44~0.69、0.62~0.82、0.43~0.70。R^2 范围为 0.43~0.82 的温度模型的性能显著优于 R^2 范围为 0.13~0.28 的降水模型。线性尺度方法改善了大气环流模型的空间分布。如图 6-11 所示，校正后的温度和降水量与观测数据比较吻合，温度的校正效果相对优于降水量。

表 6-7 线性偏置校正方法在 1961~2005 年历史期间的表现

参数	监测站点	R^2 of GCM		
		BCC-CSM1.1	IPSL CM5A MR	NorESM1-M
最高温度 /℃	龙岩	0.44	0.53	0.58
	漳州	0.71	0.62	0.62
	漳平	0.43	0.53	0.56
最低温度 /℃	龙岩	0.56	0.57	0.65
	漳州	0.81	0.70	0.69
	漳平	0.58	0.57	0.65
温度 /℃	龙岩	0.57	0.63	0.69
	漳州	0.82	0.73	0.73
	漳平	0.59	0.64	0.70
降水量 /mm	龙岩	0.21	0.25	0.27
	漳州	0.13	0.28	0.25
	漳平	0.27	0.24	0.20

应用三种模式和两种排放情景计算的年平均气温和降水量的变化如表 6-8 所示。与 RCP 4.5 情景相比，RCP 8.5 情景预测的气温和降水量增幅更大。RCP 4.5 情景下，2030 年、2050 年和 2080 年总体气温分别升高 0.82 ℃、1.40 ℃和 1.78 ℃；RCP 8.5 情境下，2030 年、2050 年和 2080 年的总体气温分别升高 0.82 ℃、1.95 ℃和 3.39 ℃。对于降水量而言，RCP 4.5 情景下，2030 年、2050 年和 2080 年降水量的总体增幅分别为 164 mm/a、223 mm/a、

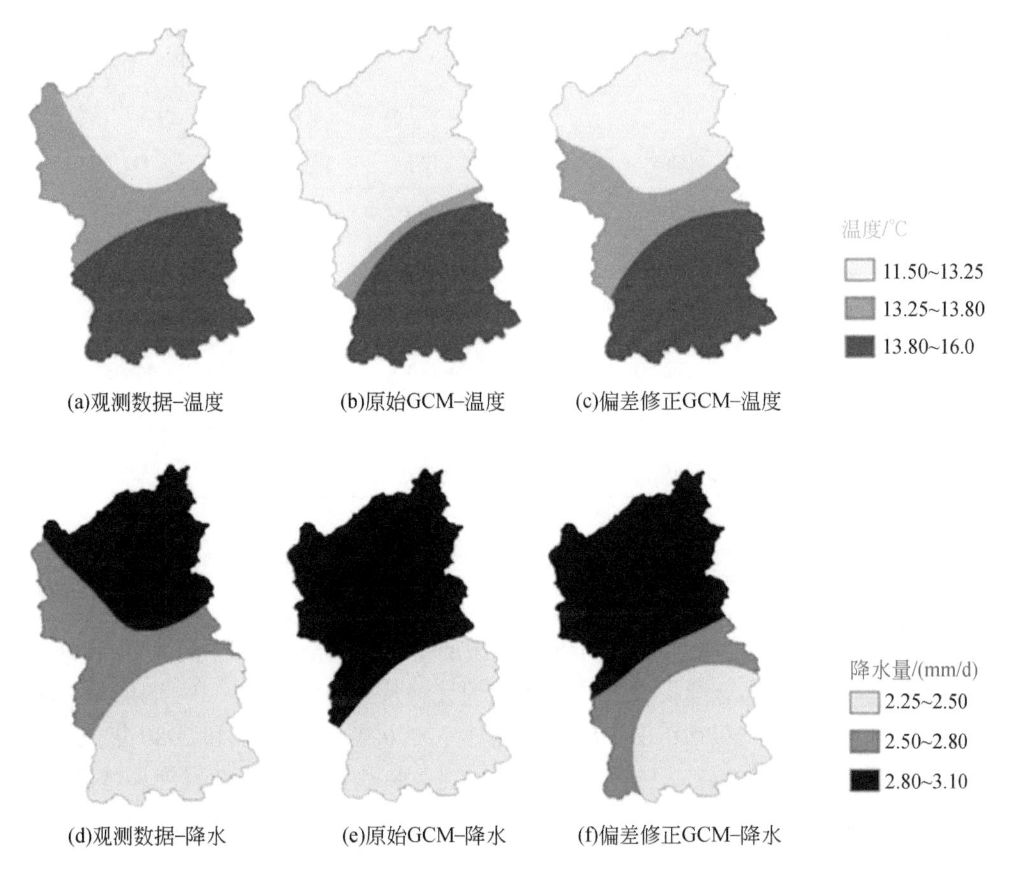

图 6-11 历史时期观测气候资料、原始 GCM 和偏差修正 GCM 的温度和降水量对比仅为 IPSL-CM5A-LR 气候模型提供了温度和降水量数据

242 mm/a；RCP 8.5 情景下，2030 年、2050 年和 2080 年的增加量分别为 199 mm/a、198 mm/a、308 mm/a。在 GCM 中，NorESM1-M 预测温度和降水量有较大增幅，而 IPSL-CM5A-MR 预测降水量呈减少趋势。

表 6-8 在 RCP 4.5 情景和 RCP 8.5 情景下未来时期（2030 年、2050 年、2080 年）相对于基准期（1961~2005 年）的年平均气温和降水量变化

项目	时期	RCP 4.5 情景			RCP 8.5 情景		
		BCC	IPSL	NorESM	BCC	IPSL	NorESM
最高温度 /℃	2030 年	0.69	0.98	0.87	0.73	1.01	0.79
	2050 年	1.18	1.57	1.52	1.51	2.44	2.02
	2080 年	1.32	2.35	1.83	2.63	4.43	3.28
最低温度 /℃	2030 年	0.67	0.91	0.85	0.71	0.97	0.76
	2050 年	1.15	1.56	1.45	1.48	2.21	2.03

续表

项目	时期	RCP 4.5 情景			RCP 8.5 情景		
		BCC	IPSL	NorESM	BCC	IPSL	NorESM
最低温度 /℃	2080 年	1.29	2.16	1.75	2.60	4.14	3.29
温度 /℃	2030 年	0.67	0.93	0.84	0.71	0.98	0.76
	2050 年	1.16	1.56	1.46	1.49	2.32	2.01
	2080 年	1.29	2.25	1.76	2.60	4.28	3.26
降水 /mm	2030 年	272	−28	248	242	−15	369
	2050 年	204	60	406	243	−198	547
	2080 年	363	−36	399	427	−132	629

6.2.4.2 未来土地利用变化情景

预测 2030 年、2050 年和 2080 年九龙江流域的土地利用情况如图 6-12 所示。其中，耕地和建设用地面积比例将继续扩大。耕地比例预计将从 2010 年的 21.1% 增加到 2030 年的 27%、2050 年的 29.3%、2080 年的 30.8%。同时，2030 年、2050 年和 2080 年流域的建设用地面积比例将分别增加 8.6%、9.6% 和 10.2%。到 2080 年，由于农业发展和城市化扩张，林地面积将大幅减少，仅占流域总面积的 56.2%。

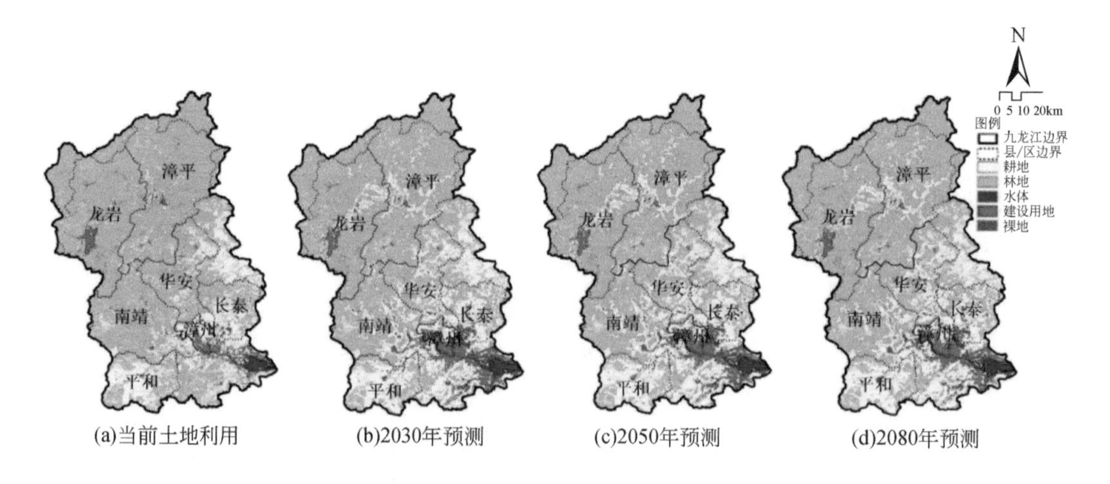

图 6-12　2030 年、2050 年和 2080 年九龙江流域的土地利用变化预测

6.2.4.3 气候和土地利用变化对河流氮输出的影响

利用 INCA-N 模型模拟了不同情景下的硝态氮输出，探讨了气候变化和土地利用变化对河流氮输出的潜在影响。图 6-13 显示了气候变化和土地利用变化分别对氮输出的影响。北溪和西溪的硝态氮、氨氮年输出负荷预计分别增长 14.9%~37.4% 和 7.8%~35.9%。北溪和

西溪的硝态氮输出负荷仅增长 5%~12% 和 9%~15%，推测土地利用变化对硝态氮输出负荷的影响可能小于气候变化。土地利用变化可能对氨氮输出产生较大影响，导致北溪氨氮输出负荷增长 8%~61%，西溪氨氮输出负荷增长 16%~58%。通过设计不同气候变化和土地利用变化情景，进一步评估气候变化和土地利用变化交互作用对氮输出的影响（表 6-9）。在 RCP 8.5 情景下，预测的 2080 年硝态氮输出负荷增幅最大。氨氮的输出负荷也会增加，尤其是在 2080 年土地利用变化情景下。

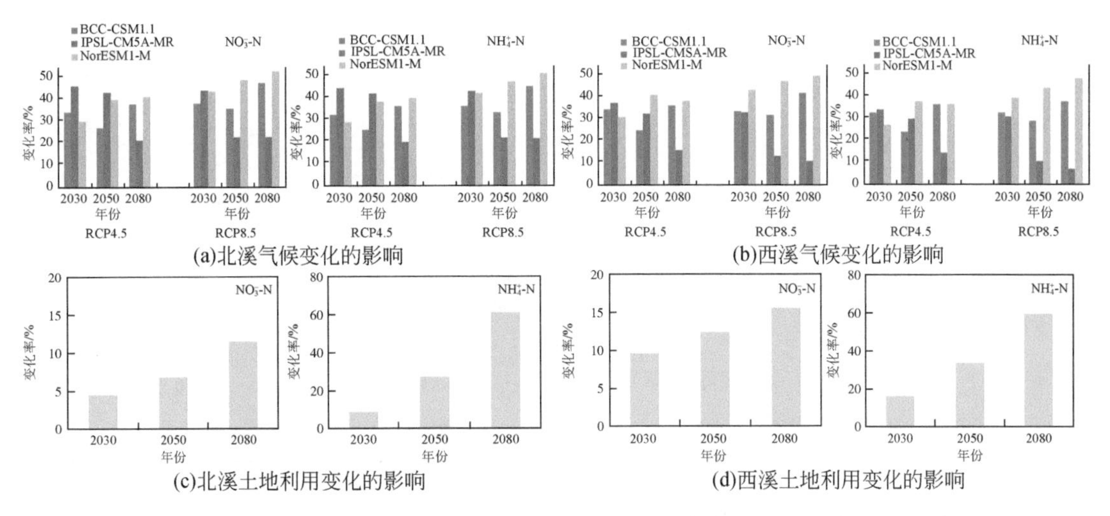

(a)北溪气候变化的影响　(b)西溪气候变化的影响

(c)北溪土地利用变化的影响　(d)西溪土地利用变化的影响

图 6-13　气候变化和土地利用变化相对应的北溪和西溪硝态氮和氨氮输出相对于当期（2014~2017 年）的变化

表 6-9　气候变化和土地利用变化对九龙江流域氮输出的综合影响　（单位：%）

河流	气候变化情景	土地利用变化情景					
		硝态氮输出变化			氨氮输出变化		
		2030 年	2050 年	2080 年	2030 年	2050 年	2080 年
北溪	RCP 4.5						
	BCC-CSM1.1	24.6	24.9	35.8	23.8	41.2	72.1
	IPSL-CM5A-MR	35.1	37.8	27.9	34.5	51.5	68.9
	NorESM1-M	21.6	33.1	37.7	21.3	47.8	73.1
	平均值	（27）	（32）	（34）	（27）	（47）	（71）
	RCP8.5						
	BCC-CSM1.1	27.6	30.2	41.2	26.7	51.2	74.4
	IPSL-CM5A-MR	33.6	37.7	28.0	33.2	40.6	68.9
	NorESM1-M	31.5	39.1	45.2	30.7	54.6	76.2
	平均值	（31）	（36）	（38）	（30）	（49）	（73）

续表

河流	气候变化情景	土地利用变化情景					
		硝态氮输出变化			氨氮输出变化		
		2030 年	2050 年	2080 年	2030 年	2050 年	2080 年
西溪	RCP 4.5						
	BCC-CSM1.1	32.2	28.4	38.1	36.3	46.7	71.2
	IPSL-CM5A-MR	33.8	45.7	25.2	34.3	48.6	65.1
	NorESM1-M	29.8	38.8	39.5	32.9	53.3	71.3
	平均值	（32）	（38）	（34）	（35）	（50）	（69）
	RCP 8.5						
	BCC-CSM1.1	31.2	32.9	40.3	36.1	48.8	71.2
	IPSL-CM5A-MR	31.2	36.5	31.7	34.9	39.9	64.3
	NorESM1-M	38.1	42.5	46.3	40.3	55.6	75.4
	平均值	（34）	（37）	（39）	（37）	（48）	（70）

不同水文年硝态氮输出不同（如丰水年和枯水年）。由表 6-9 可知，气候变化对硝态氮输出的影响很大，与枯水年相比，丰水年降水量增多，径流量增大，硝态氮的输出负荷也随之增加。西溪对气候变化的响应更敏感，可能是由于农业活动剧烈，人为氮输入量较大，也可能是因为西溪更靠近河口，受地理位置的影响。

本研究中发现土地利用和大气沉降对硝态氮输出的影响较气候条件的影响小。土地利用变化对西溪硝态氮输出的影响次于气候条件 [图 6-14（a）]，大气沉降对北溪硝态氮输出的影响次于气候条件 [图 6-14（b）]。在土地利用情景下，农田扩张情景导致硝态氮输出负荷在北溪增加 2%，西溪增加 15%。相比之下，耕地减少的情景硝态氮输出负荷在北溪下降 4%，西溪下降 18%，而在城市化扩张的情景硝态氮输出负荷在北溪下降 2.3%，西溪下降 13%。在大气沉降情境下，大气沉降量增加（北溪氮沉降约 6.5%，西溪氮沉降约 7.5%），硝态氮的输出负荷略有增加。相反，低氮沉降情景下，北溪和西溪硝态氮输出负荷分别下降 3% 和 4%。虽然与气候变化相比，土地利用变化和氮沉降变化对硝态氮输出的影响相对

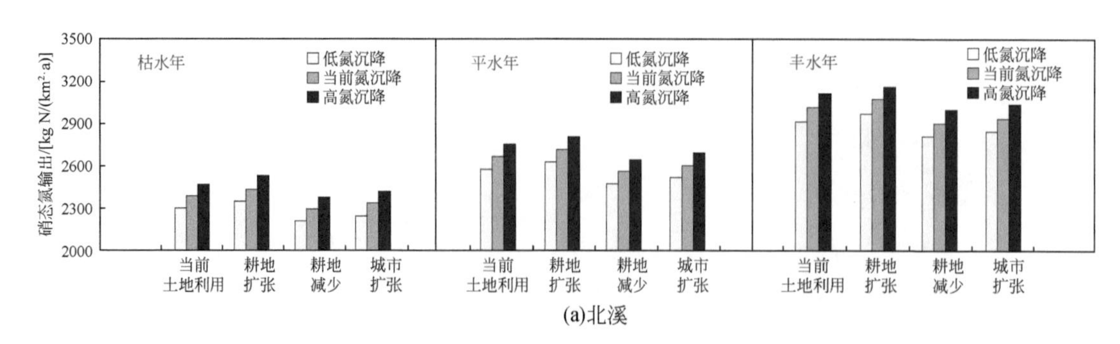

(a)北溪

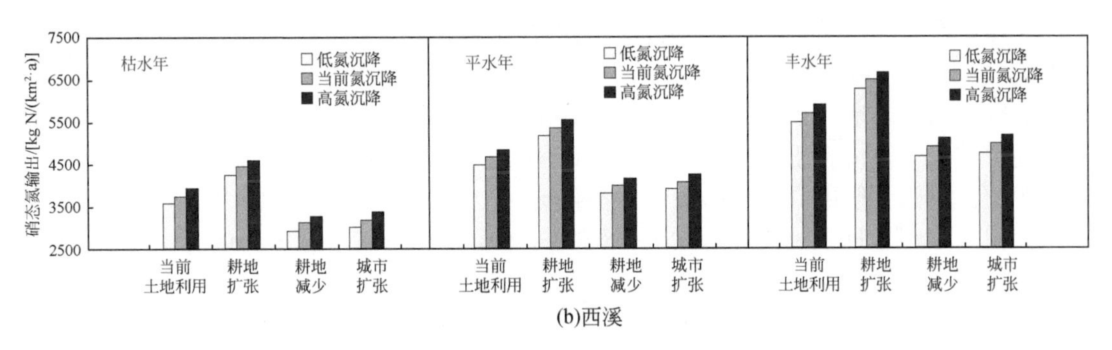

(b)西溪

图 6-14 北溪和西溪硝态氮的输出模拟结果

较小，但这两个因素的变化可以加剧或减弱气候变化的影响。

本研究结果表明，气候变化是影响硝态氮输出的主要要素。通过气候状况的改变，如气温以及降水量的变化，气候变化被认为是影响水文循环以及氮迁移转化过程的重要因素。气温和降水量等的变化可能会改变土壤微生物活动条件。硝态氮的输出负荷与径流量也有明显的相关性，说明气候变化对氮输出有重要的影响。本研究结果与已有的研究结果一致（Tu，2009）。土地利用变化导致了氨氮输出负荷的剧烈变化。氮输出负荷持续增加可能与流域内快速的城市化扩张有关系，城市化扩张可能导致排水水体的生活垃圾以及未处理居民废水的增加，从而加剧河流水环境污染。全球范围内，农业活动与城市化扩张导致河流氮输出通量增加的现象普遍存在（Tu，2009；El-Khoury et al.，2015）。

本研究基于 INCA 的氮模型研究发现，气候变化与土地利用变化的耦合影响加剧了九龙江流域氮输出。越来越多研究发现，城市远郊、近郊，以及城市流域内由城市化引起的水文状况的变化对河流氮输出起到增益效应（Kaushal et al.，2008；Huang et al.，2021）。但也有研究发现，气候变化会掩盖土地利用变化对营养盐输出的影响。例如，Morse 和 Wollheim（2014）基于 1993~2009 年城郊小流域的长时间序列监测数据，研究土地利用和气候因子与营养盐输出关系，发现虽然 1993~2009 年土地利用面积比例和人口密度呈上升趋势，但未发现营养盐浓度或输出负荷有明显增加的趋势，而是受气候因子的调节，呈波动性变化。本研究推断土地利用变化可加剧气候变化对九龙江流域氮输出的影响。

6.2.5 小结

本研究构建了九龙江流域氮动态模型 INCA-N，探讨了九龙江流域河流氮来源、氮循环过程以及土地利用变化和气候变化对氮输出的影响。径流量、氮浓度以及输出负荷等的模拟值与观测值的拟合度较高，表明 INCA 模型在九龙江流域具有较好的适用性。结果表明，土壤硝化作用、肥料施用以及大气氮沉降是九龙江流域无机氮的主要来源；河流氮迁移、植物吸收和反硝化作用是流域内三个主要的氮迁移过程。相比土地利用变化，气候变化对硝态氮输出负荷的影响更大，而土地利用变化显著影响氨氮输出。气候变化、土地利用变化以及这两者的交互影响下硝态氮的输出模拟值增加到 7%~38%、5%~15% 和 27%~39%，氨氮输出负荷的模拟值分别增加 14%~37%、8%~61% 和 20%~73%。本研究结果可增进对全球变化背景下亚热带近海流域水环境局域响应的认识，为九龙江流域管理与区域水安全提供科学依据。

本研究未考虑地下径流的影响。有关地下水的两个参数（即地下水反硝化率和地下水时间常数）不在模型手册提供的典型值范围内。与其他研究相比，河流中的氮衰减率相对较低。因此，使用 INCA-N 来评估类似流域（如越南 Cau 河）中多个氮素迁移转化过程的相对重要性具有挑战性。在过去的几十年中，九龙江流域集约化的大坝建设使河水流速均匀化、削弱洪峰，并导致河内氮衰减率降低（Zhang et al., 2015）。氨挥发是九龙江流域氮损失的重要途径。但是 INCA-N 模型未考虑氨挥发过程，这可能会限制其在农业流域中的应用。本研究中 INCA 模型模拟 NH_4^+-N 的效果不佳，值得进一步探索。氨挥发、筑坝，以及地下水氮输出过程等影响河流氮输出的因素可考虑进来，以进一步完善模型。

6.3 土地利用模式和水文状况共同控制下的九龙江流域磷输出

磷作为限制性营养盐，过量输入会造成水体富营养化和其他生态损害，从而威胁人们所依赖的生态系统服务与功能。河流磷营养盐状况是植被、土壤、地形、气候和土地利用状况等自然和人为因素综合作用的结果，而这些影响因素受到人类活动和气候变化的共同作用。本研究应用现场监测、GIS、模型模拟和数理统计等方法，于 2015 年 3 月至 2017 年 2 月在九龙江流域不同主导土地利用类型源头小流域和北溪与西溪开展河流表层水总磷（TP）、总溶解态磷（TDP）和颗粒态磷（PP）浓度监测（其中总溶解态磷和颗粒态总磷的监测时间分别为 2015 年 7 月至 2017 年 2 月、2015 年 3 月至 2016 年 3 月的采样频率为每月 2 次，2016 年 4 月至 2017 年 2 月为每月 1 次，采样点位如图 6-15），探究河流磷浓度与输出负荷的时空变化特征，并于 2016 年 6 月至 2017 年 3 月在西溪 12 个点位开展了一年四期的沉积物和河流地表水水质采样分析 [图 6-16（a）]，识别九龙江西溪河流沉积物磷的赋存形态及分布特征，揭示九龙江流域磷输出对土地利用模式及水文状况的响应。研究结果有助于九龙江流域河流磷控制和水资源的利用。

对河流磷通量的计算方法同 6.1 节，即采用 HSPF 模型模拟未设置水文监测站点的 13 个小流域输出和汇流点的流量；采用两种较为常用的方法来计算磷的通量：全局均值法、流量权重法，并用这两种方法的均值进行进一步的磷输出通量计算。

6.3.1 流域磷浓度的时空分布特征

九龙江流域河流表层水磷浓度存在明显的时空差异（图 6-17）。在空间尺度上，大部分形态磷的平均浓度变化趋势为：农业流域 > 城市流域 > 自然流域，西溪 > 北溪。在时间尺度上，农业流域的 PP 平均浓度在冬、春季高，夏、秋季低；在城市流域，PP 平均浓度则在夏、冬季高，春、秋季低；在自然流域，PP 平均浓度的最高值均出现在春季，最低值出现在夏季。所有类型小流域中，TP 平均浓度表现为春、冬季高，夏、秋季

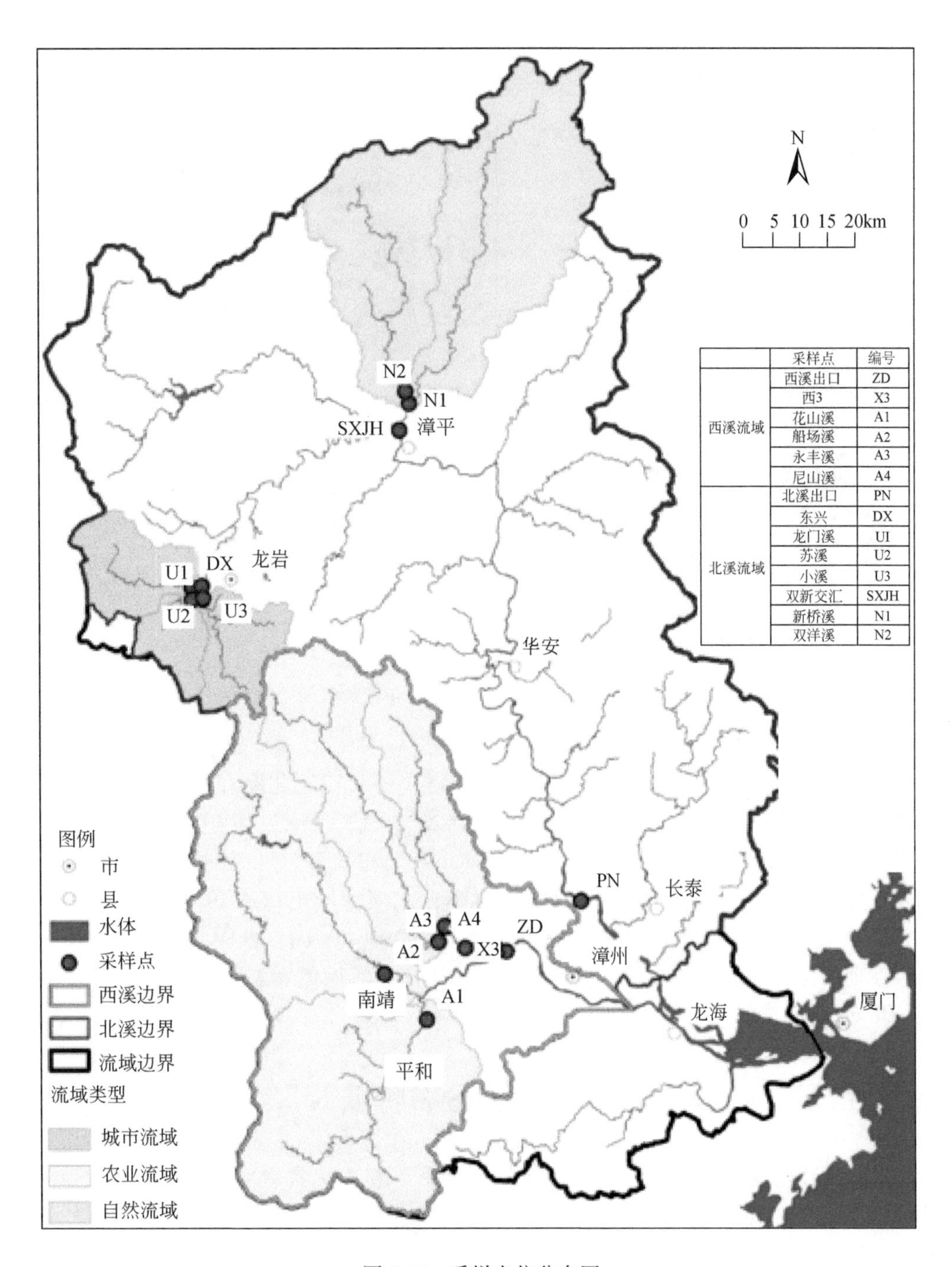

	采样点	编号
西溪流域	西溪出口	ZD
	西3	X3
	花山溪	A1
	船场溪	A2
	永丰溪	A3
	尼山溪	A4
北溪流域	北溪出口	PN
	东兴	DX
	龙门溪	UI
	苏溪	U2
	小溪	U3
	双新交汇	SXJH
	新桥溪	N1
	双洋溪	N2

图 6-15 采样点位分布图

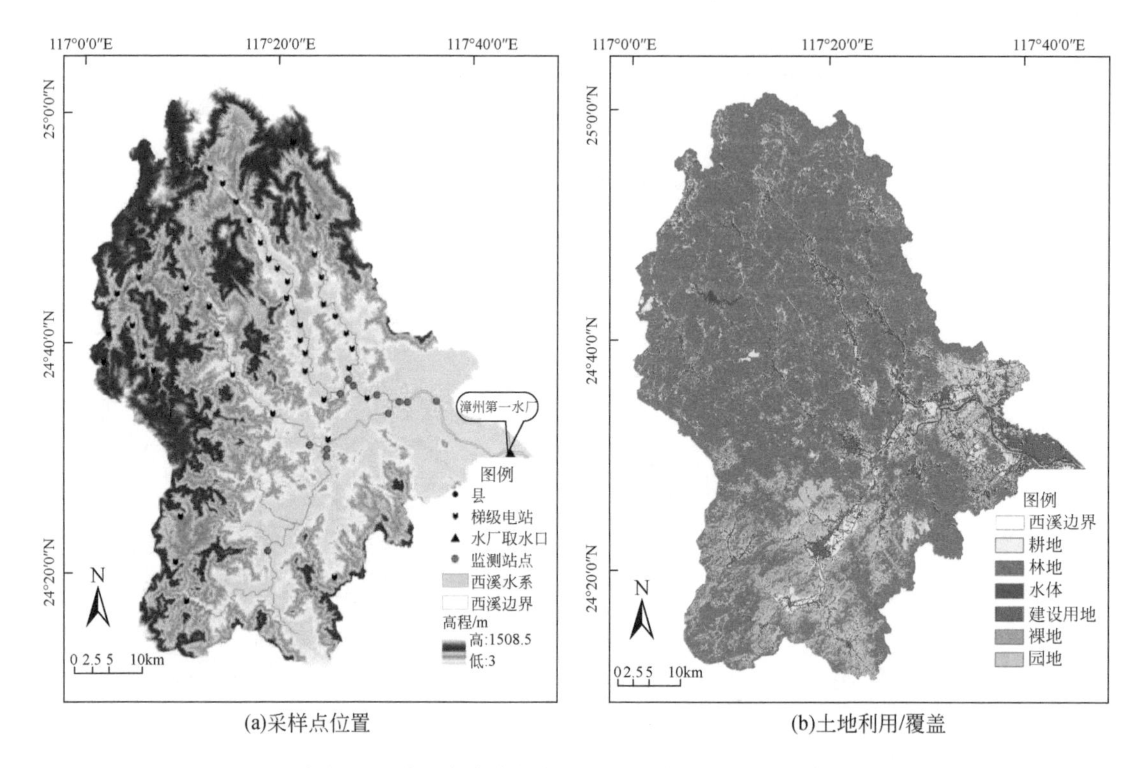

(a)采样点位置 (b)土地利用/覆盖

图 6-16 九龙江西溪流域采样点位置和 2016 年西溪流域土地利用 / 覆盖图

节低，TDP 均表现为春—夏—秋—冬季逐渐递增趋势。对于北溪和西溪流域出口而言，TP 平均浓度最高值也出现在春季，分别为（0.22±0.12）mg/L 和（0.32±0.12）mg/L，而浓度最低值分别出现在冬季 [（0.17±0.09）mg/L] 和秋季 [（0.25±0.12）mg/L]；TDP 的季节变化趋势均为冬季 > 夏季 > 秋季 > 春季；北溪流域出口的 PP 平均浓度在春季最高 [（0.21±0.15）mg/L]，在冬季最低 [（0.11±0.09）mg/L]，西溪流域 PP 平均浓度的变化趋势则反之。就不同形态磷的组成而言，九龙江流域的颗粒态磷的平均浓度高于总溶解态磷（图 6-17）。

6.3.2 九龙江河流磷输出负荷时空分布特征

农业流域和西溪流域的径流深变化趋势为夏季 > 春季 > 秋季 > 冬季，而城市流域、自然流域以及北溪流域的径流深由春季到冬季逐季节递减。在春季，城市流域和自然流域的径流深高于农业流域，而在其余季节，则反之（图 6-18）。

不同尺度、不同类型流域的不同形态磷输出负荷存在明显的季节变异性（图 6-18）。对于农业流域而言，TP 输出负荷的最高值出现在夏季，春季次之，而秋、冬季无明显差异；对于城市流域而言，TP 输出负荷的变化模式为春季 > 夏季 > 冬季 > 秋季；自然流域的 TP 输出负荷的季节变化模式与城市流域一致。对于北溪和西溪而言，西溪的 TP 输出负荷最高

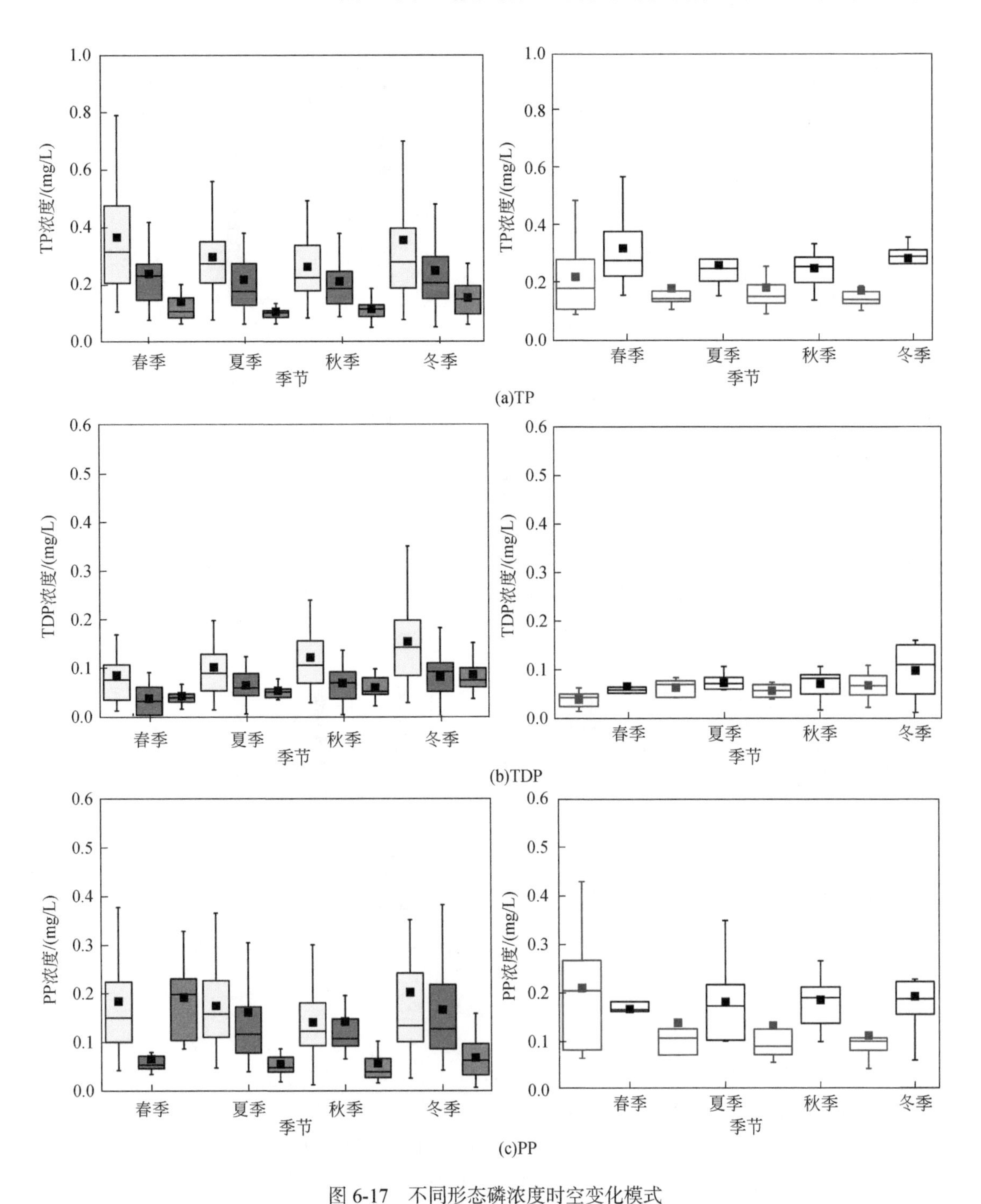

图 6-17 不同形态磷浓度时空变化模式

黄色、红色、绿色分别代表农业流域、城市流域、自然流域；蓝色和黑色分别代表北溪和西溪流域

值也出现在夏季，即径流高的季节；北溪的 TP 输出负荷在春季最高，夏季次之，输出负荷的最低值出现在冬季。3 种典型小流域以及两条干流的 TDP 和 PP 输出负荷均表现为春、夏高，秋冬低的变化趋势。总体而言，农业流域的磷输出负荷最高，城市流域次之，西溪高于北溪。

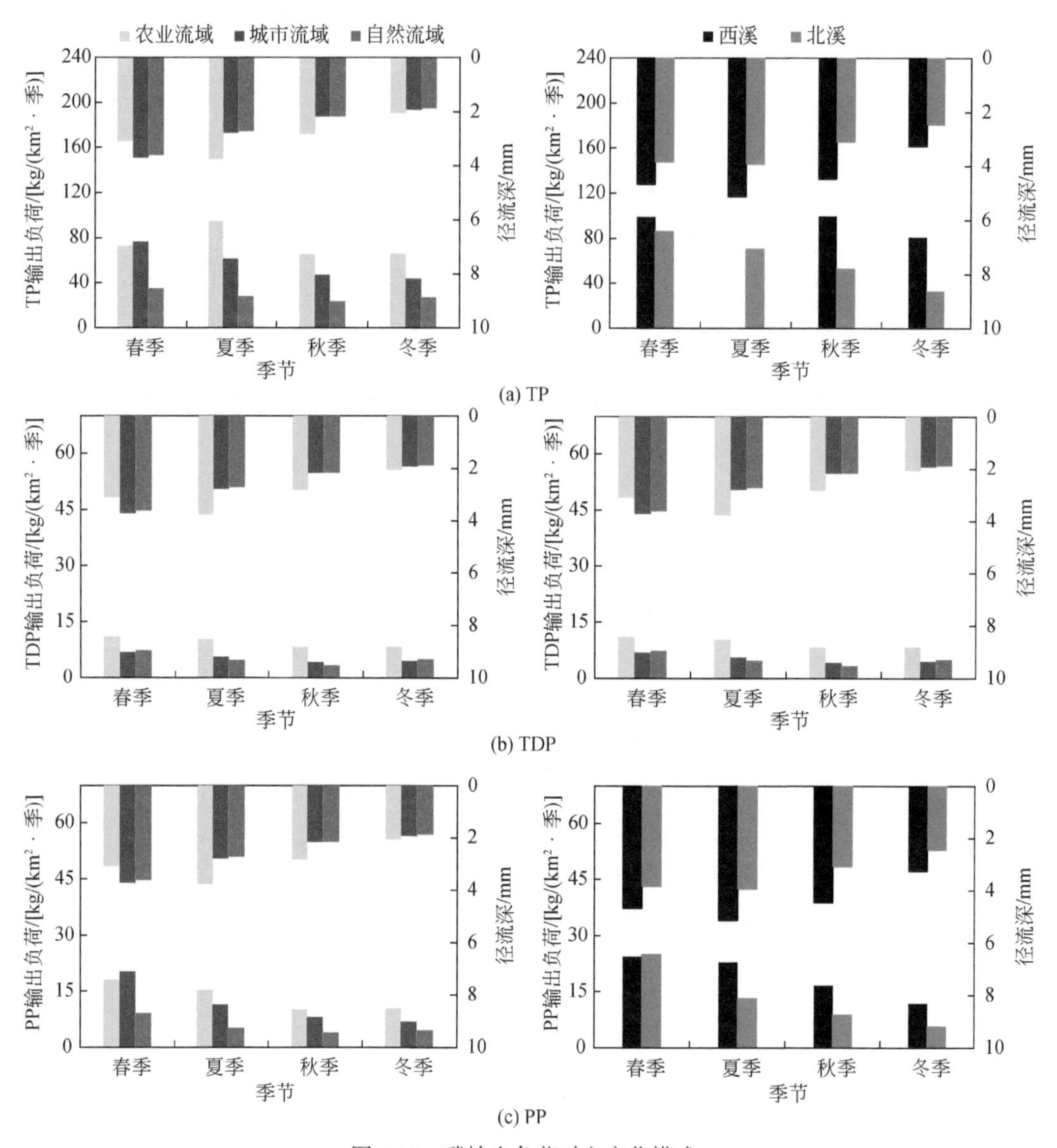

图 6-18 磷输出负荷时空变化模式

九龙江流域河流磷浓度和磷输出存在明显的空间差异。农业流域磷浓度和输出负荷高于其他两种类型流域，其中农业流域的总磷输出高于城市流域和自然流域 5~16 倍，西溪高于北溪。总体上农业活动强度越大的流域，磷浓度和输出负荷越高，说明农业面源污染是导致九龙江流域水体中磷输出负荷空间变化的重要因素。磷是流域水体的重要组成部分，也是农业生产不可或缺的营养元素。因此，在农业生产较发达的地区其河流水体中的磷通常能反映农业生产活动的情况。

在流域范围内，土地利用主要通过影响污染源类型、污染物产生量以及传输过程，从而决定河流污染物空间分布格局。农业流域位于平和、南靖农业发展集约化区域，该区域果园和耕地占地面积大，化肥施用量高，表明农业面源污染会造成水体中磷污染（黄金良等，

2004）。城市流域位于龙岩市区，社会经济相对发达，未能有效处理的生活污水及城市面源污染等因素使得河流水质相对较差，加之城市流域的上游仍然存在一些养殖，多种因素造成其 TP 浓度和输出负荷仅次于农业流域。其他研究也表明，生活污水和工业废水是河流磷的重要来源（Duan et al.，2012；张亚娟等，2017）。自然流域林地所占比重高，植被覆盖是防护水土流失的天然屏障，而且人类活动强度较低，污染源较少，TP 浓度总体较低，与其他研究结果一致（Tu，2009）。西溪流域的农业活动强度和人口密度均比北溪流域大，其总磷、总溶解态磷和颗粒态磷的浓度总体上高于北溪，进一步说明了人类活动导致的污染源差异是河流磷输出负荷存在空间差异的重要驱动因素。此外，农业流域和西溪流域的 PP 浓度和输出负荷远远高于其他类型小流域和北溪，说明农业活动，尤其是坡地果园开发导致的水土流失也是影响九龙江流域河流磷输出负荷的重要因素（黄金良等，2004）。总体上，各季节农业流域的磷浓度波动性高于城市流域和自然流域，西溪高于北溪。

不同类型流域不同形态磷浓度总体表现为春、冬季节较高，而夏、秋季节较低。春季是九龙江流域的耕作季节，农事活动频繁，化肥施用量大，加上 3~5 月的梅雨季节，容易造成磷流失，直接导致河流磷浓度增加（Morse and Wollheim，2014）。冬季为枯水期，降水量少，径流量小，不利于排入河道的污染物稀释。夏季为丰水期，径流导致河流量增大，面源污染物被径流冲刷入河，但是在河流中的磷滞留时间短，且流量增大对磷浓度的稀释作用大于冲刷作用，河流的自净能力大，导致磷平均浓度降低。相比春、夏季节，秋季为收获阶段，化肥施用量、降水量和径流量减少，总体入河的污染物总量有所削减，河流水质状况较好。但对于输出负荷而言，TP、TDP 和 PP 输出负荷表现为春、夏季高于秋、冬季，与径流深的变化趋势一致。径流深大的季节，磷输出负荷高，说明水文状况是控制磷输出负荷的重要因子（Morse and Wollheim，2014）。

温度的季节性变化导致的微生物转化过程存在差异，也是影响河流水质季节性变化的重要因素（Huang et al.，2014）。冬、春季，温度较低，不利于沉水植物及浮游植物活动，其在此阶段处于休眠状态，对流域中的磷利用率低。另外，上层水中藻类下沉到沉积物中，沉积物中藻类丰富，导致颗粒态总磷浓度偏高。夏、秋季，温度较高，流域浮游植物及沉水植物处于活跃状态，藻类在上层水中较丰富，所以对磷的利用率高（王书航等，2014）。此外，在春、夏季，降雨较为丰富，PP 占 TP 的比重高于秋、冬季，说明在雨季水土流失对河流磷的贡献不可忽视。九龙江流域土壤表层土壤的总磷含量 0.28~2.46 mg/g，降雨主要集中在春、夏季，造成土壤侵蚀，水土流失，加剧水质恶化，因此，在春、夏季特别要重视水土流失带来的水环境问题。

6.3.3 九龙江河流磷输出与土地利用和水文状况的关系

不同季节磷浓度和输出负荷与土地利用面积比例和径流深的关系呈非稳定模式。总体而言，磷浓度和输出负荷与林地、裸地面积比例呈负相关关系，与农业用地和果园面积比例呈正相关，而不同形态磷浓度和输出负荷与建设用地面积比例的关系不一致（表 6-10）。相比建设用地，农业用地面积比例与磷输出的关系更密切，意味农业活动的空间差异是导致九龙江流域不同主导土地利用类型流域河流磷输出差异的重要因素。对于不同季节而言，林地面积比例与所有形态磷的浓度和输出负荷的负相关性最强，尤其是与 PP 的浓度呈显著负相关性，说明在丰水季节林地可以有效保持水土，减少河流中 PP 的输入。与其他季节相比，TP、TDP 和 PP 浓度及输出负荷在夏季与耕地、园地面积比例和径流深的正相关性也是较强的，说明在夏季农业非点源污染源是河流磷的重要来源。

表 6-10　磷浓度及输出负荷与环境因子的 Pearson 相关关系

水质指标	季节	林地	耕地	建设用地	园地	裸地	径流深度	样本数
TP 浓度	春	−0.18	0.24	−0.01	0.17	−0.35	0.17	14
	夏	−0.43	0.43	0.19	0.27	−0.34	0.25	14
	秋	−0.38	0.38	0.19	0.22	−0.29	0.19	14
	冬	−0.34	0.39	0.07	0.28	−0.34	0.09	14
TDP 浓度	春	−0.24	0.45	−0.21	0.34	−0.53	0.05	14
	夏	−0.27	0.38	−0.01	0.23	−0.56*	0.29	14
	秋	−0.23	0.35	−0.04	0.22	−0.49	0.14	14
	冬	−0.24	0.37	−0.11	0.28	−0.45	0.06	14
PP 浓度	春	−0.43	0.23	0.51	0.08	−0.10	−0.26	14
	夏	−0.58*	0.40	0.47	0.27	−0.20	0.14	14
	秋	−0.43	0.31	0.37	0.16	−0.01	0.18	14
	冬	−0.39	0.36	0.19	0.25	−0.22	0.10	14
TP 输出负荷	春	−0.41	0.27	0.41	0.11	−0.04	−0.12	14
	夏	−0.48	0.60*	0.02	0.41	−0.15	0.46	14
	秋	−0.40	0.52	0.01	0.32	−0.05	0.40	14
	冬	−0.43	0.52	0.02	0.37	−0.19	0.18	14
TDP 输出负荷	春	−0.34	0.54*	−0.16	0.40	−0.61*	0.18	14
	夏	−0.43	0.70**	−0.21	0.49	−0.49	0.56*	14
	秋	−0.41	0.65*	−0.14	0.43	−0.44	0.37	14
	冬	−0.39	0.63*	−0.22	0.49	−0.43	0.18	14
PP 输出负荷	春	−0.42	0.30	0.38	0.13	−0.06	0.01	14
	夏	−0.58*	0.64*	0.11	0.45	−0.18	0.43	14
	秋	−0.47	0.55*	0.08	0.35	−0.06	0.36	14
	冬	−0.50	0.64*	−0.04	0.49	−0.24	0.21	14

* 表示显著性水平 $p<0.05$；** 表示显著性水平 $p<0.01$。

河流水质受到自然和人为因素的综合作用（Huang et al.，2014；Xia et al.，2018），本研究发现土地利用类型面积比例和水文状况与河流磷浓度及输出负荷关系密切。总体而言，磷浓度、输出负荷与林地和裸地面积比例呈负相关关系，与耕地、果园面积比例呈正相关关系，而不同形态磷的浓度与输出负荷与建设用地面积比例和径流深的关系不一致。研究结果进一步表明，农业活动（如化肥施用）是九龙江流域河流磷的重要来源，而林地面积比例增加有助改善河流水质（卓泉龙等，2018），这与其他研究结论一致（王琼等，2017；Xiao and Wei，2007）。

由于流域特征、污染源类型、污染物排放量以及迁移转化过程的时空差异（Gonzales-Inca et al.，2015），土地利用和水文状况与磷浓度和输出负荷的关系存在不稳定性。总体而言，耕地面积比例和径流深与磷浓度和输出负荷在夏季的关系最密切，说明农业非点源污染是河流磷的关键源。此外，耕地面积比例和径流深与磷输出负荷的相关系数高于磷浓度，而磷浓度或输出负荷与土地利用与的相关系数高于径流深，说明河流磷输出负荷受到人类活动和水文状况的综合作用，农业活动是影响河流磷输出的主要因素，河流径流量增加对磷输出负荷具有一定的增益效应（Xia et al.，2010）。林地面积比例与大部分磷浓度和输出负荷的负相关系数也是在夏季最高，尤其是与颗粒态磷（PP）呈显著负相关性，进一步验证林地的面积比例增加有助于保持水土，改善河流水质。建设用地面积比例对不同指标的影响不同，与 PP 的关系最密切，尤其在春、夏季，说明在雨季城市径流也是河流 PP 的一个重要来源（Pratt and Chang，2012）。

6.3.4 西溪河流磷的时空分布特征

6.3.4.1 西溪表层水磷的空间分布

九龙江西溪表层水 TP、TDP、SRP、TPP 的空间分布如图 6-19 所示。从图 6-19 可以看出，西溪表层水 TP 浓度为 0.09~0.43 mg/L，TDP 浓度为 0.013~0.15 mg/L，SRP 浓度为 0.002~0.13 mg/L，TPP 浓度为 0.039~0.34 mg/L。TP、TPP 浓度均值呈现干流点 > 汇流点 > 支流点；TDP、SRP 浓度均值呈现汇流点 > 干流点 > 支流点。可知西溪表层水磷浓度空间上总体呈现上游低、下游高的分布格局。

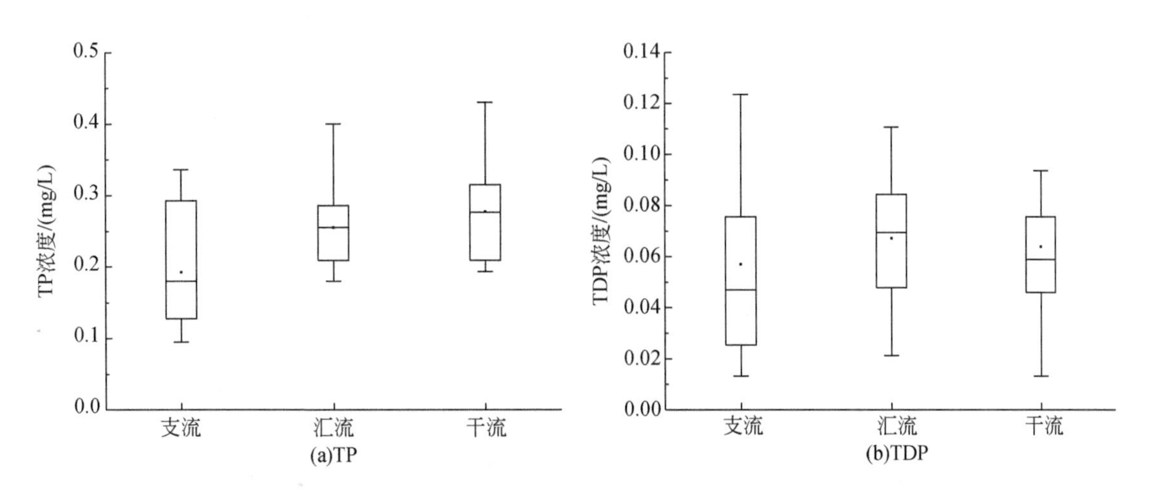

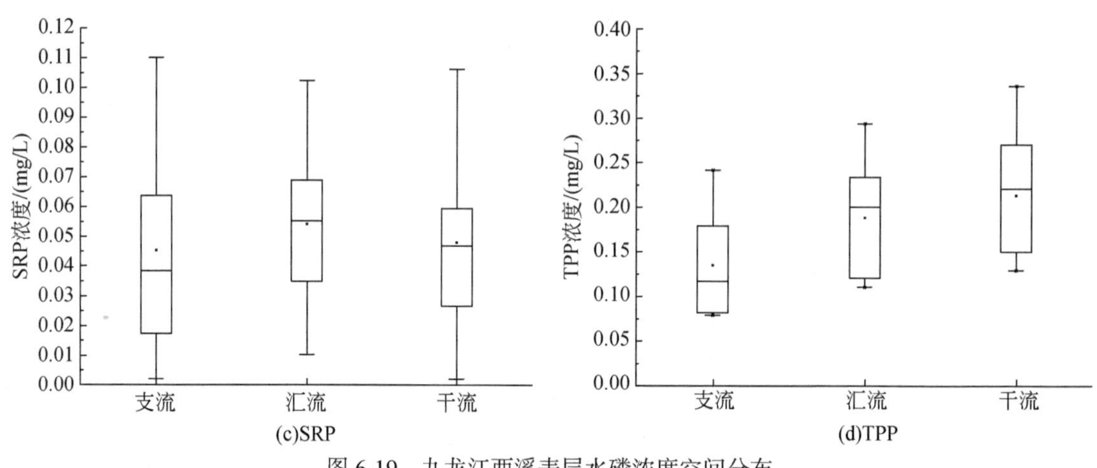

(c)SRP (d)TPP

图 6-19 九龙江西溪表层水磷浓度空间分布

6.3.4.2 西溪表层水磷的季节性变化

对九龙江西溪表层水磷含量的四次调查结果如图 6-20 所示。从图 6-20 看出，西溪表层水各磷指标存在明显的季节性变化，与全流域季节性变化趋势存在略微不同，表现为 TP：冬季 > 夏季 > 春季 > 秋季；TDP、SRP：春季 > 冬季 > 夏季 > 秋季；TPP：冬季 > 秋季 > 夏季 > 春季。

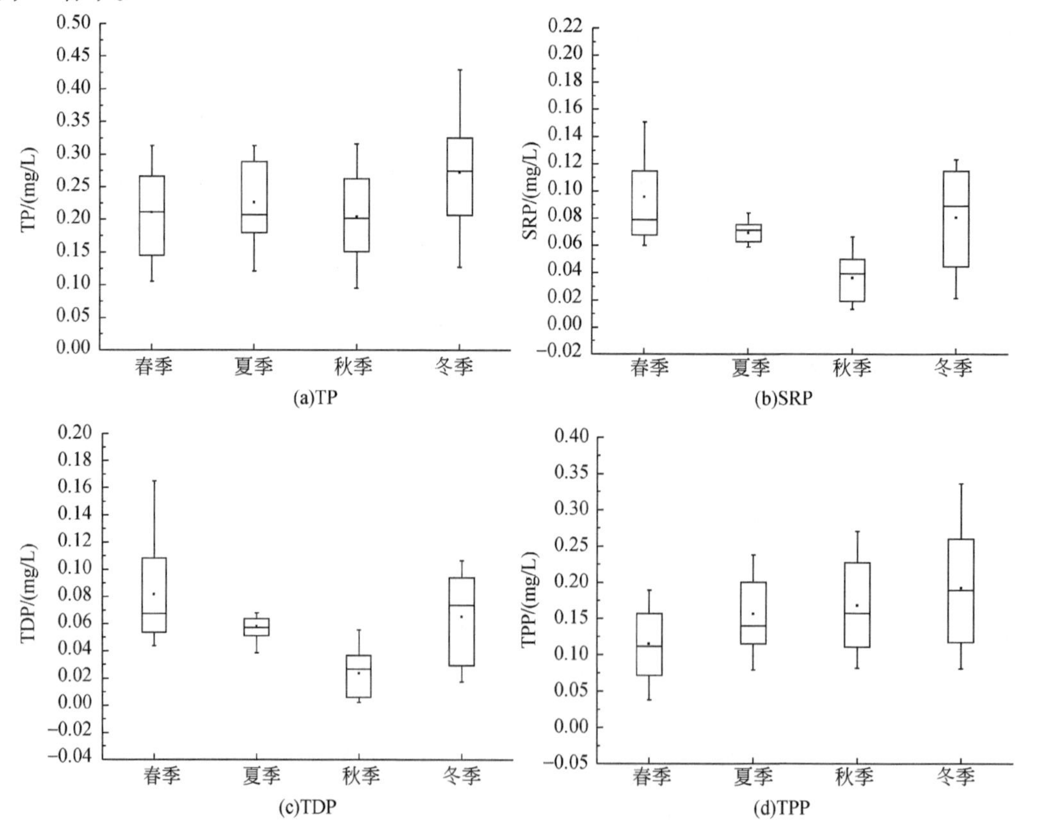

(a)TP (b)SRP

(c)TDP (d)TPP

图 6-20 九龙江西溪表层水磷浓度季节性变化

6.3.5 西溪表层沉积物磷的赋存形态及分布特征

6.3.5.1 沉积物磷含量的空间分布特征

沉积物各磷形态（TP、Fe/Al-P、Ca-P、IP 和 OP）在相同时期变化趋势基本一致（图 6-21）。2016 年 6 月沉积物 TP 含量在 252~1333 mg/kg，平均为 725mg/kg。IP含量为 156~1044 mg/kg（IP 占 TP 的 52%~84%），Fe/Al-P 占 IP 的 46%~76%；OP 占 TP 的 16%~31%。2016 年 10 月沉积物 TP 含量在 212~959mg/kg，平均为 579mg/kg。IP含量为 161~775 mg/kg（IP 占 TP 的 52%~87%），Fe/Al-P 占 IP 的 44%~71%；OP 占 TP 的 23%~39%。2016 年 12 月沉积物 TP 含量在 143~1416mg/kg，平均为 713mg/kg。IP含量为 128~1093 mg/kg（IP 占 TP 的 62%~89%），Fe/Al-P 占 IP 的 38%~71%；OP 占 TP 的 12%~30%。2017 年 3 月沉积

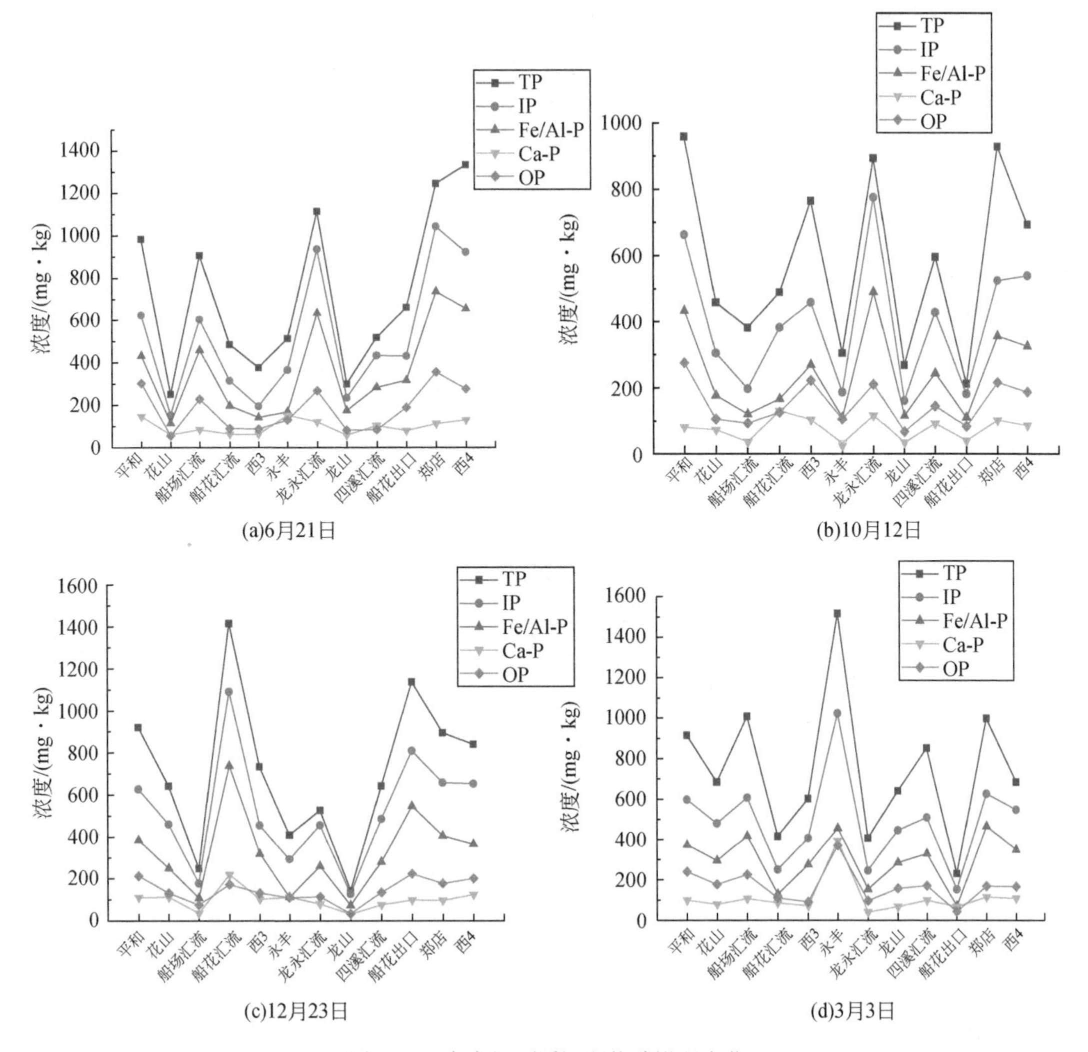

图 6-21 九龙江西溪沉积物磷沿程变化

物 TP 含量在 230~1516mg/kg，平均为 746mg/kg。IP含量为 152~1022 mg/kg（IP 占 TP 的 60%~80%），Fe/Al-P 占 IP 的 45%~74%；OP 占 TP 的 15%~26%。可以看出沉积物 TP 含量在 3 月最高，虽然春夏秋冬 TP 含量有较大差异，尤其是 10 月沉积物 TP 均值较其他时期低，但是 IP 占 TP 和 Fe/Al-P 占 IP 的比例趋于稳定。OP 占比较小，且空间变化不明显处于平稳状态。

6.3.5.2 沉积物磷赋存形态特征

利用3.5 mol/L HCl 直接提取出西溪沉积物中 90%[=TP/（Fe/Al-P+Ca-P+OP）] 以上的磷，说明 SMT（Standards，Measurements and Testing）分离提取法中浓 HCl-P 含量可以基本代表 TP 含量。九龙江西溪沉积物总磷（Fe/Al-P+Ca-P+OP）空间分布见图 6-22。

由图 6-22 可见，九龙江西溪沉积物 TP 含量在 143~1516mg/kg（相差 10 倍以上），平均为 691mg/kg，以 IP 为主要赋存形态，含量为 128~1093mg/kg（IP 占 TP 的 52%~89%），IP 包括 Fe/Al-P 和 Ca-P，其中又以 Fe/Al-P 为主（占 IP 的 38%~76%），具有较大的磷释放潜力，OP 仅占 TP 的 12%~39%。从各形态磷含量和所占比例的变化范围来看，各个点位基本呈现 Fe/Al-P>OP>Ca- P，表层沉积物中 TP 含量的增加主要来自 Fe/Al-P 部分，其次来自 OP 部分。

但是从图 6-22 中并不能看出 12 个点位在空间上有明显的变化规律，故本研究将 12 个点位分成支流点（平和、花山、永丰、龙山、船场汇流）、汇流点（船花汇流、西 3、龙永汇流、船花出口）和干流点（四溪汇流、郑店、西 4）来观察空间上的变化，结果如图 6-23 所示。

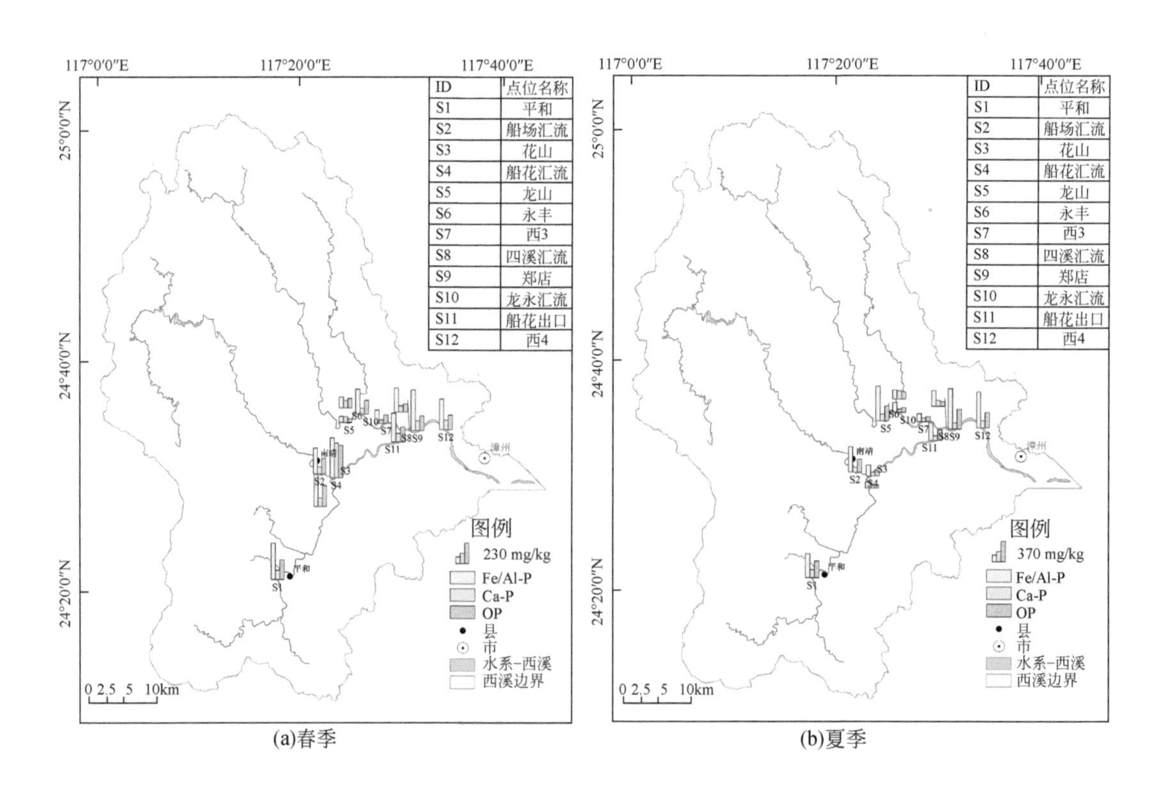

(a)春季　　(b)夏季

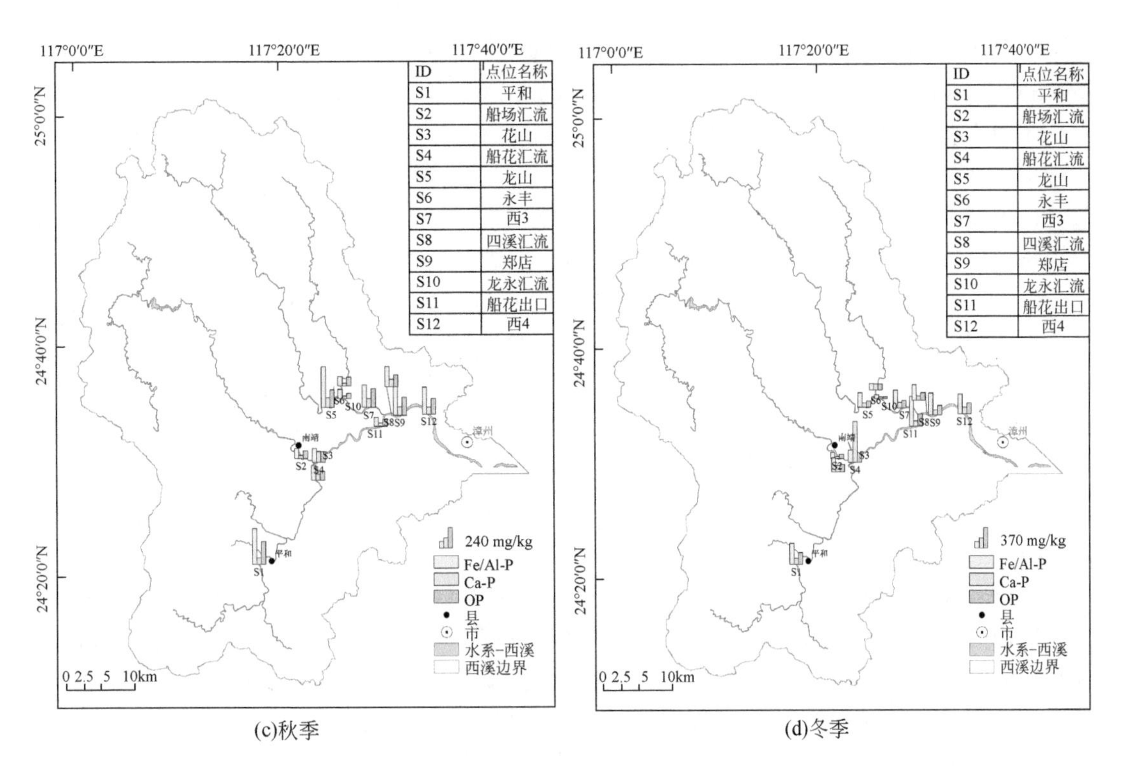

(c)秋季 (d)冬季

图 6-22 九龙江西溪沉积物磷空间分布

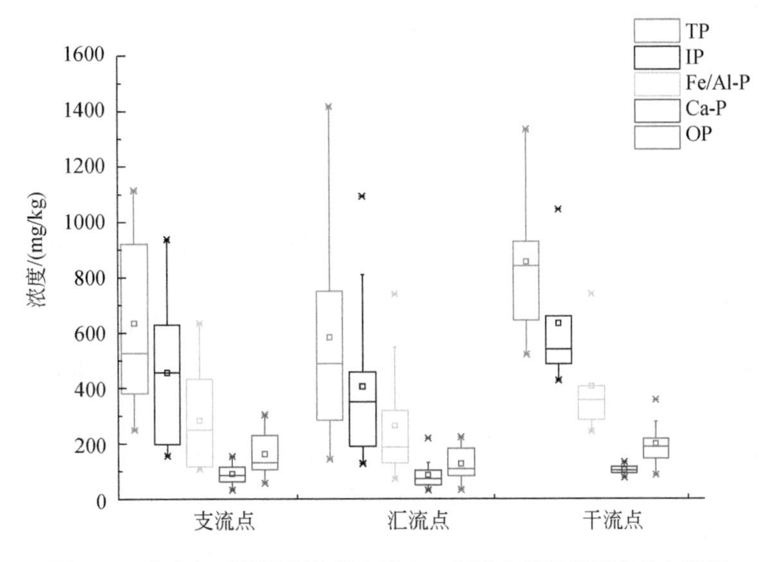

图 6-23 九龙江西溪沉积物磷支流点、汇流点以及干流点分布情况

从图 6-23 可见，西溪沉积物各个磷指标平均值均是干流点 > 支流点 / 汇流点，整体上沉积物 TP 含量呈上游低，下游高的空间分布特征。

本研究采用 SMT 法测定西溪沉积物磷含量，九龙江西溪沉积物磷含量（TP 为 143~1516 mg/kg）处于较高水平，最高值较高于其他河流、湖库，如黄河为 594~957 mg/kg，太湖为 295~913mg/kg，东昌湖为 429~934 mg/kg，福建山仔水库为 400~750 mg/kg，晋江为 459~986 mg/kg，澜沧江漫湾库区为 623-899 mg/kg（Liu et al.，2015）。但低于天津海河，为 968~2017 mg/kg。西溪沉积物主要以高活性的 Fe/Al-P 为主（占 TP 的 27%~59%），Fe/A1-P 含量是判断沉积物污染来源的重要指标，说明西溪沉积物受人为污染的磷含量较高，OP 占 TP 的 12%~39%。Fe/A1-P 和 OP 具有较高的释放和生物利用潜力，这意味着西溪沉积物磷一旦释放出来，会显著提高水体中生物可利用磷含量。张宪伟等（2009）应用 SMT 分离提取法分析得出黄河干流 TP 分布主要受 IP 控制，其中又以 Ca-P 为主，黄河沉积物向上覆水体释放磷的潜力不大。黄河沉积物中 Fe/Al-P 含量与活性态（Fe+Al）含量有明显的正相关性。鲁婷等（2013）采用 SMT 分离提取法分析了九龙江北溪沉积物 TP 含量的高低主要受 Fe/Al-P 控制，沉积物磷释放潜力大以及九龙江北溪“上游高下游低”的空间分布格局。Liu 等（2013）对澜沧江的研究发现其沉积物 TP 在干流主要受 Ca-P 控制，其次是 Fe/Al-P，在支流中主要受到除 Fe/Al-P、Ca-P 等其他磷的控制，在支流中生物可利用磷的含量远远小于干流。

铁 /Al 结合态磷（Fe/Al-P）：指被 Fe、Al 或者 Mn 的氧化物及其水合物包裹着的磷，属于生物可利用磷，与人类活动密切有关，反映沉积物受人为污染的信息，主要来源于生活污水和工业废水排放（Huang et al.，2016）。西溪沉积物的 Fe/Al-P 含量高达 69~738 mg/kg，平均含量为 306mg/kg，其空间分布与 TP 基本一致，Fe/Al-P 含量最高值出现在 6 月郑店点位，最低值出现在 3 月龙山点位，最大值与最小值相差近 10 倍。西溪沉积物 TP 含量主要受到 Fe/Al-P 控制。Fe/Al-P 含量作为判断沉积物污染来源的指标之一，表明西溪沉积物受人为污染的磷含量较高。并且 Fe/Al-P 呈不稳定状态，容易从沉积物释放至水界面，增加水体中磷的负荷。

有机磷（OP）：被认为部分可为生物所利用，与人类活动有关，主要来源于农业面源污染（Huang et al.，2016），西溪沉积物 OP 含量为 33~370 mg/kg，平均含量为 161 mg/kg。OP 含量在西溪随着时间和空间的变化规律不明显。有机磷一般以 C-O-P 或者 C-P 形式存在于沉积物中，分为不稳定和稳定性的有机磷。不稳定性有机磷在一定的环境条件下容易释放至水体，转化为无机磷可被藻类生长直接利用。

钙结合态磷（Ca-P）：也称为磷灰石磷，主要来源于碎屑岩或本地白生的磷灰石磷，以及难溶性的磷酸钙矿物（Ruban et al.，2001），通常被认为是生物难利用的磷。九龙江西溪沉积物的 Ca-P 含量在 31~393 mg/kg，平均含量为 100mg/kg，略高于福建省山仔水库（23~139 mg/kg），这可能与不同地质条件下的风化有关；空间差异较小，表明西溪沉积物 Ca-P 含量相对稳定。总体来讲，九龙江西溪表层沉积物主要为 Fe/Al-P，其次是 OP，整体占 TP 的 39%~98%，Fe/Al-P 和 OP 均具有较高的释放和生物利用潜力，而之前的研究表明当水体养分的外源得到有效控制时，沉积物养分的季节性再悬浮仍能使水体的富营养化持续数十年（董浩平和姚琪，2004）。所以若要改善九龙江水体的水质，需要对沉积物的污染释放进行有效的控制。

6.3.6 磷营养盐浓度、形态及相关理化参数之间的关系

水体中磷的来源可分为外源性磷和内源性磷。外源性磷包括降水、径流、人为排放等在内的各种输入。内源性磷指来自水体内部的磷，是污水排入、地表径流汇集以及水生生物残骸在水体中沉积所造成。当外源性磷负荷量减少后，沉积物中的磷会逐步释放，在一定条件下，成为水体富营养化的主导因子。表 6-11 显示水体磷指标浓度与各形态包括水体和沉积物磷的相关关系。

表 6-11 磷指标浓度与各形态磷的相关关系

项目	TP	TDP	SRP	PP	TPP	IP	Fe/Al-P	Ca-P	OP
TP	1	0.644**	0.705**	0.909**	0.235	0.279	0.240	0.255	0.046
TDP		1	0.969**	0.268**	0.236	0.250	0.154	0.459**	0.128
SRP			1	0.277**	0.274	0.287*	0.200	0.474**	0.155
PP				1	0.136	0.177	0.186	0.036	−0.019

* 表示显著性水平 p<0.05；** 表示显著性水平 p<0.01。

由表 6-11 可见，水体中磷的浓度与沉积物磷的含量关系密切。水体中 TP、TDP、SRP 和 PP 浓度之间存在极显著正相关关系（p<0.01）；沉积物中各形态磷均与水体中磷呈现正相关关系（除 OP 与 PP 含量呈现负相关关系），其中 Ca-P 与 TDP、SRP 呈现极显著正相关关系（p<0.01），表明 Ca-P 从沉积物中释放极大地影响着水体中活性磷含量，IP 与水体中 SRP 浓度呈现显著正相关关系（p<0.05），表明 IP 的变化对水体中活性磷的变化影响很大。

物理、化学及生物条件改变如温度、pH 和氯离子等都可以影响沉积物磷的释放和水体中磷的浓度含量。表 6-12 显示磷指标浓度与部分理化参数的相关关系。

表 6-12 磷指标浓度与理化参数相关关系

项目	pH	叶绿素 a	氯离子	温度（T）
TP	0.318*	0.101**	0.378**	−0.085
TDP	0.270	0.163**	0.535**	0. 008
SRP	0.280	0.162**	0.538**	0.041
PP	0.224	−0.012	0.117*	−0.104

* 表示显著性水平 p<0.05；** 表示显著性水平 p<0.01。

由表 6-12 可见，水体中 TP、TDP、SRP 和 PP 浓度之间存在极显著正相关关系（p<0.01）；沉积物中各形态磷均与水体中磷呈现正相关关系（除 OP 与 PP 含量呈现负相关关系），其中 Ca-P 与 TDP、SRP 呈现极显著正相关关系（p<0.01），表明 Ca-P 从沉积物中释放极大

地影响着水体中活性磷含量，IP 与水体中 SRP 浓度呈现显著正相关关系（$p<0.05$），表明 IP 的变化对水体中活性磷的变化影响很大。

理化参数至有明显的正相关性此三段整合为：不仅人体活动、点源以及非点源等因素可以影响河流的水质，水－沉积物间吸附解吸和水体理化特征都能够影响水质（袁和忠等，2010）。在九龙江，水磷含量和氯离子、叶绿素 a 之间联系紧密，SRP、TDP、TP 浓度同叶绿素 a、氯离子之间具有正相关关系（$p < 0.01$），氯离子和 PP 浓度之间具有正相关关系（$p < 0.05$），叶绿素 a 和 PP 浓度之间显著负相关，同时，秋季、春季磷营养盐和浮游植物间关系更加密切。陈聪聪等（2015）发现九龙江支流叶绿素 a 与营养盐之间在夏秋季节呈显著相关性，这与本研究的结果相似。磷浓度和酸碱度 (pH) 之间具有正相关性，pH 和 TP 之间具有显著相关性，藻类适合生长于偏碱性环境，而其生长过程将使水体碱性增强，pH 较高时沉积物磷释放更快；分析磷指标与温度之间的相关性发现，温度升高时水体的 SRP、TDP 浓度会随之增大，验证了先前的研究结论，温度利用非生物或生物过程对 SRP 由沉积物当中解析或吸附的效率产生影响。水体中磷和沉积物内各形态磷之间都具有正相关性 (仅 PP 含量和 OP 之间具有负相关性)，沉积物内释放出 IP 与 Ca-P 以后水体内活性磷的浓度受到严重影响，进一步验证了鲁婷等（2013）的分析结论。

6.3.7 小结

（1）磷浓度和输出负荷存在明显的空间差异。总体表现为农业流域 > 城市流域 > 自然流域，西溪 > 北溪，说明农业面源污染的空间差异是决定九龙江流域水体中磷输出负荷空间变化的重要因素。

（2）不同类型流域不同形态磷浓度总体表现为春、冬季较高，而夏、秋季较低。磷输出负荷表现为春、夏季高于秋、冬季，与径流深的变化基本趋势一致，说明水文状况是控制磷输出负荷季节性变化的重要因子。

（3）磷浓度、输出负荷与林地和裸地的面积比例呈负相关关系，与耕地、园地面积比例和径流深呈正相关关系，而不同形态磷浓度和输出负荷与建设用地面积比例的关系不一致，表明河流磷输出负荷时空变化特征受土地利用模式和水文状况的共同作用。但不同季节，磷浓度和输出负荷对土地利用模式和水文状况的响应存在差异，总体上在夏季的相关性最强，说明在夏季农业非点源污染源是河流磷的重要来源。

（4）西溪表层水磷浓度和沉积物 TP 含量空间上均呈现上游低、下游高的分布格局。九龙江西溪沉积物 TP 含量在 143~1516mg/kg（相差 10 倍以上），平均 691mg/kg，以 IP 为主要赋存形态，IP 占 TP 的 52%~89%，IP 包括 Fe/Al-P 和 Ca-P，其中又以 Fe/Al-P 为主（占 IP 的 38%~76%），OP 仅占 TP 的 12%~39%。沉积物 TP 含量在 10 月最低，3 月最高。

（5）无论从各形态磷含量还是所占比例的变化范围来看，12 个点位基本都是 Fe/Al-P>OP>Ca-P，九龙江西溪表层沉积物中 TP 含量的增高主要来自 Fe/Al-P 部分，其次来自 OP 部分。

（6）水体中 TP、TDP、SRP 和 PP 浓度之间存在极显著正相关关系（$p<0.01$）；沉积

物中各形态磷均与水体中磷呈现正相关关系（除 OP 与 PP 含量呈现负相关关系），Ca-P 和 IP 从沉积物中释放极大地影响着水体中活性磷含量；且水体磷浓度受叶绿素 a 和氯离子的影响较大，氯离子或叶绿素 a 浓度升高，TP、TDP 和 SRP 浓度升高，另外 pH 与水体中磷浓度也呈现正相关关系；从温度与磷指标相关性来看，温度升高可能提高水体 TDP 和 SRP 的浓度，但温度与表层水各形态磷相关性较差。

6.4 流域土地利用模式和水文状况交互作用对河流真核微生物群落结构影响

真核微生物群落是河流生态系统，尤其是在污染严重的区域生物量和多样性的重要组成部分，在生物地球化学循环和生态功能中发挥着重要的作用（Caron and Countway，2009；Fuhrman，2009）。越来越多证据证明，土地利用模式和水文状况通过对淡水生态系统的物理、化学特征进行调控，如河流流速、流量、营养盐和有机物浓度等的调控，直接或间接影响真核微生物群落的组成和多样性。因此，应用 18S rDNA 高通量测序技术，分别分析 2016 年 1 月 8 日（枯水期）、2016 年 3 月 7 日（平水期）和 2016 年 8 月 18 日（丰水期）采集的 13 个位点（图 6-24）表层水样，阐释枯水期、平水期和丰水期的不同土地利用模式流域（农业流域、城市流域和自然流域）河流表层水中真核微生物物种组成和多样性，探究土地利用模式和水文状况交互作用对河流真核微生物群落结构的影响机制，主要内容包括：河流理化性质时空分布特征；河流真核微生物多样性的时空分布特征、物种组成时空分布特征；河流真核微生物组成与土地利用模式和水文状况的关系。揭示土地利用模式和水文状况交互作用对河流真核微生物物种组成和多样性的影响，对系统评估河流健康状况和认识水华暴发机制具有重要的意义。

6.4.1 河流理化性质时空分布特征

2016 年枯水期、平水期和丰水期，农业流域、城市流域和自然流域 3 种土地利用模式流域的水质参数和流量平均值如表 6-13 所示。对于不同水期而言，大部分水质参数枯水期或平水期浓度值高于丰水期，TP 和 SRP 除外。对于不同土地利用模式的流域而言，城市流域和农业流域的营养盐浓度、水温、电导率高于自然流域，但 pH 的变化趋势反之。平水期和丰水期的平均流量无明显差异，但远远高于枯水期；农业流域的流量最高，自然流域次之。

除 pH 和叶绿素 a 外，大部分水质指标浓度随着林地面积比例的增加而减小（表 6-14）。果园和耕地面积比例与 NO_3^--N 和水温呈显著正相关关系，与 pH 呈显著负相关关系。电导率、NH_4^+-N 值的变化趋势与建设用地面积比例一致。然而，流量与水质参数的关系具有季节变异性。例如，在枯水期 NO_3^--N 与流量的关系为弱负相关，而在平水期和丰水期则变为显著正相关。

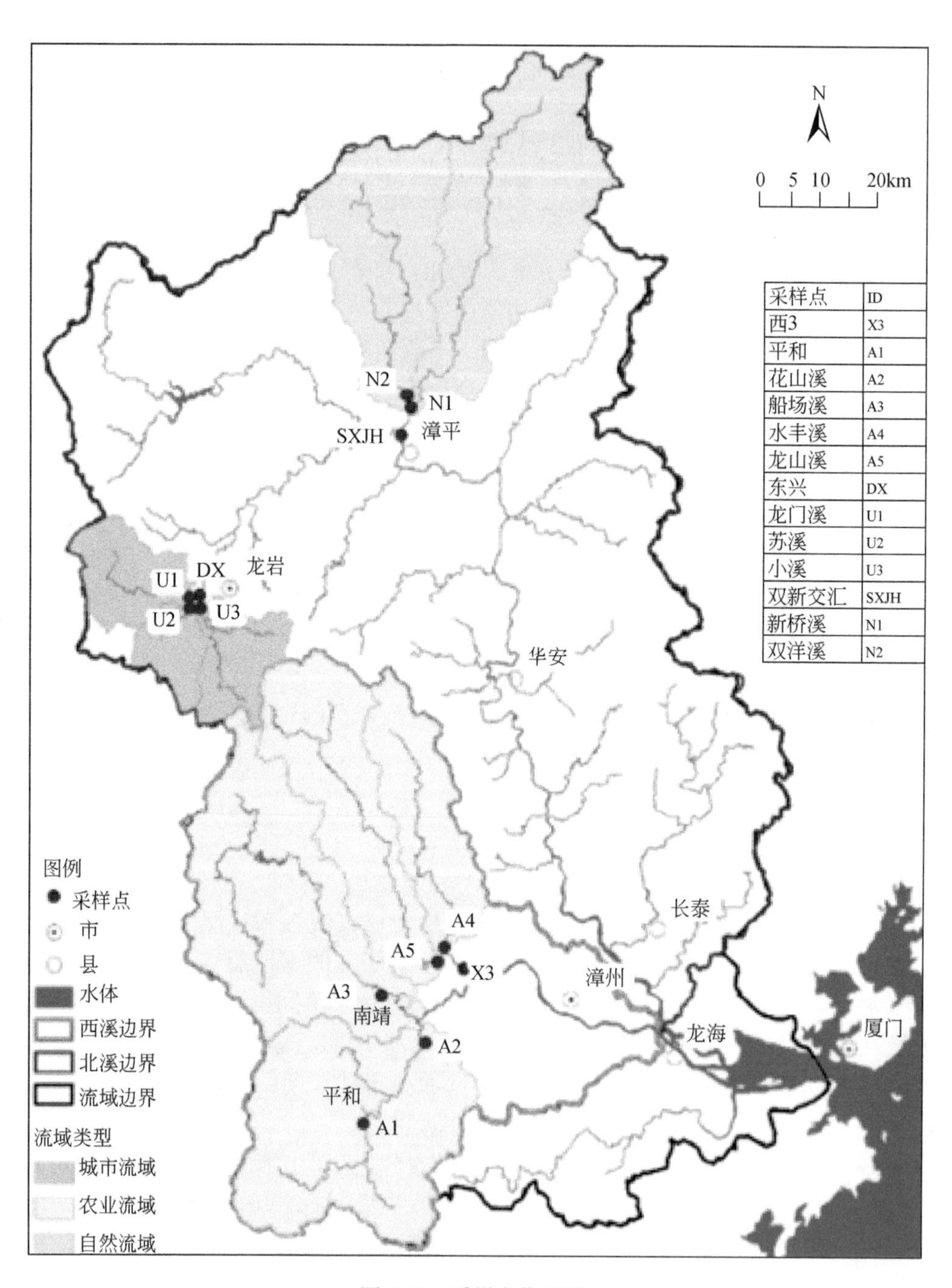
N
0 5 10 20km
采样点 ID
西3 X3
平和 A1
花山溪 A2
船场溪 A3
水丰溪 A4
龙山溪 A5
东兴 DX
龙门溪 U1
苏溪 U2
小溪 U3
双新交汇 SXJH
新桥溪 N1
双洋溪 N2
N2
N1
SXJH
漳平
U1
DX
龙岩
U2
U3
华安
长泰
A4
A5
X3
漳州
A3
南靖
A2
龙海
厦门
平和
A1
图例
采样点
市
县
水体
西溪边界
北溪边界
流域边界
流域类型
城市流域
农业流域
自然流域

图 6-24 采样点位置图

表6-13 13个采样点理化参数

流域类型	水期	TP/(mg/L)	SRP/(mg/L)	NH_4^+-N/(mg/L)	NO_3^--N/(mg/L)	叶绿素a/(mg/L)	水温/℃	电导率/(μS/cm)	pH	流量/(m^3/s)
农业流域	枯水期	0.38±0.20	0.04±0.02	1.65±1.15	4.06±3.57	0.24±0.12	18.73±0.60	146.65±58.40	7.18±0.12	17.15±7.29
	平水期	0.29±0.16	0.12±0.10	2.38±1.20	5.86±4.46	0.96±0.47	19.43±1.21	144.77±58.79	6.98±0.11	72.02±33.04
	丰水期	0.31±0.19	0.04±0.03	1.29±0.29	4.19±3.73	0.19±0.07	—	109.83±57.18	6.68±0.12	72.54±33.83
城市流域	枯水期	0.28±0.15	0.01±0.01	1.17±0.34	1.36±0.43	0.08±0.00	18.13±0.93	242.14±79.54	7.50±0.15	6.67±5.90
	平水期	0.17±0.06	0.05±0.03	3.23±0.90	1.79±0.83	0.41±0.25	19.28±0.68	224.43±52.44	7.53±0.14	10.92±8.25
	丰水期	0.19±0.10	0.04±0.03	1.96±0.82	0.97±0.11	0.24±0.08	—	154.43±15.04	6.68±0.09	10.60±8.99
自然流域	枯水期	0.19±0.02	0.02±0.00	0.58±0.10	0.95±0.02	0.08±0.00	16.63±0.47	114.57±3.44	7.50±0.07	23.68±11.31
	平水期	0.08±0.02	0.03±0.02	0.61±0.05	0.78±0.04	0.57±0.13	17.30±0.61	127.10±39.06	7.85±0.44	40.32±20.00
	丰水期	0.11±0.03	0.04±0.01	1.17±0.03	0.89±0.01	0.29±0.10	—	104.2±27.6	6.77±0.05	37.52±18.20
平均值	枯水期	0.30±0.15	0.02±0.02	1.53±1.06	2.63±2.52	0.18±0.13	18.07±0.98	169.56±68.73	7.32±0.20	15.43±9.81
	平水期	0.20±0.13	0.07±0.07	2.32±1.25	3.47±3.43	0.75±0.52	18.81±1.23	162.31±57.89	7.31±0.42	45.91±35.99
	丰水期	0.23±0.14	0.04±0.02	1.42±0.57	2.46±2.64	0.21±0.09	—	118.91±41.00	6.74±0.16	45.40±35.60

注：—代表无数据。

表 6-14 不同水期理化参数与土地利用和流量的关系

水期	水质参数	林地	耕地	园林	建设用地	水体	流量
枯水期	TP/（mg/L）	−0.11	0.55*	−0.08	0.21	0.13	−0.22
	SRP/（mg/L）	−0.07	0.43	0.17	−0.26	0.33	0.07
	NH_4^+-N/（mg/L）	−0.67**	0.71**	0.61*	0.18	−0.04	−0.14
	NO_3^--N/（mg/L）	−0.84 **	0.62*	1.00**	−0.10	0.14	−0.02
	叶绿素 a/（mg/L）	−0.72**	0.64**	0.94**	−0.26	0.28	0.04
	水温 /℃	−0.77**	0.92**	0.56*	0.38	0.09	−0.26
	电导率 /（μS/cm）	−0.53*	0.24	0.13	0.79**	−0.59*	−0.56*
	pH	0.42	−0.75**	−0.49*	0.17	−0.41	−0.03
平水期	TP/（mg/L）	−0.20	0.59*	0.13	0.04	0.23	0.36
	SRP/（mg/L）	−0.30	0.52*	0.32	−0.06	0.32	0.23
	NH_4^+-N/（mg/L）	−0.38	0.32	0.17	0.42	−0.36	−0.04
	NO_3^--N/（mg/L）	−0.81**	0.68**	0.97**	−0.14	0.28	0.54*
	叶绿素 a/（mg/L）	0.23	0.22	−0.10	−0.36	0.19	0.57*
	水温 /℃	−0.70**	0.64*	0.54*	0.35	−0.37	0.34
	电导率 /（μS/cm）	−0.57*	0.23	0.21	0.76**	−0.68**	−0.23
	pH	0.54*	−0.84**	−0.54*	0.03	−0.37	−0.57*
丰水期	TP/（mg/L）	−0.35	0.66**	0.35	−0.05	0.32	0.57*
	SRP/（mg/L）	0.12	0.17	−0.24	0.11	0.24	0.07
	NH_4^+-N/（mg/L）	−0.42	0.22	−0.02	0.81**	−0.45	−0.23
	NO_3^--N/（mg/L）	−0.79**	0.60*	0.99**	−0.19	0.15	0.60*
	叶绿素 a/（mg/L）	0.28	−0.32	−0.33	0.05	0.08	0.04
	电导率 /（μS/cm）	−0.62*	0.17	0.49	0.41	−0.55*	−0.09
	pH	0.43	−0.33	−0.28	−0.31	−0.05	0.10

* 表示显著性水平 $p<0.05$；** 表示显著性水平 $p<0.01$。

6.4.2 河流真核微生物多样性的时空分布特征

运用 18S rDNA 高通量测序技术分析了 39 个表层水样中的真核微生物物种组成和多样性，以 97% 的一致性为标准将序列进行过滤和聚类后，枯水期、平水期和丰水期的样品中分别得到2 148 379条、2 404 734条和2 122 582条干净的序列片段(clean reads)以及 7298个、

9581 个、10 912 个可操作分类单元（operational taxonomic units，OTUs）（表 6-15）；农业流域、城市流域和自然流域分别得到 3 077 948 条、2 047 462 条、1 550 285 条干净序列片段（clean reads）和 23 189 个、20 876 个、17 411 个 OTUs（表 6-16）。

表 6-15　不同水期以 97% 相似度为标准序列过滤和聚类结果描述

水期	OTUs 类型	OTUs		干净的序列片段	
		个数 / 个	比例 /%	条数 / 条	比例 /%
枯水期	All OTUs	7 298		2 148 379	
	Abundant OTUs	140	1.9	1 653 403	77.0
	Moderate OTUs	2 236	30.7	463 695	21.6
	Rare OTUs	4 922	67.4	31 281	1.4
平水期	All OTUs	9 581		2 404 734	
	Abundant OTUs	192	2.0	1 680 698	69.9
	Moderate OTUs	2 932	30.6	680 905	28.3
	Rare OTUs	6 457	67.4	43 131	1.8
丰水期	All OTUs	10 912		2 122 582	
	Abundant OTUs	154	1.4	1 321 254	62.3
	Moderate OTUs	3 763	34.5	756 478	35.6
	Rare OTUs	6 995	64.1	44 850	2.1

注：Abundant OTUs 为 39 个样品中相对丰度平均值大于 0.1% 的 OTUs 的个数总和；Moderate OTUs 为 39 个样品中相对丰度平均值在 0.001%~0.01% 的 OTUs 个数总和；Rare OTUs 为 39 个样品相对丰度平均值小于 0.001% 的 OTUs 个数总和。

表 6-16　不同类型流域 97% 的一致性为标准过滤和聚类结果描述

流域类型	OTUs 类型	OTUs		干净的序列片段	
		个数 / 个	比例 /%	条数 / 条	比例 /%
农业流域	All OTUs	23 189		3 077 948	
	Abundant OTUs	445	1.92	2 205 867	71.66
	Moderate OTUs	8 424	36.33	822 621	26.73
	Rare OTUs	14 320	61.75	49 460	1.61
城市流域	All OTUs	20 876		2 047 462	
	Abundant OTUs	482	2.31	1 440 792	70.37
	Moderate OTUs	8 789	42.10	576 321	28.15
	Rare OTUs	11 605	55.59	30 349	1.48

续表

流域类型	OTUs 类型	OTUs		干净的序列片段	
		个数 / 个	比例 /%	条数 / 条	比例 /%
自然流域	All OTUs	17 411		1 550 285	
	Abundant OTUs	387	2.22	1 171 929	75.59
	Moderate OTUs	7 082	40.68	357 574	23.07
	Rare OTUs	9 942	57.10	20 782	1.34

大部分样本的稀释曲线存在不饱和现象（图 6-25）。但是，3 个水期的真核微生物物种累积曲线均表明测序深度达到研究物种丰度的饱和度（图 6-26）。3 个水期各样本的平均 OTUs 个数（枯水期：2043±262；平水期：2633±284；丰水期：2887±636）与物种丰度指数如 Chao1[①]（枯水期：2127±304；平水期：2831±404；丰水期：3042±748）的数值基本一致（表 6-17），进一步验证了 3 个水期所有样本的测序深度符合后续分析要求。

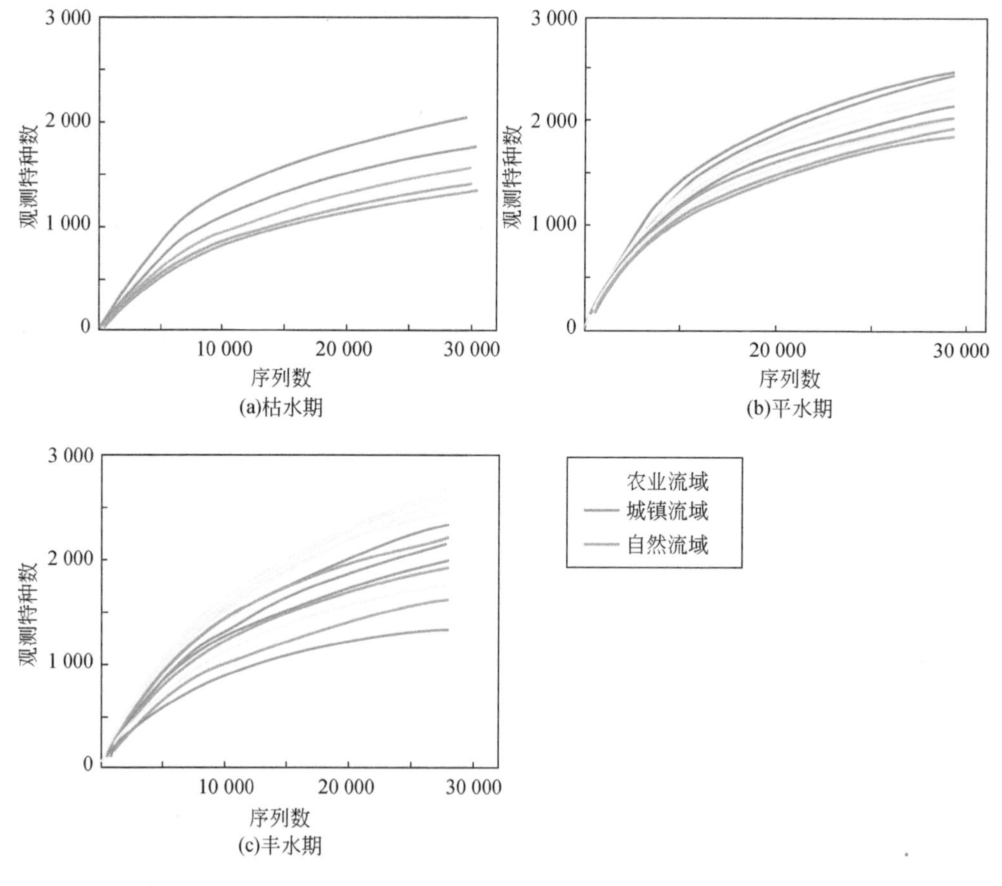

图 6-25　不同水期各采样点位的稀释曲线

①指用 Chao1 算法估计群落中含 OTU 数目的指数。

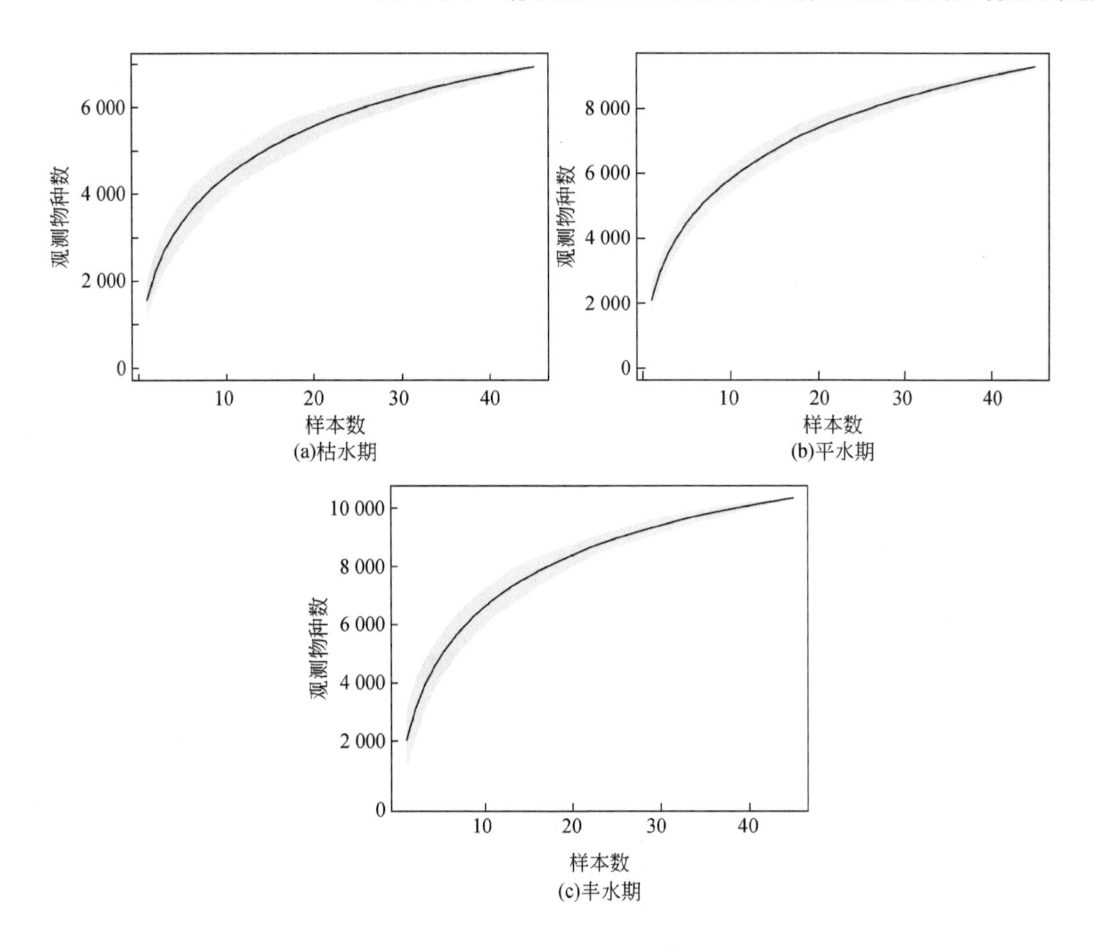

图 6-26 不同水期物种累积曲线

此外，所有样本的 Good-coverage 指数值均大于 95%，说明测序深度能够覆盖绝大部分物种，特别是在枯水期和平水期，13 个采样点位的 Good-coverage 指数平均值甚至大于 98%（表 6-18）。

表 6-17 不同水期 39 个样本的 OTUs、Chao1 和 ACE 的平均值

水期	OTUs	Chao1	ACE
枯水期	2043±262	2127±304	2206±315
平水期	2633±284	2831±404	2922±402
丰水期	2887±636	3042±748	3200±806

表 6-18 不同水期 13 个采样点的 Good-coverage 指数值 （单位：%）

采样点位	枯水期	平水期	丰水期
X3	98.37	98.07	96.43
A1	98.17	98.30	95.83

续表

采样点位	枯水期	平水期	丰水期
A2	97.90	98.27	95.97
A3	97.97	97.97	96.23
A4	97.97	98.23	97.40
A5	98.53	98.13	97.70
DX	98.10	97.80	96.43
U1	98.07	98.23	97.47
U2	98.17	98.10	96.83
U3	98.00	97.83	98.23
SXJH	98.33	98.40	97.20
N1	98.10	98.30	97.33
N2	98.00	98.47	97.70
平均值	98.13±0.18	98.16±0.20	96.98±0.75

注：每个采样点的 Good's coverage 值为 3 个平行样的平均值。

不同水期不同土地利用模式流域水样中的真核微生物 OTUs 的相对丰度有明显的季节性差异和空间差异。在枯水期，140 个 OTUs 被归为高丰度 OTUs，占总 OTUs 的 1.9%，这些 OTUs 共包含 1 653 403 条干净序列（77.0%）；中丰度和稀有 OTUs 分别占 30.6%（包含 2236 个 OTUs）和 67.5%（包含 463 695 个 OTUs）。在平水期，1.9% 的 OTUs 被定义为高丰度 OTUs，共包含 185 个 OTUs 以及 1 955 051 干净序列（占 69.7%）；30.0% 和 68.1% 的 OTUs 被定义为中丰度和稀有 OTUs，分别包含 2871 个和 6525 个 OTUs，800 020 条（28.5%）和 50 822 条干净序列（1.8%）。在丰水期，154 个、3763 个和 6525 个 OTUs 分别被定义为高丰度、中丰度和低 OTUs，分别占总 OTUs 数量的 1.4%、34.5% 和 64.1%，这些 OTUs 分别包含 1 321 254（63.3%）、756 478（35.6%）和 44 850（2.1%）条干净序列。总体而言，平水期和丰水期样本的 OTUs 数目高于枯水期。农业流域和城市流域在 3 个水期总 OTUs 数目、中丰度和稀有 OTUs 数目高于自然流域，而自然流域的高丰度 OTUs 比例则高于其他两种类型流域。

枯水期、平水期和丰水期的 Shannon、Chao1 和 ACE 指数具有明显的季节性差异（图 6-27）。在枯水期和平水期，城市流域的 Shannon 指数平均值显著高于农业流域和自然流域（$p<0.05$）；在丰水期，Shannon 指数平均值为：农业流域 > 城市流域 > 自然流域，但无显著性差异（$p>0.05$）。在枯水期和平水期，Chao1 指数和 ACE 指数平均值大小依次为：城市流域 > 农业流域 > 自然流域，且在平均期呈显著性差异（$p<0.05$）；在丰水期，农业流域的 Chao1 和 ACE 指数的平均值则显著高于城市流域和自然流域（$p<0.05$）。非度量多维尺度法分析结果也表明，相同类型的小流域聚集程度较高（图 6-28），即同一类型小流域的微生物群落相似性较高，说明水体中的真核微生物群落组成存在空间差异。而且枯水期–

平水期 – 丰水期，相同类型小流域的物种组成的差异性逐渐减弱。

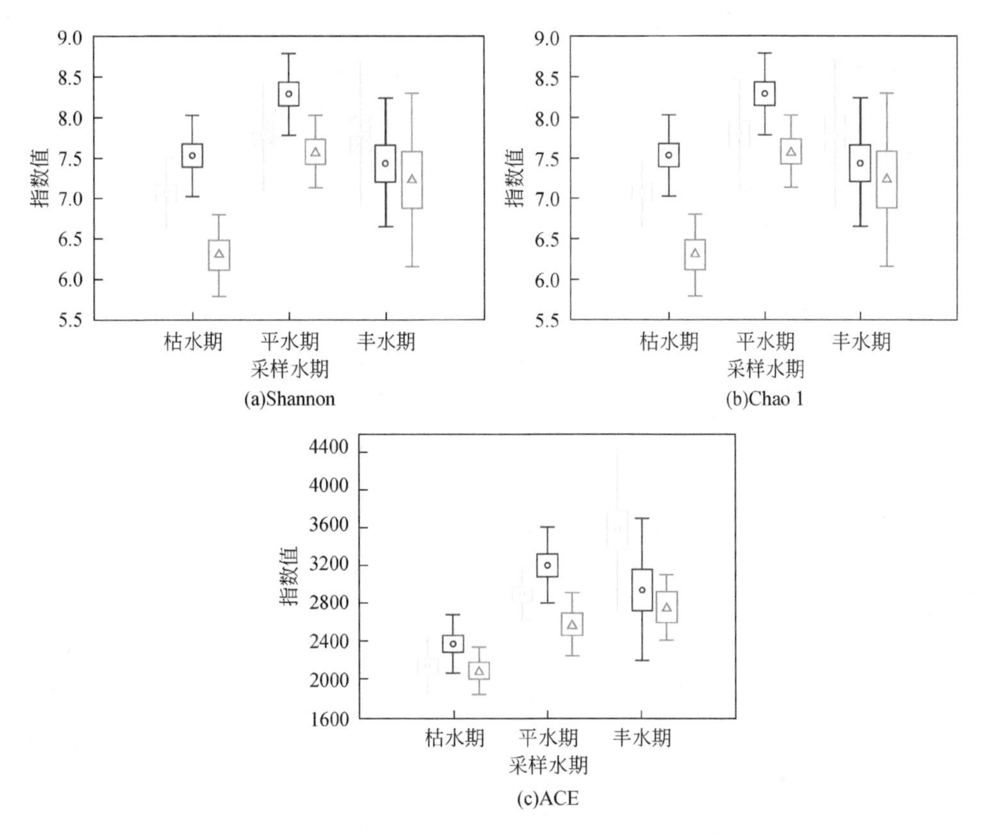

图 6-27 不同水期不同类型流域的群落多样性指数

黄色、红色、绿色分别代表农业流域、城市流域和自然流域

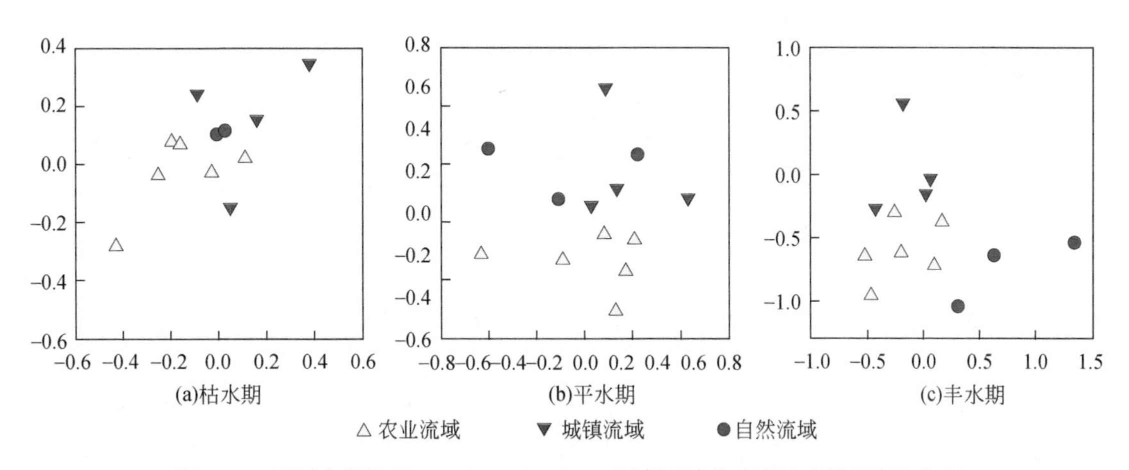

图 6-28 不同水期基于 unweighted UniFrac 距离矩阵的非度量多维尺度法分析

枯水期、平水期和丰水期不同土地利用模式流域内的真核微生物物种多样性存在差异，

农业流域和城市流域内的物种多样性高于自然流域，这可能是因为人类活动强度大的流域河流中营养盐浓度较高，有利于多物种的生存（AraúJo and Rahbek，2007；Carrino-Kyker et al.，2011）。在不同水期，Alpha 多样性指数值的空间分布模式不同，如在枯水期和平水期，城市流域的 Shannon 指数平均值最高，而在丰水期，农业流域 Shannon 指数平均值最高。平水期和丰水期的多样性指数平均值高于枯水期。虽然不同水期单独测序，且测序结果未进行均一化处理，这会影响不同水期样本间数据的均等性，但仍可在一定程度上反映物种多样性对生境季节性变化的响应。物种的丰度和多样性受到水温等环境参数和径流量等水文状况季节性变化的影响。枯水期河水的流速慢，部分河道甚至出现断流现象，这有助于提升河流的初级生产力（Chen and Hong，2012）；在平水期和丰水期，流量增大，流动性增强，微生物的生存空间扩大，会增加物种的多样性（陈静等，2018）。九龙江流域沿河建了众多小水电站，影响了河道水流的连通性，尤其是在枯水期（Wang et al.，2015）。这可能是导致随着河流流量增加，不同类型流域内各采样点物种多样性差异性减弱的一个重要原因，因为河流的连通性差，物种生境异质性高，而随着河流连通性增加生境的异质性会减弱。

从高、中、低丰度 OTUs 的比例结果发现，OTUs 的相对丰度分布是不均匀的。3 个水期中高丰度 OTUs 占总 OTUs 的比值均 <2.0%，远远低于中、低丰度水平 OTUs 的数量，但其包含的干净序列占总干净序列的 60% 以上，这是一种常见的生态学现象（McGill et al.，2007；Nemergut et al.，2013）。水环境生态系统中真核微生物群落中大部分 OTUs 的相对丰度较低，仅有少量相对丰度较高的 OTUs（Liu et al.，2015）。不同强度的人类活动对水体中真核微生物群落结构的影响各异。城市流域和农业流域的 OTUs 总数、中丰度和低丰度的比例均高于自然流域，而自然流域的高丰度 OTUs 比例则最高；平水期和丰水期得到的总 OTUs 数目、中丰度 OTUs 和低丰度 OTUs 的比例高于枯水期，而枯水期的高丰度 OTUs 的比例最高，这进一步验证了城市流域和农业流域的物种多样性高于自然流域，丰水期和平水期物种多样性高于枯水期的结论。

枯水期、平水期和丰水期分别有 29.3%、40.5% 和 26.2% 的 OTUs，由于与 SILVA 115 数据库提供的 barcode 不匹配，未能将其明确划分成某一类物种。这些未知类群的 OTUs 在枯水期、平水期和丰水期中分别占总 OTUs 的比例分别是 4.7%、10.9% 和 10.0%，主要是一些低丰度的 OTUs。造成较高比例未知类群的可能原因包括：这些 OTUs 中大部分基因片段与现有的真核微生物（Pan et al.，2016）或测序工件的伪基因类似；现有用于数据分析和注释的数据库中提供的 18S V9 区物种参考序列的局限性。

6.4.3 河流真核微生物物种组成时空分布特征

基于 97% 相似度的标准，枯水期、平水期和丰水期分别有 2141（29.3%）、3879（40.5%）和 2851（26.2%）个 OTUs 未能被聚类成某些特定的物种，将这些 OTUs 定义为未知类群（unclassified）。在界水平上，枯水期的 5157 个 OTUs 主要聚类成不等鞭毛门（Stramenopiles）、囊泡虫总门（Alveolata）、动物界（Animalia）、真核生物域（Eukaryota）、盘嵴亚界（Discoba）和绿藻门（Chlorophyta），这 6 个物种（相对丰度 >1.0%）所包含的序列占总序列的92.9%；在平水期，5702个OTUs主要聚类成Stramenopiles、Alveolata、Animalia、Eukaryota、Discoba、绿藻门（Chlorophyta）、真菌界（Fungi）和孔虫界（Rhizaria），这8个物种（相对丰度>1.0%）所包含的序列占总序列的87.8%；在丰水期，8061个OTUs主要聚类成Stramenopiles、Alveolata、Animalia、Eukaryota、Discoba、Chlorophyta、Fungi、Rhizaria和变形虫门（Amoebozoa），这9个物种（相对丰度>1.0%）所包含的序列占总序列的89.0%（图6-29）。

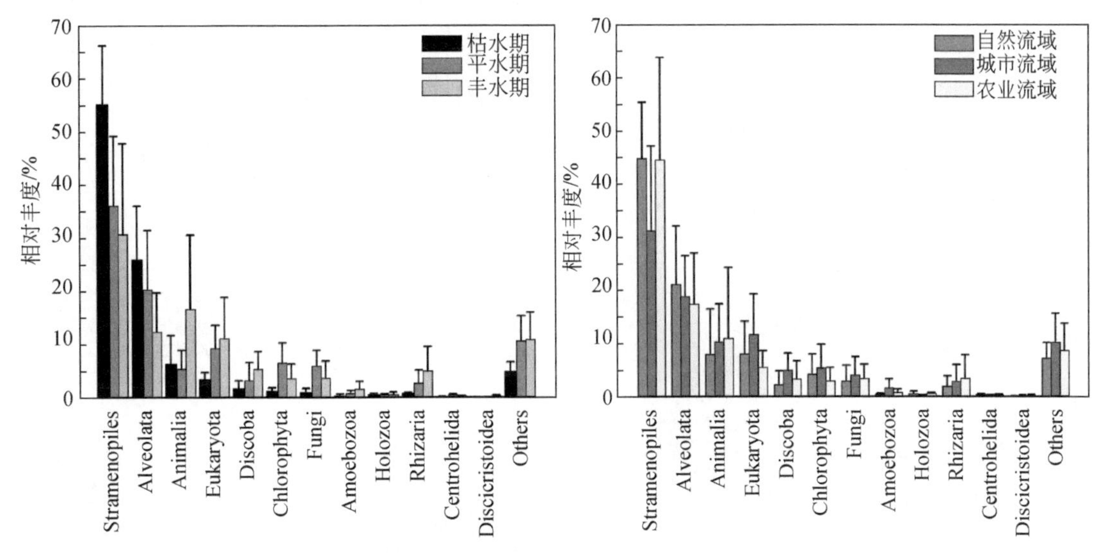

图6-29 界水平不同水期不同类型流域主要物种组成比较

动物总界（Holozoa）、中阳目（Centrohelida）、圆盘藻纲（Discicristoidea）、Others（其他）

在门水平上，枯水期、平水期和丰水期分别有5、9、11个序列数目大于1000的物种，分别占总的序列数的77.6%、69.1%和69.1%。在枯水期，主要物种包括：不等鞭毛门未分类（Stramenopiles-unidentified）、纤毛亚门（Ciliophora）、硅藻门（Diatomea）和节肢动物门（Arthropoda）；在平水期，主要物种包括：Ciliophora、Diatomea、Stramenopiles-unidentified、真核生物域未分类（Eukaryota-unidentified）、Chlorophyta、壶菌门（Chytridiomycota）和丝足虫类（Cercozoa）；在丰水期，主要物种包括：Stramenopiles-unidentified、Ciliophora、腹毛动物门（Gastrotricha）、Diatomea、Cercozoa、Eukaryota-unidentified、轮虫动物门（Rotifera）、眼虫门（Euglenozoa）、Chlorophyta和Arthropoda。总体而言，在3个水期Stramenopiles-unidentified、Ciliophora和Diatomea均是优势物种（图6-30）。Stramenopiles-unidentified和Eukaryota-unidentified中的优势纲分别是金藻纲（Chrysophyceae）（枯水期、平水期和丰水期的比例分别是72.8%、53.6%和63.9%）和隐藻纲（Cryptophyceae）（枯水期、平水期和丰水期的比例分别是84.9%、98.7%和90.4%）。

对比不同主导土地利用模式的流域，农业流域的Animalia和Rhizaria相对丰度最高；城市流域的Eukaryota、Discoba、Chlorophyta和Fungi相对丰度最高；自然流域的Stramenopiles和Alveolata的相对丰度最高（图6-29）。在门水平上，不同水期不同类型流域的优势也存在差异（图6-30）。例如，自然流域的Ciliophora相对丰度最高值出现在枯

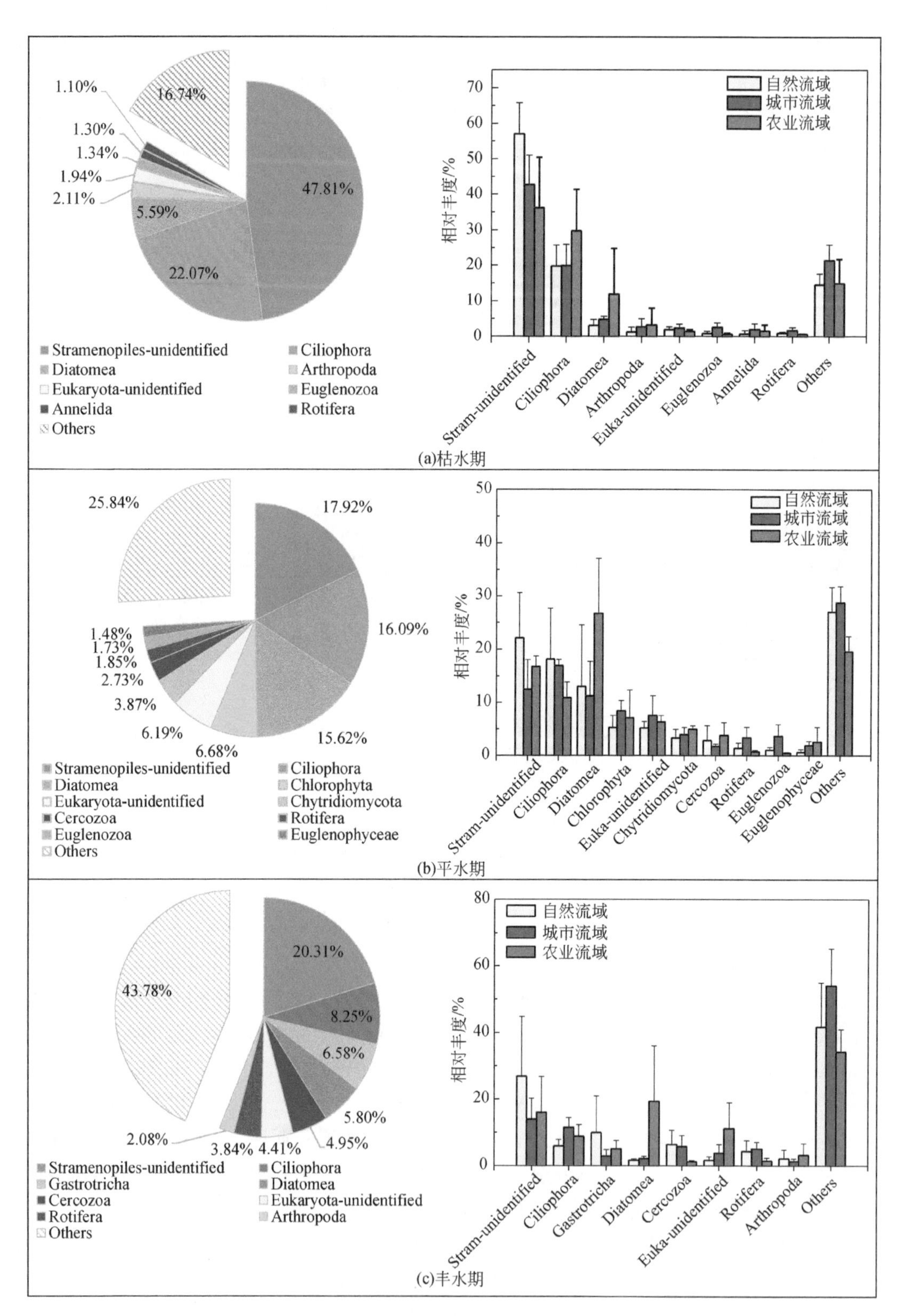

图 6-30 门水平不同水期不同类型流域主要物种比较

环节动物门（Annelida）；饼图中列出相对丰度 >1.0% 的物种

水期，农业流域和城市流域则分别出现在平水期和丰水期。在枯水期，三种类型流域的真核微生物最优势物种，即相对丰度最高的均为 Stramenopiles-unidentified；在平水期，农业流域、城市流域和自然流域的最优势物种分别为 Stramenopiles-unidentified、Ciliophora 和 Diatomea；在丰水期，自然流域和城市流域的最优势物种均为 Stramenopiles-unidentified，而农业流域的相对丰度最高的物种为 Diatomea。在 3 个水期 Stramenopiles-unidentified 的相对丰度的最高值均出现在自然流域，而 Diatomea 的相对丰度最高值则出现在农业流域；丰水期城市流域 Ciliophora 的相对丰度值高于农业流域和自然流域。

基于 18S rDNA 高通量测序分析，初步识别了九龙江流域真核微生物的物种组成结构。九龙江流域主要的生产者，即自养型真核微生物，主要包括 Chrysophyceae、Diatomea、Cryptophyceae、裸藻纲（Euglenophyceae）和 Chlorophyta，而且 Chrysophyceae 和 Diatomea 在 3 个水期均是优势藻种，注释到的优势真菌为 Chytridiomycota，主要注释到的原生动物和微型后生动物为 Alveolata、Discoba、Amoebozoa 和 Rhizaria 等。依据不同真核微生物（真菌、藻类、原生动物以及微型后生动物）的代谢能力差异，划分这些物种的潜在生态角色，将其分成生产者、分解者和消费者（Volant et al.，2016）。Fungi 群落是水体微食物链的重要组成之一，主要分解水体中难降解的有机碳（商潘路等，2018），其群落多样性和组成结构也会影响系统中细菌及原生动物的组成和分布（刘晋仙等，2019）。真菌群落参与水体中有机质的分解、腐殖质的生成，在养分循环和物质转化过程中起着重要的作用，因此它们不仅是水体中的分解者，也是能量流动和物质循环的承担者（高雪峰等，2017）。壶菌门是水体中常见的真菌群落（商潘路等，2018），主要腐生在动植物残体，或寄生于水生植物、小动物、藻类和其他真菌上。原生动物和微型后生动物通过摄食水体中的藻类，在一定程度上可以抑制浮游藻类的生长和繁殖，改善河流水质（刘建康，1990）。因此，水体中的原生动物和微型后生动物的物种组成和多样性可以指示水环境健康状态（唐涛等，2002）。

Stramenopilies、Alveolata 在枯水期、平水期和丰水期的优势度均较高，二者在这三个水期的相对丰度之和分别是 80.2%、55.3% 和 45.6%，说明淡水生态系统中真核微生物群落的丰度和生态功能由少量优势物种决定的。在 3 个水期 Stramenopilies 的相对丰度均是最高的，特别是在枯水期。Stramenopiles 是主要的真核微生物群落之一，主要分布于地表水水体中（Jing et al.，2015）。在 Stramenopilies 群落中，则以 Chrysophyceae 和 Diatomea 为主，这两个物种在水环境中广泛存在。Ciliophora 属于囊泡虫类，在 3 个水期 3 种类型流域中均是优势度最高的原生动物，这与九龙江现有的研究结论一致（Wang et al.，2015）。

物种组成是研究微生物群落的重要内容之一，是探究群落优势种或者核心种的基础。在不同水期，不同类型流域优势种的种类和丰度存在差异。枯水期 – 平水期 – 丰水期，优势藻种的种类呈先升高后降低的趋势，而原生动物和微型后生动物的优势种的种类呈上升趋势，但是大部分物种的相对丰度降低，表明物种的种类和生物量均存在季节演替现象。该结论进一步证明在平水期，即春季，浮游植物的同化作用可能高于其他两个水期，会导致春季硝态氮浓度低于夏季，但同位素值高现象。水温、水文参数（如流量、流速、水面宽度）等是影响微生物组成结构季节性变化的重要因子（Liu et al.，2013），对藻类的影响尤为显著（Crump and Hobbie，2005）。在枯水期，河流流速慢，流量小，水温较低，营养盐溶解度高，水体的理化条件和水文状况适合一些藻类的生长和繁殖，如 Chrysophyceae（Yang et al.，2012；Wang et al.，2015）。Chrysophyceae 在枯水期（冬季）的相对丰度最高，这与 Tian 等（2014）研究发现一致，其结果表明在冬季，九龙江流域 Chrysophyceae 分布广泛。金藻门大多生活在淡水生态系统中，且适宜温度较低的环境。在巢湖的研究也发现营养盐溶解度高时浮游藻类的物种的多样性低，但生物量高。相比往年，2016 年九龙江流域平水期的降雨较多，河流流量增加，水温适宜（平均水温 18.5℃），营养盐浓度高，有助于藻类的生长繁殖，提升生物群落的物种多样性。在丰水期，河流流速和流量增加降低水体的稳定性，且水温较高（北溪：26.2~31.5℃；西溪：28.9~33.9℃），不利于藻类的生长，同时会稀释藻类的丰度，这是造成丰水期的优势藻种类数目和比例下降的一个重要原因。九龙江流域现有关于浮游植物组成和多样性的研究也发现适宜的水温和较快的流速是导致春季硅藻丰度增加的控制因子，随着水温和流量的增加，硅藻的丰度降低（Tian et al.，2014）。另外，种间竞争也应该是一个重要因素。例如，在平水期和丰水期，原生动物或微型动物通过摄食藻类，促进自身的生长繁殖能力，从而造成藻类减少。

生态位理论认为群落中物种的组成和丰度变化主要由确定的生物和环境因素、生境异质性和种间竞争等非生物因素共同决定（Hubbell and Borda-de-Água，2004）。众所周知，环境、生境等的剧烈变化会直接影响微生物群落物种结构。部分研究还发现即使轻微的环境变化也会引起某些物种结构的变化（Caron and Countway，2009）。优势种的空间分布模式可能受流域内的土地利用模式、河流理化性质（如营养盐、水温、pH、电导率等）、水文状况、大坝建设等因素影响。另外，食物网理论表明微生物群落中的消费者如 Alveolata、Animalia、Discoba 和 Rhizaria 通过摄食细菌、藻类和其他微型动物影响群落结构（Zingel et al.，2007）。但是，九龙江流域不同水期不同类型流域的生产者、分解者和消费者之间的交互作用对群落结构影响的机制仍不明确。

6.4.4 河流真核微生物组成对流域土地利用模式和水文状况交互作用的响应

不同水期土地利用模式、流量和不同水平 OTUs 相对丰度的关系如图 6-31 所示。在枯水期和平水期，高丰度 OTUs 的相对丰度与流量和园地面积比例呈正相关；中丰度 OTUs 的相对丰度与建设用地面积比例呈正相关关系；低丰度 OTUs 的相对丰度与林地面积比例呈正相关关系。在丰水期，高丰度 OTUs 的相对丰度与土地利用和流量没有明显正相关关系，与水体和耕地面积比例呈负相关关系；中丰度 OTUs 的相对丰度与水体和耕地面积比例呈正相关关系；低丰度 OTUs 的相对丰度与果园面积比例呈正相关关系。

不同水期土地利用模式、流量和门水平的优势物种相对丰度的关系如图 6-32 所示。在枯水期，Stramenopiles-unidentified 和 Ciliophora 与耕地、园地面积比例和流量呈正相关关系；Annelida、Euglenozoa 和 Rotifera 与建设用地面积比例呈正相关关系；Diatomea、Eukaryota-unidentified 和 Arthropoda 丰度与林地面积比例变化趋势一致。在平水期，

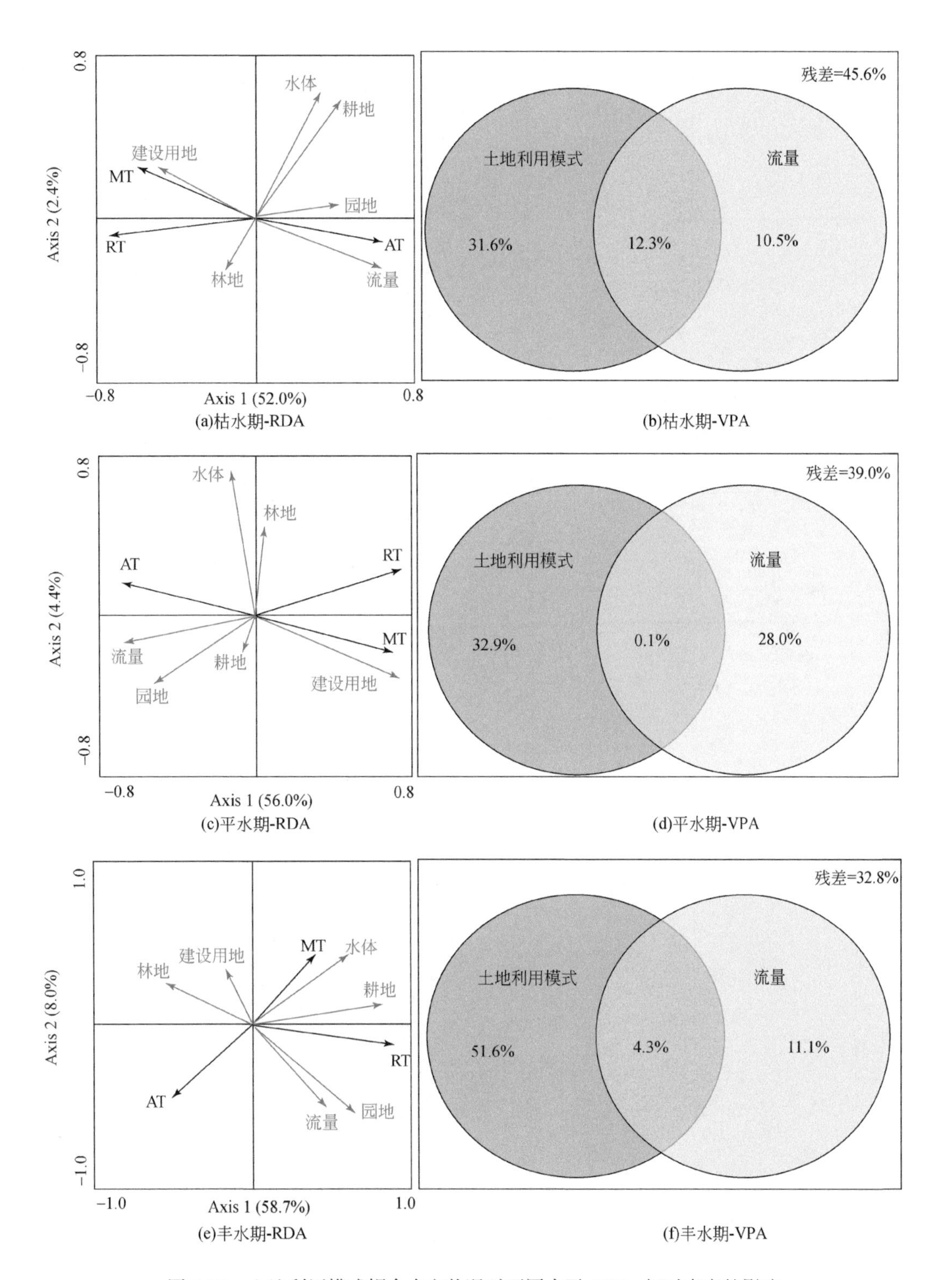

(a)枯水期-RDA (b)枯水期-VPA

(c)平水期-RDA (d)平水期-VPA

(e)丰水期-RDA (f)丰水期-VPA

图 6-31 土地利用模式耦合水文状况对不同水平 OTUs 相对丰度的影响

RDA 表示基于冗余分析的结果；VPA 基于方差分解分析的结果；Venn 图中的数值从左到右分别表示：土地利用指标单独解释量、土地利用耦合水文状况指标的解释量、水文状况的单独解释量；残差表征未被解释量

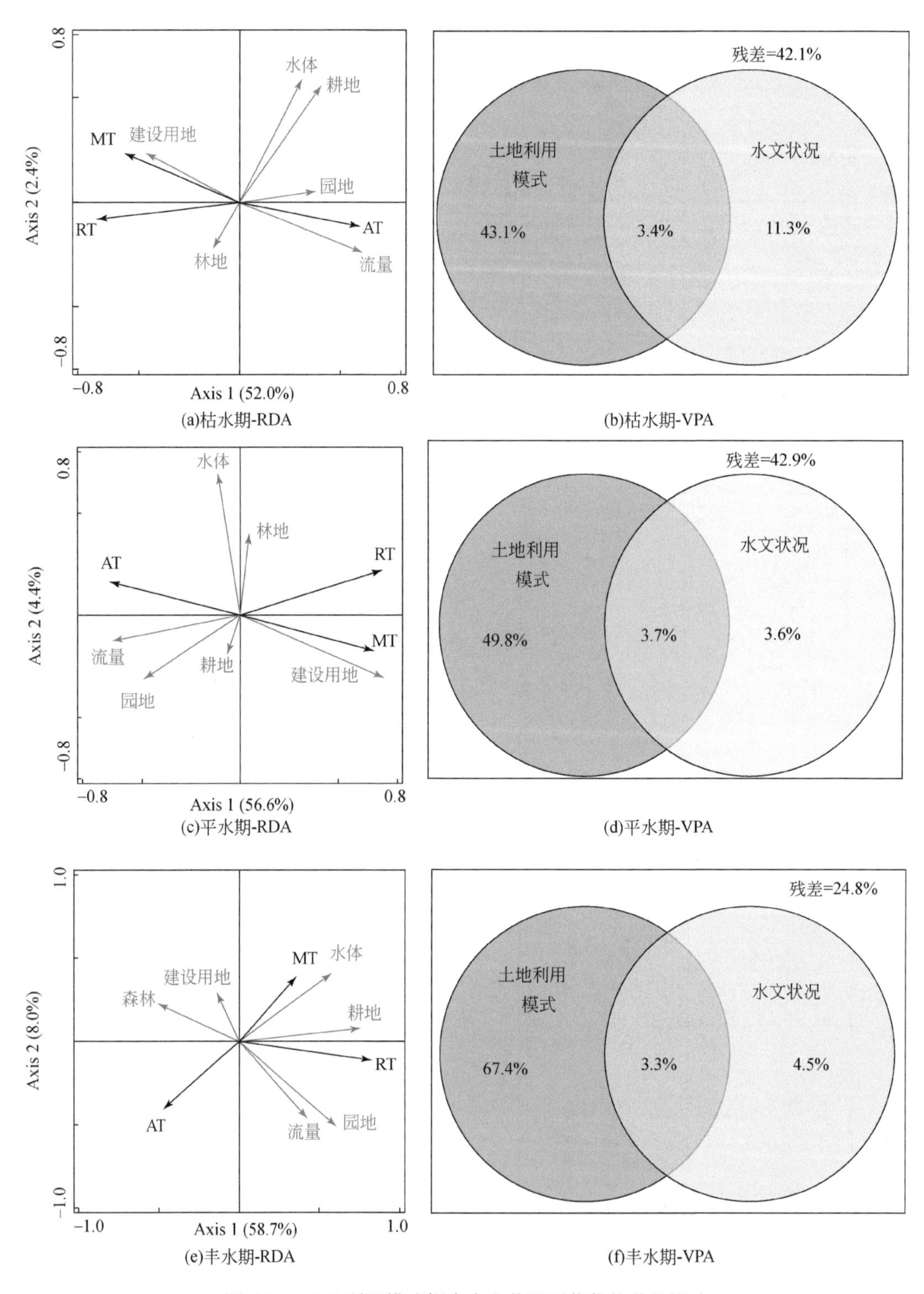

图 6-32　土地利用模式耦合水文状况对优势物种的影响

RDA 表示基于冗余分析的结果；VPA 表示基于方差分解分析的结果；Venn 图中的数值从左到右分别表示：土地利用模式指标单独解释量、土地利用模式耦合水文状况指标的解释量、水文状况的单独解释量；残差表征未被解释量

Stramenopiles-unidentified 的丰度随着园地、耕地、水体面积比例和流量增加而增加；Ciliophora、Rotifera、Euglenozoa、Chlorophyta 和 Eukaryote-unidentified 与建设用地面积比例呈正相关关系；Cecrozoa 和 Diatomea 与林地面积比例呈正相关关系。在丰水期，Stramenopiles-unidentified、Cecrozoa 和 Rotifera 与耕地、建设用地、水体面积比例和流量呈正相关关系；Ciliophora、Diatomea、Eukaryote-unidentified 与林地面积比例呈正相关关系。方差分解分析（VPA）结果表明，枯水期、平水期、丰水期土地利用模式和水文状况的指标的总解释量分别为 57.8%、57.1% 和 75.2%，且土地利用的解释量高于流量。流域内土地利用模式主要通过点源污染或非点源污染方式影响水体的理化性质，从而影响水体中真核微生物的组成和结构的变化。

枯水期、平水期和丰水期水质指标和水文状况对这些物种的总解释量分别是 76.4%、78.0% 和 77.8%。与土地利用模式耦合水文状况对真核微生物物种组成的影响相比，水质指标耦合水文状况对其的解释量更高。而且，水质指标单独对物种组成的解释量高于水质指标耦合水文状况指标的解释量和水文状况的单独解释量，说明河流水质状况是直接影响微生物组成的重要因素。

土地利用模式和水文状况的异质性是影响九龙江流域真核微生物时空分布差异的重要因素，且与水文状况相比，土地利用模式对物种丰度的影响更大，特别是对藻类丰度。近年来，越来越多证据证明流域内的土地利用模式，如建设用地和农业用地，驱动水生生物群落丰度和多样性变化（Katsiapi et al.，2012）。河流的理化性质是调控微生物群落结构的重要因子（Volant et al.，2016）。推测不同强度人类活动对河流水质的影响不同，造成河流水质的空间差异（Huang et al.，2014），从而影响微生物群落的组成。反之，不同土地利用类型流域的微生物多样性指数、群落种类、数量、优势种等的差异可以指示水体的营养盐状况（Volant et al.，2016）。

不同水期土地利用、水文状况对高、中和低水平 OTUs 的相对丰度影响不同。例如，在枯水期和平水期，高丰度 OTUs（以表征藻类的 OTUs 为主）与水体和园地面积比例、流量呈正相关关系；在丰水期，高丰度 OTUs（以表征原生动物和微型后生动物为主的 OTUs 为主）与土地利用和水文状况相关指标则无明显关系。造成该现象的主要原因可能有两个：①不同水期，土地利用对河流水质的影响具有季节变异性，引起不同程度的物种结构变化；②不同的物种，如藻类和浮游动物，对环境变化的响应不同。现有研究表明，藻类对环境变化的灵敏度高于浮游动物（Yan et al.，2015）。

优势种是群落中占优势的种类，其对生境的影响最大，最能反映河流水环境健康状况。例如，藻类能迅速度对营养盐状态的变化做出响应，不同优势藻种反映不同的营养盐状况（康元昊等，2018）。九龙江流域真核微生物门水平不同水期优势种的种类和丰度不同，进一步研究不同水期土地利用模式、水文状况与优势种的关系意义重大。现有研究报道农业用地和建设用地面积比例是淡水生态系统中浮游藻类组成和多样性变化的重要驱动因子（Katsiapi et al.，2012），水流在一定程度上影响藻类的群落结构。

在枯水期和平水期，Stramenopies-unidentified（Chrysophyceae 为优势纲）与园地、耕地面积比例和流量呈正相关关系，在丰水期与建设用地面积比例呈正相关关系。农业活动强度和水文状况差异是影响九龙江流域 Stramenopies-unidentified 物种丰度和空间分布格局的重要因素。Stramenopies-unidentified 与 TP、活性磷酸盐（SRP）、NO_3^--N 浓度呈正相关关系，与 pH 呈负相关关系。Volant 等（2016）研究发现 Chrysophyceae 主要分布在富营养盐环境，一些优势属如棕鞭藻属（Ochromonas）甚至分布在酸性且富营养水体中。张义科等（1999）发现在中性或微碱性贫营养型水库中金藻门的丰度较低。有研究报道，水体深度是影响 Chlorophyta 的一个重要因素，深度越深，丰度越高。虽然只考虑了流量，未监测水深，但根据现场观察农业流域水深最深，自然流域次之，这与流量的变化趋势基本一致，证明河流水深、流量等水文因子也是影响 Chrysophyceae 空间分布差异的因素。在平水期，Chlorophyta 与建设用地面积比例呈正相关关系，与流量呈负相关关系，可能是由于随着建设用地面积比例增加，TN ∶ TP 比值增加，高锰酸盐指数增加（Huang et al.，2014），流量减少，这种环境可能更适宜 Chlorophyta 的生长繁殖，之前有研究报道了类似的结果（Tian et al.，2014）。Chlorophyta 与叶绿素 a 浓度呈负相关关系，与 pH 无明显关系。还发现绿藻的数量与 pH 和叶绿素 a 浓度变化一致。在 3 个水期 Diatomea 均与林地面积比例呈正相关关系；除平水期外，Eukaryota-unidentified（Cryptophyceae 为优势纲）与林地面积比例呈正相关关系；在平水期，Euglenophyceae 与园地和耕地面积比例呈负相关关系，表明这些物种适宜生长在受人类活动扰动小的水体中。Diatomea、Eukaryota-unidentified、Euglenophyceae 与氮、磷等营养盐指标呈负相关关系的研究结果也验证了上述结论。此外，在 3 个水期 Diatomea 均与 pH 呈正相关关系，表明水体的酸碱度与硅藻丰度变化有着密切的关系。

浮游动物物种组成和多样性受自然因素（如地理位置、水化学特征等）、人为因素（如土地利用等）以及水体中浮游藻类和细菌群落结构等综合影响。不同水期大部分的原生动物或微型后生动物与农业用地（包括园地和耕地）和建设用地面积比例呈正相关关系，说明在空间尺度上，人类活动强度越大，水体营养水平越高，浮游动物的丰度越高（吴利等，2017）。但是，不同水文状况下，部分物种的相对丰度与土地利用的关系不一致。除 Englenozoa、Rotifera 在不同水期与建设用地面积比例呈正相关关系外，不同水期 Ciliophora、Arthropoda 和 Cercozoa 与土地利用面积比例的关系是变化的，这可能因为不同水期这些物种的相对丰度有明显的变化（Pearman et al.，2016）。

Chytridiomycetes 作为淡水生态系统中广泛分布的真菌之一，已有研究证明土地利用可以有效预测其物种丰度和分布格局。本研究中 Chytridiomycetes 与农业用地和建设用地面积比例呈负相关关系，但与林地面积比例呈正相关关系。可能原因有：① Chytridiomycetes 主要腐生在动植物，如水生植物、藻类、小动物等残体或者寄生在动植物或其他真菌上，林地面积比例增加，宿主数量增加，有助于其生长繁殖；另外优势藻的种类演替也可能是影响 Chytridiomycetes 的重要因素。在不同时间尺度，Chytridiomycetes 仅在平水期才是优势物种，即相对丰度 >1.0%，同时平水期的硅藻相对丰度也是 3 个水期中最高的；在不同空间尺度，自然流域的 Diatomea（硅藻）和 Chytridiomycetes 也是相对丰度最高的。因此，推测九龙江流域 Chytridiomycetes 组成受硅藻群落结构的影响；②自然流域水体较低的氮浓度和适宜的 pH 有利于 Chytridiomycetes 生存，国内外研究（Treseder，2008；Janssen et al.，2010）均有报道提高环境中氮素水平，降低 pH，会降低真菌的生物量和某些真菌门类的相对丰度。

不同水期土地利用模式与流量对不同物种关系的变异性表明土地利用模式和水文状况对不同物种的影响方式和程度不同。另外，种间竞争导致的物种组成变化也会影响土地利用模式、流量与优势物种丰度的关系（Reynolds et al.，1993）。例如，枯水期、平水期和丰水期中 Chrysophyceae 占 Stramenopies-unidentified 的比例分别是 72.8%、53.6% 和 63.9%，其与土地利用模式的关系也出现波动。方差分解分析（VPA）结果表明土地利用类型面积比例和流量对优势种的解释量低于营养盐和流量对其的解释量，特别是枯水期和平水期，可能因为土地利用模式主要通过影响河流水质间接影响微生物群落结构，而影响河流水质的因素众多，包括自然和人为的因素。此外，土地利用类型无法直接表征溶解氧、悬浮物或者透明度、有机质以及流速、水深等河流理化性质，而这些指标恰恰与微生物群落结构密切相关（Liu et al.，2013；吴利等，2017）。

6.4.5 小结

应用 18S rDNA 高通量测序技术，分析枯水期、平水期和丰水期不同土地利用模式流域（农业流域、城市流域和自然流域）九龙江表层水中真核微生物的物种组成和多样性，揭示土地利用模式和水文状况对河流真核微生物群落结构的影响机制。主要结论如下：

（1）不同水期不同土地利用模式流域真核微生物的物种组成和多样性有明显的差异。在枯水期和平水期，农业流域和城市流域的香农多样性指数显著高于自然流域；在平水期和丰水期，农业流域和城市流域的丰富度指数（Chao1 和 ACE）显著高于自然流域。城市流域和农业流域的 OTUs 总数、中丰度和低丰度的 OTUs 的相对丰度高于自然流域，而自然流域高丰度 OTUs 的相对丰度最高。多样性指数和不同水平 OTUs 的组成结构的时空分布特征表明城市流域和农业流域的真核微生物物种多样性高于自然流域。

（2）在 3 个水期，大部分序列片段主要聚类成少数的超群，如 Stramenopilies、Alveolata、Animalia 和 Eukaryota。在不同水期，不同类型流域门水平上真核微生物的优势种的种类和相对丰度存在差异。枯水期 - 平水期 - 丰水期，门水平上优势藻的种类呈先升高后降低的趋势，而原生动物和微型后生动物的种类呈先减少后上升的趋势，但是丰水期大部分优势种的相对丰度降低，表明真核微生物物种的种类和生物量均存在季节演替的现象。

（3）土地利用模式和水文状况与河流真核微生物群落结构关系密切，但是不同水期不同水平 OTUs 和门水平优势种的相对丰度与土地利用面积比例和流量的关系存在一定差异。与水文状况相比，土地利用模式对物种群落结构的影响更大，尤其与藻类相对丰度的关系更密切。而相比土地利用模式，营养盐对门水平上优势种组成的解释量更高，表明土地利用主要通过影响河流理化特征，从而间接影响真核微生物群落结构。但是，较高的未解释量也表明控制河流水体中真核微生物物种组成和多样性的机制较为复杂，将来需要考虑更多的因素，开展更深入的研究。

6.5 气候变化和土地利用变化共同作用下的闽江流域水土流失效应

流域、河口和近海是空间连续体。流域范围内的各种土地开发利用活动改变了地表的自然状态，破坏了植被覆盖百分率，容易导致水土流失。流域水土流失产生的泥沙及污染物通过河流运输，最终汇入近海海湾，对流域－近海系统的水质与生态产生一系列影响。在变化环境下水和土的管理与调控研究是当前自然地理学发展的重要议题（傅伯杰，2018；刘焱序等，2018）。目前，关于土地利用变化对水土流失的影响已经开展了大量的研究（Chi et al.，2019；Jazouli et al.，2019），但基于陆海统筹的视角，气候变化下土地利用变化的流域－海湾水土流失、水质的效应及其影响机制方面研究仍鲜见报道。

基于闽江流域 1985~2014 年 9 期的土地利用分类数据、RUSLE 模型和 SEDD 模型，揭示闽江流域土地利用变化的水土流失效应。内容主要包括：闽江流域 1985~2014 年土壤侵蚀时空变化特征；闽江流域水土流失影响机制分析；水土流失与流域出口水质的关联分析。研究结果可为我国“陆海统筹”的实施与海岸带综合管理提供借鉴。

6.5.1 研究方法

修正通用土壤流失方程（revised universal soil loss equation，RUSLE）和泥沙输移分布方程（sediment delivery distributed，SEDD）常用于预测和估算流域土壤侵蚀量和泥沙输出量。本研究应用 RUSLE 模型和 SEDD 模型估算闽江口上游的闽江流域 1985~2014 年的土壤侵蚀量和产沙量的变化，并分析流域土壤侵蚀对入海河口的输沙效应。RUSLE 模型和 SEDD 模型的具体方法如下。

6.5.1.1 RUSLE 模型

1954 年由 Wischmeier 提出了通用土壤流失方程（universal soil loss equation，USLE），RUSLE 模型是美国农业部于 1997 年在 USLE 的基础上修订建立并正式实施的一种适用范围更广泛的修正模型。该方程体现了土壤侵蚀量与影响因子之间的关系，目前仍然被广泛地应用于土壤侵蚀量的预测，表达式为

$$A=R\times K\times L\times S\times C\times P \tag{6-11}$$

式中，A 为年土壤流失量，t/（$km^2\cdot a$）；R 为降雨侵蚀因子，（$MJ\cdot mm$）/（$hm^2\cdot h$）；K 为土壤侵蚀因子，（$t\cdot hm^2\cdot h$）（$hm^2\cdot MJ\cdot mm$）；L 和 S 分别为坡长、坡度因子，无量纲；C 为植被覆盖与管理因子，无量纲；P 为水土保持措施因子，无量纲。

该模型在 GIS 环境下运行。ERDAS 和 ArcGIS 9.3 软件应用于模型前期因子的准备、数据管理、结果的估算和可视化。运用 GIS 的空间数据管理和分析功能，建立流域数字高程模型（DEM）、土地利用分类图、土壤侵蚀图、植被覆盖百分率分布图等，对其属性进

行相应的数据编码，并进行栅格化，获得各因子值。最后根据 RUSLE 模型的形式，将各因子值相乘获得闽江流域的土壤侵蚀强度分布图。本研究不考虑 K、L、S 因子的时空变化。

1）降雨侵蚀因子（R）

降雨侵蚀因子 R 用来衡量降雨侵蚀强度，与降水量、降雨强度、降雨持续时间、雨滴大小有关。本研究降雨数据来源于中国国家气象科学数据中心，包括 1985~2014 年闽江流域范围的 18 个站点的气象数据和周边的 8 个站点气象数据。由于降雨侵蚀因子是流域土壤侵蚀最敏感的因子，不同 R 值的计算结果差异较大，因此采用两种 R 值计算方法分别计算 R 值，并对不同 R 值估算的土壤侵蚀量进行验证，选取最适合本研究区的方法。

算法 1——福建省水土保持试验站和福建农林大学提出的福建省降雨侵蚀力 R 值计算公式（福建省土壤流失预报研究课题组，福建省土壤流失预报研究（1986~1994 年），1994 年）：

$$R=\sum_{i=1}^{12}(-1.1527+0.1792P_i) \tag{6-12}$$

式中，P_i 为月降水量，mm；R 为全年的降雨侵蚀力。

算法 2——由 Arnoldus（1980）提出的计算 R 值得方法，该方法采用研究区月降水量和年降水量资料来估算 R 值，具体公式如下：

$$R=\sum_{i=1}^{12}P_i^2/P \tag{6-13}$$

式中，P_i 为月降水量，mm；P 为年降水量，mm。

2）土壤侵蚀因子（K）

土壤对侵蚀的敏感性及降水自身的径流量与径流速率的大小可通过 K 因子反映。K 的大小与土壤质地、土壤有机质含量有显著的相关性。根据全国第二次土壤普查的成果，获得闽江流域各类土壤的质地和有机质含量，K 的赋值参考 Wischmeier 等建立的土壤侵蚀诺模图，根据研究区域的土壤质地和有机质含量，近似地确定出闽江流域不同土壤类型的土壤侵蚀因子 K。

3）坡长坡度因子（L-S）

以分辨率 30m 的数字高程模型为基础数据，采用 Liu 等（2000）和 McCool 等（1989）提出的方法对研究区域的坡长坡度因子进行计算。

$$L=\frac{\lambda}{22.1}\ m \tag{6-14}$$

式中，L 为坡长因子；λ 为坡长，m；m 为坡长指数，其取值范围如下：

$$m=\begin{cases}0.2, & \theta<1\% \\ 0.3, & 1\%\leqslant\theta\leqslant3\% \\ 0.4, & 3\%<\theta\leqslant5\% \\ 0.5, & \theta>5\%\end{cases} \tag{6-15}$$

本研究坡度因子 S 的计算通过分段考虑，即缓坡采用麦库尔（McCool）坡度公式，陡坡采用刘宝元的坡度公式：

$$S=\begin{cases}10.8\sin\theta+0.03, & \theta<5^\circ\\16.8\sin\theta-0.5, & 5^\circ\leqslant\theta<10^\circ\\21.91\sin\theta-0.96, & \theta\geqslant10^\circ\end{cases} \tag{6-16}$$

式中，S 为坡度因子；θ 为坡度。

4）植被覆盖与管理因子取值（C）

C 因子反映了有关覆盖百分率和管理变量对土壤侵蚀变化的综合影响，C 因子大小取决于具体的植被覆盖、管理措施方法等。也就是说 C 的取值主要和土地利用类型有关。本研究中，农业用地、林地、建设用地、水体和裸地的 C 值分别设定为 0.04、0.017、0.2、0 和 0.2。

5）水土保持措施因子（P）

P 值通常是基于土地利用类型进行估算。本研究中，农业用地、林地、建设用地、水体和裸地的 P 值分别设定为 0.35、0.8、1、0 和 1。

6.5.1.2 SEDD 模型

在泥沙输移分布方程（SEDD 模型）中，SDR_i 反映了被侵蚀物质从特定位置到达最近河道的可能性。SDR_i 值的范围在 0~1，它定量地分析了流域总的土壤侵蚀量到达河网并最终到达流域出口的比例。泥沙输移分布方程的表达式为

$$SDR_i=\exp(-\beta t_i) \tag{6-17}$$

$$t_i=\frac{l_i}{v_i} \tag{6-18}$$

$$V_i=a_i S_i^{0.5} \tag{6-19}$$

式中，SDR_i 为第 i 个栅格的泥沙输移比；β 为一个与流域形态有关的参数；t_i 为该栅格的泥沙输移至最近河道的时间，它与水流流经的距离和流速有关；l_i 为水流从栅格 i 流入河道前经过的栅格的距离，m；v_i 为水流流经栅格 i 时的流速，m/s；a_i 为栅格 i 表面粗糙程度的相关系数，m/s，根据土地利用类型来设定，按照 Ferro 和 Minacapilli（1995）的取值标准，林地、农业用地、建设用地、水体和裸地分别设定为 0.75、2.62、5.41、4.91 和 3.08；S_i 为栅格 i 的坡度，m/m；

产沙模数（SSY_i）定量估算了一定面积流域，土壤侵蚀量到达流域出口的模数值。本研究中产沙模数的表达式如下：

$$SSY_i=SDR_i A_i \tag{6-20}$$

式中，SSY_i 为栅格 i 的产沙模数；SDR_i 为第 i 个栅格的泥沙输移比；A_i 为通过 RUSLE 估

算的栅格 i 年均土壤侵蚀模数。流域总的产沙量（sediment yield，SY）（t/a）通过平均产沙模数（SSY_i）乘以流域面积进行估算。

6.5.2 闽江流域土壤侵蚀量和产沙模数变化

6.5.2.1 土壤侵蚀量总体变化情况

利用 ArcGIS10.3 空间分析功能，将每个网格（Grid）中的 R、K、L、S、C、P 值分别进行叠加计算，得到像元土壤侵蚀图。由于其单位为英制，需进行单位换算。乘以系数 224.2，即可换算为 t/（km^2 • a）的公制单位，得到各像元的年土壤水土流失量。本研究采用算法 1 和算法 2 两种降雨侵蚀因子的计算方法，为选择更适宜本研究区域的 R 值计算方法，采用调查时间为 2014 年的《福建省水土保持规划（2016—2030 年）》的调查数据与 2014 年的模型模拟数据比较验证，结果如表 6-20 所示。由表 6-19 可知，算法 1 的土壤侵蚀模拟结果与调查数据更加接近，因此本研究选用算法 1。

表 6-19　土壤侵蚀量模拟结果验证　（单位：%）

侵蚀程度	规划数据	算法 1	算法 2	差值 1	差值 2
轻度以下	50.67	48.44	45.33	2.23	5.34
中度	25.27	27.39	30.01	2.12	4.74
强度以上	24.06	24.17	24.66	0.11	0.6

利用 ArcGIS9.3 空间分析功能，将每个网格（Grid）中的 R、K、L、S、C、P 值分别进行叠加计算，得到像元土壤侵蚀图。由于其单位为英制，需进行单位换算。乘以系数 224.2，即可换算为 t/（km^2 • a）的公制单位，得到各像元的年土壤水土流失量。根据水利部颁布的《土壤侵蚀分类分级标准》（SL190—2007）确定土壤侵蚀分级指标。通过再分类，得出闽江流域的土壤侵蚀强度模数分级表（表 6-20）和土壤侵蚀空间分布图（图 6-33）。

表 6-20　闽江全流域 1985~2014 年土壤侵蚀强度分级表　（单位：%）

侵蚀强度	1985 年	1990 年	1995 年	2000 年	2002 年	2003 年	2004 年	2010 年	2014 年
微度（≤ 500）/[t/（km^2 • a）]	47.80	48.21	46.99	46.62	46.84	52.98	49.08	46.03	46.73
轻度（500~2 500）/[t/（km^2 • a）]	33.76	31.58	32.08	30.69	30.20	38.74	34.98	25.76	28.41
中度（2 500~5 000）/[t/（km^2 • a）]	12.46	12.92	14.16	15.96	16.05	5.55	12.29	17.98	17.41
强度（5 000~8 000）/[t/（km^2 • a）]	2.33	2.25	2.73	3.31	3.41	1.11	1.60	6.09	4.50
极强（8 000~15 000）/[t/（km^2 • a）]	2.33	1.96	2.36	1.93	1.75	0.69	1.06	1.98	1.48
剧烈（>15 000）/[t/（km^2 • a）]	1.32	3.08	1.67	1.50	1.75	0.93	0.99	2.16	1.47

续表

侵蚀强度	1985 年	1990 年	1995 年	2000 年	2002 年	2003 年	2004 年	2010 年	2014 年
平均土壤侵蚀模数 /[t/（km^2 • a）]	2015.46	2516.02	2346.31	2653.88	2904.99	1458.69	1852.51	3106.12	2646.80
侵蚀类别	轻度	中度	轻度	中度	中度	轻度	轻度	中度	中度

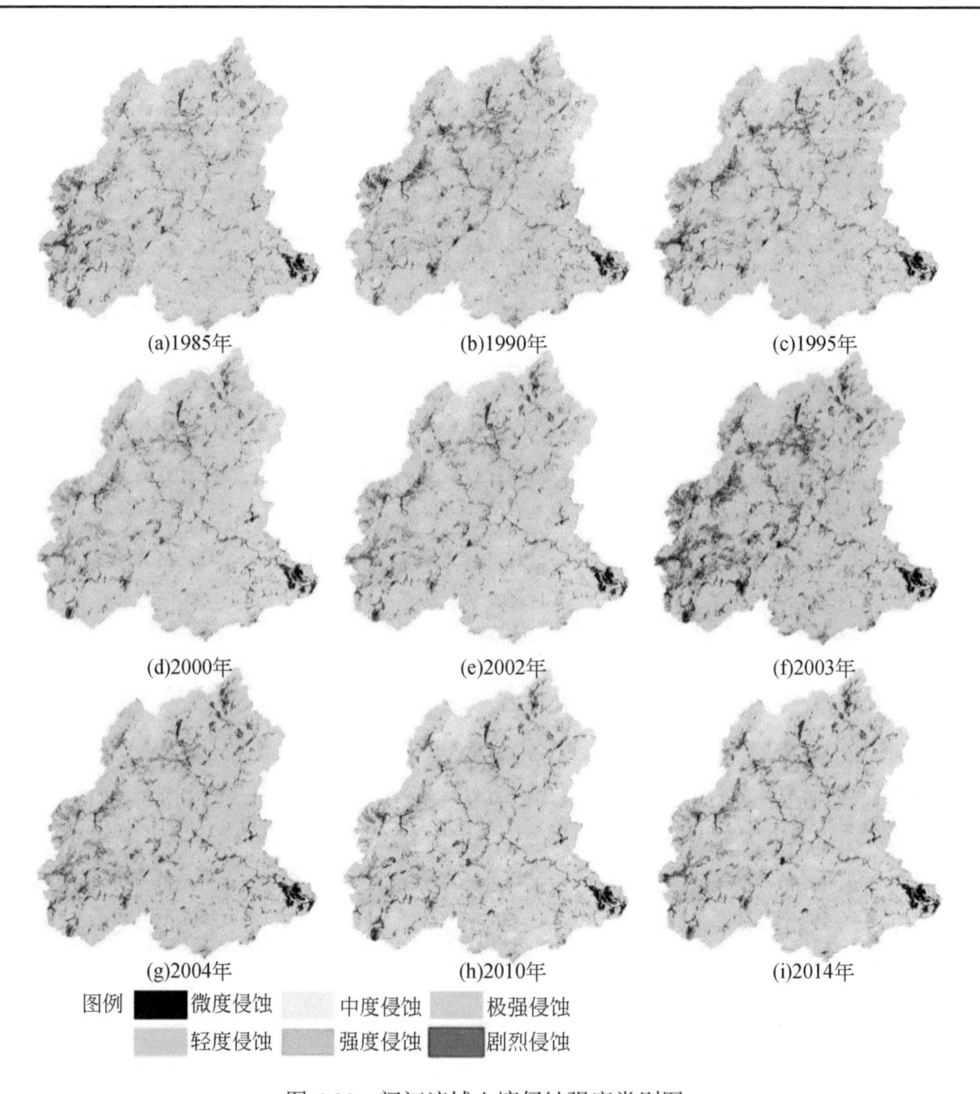

图 6-33　闽江流域土壤侵蚀强度类别图

通过表 6-20 可知，流域 1985~2014 年的平均侵蚀模数有波动上升的趋势，其中 1985 年、1995 年、2003 年和 2004 年平均土壤侵蚀强度属于轻度侵蚀，其他年份的平均土壤侵蚀模数属于中度侵蚀，年平均土壤侵蚀量最高是 2010 年的 3106.12 t/（km^2 • a），最低的是 2003 年的 1458.69 t/（km^2 • a），但是所有研究期间流域的平均土壤侵蚀模数都远大于水利部规定的南方红壤区土壤允许流失量 500 t/（km^2 • a）的标准，这表明闽江流域水土流失较为严重，并且整体上呈现逐渐恶化的趋势。

6.5.2.2 土壤侵蚀转移变化特征

从空间上，分别将 1985 年、1995 年、2004 年和 2014 年的流域土壤侵蚀图作相减操作，可以得知随时间推移流域内土壤侵蚀强度等级的变化情况，其中，微度、轻度、中度、强度、极强以及剧烈 6 类侵蚀强度分别赋值 1、2、3、4、5、6，从相减得到的数据可得知侵蚀强度变化的幅度大小，图 6-34（a）为 1985 与 1995 年的相减结果，图 6-34（b）为 1995 年与 2004 年的相减结果，图 6-34（c）为 2004 年与 2014 年的相减结果。闽江流域 1985~1995 年土壤侵蚀严重恶化的区域集中在沙溪、大樟溪和古田的局部地区，1995~2004 年土壤侵蚀明显加剧的区域主要分布在沙溪的局部地区，而 2004~2014 年土壤侵蚀明显加剧的区域以建溪和古田的局部地区较为明显。

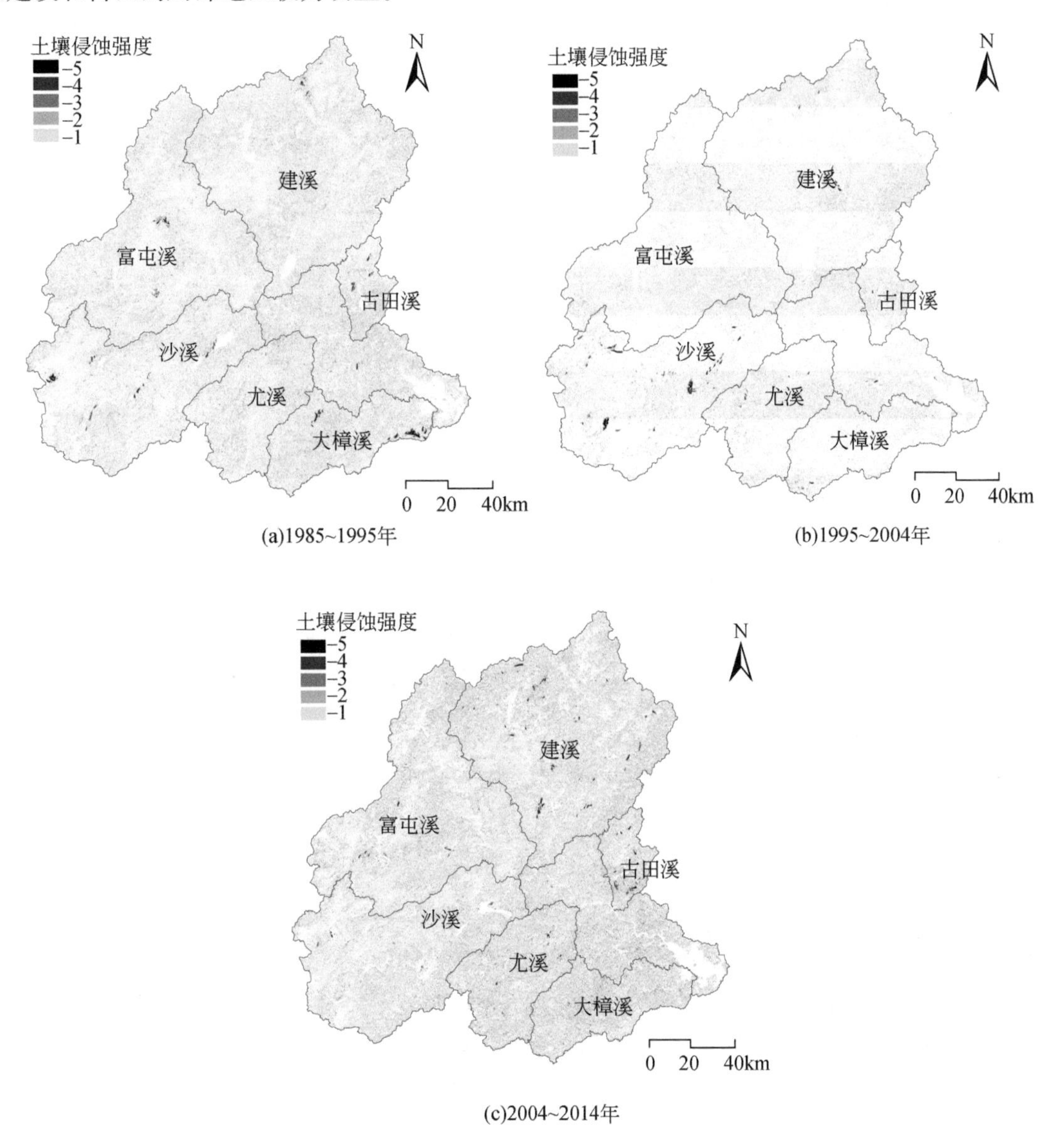

图 6-34　土壤侵蚀强度加剧区域图

闽江流域发生恶化的侵蚀类型主要表现在微度、轻度和中度（表 6-21），且微度主要是转化为轻度、中度和强度，轻度主要是转化为中度、强度和剧烈，中度主要是转化为强度和极强，强度以转化为剧烈为主。其中，微度往轻度、中度、强度转化和轻度往中度、强度、剧烈转化以及中度往强度、极强转化占据了大部分的面积比例。其中，有部分区域的微度、轻度转化为极强侵蚀，这可能是开发建设项目造成对林地等植被的破坏，从而造成水土流失严重。因此，在下一阶段的工作中，应在将中、强度侵蚀作为土壤侵蚀治理的重点对象的同时，在其他区域也要注意防范，尤其是开发建设区域应采取合理的水土保持措施，避免侵蚀强度往恶化方向发展。

表 6-21　土壤侵蚀加剧面积统计表　（单位：km^2）

变化方向	1985~1995 年	1995~2004 年	2004~2014 年	合计
微度→轻度	365.95	18.91	487.94	872.80
微度→中度	134.18	6.71	945.38	1086.27
微度→强度	30.50	3.05	79.29	112.84
微度→极强	1.22	0.61	24.40	26.23
轻度→中度	914.88	7.32	2561.66	3483.86
轻度→强度	97.59	2.44	1280.83	1380.86
轻度→极强	10.37	1.22	231.77	243.36
轻度→剧烈	140.28	0.61	140.28	281.17
中度→强度	128.08	0.67	402.55	531.30
中度→极强	12.81	0.49	36.60	49.90
中度→剧烈	6.71	0.12	79.29	86.12
强度→极强	12.20	0.07	6.10	18.37
强度→剧烈	73.19	0.02	85.39	158.60

6.5.2.3　流域的产沙模数情况

流域作为海湾的上游，其上游产生的水土流失通过河流径流最终汇入河口，对入海河口的输沙量产生直接影响，估算出 1985~2014 年闽江各支流和入海口的年产沙模数，结果如图 6-35 所示。闽江流域各支流产沙模数变化趋势与入海口的产沙模数变化变化趋势总体一致，呈现上下波动的趋势，入海口产沙模数最高值出现在丰水年 2002 年，最低值为枯水年 2003 年。

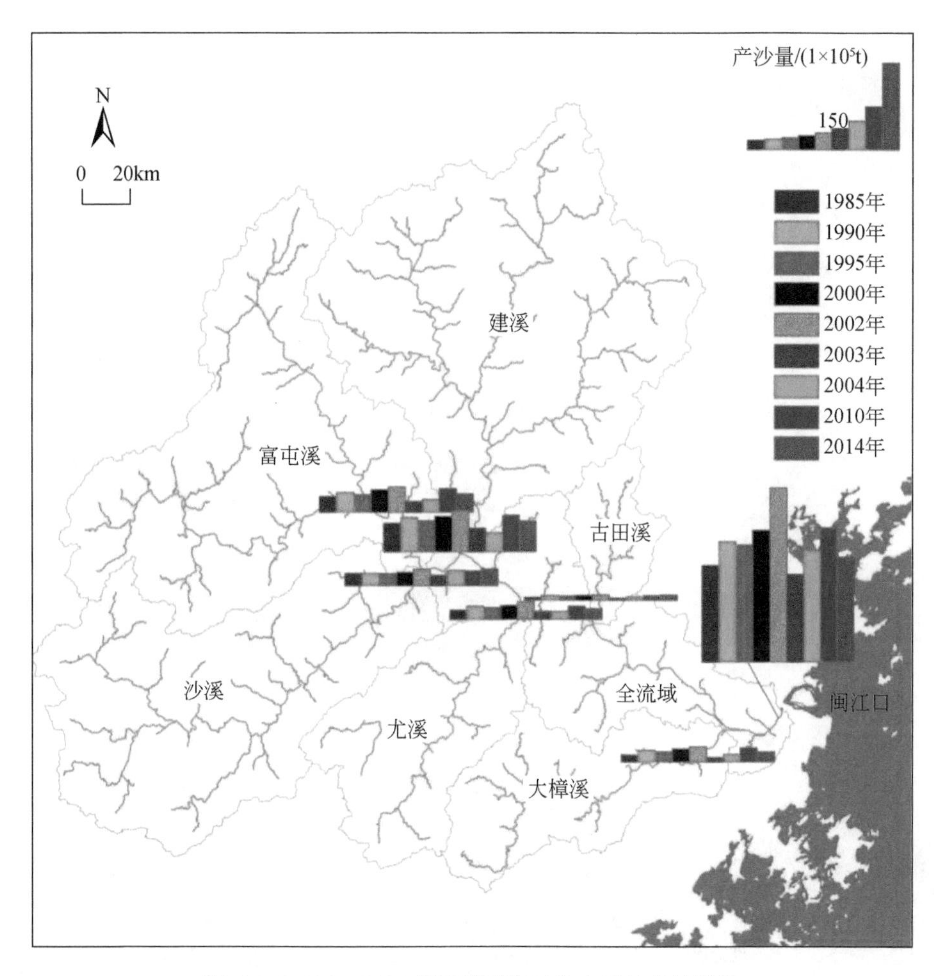

图 6-35 1985~2014 年子流域出口和入海口产沙模数

6.5.3 闽江流域水土流失的影响机制分析

6.5.3.1 气候变异性的水土流失效应

降雨是导致土壤侵蚀最主要的内在因素之一（Lai et al.，2016），是造成南方土壤侵蚀的驱动因素，也是最敏感的因素之一，当降雨到达地面的时候通过溅散和径流等方式产生了土壤侵蚀（Kinnell，2005）。闽江流域 1985~2014 年的降水量空间分布如图 6-36 所示。由图 6-36 可知，2002 年为丰水年，降水量明显高于其他年份，而 2003 年则为枯水年，降水量在所有研究年份中最低。进一步对流域产沙量和降水量的变化趋势进行分析（图 6-37），可知，1985~2014 年流域的产沙量变化趋势与降水量变化趋势一致，其中 2003 年为枯水年，年降水量约为 1000mm，明显小于其他研究年份，流域相应的产沙量也较小。这说明了降水量的变化对流域土壤侵蚀产生显著影响，该发现与先前的相关研究结论类似（Lai et al.，2016）。因此，降雨是流域土壤侵蚀的重要驱动力。

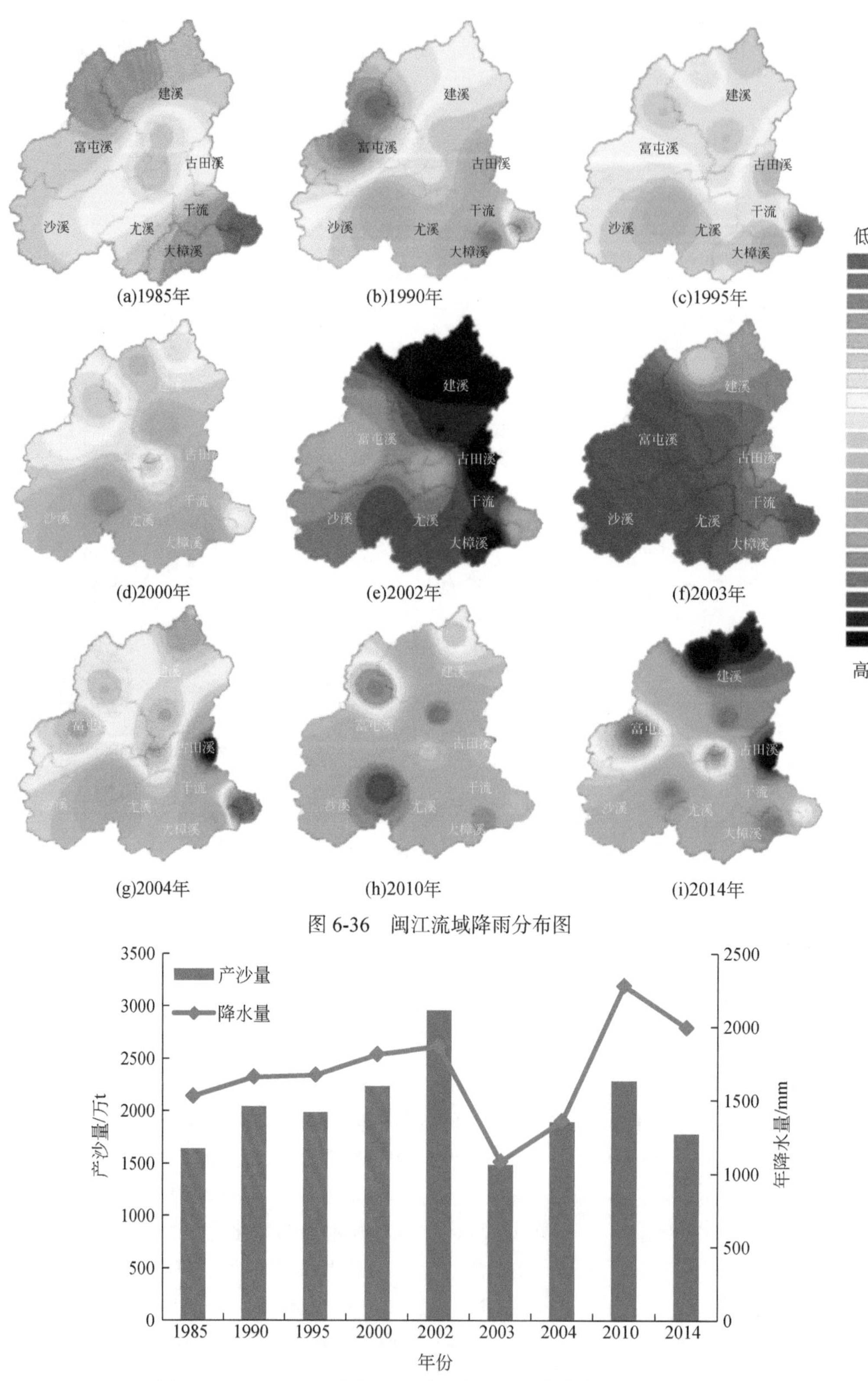

图 6-36 闽江流域降雨分布图

图 6-37 1985~2014 年闽江流域的产沙量和年降水量的变化趋势

6.5.3.2 土地利用变化的水土流失效应

土地利用变化会引起土壤质地、结构等的变化，导致土壤侵蚀方式和侵蚀强度的变化，从而对流域出口产沙量产生影响。人类不合理的土地开发利用方式改变了地形条件、土壤物理化学性质、破坏了植被，进一步加剧了土壤侵蚀，不合理的土地利用是水土流失的主要原因（Xu et al.，2002）。因此，识别不同土地利用类型的转移和变化对土壤侵蚀特征的影响，对精准地科学地预防和治理水土流失具有重要的理论和实践意义。

表 6-22 为林地、农业用地和裸地三种不同主要土地利用类型的变化量与输沙量变化量的相关性、降水量变化与输沙量变化量的相关性。根据表 6-22 可知，林地变化与输沙量变化呈负相关，但不显著。农业用地变化量、裸地变化量与输沙量变化呈显著正相关，表明农业用地和裸地的变化是输沙量变化的重要驱动因素。裸地变化量与输沙量变化的相关性系数大于农业用地和林地与输沙量的相关性，说明裸地变化对输沙量变化的影响更显著。根据 SEDD 模型的预测，研究区域中的林地、农业用地和裸地的年平均产沙量分别为 181.86 t/（km^2 • a）、788.804 t/（km^2 • a）、9859.01 t/（km^2 • a）。不同的土地利用类型的平均产沙量差异较大，尤其是裸地年均产沙量明显较高。Batista 等（2017）研究表明，裸地相比于其他土地利用类型有极高的土壤侵蚀率，年平均产沙量为 11 094 t/（km^2 • a），而农业用地和林地分别为 882 t/（km^2 • a）和 210 t/（km^2 • a），这与本研究结果接近。

此外，根据表 6-22 可知，降水量变化与输沙量变化的相关系数整体大于土地利用变化与输沙量变化的相关系数，说明降水量变化对水土流失变化的影响大于土地利用变化对水土流失的影响。在 1985~1995 年和 2004~2014 年，降水量总体增加，其降水量变化与输沙量变化的相关系数大于降水量下降的 1995~2004 年，这表明当降水量增加时，降水量变化对输沙量变化的影响加大，降水量对水土流失的影响在加大。1995~2004 年，农业用地变化量、裸地变化量与输沙量的相关系数大于 1985~1995 年和 2004~2014 年，这表明当降水量减小，农业用地和裸地变化对水土流失的影响增强。

表 6-22 土地利用类型变化、降水量变化与输沙量的相关性

时段	降雨变化	降水量	林地	农业用地	裸地
1985~1995 年	增加	0.935*	−0.370	0.479*	0.674*
1995~2004 年	减少	0.804**	−0.222	0.511*	0.721*
2004~2014 年	增加	0.859**	−0.110	0.490*	0.701*

* 表示显著性水平 $p<0.05$；** 表示显著性水平 $p<0.01$。

图 6-38 为闽江流域 1985~1995 年、1995~2004 年、2004~2014 年三个研究时间段输沙量变化率。根据图 6-38 可知，闽江流域 1985~2014 年各子流域的产沙量变化率总体呈增加的趋势，且在同一研究时间段的变化趋势也基本一致，其中在 1985~1995 年和 2004~2014 年总体增加，而 1995~2004 年总体减少，这主要是受到年降水量变化的影响。而相同研究时间段，不同子流域输沙量变化率差异较大，除了受到降水量变化的影响，各子流域土地利用变化情况不同也是重要影响因素。

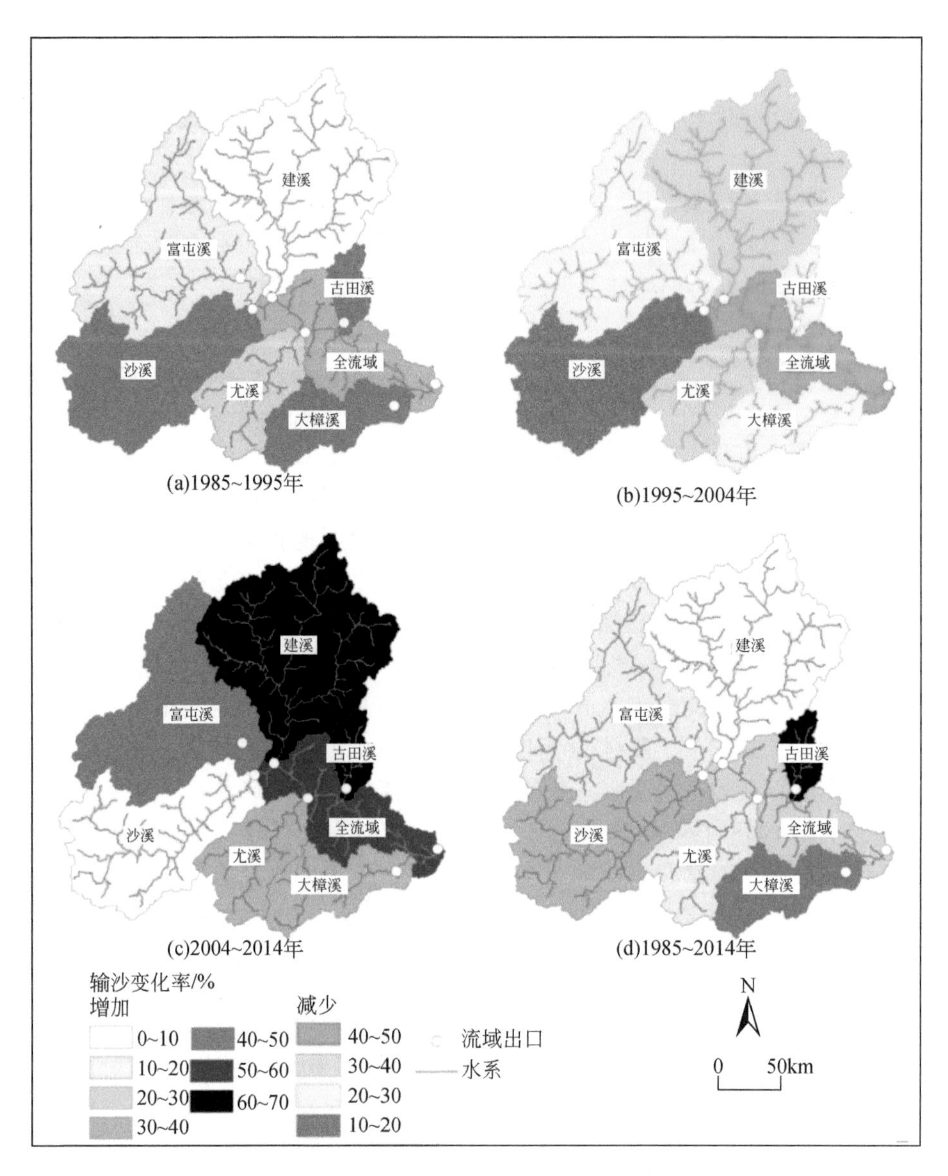

图 6-38　闽江流域在研究期间输沙量变化率的比例

建溪的输沙量变化率在第一、第二时间段输沙量变化率较小，而在第三时间段输沙量变化率剧增，大于其他子流域。这是由于在土地利用开发建设过程中，林地和农业用地转移到裸地或建设用地。其中在第二和第三时间段林地和农业用地持续地转移到裸地，在第三个时间间隔（2004~2014 年）林地转移到建设用地是持续转移的过程。这些土地利用类型的转移变化过程使建溪林地减少、第三阶段裸地的增加，导致建溪在 2004~2014 年输沙量变化率较大，从而导致水土流失增加。

古田溪在所有三个时间段的输沙量变化率相比于其他子流域都较大，尤其是当第二时间段降水量下降时，输沙量变化率没有明显的下降的，第三个时间段（2004~2014 年）输沙量变化率明显大于除建溪以外的流域。根据图 2-32 的结果，古田溪在所有时间段内，林地和农业用地持续地转移到裸地，裸地在所有时间段面积都不断增加。在第三个时间段（2004~2014 年）林地持续转移到建设用地，这些相应的土地利用变化导致古田溪的输沙量变化率相对较大，尤其是第三个时间段。

富屯溪的输沙量变化率相比于其他流域变化不突出，第三个时间段的输沙量变化率大于沙溪、尤溪和大樟溪。根据图 2-33 富屯溪的土地利用转移强度分析，林地转移到建设用地在第三个时间段（2004~2014 年）是持续转移的过程。农业用地转移到裸地在第三个时间段是持续转移的过程。这可以解释在第三个时间段，富屯溪的输沙量变化率的情况。

沙溪在第一和第二个时间段的输沙量变化率相对较大，而第三阶段的输沙变化率则明显小于其他子流域。根据沙溪土地利用转移强度分析结果可知，林地转移到裸地在第一、第二个时间段是持续转移的过程，农业用地转移到裸地在第二个时间段是持续转移的过程。这可以解释沙溪在降水量较小的第二个时间段输沙量没有明显下降，而第三个时间段输沙量变化率变化较小的原因。

尤溪的输沙量变化率相比于其他流域变化并不突出，主要是受到降水量变化的影响。其中在第三个时间段林地持续地转移到建设用地和裸地，这可以解释尤溪在第三个时间段的输沙量变化率大于沙溪的输沙量变化率的原因。

大樟溪在第一和第三个时间段的输沙变化率相对较大。根据大樟溪土地利用类别层次强度分析可知，林地转移到裸地在第一和第三个时间段是持续转移的过程，这是大樟溪在第一和第三个时间段输沙量变化率相对较大的原因。

综上所述，流域的土地利用的转移变化是导致河流出口输沙量变化的重要驱动力。

6.5.3.3 坡度对水土流失的影响

坡度是影响流域土壤侵蚀量和输沙量的一个重要因素，在不同的坡度等级条件下，流域土壤具有不同的土壤侵蚀强度。闽江流域的坡度情况如图 6-39 和表 6-23 所示。根据图 6-39 和表 6-23 可知，闽江流域坡度较高的地方主要集中在建溪、富屯溪、尤溪和大樟溪上游地区，平均坡度分别为 17.3°、19.4°、17° 和 18.2°，发生土壤侵蚀的风险较高，而中下游的干流地区整体坡度较小，地形较为平坦，发生土壤侵蚀的概率较小。

表 6-23　闽江各子流域平均坡度

子流域	建溪	富屯溪	沙溪	古田溪	尤溪	大樟溪	干流
平均坡度 /（°）	17.3	19.4	15	13	17	18.2	11

6.5.4 流域水土流失与水质的相关性分析

水土流失对水质的影响主要包括两方面：一方面，土壤污染本身为水质污染提供了前提条件，土壤本身含有的金属或者其他有害污染物分布于土壤表面和母质之中，此外农业用地大量的化肥和农药的使用也会对土壤造成污染；另一方面，水土流失是加剧水质污染的主要因素，土壤本身含有污染物质或者受到一定的污染，当水土流失发生时，污染物质

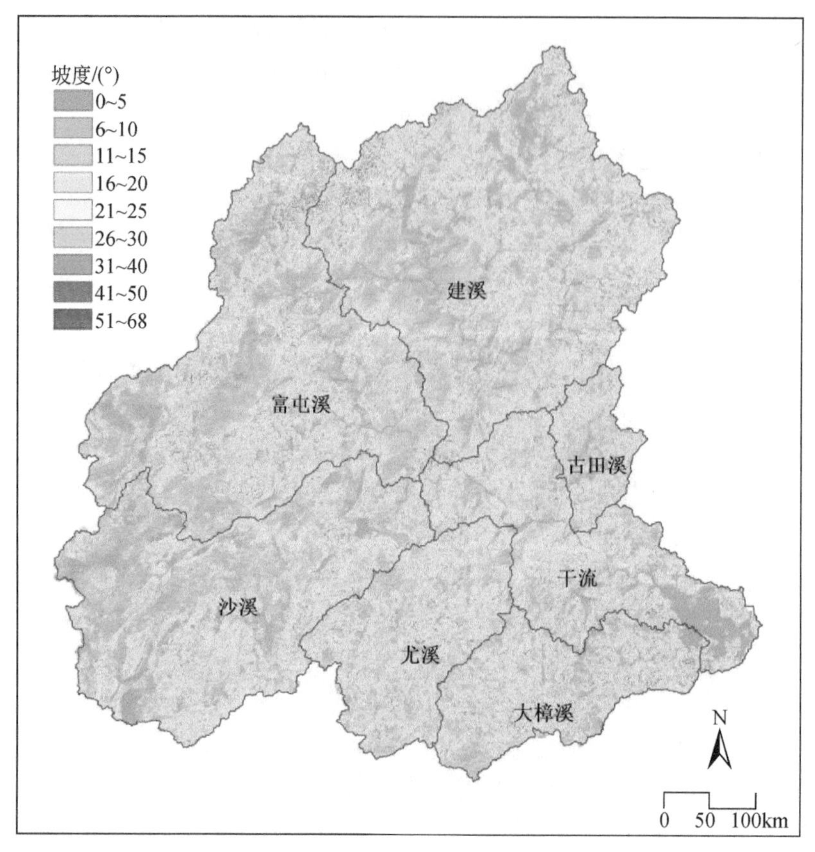

图 6-39 闽江流域坡度图

就会随着地表冲刷和径流进入水体。

为分析流域水土流失与河流水质的相关性，选取闽江六大子流域和干流出口监测站点水质数据，对流域水土流失和河流水质进行相关性分析（表 6-24）。根据表 6-24 可知，各子流域土壤侵蚀量与 NH_4^+-N 浓度呈负相关，但是相关性不显著。土壤侵蚀量与 NO_3^--N 浓度没有显著相关性。这一方面是由于闽江流域植被覆盖百分率高，林地约占流域面积近 80%，本身地表土壤受污染程度较低，而流域中的氮元素主要来源于农业化肥等的使用，且在营养物质运输过程中林地对地表水体的中营养物质具有一定的吸收和净化作用。另一方面可能是由于水土流失量较大的年份，往往伴随着丰富的降水量，降水量增加对河道的污染物有一定的净化和冲刷作用。

表 6-24 流域土壤侵蚀量与水质的关联

水质指标	建溪	沙溪	富屯溪	尤溪	古田溪	大樟溪	全流域
NH_4^+-N	0.025	−0.381	−0.182	−0.116	−0.475	−0.240	−0.473
NO_3^--N	−0.2	−0.200	0.054	−0.308	—	0.181	0.035
TP	0.182	0.468	0.294	0.194	0.603*	0.658*	0.247

* 表示显著性水平 $p<0.05$；— 数据缺失。

土壤侵蚀量与 TP 浓度总体呈正相关性，其中古田溪和大樟溪的土壤侵蚀量与 TP 浓度呈显著正相关。这说明土壤侵蚀会导致土壤中的 TP 的流失，造成水体中 TP 浓度的增加。这可能是由于发生土壤侵蚀时，土壤中的颗粒态磷附着在泥沙表层，随着地表径流进入河流，导致水体中 TP 浓度的增加。因此，水土流失是导致河流 TP 增加的重要因素。

闽江流域植被覆盖百分率高，水土流失强度主要以轻度为主。相关研究发现，当土壤侵蚀属于轻度侵蚀时，水体的 NH_4^+-N 与土壤侵蚀量呈负相关，与 TP 呈显著正相关，这与本研究结果基本一致。

根据图 6-40 和图 6-41 可知，闽江流域的土壤侵蚀量和闽江各子流域的 TP 浓度呈现波动上升的趋势。结合上述土壤侵蚀与水质相关性分析可知，闽江流域土壤侵蚀量的增加是导致 TP 浓度增加的重要因素。

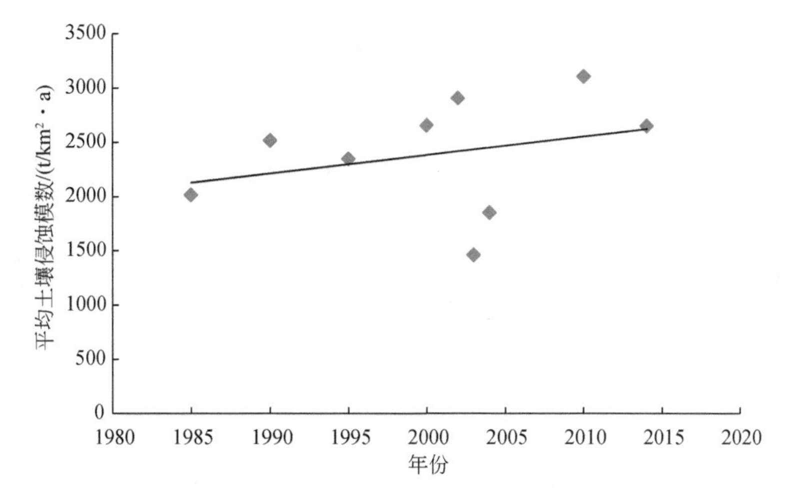

图 6-40　闽江流域年均土壤侵蚀模数变化趋势

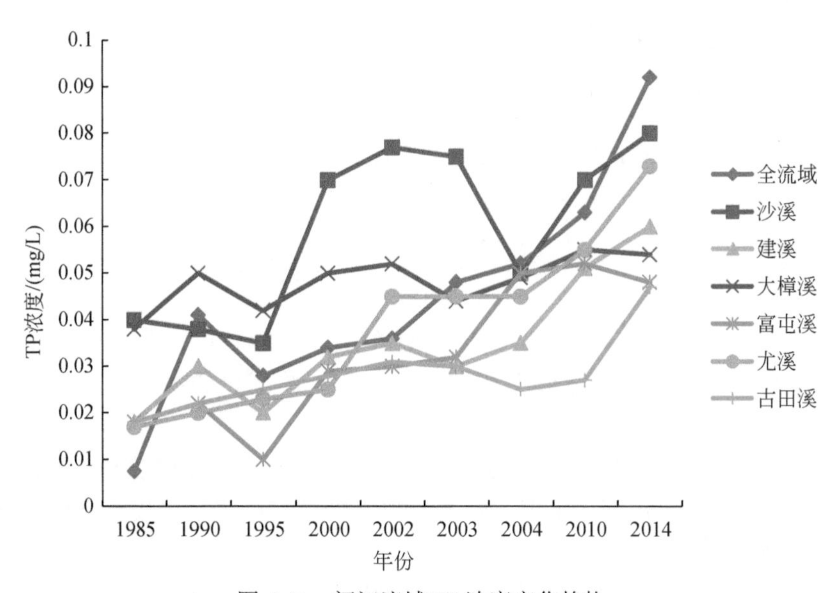

图 6-41　闽江流域 TP 浓度变化趋势

6.5.5 闽江流域水质对海湾水质的影响

流域–河口–海湾构成的海岸带是一个空间连续体，海湾水质污染物大约有 80% 来自上游流域的输入。流域范围内的人类活动产生的陆源污染通过河流汇入海洋，对海湾的生态环境造成严重破坏，严重影响着海湾生态系统的可持续性（吕永龙等，2016）。闽江流域是福建省第一大流域，闽江流域产生的污染物通过河流径流汇入闽江口。为探究闽江流域水质对海湾（闽江口）水质的影响，对闽江流域在入海口的水质监测站点（竹歧）水质变化趋势与闽江口的水质变化趋势进行分析，结果如图 6-42 所示。可知，闽江流域出口的氨氮浓度、硝态氮浓度和总磷浓度的变化趋势与闽江口对应的水质指标的变化趋势基本一致，这说明了闽江流域的水质状况对闽江口的水质状况具有显著的影响。

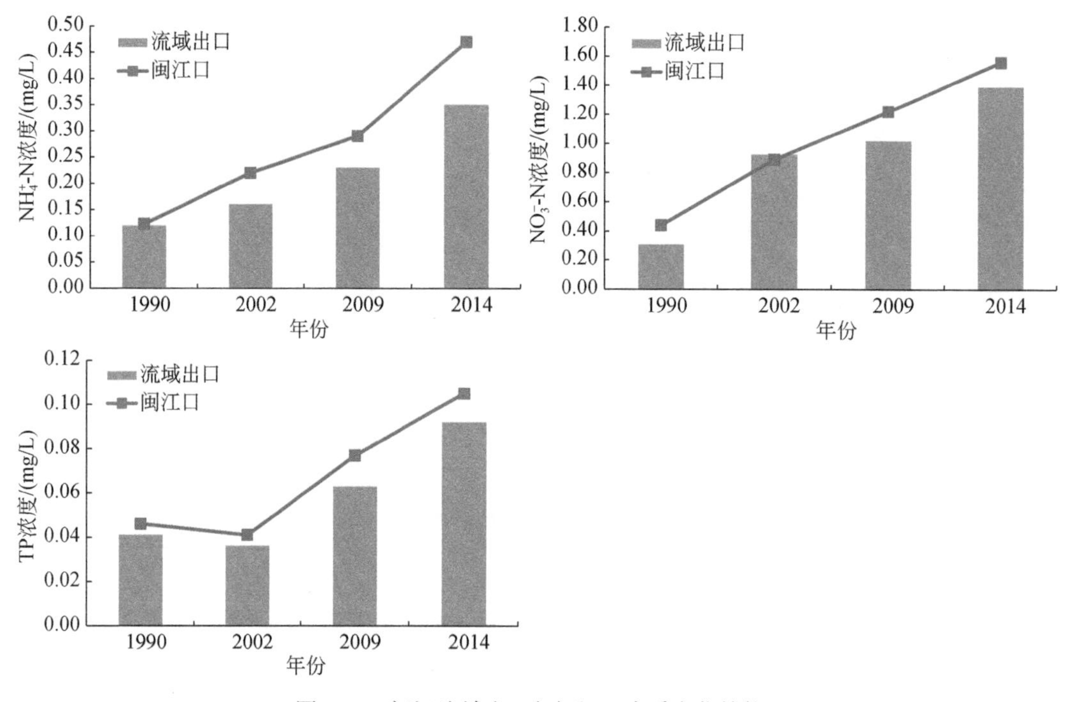

图 6-42 闽江流域出口与闽江口水质变化趋势

6.5.6 小结

基于闽江流域 1985~2014 年土地利用类型数据、干支流出口的水质数据、RUSLE 模型和 SEDD 模型探讨揭示闽江流域土地利用变化和气候变化的水土流失效应，主要研究结论如下。

（1）1985~2014 年，闽江流域年均土壤侵蚀强度主要为轻度侵蚀和中度侵蚀。土壤侵蚀加剧主要发生在微度往轻度、中度、强度转移和轻度往中度、强度、剧烈转移以及中度往强度、极强度转移。

（2）流域水土流失受到降水量变化和土地利用变化、地形因素的共同影响。降水量的变化对流域土壤侵蚀产生显著影响；降水量变化对水土流失的影响大于土地利用变化对水土流失的影响；当降水量增加时，降水量对水土流失的影响在增强，土地利用对水土流失的影响减弱；当降水量减小时，土地利用变化对水土流失的影响在增强，而降水量变化对输沙量变化影响减弱。流域的土地利用的持续转移变化是导致河流出口输沙量变化的重要驱动力。

（3）土地利用变化过程中，林地和农业用地持续转移到建设用地和裸地，是导致河流出口输沙量变化的重要驱动力。

（4）土壤侵蚀量与 TP 浓度呈显著正相关，是导致河流 TP 浓度增加的重要因素。

（5）闽江流域的水质状况对海湾（闽江口）的水质状况具有显著的影响。

6.6 本章小结

（1）NO_3^--N 是九龙江流域主要的无机氮形态。农业流域 TN、NO_3^--N、NO_2^--N 平均浓度、输出负荷高于城市流域和自然流域，而城市流域的 NH_4^+-N 平均浓度和输出负荷最高。就不同氮浓度和输出负荷的季节变异性而言，TN 浓度的季节性变化特征受人类活动和水文状况的共同调控，NO_3^--N 浓度季节变异性主要受农业面源污染源的影响，而水文效应的稀释和浓缩效应是驱动 NH_4^+-N 和 NO_2^--N 浓度季节性变化的重要因素。不同类型流域河流氮输出负荷年际变化模式不一致。土地利用面积比例、径流深与氮浓度和输出负荷有显著的相关性，但是不同水文年相关性存在一定差异。

（2）应用过程模型 INCA-N 探讨九龙江流域中的 N 来源、过程以及土地利用变化和气候变化的相关影响。INCA-N 模型在九龙江流域具有较好的适用性。土壤硝化作用、肥料的施用以及大气氮沉降是硝态氮以及氨氮的主要来源；河流氮输送、植物吸收滞留以及反硝化过程是三个主要的氮迁移转化过程。相比于土地利用变化，气候变化对硝态氮的输出负荷有更大的影响，而土地利用变化则更大地影响氨氮的输出负荷。气候变化、土地利用变化以及这两者的耦合影响下硝态氮的输出负荷预测值增加到 7%~38%、5%~15% 和 27%~39%，氨氮的输出负荷预测值则为 14%~37%、8%~61% 和 20%~73%，而综合的影响为 7%~38%、5%~15% 和 27%~39%。本研究结果可增进对全球变化背景下亚热带近海流域水环境局域响应的认识，为九龙江流域管理与区域水安全提供了科学依据。

（3）九龙江溪流磷输出（总磷、活性磷酸盐）存在较大的时空差异，各站点的磷输出存在明显月际差异和季节性差异。九龙江溪流全年总磷输出为 1.88×10^3t，西溪出口郑店占 60%，北溪出口浦南占 40%，并且位于西溪流域的花山溪总磷输出量为 4.56×10^2 t，达到西溪输出量的 40.45%。西溪表层水磷浓度和沉积物 TP 含量空间上均呈现上游低、下游高的分布格局；沉积物 TP 含量在 143~1516 mg/kg，平均 691 mg/kg，以 IP 为主要赋存形态，而 IP 中以 Fe/Al-P 为主，各形态磷含量的变化范围基本呈现 Fe/Al-P>OP>Ca-P；沉积物 TP 含量在 10 月最低，3 月最高，与水体中 SRP 浓度季节性变化一致。九龙江西溪表层沉积物中 TP 含量的增高主要来自 Fe/Al-P 部分，其次来自 OP 部分。此外，沉积物中释放的 Ca-P 及 IP 极大地影响着水体中活性磷含量，水体中磷浓度受叶绿素 a 和氯离子浓度的影响较大，氯离子或叶绿素 a 浓度升高，TP、TDP 和 SRP 浓度升高，并且温度升高可能提高水体中

TDP 和 SRP 的浓度。研究结果对于人类活动扰动剧烈的近海流域富营养化防治与水环境保护具有参考价值。

（4）不同水期不同类型流域真核微生物的物种组成和多样性有明显的差异。在 3 个水期，大部分序列片段主要聚类成少数的超群，如 Stramenopilies、Alveolata、Animalia 和 Eukaryota。土地利用模式和水文状况与河流真核微生物群落结构关系密切，但是不同水期不同水平 OTUs 和门水平优势种的相对丰度与土地利用面积比例和流量的关系存在一定差异。与水文状况相比，土地利用对物种群落结构的影响更大，尤其与藻类相对丰度的关系更密切。而相比土地利用模式，营养盐对门水平上优势种组成的解释量更高，表明土地利用模式主要通过影响河流理化特征，从而间接影响真核微生物群落结构。

（5）1985~2014 年，闽江流域年均土壤侵蚀强度主要为轻度侵蚀和中度侵蚀。流域水土流失受到降水量变化和土地利用变化、地形因素的共同影响。土地利用变化过程中，林地和农业用地持续转移到建设用地和裸地，是导致河流出口输沙量变化的重要驱动力。土壤侵蚀量与 TP 浓度呈显著正相关，是导致河流 TP 浓度增加的重要因素。闽江流域的水质状况对海湾（闽江口）的水质状况具有显著的影响。

第 7 章 九龙江流域模拟及河流氮磷管理策略

流域模型已被广泛用于识别流域污染物来源并阐释其过程机制。流域综合管理需要一个分析模型，能够揭示流域内特定用途和开发将产生的各种影响（Heathcote，2009）。SPARROW（SPAtially Referenced Regressions On Watershed attributes）模型是一种基于空间统计和机理过程的混合模型。它经常被用于分析地表水营养盐的来源和输送。SPARROW 模型于 2015 年首次在中国应用（Li X et al.，2015），但将情景分析与 SPARROW 模型相结合提出营养盐管理策略鲜见报道。本研究有两个目标：①量化九龙江流域河流总氮（TN）和总磷（TP）的来源和输送；②通过设计不同的减少污染的情景，寻找合适的营养盐管理策略（Zhou et al.，2018）。

7.1 SPARROW 模型构建与参数化

本研究揭示了由各种土地利用活动导致的流域污染过程（包括点源污染和非点源污染过程）。使用土地利用污染数据，分析河段污染物来源及输送，相比使用土地利用面积比例，土地利用污染数据能得到针对具体污染源的研究结果，更能够针对性地进行污染物的控制，对水资源管理有着重要的作用。因此本研究直接使用土地利用产生的污染源数据，选用 SPARROW 模型进一步探究土地利用对水质的影响。以 SPARROW 模型污染物年均通量为因变量，同时受闽江流域水质及流量数据限制，本研究选择九龙江流域作为研究区域，来探究九龙江全流域 TN、TP 的状况及其来源和输送，并编写模块进行污染源管理的情景分析。

SPARROW 模型是由美国地质调查局开发的经验统计和机理过程相结合的流域空间统计模型，可用于定量描述流域及地表水体的污染物来源和输送过程。SPARROW 模型使用一个包含污染物输入及输送组分的统计估计的非线性回归模型，包括地表水流路径、非保守型输送过程和物料平衡等约束条件。SPARROW 模型可将监测点位的数据与污染源数据及影响污染物输送的气候、水文地质数据关联起来，对回归方程进行估计。

7.1.1 模型原理

SPARROW 模型以每个子流域为基本单元，使用物料平衡的原则，进行模型的构建。该模型将流出某一河段的污染物负荷或流量表示为两个部分的总和（图 7-1）。

流出量 = 上游河段负荷及经河流网络输送到河段的负荷 + 河段增广流域内产生的及输送到河段部分的负荷 （7-1）

$$F_i^*=\left(\sum_{J\in j(i)} F_j'\right)\delta_i A(Z_i^S, Z_i^R; \theta_S, \theta_R)+\left(\sum_{n=1}^{N_S} S_{n,i}\alpha_n D_n(Z_i^D; \theta_D)\right)A'(Z_i^S, Z_i^R; \theta_S, \theta_R) \tag{7-2}$$

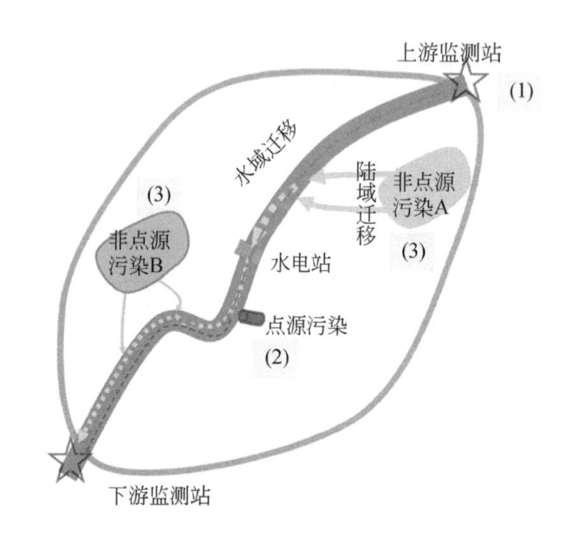

图 7-1　SPARROW 模型原理示意图

（1）表示上游河段流出负荷；（2）表示子流域内产生的点源污染；（3）表示子流域内产生的非点源污染

式（7-2）中，第一个总和项代表了上游河段流出负荷及输送到下游河段 i 的负荷，其中如果上游河段 j 被监测以 F_j^M 的形式给出，F_j' 等于测量负荷，如果没有监测则以模型评估负荷 F_j^* 的形式给出；δ_i 为输送到河段 i 的上游负荷分数，如果河段无分流，则设定 δ_i 为 1，在多数应用过程中，该分数被定义为传输至河段 i 的上游河段流出负荷分数；$A(\cdot)$ 为负荷转移功能参数，它体现了水流沿路径的稀释作用，该功能参数定义了在上游节点进入河段 i 并转移到下游节点的负荷分数。该因子是测量河流和水库特征的函数，用向量 Z_i^S 和 Z_i^R 表示，对应的系数向量为 θ_S 和 θ_R。如果河段 i 是河流，那么只有 Z_i^S 和 θ_S 决定着 $A(\cdot)$ 的值；相反，如果河段 i 是水库，那么确定 $A(\cdot)$ 的项为 Z_i^R 和 θ_R。

第二个总和项代表了在河段 i 处进入河流网络的负荷。该项由特定的源负荷组成，以 n=1，…，N_S 表示。与每个来源相关的量是源变量，表示为 S_n。根据污染来源的特性，该变量可能代表转移进入河流中源变量的质量或者一个特定的土地利用面积。变量 α_n 为来源特性系数，该系数将来源变量单位转化成负荷单位。方程 $D_n(\cdot)$ 代表陆地 – 水域输送因子。对于景观来源，以上因子及来源特性系数决定了输送到河流中污染物的量。陆域 – 水域输送因子表示为 Z_i^D，是一个有关输送变量向量的特征来源式，相关系数向量为 θ_D。对于点源污染，若通过测量（单位与负荷单位相同）直接排入河流河道中的质量来描述，则输送因子应为 1.0，没有潜在的因子作为决定因素，污染源特性系数应该接近 1.0。式中最后一项为 $A'(\cdot)$ 代表河段 i 内及转移到该河段输送到河段下游节点的负荷分数。SPARROW 模型假设河段 i 被归类为河流（与蓄水河段相反），由河段增加流域引入的污染物以河段内全部溪流输送量的平方根处理。这是因为 SPARROW 模型设想污染物在河段 i 中点被引入河段网络，因此其输送时间为河段输送点时间的一半。对于被分类为蓄水单元的河段，默认的假设是污染物在河段内完全被稀释。

7.1.1.1　陆域输送

SPARROW 模型中，陆域输送与影响污染物在陆域中进行输送的空间变量相关。式（7-3）中，陆域输送变量 $D_n(Z_i^D : \theta_D)$ 是某污染源的传输变量矢量 Z_i^D 和相应的矢量系数 θ_D 的函数。在基本的 SPARROW 模型中，陆域输送因子一般用指数的形式表达。对于某污染源 n，在河段本流域内产生并输送到河段（包括污染源系数表达式）的污染物质量比例计算如下：

$$D_n(Z_i^D : \theta_D) = \exp\left(\sum_{m=1}^{M_D} \omega_{nm} Z_{mi}^D \theta_{DM}\right) \tag{7-3}$$

式中，Z_{mi}^D 为 i 河段流域内的输送变量 m；θ_{DM} 为相应的系数；ω_{nm} 为指示变量（如果输送变量 m 影响污染源 n，其值为 1，否则为 0）；M_D 为输送变量的个数。

7.1.1.2　河流输送

污染物流经河流河段时的衰减过程常常根据一级反应速率过程来模拟（Chapra，1997）。衰减的一级动力学过程表明单位时间内污染物从水体中的去除率与给定体积的水体中污染物的浓度或质量成正比。根据一级衰减动力学过程，在河流给定距离内污染物的去除比例被评估为一级反应速率（表示时间单位的倒数）及给定距离内累计水力时间的指数函数。

反应速率是跟体积进行估算的，它和水体体积成比例的水体特性（如流量、水深等）相关。因此，SPARROW 模型的基本表达式中，从上游节点输送的污染物比例以及沿着河段 i 输送到下游节点的污染物比例是河段 i 的平均输送时间和河流输送系数的函数。

$$A(Z_i^S, Z_i^R; \theta_S, \theta_R) = \exp\left(-\sum_{C=1}^{C_S} \theta_{SC} T_{Ci}^S\right) \tag{7-4}$$

式中，T_{Ci}^S 为平均水力输送时间；C 为依据河流尺寸划分的河流等级；θ_{SC} 为与河流等级 C 相对应的河流输送系数。平均水力输送时间等于河段长度与平均流速的比值。

7.1.1.3　水库、湖泊输送

污染物穿过湖泊或水库的衰减过程经常依据净去除过程来模拟，其衰减系数可以用一级反应比例或一个质量转移系数来表示。在基本的 SPARROW 模型中，源自上游河段节点并穿过水库到达下游节点的污染物质量比例是区域水力负荷的倒数 $(q_i^R)^{-1}$（单位：长度/时间）和表面沉降率系数 θ_{RO}（单位：长度/时间）的函数。

$$A(Z_i^S, Z_i^R; \theta_S, \theta_R) = \frac{1}{1 + \theta_{RO}(q_i^R)^{-1}} \tag{7-5}$$

水库中污染物去除也可以依据一个基于深度的反应比例表达式来模拟。因此，来自上游河段节点经过水库输送到下游节点的污染物负荷比例是水库中水力停留时间（T_{Ci}^{R}）、水库尺寸等级 C 以及损失比例系数 θ_{RC} 的函数：

$$A(Z_i^S, Z_i^R; \theta_S, \theta_R) = \exp\left(-\sum_{C=1}^{C_R} \theta_{RC} T_{Ci}^{R}\right) \tag{7-6}$$

7.1.2 模型功能

7.1.2.1 水质预测与描述

目前，水质监测中目标监测方法已被广泛采用，监测的一般为水质较差或具有重要意义（如饮用水）的河段，以保证和水质管理标准与准则相一致。SPARROW 模型综合了监测方案获得的样本，同时根据这些水质样本相对应的地理信息以及控制水质的污染源和输送过程，可据此对未监测河段的水质进行预测，并描述整个流域的水质状况。同时也可使用经过校准的 SPARROW 模型在进行情景假设的基础上进行水质的预测分析。

7.1.2.2 污染源解析

SPARROW 模型通过追踪各个污染源的走向，预测各个污染源在已知河段中污染物通量，进而可以定量和定性地分析每个河段的污染物的来源。SPARROW 模型可对各种污染源负荷的分配进行情景模拟，从而选出最优的分配方案，可用于最大日负荷总量计划的制定。

虽然 SPARROW 模型具有多项功能，但由于目前着重关注河流污染来源分析，USGS 在 SPARROW 模型包中未提供单独用于情景分析的模块。情景分析对污染源控制的管理决策有着重要的支持作用，因此本研究使用 Python 语言，根据 SPARROW 模型的原理，编写了用于分析不同污染源控制下水质情况的模块。

7.1.2.3 输送因子识别

SPARROW 模型中符合物理过程的系数是唯一的，潜在的解释性变量是基于因变量间的一些理论和逻辑上的关系来选择的，因此机理性参数与因变量之间有着物理联系。模型可对研究区内影响水质的各因子和过程做出识别。

7.1.2.4 监测网络设计

模型构建完成后，可识别出未设立监测站点，但污染较为严重的河段，对此，应增加监测点位。

7.1.3 模型输入

SPARROW 输入数据可分为四大类：河网数据、监测数据、空间属性数据和污染源数据（表 7-1）。河网数据主要作用是描述流域河网结构，对物理性的河网进行数值化，使之可以在计算机上进行河网的模拟，进而为 SPARROW 模型模拟污染物的输送提供基础支持；监测数据可以提供经过筛选的监测站点的监测数据，主要包括监测点位的水质和水文数据，这些输入的监测数据一般作为模型的因变量，可以和自变量一起来拟合 SPARROW 模型的方程；空间属性数据主要包括陆域输送数据和水域输送数据，其中陆域输送变量主要有土地利用模式、土壤渗透性、降水量、坡度、河网密度、温度等，空间属性数据的主要作用是把影像污染物输送的环境因子作为自变量纳入模拟之中，来拟合模型的方程；污染源数据包括了点源污染和非点源污染数据，其中点源污染数据主要指城市污水和工业废水等污染源数据，而非点源污染数据包括各种土地利用活动，如化肥施用、畜禽养殖等，以及大气沉降等污染源数据。

表 7-1　SPARROW 模型输入数据

变量序号	数据类别	变量名称	变量说明
1	河网数据	waterid	子流域编码
2		hydseq	河段水文序列
3		fnode	河段起点节点
4		tnode	河段终点节点
5		length	河段长度
6		hload	水力负荷
7		rchtype	河段类型
8		frac	支流分配比例
9		iftran	河段是否传输
10		headflag	是否起点河段
11		termflag	是否终点河段
12		inc-area	本河段流域面积
13		tot-area	本河段及上游流域面积
14	监测数据	staid	监测点位编号
15		lat	监测点位纬度
16		lon	监测点位经度
17		depvar	监测点位通量
18		mean-flow	平均流量
19	空间属性数据	dlvvar	空间输送因子
20		rchtot	水力输送时间
21	污染源数据	srcvar	选定的污染源数据

7.1.4 模型估计

SPARROW 模型的原理式是一个各参数的非线性函数。因此，模型须采用非线性方法来估算。SPARROW 采用的是非线性加权最小二乘法来估算（图 7-2）。在有限样本中，参数估计值可能存在偏差，且不是正态分布，标准的测量参数统计显著性的方法在此处可能无效。一种被称作自助法的替代方法，通过测量经验分布来推断参数估计值的实际分布。自助法中，从给定训练集有放回的均匀抽样，用多次抽样形成的分布来替代样本中的分布，即形成了系数的经验分布。

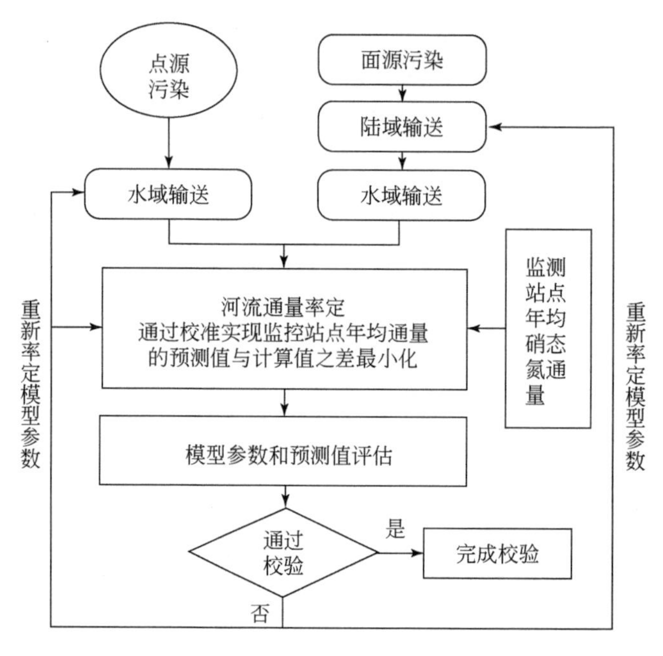

图 7-2 SPARROW 模型调试过程图

7.1.5 模型评估

SPARROW 对模型的评估包括模型总体拟合评估、系数估计值评估、残差分布评估以及协方差和多重共线性评估四项。

7.1.5.1 模型总体拟合评估

模型总体拟合评估在总体上评估模型模拟值与实测值间的拟合程度，评价指标有均方误差（mean square error，MSE）、平均绝对误差（MAE）、均方根误差（root mean square error，RMSE）、决定系数（R^2）、调整决定系数（R^2_{Adj}）、污染产率决定系数（R^2_{Yield}）。均方误差、平均均方误差和均方根误差都是用来评价数据的变化程度，用以描述模型预测值与实测数据的拟合程度，值越小，说明模型预测越精确。

调整决定系数与 R^2 类似，是为了剔除自变量个数对 R^2 的影响，让 R^2 的大小只反映回归方程的拟合优度而引入的，可通过调整 R^2 来进行计算。

$$R^2_{\mathrm{Adj}}=1-\frac{N-1}{N-K}(1-R^2) \tag{7-7}$$

式中，K 为自由度；N 为样本个数。

SPARROW 模型中的 R^2 与 R^2_{Adj} 统计量通常会较大（大于 0.6），这通常是因为因变量的很多变化与监测河段上游的流域规模相关，二者值大，不一定代表模型拟合效果好。因此 SPARROW 模型增加 R^2_{Yield} 进行单个子流域模拟。

$$R^2_{\mathrm{Yield}}=1-\frac{\sum\limits_{i=1}^{N} e_i^2}{\sum\limits_{i=1}^{N}\left[(f_i^*)-(\overline{f^*})-(d_i-\overline{d})\right]^2} \tag{7-8}$$

式中，f_i^* 为第 i 个监测站点负荷值；$\overline{f^*}$ 为监测站点负荷的平均值；d_i 为第 i 个观测流域面积的对数值；$\overline{d}$ 为观测流域面积的对数值的平均值；e_i 为残差。

7.1.5.2 系数估计值评估

SPARROW 模型结果中，系数估计值评价指标有标准误差（standard error，SE）、t 统计量、p 值（$\mathrm{P}r>|t|$）和方差膨胀因子（variance inflation factor，VIF）。标准偏差是一种度量数据分布分散程度的标准，为数据值偏离算数平均值的程度。标准偏差值越小，说明值与算数平均值偏离程度越小。t 统计量与 p 值用来评价系数在统计学意义上的显著性。若在一定显著水平上（如 $p<0.1$ 或 $p<0.05$）系数显著，表明该系数值在统计上和零有显著性的差别。方差膨胀因子是一个普遍用来确定多重共线性程度的统计量。共线性是造成 SPARROW 模型系数具有非显著性的一个重要因素，因此方差膨胀因子有助于理解某些统计学意义上不显著但在模型中仍有重要作用的系数。

7.1.5.3 残差分布评估

基于非线性二乘法的 SPARROW 模型假设需要残差满足同方差性。残差分布的评估有助于对模型结构偏差的识别。

7.1.5.4 协方差和多重共线性评估

SPARROW 模型还提供协方差和相关矩阵进行共线性预测变量的确定方法。该项能确定两个变量间是否是共线性的，有助于对模型系数不显著但仍然保留该模型变量进行解释。

7.1.6 模型不确定性分析

水环境模型的不确定性分析研究是伴随机理模型研究一同发展起来，且不断受到重视。模型的不确定性主要来源于数据的不确定性，模型参数的不确定性和模型结构的不确定性。统计模型相对于机理模型，结构较为简单、参数个数较少，选取的参数均为灵敏且可识别的，不存在机理模型所具有的冗余参数、过参数化问题。SPARROW 模型中，数据不确定性来源于污染源数据、监测数据和空间属性数据等。模型中自变量数据的不确定性在模型的参数率定过程中将系数值向零进行偏差。模型中因变量（污染物负荷）不是直接观测的，而是由流量和水质数据计算得来的，其不确定性虽不会使参数的系数值产生偏差，但会增大模型均方根误差，因此相应地增大了模型系数的标准误差。SPARROW 模型采用模型残差估计对模型结构偏差进行评估。

本研究对 SPARROW 模型不确定性分析选取的分析指标为参数系数值的标准误差和置信区间，以及模型对各河段污染负荷模拟的可信度。SPARROW 模型中置信区间的推导考虑了系数的抽样误差和模型结构误差。由于 SPARROW 模型中因变量和相关系数估计值之间的复杂非线性关系，预测区间不可能基于已知的参数分布，如正态分布。因此采用 6.1.4 节中介绍过的自助法来获取 SPARROW 模型中有关系数和污染物负荷预测的置信区间的估计。机理模型因结构复杂，输入数据繁杂，一般情况下仅针对一个（或少数）监测点位的情况进行不确定性评估，而 SPARROW 模型可提供每个河段污染物负荷模拟的置信区间，以提供模型对全流域模拟的不确定性情况。

7.2 SPARROW 模型校验与不确定性分析

模型调试的目的是基于输入数据和所选参数，通过模型的参数校准，获得模拟精度较高、参数灵敏性较好的参数，筛选出主要污染源及影响污染物输送的陆域及水域过程因素。本研究根据九龙江流域的实际情况，对 SPARROW 模型中的控制语句进行改写，选择出符合九龙江流域实际情况的污染源及输送过程因子，进行系数的率定。

在模型调试前，采用对数方法，将陆域输送因子进行标准化，以避免因单位不同造成的影响。

$$X_i=\lg(x_i)/\lg(x_{\max}) \tag{7-9}$$

式中，X_i 为转化后的数据；x_i 为标准化前的数据；$x_{\max}$ 为指标 x 中的最大值。

7.2.1 模型总体表现

除了河网数据和监测数据为较为固定的必需输入数据外，SPARROW 模型可以根据模型评价指标来选择重要污染源以及污染物输送因子。本研究使用的数据库中，污染源与输送因子如表 7-2 所示，经过模型的调试，选择各参数。

表 7-2 九龙江 SPARROW 模型污染源及输送因子数据库及调试后参数选择

参数			SPARROW-TN		SPARROW-TP	
			输入	调试后	输入	调试后
污染源	点源污染	生活污水	√	√	√	
		工业污水	√		√	√

续表

参数				SPARROW-TN		SPARROW-TP	
				输入	调试后	输入	调试后
污染源	非点源污染		化肥施用	√	√	√	√
			畜禽养殖	√	√	√	√
			大气沉降	√			
输送因子	陆域输送		河网密度	√	√	√	
			气温	√	√	√	
			坡度	√	√	√	
			降水量	√		√	√
		土壤属性	沙土含量	√		√	√
			黏土含量	√		√	
			粉土含量	√		√	
			容重	√		√	
			pH	√		√	√
			盐度	√		√	
			盐基饱和度	√		√	
	水域输送	河道输送	河道水力传输时间	√	√	√	√
		水库输送	水力停留时间	√	√	√	√

经过调试，得到九龙江 SPARROW 模型的总体表现，如表 7-3 及图 7-3 所示。总体上，两个模型表现效果均较好，预测值与实测值有较好的拟合度，R^2 和 R^2_{Adj} 均达到 0.9 以上。同时各子流域模拟效果指标 R^2_{Yield} 均大于 0.65，表明模型不仅在整体上拟合度较好，而且对子流域的模拟效果也不错。R^2、R^2_{Adj} 和 R^2_{Yield} 值说明了模型选择参数对 TN、TP 负荷的解释度较高，参数选择较为合理。均方误差不大于 0.15，均方根误差为 0.38，反映了模型数据及结构等带来的总体的不确定性，说明模型调试有着较好的效果。

表 7-3　九龙江 SPARROW 模型非线性最小二乘法结果

水质指标	R^2	R^2_{Adj}	R^2_{Yield}	均方误差	均方根误差
TN	0.95	0.93	0.67	0.14	0.38
TP	0.94	0.92	0.65	0.15	0.38

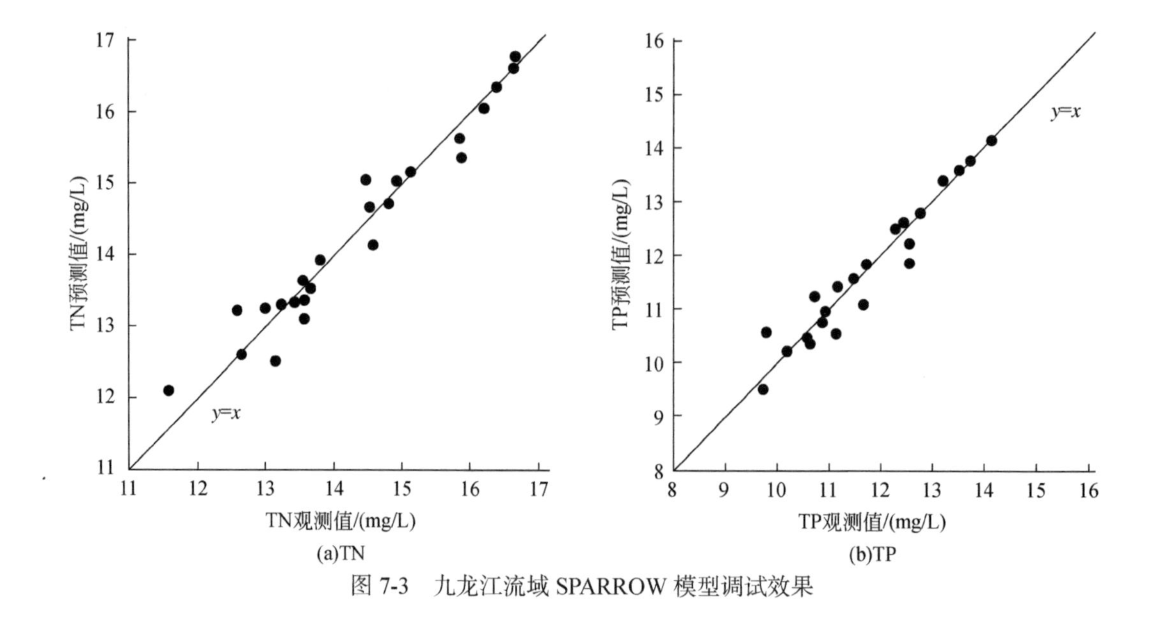

(a)TN (b)TP

图 7-3 九龙江流域 SPARROW 模型调试效果

7.2.2 监测点位调试误差

SPARROW 模型提供各监测点位的预测值与实测值间的残差情况，并可在空间上进行展示，有助于预测效果的分析与评价。由图 7-4 可看出，SPARROW-TN 模型中，北溪和西

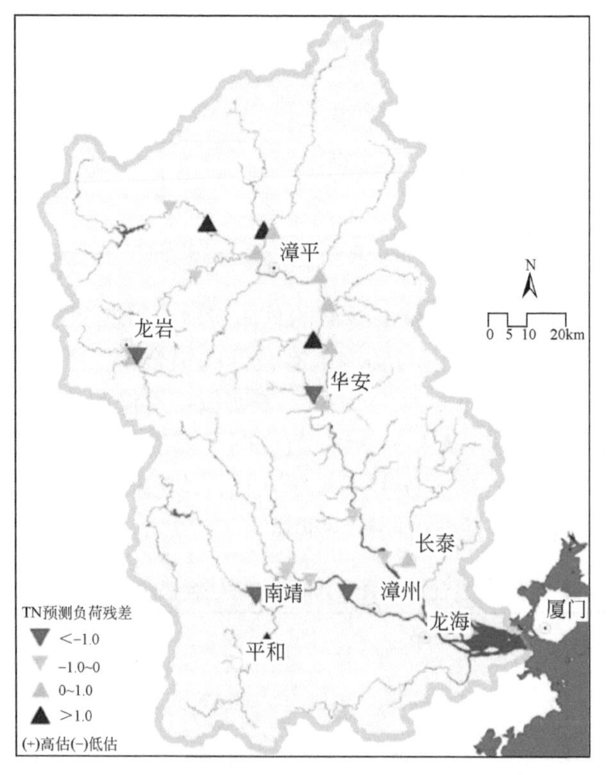

图 7-4 九龙江流域 SPARROW-TN 模型监测点位预测负荷残差

溪的预测值偏向于高估，龙岩附近点位偏向低估。由图7-5可看出，SPARROW-TP模型中，西溪流域偏向低估，北溪流域高估点位比低估点位多。模型误差在空间上随机分布，与地理位置并未有相关性，这说明了模型考虑了重要的因素，结构参数选择较为合理。

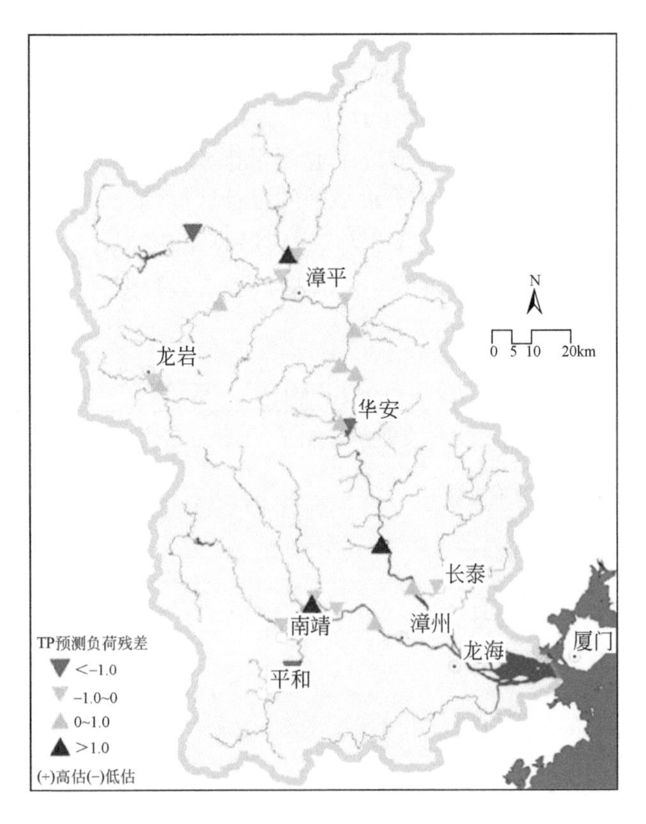

图7-5 九龙江流域SPARROW-TP模型监测点位预测负荷残差

7.2.3 模型污染源及输送因子调试结果

除模拟总体效果外，SPARROW模型对选择的污染源及输送因子的系数也提供了调试结果及评价相关指标。模型结果中，给出了根据非线性最小二乘法得到的各因子系数的值、标准误差及显著性评价指标，同时给出选取因子间的共线性评价以助于对模型的解释。本研究主要选取各因子的系数值、标准误差、p值和方差膨胀因子对系数值进行评价（表7-4，表7-5）。

对SPARROW模型系数的统计显著性评价可以判断模型系数是否在统计意义上与零有显著不同。一个统计不显著的模型系数表明统计上不可辨别系数估计平均值与0的差异，并不一定表明这些变量代表的流域性质本质上对模型区域内污染物质供给与输送的影响不重要。对模型各参数的选择不能仅凭借显著性这一点来判断，应综合考虑模型整体模拟效果，参数在氮和磷生物化学循环中的意义，各参数之间共线性方面，选择主要的污染源及输送过程参数。

7.2.3.1 SPARROW-TN 模型污染源及输送因子的选择

九龙江流域 SPARROW-TN 模型，在生活污水、工业污水、畜禽养殖、化肥施用和大气沉降五个污染源中，检测出主要的污染源为化肥施用、畜禽养殖和生活污水（表 7-4），这与之前的研究相符（黄金良等，2004）。工业污水排放的系数率定值为 0，并未列出。可能的解释有两种，一种原因是工业污水排放不是九龙江流域氮的主要来源，另一种原因是本研究得到的工业污水排放数据在空间尺度上太粗糙，仅得到以市为单位的排放量。因此分配到各子流域时可能误差太大，造成工业污水排放系数调试结果为 0。在不确定性分析结果中，生活污水系数值并不在 95% 水平下的置信区间内，这可能与生活污水数据来源的不确定性有关。生活污水中 TN 含量以人口数据为基础进行计算，现实中并非所有生活污水都统一进入管道作为点源污染排放。同时将各县人口数据分配到各子流域的过程中也可能造成较大的不确定性。

表 7-4 九龙江流域 SPARROW-TN 模型参数评价 *

项目	非线性加权最小二乘法参数估计				非参数自助法估计		
	系数值	标准误差	*p* 值	方差膨胀因子	系数值	置信下限	置信上限
生活污水	1.47	2.32	0.53	11.56	1.77	1.40	2.13
化肥施用	0.36	0.13	0.01	4.00	0.37	0.34	0.40
畜禽养殖	5.36	4.08	0.21	15.58	5.58	4.80	6.36
平均坡度 /（°）	4.09	3.75	0.29	6.27	4.47	3.70	5.24
气温 /℃	−7.61	2.81	0.02	3.97	−7.32	−7.90	−6.75
河网密度 /m^{-1}	2.75	2.87	0.35	4.23	3.55	3.00	4.10
河道衰减系数	0.0073	0.15	0.96	2.07	0.0046	−0.025	0.034
水库衰减系数	6.26	3.87	0.12	2.43	7.07	6.26	7.87

* 置信区间在置信水平为 95% 的条件下计算。

虽然大气氮沉降已被证实是河流中氮的重要来源之一，但本研究的 SPARROW-TN 模型中未将大气氮沉降列为氮的主要来源。这是由于在模型构建过程中，大气氮沉降与化肥施用和畜禽养殖有较强的相关性。在陆域，大气氮沉降主要来源于土壤和植被的 NH_3 挥发，或者由风化作用产生的尘土（Spellerberg，2005）。随着人类活动强度的加剧，化肥施用及畜禽养殖产生的粪便中 NH_3 的挥发是大气氮沉降的重要人为来源。中国大气氮沉降的加剧主要是由于氮肥、畜牧业等农业源和工业、交通等非农业源活性氮排放，实现氮肥和畜牧业等农业源氨的减排，是当前中国控制氮素沉降的关键（Liu et al.，2013）。这解释了本研究模型构建过程中大气沉降和其他氮污染源的强相关性，在理论上支持了模型中氮污染源选择畜禽养殖和化肥施用，舍弃大气氮沉降并将氮污染源主要归于畜禽养殖和化肥施用的决定。

为了进一步证实本研究舍弃大气氮沉降的合理性，本研究根据美国橡树岭国家实验室分布式主动档案中心（Oak Ridge National Laboratory Distributed Active Archive Center，ORNL DAAC）使用三维化学传输模型（TM3）得出的 1993 年、2050 年全球大气氮沉降数据 [分辨率为 5°（经度）×3.75°（纬度）]，重采样至 0.01°×0.01°。假设 1993~2050 年大气氮沉降保持平均增长率，计算得到 2014 年九龙江各流域的氮沉降，构建 SPARROW-TN 模型。结果发现大气沉降强烈地掩盖了畜禽养殖的贡献，使其对河流中氮的贡献有着负效应。该结果的不合理性，证实了本研究舍弃大气氮沉降，并将氮污染源主要归于畜禽养殖和化肥施用的合理性。部分使用 SPARROW 模型的研究，如 Alexander 等（2000）和 Li X 等（2015）也未将大气氮沉降纳入模型结构。

陆域输送过程中，各污染源陆域输送因子中，SPARROW-TN 模型选取了气温、平均坡度与河网密度三个因子。气温的 p 值为 0.02，在 $p<0.05$ 条件下显著。平均坡度和河网密度对应的系数值均为正值，但在 $p<0.1$ 和 $p<0.05$ 条件下均不显著。温度是控制氮的各形态间转化的重要因素，因此温度决定着各种形态的氮之间的比例，对陆域氮输送到河流中的比例起着重要作用。温度系数值为负值，说明温度越高，陆域输送至河流的氮越少，这可能与温度上升促进反硝化及挥发作用及植被的摄入有关（Li X et al.，2015）。平均坡度和河网密度虽然不显著，但其对模型最终的模拟效果起着重要的作用，因此本研究保留这两个参数。平均坡度的系数值为正值，说明平均坡度越大，陆域输送至水域的氮越多。平均坡度大，容易形成更多的地表径流，减少了与水体输送时间有关的陆域衰减次数（Smith et al.，1997），同时对陆域地表的冲刷作用增强，因此对陆域的氮的输送量增多。河网密度越大表示流域内河流与陆域的连接性越好，单位面积的流域中河流比例越大，因此陆域向河流中输送氮的比例越大。河道衰减系数与水库衰减系数均不显著，系数值为正。这可能与监测数据太少有关。二者对模型最终的模拟效果有着重要的作用，因此本研究保留二者。

7.2.3.2 SPARROW-TP 模型污染源及输送因子的选择

九龙江流域 SPARROW-TP 模型中，最终选择的污染源为工业污水排放、化肥施用和畜禽养殖（表 7-5）。生活污水排放系数为 0，说明生活污水不是九龙江流域磷污染的主要来源。化肥施用和畜禽养殖均在 $p<0.05$ 水平下显著，说明二者是九龙江流域磷污染源的重要来源。这与黄金良等（2004）研究结果一致。工业污水使用污水排放量作为替代指标，因此其系数值 0.057 与点源污染理论上的系数 1 相差较大，表明 1 单位的工业污水可能产生 0.057 单位的磷污染。工业污水的系数在 $p<0.1$ 水平下不显著，但并不是说明其不是九龙江流域的重要污染源，且该参数对模型最终模拟精度有着重要提升作用，因此保留该项。在不确定性分析结果中，工业污水的系数值不在 95% 水平下的置信区间内，这可能与工业污水数据来源的不确定性有关。因数据限制，本研究中使用的工业污水以水量代表，且只有以市为空间单位的统计数据。模型计算单元为各子流域，因此工业污水数据具有较大的不确定性。

在选取陆域输送因子中，SPARROW-TP 模型中选取了土壤沙土含量，降水量和土壤 pH。其中土壤沙土含量在 $p<0.05$ 水平上具有显著性且与陆域输送到河流磷的量呈负相关。磷酸根（PO_4^{3-}）是土壤中的主要无机磷成分，它很容易与金属离子形成两个共价键

而吸附在矿物颗粒上，同时磷酸根也容易与有机化合物结合，从而被吸附在矿物颗粒上（Spellerberg，2005）。沙土粒径比其他两种类型大，表面吸附力较弱，因此沙土含量高，土壤对含磷化合物的吸附更弱。并且沙土含量高的土壤渗透性较强，磷在沙土里随着水体下渗补给地下水的量更大。降水量系数不显著，但由于它影响着进入河流中地表径流量和地下水补给量，很多模型中将降水量作为一种重要的陆域输送因子（Smith et al.，1997；Rebich et al.，2011；Domagalski and Saleh，2015）。pH 对磷酸根在土壤中的形态有着重要的作用，不同 pH 下磷酸根与不同物质结合，如在高浓度的可交换钙离子条件（一般 pH 较大的情况下），容易形成难溶解的磷酸钙（式 7-10），减少了溶解态的磷含量（Spellerberg，2005），因此向河流输送量减少。

表 7-5 九龙江流域 SPARROW-TP 模型参数评价 *

项目	非线性加权最小二乘法参数估计				非参数自助法估计		
	系数值	标准误差	*p* 值	方差膨胀因子	系数值	置信下限	置信上限
工业污水	0.057	0.12	0.64	3.30	0.098	0.064	0.13
化肥施用	0.036	0.011	0.007	3.26	0.032	0.028	0.037
畜禽养殖	0.14	0.004	0.005	4.05	0.15	0.13	0.17
土壤沙土含量	-6.54	2.96	0.04	1.76	-5.62	-6.74	-4.50
降水量	1.44	3.95	0.72	6.56	1.82	0.16	3.48
pH	-0.32	0.23	0.18	1.87	-0.24	-0.33	-0.16
河道衰减系数	-0.061	0.18	0.74	2.12	-0.079	-0.14	-0.017
水库衰减系数	1.73	1.51	0.26	1.47	2.03	1.58	2.50

* 置信区间在置信水平为 95% 情况下计算。

$$Ca(H_2PO_4)_2 + 2Ca^{2+} \rightleftharpoons Ca_3(PO_4)_2 + 4H^+ \qquad (7\text{-}10)$$

河道衰减系数与水库衰减系数均不显著，但对模型最终的模拟效果有着重要的作用。需注意的是河道衰减系数为负值，表明磷在河道向下游输送的量与流速呈负相关。这种现象的可能的解释是，流速越小的情况下，水流与河道淤泥等接触较为充分，底泥中的磷成为向下游输送的重要来源（Bukaveckas and Isenberg，2013）。九龙江河道内挖沙以及河流沿岸的建设活动，可能导致了河道内底泥的再悬浮和河岸侵蚀，成为河流中磷的另一重要来源。这种磷的来源可能减少了水体输送对下游磷的贡献，是河道衰减系数与水库衰减系数不显著的原因之一。

7.2.4 模型不确定性分析

根据 SPARROW 模型特点，对参数系数值以及各河段 TN、TP 预测负荷的置信区间进行计算，以分析模型的不确定性。根据 SPARROW 模型的结构原理，使用非线性最小二乘法，进行模型参数的选择与调试。调试后，采用自助法进行了 100 采样，生成了各参数系数值的经验分布，分析模型系数值的鲁棒性（Robust），提供了参数系数值和模型预测负荷的置信区间。模型总体的不确定性由模型调试后的反映（表 7-5）。

SPARROW模型的参数评价包括参数统计显著性评估和对参数系数值不确定性的量化。本研究以不确定性系数值的可信概率区间来表征模型系数值的不确定性，具体结果见表 7-4 和表 7-5。

对于 SPARROW-TN 模型，非线性加权最小二乘法得出的系数值和非参数自助法得出的系数值最为接近的为化肥施用、畜禽养殖和气温，相差比例均小于 5%；其次为平均坡度，相差比例为 9%；其他参数的系数值相差较大，为 13%~37%（表 7-4）。除河网密度二者的调试系数值外，其余参数的系数值均在 95% 置信水平的区间内（表 7-4）。生活污水和河网密度的标准误差均比系数值大，因为前文已验证模型结构的合理性，所以生活污水和河网密度的不确定性可能主要来自输入数据的不确定性。在模型使用中，由于生活污水的系数值具有较大的不确定性，使用者应该注意关于生活污水的相关结论。但生活污水在三个污染源中所占比例较小，其对最终 TN 总负荷预测的影响并不显著。

对于 SPARROW-TP 模型，非线性加权最小二乘法得出的系数值和自助法得出的系数值最为接近的为畜禽养殖、化肥施用和土壤沙土含量，相差比例均小于 15%；其次为水库衰减系数，相差比例为 17%；其他参数的系数值相差较大（表 7-5）。除工业污水的调试系数值外，其余参数的系数值均在 95% 置信水平的区间内。工业污水的标准误差比系数值大，因为前文已验证模型结构的合理性，所以工业污水的不确定性可能主要来自输入数据的不确定性。在模型使用中，由于生活污水的系数值具有较大的不确定性，使用者应该注意关于工业污水的相关结论。但工业污水在三个污染源中所占比例较小，其对最终 TP 总负荷预测的影响并不显著。

模型的不确定来源有多种，但这些不同来源的不确定性并不一定累加并体现在最终模拟结果的不确定性中，甚至这些不确定性可能互相抵消，使得模型最终模拟结果具有更可靠的结果。本研究采用自助法，获取流域每条河段出口的 TN、TP 预测负荷的经验分布，分析 TN、TP 负荷的可信度。因该方法可对每条河段进行分析，所以能够全面地分析整个流域模拟结果的可信度，这相比机理模型一般选择一个或少数点位进行不确定分析能得到更多点位的不确定性分析结果。具体结果如图 7-6 和图 7-7 所示。

虽然模型输入数据以及系数值具有一定的不确定性，但最终对各河段出口的 TN、TP 负荷的预测均在 90% 置信度下的置信区间内。因此，在模型应用过程中，虽然要注意评估生活污水和工业污水二者相关结论的可靠性，但对各河段 TN、TP 总负荷预测具有一定的可信度。

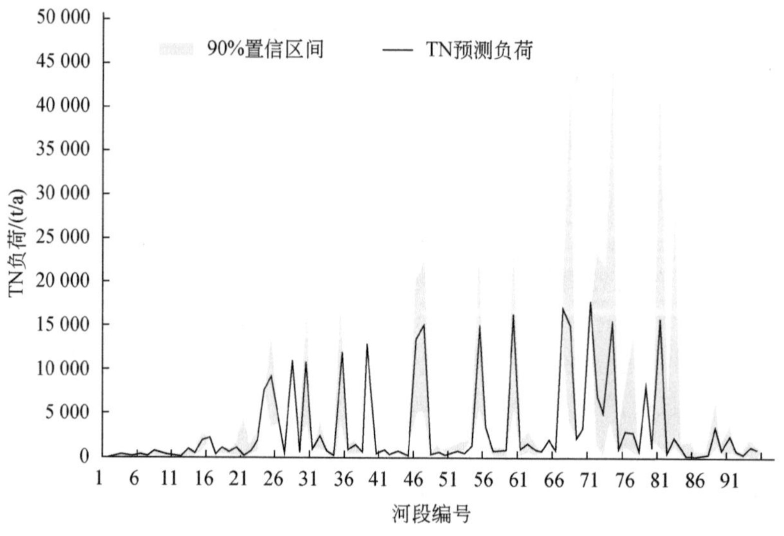

图 7-6 各河段 TN 负荷预测置信区间

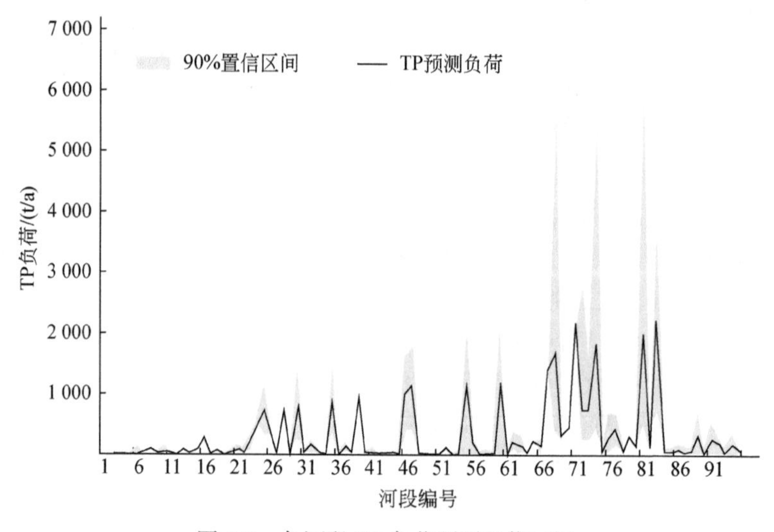

图 7-7 各河段 TP 负荷预测置信区间

7.3 SPARROW 模型应用

7.3.1 模型预测输出

经过调试后，SPARROW 模型可对流域河流水质状况、子流域污染负荷与产率分布、各河段出口上游流域污染负荷与产率分布、污染源来源比例等方面进行分析。

7.3.1.1 河流水质状况分析

对流域河流水质状况进行分析可以全面地了解全流域的水质现状，继而可为流域水环境的管理措施的制订提供一定的支持。图 7-8 与图 7-9 为各河段出口的 TN、TP 预测负荷。

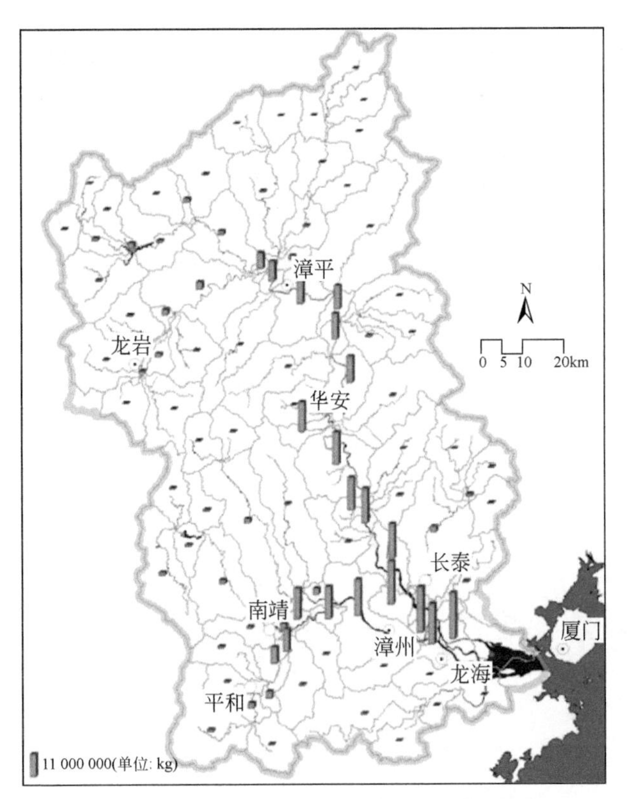

图 7-8 九龙江流域河段出口 TN 负荷预测

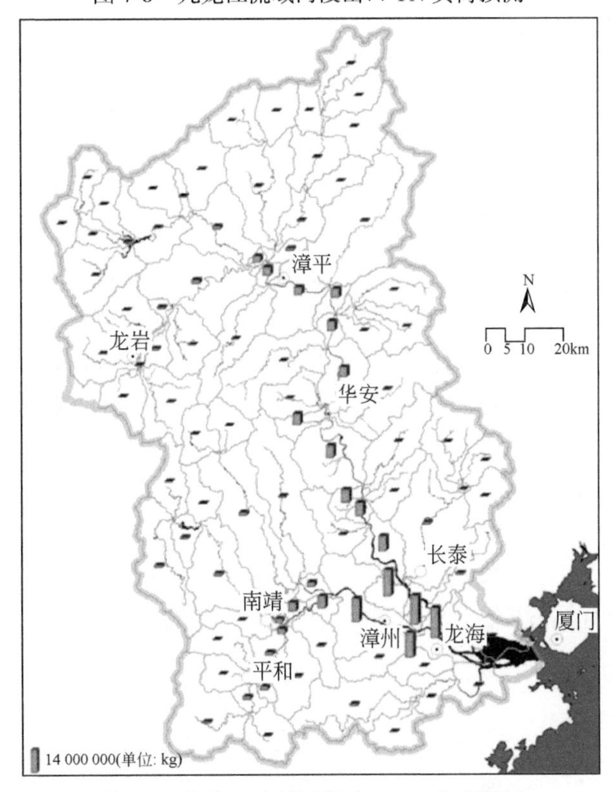

图 7-9 九龙江流域河段出口 TP 负荷预测

TN和 TP 预测负荷在北溪和西溪比其他小流域高，且有沿着河流递增的趋势，源头河段 TN 和 TP 的预测负荷都较小。

图 7-10 和图 7-11 展示的是河段出口的 TN、TP 浓度预测，是根据流量权重（flow-weighted）调整后的浓度。浓度与负荷不同，并没有北溪和西溪的 TN 与 TP 的浓度高于其他小流域的 TN 与 TP 的浓度的趋势。高浓度的 TN 主要分布在龙岩市、平和县、南靖县附近以及龙津溪上游。TP 在西溪流域浓度普遍比北溪的要高。

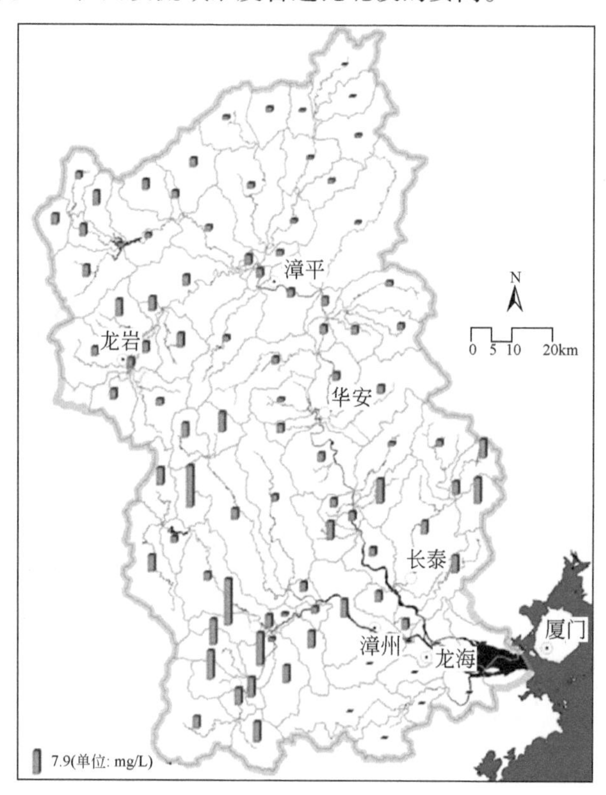

图 7-10　九龙江流域河段出口 TN 浓度预测

图 7-12 和图 7-13 为根据《地表水环境质量标准》（GB 3838—2002）对九龙江全流域水质指标的预测值进行的等级划分情况。图 7-12 中，河段 TN 的水质等级大部分为Ⅴ类和劣Ⅴ类，少数源头流域（漳平东北方，以林地为主）的 TN 水质等级为Ⅰ～Ⅲ类。图 7-13 中，河段 TP 的水质等级大部分为Ⅰ～Ⅲ类，表明 TP 污染程度比 TN 污染程度轻。TP 主要为Ⅴ类和劣Ⅴ类的河段主要分布在平和县、南靖县、龙岩市和漳州市。按照国务院发布的《水污染防治行动计划》（简称《水十条》），全国地表水国控断面水质优良为达到或优于Ⅲ类。九龙江西溪和北溪所有河段中，TN 达到优良的比例为 7%，TP 达到优良的比例为 36%。

7.3.1.2　子流域营养盐负荷分析

在得到全流域各河段水质状况的同时，本研究还分析了在各子流域产生污染物的情况，由图 7-14 和图 7-15 可以直观地看出各个流域所产生的污染物量（子流域增量）。同时按照

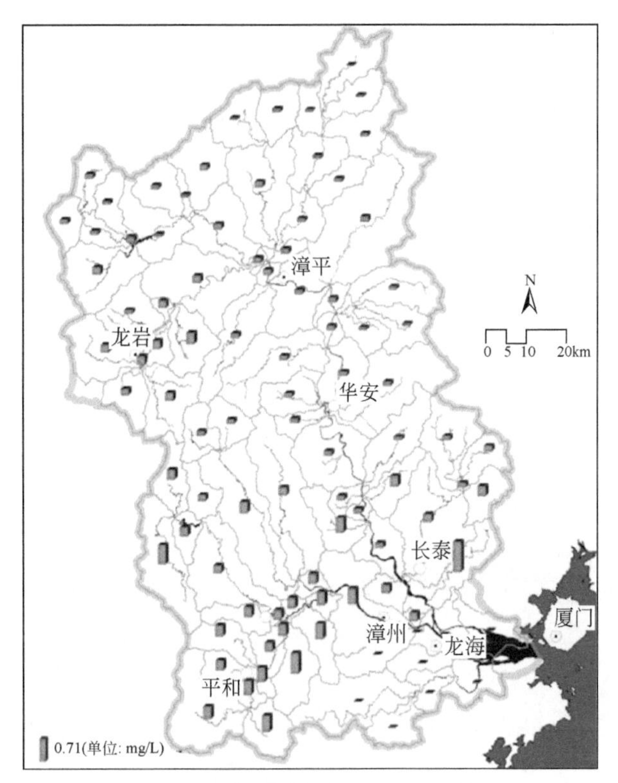

图 7-11 九龙江流域河段出口 TP 浓度预测

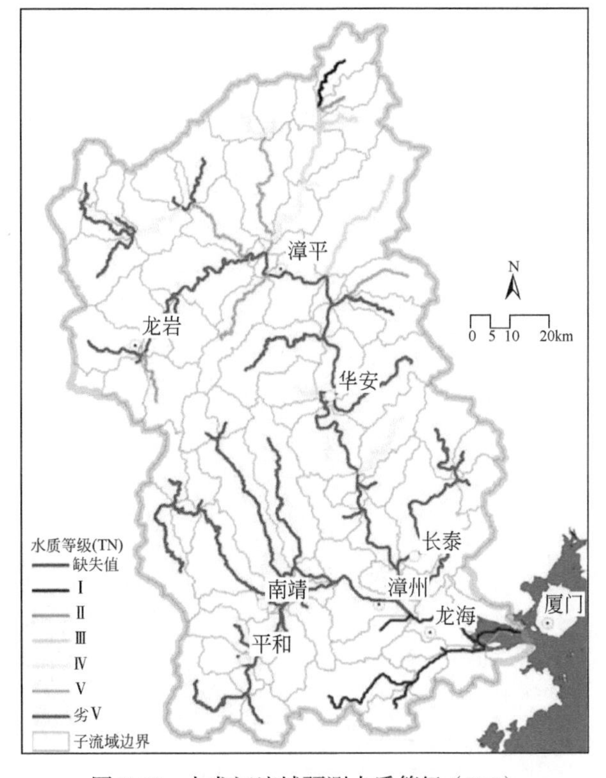

图 7-12 九龙江流域预测水质等级（TN）

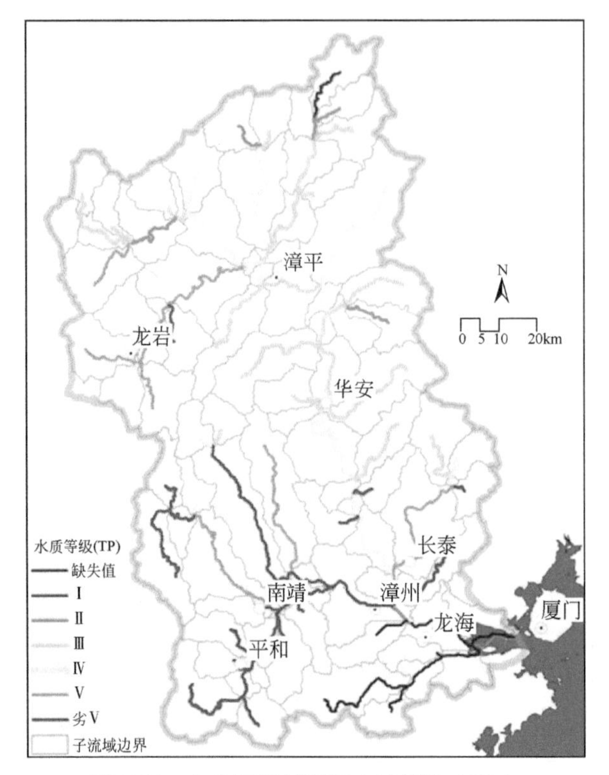

图 7-13　九龙江流域预测水质等级（TP）

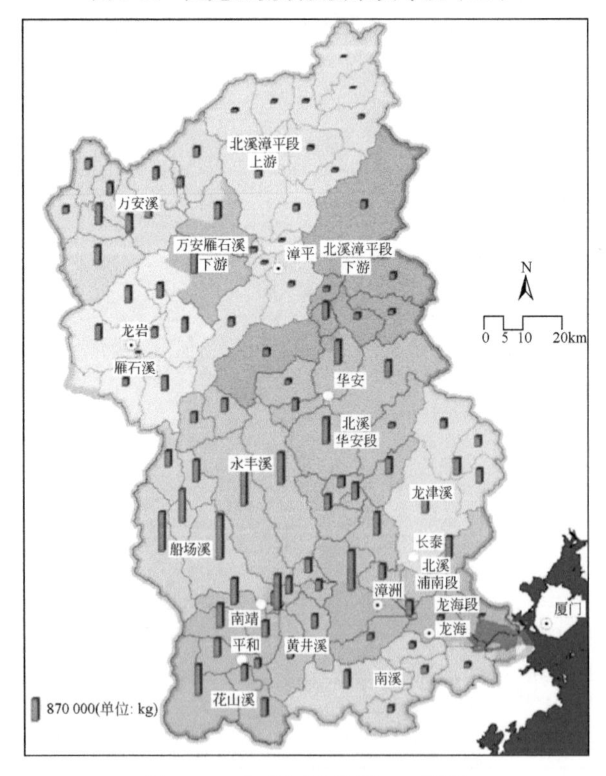

图 7-14　九龙江子流域 TN 增量

省控断面进行流域单元划分与总结，以便有针对性地选择产生污染量大的子流域进行管理。

图 7-14 及图 7-15 所示为 TN 和 TP 在各子流域的增量。可看出漳平段产生氮的污染量较小，北溪万安溪、雁石溪、华安段和西溪的氮污染量较大（表 7-6）。北溪流域的磷污染产生量较大的流域单元有浦南段、华安段、龙津溪和雁石溪。西溪、龙海段和南溪的磷污染物产生量均比北溪的要高（表 7-7）。TN 和 TP 子流域增量的空间分布与其浓度的空间分布类似（图 7-10，图 7-11），说明对子流域增量的分析在一定程度上可以解释各河段水质状况。

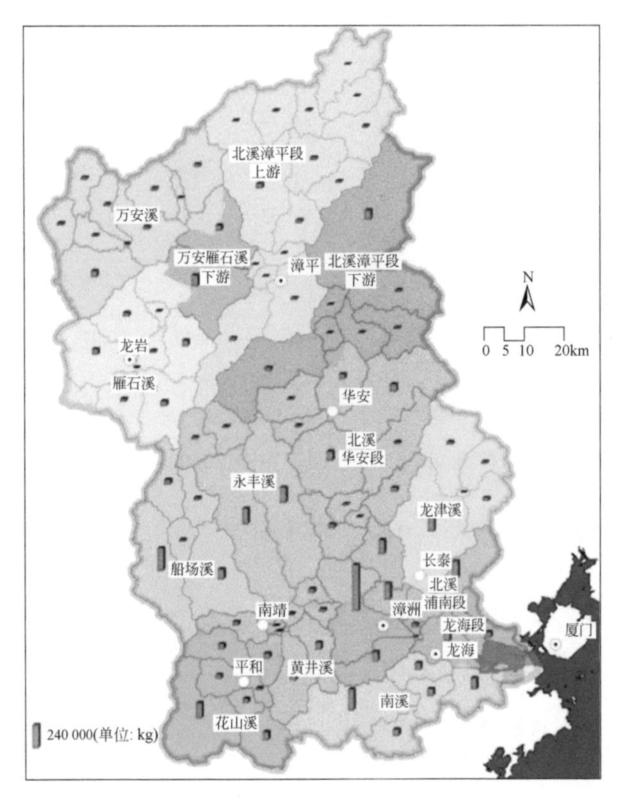

图 7-15 九龙江子流域 TP 增量

表 7-6 各流域单元 TN 污染物来源及产率总结

流域单元		对应行政区	污染物产生量 /（t/a）	生活污水比例 /%	化肥施用比例 /%	畜禽养殖比例 /%	单元产率 /[kg/(hm^2·a)]	污染物浓度贡献 /（mg/L）
北溪	万安溪	龙岩市北部（万安、白沙、江山北部），部分连城、上杭和永安	5226.56	11.81	19.99	68.19	42.76	0.51
	雁石溪	龙岩市南部（龙岩市区、岩山、雁石、江山、小池、龙门、红坊、曹溪、适中）	3556.14	23.16	9.75	67.09	35.05	0.42
	万安溪、雁石溪下游	龙岩市中东部（苏坂、白沙、雁石）	1439.8	35.00	8.26	56.57	23.03	0.04

续表

流域单元		对应行政区	污染物产生量 /（t/a）	生活污水比例 /%	化肥施用比例 /%	畜禽养殖比例 /%	单元产率 /[kg/(hm^2・a)]	污染物浓度贡献 /（mg/L）
北溪	漳平段上游	漳平市西部及北部（双洋、新桥、灵地、南洋、西元、和平、拱桥、永福、芦芝），部分永安、大田	2197.35	18.51	32.36	49.13	9.96	0.07
	漳平段下游	漳平市东部及南部（溪南、象湖、芦芝、永福、官田），部分安溪	2089.63	15.20	35.32	49.49	13.44	0.04
	华安段	华安（湖林、仙都、华丰、良村、金山林场、新圩、沙建、汰口农场、高车），部分安溪	5651.00	6.86	38.75	54.39	35.14	0.06
	龙津溪	长泰中部（枋洋、岩溪、岩溪林场、陈巷、古农农场、武安），部分安溪	2606.24	9.38	41.66	48.97	29.17	0.32
	浦南段	漳州东部（浦南、郭坑、石亭）、龙海北部（龙文）、长泰东南部（陈巷、亭下林场、武安）、华安南部（丰山）	2345.53	49.80	19.03	31.11	54.03	0.02
西溪	永丰溪	南靖东部（龙山、金山、和溪、丰田）、华安西部（高安、马坑）、漳平西南角（永福）、龙岩东南角（适中）	3671.55	9.49	77.41	13.10	33.12	0.37
	船场溪	南靖西部（奎洋、梅林、船场、书洋、南坑）、龙岩南（适中）	6037.79	5.95	87.55	6.51	64.29	0.52
	花山溪	平和（山格、小溪、崎岭、坂仔、国强）	5094.36	7.88	81.63	10.49	58.42	0.44
	文峰黄井溪	平和东部（文峰）、南靖南部（山城、靖城）、漳州（天宝、石亭、建设农场、五凤农场）	5813.75	3.95	92.60	3.45	110.75	0.19
龙海段		龙海中北部（林下林场、九湖、彦厝、龙文、角美、程溪、榜山）、漳州南部（芝山）、南靖东南角（靖城）	2851.80	59.93	19.49	20.58	31.01	—
南溪		龙海中南部（程溪、双第华侨农场、九龙岭林场、东泗、东园、海澄）、漳浦（中西林场、南浦、官浔）	1642.84	39.37	49.08	11.55	21.13	—

注：因南溪及龙海段无流量数据，故未计算其污染物浓度贡献。污染物浓度贡献 = 单元内污染物年负荷 / 单元内河段流量均值。

表 7-7　各流域单元 TP 污染物来源及产率总结

流域单元		对应行政区	污染物产生量 /（t/a）	工业污水比例 /%	化肥施用比例 /%	畜禽养殖比例 /%	单元产率 /[kg/(hm^2・a)]	污染物浓度贡献 /（mg/L）
北溪	万安溪	龙岩市北部（万安、白沙、江山北部），部分连城、上杭和永安	207.55	0.012	25.46	74.53	1.70	0.020
	雁石溪	龙岩市南部（龙岩市区、岩山、雁石、江山、小池、龙门、红坊、曹溪、适中）	246.28	0.013	13.54	86.44	2.43	0.029

续表

流域单元		对应行政区	污染物产生量 / (t/a)	工业污水比例 /%	化肥施用比例 /%	畜禽养殖比例 /%	单元产率 /[kg/ (hm^2·a)]	污染物浓度贡献 / (mg/L)
北溪	万安溪、雁石溪下游	龙岩市中东部(苏坂、白沙、雁石)	168.42	0.012	13.52	86.47	2.69	0.004
	漳平段上游	漳平市西部及北部(双洋、新桥、灵地、南洋、西元、和平、拱桥、永福、芦芝),部分永安、大田	234.36	0.005	42.21	57.78	1.06	0.007
	漳平段下游	漳平市东部及南部(溪南、象湖、芦芝、永福、官田),部分安溪	173.74	0.28	48.04	51.68	1.12	0.003
	华安段	华安(湖林、仙都、华丰、良村、金山林场、新圩、沙建、汰口农场、高车),部分安溪	371.33	5.37	76.39	18.23	2.31	0.004
	龙津溪	长泰中部(枋洋、岩溪、岩溪林场、陈巷、古农农场、武安),部分安溪	262.63	19.51	53.12	27.37	2.94	0.033
	浦南段	漳州东部(浦南、郭坑、石亭)、龙海北部(龙文)、长泰东南部(陈巷、亭下林场、武安)、华安南部(丰山)	488.44	48.40	19.44	32.16	11.25	0.003
西溪	永丰溪	南靖东部(龙山、金山、和溪、丰田)、华安西部(高安、马坑)、漳平西南角(永福)、龙岩东南角(适中)	358.31	10.49	48.91	40.60	3.23	0.036
	船场溪	南靖西部(奎洋、梅林、船场、书洋、南坑)、龙岩南(适中)	419.84	9.62	40.63	49.75	4.47	0.036
	花山溪	平和(山格、小溪、崎岭、坂仔、国强)	455.92	3.77	86.74	9.49	5.23	0.039
	文峰黄井溪	平和东部(文峰)、南靖南部(山城、靖城)、漳州(天宝、石亭、建设农场、五凤农场)	333.46	8.37	65.46	26.17	6.35	0.011
龙海段		龙海中北部(林下林场、九湖、彦厝、龙文、角美、程溪、榜山)、漳州南部(芝山)、南靖东南角(靖城)	889.20	40.30	35.22	24.48	9.67	—
南溪		龙海中南部(程溪、双第华侨农场、九龙岭林场、东泗、东园、海澄)、漳浦(中西林场、南浦、官浔)	551.03	21.55	60.90	17.55	7.09	—

7.3.1.3 流域污染物产率分析

流域污染物的产生与发生在流域土地上的人类活动强度及相应土地面积相关。在关注污染物产生总量的同时，也要注意污染物产率。流域污染物产率是指单位流域面积产生的污染物负荷，对流域污染产率的分析有助于鉴别面积小但污染源产率高的关键污染区域。

图 7-16 和图 7-17 为九龙江各子流域氮污染物产率及各河段出口上游流域的氮污染物产

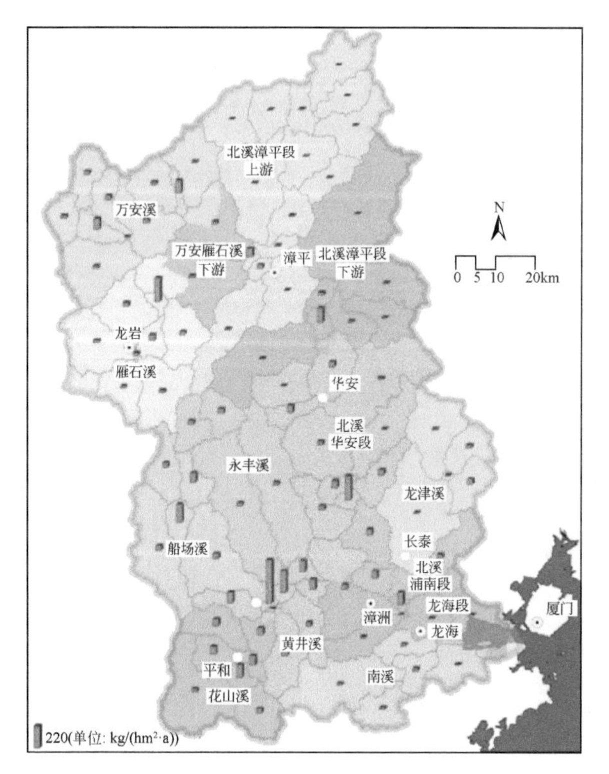

图 7-16　九龙江子流域 TN 产率

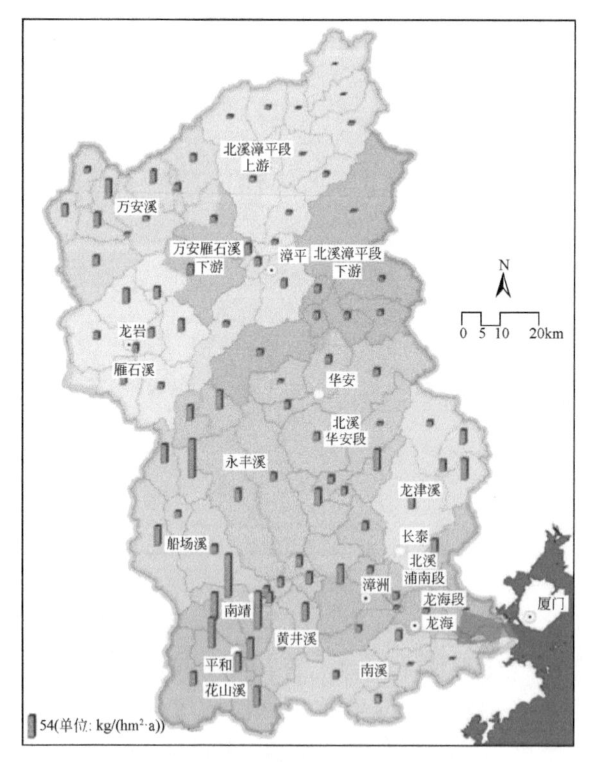

图 7-17　九龙江各河段出口上游的 TN 产率

率。图 7-18 和图 7-19 为九龙江各子流域磷污染物产率及各河段出口上游流域的磷污染物产率。北溪流域中，TN 产率较高的单元有浦南段、华安段、万安溪和雁石溪，漳平段上游虽然氮污染产生量不是最低，但产率最低；西溪、南溪的 TN 产率均比北溪的要高（表 7-6）。北溪流域中，TP 产率较高的单元有浦南段、龙津溪、万安、雁石溪下游以及雁石溪。漳平段上游虽然 TP 产生量不是最低，但其产率最低。西溪、南溪及龙海段 TP 产率普遍比北溪高，花山溪及其下游文峰黄井溪 TP 产率较高（表 7-7）。

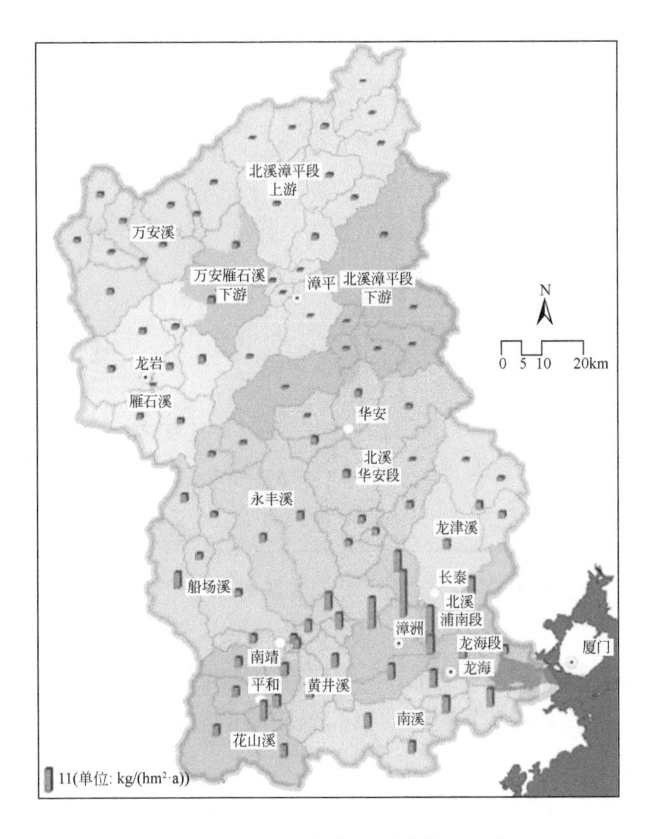

图 7-18　九龙江子流域 TP 产率

7.3.1.4　污染物浓度贡献分析及关键污染区鉴别

污染物浓度不仅与负荷量有关，而且与河道流量有着密切的关系。不管污染物负荷或产率多高，若河段流量足够大，污染物进入河流后对水中污染物浓度的影响可能都不明显。我国《地表水环境质量标准（GB 3838—2002）》中以浓度为度量指标，因此本研究提出“污染物浓度贡献”指标，其为流域单元内污染负荷产生量与河段流量均值的商，用以表示在流量及其他条件不变的情况下，所研究单元的污染物进入河流后对水体污染加重的情况，以便更加合理地判定关键污染区（表 7-6，表 7-7）。

如表 7-6 所示，北溪中对 TN 浓度贡献较高的单元有万安溪、雁石溪和龙津溪。虽然华安段、浦南段的 TN 产量和产率均较高，但由于流量较大，其 TN 浓度贡献较小。由于雁石

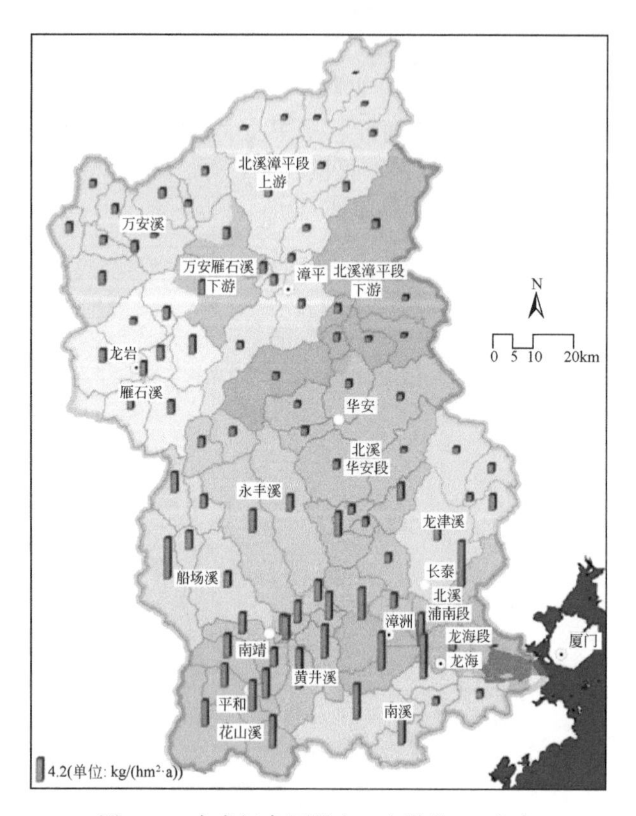

图 7-19 九龙江各河段出口上游的 TP 产率

溪和万安溪的 TN 产量和产率在北溪中较高，本研究判定其为北溪 TN 的关键污染区。西溪 TN 浓度贡献比北溪高，其中 TN 产生量和产率同时较高的有花山溪和船场溪，因此本研究判定其为西溪 TN 的关键污染区。

如表 7-7 所示，北溪中对 TP 浓度贡献较高的单元有龙津溪、雁石溪和万安溪。浦南段、华安段 TP 产量和产率均较高，但可能由于流量较大，TP 浓度贡献值较低。西溪中 TP 浓度贡献（除文峰黄井溪外）普遍比北溪的大，其中花山溪的 TP 浓度贡献值最高，且 TP 产生量和产率均较高。船场溪和永丰溪的 TP 产生量、产率和 TP 浓度贡献值均次之。文峰黄井溪虽然 TP 产率最高，但其 TP 浓度贡献值最低。因此九龙江北溪和西溪的 TP 的关键污染区为雁石溪、万安溪和花山溪。

7.3.1.5 流域污染源解析

流域污染源解析有助于分析各个流域的主要污染物，从而找到其中影响水质的主要污染源。图 7-20 与图 7-21 为 TN 的河段出口处所有污染物来源比例和子流域污染源产生的比例情况，图 7-22 和图 7-23 为 TP 的河段出口处所有污染物来源比例和子流域污染源产生的比例情况。

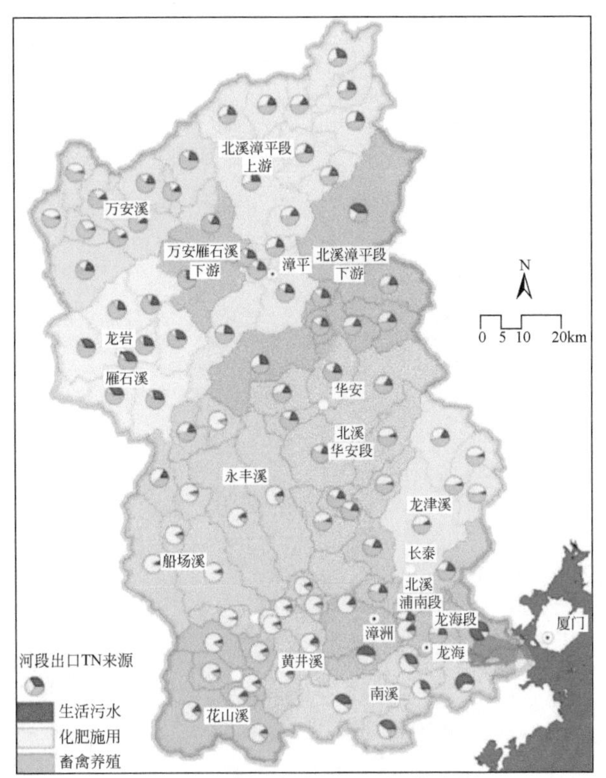

图 7-20 各河段出口 TN 污染来源

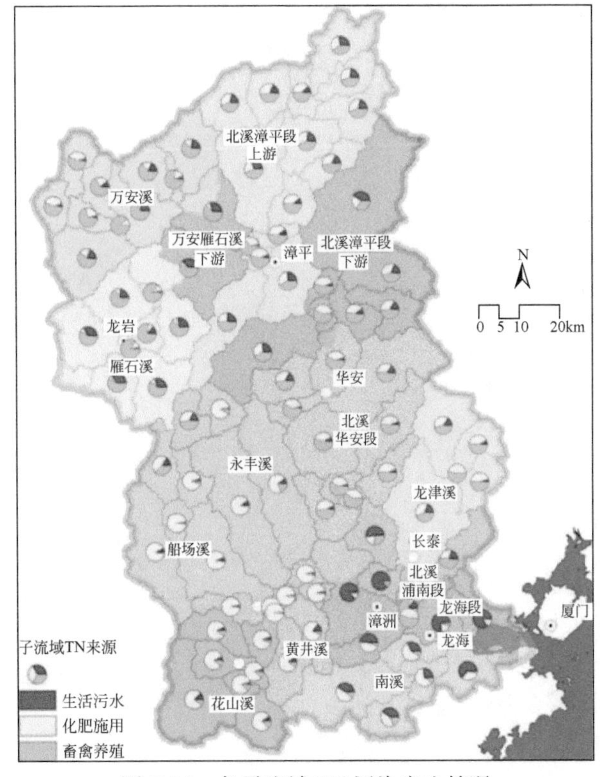

图 7-21 各子流域 TN 污染产生情况

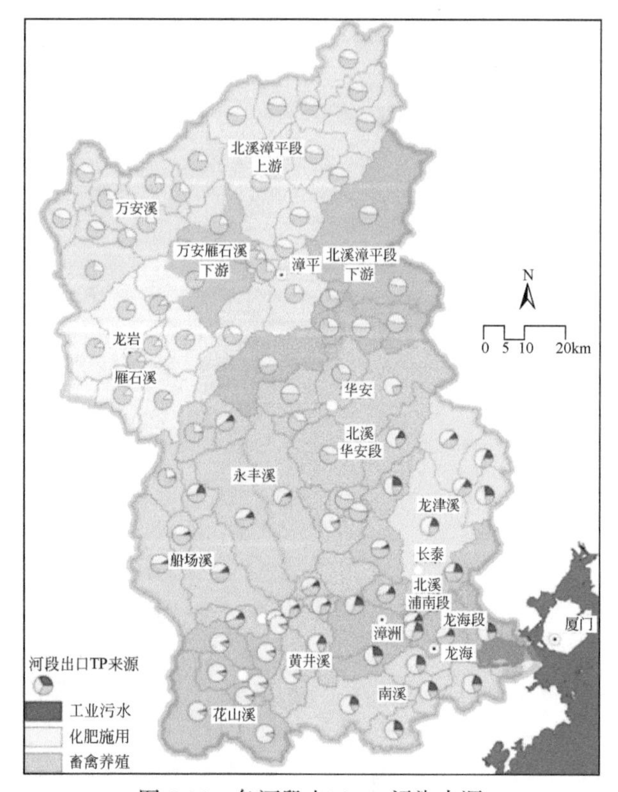

图 7-22　各河段出口 TP 污染来源

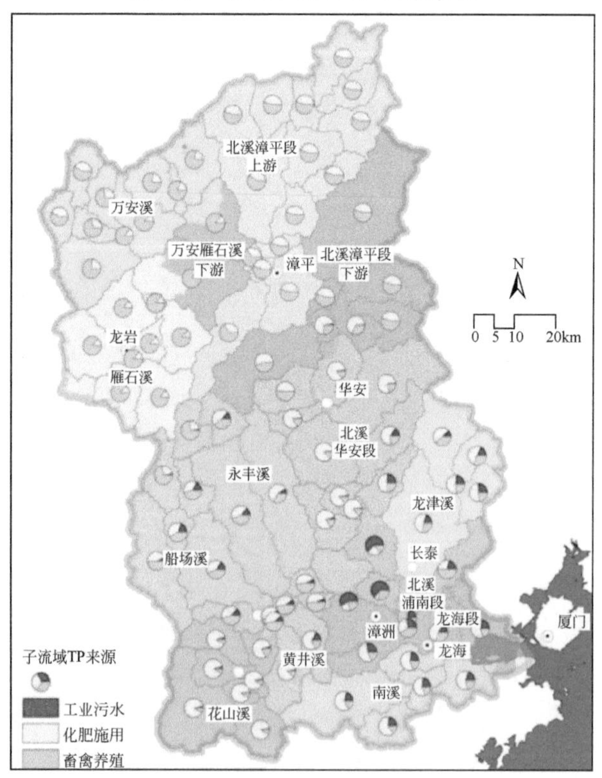

图 7-23　各子流域 TP 污染产生情况

对九龙江流域 TN 的污染源而言，生活污水所占比例的平均值为 21%，畜禽养殖所占比例的平均值为 35%，化肥施用所占比例的平均值为 44%。如表 7-6 所示，在九龙江北溪流域，除了浦南段主要 TN 污染来源为生活污水外，其他流域单元主要来自畜禽养殖；生活污水在雁石溪，万安溪、雁石溪下游和浦南段所占比例较大；畜禽养殖比例在万安溪，雁石溪，万安溪、雁石溪下游与化肥施用所占比例相差较大，其他流域单元畜禽养殖与化肥施用二者比例相近。在九龙江西溪流域，化肥施用占 TN 污染来源的绝大比例。龙海段的生活污水是主要的 TN 污染源，南溪化肥施用和生活污水共同成为 TN 的主要来源。

对九龙江流域 TP 污染源而言，工业污水所占比例的平均值为 11.9%，畜禽养殖所占比例的平均值为 43.1%，化肥施用所占比例的平均值为 45.0%。如表 7-7 所示，北溪流域中，万安溪，雁石溪和万安溪、雁石溪下游主要 TP 来源为畜禽养殖，其次为化肥施用，工业污水所占比例非常小。北溪漳平段上游和下游畜禽养殖稍大于化肥施用的比例，且二者成为 TP 污染的主要来源。北溪华安段 TP 污染主要来自化肥施用。龙津溪和浦南段的工业污水比例较高，并且浦南段 TP 污染主要来自工业污水。永丰溪和船场溪化肥施用和畜禽养殖对 TP 污染的贡献相似，并且工业污水所占比例与化肥施用和畜禽养殖比例相差较大。化肥施用是花山溪主要的 TP 污染源。龙海段 TP 污染源按比例大小依次为工业污水、化肥施用和畜禽养殖。南溪的化肥施用是其主要的 TP 污染源，其次是工业污水和畜禽养殖。

7.3.2 污染物河段传输

本研究分析了由各河段出口输出并输送至江东库区和上坂断面的负荷比例。由图 7-24

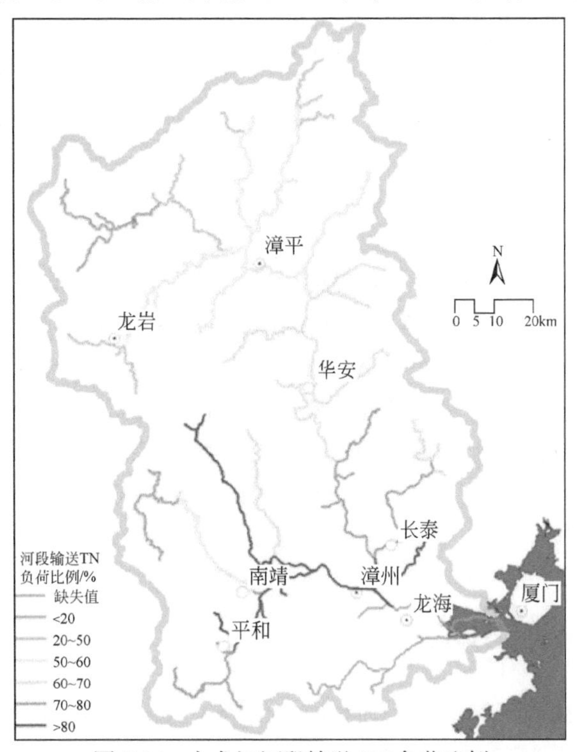

图 7-24 九龙江河段输送 TN 负荷比例

和图 7-25 可看出，河段距离目标河段越远，输送至目标河段的负荷比例越小。自然界中，氮主要以溶解态形式存在，磷主要以吸附态形式存在。随着在河流中的输送，理论上将有更多的磷随着颗粒物沉降而滞留在河道内，因此磷向下游输送的比例要比氮小。然而本研究发现九龙江河段的 TN 输送负荷比例较 TP 的小（图 7-24，图 7-25）。这种现象在模型参数方面与 SPARROW-TP 的河道衰减系数为负值有关。

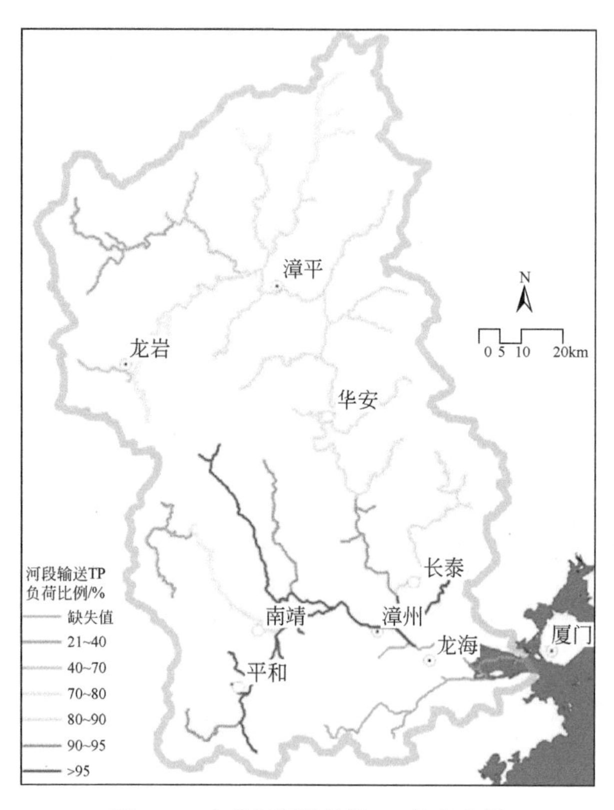

图 7-25　九龙江河段输送 TP 负荷比例

九龙江河道内挖沙以及河流沿岸的建设活动，可能导致了河道内底泥的再悬浮和河岸侵蚀，成为河流中磷的另一重要来源。而 SPARROW-TP 模型中并未单独对该来源进行考虑，模型结果中将此来源的负荷量纳入河流输送量，得到了较大的河流 TP 输送比例。另外，虽然九龙江流域大坝数量众多，但很多研究者一致认为大坝只改变年内（如季节性）而不是年际的流量变化（Huang et al.，2013b），对 TP 年际负荷变化影响可能较弱。SPARROW 模型中使用的数据以年为时间步长，这在某种程度上也解释了河段输送 TP 负荷比例较高这一现象。

7.3.3　污染源控制情景分析

本研究根据 SPARROW 模型的原理，使用编程语言，进行模块编写，用于污染源管理的情景分析，为相关管理策略的制订提供基础支持。

国务院2015年4月发布《国务院关于印发水污染防治行动计划的通知》，其中要求“狠抓工业污染防治”“强化城镇生活污染治理”“推进农业农村污染防治”“保障饮用水水源安全”等。提出“主要指标：到2020年，长江、黄河、珠江、松花江、淮河、海河、辽河等七大重点流域水质优良（达到或优于Ⅲ类）比例总体达到70%以上。”“到2030年，全国七大重点流域水质优良比例总体达到75%以上，城市建成区黑臭水体总体得到消除，城市集中式饮用水水源水质达到或优于Ⅲ类比例总体为95%左右。”“按照国家新型城镇化规划要求，到2020年，全国所有县城和重点镇具备污水收集处理能力，县城、城市污水处理率分别达到85%、95%左右。”“到2020年，测土配方施肥技术推广覆盖率达到90%以上，化肥利用率提高到40%以上，农作物病虫害统防统治覆盖率达到40%以上”。

环境保护部2016年6月20日印发了《关于发布“十三五”期间水质需改善控制单元信息清单的公告》，根据2014年考核断面水质年均值数据，汇总整理了“十三五”期间水质需改善控制单元信息清单。其中九龙江流域主要有两个控制单元：①漳州市上坂控制单元在2020年的水质目标为Ⅲ类，控制范围为龙海市、漳州市龙文区和芗城区；②南溪漳州市控制单元，控制断面为南溪浮宫桥，水质目标为在2020年达到Ⅲ类，控制范围为龙海市和漳浦县。

根据上述要求和九龙江实际情况，本研究进行了如下的情景分析。因南溪缺乏流量数据，以下情景中的水质数据仅针对北溪和西溪的河段。

情景一：统一控制污染源，使水质优良比例达到70%

该情景下，统一设定SPARROW-TN模型和SPARROW-TP模型中所有污染源的削减比例，以达到2020年水质优良的河段比例占70%以上的目标。由图7-26和图7-27中可看出，以2014年污染量为基数，需分别至少削减80%和50%的氮、磷污染，才能使得TN和TP指标优良比例达到70%以上。若按时间平均分配削减任务，每年需削减相当于2014年13.3%的氮和8.3%的磷污染。

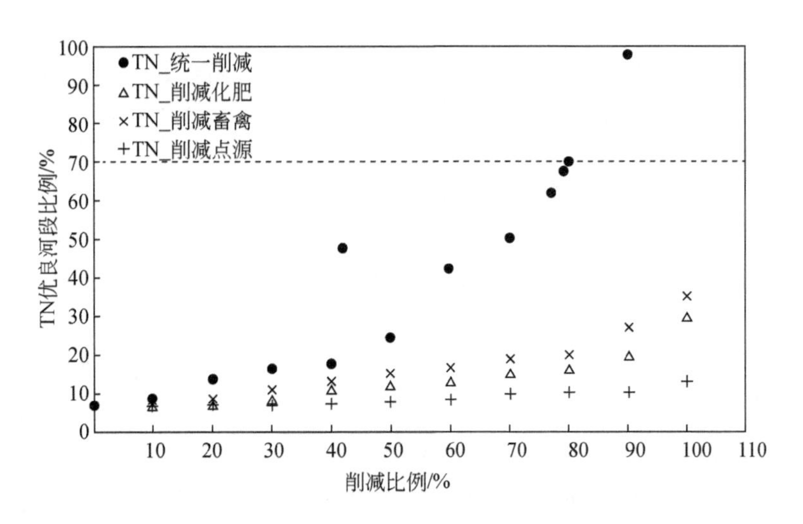

图7-26 TN优良河段比例与污染源削减关系图

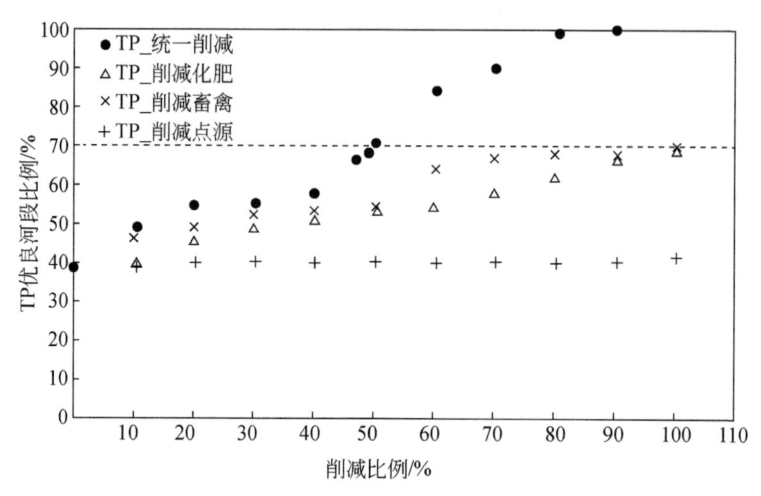

图 7-27　TP 优良河段比例与污染源削减关系图

情景二：单独控制某类污染源

该情景下，分别设置对氮、磷污染源单一的控制，探索不同等级的全流域范围内统一的削减比例条件下，水质优良的河段比例。图 7-26 中，在削减比例为 10% 以下，削减生活污水、化肥施用和畜禽养殖产生的氮污染对河流中 TN 优良河段比例的提升作用相近。在削减比例为 10% 以上时，提高相同的削减比例，削减畜禽养殖、化肥施用和生活污水对提升河流中 TN 优良比例的效果依次减弱。若单独削减所有的畜禽养殖、化肥施用和生活污水带来的氮污染，TN 达到优良的河段比例由 7% 分别逐渐上升为 35%、30% 和 13%。图 7-27 中，削减相同比例的畜禽养殖比化肥施用有着更好地提升 TP 优良比例的效果。若单独将畜禽养殖、化肥施用和工业污水全部削减，TP 达到优良的河段比例由 36% 分别逐渐上升为 67%、69% 和 38%。分别削减全部的畜禽养殖或化肥施用都能使 TP 逐渐趋于 70% 的优良状态。工业污水点源污水的削减对水质提升作用不明显，这与点源污染相比其他两种污染源对其影响较轻有关。若按照《水污染防治行动计划》，污水处理率达到 87%~95% 时，TN 优良河段比例由 7% 提高约 3.5 个百分点，达到 10.5%，TP 优良河段比例由 36% 提高约 1 个百分点，达到 37%。

因此，对于 TN，单独控制某一污染源很难达到《水污染防治行动计划》中所提到的 70% 优良状态。对于 TP，虽然单独削减全部的化肥施用或畜禽养殖能够使水质趋于 70% 的优良状态，但实际操作中综合控制各污染源可行性更高。

情景三：综合控制主要污染源

畜禽养殖和化肥施用占氮、磷污染源比例绝大部分（表 7-6，表 7-7），并且控制畜禽养殖和化肥施用对流域水质优良程度提升效果较好（图 7-26，图 7-27）。因此本研究设计了综合控制二者的情景，以寻找削减最少而达到最大的水质提升效果。如图 7-28 所示，对于 TN 污染源，在保持生活污水不变的前提下，若化肥施用削减小于 90%，无论畜禽养殖削减量为多少，均不能使 TN 优良河段比例达到 70%；若畜禽养殖削减量小于 65%，无论化肥施用削减量为多少，均不能使 TN 优良河段比例达到 70%。根据分析，为达到 TN 优良河段比例为 70% 且削减力度最小，较为优化的削减策略为：削减 90%~95% 由化肥施用和 85% 由畜禽养殖带来的氮污染。对于 TP，在保持工业污水来源不变的前提下，单独削减其中之一均能使 TP 优良河段比例趋于 70%。但达到 TP 优良河段比例为 70% 且削减力度最小的优化策略为：削减 57%~60% 化肥施用和约 50% 畜禽养殖带来的磷污染。

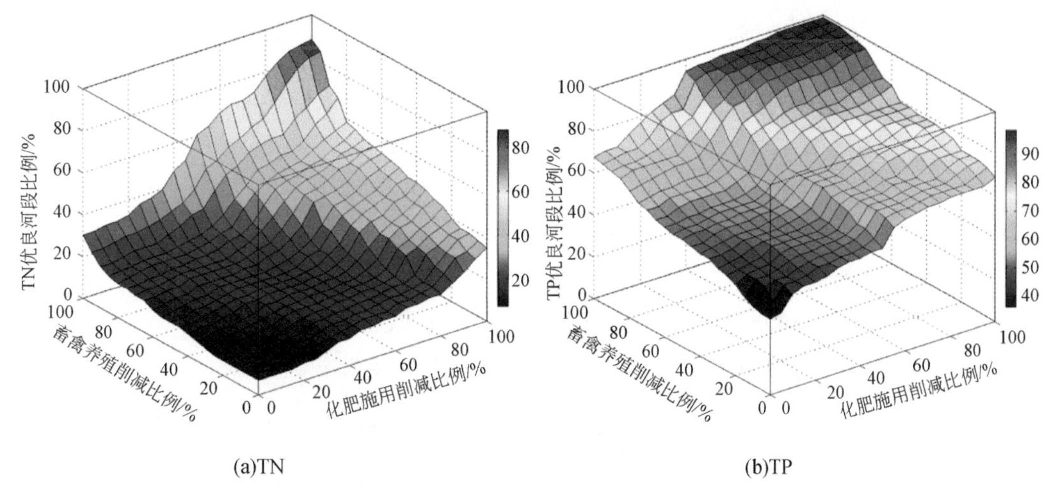

图 7-28 综合控制畜禽养殖与化肥施用情景下 TN 和 TP 达到优良的河段比例

情景四：关键污染区污染源削减

因污染源空间分布的差异性，针对不同区域（特别是关键污染区）进行相对应的污染源管理是更加合理的方式。本情景选取污染物产率较高，且对河流中污染物浓度贡献度高的关键污染区花山溪和雁石溪（表 7-6，表 7-7），探究对其进行污染源控制下各支流及下游出口水质改善状况。

花山溪流经平和县，果树种植等农业带来的化肥施用是花山溪流域的氮、磷的重要污染源。参考《水污染防治行动计划》，削减 40% 的花山溪化肥施用所带来的 TN 污染，探究其对花山溪各支流以及西溪出口处 TN 和 TP 浓度的影响。如图 7-29 所示，该情景下，花山溪各支流的 TN 浓度比削减前降低了 29%~33%，TP 浓度比削减前降低了 33%~36%；

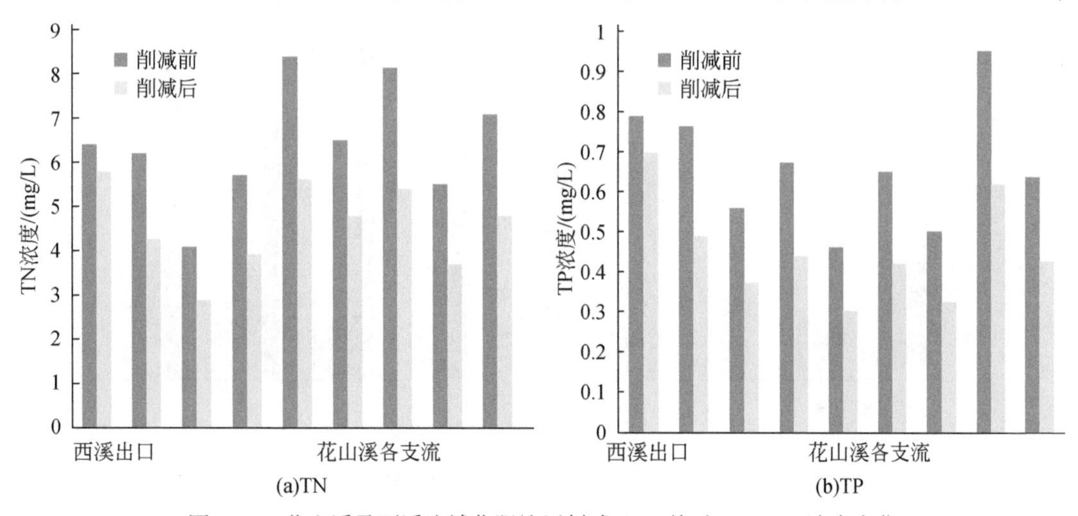

图 7-29 花山溪及西溪流域化肥施用削减 40% 前后 TN、TP 浓度变化

西溪出口处的 TN 浓度降低约 9%，TP 浓度降低约 11%。该情景分析结果说明了对关键污染区进行污染源控制能有效提升污染源区及下游河流的水质。

雁石溪流经龙岩市区，生活污水与畜禽养殖对水体中 TN 的浓度贡献较高（表 7-6）。TP 来源中畜禽养殖比例最高，为 84.44%（表 7-7）。参考《水污染防治行动计划》，分别削减 85%、95% 由生活污水带来的 TN 污染，得到万安溪、雁石溪下游出口和雁石溪各支流 TN 浓度降低 17%~29% 和 17%~33%（图 7-30），但 TN 浓度仍高于Ⅲ类标准的上限。因此在削减 85%、95% 由生活污水带来的 TN 污染的基础上，对畜禽养殖带来的 TN 污染进行削减（图 7-31）。当削减比例达到 70% 时，九条河段中开始出现 TN 优良的河段；削减比例到 90% 时，雁石溪支流均满足 TN 优良状态，但万安溪、雁石溪下游出口依然未达到 TN 优良状态，应继续削减其他区域的污染源。削减雁石溪的主要 TP 污染源（畜禽养殖）情景中（图 7-32），当削减 75% 的畜禽养殖带来的 TP 污染时，所研究河段 TP 均达到优良状态。

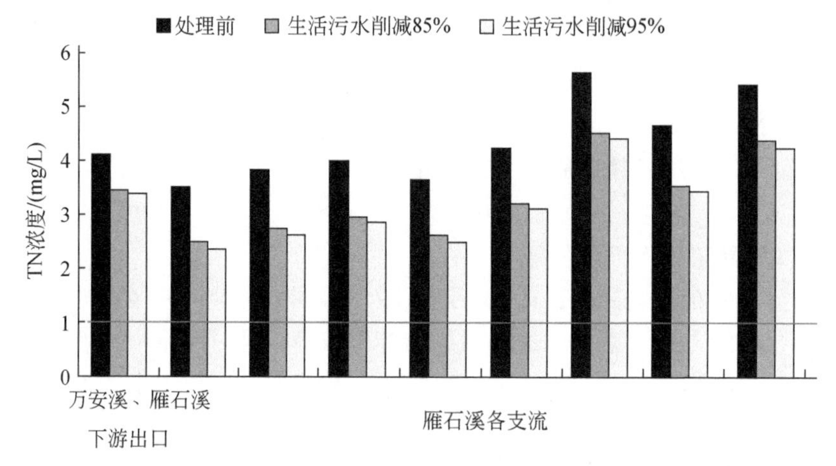

图 7-30　雁石溪生活污水消减前后 TN 浓度变化

横线代表 TN 的Ⅲ类标准上限

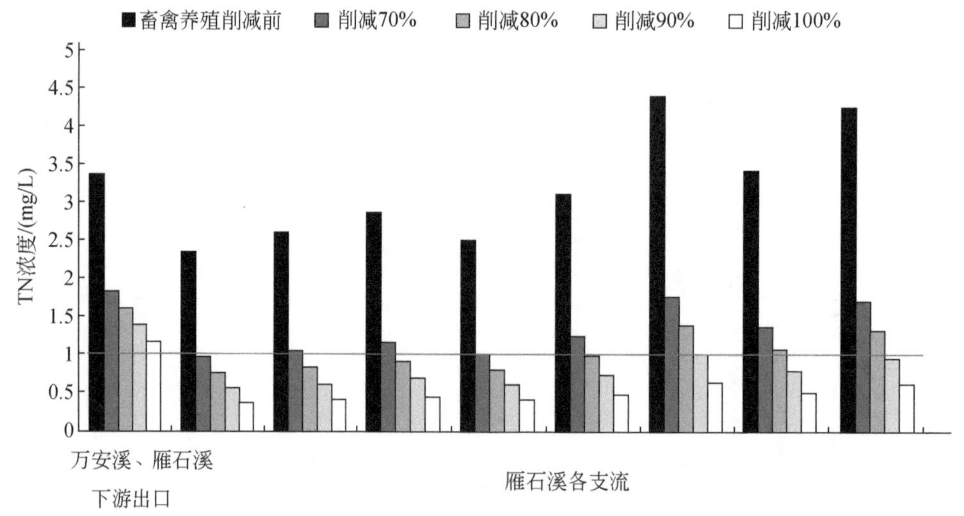

图 7-31　雁石溪生活污水削减比例为 95% 前提下削减畜禽养殖前后 TN 浓度变化

横线代表 TN 的Ⅲ类标准上限

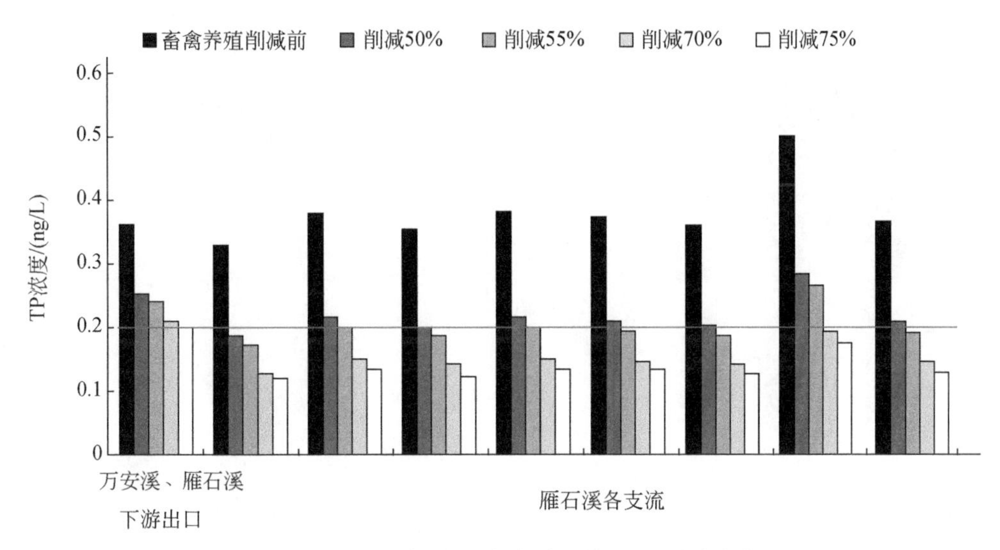

图 7-32　雁石溪下削减畜禽养殖前后 TP 浓度变化

横线代表 TP 的Ⅲ类标准上限

情景五："十三五"期间水质控制单元 – 九龙江上坂的污染物控制

"十三五"期间水质需改善控制单元信息清单中漳州市上坂控制单元的控制范围为龙海市、漳州市龙文区和芗城区。本情景对西溪流域内与控制范围有重叠的子流域进行污染源控制，探究在该情景下上坂控制断面的水质改善情况。因 SPARROW 模型以河段整体为研究对象，SPARROW 模型不能模拟河段中间值，本研究将与上坂断面较近的西溪出口代表上坂断面水质。

上坂控制单元主要分布在龙海段，主要的氮、磷污染源分别为生活污水和工业污水，化肥施用和畜禽养殖对水体污染物的浓度贡献次之且相近（表 7-6，表 7-7）。对于 TN，首先按照《水污染防治行动计划》中，分别削减上坂控制范围内 85% 和 95% 由生活污水带来的 TN 污染，上坂断面 TN 浓度由 6.42mg/L 分别减小为 5.96mg/L 和 5.60mg/L，分别降低了 7.17% 和 12.77%，但仍未达到Ⅲ类的标准。因此仅仅对控制范围进行污染物削减很难使得上坂断面 TN 达到Ⅲ类。因上坂控制单元上游的花山溪、龙山溪和永丰溪中化肥施用量大，本研究在削减 95% 生活污水带来的 TN 污染的基础上，参考《水污染防治行动计划》，削减上坂断面上游所有区域 40% 的化肥施用，得到 TN 浓度为 3.56mg/L，降低了 44.55%，但依然达不到Ⅲ类的要求。因此考虑在削减 95% 生活污水带来的 TN 污染的基础上综合控制化肥施用和畜禽养殖，以达到削减力度最小但上坂断面 TN 达到Ⅲ类的要求。经分析发现，使得上坂断面 TN 达到Ⅲ类的最优策略为，削减相当于 95% 的 2014 年生活污水产生的 TN 污染前提下，削减 85% 由化肥施用和约 50% 由畜禽养殖带来的 TN 污染（图 7-33）。

对于上坂断面的 TP，当分别削减上坂控制范围内 85% 和 95% 由工业废水带来的 TP 污染时，TP 浓度由 0.79mg/L 分别减小至 0.69mg/L 和 0.68mg/L，分别降低了 12.66% 和 13.92%，但仍未达到Ⅲ类的标准。与 TN 相似，对上坂断面以上流域进行污染源控制，在控制工业污水的同时，综合削减畜禽养殖和化肥施用带来的 TP 污染。结果发现使得上坂断面 TP 达到Ⅲ类的最优策略为，在削减 95% 的由工业污水带来的 TP 污染前提下，削减 20%

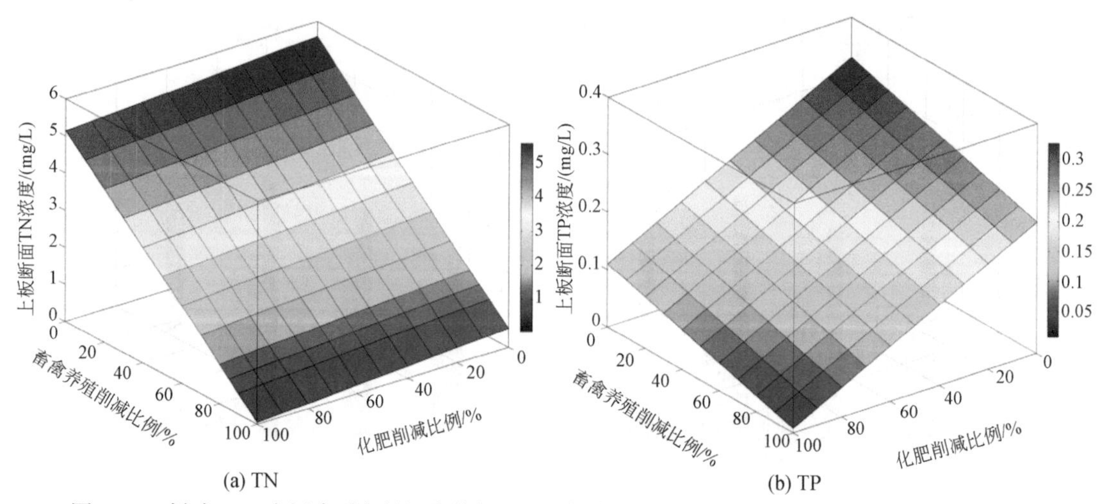

(a) TN (b) TP

图 7-33 削减 95% 由污水引起的污染前提下，上坂断面水质与畜禽养殖、化肥施用削减关系图

由化肥施用和 50% 由畜禽养殖带来的 TP 污染。该情景的结果说明对单一的控制单元范围进行污染源控制，在某些情况下可能达不到预期的效果，综合控制上游污染源是一种可行的方法。

7.4 管理启示

污染源解析是河流水质管理的基础与前提，也是土地利用与水质关系研究的目的之一。直接使用具体的土地利用活动引起的污染物数据分析其与水质的关系，比使用土地利用面积比例作为指标能提供给管理者更具体的需要控制的污染源。情景分析结果表明，在九龙江流域单独控制某一污染源，较难达到《水污染防治行动计划》中所提到的 70% 优良状态，综合控制主要污染源（化肥施用和畜禽养殖）的可行性更高。由于污染源分布具有空间差异性，管理策略的制订要针对不同地区（特别是关键污染区）的污染情况，建立区域污染物排放总量控制约束性指标体系，对各类污染源进行综合控制。仅仅对单一的控制单元范围进行污染源管理，在某些情况下可能达不到预期的效果，综合管理控制断面上游所有区域的污染源是一个可替代的解决方法。

在西溪流域，特别是平和县和南靖县附近，对河流氮、磷的管理首先应着重控制化肥施用的总量或提高化肥利用效率。对于北溪流域河流中的磷，华安以北的区域应着重管理畜禽养殖带来的污染物；华安至漳州市区区域，应着重管理化肥施用带来的污染物；漳州市区及更南部分，在控制化肥施用和畜禽养殖的同时，工业污水的排放控制也是非常重要的部分。在污染源排放总量控制的同时，通过改变土地景观、设立污水处理厂等方式改变污染物向河流输送的负荷比例也是提升水质的重要方法。

7.5 本章小结

通过构建九龙江流域 SPARROW-TN 模型和 SPARROW-TP 模型，预测全流域河段的

TN、TP 负荷及浓度状况；分析各子流域的污染物产生量、比例、产率及污染物浓度贡献，河段出口以上的污染物产生量、比例及产率；探索不同污染源控制情景下水质的改善情况。

结果表明，九龙江流域 SPARROW-TN 模型及 SPARROW-TP 模型有着较好的调试结果：R^2 分别为 0.95 和 0.94，均方误差分别为 0.14 和 0.15。九龙江流域 TN 和 TP 的负荷、产率及污染源有着空间差异性。TN 和 TP 负荷在北溪和西溪干流比支流高，且有沿着河流递增的趋势。具有较高浓度 TN 的河段主要分布在龙岩市、平和县、南靖县附近以及龙津溪上游，西溪流域的 TP 浓度普遍比北溪的要高。西溪和北溪所有河段中，TN 达到优良的比例为 7%，TP 达到优良的比例为 36%。西溪 TN 和 TP 污染物产率普遍比北溪高，子流域 TN 产率随着河流方向的增长趋势不明显，子流域 TP 产率沿着溪流方向子流域的产率保持持续较高的状态。综合考虑污染物的产生量、产率以及污染物浓度贡献，九龙江流域 TN 的关键污染区为雁石溪、万安溪、花山溪和船场溪；TP 的关键污染区为雁石溪、万安溪和花山溪。

九龙江流域氮污染源主要为化肥施用（44%）、畜禽养殖（35%）和生活污水（21%），磷污染主要来源为化肥施用（45.0%）、畜禽养殖（43.1%）和工业污水（11.9%）。各污染源在空间上具有差异性，这种差异性是造成土地利用与水质关系的时空差异性的原因之一。西溪流域的主要污染来源于果树种植而施用的化肥，其次为畜禽养殖，污水（生活污水或工业污水）的排放占的比例最小。龙岩市区、漳州市区、龙海市等区域的子流域中，因人口密度或工业活动强度较大，污水（生活污水或工业污水）在污染源中占据了较大比例。在流域东北部分的漳州段上游为自然流域，有着较好的水质。

根据《水污染防治行动计划》制订的污染源削减情景分析中，以到 2020 年水质优良的河段比例占 70% 以上为目标，如果统一削减流域内污染物，分别需要至少削减相当于 2014 年污染源量 80% 和 50% 的氮和磷污染量。若按时间平均分配削减任务，每年需分别削减相当于 2014 年氮和磷污染量的 13.3% 和 8.3%。在单独削减畜禽养殖、化肥施用和生活污水的情景下，TN 达到优良的河段比例由 7% 逐渐分别上升为 35%、30% 和 13%。若单独将畜禽养殖、化肥施用和工业污水削减，TP达到优良的河段比例由 36% 逐渐分别上升为 67%、69% 和 38%。管理者由于各污染源空间分布的差异性，针对不同污染源采取不同控制强度的管理措施是更合理的管理方式。对于 TN，优化的污染源削减策略为：化肥施用削减 90%~95%，畜禽养殖削减约 85%；对于 TP，优化的污染源削减策略为：化肥削减 57%~60%，畜禽养殖削减约 50%。情景分析结果表明对关键污染区进行污染控制能有效地改善该区域及下游的水质。

第 8 章　闽江中上游河流 – 库区系统水环境耦合模拟与管理

环境模型广泛应用于模拟河流水质和污染物迁移，定量评估污染事故的处置方案，以便提供及时应对突发事件的有用信息，成为水资源管理决策支持工具（Felzer，2012；Zhou et al.，2018）。自从 1925 年斯特里特和菲尔普斯建立第一个管理河流污染的水质模型以来，研究者们已经开发了许多流域和河流水质模型。近年来，许多复杂的水质模型被用来模拟污染物在流域内的迁移，包括：WASP 模型（Du et al.，2013）、EFDC 模型、SWAT 模型（Huang et al.，2013c；Maharjan et al.，2013）和 HSPF 模型（Kim and Ryu，2018）。单一的模型不能完全清楚地描述由溪流、水库等空间单元组成的流域系统里的复杂的生态水文和生物地球化学过程，因此模型工作者开始利用水环境中的耦合建模方法来提高水环境污染物的水动力学、迁移转化的模拟精度（Du et al.，2013；Cai et al.，2019）。

中国在灌溉用水需求和降水时空不均匀之间存在着巨大的矛盾冲突（Chen et al.，2019）。为了解决这些问题，在过去的几十年里，我国修建了许多水库和水电站。作为我国东部最大的水电站，水口水电站改变了闽江流域的水流流态。此外，闽江流域支流的网箱养殖和筑坝等人类活动的加剧，加速了流域水质的恶化。因此，迫切需要寻找一种综合管理方法来识别该系统中影响水质的潜在污染源（Han et al.，2011；Huang et al.，2013c）。本研究的目的有二：其一是构建闽江中上游河流 – 水口库区系统耦合模型；其二是结合情景分析为闽江水口库区水环境管理提供科学依据（Zhang et al.，2019）。

闽江中上游流域，包括闽江沙溪、富屯溪和建溪三大支流流域与水口库区。上游三大支流在南平（塔下）汇流后形成闽江干流，途中经尤溪和古田溪两个规模较小的溪流后汇入至水口大桥（图 8-1）。作为福建省的母亲河、1200 万人的饮用水水源地，闽江近年来在水口库区设有大面积的网箱养殖，流域水质受到了严重影响，流域水质管理策略的研究迫在眉睫。

HSPF 模型是美国国家环境保护局发布的针对多目标环境的流域管理规划分析系统，可综合分析点源污染和非点源污染污染物对水体造成的影响，集合水文、水力和水质，模拟透水地表、不透水地表和河流水库的水文水质过程。HSPF 有良好的模型结构，整个模型由透水地面水量水质过程模拟模块、不透水地面水量水质过程模拟模块和河流水库水质过程模拟模块 3 个模块构成。按照不同的功能又可将 3 个大模块分为由一定层次排列的若干子模块，从而实现对径流量、泥沙、溶解氧（DO）的连续模拟，以及对营养盐等污染物的迁移转化和负荷的连续模拟（Ribarova et al.，2008）。HSPF 模型是目前综合模拟径流量、水文、土壤流失、泥沙输送、营养物和化学物相互反应、污染物输送的几个流域非点源污染模拟模型之一（Hayashi et al.，2015；邢可霞等，2005）。

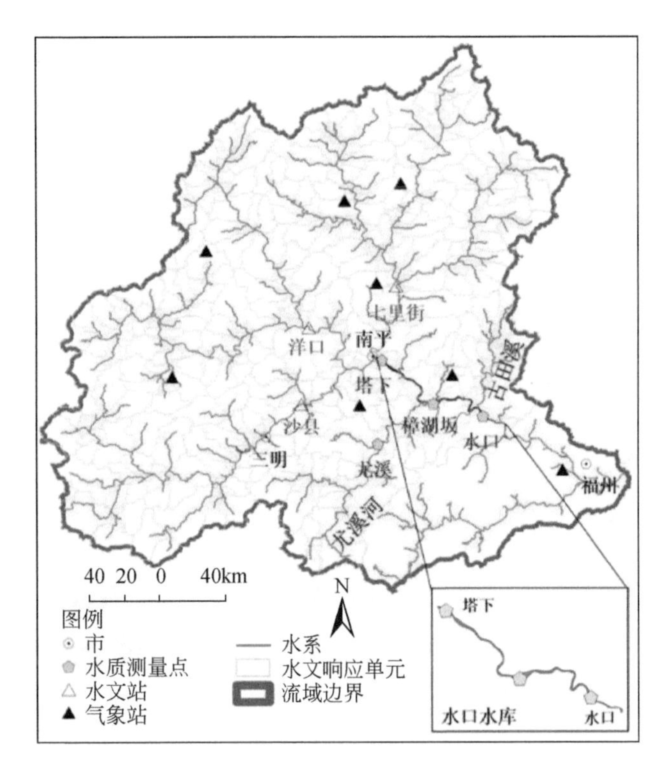

图 8-1 研究区域图和闽江网箱养殖

本研究利用水动力学模型对闽江中上游流域进行二维的水动力模拟，选取的 EFDC 模型由弗吉尼亚海洋科学研究所（VIMS）的 Hamrick 依据多个数学模型研制。EFDC 模型常用于模拟各种环境中流量和污染物迁移，不但可以模拟一维、二维、三维水动力，水质，泥沙和生态过程，还可以模拟点源污染和非点源污染污染物、水龄、营养盐变化等过程。作为 USEPA 推荐模型，EFDC 模型能模拟 21 种水质指标，在世界范围内得到了广泛的应用（周珉，2017）。

8.1 闽江中上游流域水动力与水质模型构建

收集 DEM、土地利用数据、土壤数据、流域地形数据和水文数据等，概化 HSPF 模型，将闽江流域划分为 380 个子流域，以沙县、洋口、七里街为三个水文校验点（图 8-2），通过模型率定和验证，为 EFDC 模型提供塔下点流量数据。

EFDC 模型构建包括两部分：闽江支流（尤溪口到干流段）和闽江干流（塔下到水口大桥段）。在水平方向上，将尤溪口—干流段一维模型划分为 500 × 1 个正交曲线网格，每一个网格面积都不一样，平均网格面积为（105 m × 117 m）；将塔下—水口大桥段二维模型划分为 350 × 5 个正交曲线网格，平均网格面积为（107 m × 300 m）。

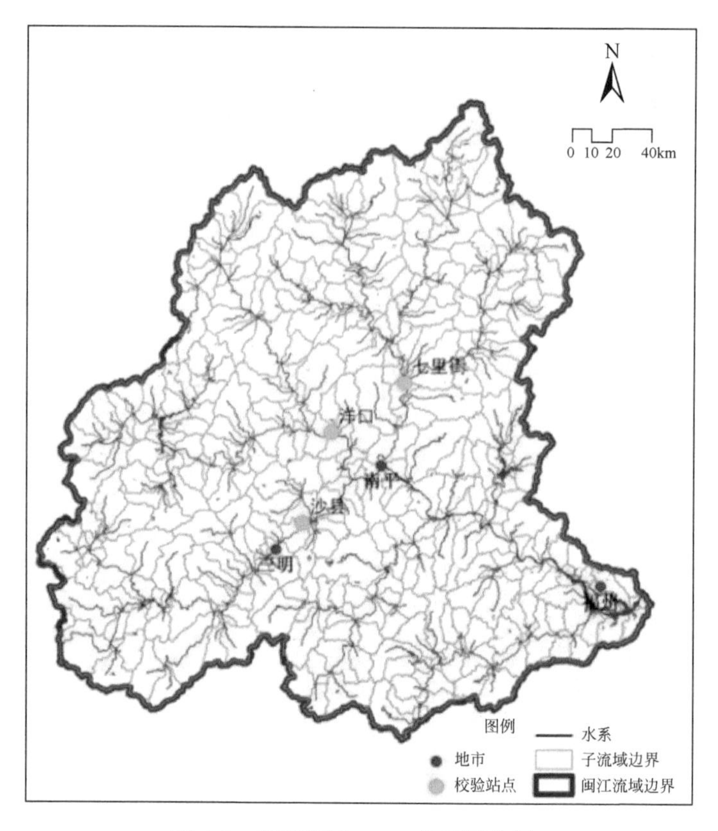

图 8-2　闽江流域 HSPF 模型概化图

采用纳什系数（NSE）和相关系数（R^2）评价 HSPF 率定和验证的效果。纳什系数经常被用于评价模型的效果，取值 0~1。公式如下

$$\mathrm{NSE}=1-\frac{\sum_{i=1}^{n}(Q_{\mathrm{o}}-Q_{\mathrm{p}})^2}{\sum_{i=1}^{n}(Q_{\mathrm{o}}-Q_{\mathrm{ave}})^2} \tag{8-1}$$

式中，NSE 为纳什系数；Q_{o} 为 i 时的实测值；Q_{p} 为 i 时的预测值；n 为总个数；Q_{ave} 为实测值的平均值。式（8-1）表明，NSE 越接近 1，预测效率越高，模拟效果越好。HSPF 模型率定 / 验证过程模拟结果优劣判定标准如表 8-1 所示（董延军等，2011）。纳什系数评定标准：NSE>0.9 为甲等，$0.7 \leqslant \mathrm{NSE} \leqslant 0.9$ 为乙等，0.5<NSE<0.7 为丙等。

表 8-1　HSPF 模型相关系数 *R* 和决定系数 R^2 判别标准

R^2	<0.6	0.6~0.7	0.7~0.8	>0.8
日流量	不好	合理	好	非常好

在 EFDC 模型的参数率定和模型验证中，以中值误差（median error，ME）为标准来评价模型模拟的效果：

$$\mathrm{ME}=0.6745\sqrt{\frac{\sum_{i=1}^{n}\left(\frac{y_i-y_i'}{y_i}\right)}{n-1}} \tag{8-2}$$

式中，ME 为中值误差；y_i 为第 i 个观测值；y_i' 为第 i 个预测值；n 为观测数据总个数。

水文数据相对充分，用纳什系数评估流域模型率定和验证结果。但水质数据稀缺，在研究中 EFDC 采用中值误差作为评价标准。中值误差越接近 0，说明模拟效果越好，模拟越精确。中值误差评定标准为 $e \leqslant 0.3$ 为甲等，$0.3 < e \leqslant 0.5$ 为乙等，$0.5 < e \leqslant 0.9$ 为丙等。

HSPF 模型以 2005 年 1 月 ~2008 年 12 月为基础，对模型进行参数率定；以 2009 年 1 月 ~2012 年 12 月为基础，进一步验证结果。结果显示 2006~2008 年率定期闽江上游三条支流沙溪（沙县站）、富屯溪（洋口站）和建溪（七里街）的 NSE 分别为 0.784、0.774 和 0.782，属于可以接受的模拟效果。2009~2012 年验证期闽江上游三条支流沙溪（沙县站）、富屯溪（洋口站）和建溪（七里街）的纳什系数 NSE 分别为 0.745、0.782 和 0.737，属于可以接受的模拟效果（表 8-2、图 8-3）。因此作为 EFDC 模型的上游输入的模型通过模型率定和验证是可以接受的，因此可模拟塔下流量，为 EFDC 模型提供流量输入的边界条件。

表 8-2　HSPF 模型日径流量率定与验证

站点	率定期		验证期	
	NSE	R^2	NSE	R^2
沙县	0.784	0.787	0.745	0.751
洋口	0.774	0.779	0.782	0.809
七里街	0.782	0.817	0.737	0.772

EFDC 模型以 2009 年 1 月 ~2010 年 12 月为基础，对模型进行参数的率定和方案的选取；以 2011 年 1 月 ~2012 年 12 月的数据对构建好的模型进行验证。结果显示率定期 2009~2010 年尤溪口、塔下、水口大桥的中值误差分别为 0.0184、0.0130 和 0.0184；验证期 2011~2012 年尤溪口、塔下、水口大桥的中值误差分别为 0.0170、0.0084 和 0.0184，较好地模拟峰值，满足接受要求（表 8-3，图 8-4）。

表 8-3　EFDC 模型日径流量模拟率定和验证

站点	率定期	验证期
	ME	ME
尤溪口	0.0184	0.0170
塔下	0.0130	0.0084
水口大桥	0.0184	0.0184

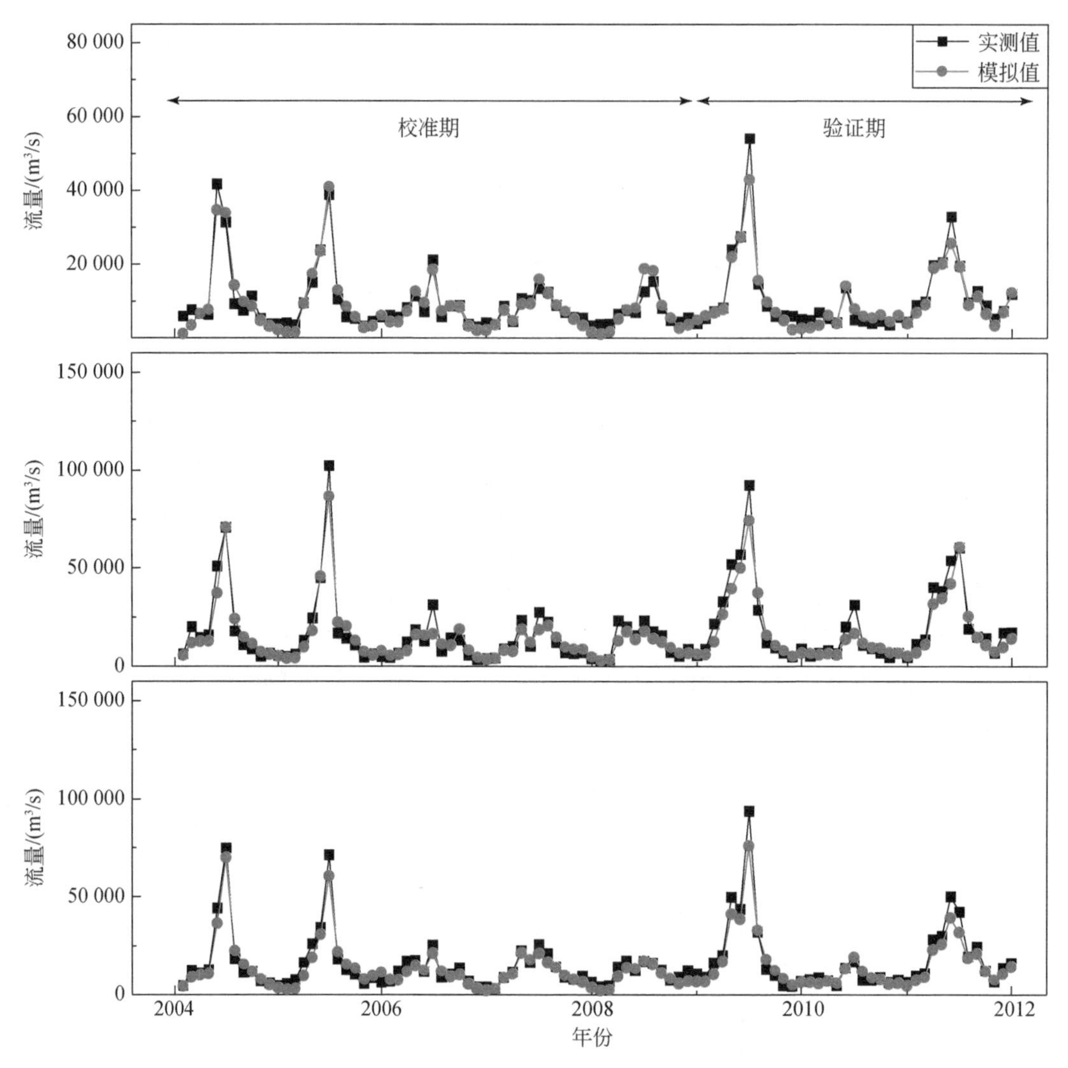

图 8-3 HSPF 模型日径流量率定和验证

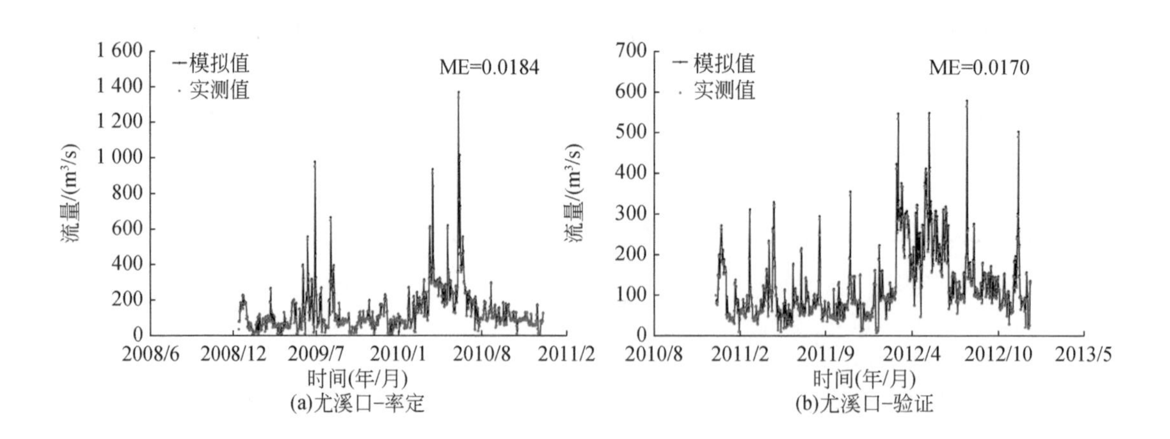

(a)尤溪口-率定

(b)尤溪口-验证

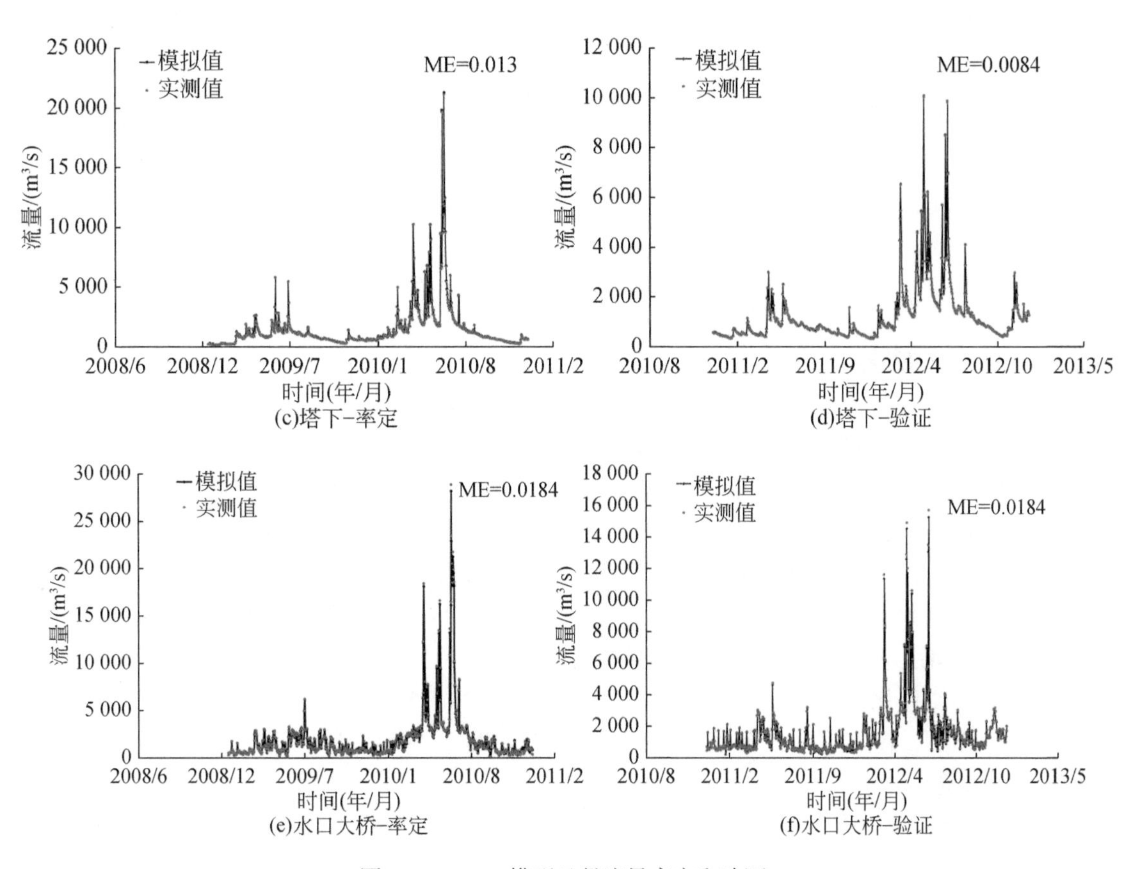

图 8-4 EFDC 模型日径流量率定和验证

采用 2009 年 1 月到 2010 年 12 月的水质观测数据进行 EFDC 模型水质模块率定。基于闽江干流段 EFDC 模型，建立了考虑主要水质指标 DO、NH_3-N、TP 的河道 EFDC 模型，并利用观测数据对相关参数进行了验证。闽江水质模拟的点位有：塔下、尤溪口、樟湖坂、水口大桥（表 8-4）。

表 8-4 闽江 EFDC 水质模拟率定和验证

站点	DO		NH_3-N		TP	
	率定期 ME	验证期 ME	率定期 ME	验证期 ME	率定期 ME	验证期 ME
尤溪口	0.001 34	0.026 8	0.003 35	0.023 2	0.002 68	0.008 28
塔下	0.012 3	0.001	0.071 8	0.001 68	0.080	0.000 54
樟湖坂	0.243	0.143	0.705	0.298	0.438	0.326
水口大桥	0.331	0.266	0.327	0.388	0.295	0.296

率定期 2009~2010 年，DO 在尤溪口、塔下、樟湖坂、水口大桥的中值误差分别为 0.001 34、0.0123、0.243 和 0.331；NH_3-N 在尤溪口、塔下、樟湖坂、水口大桥的中值误差分别为 0.003 35、

0.0718、0.705和0.327; TP在尤溪口、塔下、樟湖坂、水口大桥的中值误差分别为0.002 68、0.080、0.438 和 0.295；验证期 2011~2012 年，DO 在尤溪口、塔下、樟湖坂、水口大桥的中值误差分别为 0.0268、0.001、0.143 和 0.266；NH_3-N 在尤溪口、塔下、樟湖坂、水口大桥的中值误差分别为 0.0232、0.001 68、0.298 和 0.388；TP 在尤溪口、塔下、樟湖坂、水口大桥的中值误差分别为 0.008 28、0.000 54、0.326 和 0.296，水质模型通过了验证。

8.2 情景模拟

8.2.1 降雨情景与流域模拟

HSPF 模型的模拟过程主要是通过设置多个情景，构建模拟结果数据库（包括沙溪、富屯溪、建溪、古田溪）。后期的 EFDC 模型根据天气预报的预测结果（温度和降雨情况）和土壤的湿润程度（通过前期降雨情况判断），在数据库里查找所对应的模拟结果，并将其输入后期的闽江中上游河道二维模型当中。HSPF 模型具体的情景设置如下：

（1）根据天气预报情况，将降雨情况概化为 6 种情况：晴朗、小雨（包括阵雨）、中雨、大雨、暴雨、大暴雨，具体如表 8-5 所示；

（2）温度概化成 6~15℃、16~20℃、20~25℃、26~35℃四种情况；

（3）土壤的湿润程度根据前 5 天的降雨情况判断，分为干旱、正常、湿润三种状态，具体分级如表 8-6 所示。

根据降雨情况、温度、土壤的湿润程度三个参数可以构建含 72 个情景的结果数据库。

表 8-5　降雨情况所对应的降水量　（单位：mm）

概化情况	降水量
晴朗	0
小雨（包括阵雨）	0.1~9.9
中雨	10~24.9
大雨	25~49.9
暴雨	50~99.9
大暴雨	>100

表 8-6　土壤湿润情况等级划分　（单位：mm）

土壤的湿润程度	前 5 天降水量	
	生长期（3~11 月）	休眠期（12 月至次年 2 月）
干旱	<13	<36
正常	13~28	36~53
湿润	>28	>53

本研究共设置 3 个情景，进行水文情景模拟，对闽江中上游河道二维模型进行情景分析，从而展开对于闽江中上游流域污染的研究。3 个情景分别为：丰水期情景、平水期情景、枯水期情景。

丰水期情景可选择在 6~9 月的台风雨期，此时期温度较高，气温选择 26~35℃，土壤较为湿润；平水期情景可选择在 3~4 月春雨时期，气温选择 20~25℃，土壤湿润程度正常；枯水期情景可选 12 月至次年 2 月的干旱时期，若气温较高，水量会较小，为了较好体现枯水情况，故温度选择 20~25℃，土壤较为干旱。水量情景涉及参数选择具体如表 8-7 所示。

表 8-7　三种水量情景参数选择

情景	时期	降雨情况	土壤湿润情况	温度区间
丰水期情景	生长期	暴雨	湿润	26~35℃
平水期情景	生长期	小雨	正常	20~25℃
枯水期情景	休眠期	晴朗	干旱	20~25℃

8.2.2　古田溪低 DO 情景模拟

闽江 2011 年 9 月从古田溪到水口一带发生大面积死鱼现象。数千万尾鱼基本死光，损失惨重约 2 亿元。当时该水域 DO 监测含量低，监测平均值约为 1.2 mg/L。暴雨情况下古田溪污染源剧增，对闽江干流（水口）水质影响增加情况，由于水口大桥下不远处是饮用水源地。由于缺乏古田溪水文数据，因此利用 HSPF 模型模拟丰、平、枯水期三种情景下的古田溪水文流量，分别识别丰、平、枯水期三种情景下，古田溪低 DO 对闽江干流水口大桥的影响。模拟时间为 2011 年 8 月 22 日 ~9 月 12 日，预热期 30 天，古田溪 DO 输入浓度为 1.2 mg/L。

8.2.2.1　丰水期

HSPF 模型情景模拟中，丰水期古田溪流量为 1475 m^3/s。EFDC 模型模拟时间为 2011 年 8 月 22 日 ~9 月 12 日，提前预热 30 天，古田溪 DO 输入浓度为 1.2 mg/L。其他输入流量和水质数据是当时的历史数据。基于古田溪出现低 DO 事件前 2 天、低 DO 事件一周的模拟结果，古田溪丰水期间，如果低 DO 一直不解除，就会对闽江干流水口库区造成剧烈的影响，造成水口库区低 DO（图 8-5）。

8.2.2.2　平水期

HSPF 模型情景模拟中，平水期古田溪流量为 368 m^3/s。EFDC 模型模拟时间为 2011 年 8 月 22 日 ~9 月 12 日，提前预热 30 天，古田溪 DO 输入浓度为 1.2 mg/L。其他输入流量和水质数据是当时的历史数据。基于古田溪出现低 DO 事件前 2 天、低 DO 事件一周内的模拟结果，古田溪平水期间，即使古田溪低 DO，其对闽江干流水口库区也不会造成很严重的影响（图 8-6）。

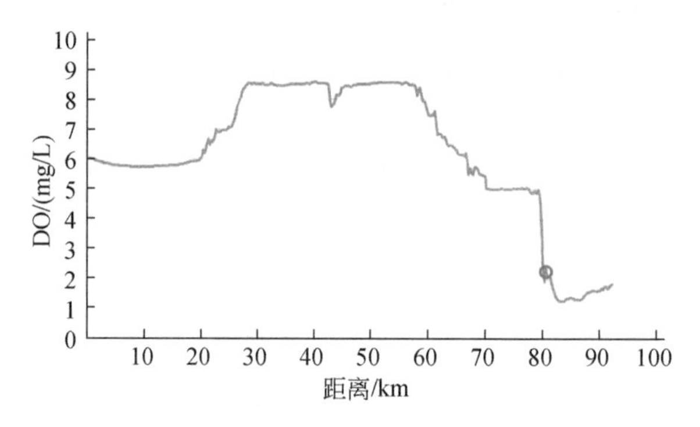

图 8-5　丰水期古田溪低 DO 事件一周闽江干流第 7 天 DO 沿程分布图

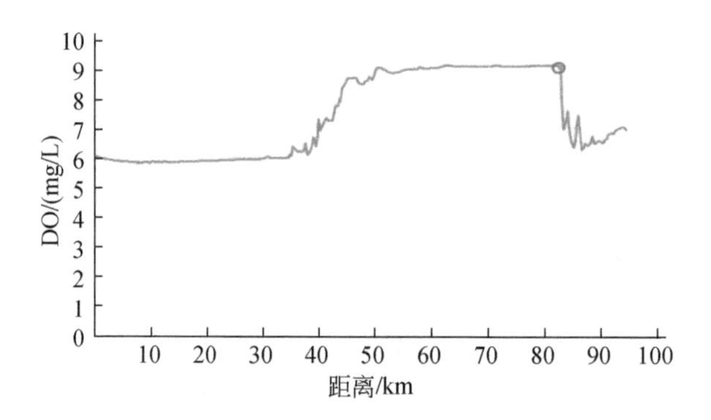

图 8-6　平水期古田溪低 DO 事件一周闽江干流第 7 天 DO 沿程分布图

8.2.2.3　枯水期

HSPF 模型情景模拟中，枯水期古田溪流量为 292 m^3/s。EFDC模型模拟时间 2011 年 8 月 22 日 ~9 月 12 日，提前预热 30 天，古田溪 DO 输入浓度为 1.2 mg/L。其他输入流量和水质是当时的历史数据。基于古田溪出现低 DO 事件前 2 天、低 DO 事件一周内的模拟结果，古田溪平水期间，即使古田溪低 DO，其对闽江干流水口库区也不会造成很严重的影响（图 8-7）。

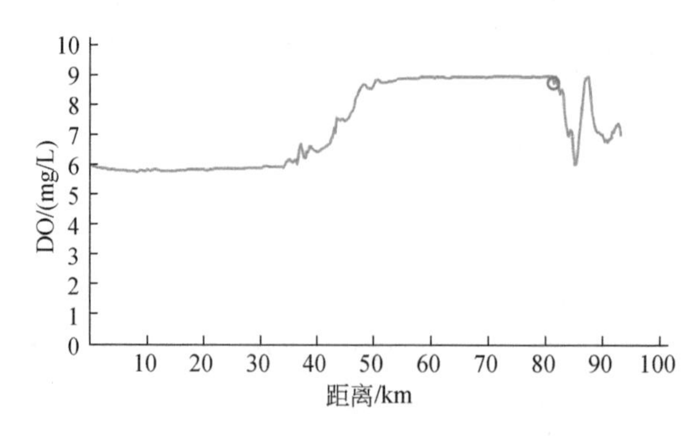

图 8-7　枯水期古田溪低 DO 事件一周闽江干流和第 7 天 DO 沿程分布图

8.2.3 尤溪网箱养殖去除前后情景模拟

情景模拟去除网箱养殖前后对水体水质的影响。将调研采集的尤溪网箱养殖区的水质数据模拟和水质模拟数据进行对比，研究平水期网箱养殖去除前后两种情景下对闽江干流水质的影响。

根据选定的平水期情景，调用情景数据库，网箱养殖去除前的水质数据采用调研的水质数据，塔下、尤溪口、古田溪、水口大桥的流量、NH_3-N 浓度、TP 浓度、DO 浓度如表 8-8 所示。应用 EFDC 模型模拟闽江干流的污染物在空间上的变化规律。

表 8-8 平水期情景下闽江中上游流域污染源模拟

站点	流量 /（m^3/s）	NH_3-N 浓度 /（mg/L）	TP 浓度 /（mg/L）	DO 浓度 /（mg/L）
塔下	6501	0.719	0.087	6.4
尤溪口	974	0.983	0.094	6.28
古田溪	368	1.345	0.094	6.23
水口大桥	7600	0.663	0.113	7.34

网箱养殖去除后的水质数据采用调研的尤溪源头水质数据，因此水文水质输入数据如表 8-9 所示，龙溪口 NH_3-N 浓度和 TP 浓度都低于网箱养殖区，而其 DO 浓度高于网箱养殖区。

表 8-9 平水期情景下闽江中上游流域污染源模拟（网箱去除后）

站点	流量 /（m^3/s）	NH_3-N 浓度 /（mg/L）	TP 浓度 /（mg/L）	DO 浓度 /（mg/L）
塔下	6501	0.719	0.087	6.4
尤溪口	974	0.747	0.064	7.12
古田溪	368	1.345	0.094	6.23
水口大桥	7600	0.663	0.113	7.34

模拟此时尤溪口的水质变化对闽江干流水质带来的影响。结果如图 8-8 所示，图中横坐标为沿河距离，起始点为塔下，图上标出的 1、2、3、6、7、9、10、11 分别为闽江大桥、夏道大桥、刘家村、立墩大桥（尤溪入口）、埕头、西瓜洲大桥（古田溪入口）、水口闽江大桥以及东桥 8 个断面。

平水期，在网箱养殖去除后，闽江干流在尤溪口断面之后，其水质有明显的改善，DO 浓度提升了 3%~10%，NH_3-N 浓度降低了 5%~17%，TP 浓度降低了 6%~21%。因此在尤溪口改善水质对于闽江干流有一定的影响，但是在网箱养殖去除后，在水口大桥附近 NH_3-N 浓度有一个小幅度上升趋势，可能的原因是古田溪 NH_3-N 的浓度对水口大桥的 NH_3-N 浓度产生一定的影响。

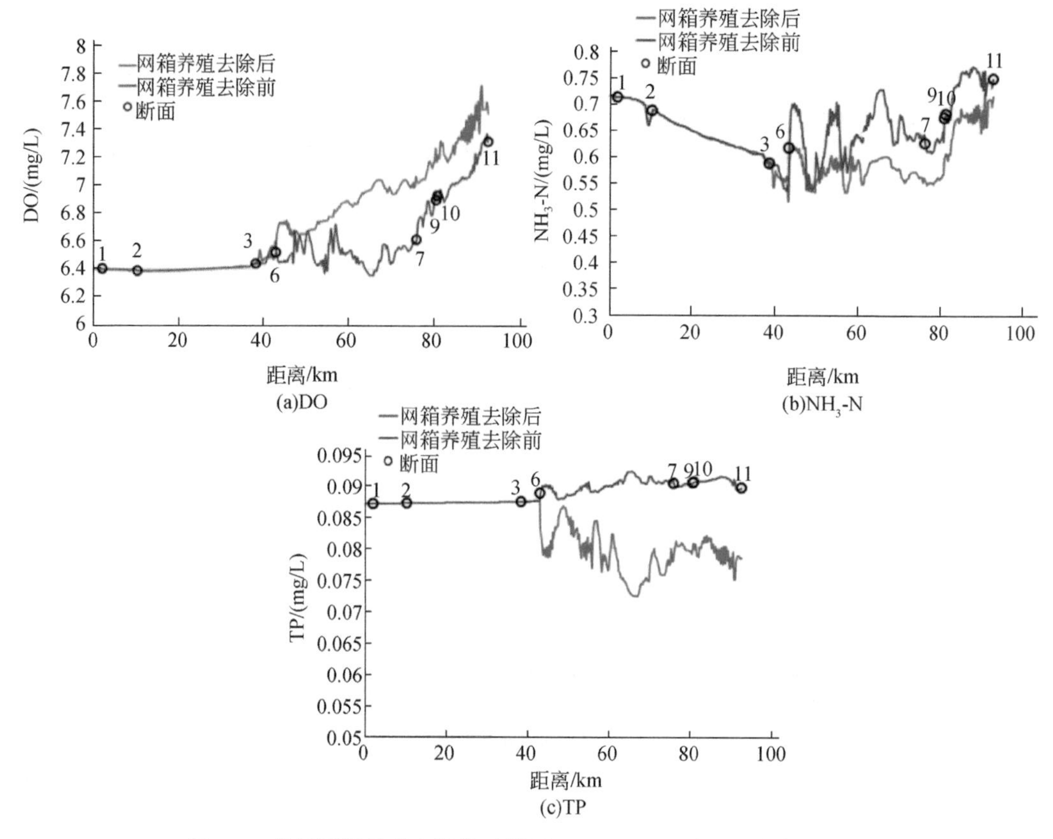

图 8-8　尤溪网箱养殖去除前后沿程 DO、NH_3-N 和 TP 浓度对比图

8.2.4　古田溪不同 NH_3-N 浓度情景模拟

历史数据显示，2003~2012年古田溪NH_3-N浓度平均值为2.28 mg/L，最高浓度为8.24 mg/L，2009~2012 年内古田溪 NH_3-N 浓度平均值为 2.14 mg/L，其浓度高于《地表水环境质量标准》（GB 3838—2002）中Ⅴ类水标准（NH_3-N<2.0 mg/L）。以平水期流量为流量边界条件，古田溪 NH_3-N 浓度分别为 8.24 mg/L、4.28 mg/L、2.14 mg/L、1.605 mg/L、1.07 mg/L。即最高浓度、2 倍浓度、4 年平均浓度、削减 25%、削减 50%。模拟沿程 NH_3-N 浓度变化如图 8-9 所示，古田溪 NH_3-N 浓度为 8.24 mg/L 时，闽江水口大桥的 NH_3-N 浓度将会达到 2.8 mg/L；古田溪 NH_3-N 浓度为 4.28 mg/L 时，闽江水口大桥的 NH_3-N 浓度将会达到 1.7 mg/L；古田溪 NH_3-N 浓度为 2.14 mg/L 时，闽江水口大桥的 NH_3-N 浓度将会达到 1.05 mg/L；古田溪 NH_3-N 浓度为 1.605 mg/L 时，闽江水口大桥的 NH_3-N 浓度将会达到 0.87 mg/L；古田溪 NH_3-N 浓度为 1.07 mg/L 时，闽江水口大桥的 NH_3-N 浓度将会达到 0.65 mg/L。因此要使得水口大桥达到Ⅲ类水质标准（<1.0 mg/L），古田溪 NH_3-N 浓度就不能超过 2.14 mg/L；如果要达到Ⅱ类水质标准（<0.5 mg/L），古田溪就要从干流开始解决水质问题。

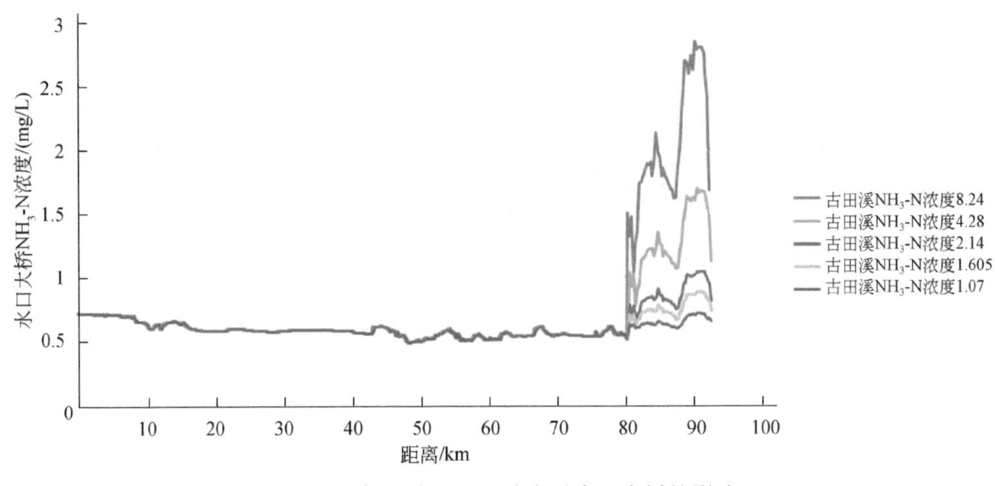

图 8-9 古田溪 NH_3-N 浓度对水口大桥的影响

8.3 本章小结

耦合模型是描述流体水动力、污染物迁移转化过程及定量评估管控方案的有效工具。本研究采用流域模型与湖库水动力水质模型耦合模拟的方法，对闽江中上游河流 – 水口库区系统进行了模拟研究。模型的率定和验证结果与现场观测结果吻合较好，表明耦合模型在闽江流域的适用性。结合情景分析的方法，探讨了闽江中上游河流 – 水口库区系统营养盐控制方案。模拟结果表明，水库的蓄水量减少，对水质的退化有较大影响；尤溪口网箱养殖去除后，水质可显著得到改善。研究结果有助于理解闽江中上游流河流 – 水口库区系统的污染来源并制订相应的水质提升措施。

第 9 章　基于监测与模型的晋江诗溪流域水质提升方案

人类活动已经从根本上改变了氮循环过程（Galloway et al.，2008）。流域内的溪流接收来自不同来源的污染物，如过度使用的化肥、牲畜、家庭和工业来源的氮排放增加，导致水质退化（Zhou et al.，2018）。因此，明确河流氮来源对于制定有效的河流水质提升方案至关重要。

持续监测是获得有关流域氮输出可靠信息的一种方法。然而，这种方法可能非常昂贵且有问题，因为当检测到河流水质存在超标等问题时，采取行动解决问题可能为时已晚（Wang et al.，2013）。近年来，环境模型越来越被认为是掌握河流水质退化机制并支撑流域管理决策的有效工具（Felzer，2012；Huang et al.，2013e；Li et al.，2014）。模型工作者在选择适当的模型来分析流域中的氮循环时，应该考虑用户的目标、数据可用性和成本效益分析。基于过程的流域水管理模型，如 SWAT 和 HSPF，可描述河流氮动态的关键过程，其他基于过程的流域氮模型是为了专门评估世界各地的河流氮动态而开发的，如 INCA-N 和 NMS。然而，由于过程复杂，这些模型在模型开发过程中需要很多假设。因此，需向模型中输入大量的数据，这可能会导致很大的误差，特别是对于那些缺乏数据的河流（Zhou et al.，2018）。模型工作者意识到复杂的模型不一定是最有用的模型。

QUAL2K 是一个灵活的水质模型，允许用户设置参数值和转换模拟方程。QUAL2K 已被广泛应用于废水处理效率的评估，可描述河流 N 动态和流域管理的关键过程（Zhang et al.，2015）。QUAL2K 有助于更好地理解流域过程，并可为流域管理决策提供有用信息。然而，数据的可用性可能会限制 QUAL2K 的应用。在我国小流域模型开发普遍存在数据稀疏的情况下，借助 QUAL2K 寻求合理的流域管理策略，仍具有挑战。

本研究在流域河流水质系统监测的基础上，提出了基于 QUAL2K 模型的模拟优化方法，为资料稀疏的晋江诗溪流域氮污染控制提供应对措施（Zhang et al.，2020）。

9.1　诗溪流域水质时空分析

永春诗溪流域位于晋江流域上游，是岵山镇重要的景观水体，其长岸桥断面是永春与南安县的交接断面，永春诗溪流域水环境治理与水质提升关系到河长制的实施。本研究于 2017 年 3 月 ~2019 年 3 月开展了 27 次的流域水质现场监测，识别了诗溪流域水质时空变异特征，并从土地利用和流量等方面剖析了水质影响因素。

9.1.1 流域水质时空变异特征

针对诗溪流域 22 个点位的 NH_4^+-N、TN、NO_3^--N、NO_2^--N 四个指标的数据，分析诗溪流域水质时空变化特征，为诗溪流域的科学治理提供基础信息。

9.1.1.1 诗溪流域氮浓度的空间差异特征

基于诗溪流域 2017 年 3 月 ~2019 年 3 月共 27 期采样的氮浓度数据，从 DIN 组分、上中下游、支流和干流、左岸与右岸四个方面对水质的空间差异进行分析。

1）DIN 组分空间分布差异特征

由图 9-1 DIN 组分空间分布可知，诗溪流域氮污染主要成分为 NO_3^--N 和 NH_4^+-N。首先，从污染组分角度，诗溪流域氮污染主要成分是 NO_3^--N，其次是 NH_4^+-N，两者相差较小，而 NO_2^--N 对 TN 的贡献甚微，可以忽略。从空间上看，流域上游和下游氮污染组分相似，NO_3^--N 贡献占比超过 50%，NH_4^+-N 贡献占比小于 50%，但在流域中游，NH_4^+-N 贡献占比升高，在采样点 S9、S12、S14 表现出 NH_4^+-N 贡献占比超过 50%，比 NO_3^--N 贡献占比高。

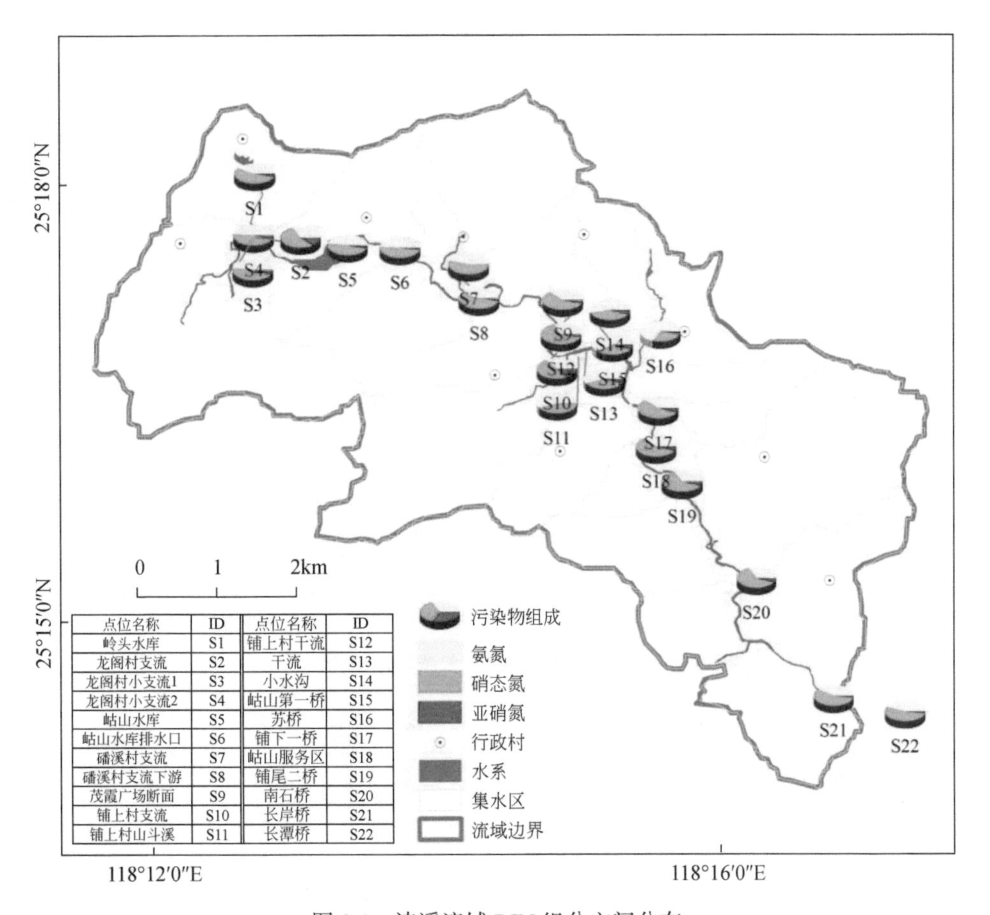

图 9-1 诗溪流域 DIN 组分空间分布

2）诗溪河流氮浓度的上、中、下游空间差异特征

根据诗溪流域流量、流速、比降、落差等水力参数将河流岭头到岵山水库划为河流上游，岵山水库到岵山第一桥划为河流中游，岵山第一桥至长岸桥划为河流下游。由诗溪河流上、中、下游氮浓度空间变化（图 9-2）可知，诗溪河流氮浓度在空间上呈先上升再下降的变化趋势，在中游氮污染最严重，氮污染指标浓度最大，上游和下游污染程度相对较轻。其中，TN、NH_4^+-N、NO_3^--N 的浓度峰值都出现在 S14（小水沟），TN 和 NH_4^+-N 浓度次高点出现在 S16（苏桥），NO_3^--N 浓度次高点出现在 S2（龙阁村支流）；上游和下游进行对比，总体上氮污染指标浓度值呈现上游低于下游，但从单个断面考虑，考核断面长岸桥（S21）的氮浓度都较低（表 9-1）。

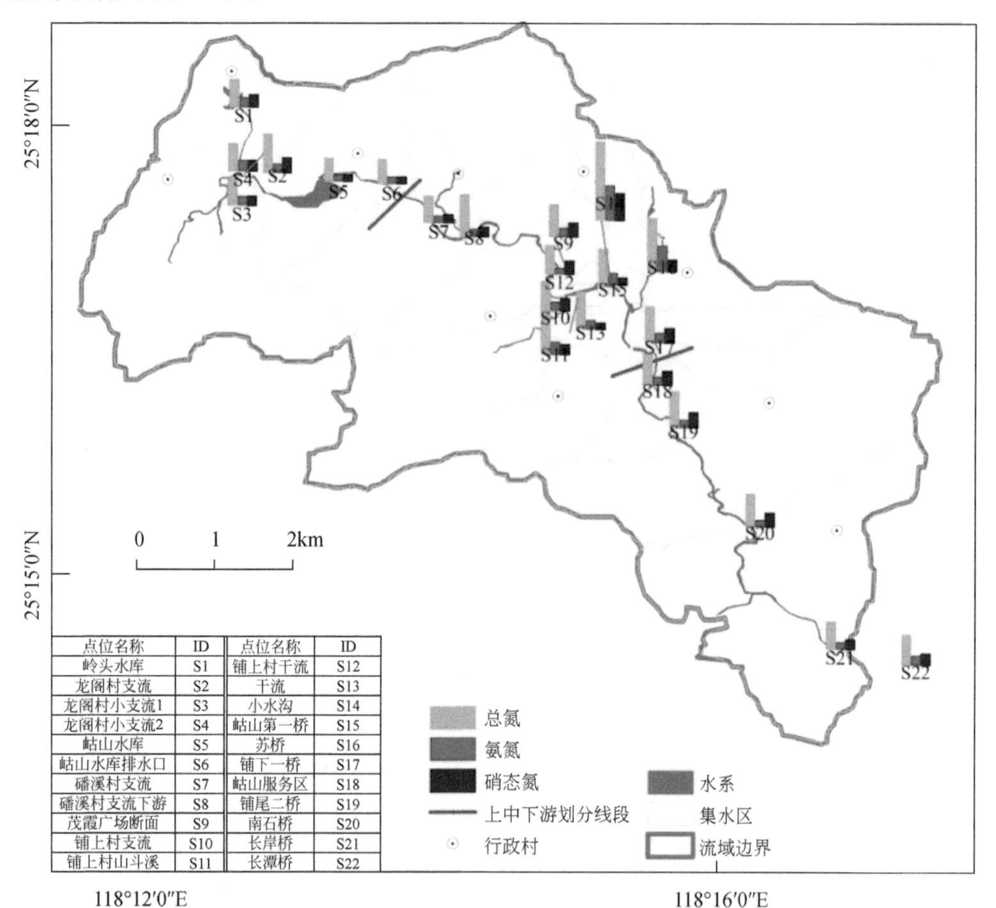

图 9-2 诗溪河流上、中、下游氮浓度空间变化

表 9-1 诗溪河流上、中、下游氮污染指标浓度

流域	TN/（mg/L）	NH_4^+-N /（mg/L）	NO_3^--N/（mg/L）	样本数 / 个
上游	4.26 ± 2.32	1.32 ± 0.98	1.76 ± 0.91	174
中游	6.14 ± 4.51	1.95 ± 1.95	2.31 ± 1.09	314
下游	5.06 ± 3.01	1.21 ± 0.83	2.15 ± 0.91	142

3）诗溪流域氮浓度的支、干流空间差异特征

利用诗溪流域支流与干流的水质数据，分析流域水质在支流与干流空间上的变化特征，结果如图 9-3 所示。由图 9-3 可知，总体上，支流氮污染指标浓度大于干流氮污染指标浓度，即支流污染比干流严重。同时，支流与干流氮污染指标的浓度差距分别为 TN 相差 21%、NH_4^+-N 相差 41%、NO_3^--N 相差 8%、NO_2^--N 相差 28%。说明支流氮污染是诗溪流域氮污染的重要来源，其中支流 NH_4^+-N 是诗溪流域 NH_4^+-N 的主要来源（表 9-2）。

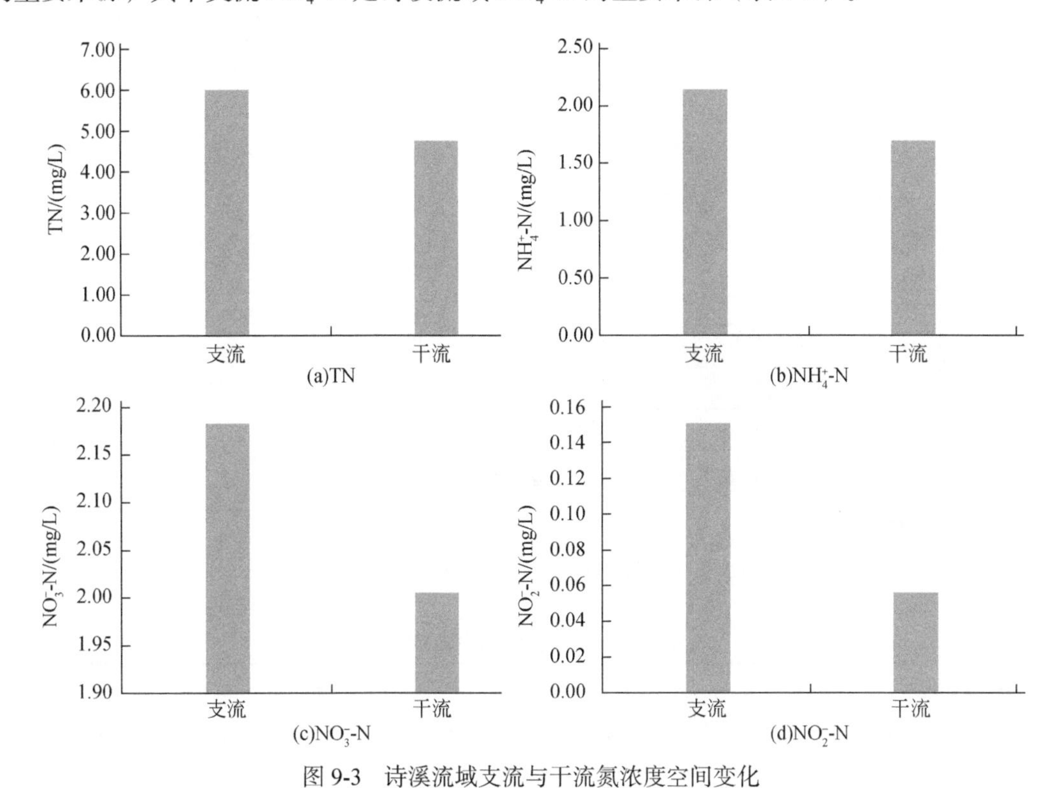

图 9-3　诗溪流域支流与干流氮浓度空间变化

表 9-2　支流与干流氮污染指标浓度

流域	TN/（mg/L）	NH_4^+-N/（mg/L）	NO_3^--N/（mg/L）	NO_2^--N/（mg/L）	样本数 / 个
支流	5.91 ± 4.17	2.21± 2.21	2.13± 1.23	0.15 ± 0.09	231
干流	5.07± 3.51	1.26± 0.83	2.14± 0.90	0.11 ± 0.10	399

4）诗溪流域氮浓度的左右岸空间差异特征

由于诗溪流域水系较简单，根据调研发现生活污水或养殖废水大多通过沟渠排入支流后再汇入干流，因此利用流域支流水质数据分析水质指标在流域左右岸空间上的变化特征。由分析结果图（图 9-4）可知，左岸的氮污染指标浓度高于右岸。其中，氮污染浓度最高值与最低值分别出现在左岸 S14（小水沟）及 S7（磻溪村支流）。由此说明诗溪流域左岸污染较右岸严重，左岸对整个流域水质恶化的影响相对较大，右岸对其影响相对较小（表 9-3）。

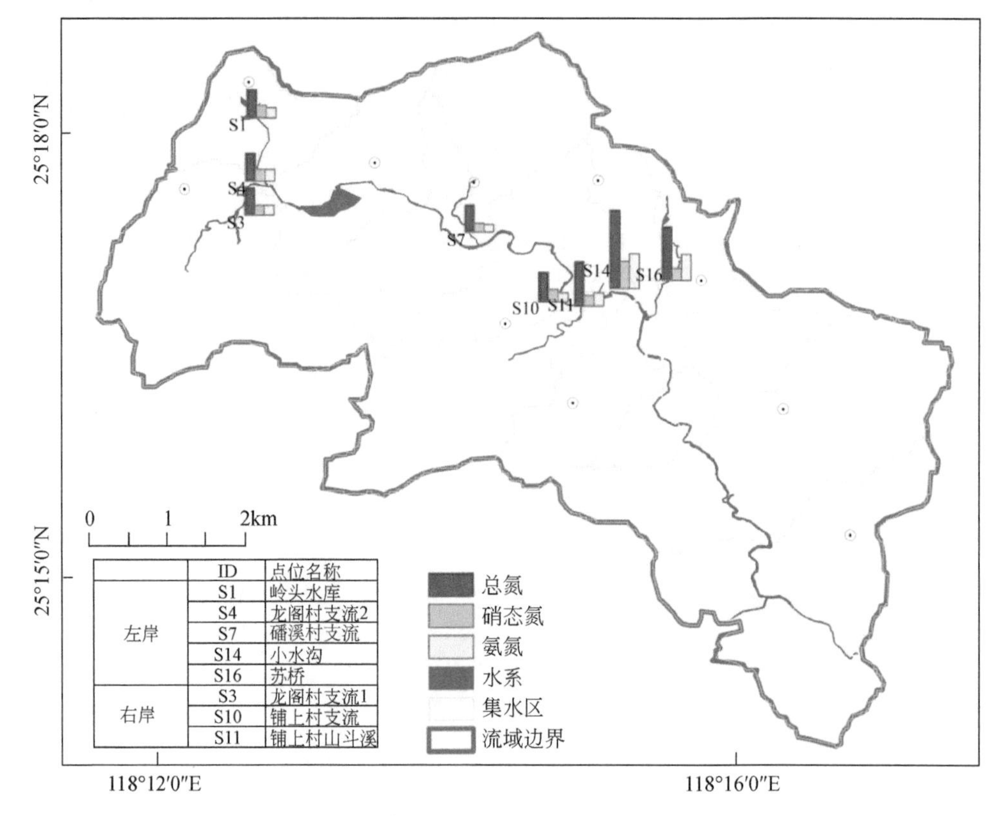

图 9-4　诗溪流域两岸氮浓度空间变化特征

表 9-3　流域左右岸氮污染指标浓度

流域左右岸	TN/（mg/L）	NH_4^+-N/（mg/L）	NO_3^--N/（mg/L）	样本数 / 个
左岸	6.39± 4.71	2.63± 2.60	2.13± 1.40	144
右岸	5.12 ± 2.91	1.54 ± 0.86	2.12± 0.88	87

9.1.1.2　诗溪流域氮浓度的时间变化特征

从诗溪流域氮指标浓度的月际变化、春夏秋冬四季变化及年际变化三个方面进行分析。

1）诗溪流域氮浓度的月际变化特征

诗溪流域氮浓度月际变化特征分析结果如图 9-5 所示。由图 9-5 可知，诗溪流域氮污染指标浓度的月际变化具有较明显的特征，诗溪流域氮浓度在 1~4 月波动相对较大，9~12 月波动相对较小，且最大值多出现在枯水期或平水期，最小值出现在丰水期。9~12 月 TN 与 NO_3^--N 的浓度变化表现为先上升再下降的趋势，NH_4^+-N 与 NO_2^--N 的浓度变化表现为持续上升的趋势。其中 TN 的浓度最大值出现在 11 月，最小值出现在 8 月；NO_3^--N 的浓度最大值出现在 2 月，最小值出现在 9 月；NH_4^+-N 的浓度最大值出现在 12 月，最小值出现在 7 月；NO_2^--N 的浓度最大值出现 2 月，最小值出现在 7 月。

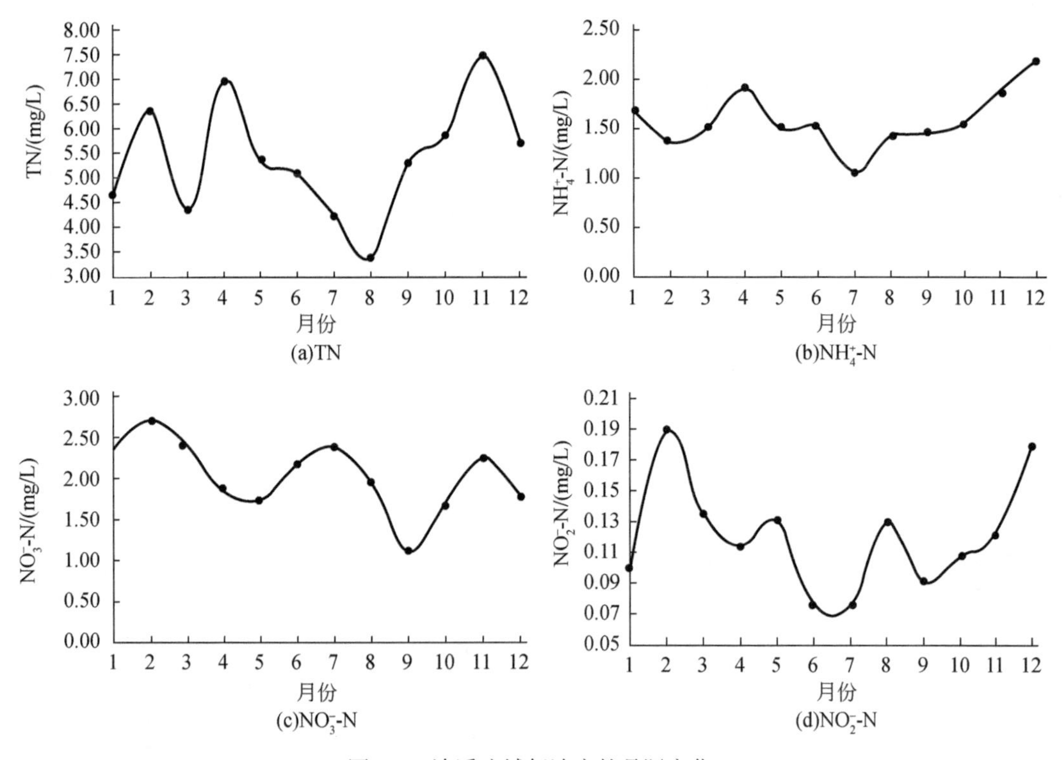

图 9-5 诗溪流域氮浓度的月际变化

2）诗溪流域氮浓度的四季变化特征

A. 不同季节水质差异性检验

为了检验诗溪流域氮浓度在不同的季节是否存在差异性，本研究将对各监测点氮浓度进行 Kruskal-Wallis 非参数检验，检验的结果如表 9-4 所示。

表 9-4 诗溪流域氮浓度季节性变化的 Kruskal-Wallis 非参数检验

指标	TN	NH_4^+-N	NO_3^--N	NO_2^--N
数值	0.39	0.39	0.35	0.46

注：显示渐进显著性，显著性水平是 0.05。

由表 9-4 可知，TN 和 NH_4^+-N 的季节性差异值相同，NO_3^--N 的季节性差异值最小，NO_2^--N 的季节性差异值最大。指标浓度在诗溪流域都表现出一定的季节性差异，但是表现并不显著。

B. 氮浓度的春夏秋冬季节性变化特征

基于诗溪流域 2017 年 3 月 ~2019 年 3 月的春、夏、秋、冬四季氮指标数据，分析氮指标浓度的季节性变化特征，如图 9-6 所示。

由图9-6显示可知，TN浓度季节性表现为冬>秋>春>夏，冬季平均浓度值最高（5.95 mg/L），夏季平均浓度值最低（4.76 mg/L）；NH_4^+-N 浓度季节性表现为冬季>春季>秋季>夏季，平均浓度值冬季最高（1.91 mg/L），夏季平均浓度值最低（1.36mg/L）；NO_3^--N 浓度季节性表

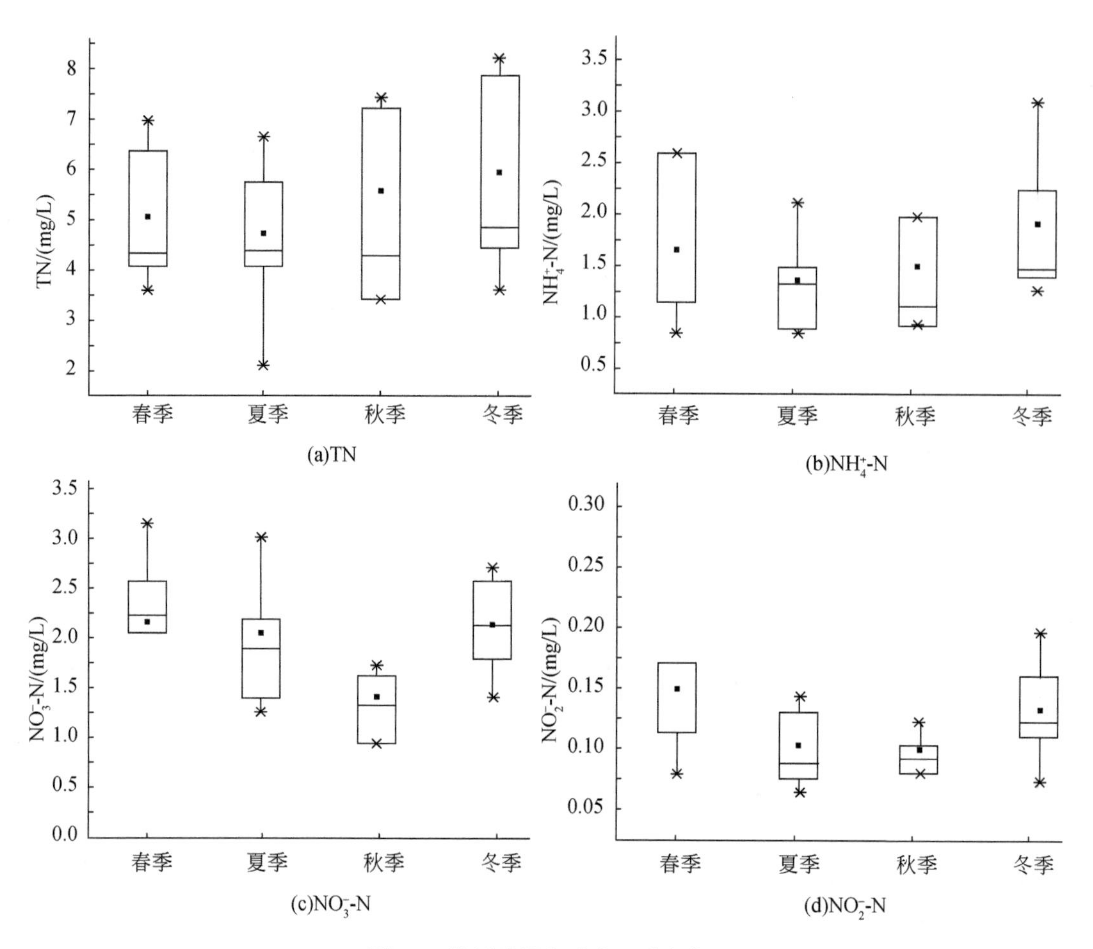

(a)TN (b)NH_4^+-N

(c)NO_3^--N (d)NO_2^--N

图 9-6 诗溪流域氮浓度四季变化

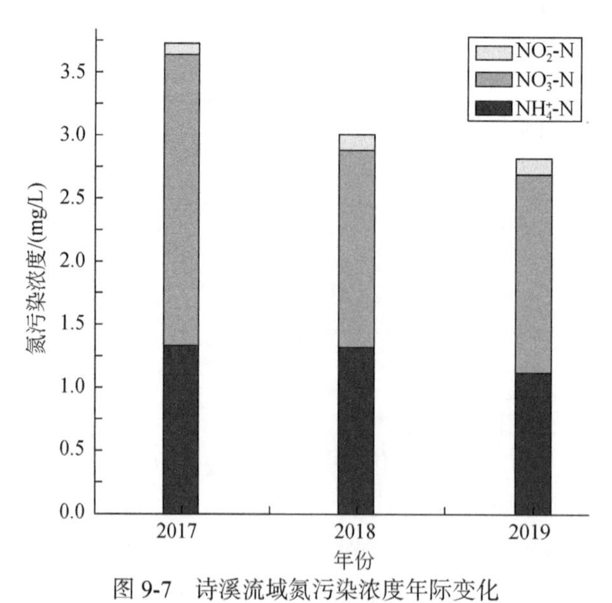

图 9-7 诗溪流域氮污染浓度年际变化

2019 年的水质数据为 1~3 月

现为春季 > 冬季 > 夏季 > 秋季，春季平均浓度值最高（2.39mg/L），秋季平均浓度值最低（1.40mg/L）；NO_2^--N 浓度季节性表现为春季 > 冬季 > 夏季 > 秋季，春季平均浓度值最高（0.15 mg/L），秋季平均浓度值最低（0.10mg/L）。

3）诗溪流域氮浓度的年际变化特征

根据诗溪流域 2017 年 3 月 ~2019 年 3 月的实测水质数据，分析流域水质的年际变化特征，结果如图 9-7 所示。由图可知，在 2017 年 ~2019 年的年际变化表现为，NH_4^+-N 和 NO_3^--N 的浓度都下降，其中 NO_3^--N 浓度下降幅度最大，NH_4^+-N 的下降幅度在 2017~2018 年甚小，在 2018~2019 年下降幅度相对较大。而 NO_2^--N 浓度在 2017~2019 年的年际变化中表现为逐年递增的趋势，递增幅度相对于 NO_3^--N 和 NH_4^+-N 的下降幅度更大。

9.1.2 诗溪河流水质源解析及影响因素分析

9.1.2.1 污染源估算

诗溪小流域水环境污染主要来源于生活污水、养猪业废水、农业面源污染等。本研究以诗溪流域涉及的岵山镇为污染源统计单元，总共涉及岵山镇 9 个行政村。

1）生活污水

诗溪流域主要处于村镇地区，生活污水是诗溪流域水环境污染的重要来源之一。诗溪流域人口主要集中在诗溪流域沿岸两侧。研究表明，塘溪村的人口密度最大，其次是茂霞村与和林村，南石村人口密度最小。诗溪流域人口主要分布在流域中上游，下游人口较少。由于流域位置的特殊性，诗溪流域没有任何污水处理设施，生活污水通过地下渗透、农村沟渠及径流直接排入河流。因此，生活污水对诗溪流域的水质影响较大。

诗溪流域范围主要是村镇，因此本研究中污染负荷的计算按农村生活污水负荷计算方法估算生活污水。

根据《全国水环境容量核定技术指南》，并结合诗溪流域内人口分布情况，取农村生活排污系数：生活污水产生量 80 L/（人 • d）、COD 40 g/（人 • d）、氨氮 4 g/（人 • d）、总氮 2.14 kg/（人 • a）、总磷 0.214 kg/（人 • a）。参考泉州环境容量报告，结合考虑诗溪流域的实际情况，在本研究中生活污水污染物入河系数采用 0.2 计算生活污水的污染负荷入河量，结果如表 9-5 所示。

由表 9-5 生活废水入河排放估算结果显示，在诗溪流域范围内，塘溪村生活污水入河排放量最大。由于礵溪村、茂霞村、和林村及铺下村位于河流的下游，距离流域出口，即考核断面最近，因此，这几个村的生活污水入河排放量也需要重点关注。

表 9-5 生活污水入河排放量 （单位：kg/a）

村	COD	总磷	总氮	氨氮
岭头村	2 590.04	37.96	379.64	259.00
龙阁村	6 470.72	94.84	948.45	647.07
礵溪村	9 504.60	139.31	1 393.14	950.46
塘溪村	10 313.44	151.17	1 511.70	1 031.34

续表

村	COD	总磷	总氮	氨氮
铺上村	5 953.88	87.27	872.69	595.39
茂霞村	7 951.16	116.54	1 165.44	795.12
和林村	7 813.92	114.53	1 145.33	781.39
铺下村	8 803.80	129.04	1 290.42	880.38
南石村	7 215.32	105.76	1 057.59	721.53

2）养猪业废水

村镇养猪业对村域流域水环境具有极大的威胁。根据实地调查，一方面，诗溪流域内的养殖户环境意识不强。规模养殖场多建设在诗溪沿岸，基础设施不完善，甚至没有任何污水处理设施，养殖户平时冲洗猪场将混有猪排泄物的污水直接排入河流；另一方面，散养生猪和其他禽类现象也较严重，散养生猪产生的所有废水也通过沟渠等排入河流。其他禽类如鸡、鸭等直接散养在河流内，使得河流内常有禽类。因此，禽类饲料、排泄物等直接进入河流，导致河流水质恶化，发出异色异味。

2017 年 5 月诗溪流域饲养生猪情况调查统计显示，流域内生猪养殖主要集中在岭头村（8.22%）、岵山水库（12.53%）、铺上村（14.82%）、铺下村（38.15%）和南石村（17.65%）。根据《福建省畜禽养殖污染防治管理办法实施细则》，其中，规模化养殖场（存栏 200 头以上）共有 9 家，占生猪养殖户总数的 5.26%，主要在岵山水库（1 家）、南石村（4 家）、铺下村（2 家），大多都分布于河道边上，离水域较近。

根据《全国规模化畜禽养殖业污染情况调查及防治对策》（生态环境部，2002），并结合诗溪流域内养殖情况，取猪的规模养殖排污系数为：COD 17.9g/（头•d）、氨氮 3.2 g/（头•d）、总氮 5.8 g/（头•d）、总磷 0.8 g/（头•d）。取猪的非规模养殖排污系数为：COD 50 g/（头•d）、氨氮 10 g/（头•d）、总氮 18 g/（头•d）、总磷 2.5 g/（头•d）。根据《畜禽养殖业污染排放标准》，生猪养殖废水产生的氨氮污染物在水体中的流失率按 3.04% 计算，总氮按 5.34% 计算，COD 按 5.58% 计算，总磷按 5.25% 计算。清粪工艺在诗溪流域为水冲洗模式，污水排放量按平均每头 40 L/d 计算。结果如表 9-6 所示。

表 9-6　诗溪流域（岵山镇段）生猪养殖污染流失量　　（单位：g/d）

村	COD	总磷	总氮	氨氮
岭头村	1178.61	49.56	365.47	114.79
龙阁村	224.73	9.45	69.69	21.89
虎空口	1797.88	75.60	557.50	175.10
磻溪村	523.38	22.01	162.29	50.97
塘溪村	177.79	7.48	55.13	17.32
茂霞村	155.82	6.55	48.32	15.18
铺上村	2125.49	89.38	659.08	207.01
铺下村	5472.53	230.12	1696.96	533.00
和林村	156.81	6.59	48.63	15.27
南石村	2532.01	106.47	785.14	246.60

3）农业面源污染

诗溪流域是典型的农业流域，流域内农作物主要为水稻、蔬菜、水果等经济类作物，化肥等农业化学品施用导致的面源污染在水环境恶化中扮演了重要的角色。实际调查发现，农民现有的施肥方式和施肥时间都不科学，一味追求高产出、过度施肥是普遍现象，对氮磷肥的施用比例把握不准。因化肥不合理的使用造成农田养分流失严重。化肥经径流和渗透等进入河流影响河流水质。

根据《渤海陆源非点源入海污染物总量监测与评价》，并结合诗溪流域内 2017 年耕地情况，取耕地径流污染系数为：COD 10 kg/（亩①·a）、氨氮 2 kg/（亩·a）、总氮 3.5 kg/（亩·a）、总磷 0.43 kg/（亩·a）。结果如表 9-7 所示。

表 9-7　农田径流污染量　（单位：kg/a）

村	COD	总磷	总氮	氨氮
岭头村	9 028.41	394.99	3 159.94	1 805.68
龙阁村	18 946.11	828.89	6 631.14	3 789.22
磻溪村	17 670.81	773.10	6 184.78	3 534.16
塘溪村	8 778.63	384.07	3 072.52	1 755.73
铺上村	5 903.84	258.29	2 066.34	1 180.77
茂霞村	10 224.73	447.33	3 578.66	2 044.95
和林村	10 325.72	451.75	3 614.00	2 065.14
铺下村	9 691.17	423.99	3 391.91	1 938.23
南石村	15 339.37	671.10	5 368.78	3 067.87

9.1.2.2　诗溪流域土地利用与水质浓度相关性

通过对诗溪流域土地利用进行解译，发现诗溪流域土地利用类型占比从高到低分别是林地、园地、耕地、建设用地、水体，其中林地占比高达 49%，园地占比高达 29%。

虽然诗溪流域绿化面积高，但是在流域沿岸是呈高密度分布的居民及果园，因此分析水质与土地利用类型的相关性对识别流域水质恶化具有重要意义。

根据解译的土地利用类型信息，在流域汇流点或有污水集中排入点进行集水区划分。结合诗溪流域的实际情况与采样点位的布设将诗溪流域划分为 15 个集水区，如图 9-8 所示。集水区对应的采样点的土地利用信息如表 9-8 所示。根据土地利用解译结果提取每个集水区对应的土地利用类型信息，再利用 Pearson 相关分析法分析诗溪流域水质与土地利用类型的相关性，进而探讨诗溪流域水质恶化与土地利用的相关性，相关性分析结果如表 9-9 所示。

① 1 亩≈666.67m^2。

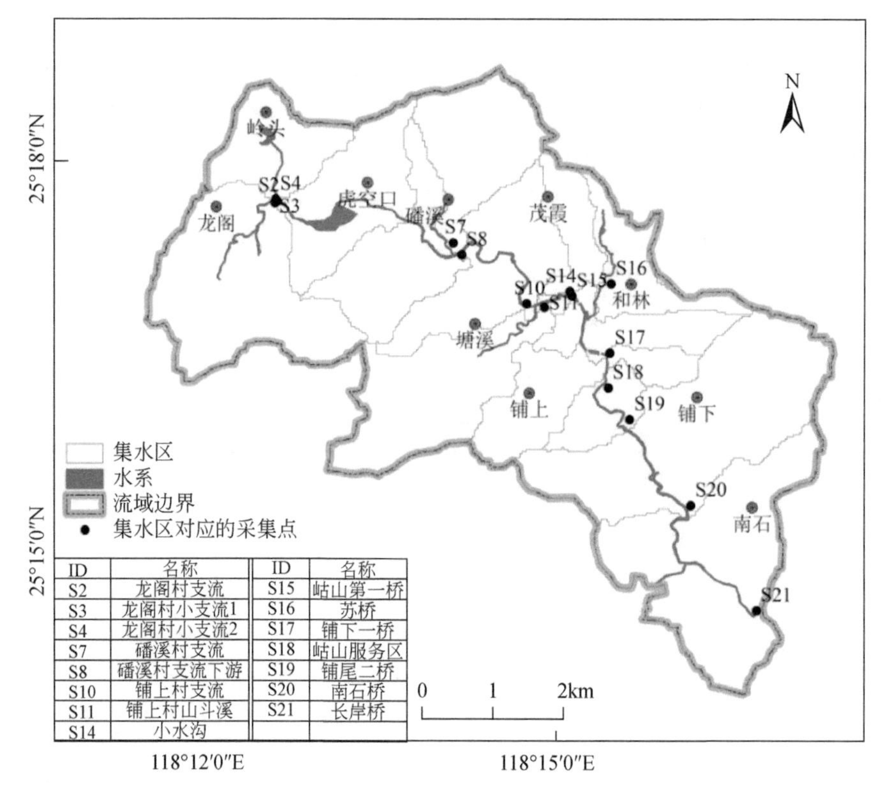

图 9-8 诗溪流域集水区划分

表 9-8 集水区采样点及其土地利用 （单位：%）

ID	名称	林地	建设用地	果园	裸地	耕地
S2	龙阁村支流	70.66	7.44	6.66	0.47	14.77
S3	龙阁村小支流 1	64.90	13.03	5.59	0.79	15.69
S4	龙阁村小支流 2	72.88	5.29	7.07	0.35	14.41
S7	磻溪村支流	59.32	2.83	25.96	0.14	11.75
S8	磻溪村支流下游	57.96	7.08	21.48	0.52	12.95
S10	铺上村支流	50.21	9.28	25.34	0.66	14.50
S11	铺上村山斗溪	44.24	9.57	34.17	3.02	9.01
S14	小水沟	0.00	18.38	36.61	0.00	45.01
S15	岵山第一桥	47.73	9.90	27.18	1.01	14.18
S16	苏桥	19.92	23.45	30.65	0.05	25.94
S17	铺下一桥	44.77	11.44	27.45	1.01	15.33
S18	岵山服务区	44.69	11.67	27.45	1.01	15.18
S19	铺尾二桥	44.22	11.97	27.87	0.99	14.95
S20	南石桥	47.68	10.46	27.08	0.85	13.94
S21	长岸桥	50.30	10.03	26.30	0.76	12.61

表 9-9 土地利用与水质的相关性分析

参数	林地	建设用地	园地	裸地	耕地
TN	-0.708^{**}	0.627^{*}	0.532^{*}	−0.180	0.644^{**}
NH_4^+-N	-0.701^{**}	0.800^{**}	0.364	−0.223	0.797^{**}
NO_3^--N	−0.478	0.381	0.412	−0.008	0.354
NO_2^--N	-0.732^{**}	0.718^{**}	0.509^{*}	−0.060	0.636^{**}

** 表示在 0.01 水平（双侧）显著相关（极显著），* 表示在 0.05 水平（双侧）显著相关（显著）。

根据表 9-9 诗溪流域土地利用与水质之间的相关性分析，林地与河流氮污染指标浓度呈极显著的负相关，建设用地与 TN 呈显著正相关，耕地与 TN 呈极显著正相关，建设用地与耕地与 NH_4^+-N、NO_2^--N 呈极显著正相关。园地与 TN 和 NO_2^--N 呈显著正相关，与 NO_3^--N 和 NH_4^+-N 呈正相关但不显著。研究表明耕地与建设用地是影响河流氮污染的一个重要因素；园地对河流氮污染有一定的影响作用；裸地对河流的氮污染有微弱的影响作用。

9.1.2.3 基于回归模型识别水质影响的主要土地利用因子

通过多元线性回归分析模型，识别丰水期（5~9 月）与非丰水期（10 月至次年 4 月）诗溪流域氮污染指标浓度的主要土地利用（林地、建设用地、园地、裸地、耕地）影响因子。

由表 9-10 可知，诗溪流域氮污染指标与土地利用回归模型的 R^2 大于 0.5，则说明诗溪流域土地利用对水质影响较大，且非丰水期的响应强度大于丰水期，表明土地利用是诗溪流域氮污染的重要非点源污染，且非丰水期表现更加明显。在 TN、NH_4^+-N、NO_3^--N 与土地利用的回归模型中，丰水期仅有耕地出现在回归方程中，与 TN、NH_4^+-N、NO_3^--N 浓度呈极显著的正相关。其中氮污染指标浓度对耕地的响应强度为 TN 强于 NH_4^+-N 强于 NO_3^--N，耕地作为非点源污染是丰水期土地利用对诗溪流域氮污染影响的主要因子；在非丰水期，TN 浓度与土地利用的回归模型中仅出现林地，林地与 TN 浓度呈极显著的负相关，表明林地对 TN 污染具有削弱的作用。在 NH_4^+-N 与土地利用的回归模型中出现了园地和耕地两个因子，耕地与 NH_4^+-N 呈极显著正相关，园地与 NH_4^+-N 浓度呈显著正相关，表明耕地和园地能加强流域 NH_4^+-N 污染，且耕地的加强作用强于园地，则耕地和园地作为非点源污染是土地利用影响诗溪流域 NH_4^+-N 污染的主要因子。在 NO_3^--N 与土地利用的回归模型中，出现了建设用地、园地、耕地三个因子，建设用地和耕地与 NO_3^--N 浓度呈极显著的正相关，园地与 NO_3^--N 浓度呈显著的正相关，则建设用地、园地、耕地作为非点源污染是土地利用影响 NO_3^--N 污染的主要因子，且土地利用非点源污染对 NO_3^--N 污染的贡献为耕地大于建设用地大于果园。

9.1.2.4 诗溪流域流量与水质浓度相关性

由于诗溪流域未设水文站，本研究通过 MantaRay 便携式流速流量计现场测定诗溪流域流量，测定时间为 2 月、7 月，共 2 期数据，将 7 月测定的流量作为丰水期流量，2 月测定的流量作为枯水期流量。利用 Pearson 相关分析法分析诗溪流域水质指标浓度（流量监测点）

与流量的相关性，分析结果如表 9-11 所示。

表 9-10　采样点水质参数的回归模型

项目	丰水期			非丰水期		
	TN	NH_4^+-N	NO_3^--N	TN	NH_4^+-N	NO_3^--N
林地				−0.11**		
建设用地						0.08**
园地					0.494*	0.361*
耕地	0.17**	0.075**	0.052**		0.204**	0.092**
R^2	0.662	0.829	0.578	0.742	0.927	0.802

** 表示在 0.01 水平（双侧）显著相关，* 表示在 0.05 水平（双侧）显著相关。

表 9-11　流量与水质相关性分析

指标	TN	NH_4^+-N	NO_3^--N	NO_2^--N
数值	−0.77**	−0.972**	−0.55*	−0.77**

** 表示在 0.01 水平（双侧）显著相关，* 表示在 0.05 水平（双侧）显著相关。

由表 9-11 可知，诗溪流域 NO_3^--N 与流量呈显著负相关，TN、NH_4^+-N 和 NO_2^--N 与流量呈极显著负相关。即流量越大，氮污染指标浓度越小，说明了流域流量对水质有较大的影响，流量越大，流域水质相对较好，较大的流量对流域水质具有改善作用。

9.1.3　治理启示

从诗溪流域氮污染指标的时空变异特征分析可以看出，首先，诗溪流域氮污染在上中下游、支流与干流、左右岸上存在显著的空间差异性；其次，诗溪流域在月际间、春夏秋冬四季及年际间存在显著的差异性。通过相关性分析及回归分析，识别流域氮污染的影响因子，结果显示诗溪流域氮污染与土地利用及流量具有显著的相关性。以上分析可为诗溪流域治理中氮污染的削减提供以下建议。

（1）重点控制中游污染源。可在中游建设农村分散式污水处理设施将中游生活污水进行处理后再排放，在中游水流缓慢，可通过建设水坝增加落差。

（2）重点控制支流污染源的污染物排放。支流的污染源主要来源于生活污水及农业废水，且支流流量较小，因此，可建设农村分散式污水处理设施处理生活污水后排放，农业废水通过控制农药化肥的施用比例，根据诗溪流域气候及作物生长等合理科学地施用农药化肥。

（3）建设用地中有一部分是畜禽养殖，所以可以根据流域畜禽养殖的禁养区、禁建区、可养区的划分严格实施畜禽养殖建设，建设基本的畜禽废水处理配套设施处理畜禽养殖废水。

（4）优化调整流域区域的社会经济发展方式及产业结构，促使经济建设与环境保护同步进行。

（5）合理规划流域内土地利用，尽可能达到“多规合一”，全面规划，要做到防患于未然。

（6）合理划分河段，监督河长制的有效实施，建立河长制监督机制及效益机制。

9.2 QUAL2K 模型构建

基于福建省生态环境厅《“小流域综合整治”为民办实事项目实施方案》对诗溪流域的考核要求，选择 TN 和 NH_4^+-N 作为模拟的水质指标，构建诗溪流域 TN 和 NH_4^+-N 的 QUAL2K 水质模型。内容主要包括模型河网概化、模型校验和模型应用，通过模拟分析，为提出有效的小流域治理措施提供科学依据。

9.2.1 诗溪流域河网概化

诗溪流域河段划分的结果是参考 Allam 等（2015）研究中的河段划分实例，并结合诗溪流域水系分布特征、水质监测断面、污染源分布等实际情况，将河段划分为模拟计算单元，河段划分的结果（图 9-9）是模型建立和校验过程中反复调整的结果。

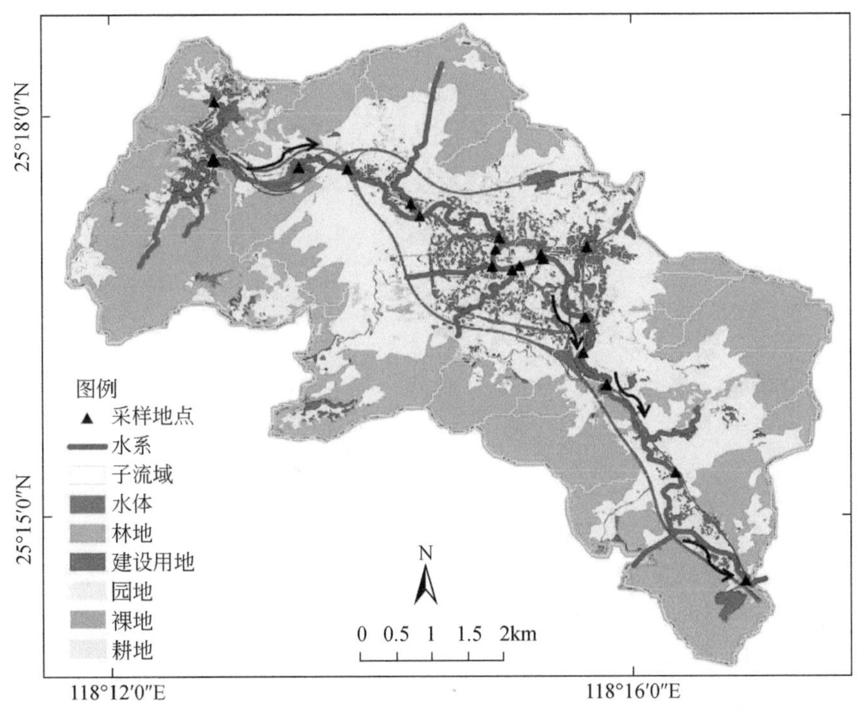

图 9-9 诗溪流域河段划分示意图

根据诗溪流域水力特征及污染源分布情况，将岭头水库作为起点，长岸桥作为终点进行河流模拟河段划分，总共划分为 6 个河段（表 9-12）。且将诗溪河流的支流概化为流域点源污染输入，生活污水、畜禽养殖废水和农业废水概化为流域面源污染输入（图 9-10）。

表 9-12 诗溪流域模拟河段划分结果

河段编号	河段长度 /km	河段终点	纬度	经度	计算单元 / 个
1	1.88	岵山水库进水口	25.29°N	118.22°E	5
2	0.90	岵山水库出水口	25.29°N	118.22°E	7
3	3.55	磻溪村与茂霞村交界	25.28°N	118.25°E	5
4	2.52	南石村与铺下村交界	25.27°N	118.26°E	7
5	3.35	南石桥	25.25°N	118.27°E	2
6	2.32	长岸桥	25.24°N	118.28°E	6

注：起点为岭头水库。

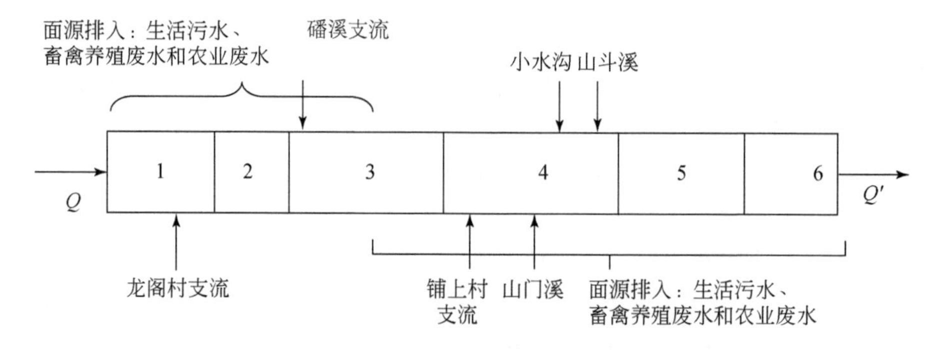

图 9-10 诗溪流域河段概化示意图

9.2.2 模型的数据

9.2.2.1 诗溪流域河段源头水文水质参数

1）源头水质

诗溪流域模拟河段的源头水质参数采用流域起点断面岭头水库的水质监测数据，利用其他断面的数据进行模型的模拟与校验。河流水质执行《地表水环境质量标准》（GB 3838—2002）中Ⅲ类水质标准。

2）气象数据

QUAL2K 模型在模拟过程中需要输入各模拟河段的气温、风速、云量（用覆盖百分比表示）及河流遮阴率等数据。气象数据采用的是永春气象监测站 1998~2010 年累年平均气温作为各河段的气象参数。由于诗溪流域地处山区，河流的遮阴率一律采用 50%。

3）流量数据

QUAL2K 模型在模拟计算过程中，各河段都需要填入流量数据。由于诗溪流域范围内没有流量监测站点，为了模拟的准确性，对河流进行流量的现场监测以代表河段的流量。

9.2.2.2 模型污染负荷

QUAL2K 模型在模拟计算中，需要输入污染负荷数据，污染负荷按两种形式输入：点源污染与非点源污染。

处理好诗溪流域点源污染和与非点源污染负荷输入是水质模型建立成功的关键步骤，调整输入方式更是模型校验的主要部分。通过数据资料的收集与现场实地调研，分析诗溪流域点源污染与非点源污染的分布特点情况，通过模拟分析得出诗溪流域水质模型的污染负荷最佳输入方式。

1）点源污染负荷

依据诗溪流域的污染源调查结果，结合诗溪流域 QUAL2K 水质模型的河段划分，诗溪流域污染源相对单一，但是各类污染物的排放集中度小。因此，在模型污染负荷输入时，本研究将诗溪流域支流作为点源污染负荷输入，面源污染负荷作为非点源污染负荷输入。根据 QUAL2K 水质模型的基本原理及诗溪流域水质监测断面的分布，把模拟河段沿途的支流全部概化为点源污染负荷输入，结果如表 9-13 所示。

表 9-13 点源污染信息

编号	点源	位置 /km	流入 / 流出
1	龙阁	13.29	流入
2	磻溪	9.25	流入
3	铺上	7.61	流入
4	山斗	7.01	流入
5	小水沟	6.62	流入
6	山门	6.45	流入

2）非点源污染负荷

QUAL2K 模型中非点源污染负荷的输入或输出都是以线源的形式进行模拟，模型将根据流量采用距离加权的方式对非点源污染负荷进行分配，如图 9-11 所示。对于诗溪流域而言，流域处于村镇位置，非点源污染负荷主要来自畜禽、农业和生活废水三部分，非点源污染起点和终点可直接采用研究水系的起点和终点统一计算。

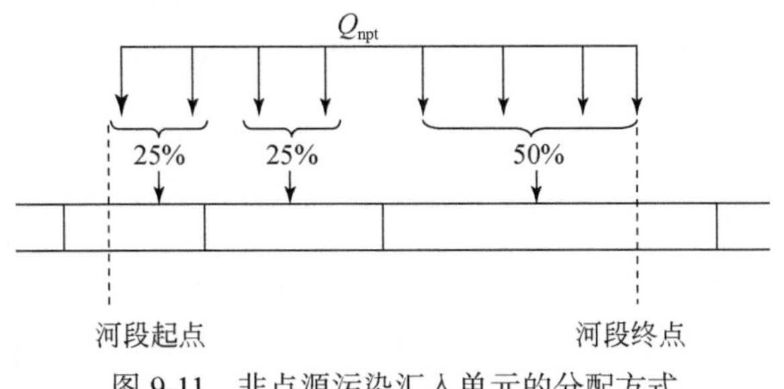

图 9-11 非点源污染汇入单元的分配方式

Q_{npt} 为非点源污染。

9.2.3 模型参数的初始设置

QUAL2K 模型参数设置有针对各河段分别设置和针对整个模拟河段设置两种设置方式。模型参数的设置形式非单一化，有用户人为设置和模型自身内嵌的计算模型自动计算进行设置等形式。

9.2.3.1 水力参数和自然特征参数

1）水力参数

模型中的水力参数主要用于确定模拟河道的水力特性，该参数的计算在模型计算中占有极其重要的地位，计算的精确性直接关乎模型的精度。依据诗溪流域的水文特征情况，水力参数选择曼宁系数和纵向弥散系数。由于诗溪河道为自然河道，有众多的弯曲和蓄水区，河段主要位于山区，模拟河段的曼宁系数值选择 0.05（赵琰鑫等，2015）；由于各河段的水力参数齐全，纵向弥散系数由模型自动计算。

2）河段自然特征参数

模拟过程中河段自然特征参数包括复氧系数、河底藻类覆盖度、河底沉积物覆盖度。由于模拟河段主要流经山坳，河流落差较小，地势较平，水流较缓，河流营养物质较丰富，适合河底藻类生长，河底藻类覆盖度设为 50% 较宜，沉积物覆盖度统一设为 100%。

9.2.3.2 河道中物质组分的生化反应参数

在 QUAL2K 模型中，涉及河道中物质组分生化反应的参数包括：用化学物质计量的水生植物、非生命形式有机和无机悬浮物的值；河道中各类物质组分的耗氧量、硝化与反硝化模型及相关的系数；各物质组分的氧化速率、水解速率及相对应的温度修正系数；浮游植物、河底藻类与病原体生长和死亡速率等参数。这些参数在 QUAL2K 模型中都提供推荐值，各参数的初始设置采用推荐值作为模型校验的参考依据。

9.2.4 模型校验

QUAL2K 模型对一些关键参数提供了推荐经验值，并且也有相关文献的应用记载（赵琰鑫等，2015），但河流水质模拟过程中需要考虑流域的地域性，模拟河段要符合实际情况，如河流水文特征、污染负荷等对模型的参数有较大影响。应用水质模型模拟应根据河流的自然地理及污染负荷等实际情况设置不同的参数，但这些参数在一定的区间范围内波动，一般不会超过波动的区间范围。模型的校验主要是通过对模型初始设置参数进行调整，使模型模拟的结果与实测的数据更接近。首先利用河流实际的污染负荷、流量和水文资料对水质进行模拟计算，然后验证模型模拟的结果与实测值的拟合程度是否合理。

应用 QUAL2K 水质模型对诗溪流域水质进行模拟时设置模型校验具有两个目的，一是调整和校正模型的参数设置，二是通过比较模拟数据与实测水质数据验证模型应用在诗溪流域的合理性。

9.2.4.1 模型参数校正

需要校正的模型参数根据诗溪流域模拟组分进行确定，主要为影响 NH_4^+-N、TN 浓度变化的参数，分别为 NH_4^+-N 硝化速率 k_{na} 和 NO_3^--N 反硝化速率 k_{dn}。只对这两个参数进行校正，此外的其他参数均采用模型的经验推荐值。

诗溪流域 2017 年 3 月 ~2019 年 3 月，每个月至少采样一次，总共采样 27 次，可根据诗溪流域实际情况分为春夏秋冬四个季节，依据四个季节的水质监测数据进行模型参数校正。本文中 QUAL2K 模型参数校正选定 2017 年四个季节的水质数据，验证选用 2018 年四个季节的水质数据。污染负荷数利用人口数据、畜禽养殖数据及土地利用数据通过经验系数进行计算，2017 年诗溪流域各类污染物入河量统计如表 9-14 所示，点源污染输入如表 9-15 所示。

表 9-14　2017 年各类面源污染物入河量　（单位：mg/L）

污染物类型	NH_4^+-N	NO_3^--N
畜禽养殖	2.43	1.98
生活污水	7.82	12.31
农田径流	1.56	1.17

表 9-15　诗溪流域点源污染输入　（单位：mg/L）

距离	点源名称	NH_4^+-N	NO_3^--N	TN
12.94/km	龙阁村支流	1.54	1.69	5.94
9.75/km	磻溪村支流	0.88	1.62	4.98
7.66/km	铺上村支流	1.30	1.83	4.69
7.4/km	铺上村山斗溪	2.22	2.07	6.99
6.89/km	小水沟	6.06	3.52	14.15
6.45/km	山门溪	4.25	1.28	7.34

根据模型参数的经验推荐值，参照诗溪流域实测的水质数据在适当范围内调整模型参数，直至模拟值与实测值的拟合度达到最理想的状态。模型参数校正结果如表 9-16 所示。

表 9-16　模型参数校正结果

参数	NH_4^+-N 硝化速率 k_{na}（/d）	NO_3^--N 反硝化速率 k_{dn}（/d）
春季	0.15	0.10
夏季	0.008	0.002
秋季	0.35	0.45
冬季	0.10	0.10

9.2.4.2 模型参数验证

模型的验证是模型建立成功的关键步骤，主要是检验模型模拟结果与实际情况的符合程度，更是决定模型能否用于实际模拟的关键。它是在各种环境条件（河流流量、水质指标浓度）下，利用额外的一组水质数据对校正后的模型进行测试，以确保模型能够可靠地预测河流真实情况（汤冰冰，2016）。使用2018年的水质指标浓度实测数据对模型进行验证，校准和验证结果如图9-12和图9-13所示。

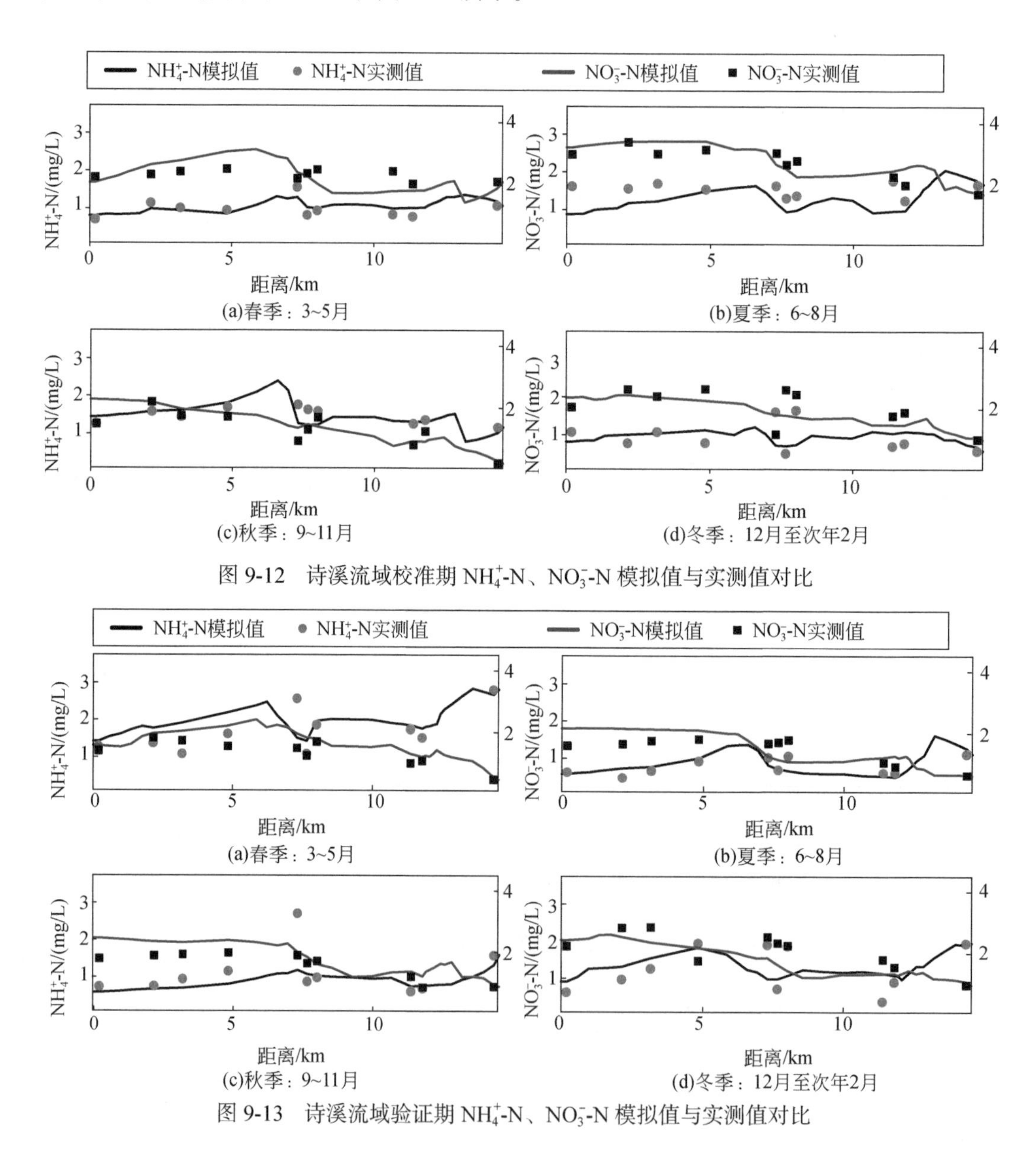

图9-12 诗溪流域校准期 NH_4^+-N、NO_3^--N模拟值与实测值对比

图9-13 诗溪流域验证期 NH_4^+-N、NO_3^--N模拟值与实测值对比

从模型的输出结果（图9-13）可知，诗溪流域 NH_4^+-N超出了流域管理要求的范围（国家《地表水环境质量标准》（GB3838—2002）中Ⅲ类水质要求，≤1.0 mg/L），总体来说，诗溪

流域水质指标浓度呈现从上游到下游是先下降再上升再下降的变化趋势。但值得关注的是，在河流源头部分与河流中下游部分（4~7 km）水环境质量相对恶劣。出现这种情况的原因是，在诗溪流域源头岭头水库有规模化的畜禽养殖，周围是没有任何保护措施的耕地，在中下游部分，人口集中分布，生活污水占主导，且所有的点源污染都集中在中下游地区，所有中下游地区的河流水质环境质量最差。另外，从总的趋势来讲，诗溪流域水质指标浓度变化情况从上游到下游是下降的趋势，这主要是因为河流本身具有自净能力，随着距离的拉长，污染物在水环境中会发生一系列的转化和沉积，最终在距离较远处污染物浓度与起点会有差距。

从模型的验证输出结果（图 9-13）还可以看出，不同的季节，模型对水质模拟的效果不一样，对于 NH_4^+-N 而言，秋季和冬季的模拟效果较春季和夏季更好；对于 TN 而言，春季和冬季的模拟效果较夏季和秋季更好。NH_4^+-N 和 TN 拟合效果较好出现在不同的季节，主要是因为河流 TN 的来源不仅是 NH_4^+-N，根据 8.1.1 节可知，对诗溪流域 TN 的来源贡献最大的是 NO_3^--N，由于 NO_3^--N 的影响，TN 与 NH_4^+-N 的模拟效果出现季节性的变化情况。

模型的模拟效果通过两者相对误差进行评估，结果如表 9-17 所示。

表 9-17　诗溪流域水质实测值与模拟值比较

监测点位	NH_4^+-N			TN		
	实测值 /（mg/L）	模拟值 /（mg/L）	相对误差 /%	实测值 /（mg/L）	模拟值 /（mg/L）	相对误差 /%
岭头水库	1.79	1.79	0.00	4.65	4.65	0.00
龙阁村支流	1.35	1.37	1.48	5.94	3.88	−34.68
岵山水库排水口	0.99	1.24	25.25	4.17	3	−28.06
干流	1.35	1.4	3.70	5.9	4.34	−26.44
岵山第一桥	2.11	2.05	−2.84	6.92	4.5	−34.97
铺下一桥	1.47	1.58	7.48	5.99	4.35	−27.38
岵山服务区	1.34	1.51	12.69	5.3	4.47	−15.66
铺尾二桥	1.08	1.31	21.30	5.68	4.38	−22.89
南石桥	0.96	1.12	16.67	4.84	4.32	−10.74
长岸桥	1.01	0.99	−1.98	3.92	3.92	0.00

从表 9-17 可知，NH_4^+-N 模拟结果显示除岵山水库排水口与浦尾二桥两个点，其余的相对误差在 ±20% 以内；TN 的模拟结果显示除龙阁村支流与岵山第一桥两个点，其余相对误差均在 ±30% 以内。模拟结果都表明模拟值与实测值有较好的拟合度，且 QUAL2K 模型对 NH_4^+-N 的模拟效果比 TN 的模拟效果好。因此，QUAL2K 模型可以作为预测诗溪流域

水质的有效工具，可为监测困难的河流水环境质量管理和决策提供更高精度的数据分析。

9.2.4.3 模型可信度评价

在有限的数据中，校准和验证时的 NSE 值相对较低，对数据稀疏的诗溪流域的氮素模拟具有挑战性。相反，许多现有的研究倾向于使用均方根误差（RMSE）和归一化目标函数（normalized objective fuction，NOF）来评价 QUAL2K 在稀疏数据的流域区域的应用效果（Allam et al.，2015）。Du 等（2013）也提出，利用稀疏数据进行水质模型校准和验证的目的是在类似研究中控制大部分结果误差小。因此，NSE 可能不适合像本研究那样评价模型性能。分别将模拟结果与 2017 年和 2018 年的实测数据进行比对，对本研究所用模型进行校正和验证。采用 RMSE 和 NOF 来评估模型的性能如下：

$$\mathrm{RMSE}=\sqrt{\frac{\sum_{i=1}^{n}(Q_{\mathrm{obs}}-Q_{\mathrm{sim}})^2}{N}} \tag{9-1}$$

$$\mathrm{NOF}=\frac{\mathrm{RMSE}}{Q_{\mathrm{ave}}} \tag{9-2}$$

式中，Q_{obs}、Q_{sim}、Q_{ave}、N 分别为观测值、模拟值、观测值平均值和测量次数。在 0.0~1.0 的区间，NOF 值的模型预测结果是可以接受的。该模型使用 2017 年（2017 年 3 月 ~2018 年 2 月）的数据进行校准，并使用 2018 年（2019 年 3 月 ~2019 年 2 月）的数据进行验证。图 9-12 和图 9-13 显示了四个季节之间的校准和验证结果。NO_3^--N 的模拟效果普遍好于 NH_4^+-N，尤其在秋季和冬季。模型在校准期和验证期的 RMSE 小于或等于 0.42，NOF 小于 0.35（表 9-18），说明校准参数非常可靠。

表 9-18 模型在校准和验证中的性能

参数	校准期		验证期	
	RMSE	NOF	RMSE	NOF
NH_4^+-N	0.264	0.212	0.420	0.346
NO_3^--N	0.207	0.099	0.254	0.157

9.3 QUAL2K 模型应用

基于前面分析结果设置污染源控制情景，分析诗溪流域水质改善效果。内容主要包括：关键源识别、情景设置及流域治理措施。经情景分析，深入探讨污染源对流域水质的影响，提出具有针对性的流域治理措施，为小流域治理提供参考。

9.3.1 制定非点源污染控制策略

9.3.1.1 统一控制非点源污染

在此情景下，诗溪非点源污染（N）均按一定程度减小。根据《地表水环境质量标准》（GB 3838—2002），减少 20% 的非点源氮，诗溪出水可达到Ⅲ类标准。然而，即使去除所有的非点源污染，整条溪的水质仍不能满足Ⅲ级水质要求（图 9-14）。

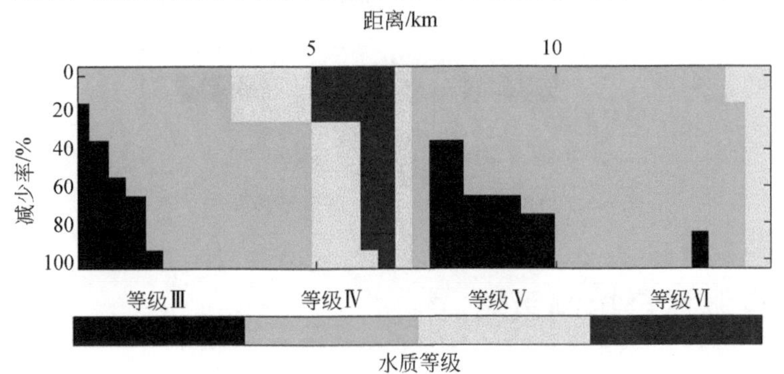

图 9-14 NH_4^+-N 与非点源污染控制的关系

9.3.1.2 单一控制非点源污染

该情景首先减少诗溪非点源污染（N），然后考察水质的改善情况（图 9-15）。基于《地表水环境质量标准》（GB 3838—2002），如果畜牧业的非点源或农村污水排放减少，诗溪流域出口的水质会满足Ⅲ类水质标准。为满足这一要求，畜牧业非点源污染和农村污水排放分别减少 60% 以上和 40% 以上。但仅减少诗溪非点源施肥可能无法改善水质（图 9-15）。

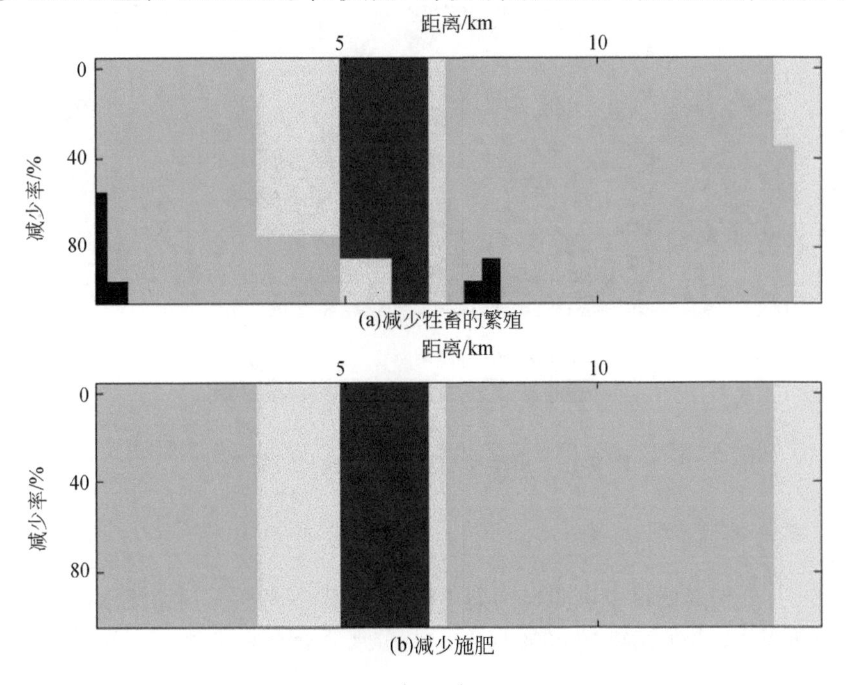

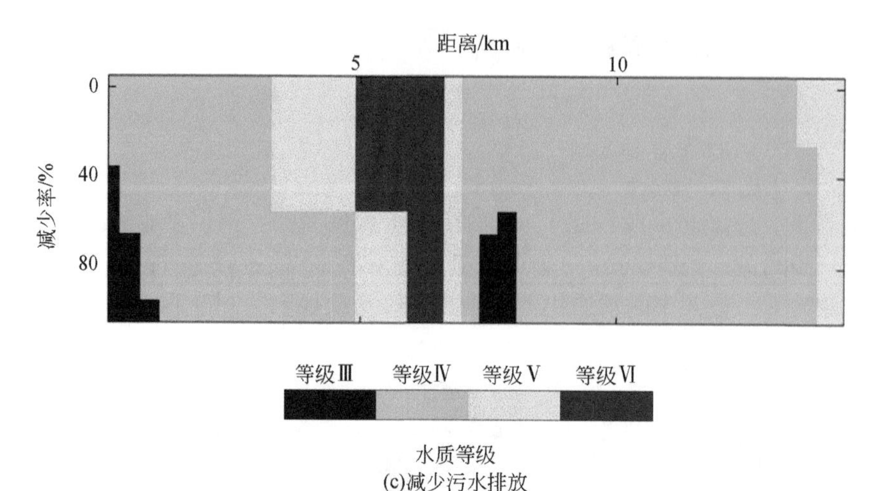

(c)减少污水排放

图 9-15　NH_4^+-N 与单一非点源污染控制的关系

9.3.2　制定点源污染控制策略

9.3.2.1　统一控制点源污染

相比于控制非点源污染，控制诗溪点源污染是更有效的方法。如图 9-16 所示，去除 20% 的点源 N，诗溪流域出口水质可达Ⅲ类水质标准 [按《地表水环境质量标准》（GB 3838—2002）]，点源污染减少 60% 以上，可显著改善溪流水质。

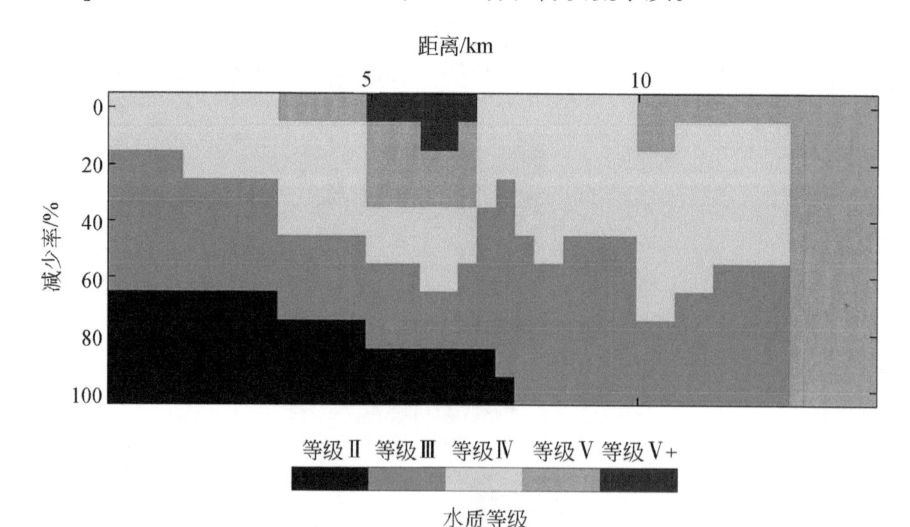

图 9-16　NH_4^+-N 与点源污染控制的关系

9.3.2.2　单一控制点源污染

在此情景下，分别降低每个点源 N 污染负荷比例，然后考察其对诗溪水质的改善情况（图 9-17）。如果降低 P1 点源污染的 80% 以上，上游水质就会得到改善。如果 P5 的点源污染可以去除40%以上，P6的点源污染可以去除50%，溪流下游水质就可明显提升。但仅减少P2、P3、P4中的单点源污染，并不能改善诗溪水质。

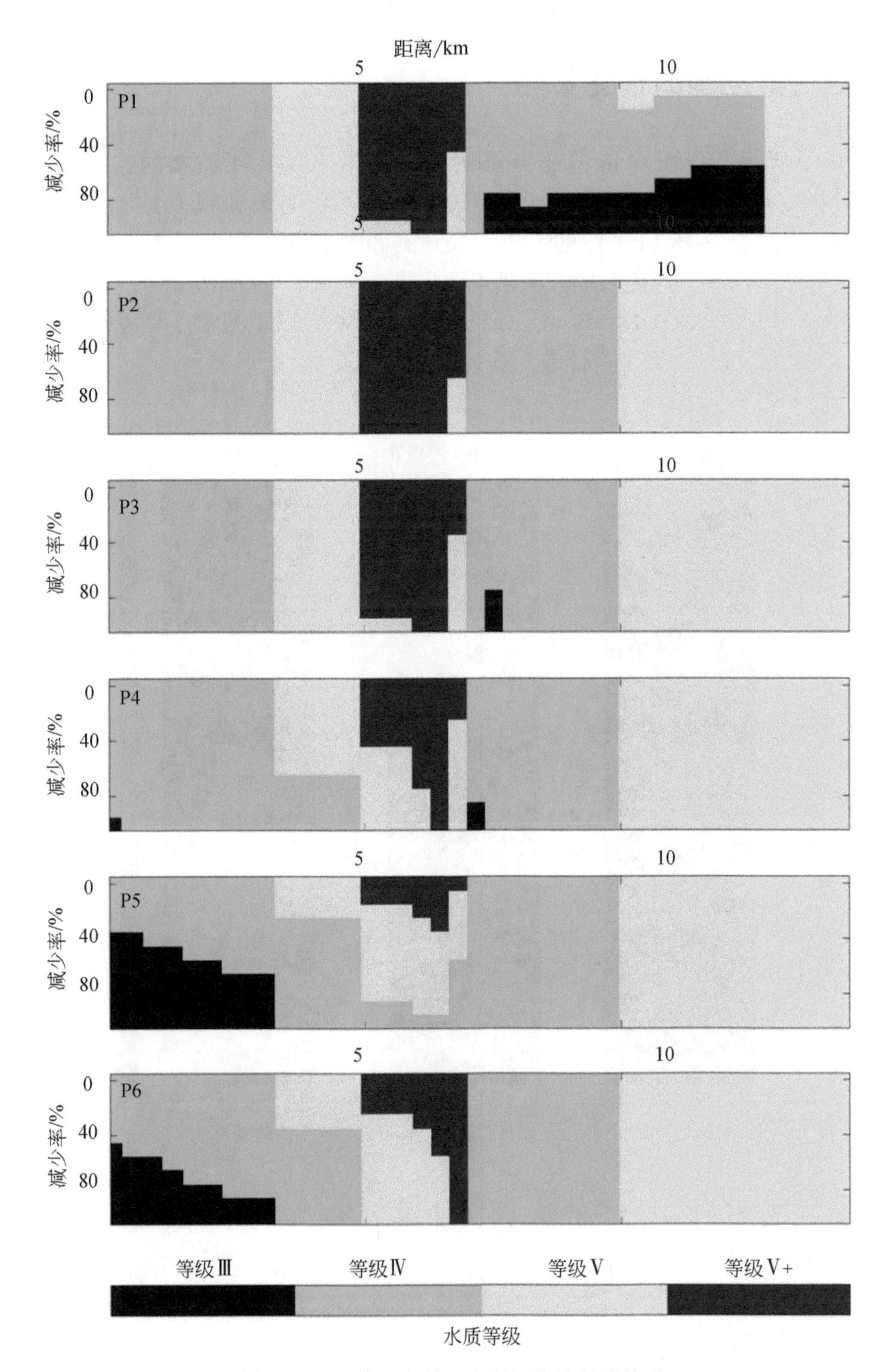

图9-17 NH_4^+-N与单一点源污染控制的关系

9.4 水质提升方案制订与流域系统治理

9.4.1 氮污染控制的优化策略

如图 9-18 所示，仅减少诗溪非点源污染，诗溪水质优于Ⅲ类的比例永远达不到 60%[图 9-18（c）]。优化后的方法是点源污染减少氮污染物 55% 以上，非点源污染减少氮污染物 10% 以上 [图 9-18（c）]，使诗溪水质达到 80% 以上的Ⅲ类标准。如果要使 80% 以上的区域达到Ⅱ类标准，优化后的方法是点源污染减少 90% 的 N 污染物，非点源污染减少 30% 以上的 N 污染物 [图 9-18（b）]。如果同时去除 90% 以上的非点源污染和点源污染，诗溪 60% 以上的区域可达到Ⅰ类标准 [图 9-18（a）]。

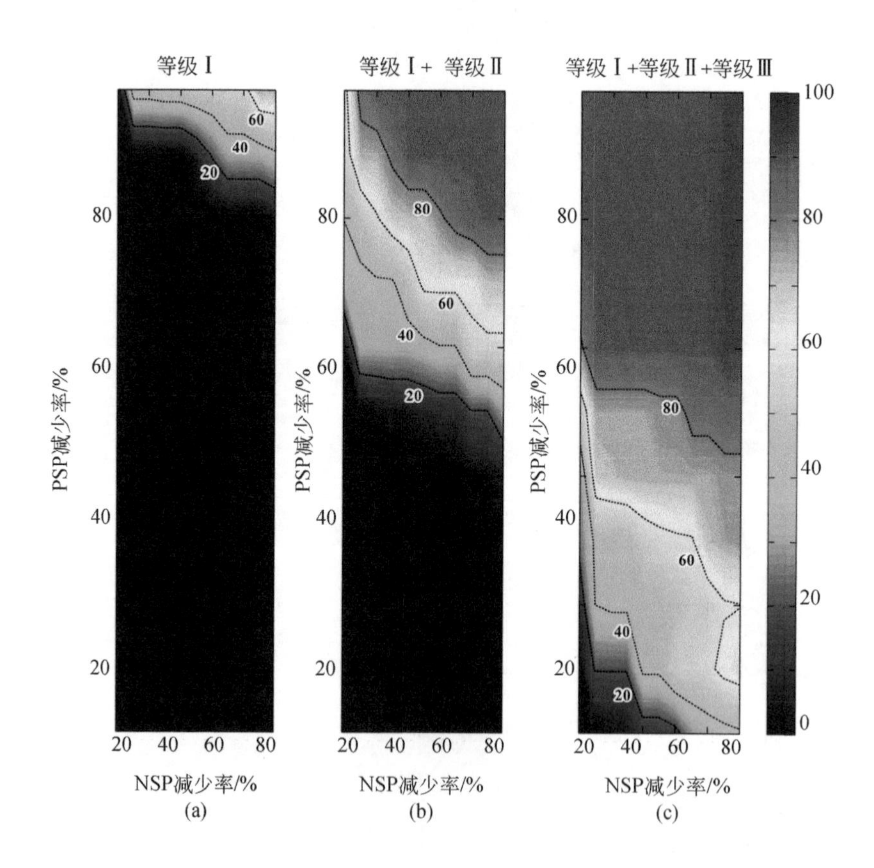

图 9-18 水质达标比例

NSP 和 PSP 分别代表非点源污染和点源污染

9.4.2 污染源削减措施

根据诗溪流域污染源分析和情景二的模拟结果，诗溪流域的污染源主要来源于畜禽养殖和生活污水，则控制畜禽养殖废水排放和生活污水即可达到水质提升目标。

9.4.2.1 畜禽养殖污染控制措施

控制流域范围内的畜禽养殖。2017 年 5 月，永春县人民政府就岵山镇畜禽养殖禁养区、禁建区、可养区进行了重新调整，并发布了《永春县人民政府关于调整岵山镇畜禽养殖禁养区、禁建区、可养区的通知》（永政文〔2017〕87 号）。通知明确指出，岵山镇禁养区、禁建区、可养区范围，禁养区包括除文溪村外的其他镇域范围、法律法规规定的其他特殊保护区域，禁建区范围为岵山镇文溪村，岵山镇无可养区。

根据禁养区、禁建区、可养区的划分，凡是在禁养区的畜禽养殖场必须在 2017 年 12 月 31 日前无条件自行搬迁或关闭，否则由岵山镇人民政府组织强制拆除，凡在 2017 年 12 月 31 日之后还在禁养区继续养殖的，将根据有关法律法规依法处理。禁建区内现有养殖场（户）必须按照农业部要求做好标准化改造，并加强日常管理。对不改造或不符合标准改造条件的需提前通报岵山政府，并于 2017 年 12 月 31 日前拆除或关闭，对符合标准化改造的要指导、督促其于 2017 年 12 月 31 日前完工。

9.4.2.2 生活污水污染控制措施

1）生活污水集中处理

诗溪（岵山段）流经整个岵山镇，人口沿岸分布，大多是村民，分散居住，但是在岵山镇政府周围人口分布较集中，有学校等。学校和镇政府这种人口密度较大的组织团体的生活污水比分散分布的农民生活污水更容易处理，可通过铺设管道将学校和政府的生活污水收集，然后通过建设压力泵将污水输送到永春县污水处理厂对生活污水进行集中处理，在处理水质达标后对生活污水进行排放。

2）生活污水分散处理

诗溪流域范围内的生活污水主要是农家生活污水，比较分散，但是可以根据村域采取建设农村分散式污水处理设施的方法对生活污水进行处理。根据关键污染源区识别资料，目前已经建设 6 个，在后期，每个村可建设一个，将生活污水全部处理后再排放。

9.4.3 流域库区治理措施

根据岭头及岵山水库的水质污染情况，采用减少输入污染物 + 水体治理 + 水生态修复综合治理技术体系进行治理。技术措施包括外源污染控制、水库底泥治理、水质提升和水生态修复五个部分。治理期间全程对其水环境状况进行监测，包括污染源监测、底泥监测、水质监测、水生生物监测。

9.4.3.1 外源污染控制

水库水质受多方面的影响，外源污染作为最直接影响水质的污染因子，应在治理前进行控制和治理，减少水环境治理压力。

水库补水的重要来源是水库集水面积的地表径流，流域周边有农业生产、集中居民区，这些区域的污染物通过地表径流进入水库，水体中含有大量污染物，但这些污染源比较分散不能进行集中处理，因此根据实际情况采用在入水口构建生态湿地、布置浮岛等方式，减少入水水体中的污染物，具体实施措施根据治理期间水环境整体状况确定。根据岭头和岵山水库的实际情况，采用综合生态的方法，构建入水口生态区，从源头控制污染物质，提高入库水水质，减少外源污染负荷，通过构建水生态系统，构建沉水植物、浮叶植物、挺水植物、湿生植物一体的多层次体系，完善优化此处水生植物。

结合景观种植各种湿地植物，包括沉水植物、浮叶植物和挺水植物，可选取的植物为千屈菜、美人蕉鸢尾、水葱睡莲、菹草苦草、狐尾藻、香菇草等。

9.4.3.2 水库底泥治理

岭头及岵山水库已经建成几十年，库底沉积了很多含有大量有机物、重金属、氮、磷等污染物质的底泥，是水体内源污染的主要影响因素。通过生物菌剂技术，可使底泥中的物质在生物菌作用下被分解转化，从而降低底泥中的污染物质，以大幅度减少底泥中可能被再解析的污染物质，为水库整体治理提供有利条件。

此阶段达到的效果：使底泥中有机物、氨氮、硫化氢、亚硝酸盐等污染物质的含量降低；提高底泥溶氧含量，破坏底泥中厌氧细菌的生存环境，抑制厌氧细菌发酵分解，进而消除底泥污染产生的异味；当底泥污染物大幅度减少时，底泥中优势种群微生物大量繁殖，提高了水体自净能力，能够为生态修复提供优势条件。

9.4.3.3 水质提升

目前，岭头及岵山水库水质为劣V类水质，需要快速并且持续地提升水质，需要强制治理和修复治理两阶段对水质进行提升。根据水质情况首先投入生物菌剂，此阶段可以通过吸附作用吸附水体中的（悬浮）微粒、通过沉降作用提高水体透明度，这将大大增强水环境光合作用；消除水体中富营养物质元素，使水质清爽；激活水体中的多种酶，加速水体中污染物质的转化利用。接着施用生石灰和少量聚合硫酸铝，以净化水质。

9.4.3.4 水生态修复

此阶段通过投放鱼类，如罗非鱼、鲤鱼、鲫鱼、鲢鱼、鳙鱼等，构建良好的、自净能力强的且能创造经济效益的水域生态系统，从而形成微生物–浮游生物–鱼类的良性生态系统，达到快速提升水质，提高水体自净能力，实现长期水体生态平衡的目的。

9.4.4 流域重点河道治理措施

基于河道地形、区域、水质、地质及其情景模拟分析，对河道进行分段，根据每个河道的实际情况采取针对性的河道生态修复措施（图 9-19）。

各河道修复措施如图 9-19 所示。岭头至岵山水库前河段河道采用的技术为人工湿地，外围种植灌木隔离带，河道以草坡入水。塘溪至茂霞广场河段采用湿地与砾石河床相结合，河道以草坡入水。河道宽的地方采用湿地，湿地外围选用挺水植物，内部选用沉水植物。河道流速较快的地方采用砾石河床。河道窄的在两岸种植林下植被带。茂霞广场至山斗溪河段，采用投放光合细菌、种植挺水植物和沉水植物及砾石河床等综合措施。山斗溪支流采用种植挺水植物和沉水植物并结合砾石河床的方法改善河流水质。岵山镇段种植挺水植物和沉水植物，小水沟采用砾石河床。铺下一桥河段采用种植挺水植物和沉水植物及砾石河床等综合措施。铺下一桥至铺尾二桥河段采用近岸挺水植物加膨润土强化带提升水质质量。长岸桥河段采用挺水植物加生物碳沿岸强化带提升水质质量。

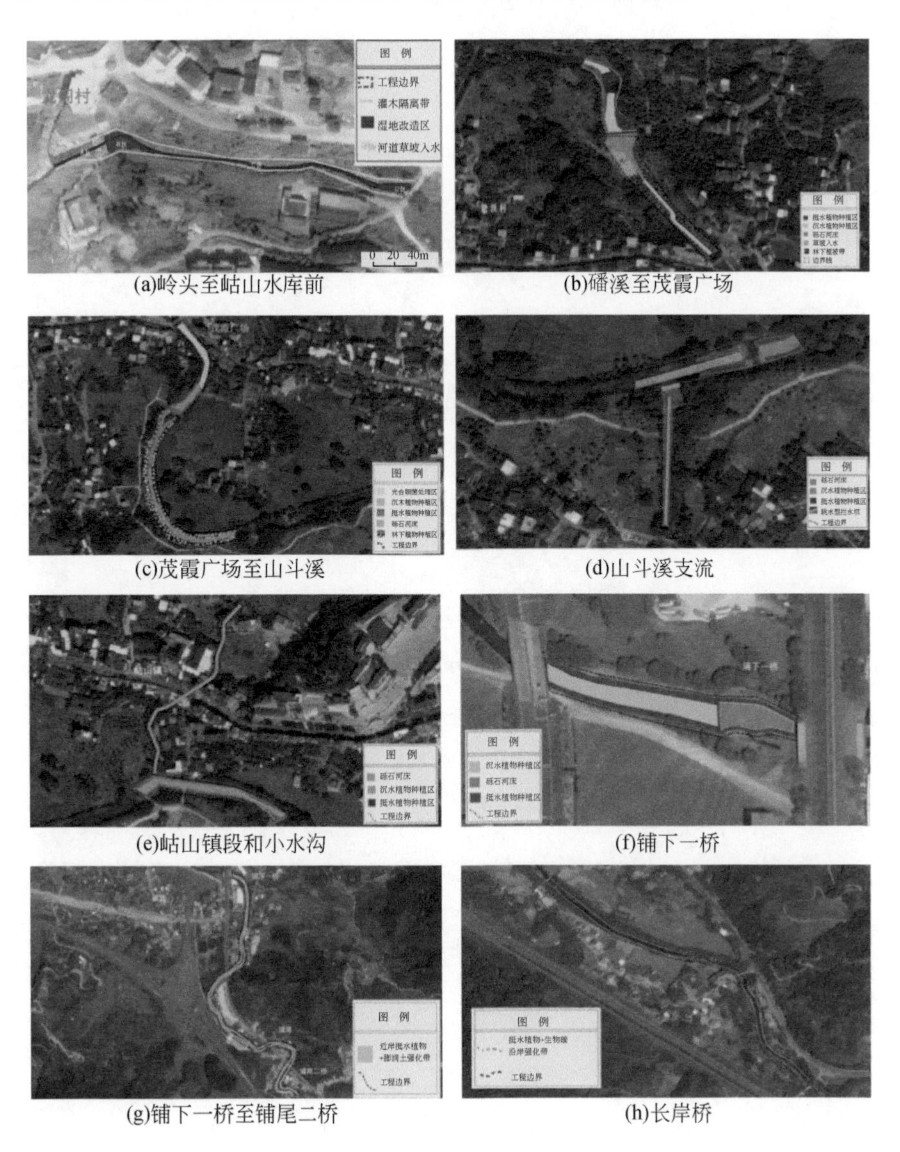

(a)岭头至岵山水库前　(b)磻溪至茂霞广场

(c)茂霞广场至山斗溪　(d)山斗溪支流

(e)岵山镇段和小水沟　(f)铺下一桥

(g)铺下一桥至铺尾二桥　(h)长岸桥

图 9-19 各河段生态修复措施

9.5 本章小结

诗溪流域氮污染在上中下游、支流与干流、左右岸上存在显著的空间差异性；诗溪流域在月际间、春夏秋冬四季及年际存在显著的差异性。构建 QUAL2K 模型定量评估诗溪氮污染控制方案。季节性变化可以通过改变水体的 N 衰减率来影响水体的 N 输出模式。诗溪输出 N 的主要来源是点源污染物，控制点源污染排放是改善诗溪河流水质的有效方法。控制畜禽养殖污染和农村污水排放是减少诗溪流域非点源污染的有效途径。

第 10 章　海湾陆源非点源污染模拟评估及其管理

陆源非点源污染是河口、海湾水质退化的重要原因。自 1990 年以来，陆源污染已被公认为海洋污染的最主要来源。据联合国海洋污染科学问题联合专家组估计，陆域进入海洋的污染物约占总污染物的 75% 以上。以北美最大的河口切萨皮克湾为例，以非点源污染形式进入海湾的磷和氮的贡献率分别高达 68% 和 77%（Ernst，2003）。近年来，海岸带综合管理的尺度拓展（upscaling）已成为海洋和海岸管理可持续发展的共识：2010 年在厦门举办的国际海洋周主题是"建设海洋生态文明——海岸带可持续发展：从流域到近海"；2011 年于斯德哥尔摩举行的世界水周上，"沿海城市的山顶到海洋管理"被提议为联合国环境规划署保护海洋环境免受陆地活动影响的全球行动纲领所采用的方法；2012 在韩国昌原市举行的东亚海洋大会上提议通过流域综合管理（IRBM）/ 水资源综合管理（IWRM），统筹近海流域和海岸带管理，实现海岸带综合管理（ICM）的尺度拓展。

ICM 的实施往往从划定沿海地区的管理边界开始，海岸带边界的正确划定有助于实现可持续发展。有效的综合管理需要从综合管理的角度对沿海环境作出全面的定义。因此，有研究者考虑了海岸的同质性、数据可用性，以及环境、社会经济和管辖权特征，划分地理边界以开展 ICM，有研究者讨论了 ICM 中生态敏感边界与任意边界划界之间的平衡（Li et al.，2021）。然而，中国沿海海湾的划界问题仍值得进一步探讨。

量化陆源污染的来源和确定关键源区（critical source area，CSAs）已被认为是沿海海湾地区水质管理的重要步骤（Huang and Klemas，2012）。包括欧洲和北美在内的发达地区较早地从流域管理的角度认识到沿海水质问题，并试图通过 GIS、环境模型和现场监测方案相结合的方法来量化陆地污染。自 1970 年以来，人们进行了许多尝试，以调查和量化世界各地沿海海洋或海湾的陆地污染负荷。许多海洋和海湾，包括地中海、波罗的海和黑海，由于主要受到来自陆地的污染而遭受严重的生态破坏（Helmer，1977）。基于水质监测项目的长期数据，美国国家环境保护局、美国地质调查局（USGS）和其他利益相关者，利用 SPARROW 模型，探索了切萨皮克湾流域 TN 和 TP 负荷的空间变异性，并且量化流域 TN、TP 输入对切萨皮克湾海域的年贡献。2011 年中国国务院政府工作报告指出，坚持陆海统筹，推进海洋经济发展。陆海一体化已被公认为解决海洋利用和海洋污染问题的关键。尽管有诸多研究在流域尺度上量化了非点源污染，如长江、黄河、太湖、松花江和九龙江流域等（Hao et al.，2006；Huang and Hong，2010），但中国沿海海湾陆源非点源污染定量评估相关研究仍然较为欠缺（Huang et al.，2013e）。20 世纪 90 年代以来，在辽河、海河、滦河、密云水库等渤海上游流域开展了大量的非点源污染定量研究，但从整体角度对渤海湾陆源非点源污染的源解析仍鲜见报道（Huang et al.，2013c）。

本研究基于流域尺度，利用 GIS 和模型对渤海湾、厦门湾和罗源湾陆源非点源污染进行定量评估（Huang et al.，2013c，2013d）。具体目标包括：①构建数据稀缺条件下的基于 GIS 和经验模型的陆源非点源污染的定量计算方法；②量化进入渤海湾、厦门湾和罗源湾的陆源非点源污染 TN 和 TP 负荷和来源；③识别渤海湾、厦门湾和罗源湾陆源非点源污染 TN 和 TP 负荷的关键源区；④探讨渤海湾、厦门湾和罗源湾陆源非点源污染控制策略。

10.1　研究区概况及数据来源

10.1.1　渤海湾研究区概况及数据来源

10.1.1.1　*渤海湾概况*

渤海是世界海洋污染研究的热点区域。随着环渤海圈经济的快速发展，渤海作为半封闭型海湾，接纳了大量的来自辽宁、河北、山东、北京、天津等省市的陆源污染物。

渤海周边地区的社会经济发展在整个华北地区的发展中发挥着重要的作用。2008 年，渤海周边地区的人口总数达到 2.15 亿，约占全国人口总数的 18%，其国内生产总值为 6482 亿元，约占全国国内生产总值的 22%（Zhang，2009）。

渤海湾流域主要由平原和山地地貌组成。流域北部为辽河平原，中部伫立着燕山和太行山，南部为地势平缓的华北平原，山东半岛的河流则在低山中蜿蜒流淌。渤海湾流域隶属温带大陆性气候，气候温暖，空气干燥。该区土壤类型多样，主要类型有岩质土（39.50%）、松软潜育土（27.30%）、黑土（10.09%）和普通板栗土（8.39%）。渤海面积约为 77 284 km^2，主要由北部的辽东湾、西部的渤海湾、南部的莱州湾、中央海盆和渤海海峡五部分组成。

图 10-1 和图 10-2 展示了 2005 年渤海湾流域的土地利用结构以及渤海周围 13 个沿海城市和 7 个子流域的土地利用结构。由图 10-1 可见，由于该区域天然的山地特征，其中心存在很大一片自然用地（包括林地和草地），而位于渤海湾流域北部和南部的辽河平原和华北平原基本都被农业用地（即农田）覆盖。

山东半岛和辽东半岛河流流域的建设用地所占比例最高，超过了 12%。滦河流域的自然用地占比在七个流域中最高，为 65%。山东半岛河流流域农业用地占比最高，达到 69%。秦皇岛和葫芦岛地处燕山山脉末端，存在大片林地，因此在 13 个沿海城市中自然用地占比最大，达到 50% 以上（图 10-2）。2005 年，天津、滨州和大连建设用地比例分别为 22%、18% 和 18%，反映了这 3 个沿海城市的高度城市化水平。在华北平原，沧州市的农业用地比例最大，达 80% 以上。

表 10-1 展示了 2006 年渤海湾 13 个沿海城市的社会经济特征。潍坊的农业人口最多，盘锦的农业人口最少，天津的非农业人口最多、大连的 GDP 最高，葫芦岛的 GDP 最低，同时第一产业占比较大。农业种植活动是大多数城市最主要的农业活动，尤其是在滨州、沧州和潍坊。畜禽养殖业在秦皇岛、锦州和葫芦岛的第一产业中占比较大。渔业活动则是大连、盘锦和烟台重要的农业活动。潍坊和烟台在各种农业活动中施用了大量的化肥。秦皇岛的第三产业在当地经济中发挥着最重要的作用，除秦皇岛外，大多数城市仍以第二产业为主。

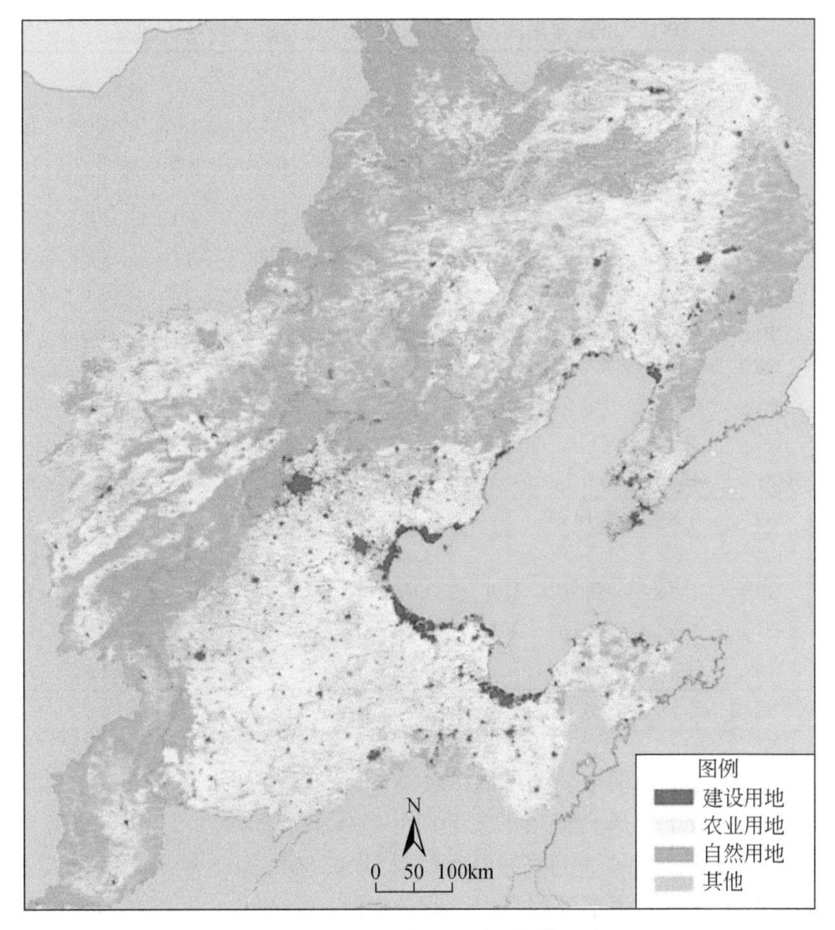

图 10-1 渤海湾流域土地利用结构示意图

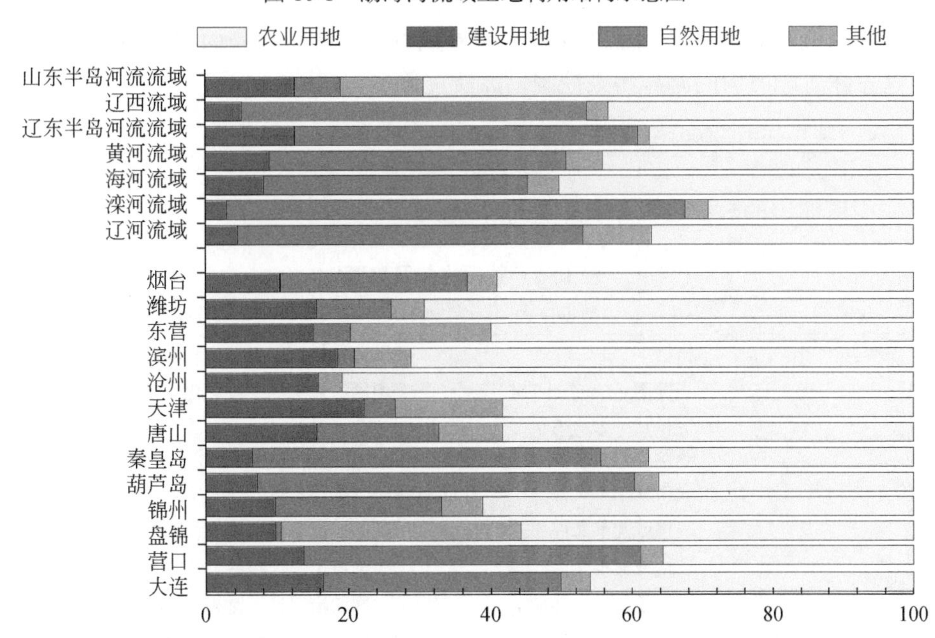

图 10-2 渤海周围 13 个沿海城市和 7 个主要入海河流流域的土地利用结构

表 10-1　2006 年渤海湾流域 13 个沿海城市的社会经济状况

省市	城市	人口 / 万人		GDP / 亿元	产业结构 /%							化肥施用量 / 万 t
					第一产业					第二产业	第三产业	
		农业人口	非农业人口		总计	种植	畜禽养殖	渔业	其他			
河北	唐山	459.3	105.8	2779.4	10.3	51.5	33.4	9.0	6.1	57.4	32.3	37.4
	秦皇岛	163.7	119.6	683.6	11.4	40.4	48.5	7.6	3.5	38.9	49.7	12.6
	沧州	492.5	207.7	1465.4	11.4	55.4	28.4	3.3	12.9	51.8	36.8	31.4
辽宁	大连	167.2	311.4	3130.7	8.0	26.3	27.9	35.4	10.4	49.0	43.0	14.8
	营口	126.0	106.5	570.1	9.4	40.0	28.1	29.9	2.0	55.9	34.8	5.9
	盘锦	44.6	83.6	562.9	10.8	49.8	15.0	32.5	2.7	71.5	17.7	4.7
	葫芦岛	193.8	85.0	417.5	13.8	36.6	40.9	17.9	4.6	49.4	36.8	6.9
	锦州	189.4	120.0	551.1	18.8	39.6	47.8	10.9	1.7	43.4	37.8	13.9
天津	天津	399.9	668.9	5018.3	2.1	48.9	31.9	15.0	4.2	57.6	40.3	25.5
山东	东营	104.3	78.8	1664.8	3.6	43.4	27.3	20.3	9.0	76.3	20.1	11.6
	潍坊	523.9	137.8	2880.0	11.6	53.6	37.0	5.4	4.0	58.1	30.3	62.3
	烟台	351.3	300.2	2056.0	8.3	46.4	18.7	31.6	3.3	61.0	30.7	43.0
	滨州	279.2	95.3	1030.3	10.6	65.6	18.5	12.1	3.8	62.0	27.4	25.3

资料来源：《中国城市统计年鉴 2007》。

中央和地方政府近年来很重视渤海湾水环境问题，启动了一系列与陆源活动控制有关的项目，如国家发展和改革委员会提出了《渤海环境保护总体规划（2008~2020 年）》；中华人民共和国生态环境部制定了《渤海碧海行动计划（2001~2015 年）》，投入了大量的人力物力以提升渤海沿海城市的污水处理能力。此外，辽宁、河北、天津等省市沿海新开发地区也重视循环经济和水污染控制问题（Zhang，2009）。然而，据《中国海洋环境质量年报》的数据，近年来渤海海域污染面积却并没有明显减少，其严重污染面积在 2003~2011 年呈上升趋势，这意味着渤海湾的海洋污染控制仍然任重道远（Huang et al.，2013c）。

10.1.1.2　渤海湾数据来源

本研究中所使用的数据及其来源汇总于表 10-2。

表 10-2　数据收集及来源

数据	数据格式	数据来源
DEM	格栅	美国地质勘探局网站，3 弧秒（相当于 90m 分辨率）
土地利用图	光栅图（Landsat TM）	美国国家税务局、美国化学学会（2005 年）
土壤图和土壤性质	矢量图（多边形） 属性数据（表格、文本文件）	联合国粮食及农业组织网站
降水量	表格或文本文件	国家气象信息中心——中国气象数据网（2007 年）
农村人口	表格或文本文件	《中国城市统计年鉴》（2007 年）
禽畜养殖	表格或文本文件	《中国城市统计年鉴》（2007 年）
施肥量	表格或文本文件	《中国城市统计年鉴》（2007 年）
N、P 浓度，特定子流域出口流量	表格或文本文件	现场监测数据（2009 年）（2009 年 7~10 月）

从美国地质勘探局的网站上下载了 3 弧秒（相当于 90m 分辨率）的数字高程模型（DEM）。在导入、合并、重投影和裁剪后，将 12 幅 DEM 合并成一个覆盖整个研究区域的 DEM 中，然后将 DEM 重新取样至 100m 分辨率。

中国科学院遥感研究所提供了 2005 年以来利用 Landsat TM 遥感影像解析出的土地利用与土地覆被数据。原土地利用图将土地利用类型分为 6 种。本研究将土地利用类型分为四种：建设用地、自然用地、农业用地和其他用地。农业用地是指农田；建设用地包括道路、城市居民区和农村居民区；自然用地包括林地和草地；其他用地包括荒地和水域。将流域边界图利用 GIS 叠加在重新分类的土地利用结构图上，然后利用 ArcGIS 计算出流域内的土地利用面积和各类土地利用类型所占比例。

本研究还涉及其他地理空间数据，包括水体、土壤和降水数据。研究区域内河流等级为 1~5 级的河流信息和不同级别的行政区域边界信息从国家基础地理信息中心网站获取。渤海湾流域的土壤数据（1 ： 5 000 000）从联合国粮食及农业组织官网下载获取。渤海湾流域内 59 个气象站的月降水量数据是从 2007 年中国气象数据共享服务网站（CMDSSS）获得的。此外，从渤海湾流域 39 个城市 2007 年的年鉴中获得了人口、畜禽养殖和农业化肥使用的数据。

本研究中的所有 GIS 图层都被转换成相同的坐标系统和投影系统，投影系统为阿尔伯斯等面积圆锥投影，两个标准纬线分别为 25°N 和 47°N，中央子午线为 105°E，椭球体为克拉索夫斯基椭球（1940 年）。

10.1.2　罗源湾和厦门湾概况及数据来源

罗源湾和厦门湾均位于中国东南沿海地区（图 10-3）。罗源湾是福建省第六大海湾，位于福建省省会福州市东北部，四面环山，山区平均海拔 215m（Huang and Hong，2010）。厦门湾位于福建省南部，台湾海峡西岸，是传统的贸易港口。

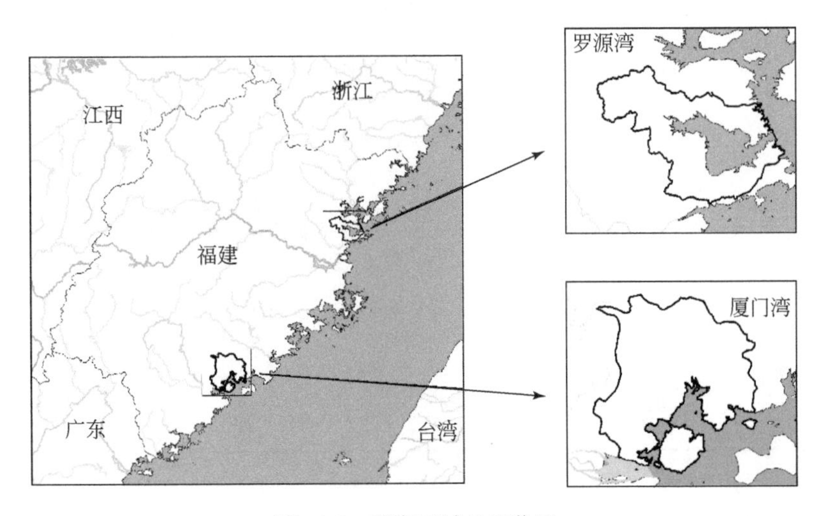

图 10-3　研究区域地理位置

两个海湾的简要情况如表 10-3 所示。与罗源湾相比，厦门湾受到快速城市化的影响较大。厦门湾地区生产总值和城市人口增长率较高，污水处理率也较高。表 10-4 列出了本研究所需要的相关数据。

表 10-3 罗源湾和厦门湾的整体情况

海湾	面积 /km²		人口 / 人		GDP/ 亿元			耕地面积 /km²	化肥施用* /t	畜禽养殖** / 万头	污水处理率 /%
	土地	海域	总人口	城市人口	第一产业	第二产业	第三产业				
罗源湾	860	150	253 183	61 656	9.6	24	8.8	115.6	5 635	（5.8+55.3）***	—
厦门湾	1 696	145	1 672 356	1 141 606	18.5	737	632.4	238.26	25 078	46.8+ 203.1	77%

资料来源：《罗源统计年鉴 2006》，《厦门统计年鉴 2008》。

* 化肥施用表示氮、磷、钾肥的总和；** 牲畜是指猪的数量；***2003 年罗源县数据（2004 年《罗源统计年鉴》）；— 表示无污水处理厂。

表 10-4 数据来源

数据	数据格式	数据来源
DEM	栅格数据	10m 分辨率的 DEM 由福州市生态环境局提供（罗源）；83.3m 分辨率的 DEM 是从 USGS 网站下载（厦门）
土地利用	栅格地图（Landsat TM）	2007 年罗源湾和 2008 年厦门湾土地利用 / 土地覆被数据均是从中国遥感卫星地面站获得，并通过非监督分类方法解译得到
土壤图和土壤属性	矢量图（面图层）属性数据（表格或文本文件）	土壤调查工作组
降水	表格或文本文件	2006 年罗源每日降水量由罗源气象站提供；2008 年厦门每日降水量由厦门气象站提供的
农村人口	表格或文本文件	《罗源统计年鉴 2006》《连江统计年鉴 2006》《厦门统计年鉴 2006》
畜禽养殖	表格或文本文件	《罗源统计年鉴 2006》《连江统计年鉴 2006》《厦门统计年鉴 2006》
化肥施用	表格或文本文件	《罗源统计年鉴 2006》《连江统计年鉴 2006》《厦门统计年鉴 2006》
工业数据	表格或文本文件	《罗源统计年鉴 2006》《连江统计年鉴 2006》《厦门统计年鉴 2006》
污水处理数据	表格或文本文件	《罗源统计年鉴 2006》《连江统计年鉴 2006》《厦门统计年鉴 2006》
特定子流域出口处的 N、P 浓度	表格或文本文件	2007 年 6~10 月在碧里小流域进行监测（罗源湾）。厦门湾 2003 年的入海排污口数据由福建海洋局提供

10.2 基于 GIS 的陆源污染定量分析方法

我们于 2013 年提出了一种方法来量化稀疏数据条件下的沿海地区陆源污染物负荷（Huang et al., 2013e）。该方法首先利用 GIS 划定研究区域和子流域的边界，确定陆源污染的基本空间单元，并基于栅格 GIS 环境和空间分析功能，结合 USLE、SDR 和输出系数法等经验模型，围绕水土流失、化肥使用、畜禽养殖和农村生活污水等方面匡算海湾陆源非点源污染来源与贡献，识别其污染的关键源区。表 10-5 列出该方法所包括的具体的陆源非点源污染 TN 和 TP 负荷的计算方法。

表 10-5　量化四种来源陆源非点源污染 TN 和 TP 负荷的方法

非点源污染	计算方法	参考文献	数据来源
水土流失造成的陆源营养盐流失	$LS_{kt}=a\cdot CS_{kt}\cdot X_{kt}\cdot S_d\cdot ER$ 式中，LS_{kt} 为颗粒形式的养分损失；a 为常数；CS_{kt} 为表层土壤中 N 和 P 的浓度；X_{kt} 为年均土壤损失；S_d 为输沙率；ER 为富集率	X_{kt} 由 Wischmeier 等（1978）从 USLE 衍生；Huang 等（2013d）在论文中提供了计算 S_d 和 ER 的详细方法	研究流域年水土流失量、年降水量、数字高程模型；表层土壤中N、P浓度；年水土流失量
农村生活污水及畜禽养殖污染负荷	$L_{D+L}=\sum_{i=1}^{n}E_i[N_i(I_i)]$ 式中，L_{D+L} 为农村生活污水、畜禽养殖等污染物的流失量；E_i 为特定污染源 i 的出口系数；N_i 为 I 类畜禽或人的数量；I_i 为输入源 i 的营养素	L_{D+L} 根据 Johnes（1996）提出的修正出口系数法计算；Huang 等（1996）提出了计算 E_i 的详细方法	从统计年鉴中获得畜禽和人口数量
农用化肥使用陆源非点源污染总氮负荷	$L_{fN}=(N+T\times n)\times R$ 式中，L_{fN} 为排入受纳水体的 N 的损失量；N 为施入土壤的 N 的量；T 为施入土壤的复合肥量；n 为复合肥中 N 的比例；R 为从水源到受纳水体的氮损失率	Huang 等（2013d）在论文中提供了计算排入受纳水体的氮损失的详细方法	从统计年鉴中获得肥料施用量
农用化肥使用陆源非点源污染总磷负荷	$L_{fP}=\alpha\times(P+T\times p)\times R$ 式中，L_{fP} 为排入受纳水体的 P 的损失；α 为 P_2O_5 转化为 P 的转移系数，即 0.44；P 为作物施磷量；T 为土壤施复合肥量；p 为 P_2O_5 在复合肥中的比例。R 为从水源到接收水体的 P 损失率	Huang 等（2013d）在论文中提供了计算排入受纳水体的磷损失的详细方法	从统计年鉴中获得肥料施用量

10.3 沿海海湾陆源非点源污染定量评估

10.3.1 案例研究一：渤海湾

10.3.1.1 渤海湾流域边界划定和流域划分

根据 DEM 数据和河流水系实际情况，本研究首次确定了渤海湾流域边界和 7 个主要流域的划分，同时划分出 113 个子流域。表 10-6 列出了涉及的 7 个流入渤海的主要流域的基本信息。

表 10-6　进入渤海的七大流域基本信息

7 个子流域	面积 /km^2	涉及的 13 个沿海城市
辽东半岛河流	8 438	大连
辽河	216 325	盘锦、营口
辽西河	39 916	秦皇岛、葫芦岛、锦州
滦河	54 556	—
海河	282 814	沧州、滨州、天津、唐山
黄河	50 763	东营
山东半岛河流	23 161	烟台、潍坊
总面积	675 973	

10.3.1.2　渤海湾陆源非点源污染 TN 和 TP 负荷

对渤海周围 13 个沿海城市、7 个子流域和 5 个亚海地区的陆源非点源污染 TN 和 TP 负荷进行了量化，结果如表 10-7 和表 10-8 所示。

表 10-7　三类空间单元的陆源非点源污染 TN 负荷　　（单位：万 t）

	空间单元	农村生活污水	禽畜养殖	肥料施用	水土流失
13 个沿海城市	大连	0.38	0.49	0.24	0.64
	营口	0.18	0.12	0.17	0.24
	盘锦	0.08	0.07	0.15	0.01
	锦州	0.32	2.45	0.38	2.66
	葫芦岛	0.22	0.30	0.19	1.32
	天津	0.87	0.86	0.69	0.34
	秦皇岛	0.25	0.41	0.3	1.58
	唐山	0.69	0.78	0.95	1.13
	沧州	0.81	0.56	0.85	0.8
	滨州	0.42	0.65	0.51	0.11
	东营	0.81	0.56	0.1	0.8

续表

	空间单元	农村生活污水	禽畜养殖	肥料施用	水土流失
13 个沿海城市	潍坊	1.01	0.89	1.14	1.02
	烟台	0.37	0.55	0.94	0.52
7 个子流域	辽河	2.67	8.18	3.87	33.43
	滦河	0.79	1.21	0.86	18.08
	海河	10.98	12.64	12.66	52.11
	黄河	2.2	2.28	3.14	8.85
	辽东半岛河流	0.25	0.35	0.25	1.4
	辽西河	0.76	2.53	0.77	9.65
	山东半岛河流	1.15	1.38	2.04	2.21
5 个亚海地区	辽东湾	3.51	10.83	4.72	43.55
	渤海湾	11.71	13.4	13.71	55.06
	莱州湾	1.31	1.45	2.07	4.06
	中央海盆	1.61	2.09	1.99	21.5
	渤海海峡	0.66	0.81	1.1	1.57

表 10-8 三类空间单元的陆源非点源污染 TP 负荷 （单位：万 t）

	空间单元	农村生活污水	禽畜养殖	肥料施用	水土流失
13 个沿海城市	大连	3.76	2.56	3.20	11.12
	营口	1.72	1.06	1.78	7.94
	盘锦	0.84	0.55	2.05	0.19
	锦州	3.25	15.81	3.37	40.71
	葫芦岛	2.25	1.38	2.22	32.85
	天津	8.69	8.70	11.35	4.13
	秦皇岛	2.45	2.17	3.18	52.41
	唐山	6.88	3.62	7.45	41.16
	沧州	8.07	2.30	10.60	4.45
	滨州	4.18	2.72	10.38	5.99
	东营	1.56	1.40	6.51	0.46

续表

	空间单元	农村生活污水	禽畜养殖	肥料施用	水土流失
13 个沿海城市	潍坊	10.05	5.88	21.23	47.64
	烟台	3.74	3.42	15.37	56.45
7 个子流域	辽河	0.27	0.37	0.53	5.68
	滦河	0.08	0.05	0.07	3.43
	海河	1.1	0.65	2.46	18.88
	黄河	0.22	0.11	0.68	3.14
	辽东半岛河流	0.03	0.03	0.04	0.15
	辽西河	0.08	0.15	0.09	1.84
	山东半岛河流	0.11	0.07	0.36	0.5
5 个亚海地区	辽东湾	0.36	0.53	0.63	7.57
	渤海湾	1.17	0.69	2.69	19.93
	莱州湾	0.13	0.07	0.41	1.3
	中央海盆	0.16	0.1	0.31	4.53
	渤海海峡	0.07	0.05	0.19	0.3

由表 10-7 和表 10-8 可知，13 个沿海城市产生的陆源非点源污染 TN 和 TP 负荷占进入渤海的陆源非点源污染 TN 和 TP 总负荷的比例相对较低。这表明，除 13 个沿海城市以外的入海河流上游地区污染控制对渤海湾流域的陆源营养盐污染控制具有重要意义。

锦州和潍坊在 13 个沿海城市中陆源非点源污染 TN 和 TP 负荷最大（表 10-7 和表 10-8），这与畜禽集中养殖和水土流失有关。

海河流域的陆源非点源污染 TN 和 TP 负荷是进入渤海的 7 个子流域中最大的，其次是辽河（表 10-7，表 10-8），因为海河和辽河流域面积较大，约占整个渤海湾流域面积的 42% 和 32%（表 10-6）。作为渤海湾流域下游海湾，渤海湾和辽东湾是陆源非点源污染 TN 和 TP 负荷最大的两个海湾（表 10-7，表 10-8）。

10.3.1.3 陆源非点源污染 TN 和 TP 负荷的源解析和关键源区

对渤海周围 13 个沿海城市、7 个子流域、5 个亚海地区的陆源非点源污染 TN 和 TP 负荷进行了源解析分析，结果如图 10-4 和图 10-5 所示。

13 个沿海城市、7 个子流域和 5 个亚海地区陆源非点源污染 TN 负荷的源解析存在一些差异（图 10-4）。在盘锦和烟台，肥料施用是陆源非点源污染 TN 负荷的最大来源，分别约占总负荷的 47% 和 40%。而在葫芦岛和秦皇岛，水土流失对陆源非点源 TN 负荷的贡

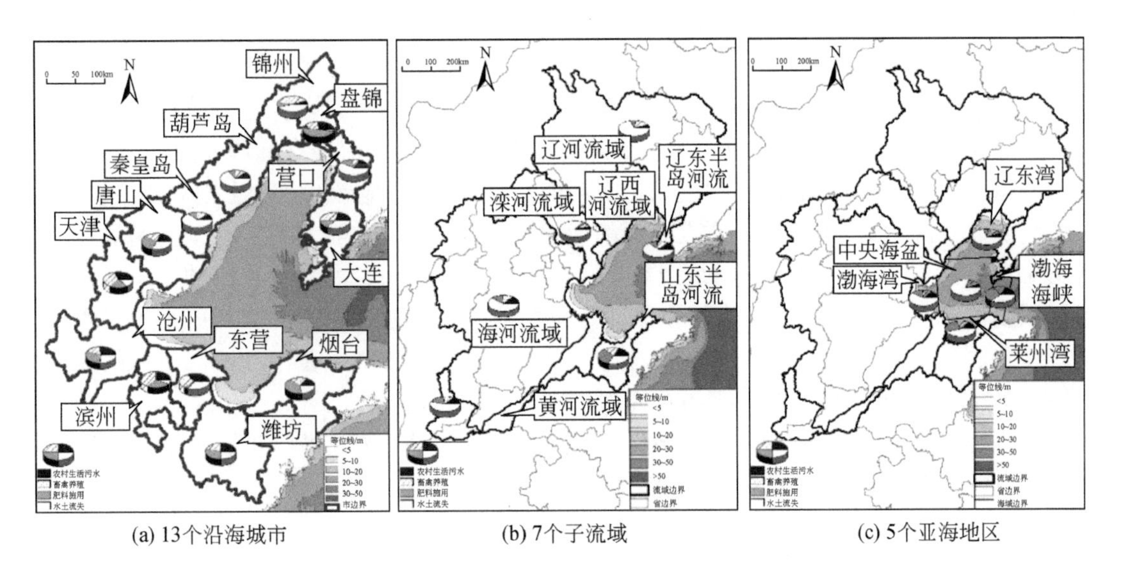

(a) 13个沿海城市 (b) 7个子流域 (c) 5个亚海地区

图 10-4 进入渤海的陆源非点源污染 TN 负荷源解析结果

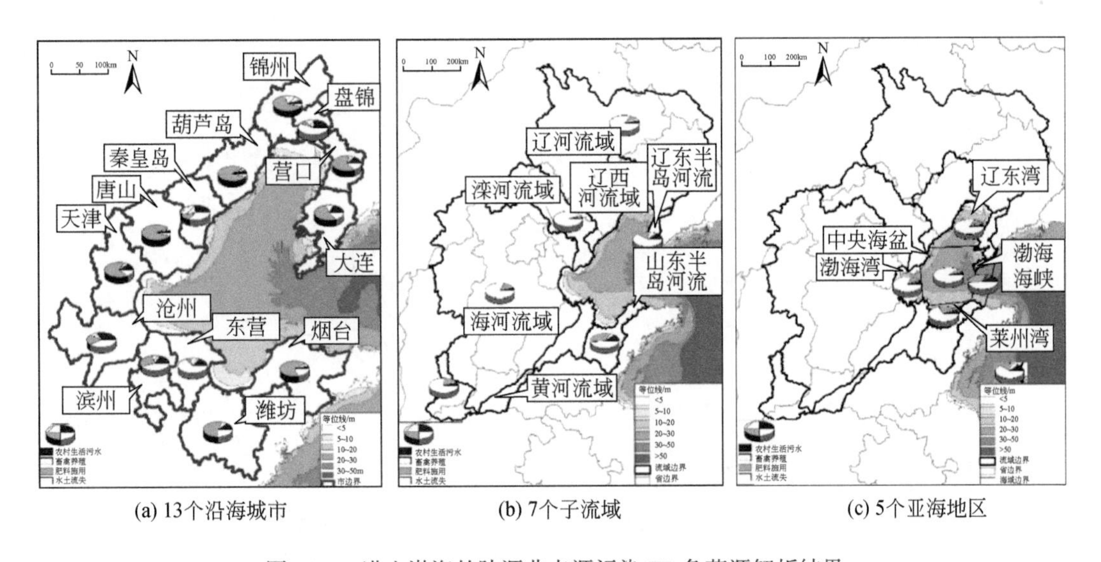

(a) 13个沿海城市 (b) 7个子流域 (c) 5个亚海地区

图 10-5 进入渤海的陆源非点源污染 TP 负荷源解析结果

献最大，约占总负荷的 62% 以上，这在很大程度上是由于受到地形因素和土地利用结构的影响。锦州畜禽养殖占陆源非点源 TN 总负荷的 42% 以上，为 13 个城市占比最大的城市。水土流失也是 7 个子流域和 5 个亚海地区陆源非点源污染 TN 负荷的主要贡献者。肥料施用是山东半岛河流流域、黄河和海河流域以及莱州湾、渤海湾和渤海海峡的第二大污染源，原因是华北平原农业用地面积较大。畜禽养殖是辽河、辽西河、辽东半岛河流流域、滦河流域、辽东湾和中央海盆的第二大污染源，因此在这些流域和海区尤其是辽宁省应对畜禽养殖方面的陆源非点源污染加强管理。

13 个沿海城市、7 个子流域和 5 个亚海地区的陆源非点源污染 TP 负荷的源解析结果也有所不同（图 10-5）。东营和盘锦的肥料施用量占陆源非点源污染 TP 总负荷的 50% 以上，原因可能是这两个城市的耕地面积所占比例较高（约 60%），因此肥料施用量较高。同时，这两个城市的畜禽养殖约占陆源非点源污染 TP 总负荷的 25% 以上。沧州农村生活污水约占陆源非点源污染 TP 总负荷的 32%。葫芦岛和秦皇岛的水土流失在陆源非点源污染 TP 负荷中贡献最大，占总负荷的84%以上，这可能与这两个城市的地形特点和土地利用结构有关。虽然陆源非点源污染 TP 负荷的主要贡献者是水土流失，但 7 个流域和 5 个亚海地区的总磷污染来源却不尽相同。肥料施用是山东半岛河流流域、辽河、海河、黄河和辽东半岛河流流域以及五个亚海地区的第二大污染来源。畜禽养殖是辽西流域第二大污染来源。农村生活污水是滦河流域第二大污染来源。因此，山东半岛河流流域、黄河和海河流域的陆源非点源污染 TN 和 TP 污染控制管理应首先考虑肥料施用问题。

根据陆源非点源污染 TN 和 TP 负荷的源解析结果，图 10-6 进一步展示了渤海湾流域陆源非点源污染 TN 和 TP 负荷的关键源区。

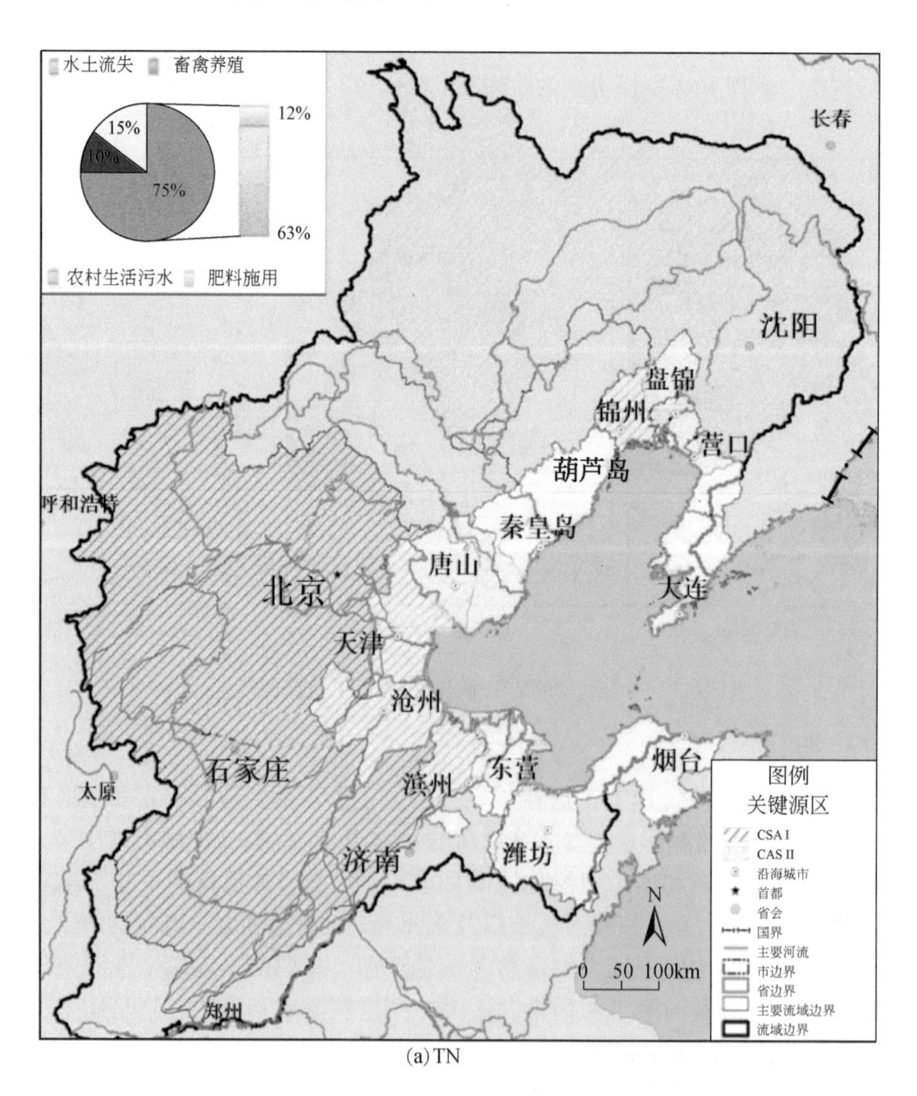

(a) TN

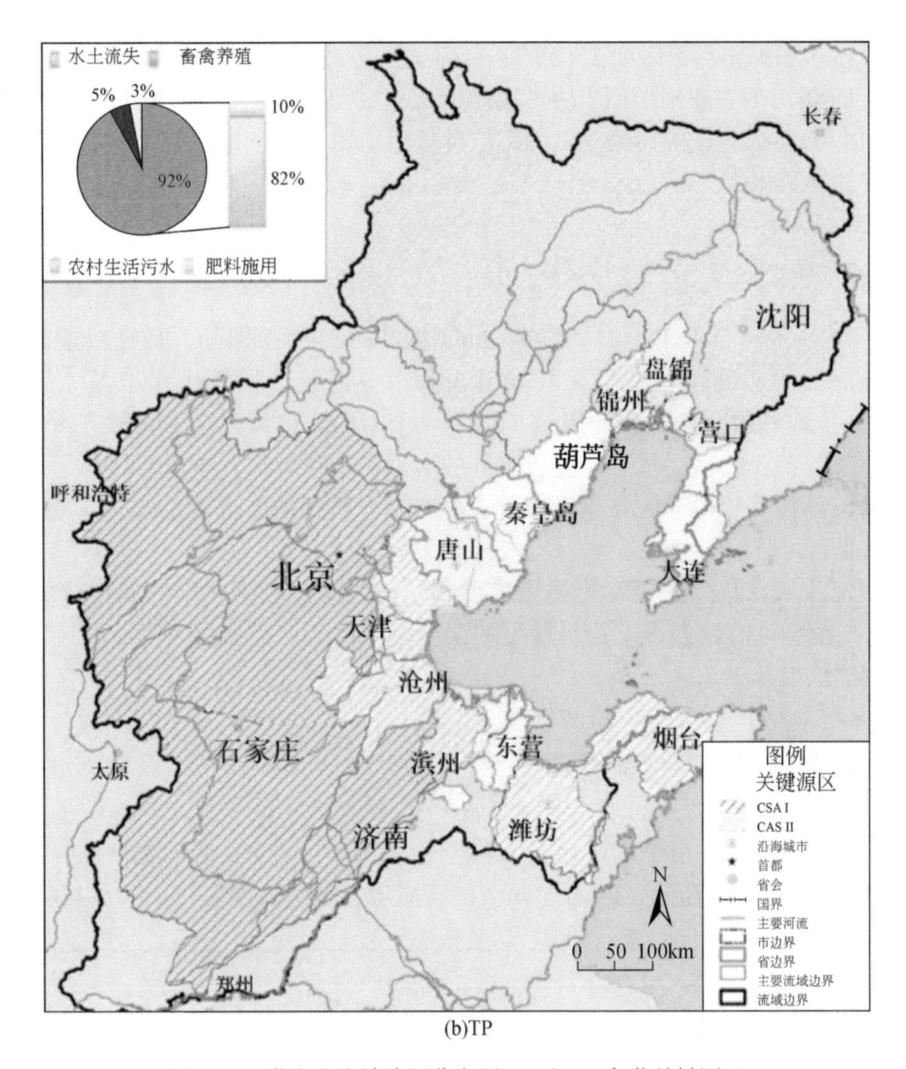

(b)TP

图 10-6 渤海湾流域陆源非点源 TN 和 TP 负荷关键源区

10.3.1.4 陆源非点源污染 TN 和 TP 负荷与土地利用结构之间的关系

渤海湾流域中不同来源的陆源非点源污染 TN 和 TP 负荷与流域内的土地利用结构存在明显的相关关系（表 10-9）。由表 10-9 可知，渤海湾流域内建设用地面积所占比例与流域

表 10-9 渤海湾流域土地利用结构与水质负荷的 Pearson 相关性分析结果

土地利用类型	陆源非点源 TP 负荷				陆源非点源 TN 负荷			
	来自 DW	来自 LB	来自 FU	来自 SL	来自 DW	来自 LB	来自 FU	来自 SL
建设用地	0.876**	0.604	0.712*	−0.485	0.811*	0.45	0.732*	−0.746*
自然用地	−0.774*	−0.419	−0.850**	0.341	−0.825*	−0.688*	−0.900**	0.834*
农业用地	0.743*	0.42	0.821*	−0.247	0.807*	0.723*	0.884**	−0.723*

注：DW- 生活污水，LB- 畜禽养殖；FU- 肥料施用；SL- 水土流失；$N=7$，即 7 个渤海湾流域主要子流域；* 表示 $p< 0.05$；** 表示 $p < 0.01$。

内农村生活污水陆源非点源污染 TN 和 TP 负荷呈正相关。由于肥料施用产生的陆源非点源污染 TN 和 TP 负荷与农业用地面积所占比例呈正相关，与自然用地面积所占比例呈负相关。水土流失引起的陆源非点源污染 TN 负荷与自然用地面积所占比例呈正相关，与农业用地面积所占比例呈负相关。

10.3.1.5 模型验证

为了验证上述模型得出的结果，在 2009 年 7~10 月降雨期间，选择白浪河流域（图 10-1）进行河流水质和水量现场采样和分析。白浪河流域位于山东半岛，流域面积约 1250.2 km^2，土地利用结构为农业用地 74.3%，建设用地 7.7%，在流域规模和土地利用结构等各方面都具备代表性。基于该流域出口的水量和水质数据，本研究计算了该流域的年污染物负荷，并将其与用本研究建议的方法得出的计算结果进行了比较，以验证本研究所提出的方法是否可行。

在白浪河流域，TN 和 TP 污染物负荷预测结果与监测数据之间的偏差分别为 32% 和 45%。因此，模型计算偏差误差在可接受的误差范围内。该模型可为渤海湾流域陆源非点源污染控制提供参考。

10.3.2 案例研究二：罗源湾

在罗源湾划定了 25 个子流域和 3 个海区（图 10-8）。罗源湾年陆源污染物负荷按海区进行核算。如表 10-10 所示，COD 是最大的贡献者，其次是 TN，而 TP 贡献最少。另外，

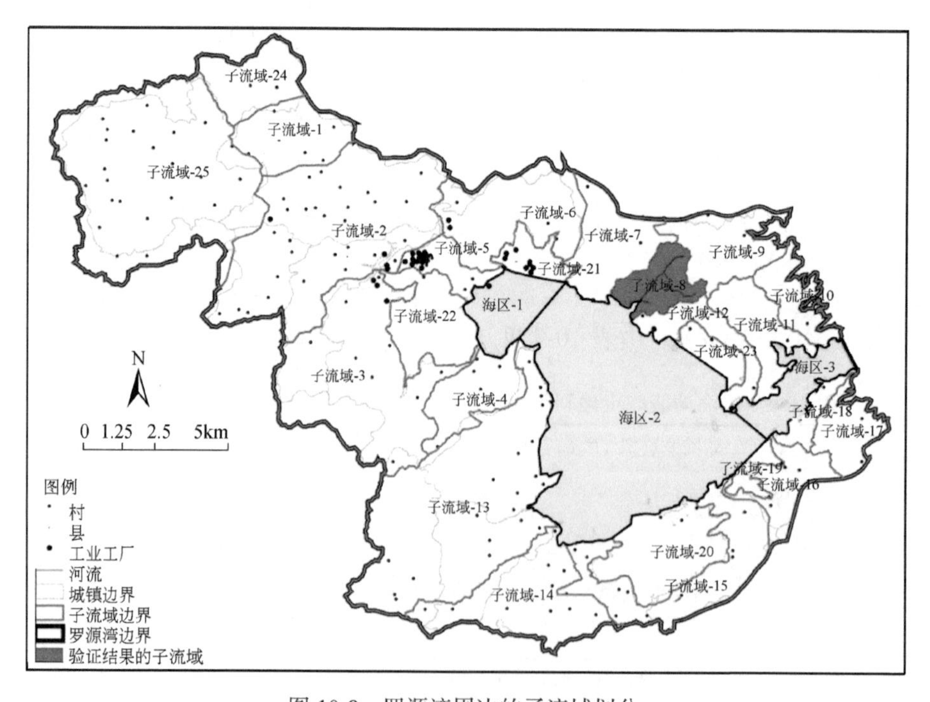

图 10-8 罗源湾周边的子流域划分

海区 1 汇入的 COD，TN 和 TP 污染负荷是最大的。

表 10-10　罗源湾陆源污染物负荷　（单位：t/a）

海区	入海陆源污染物负荷			
	COD	TN	TP	总计
海区 1	3420.58	975.44	113.59	4509.61
海区 2	2116.39	763.12	98.52	2978.03
海区 3	176.22	47.0	10.55	233.77
合计	5713.19	1785.56	222.66	7721.41

进一步确定了工业污水，畜禽养殖，化肥施用和水土流失等方面的陆源污染负荷。陆域污染物主要来源如表 10-11、图 10-9 和图 10-10 所示。水土流失对 COD、TN 和 TP 负荷贡献最大。COD 的主要污染源是水土流失（62.81%）、农村生活污水污染（22.02%），工业污水贡献比例最小（4.26%）。畜禽养殖是 TP 的第二大来源，而 TN 的第二大来源是化肥施用。不同海区的非点源污染 TN 和 TP 污染物的主要来源有所不同。

表 10-11　罗源湾陆源污染物负荷　（单位：t/a）

陆源污染物负荷	COD	TN	TP
工业污水	243.11	—	—
农村生活污水	1258.07	159.26	35.18
畜禽养殖	623.57	404.82	47.83
化肥施用	—	494.92	40.31
水土流失	3588.42	726.56	99.34
合计	5713.17	1785.56	222.66

注：— 表示无数据。

为了验证上述模型的结果，本研究分析了罗源县环境监测站对 2007 年 6~10 月子流域 -8 的水质和水量进行现场抽样的数据。根据子流域出水口的水量和水质数据，计算年污染负荷，并与本研究得出的结果进行比较。如表 10-12 所示，TN、TP 和 COD 污染负荷的偏差分别为 −19.31%、26.74% 和 −0.18%。因此，模型计算偏差在可接受的范围内。建模结果可用于罗源湾陆地污染控制和管理。

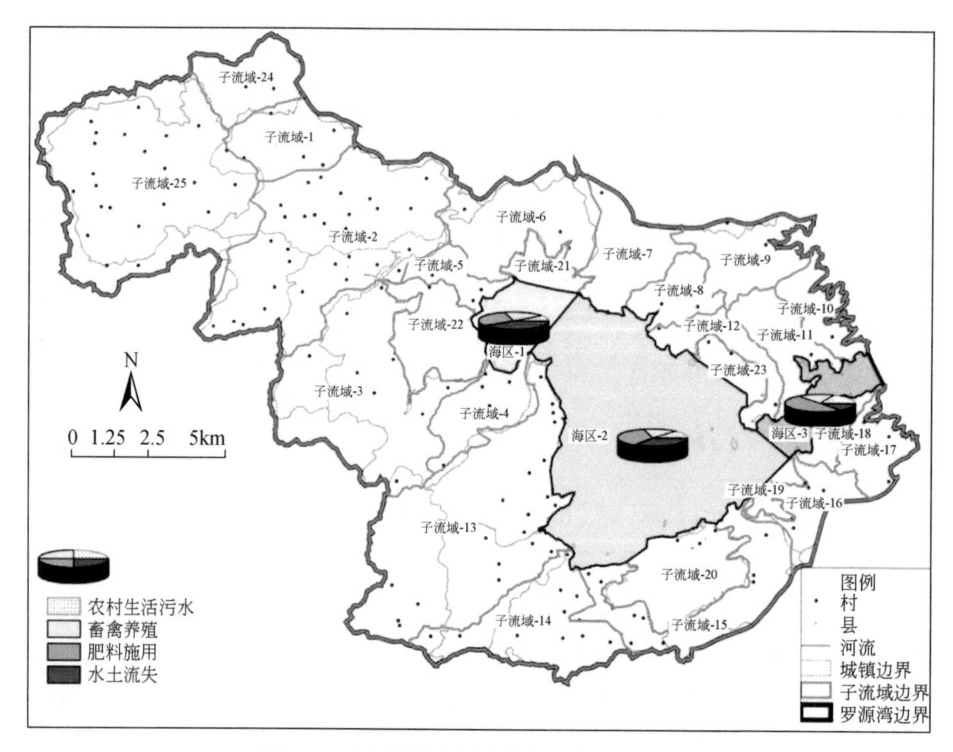

图 10-9 罗源湾非点源总氮污染物的来源

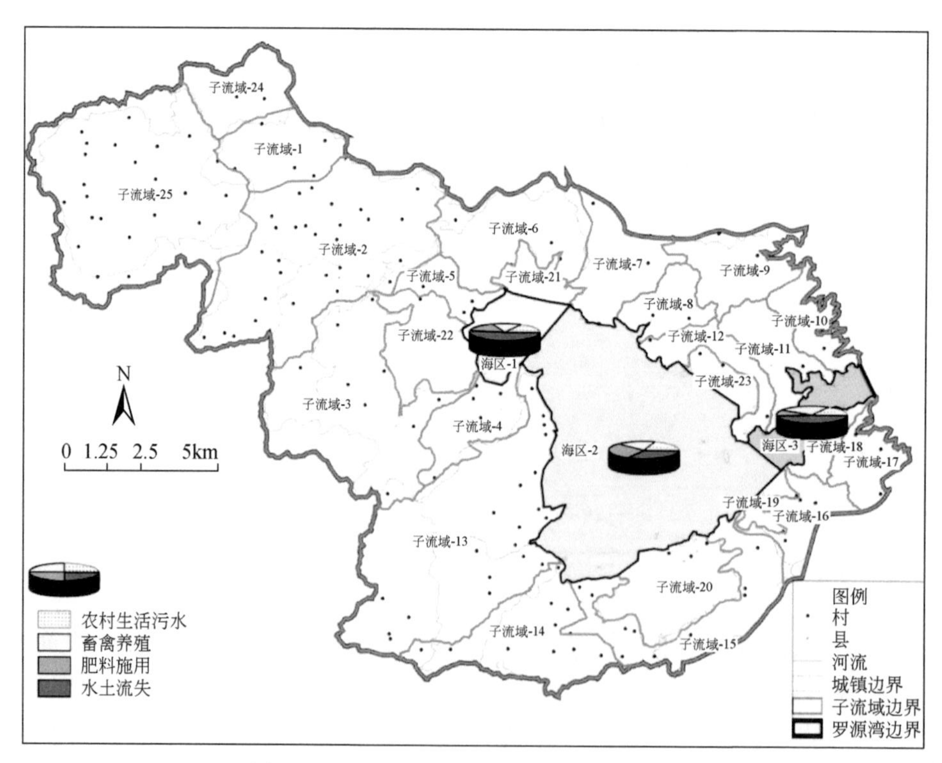

图 10-10 罗源湾非点源总磷污染物的来源

表 10-12 罗源湾子流域污染负荷计算值与监测值的比较

项目	陆源污染负荷		
	TN	TP	COD
监测值 / (t/a)	20.82	4.45	102.10
模型预测值 / (t/a)	24.84	3.26	102.29
偏差 /%	−19.31	26.74	−0.18

10.3.3 案例研究三：厦门湾

利用 GIS 将厦门湾划分成 27 个子流域和 5 个海区（即海区 -TD、海区 -TI、海区 -TX、海区 -WN 和海区 -WS）。选择子流域 -11、子流域 -12、子流域 -14、子流域 -15 和子流域 -16 来验证计算结果。

根据排放到厦门湾的排污口（污水厂出水口的点源除外）的水量和水质监测数据，计算出排入子流域的污染物负荷（图 10-11）。将结果与用本研究中提出的方法得到的结果进行比较，以验证非点源污染负荷计算结果并进一步生成迁移系数。

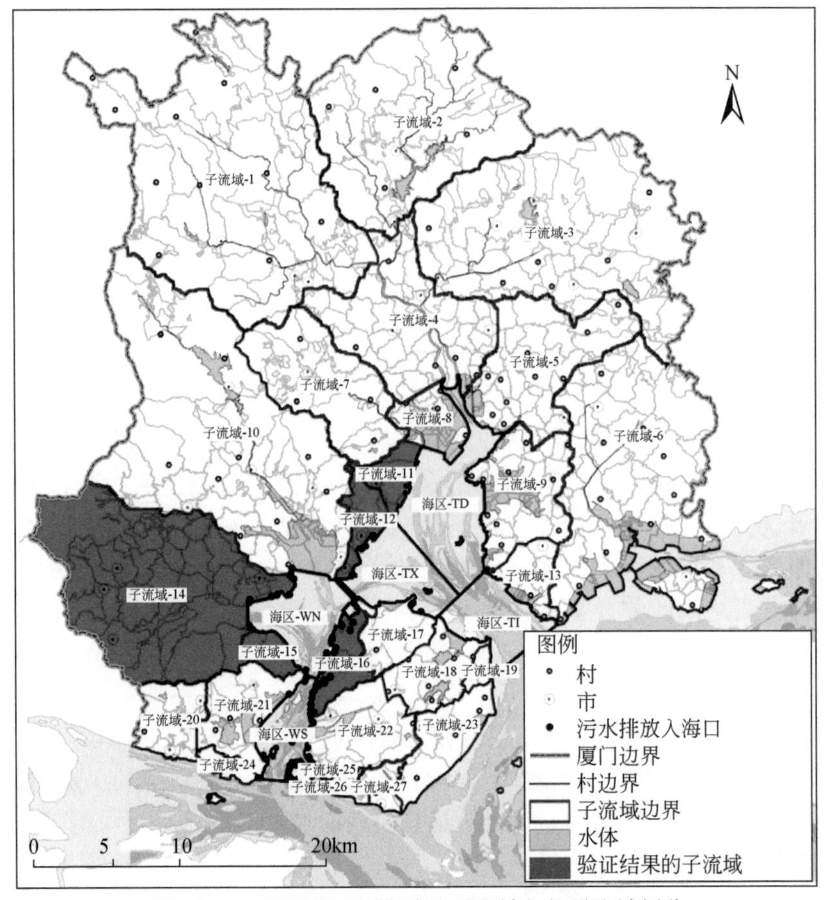

图 10-11 厦门湾（同安湾和西海域）的子流域划分

基于对研究区径流状况和养分输出的了解，本研究方法获得的陆源污染物通量超过了排入海洋污水出口的水量数据乘以水质数据所得到的结果。这意味着使用 GIS 和经验输出系数法获得的非点源污染负荷考虑了所有来源的非点源污染排放的潜在数量，但忽略了水体运输和迁移过程中的污染物损失。为了计算排入海洋的实际污染物量，还必须考虑迁移系数。在本研究中，排放到海洋中的非点源污染物的实际数量是基于 GIS 的经验方法的结果与水量数据乘以水质数据得到的结果之间的差额，这种差额称为输移系数，如表 10-13 所示。

表 10-13　使用不同方法验证非点源污染负荷并生成输移系数

子流域	方法	COD_{Mn}	TN	TP
子流域 -11，子流域 -12	计算值	1944.05	355.49	27.67
	监测值	1599.3	183.29	11.35
	偏差 /%	17.73	48.44	58.98
子流域 - 14，子流域 -15	计算值	5511.61	1110.64	114.23
	监测值	4492.3	638.65	63.86
	偏差 /%	18.49	42.50	44.10
子流域 -16	计算值	7387.74	1109.11	73.99
	监测值	5797.83	636.4	29.4
	偏差 /%	21.52	42.62	60.26
平均偏差（输移系数）/%		19.25	44.52	54.45

注：入海排污口水量和水质数据来自厦门市环境监测站，监测时间为 2003 年。

如表 10-13 所示，COD_{Mn} 的平均偏差最小，仅为 19.25%，其次是 TN，为 44.52%；TP 是最大的，占 54.45%。考虑到 COD_{Mn}、TN 和 TP 的污染物运移过程以及象山湾的研究结果，作者认为基于该方法的非点源污染负荷结果基本合理、可靠，可以进一步利用其估算厦门西海域和同安湾的陆源非点源污染负荷来源。因此，陆源 COD_{Mn}、TN 和 TP 污染物的两种方法之间的差异被称作输移系数。同安湾和西海域 COD_{Mn}、TN 和 TP 的输运系数分别为 19.25%，44.52% 和 54.45%（表 10-13），这为估算排入厦门湾陆源污染物负荷奠定了基础。

厦门湾陆源污染物年污染负荷结果以分海区的形式进行总结（表 10-14）。从表 10-14 中可以看出进入同安湾和西海域的陆源污染物负荷最高的是 COD_{Mn}，其次是 TN，TP 最少。此外，同安湾的 COD_{Mn}，TN 和 TP 负荷远远超过西海域。造成这种现象的部分原因是同安湾周边的土地面积大于西海域。

表 10-14 厦门湾陆源污染负荷 （单位：t/a）

分海湾	海区	COD_{Mn}	TN	TP	总计
同安湾	海区 TD	8 020.1	5 220.5	487.6	13 728.2
	海区 TX	1 120.8	358.5	25.2	1 504.5
	海区 TI	2 955.7	903.3	63.5	3 922.5
	小计	12 096.6	6 482.3	576.3	19 155.2
西海域	海区 WN	4 784.9	1 559.6	111.6	6 456.1
	海区 WS	4 420.4	2 038.2	151.8	6 610.4
	小计	9 205.3	3 597.8	263.4	13 066.5
合计		21 301.9	10 080.1	839.7	32 221.7

本研究综合分析了进入同安湾和西海域的点源污染、非点源污染和河流排放 COD_{Mn}、TN 和 TP 污染物负荷的贡献（图 10-12~ 图 10-14）。

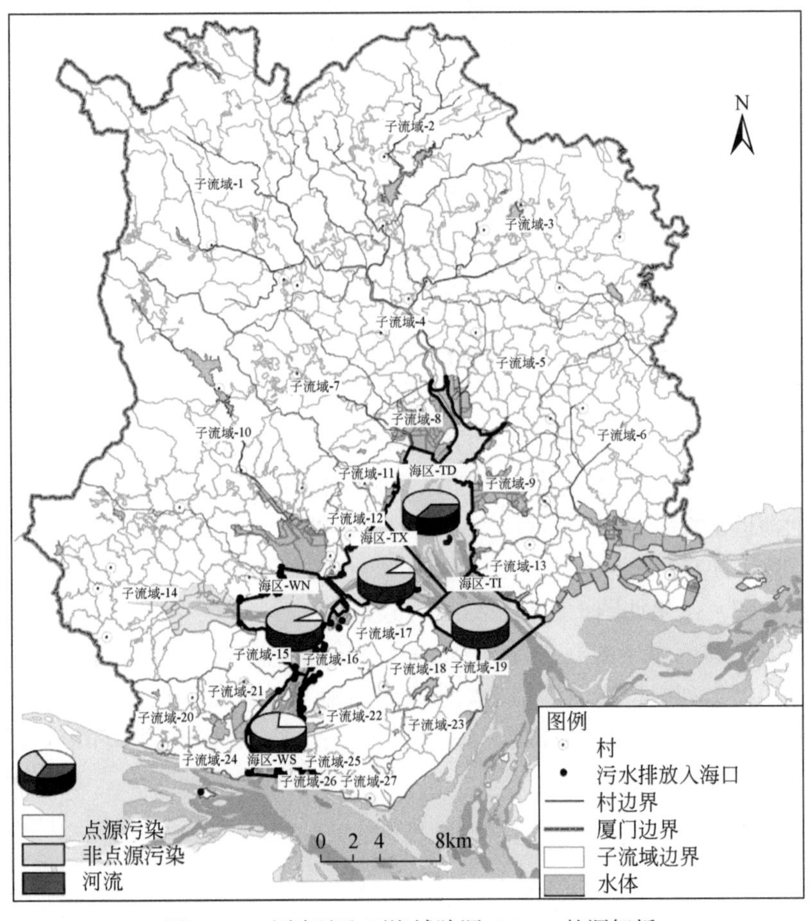

图 10-12 同安湾和西海域陆源 COD_{Mn} 的源解析

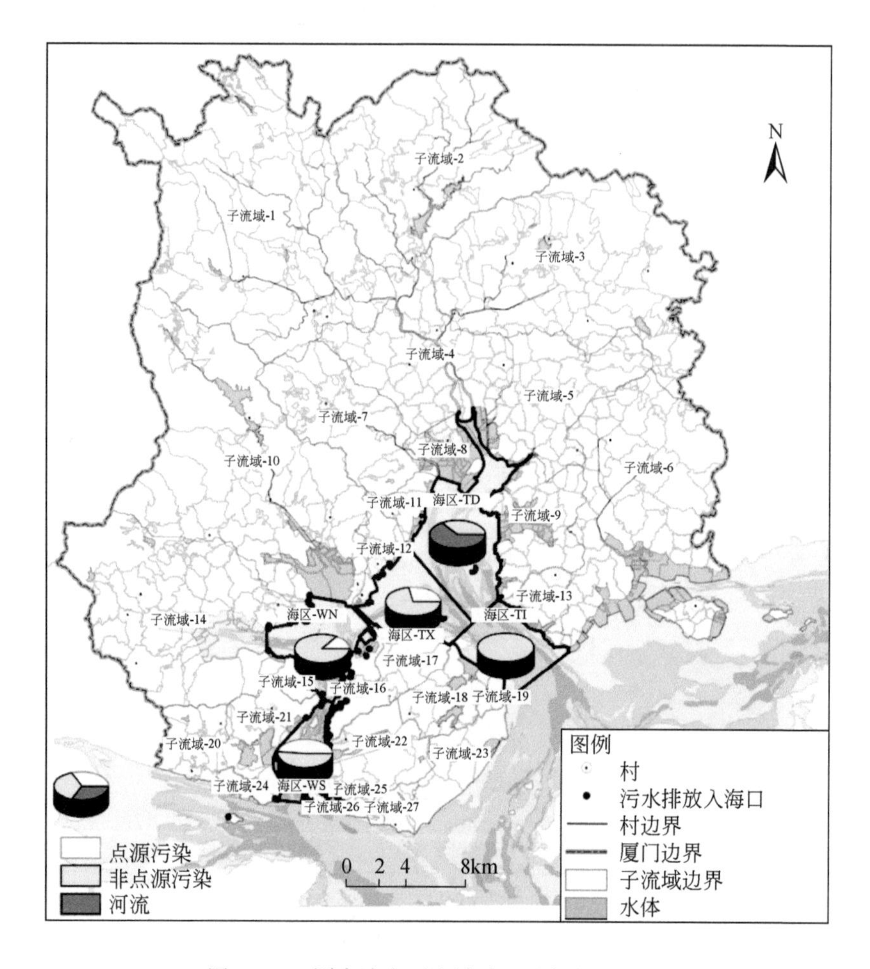

图 10-13　同安湾和西海域陆源总氮的源解析

陆源污染物（COD_{Mn}、TN 和 TP）的源解析显示，同安湾和西海域的五个海区之间存在很大差异。非点源污染是所有海区 COD_{Mn} 的主要来源，占总负荷的 60% 以上。非点源污染对大多数海区的 TN 和 TP 贡献很大。值得注意的是，河流排放和点源污染分别占海区 TD 和 WS 相当大的 TN 和 TP 负荷。进一步分析了进入同安湾和西海域的非点源污染氮和磷负荷的来源分配。结果如图 10-15 和图 10-16 所示。

虽然在同安湾和西海域的五个海区中，TN 和 TP 的非点源污染源分布存在一定的空间变异性，但生活污水和肥料施用是非点源污染的两种主要形式。水土流失、畜禽养殖对 TN 和 TP 的贡献很小。这种现象与罗源湾有很大差异。因此，在同安湾和西海域的管理中，应更加关注生活污水和肥料施用。

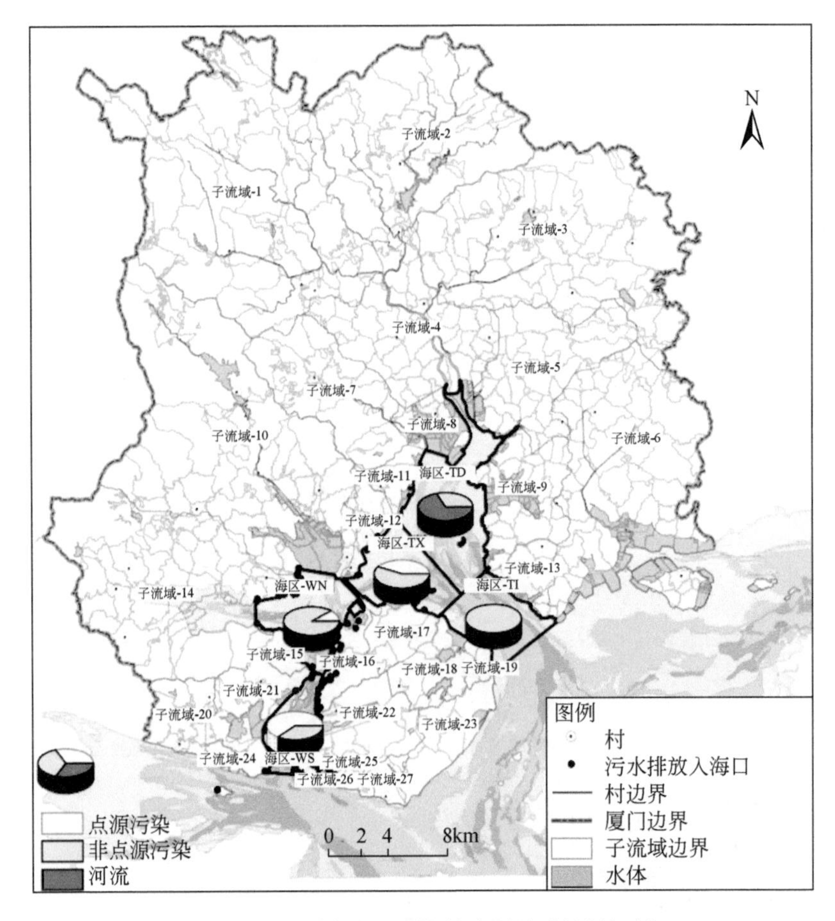

图 10-14 同安湾和西海域陆源总磷的源解析

10.4 沿海海湾陆源污染管理启示

10.4.1 渤海陆源污染管理策略

10.4.1.1 从流域到近岸海域：渤海湾陆源非点源污染的海陆统筹管理

本研究首先界定了渤海湾流域边界，研究区域面积约为 67.6 万 km^2，并将渤海湾流域作为一个整体来考虑。陆地和海洋被结合起来从整体的角度量化进入渤海的陆源非点源污染物负荷，这是本研究与之前渤海湾的相关研究之间的主要差别（Hao et al.，2006；Wang and Li，2006）。渤海海域（WBSA）作为研究渤海湾相关问题的空间单元，实际上是由三个省份和两个直辖市组成的，占地面积 140 万 km^2。然而，包括《渤海碧海行动计划（2001~2015 年）》和《渤海环境保护总体规划（2008~2020 年）》在内的两个项目仍然偏重行政边界（即三个省和一个市）而不是生态系统边界，如流域边界（即七个子流域）。这对于高陆水比和高强度土地利用活动的渤海海域健康是十分不利的。渤海海域水

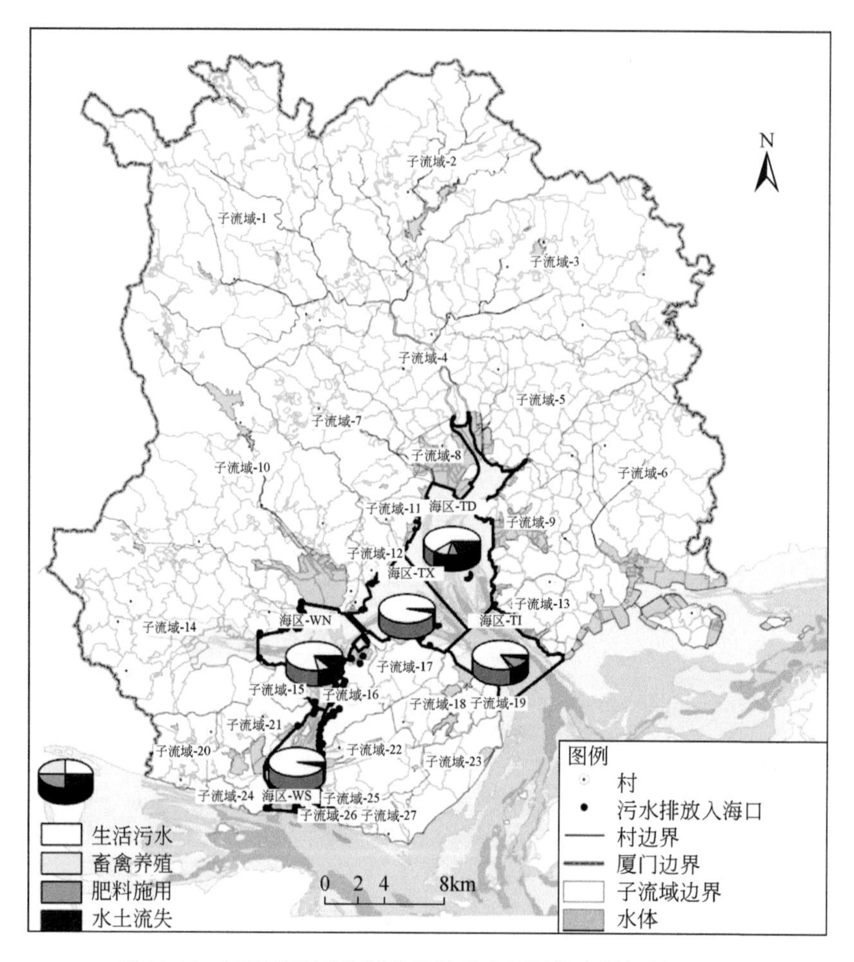

图 10-15　同安湾和西海域总氮的非点源污染来源解析

质的问题，需要有流域 - 近海海域空间连续体的认识，需要有流域治理的整体性和系统性的观念。流域是研究空间差异、形态、尺度和流域过程之间关系的最佳地理单元。自 20 世纪 80 年代以来，流域被广泛认为是水体环境管理的基本单位（Westervelt，2001）。流域保护方法因此基于生态系统管理的流域保护方法得以开发利用（Montgomery et al.，1995；Christensen et al.，1996；Davenport et al.，1996）。

渤海被 13 个沿海城市包围，一直以来大家普遍认为这些城市对渤海水质有很大的影响。然而，本研究结果表明，来自 13 个沿海城市的陆源非点源污染 TN 和 TP 负荷仅占进入渤海的陆源非点源污染 TN 和 TP 总负荷的 16.9% 和 12.5%，这体现了陆海统筹在渤海湾流域的陆源营养盐管理中的重要性。《渤海环境保护总体规划（2008~2020 年）》显示，渤海海域的污染物主要来自 13 个沿海城市以外的陆源污染，这部分污染占比 60%~70%。本研究的结果可被视为支持这种判断的依据。渤海海洋污染管理策略需要在海岸带综合管理的尺度拓展。推进陆海统筹，聚焦进入渤海的七大流域范围内的陆源人类活动，才能从整体上和根本上提升渤海海域水质。

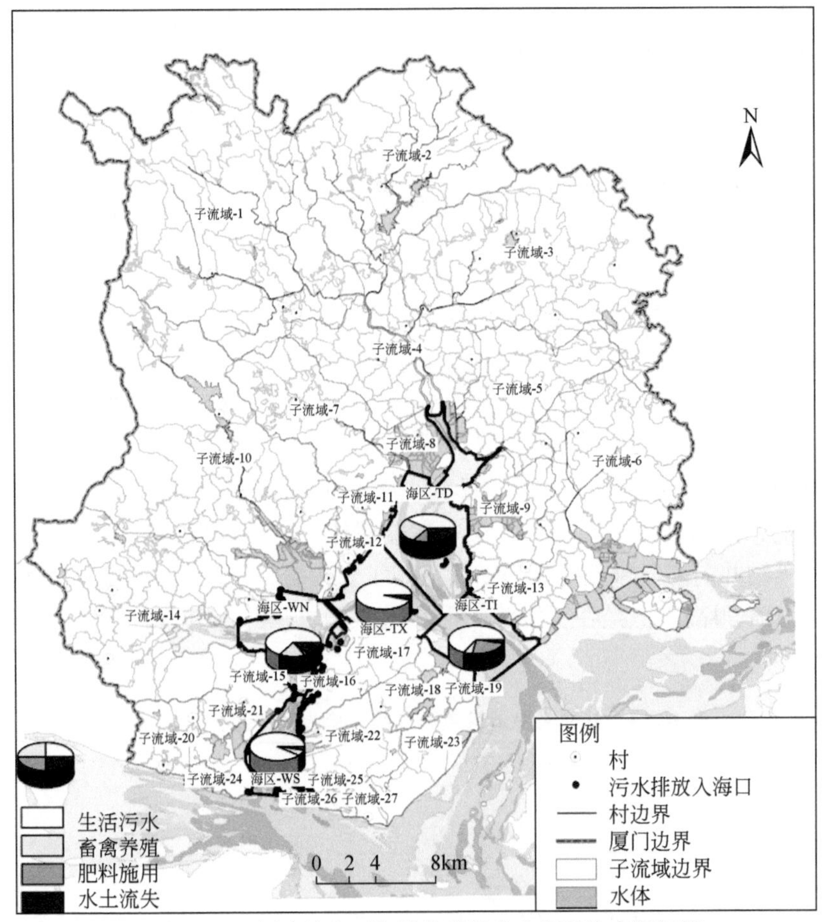

图 10-16　同安湾和西海域总磷的非点源污染来源解析

10.4.1.2　从关键源区和源头方面控制陆源非点源污染 TN 和 TP 负荷

本研究从整体上将渤海湾流域陆源非点源污染 TN 和 TP 负荷的关键源区可视化展示出来。关键源区指面积比例可以很小但需重点治理的污染区域（Dickinson et al.，1990；Tripathi et al.，2003）。本研究确定的渤海湾流域陆源非点源污染 TN 和 TP 的主要来源和关键源区可供渤海湾流域营养盐减量工作提供有益参考。

考虑到每年流入渤海的陆源非点源污染 TN 和 TP 总负荷，13 个沿海城市中应以锦州市和潍坊市作为减少陆源非点源污染 TN 和 TP 负荷的工作重点。因为 13 个沿海城市中锦州市和潍坊市的农业活动密集，肥料施用量大，禽畜养殖活动多（表 10-1）。在减少进入渤海的七个子流域的非点源污染 TN 和 TP 负荷时，海河和辽河流域应成为重点。减少五个亚海地区非点源污染 TN 和 TP 负荷的措施应集中在渤海湾和辽东湾（图 10-7）。

在渤海周围的 13 个沿海城市中，葫芦岛市和秦皇岛市应注意水土保持；锦州市应控制畜禽养殖活动；盘锦市、烟台市和东营市应控制肥料施用量；沧州市应控制农村生活污水。7 个子流域和 5 个亚海地区应注意水土保持工作。此外，在控制辽河、辽西河、辽东半岛河流流域、滦河流域以及辽东湾和中央海盆陆源非点源污染 TN 负荷时，应更加重视畜禽养殖。

山东半岛河流流域、黄河、海河流域以及莱州湾、渤海湾和渤海海峡的陆源非点源污染 TN 和 TP 控制应考虑肥料施用问题。除水土流失问题外，渤海陆源非点源污染 TN 控制应更多地关注畜禽养殖，陆源非点源污染 TP 控制则应重点关注肥料施用问题。

10.4.2 东南沿海海湾陆源污染管理启示

通过整合 GIS 栅格空间分析技术与 USLE、SDR 和经验输出系数法等模型，提出了一种量化和可视化罗源湾与厦门湾陆源污染负荷及其空间分布的方法。尽管存在一些局限性，但所构建的方法在现有的数据条件下足以量化海湾陆源污染负荷。将渤海湾进一步与其他海湾的调查结果比较，为陆源污染控制提供参考。表 10-15 显示了世界不同沿海地区陆源污染物来源的分配情况。

如表 10-15 所示，河流输入在陆源污染物排放到地中海，黑海和波罗的海中起主导作用。这是可以理解的，因为河流是主要的污染物运输载体，接纳来自市政生活污水、工业废水和农田径流污染物并向海洋排放（Helmer，1977）。本研究发现河流输入对厦门湾海区 TD 的 N 和 P 负荷贡献很高。但是在罗源湾，河流输入的贡献并不显著，部分原因在于该地区的河流相对较小。

表 10-15 其他沿海地区主要陆源污染物的来源分配比较

研究区域	污染物	不同来源的污染负荷 /（10^3t/a）				不同来源的污染负荷的比例 /%			
		农村生活污水	工业	农业	河流	农村生活污水	工业	农业	河流
地中海（Helmer，1997）	BOD	500	900	100	1000	20.00	36.00	4.00	40.00
	COD	1100	2400	1600	2700	14.10	30.77	20.51	34.62
	P	22	5	30	260	6.94	1.58	9.46	82.02
	N	110	25	65	600	13.75	3.12	8.13	75.00
土耳其黑海沿岸（Tuncer et al.，1985）	P	0.15	—	—	3.53	3.99	—	—	96.01
	N	3.40	—	—	36.30	8.56	—	—	91.44
	TSS	33.40	—	—	2151.58	1.53	—	—	98.47
	$BOD_{5/7}$	228.76	367.48	—	1094.11	13.53	21.74	—	64.73
波罗的海（Larsson et al.，1985）	TP	18.20	3.58	—	50.17	25.29	4.98	—	69.73
	TN	87.83	13.93	—	640.50	11.83	1.88	—	86.29
	$BOD_{5/7}$	314.10	268.47	—	506.96	28.83	24.64	—	46.53
波罗的海（Pawlak，1980）	TP	2.77	0.89	—	18.41	12.56	4.03	—	83.41
	TN	24.14	19.40	—	258.23	8.00	6.43	—	85.57
	BOD_5	16.54	12.37	—	—	57.22	42.78	—	—
尼日利亚尼日尔三角洲（Ajao and Anurigwo，2002）	P	3.42	0.48	—	—	87.62	12.38	—	—
	N	0.66	0.84	—	—	44.01	55.99	—	—

注：一表示无数据。

罗源湾的 COD 主要来自水土流失和农村生活污水，分别占总负荷的 63% 和 22%；水土流失是 TN 和 TP 的主要来源，占 40% 以上，而点源污染仅占 4%。在厦门湾，非点源污染是所有海区 COD_{Mn} 的主要来源，占总负荷的 60% 以上，并且为多数海区贡献大量 TN 和 TP 负荷。这些非点源污染物主要来自农村生活污水和肥料施用。然而，河流输入和点源污染是造成海区 TD 和 WS 等 TN 和 TP 负荷的主要原因。

尽管数据稀少，但本研究所提出的方法在东南沿海两个海湾的应用清楚地确定了陆源污染负荷的来源分配和空间分布。这种方法根据河流排放、点源污染和非点源污染（包括水土流失、化肥施用、畜禽养殖和农村生活污水排放）量化陆源污染的来源分配，可以对沿海地区陆源污染的关键源区进行分类和识别，从而为沿海环境管理措施提供科学支撑。

10.5 本章小结

（1）来自渤海 13 个沿海城市的陆源非点源污染 TN 和 TP 负荷占进入渤海的陆源非点源污染 TN 和 TP 总负荷的比例相对较低。渤海海洋污染防治需要在海岸带综合管理的尺度拓展，推进陆海统筹，聚焦进入渤海的七大流域范围内的陆源人类活动，才能从整体上提升渤海湾水质。陆源非点源污染 TN 负荷管理过程中应多注意水土流失和畜禽养殖问题，而陆源非点源污染 TP 负荷管理过程中应多加注意水土流失和肥料施用问题。对于已确定的几个陆源非点源污染 TN 和 TP 负荷关键源区应采取控制陆源营养盐输入的针对性措施。

（2）罗源湾的 COD_{Mn} 主要来自水土流失和农村生活污水，分别占总负荷的 63% 和 22%。另外，水土流失是 TN 和 TP 的主要来源，占 40% 以上，而点源污染仅占 4%。在厦门湾，非点源污染是所有海区 COD_{Mn} 的主要来源，占总负荷的 60% 以上，并且为多数海区贡献大量 TN 和 TP 负荷。这些非点源污染物主要来自农村生活污水和化肥施用。然而，河流输入和点源污染是造成厦门同安海区（TD）和西海域（WS）等 TN 和 TP 负荷的主要原因。

参考文献

陈聪聪 , 饶拉 , 黄金良 , 等 . 2015. 东南沿海河流 - 水库系统藻类生长营养盐限制季节变动 [J]. 环境科学 , 36(9): 3238–3247.

陈静 , 蒋万祥 , 贺诗水 , 等 . 2018. 新薛河底栖动物物种多样性与功能性研究 [J]. 生态学报 , 38(9): 3328-3336.

陈强 , 朱慧敏 , 何溶 , 等 . 2015. 基于地理加权回归模型评估土地利用对地表水质的影响 [J]. 环境科学学报 , 35(5):1571-1580.

陈莹 , 陈兴伟 , 尹义星 . 2011. 1960—2006 年闽江流域径流演变特征 [J]. 自然资源学报 , 26(8): 1401-1411.

程永隆 , 沈恒 , 许友勤 . 2011. 闽江梯级电站对水环境的影响 [J]. 水资源保护 , 27(5): 114-118.

董浩平 , 姚琪 . 2004. 水体沉积物磷释放及控制 [J]. 水资源保护 , (6): 20-23, 69.

董延军 , 邓家泉 , 李杰 , 等 . 2011. 基于 HSPF 的东江分布式水文模型构建 [J]. 长江科学院院报 , (9): 57-63.

段扬 . 2014. 基于 EFDC 的丹江口水库水环境数值模拟分析 [D]. 北京 : 中国地质大学 (北京).

段扬 , 廖卫红 , 杨倩 , 等 . 2014. 基于 EFDC 模型的蓄滞洪区洪水演进数值模拟 [J]. 南水北调与水利科技 , (5): 160-165.

冯媛 . 2012. 九龙江流域不透水地表提取及其与水质关联分析 [D]. 厦门 : 厦门大学 .

傅伯杰 . 2018. 新时代自然地理学发展的思考 [J]. 地理科学进展 , 37(1): 1-7.

卞京 . 2017. 波多马克河流域土地利用与水质动态关联及其管理启示 . 厦门 : 厦门大学

高雪峰 , 韩国栋 , 张国刚 , 等 . 2017. 短花针茅荒漠草原土壤微生物群落组成及结构 [J]. 生态学报 , 37(15): 5129-5136.

耿润哲 , 李明涛 , 王晓燕 , 等 . 2015. 基于 SWAT 模型的流域土地利用格局变化对面源污染的影响 [J]. 农业工程学报 , 31(16):241-250.

黄博强 . 2019. 陆海统筹视角下福建省海岸带土地利用变化过程与环境效应研究 [D] . 厦门 : 厦门大学 .

黄金良 , 洪华生 , 杜鹏飞 , 等 . 2005. 基于 GIS 和 DEM 的九龙江流域地表水文模拟 [J]. 中国农村水利水电 , 2: 44-46, 50.

黄金良 , 洪华生 , 张珞平 , 等 . 2004. 基于 GIS 和 USLE 的九龙江流域土壤侵蚀量预测研究 [J]. 水土保持学报 , 18(5): 75-79.

黄金良 , 李青生 , 洪华生 , 等 . 2011. 九龙江流域土地利用 / 景观格局 - 水质的初步关联分析 [J]. 环境科学 , 32(1):64-72.

黄金良 , 张祯宇 , 邵建敏 , 等 . 2014. 九龙江径流 Flashiness 指数时空变化分析 [J]. 水文 , 34(3): 37-42.

黄亚玲 , 黄金良 . 2021. 九龙江流域氮输出对土地利用及水文季节性变动的响应 [J]. 环境科学 , 42(7):66-75.

黄亚玲 , 唐莉 , 黄金良 . 2019. 九龙江流域磷输出对土地利用及水文季节性变动的响应 [J]. 环境科学 , 40(12): 5340-5347.

金霏霏 , 于树利 , 刘恒 . 2017. 石头口门水库水面和土地利用遥感监测分析 [J]. 测绘与空间地理信息 , (4): 51-54.

康孝岩 , 王艳慧 , 段福洲 . 2015. 单一景观空间分布指数及其适用性评价 [J]. 生态学报 , 35(5):1311-1320.

康元昊 , 施军琼 , 杨燕君 , 等 . 2018. 三峡库区汝溪河浮游植物动态及其与水质的关系 [J]. 水生态学杂志 , 39(6): 23-29.

李乐 , 王圣瑞 , 王海芳 , 等 . 2016. 滇池入湖河流磷负荷时空变化及其形态组成贡献 [J]. 湖泊科学 , 28(5): 951-960.

李青生 . 2012. 流域土地利用 / 覆被变化过程与多尺度水质响应研究 [D]. 厦门 : 厦门大学 .

李燕，李兆富，席庆. 2013. HSPF 径流模拟参数敏感性分析与模型适用性研究 [J]. 环境科学, (6): 2139-2145.
梁杏，孙立群，张鑫，等. 2020. 无机态氮素转化机制及水土体氮源识别方法 [J]. 环境科学, 41(9):457-468.
刘纪远，布和敖斯尔. 2000. 中国土地利用变化现代过程时空特征的研究——基于卫星遥感数据 [J]. 第四纪研究, 20(3): 229-239.
刘纪远，刘明亮，庄大方，等. 2002. 中国近期土地利用变化的空间格局分析 [J]. 中国科学：D 辑, 321(12): 1031-1040.
刘建康. 1990. 东湖生态学研究 (一)[M]. 北京：科学出版社.
刘晋仙，李毳，罗正明，等. 2019. 亚高山湖群中真菌群落的分布格局和多样性维持机制 [J]. 环境科学, (5): 2382-2383.
刘继辉 .2018. 梯级水坝建设对小流域土地利用和水文的影响 [D]. 厦门：厦门大学.
刘佩瑶，郝振纯，王国庆，等. 2017. 新安江模型和改进 BP 神经网络模型在闽江水文预报中的应用 [J]. 水资源与水工程学报, (1): 40-44.
刘焱序，杨思琪，赵文武，等. 2018. 变化背景下的当代中国自然地理学——2017 全国自然地理学大会述评 [J]. 地理科学进展, 37(1): 163-171.
鲁婷，陈能汪，陈朱虹，等. 2013. 九龙江河流－库区系统沉积物磷特征及其生态学意义 [J]. 环境科学, 34 (9): 3430-3436.
吕永龙，苑晶晶，李奇锋，等. 2016. 陆源人类活动对近海生态系统的影响 [J]. 生态学报, 36(5): 1183-1191.
孟伟，于涛，郑丙辉，等. 2007. 黄河流域氮磷营养盐动态特征及主要影响因素 [J]. 环境科学学报, 27(12): 2046-2051.
秦文韬，张冰，孙晨翔，等. 2019. 城市污水处理系统真核微生物群落特征与地域差异性 [J]. 环境科学, 40(5): 2368-2374.
任盛明，曹龙熹，孙波. 2014. 亚热带中尺度流域氮磷输出的长期变化规律与影响因素 [J]. 土壤, 46(6):1024-1031.
商潘路，陈胜男，黄廷林，等. 2018. 深水型水库热分层诱导水质及真菌种群结构垂向演替 [J]. 环境科学, 39(3): 1141-1150.
孙丽华. 2015. 污水处理厂有监督执法权——污水集中处理的美国经验 [J]. 给水排水, 25(3): 131-142.
孙丽梅，裘钱玲琳，杨磊，等. 2018. 长三角城郊樟溪流域水体氮磷分布特征及其影响因素 [J]. 生态毒理学报, 13(4): 30-37.
孙丽娜，卢文喜，杨青春，等. 2013. 东辽河流域土地利用变化对非点源污染的影响研究 [J]. 中国环境科学, 33(8):1459-1467.
汤冰冰. 2016. 基于 QUAL2K 水质模型参数灵敏度研究 [D]. 成都：西南交通大学.
唐涛，蔡庆华，刘建康. 2002. 河流生态系统健康评价 [J]. 应用生态学报, 13(9): 1191-1194.
汪红梅. 2013. 美国非点源污染最佳管理措施及对中国的启示 [J]. 农村经济与科技, 24(11): 5-7.
王道涵，李晓旭，冯思静，等. 2014. 水质目标管理技术的研究——比弗河流域 TMDL 计划执行案例研究 [J]. 地球环境学报, 41(4): 282-286.
王琼，姜德娟，于靖，等. 2015. 小清河流域氮磷时空特征及影响因素的空间与多元统计分析 [J]. 生态与农村环境学报, 31(2): 137-145.
王琼，卢聪，范志平，等. 2017. 辽河流域太子河流域 N、P 和叶绿素 a 浓度空间分布及富营养化 [J]. 湖泊科学, 29(2): 297-307.
王书航，王雯雯，姜霞，等. 2014. 蠡湖水体氮、磷时空变化及差异性分析 [J]. 中国环境科学, 34(5): 1268-1276.
王修林，李克强. 2006. 渤海主要化学污染物海洋环境容量 [M]. 北京：科学出版社.
王勇智，吴頔，石洪华，等. 2015. 近十年来渤海湾围填海工程对渤海湾水交换的影响 [J]. 海洋与湖沼,

46(3): 471-480.
邬建国 . 2007. 景观生态学——格局、过程、尺度和等级 [M]. 北京 : 高等教育出版社 .
吴利 , 周明辉 , 沈章军 , 等 . 2017. 巢湖及其支流浮游动物群落结构特征及水质评价 [J]. 动物学杂志 , 52(2): 792-811.
谢森扬 , 王翠 , 王金坑 , 等 . 2016. 基于 EFDC 的九龙江口 - 厦门湾三维潮流及盐度数值模拟研究 [J]. 水动力学研究与进展 (A 辑), (1): 63-75.
谢哲宇, 唐莉, 黄亚玲, 等.2021. 九龙江西溪流域沉积物磷的形态与时空分布特征 [J]. 亚热带资源与环境学报, 16(2):1-9.
邢可霞 , 郭怀成 , 孙延枫 , 等 . 2004. 基于 HSPF 模型的滇池流域非点源污染模拟 [J]. 中国环境科学 , 24(2): 229-232.
邢可霞 , 郭怀成 , 孙延枫 , 等 . 2005. 流域非点源污染模拟研究——以滇池流域为例 [J]. 地理研究 , 24(4): 549-558.
徐在民 . 2000. 概论福建水资源 [J]. 水利科技 , (2): 1-6.
颜秀利 , 翟惟东 , 洪华生 , 等 . 2012. 九龙江口营养盐的分布 , 通量及其年代际变化 [J]. 科学通报 , 57(17): 1575-1587.
晏维金 . 2006. 人类活动影响下营养盐向河口 / 近海的输出和模型研究 [J]. 地理研究 , 5: 825-835.
杨飞 , 杨世琦 , 诸云强 , 等 . 2013. 中国近 30 年畜禽养殖量及其耕地氮污染负荷分析 [J]. 农业工程学报 , 8(5): 1-11.
杨倩 . 2014. 基于 EFDC 的密云水库水环境及应急处理模型研究 [D]. 北京 : 中国地质大学 (北京).
杨珊珊 . 2011. 城郊区小流域水体氮磷输出特征及其影响因素 [D]. 武汉 : 华中农业大学 .
叶琪 , 黄茂兴 .2009. 改革开放以来福建农业结构调整的演变及展望 [J]. 台湾农业探索 , (2):44-50
叶绿保 , 王海勤 , 张文开 , 等 .2005. 漳州市特色农业开发与特色产业的规划及对策 [J]. 中国农业资源与区划 , (6):33-36.
袁和忠 , 沈吉 , 刘恩峰 , 等 . 2010. 太湖水体及表层沉积物磷空间分布特征及差异性分析 [J]. 环境科学 , 31 (4): 954-960.
张纯 , 宋彦 . 2015. 美国城市精明增长策略下的暴雨最优管理经验及启示 [J]. 国际城市规划 , 30(2): 75-80.
张宪伟 , 潘纲 , 陈灏 , 等 . 2009. 黄河沉积物磷形态沿程分布特征 [J]. 环境科学学报 , 29 (1) : 191-198.
张亚娟 , 李崇巍 , 胡蓓蓓 , 等 . 2017. 城镇化流域“源 - 汇”景观格局对河流氮磷空间分异的影响——以天津于桥水库流域为例 [J]. 生态学报 , 37(7) : 2437-2446.
张志赟 , 刘辉 , 杨义炜 . 2018. 资源枯竭型城市空间扩展进程研究——以淮北市为例 [J]. 地理研究 , 37(1): 183-198.
赵姹 , 李志 , 刘文兆 . 2014. GCM 降尺度预测泾河流域未来降水变化 [J]. 水土保持研究 , 21(1): 23-27.
赵强 , 秦晓波 , 吕成文 , 等 . 2018. 亚热带农业流域水体氮素及其稳定同位素分布特征 [J]. 中国生态农业学报 , 26(1): 136-145.
赵琰鑫 , 陈 岩 , 吴悦颖 . 2015. QUAL2K 河流水质模拟模型理论方法与应用指南 [M]. 北京 : 气象出版社 .
周培 . 2016. 流域尺度土地利用与水质关联研究的理论分析和实践 [D]. 厦门 : 厦门大学 .
周增荣 . 2012. 九龙江流域土地利用 / 覆被变化及其水质效应模拟分析 [D]. 泉州 : 华侨大学 .
周珉 . 2017. 闽江中上游流域水动力与水质模拟研究 [D]. 厦门：厦门大学 .
朱坚真 , 刘汉斌 . 2012. 中国海岸带划分范围及其空间发展战略 [J]. 经济研究参考 , 45: 48-54.
卓泉龙 , 林罗敏 , 王进 , 等 . 2018. 广州流溪河氮磷浓度的季节变化和空间分布特征 [J]. 生态学杂志 , 37(10): 3100-3109.
左春刚 , 黄诗峰 , 杨海波 , 等 . 2007. 密云水库水源地多时相遥感监测与分析 [J]. 中国水利水电科学研究院学报 , 5(3): 201-205.

Aafaf E J, Ahmed B, Rida K, et al. 2019. Remote sensing and GIS techniques for prediction of land use land cover change effects on soil erosion in the high basin of the Oum Er Rbia River(Morocco) [J]. Remote Sensing Applications: Society and Environment, 13: 361-374.

Abbott BW, Moatar F, Gauthier O, et al. 2018. Trends and seasonality or river nutrients in agricultural catchments: 18 years of weekly citizen science in France[J]. Science of the Total Environment, 624: 845-858.

Ahearn D S, Sheibley R W, Dahlgren R A, et al. 2005.Land use and land cover influence on water quality in the last free-flowing river draining the western Sierra Nevada, California[J]. Journal of Hydrology, 313(3): 234-247.

Ahn S R, Kim S J. 2017. Assessment of watershed health, vulnerability, and resilience for determining protection and restoration priorities [J]. Environmental Modeling&Software, 122: 1-19.

Ajao E A, Anurigwo S. 2002. Land-based sources of pollution in the Niger Delta, Nigeria. Ambio31(5): 442-445.

Alam M S, Uddin K. 2013. A study of morphological changes in the coastal areas and offshore islands of Bangladesh using remote sensing [J]. American Journal Geographic Information System, 2(1): 15-18.

Alam M. 2018. Ecological and economic indicators for measuring erosion control services provided by ecosystems [J]. Ecological Indicators, 95: 695-701.

Aldwaik S Z, Pontius Jr R G. 2012. Intensity analysis to unify measurements of size and stationary of land changes by interval, category, and transition [J]. Landscape and Urban Planning, 106(1): 103-114.

Alexander R B, Smith R A, Schwarz G E. 2000. Effect of stream channel size on the delivery of nitrogen to the Gulf of Mexico [J]. Nature, 403: 758-761.

Allam A, Fleifle A, Tawfik A, et al. 2015. A simulation-based suitability index of the quality and quantity of agricultural drainage water for reuse in irrigation[J]. Science of the Total Environment, 536: 79-90.

Allan E, Bossdorf O, Dormann C F, et al. 2014. Interannual variation in land-use intensity enhances grassland multidiversity [J]. Proceedings of the National Academy of Sciences of the United States of America, 111(1): 308-313.

Amaral-Zettler L A, McCliment E A, Ducklow H W, et al. 2009. A method for studying protistan diversity using massively parallel sequencing of V9 hypervariable regions of small-subunit ribosomal RNA gens [J]. PLoS One, 4: e6372.

AraúJo M B, Rahbek C. 2007. Conserving biodiversity in a world of conflicts [J]. Journal of Biogeography, 34(2): 199-200.

Arifin R R, James S C, Pitts D A, et al. 2016. Simulating the thermal behavior in Lake Ontario using EFDC[J]. Journal of Great Lakes Research, 42(3): 511-523.

Arnoldus H M J.1980. An Approximation of the Rainfall Fact or in the Universal Soil Loss Equation[M]. New York: John Wiley and Sons.

Artan H, Fatma A, Turer B. 2018. Revealing the transversal continuum of natural landscapes in coastal zones-Case of the Turkish Mediterranean coast [J]. Ocean & Coastal Management, 158: 103-115.

Astin L E. 2007. Developing biological indicators from diverse data: the potomac Basin-wide Index of Benthic Integrity(B-IBI) [J]. Ecological Indicators, 7(4): 895-908.

Bahar MM, Ohmori H, Yamamuro M. 2008. Relationship between river water quality and land use in a small river basin running through the urbanizing area of Central Japan [J]. Limnology, 9(19): 19-26.

Bai H, Chen Y, Wang D, et al. 2018. Developing an EFDC and numerical source-apportionment model for nitrogen and phosphorus contribution analysis in a lake basin [J]. Water, 10: 1315.

Baker A. 2003. Land use and water quality [J]. Hydrological processes, 17(12): 2499-2501.

Baker D B, Richards R P, Loftus T T, et al. 2004. A new flashiness index: characteristics and applications to Midwestern rivers and streams[J]. Jawra Journal of the American Water Resources Association, 40(2): 503-522.

Baron J S, Hall E, Nolan B, et al. 2013. The interactive effects of excess reactive nitrogen and climate change on aquatic ecosystems and water resources of the United States [J]. Biogeochemistry, 114: 71-92.

Batista P V G, Silva M L N, Silva B P C, et al. 2017. Modelling spatially distributed soil losses and sediment yield in the upper Grande River Basin-Brazil [J]. Catena, 157: 139-150.

Black A R, Rowan J S, Bragg O M, et al. 2005. Approaching the physical-biological interface in rivers: a review of methods for ecological evaluation of flow regimes[J]. Progress in Physical Geography, 29(4): 506-531.

Boeder M, Chang H. 2008. Multi-scale analysis of oxygen demand trends in an urbanizing Oregon watershed, USA [J]. Journal of Environmental Management, 87: 567-581.

Borja Á, Elliott M, Andersen J H, et al. 2016. Overview of integrative assessment of marine systems: the ecosystem approach in practice [J]. Frontier in Marine Science, 3(55): 1- 20.

Bourzac K. 2013. Water: the flow of technology [J]. Nature, 501(7468): S4-S6.

Bryan B A, Gao L, Ye Y, et al. 2018. China's response to a national land-system sustainability emergency[J]. Nature, 559(7713): 193-204.

Bu H , Zhang Y , Meng W , et al. 2016.Effects of land-use patterns on in-stream nitrogen in a highly-polluted river basin in Northeast China[J]. Science of the Total Environment, 553:232-242.

Buddhi W, Kaveh D, Ashantha G. 2018. Evaluating the relationship between temporal changes in land use and resulting water quality [J]. Environmental Pollution, 234: 480-486.

Bukaveckas P A, Isenberg W N. 2013. Loading, transformation, and retention of nitrogen and phosphorus in the tidal freshwater james river(Virginia)[J]. Estuaries and Coasts, 36: 1219-1236.

Bunn S E, Arthington A H. 2002. Basic principles and ecological consequences of altered flow regimes for aquatic biodiversity[J]. Environmental Management, 30: 492-507.

Burke M, Driscoll A, Lobell D B, et al. 2021.Using satellite imagery to understand and promote sustainable development[J]. Science, 371(6535): eabe8628.

Cai Y P, Cai J Y, Xu L Y, et al. 2019. Integrated risk analysis of water-energy nexus systems based on a system dynamics, orthogonal design and copula analysis [J]. Renewable and Sustainable Energy Reviews, 99: 125-137.

Caron D A, Countway P D. 2009. Hypotheses on the role of the protistan rare biosphere in a changing world [J]. Aquatic Microbial Ecology, 57: 227-238.

Carpenter S R, Caraco N F, Correll D L, et al. 1998. Nonpoint pollution of surface waters with phosphorus and nitrogen [J]. Ecological applications, 8(3): 559-568.

Carrino-Kyker S, Swanson A K, Burke D J. 2011. Changes in eukaryotic microbial communities of vernal pools along an urban-rural land use gradient [J]. Aquatic Microbial Ecology, 62(1): 13-24.

Cerda A, Rodrigo-Comino J, Novara A, et al. 2018. Long-term impact of rainfed agricultural land abandonment on soil erosion in the Western Mediterranean basin [J]. Progress Physical Geography, 42(2): 202-219.

Chapra S C. 1997. Surface Water-Quality Modeling [M]. New York: McGraw-Hill.

Chauvin J P, Glaeser E, Ma Y, et al. 2016. What is different about urbanization in rich and poor countries? Cities in Brazil, China, India and the United States [J]. Journal of Urban Economics, 3: 17-49.

Chen D J, Lu J, Yuan S F, et al. 2006. Spatial and temporal variations of water quality in Cao-E River of eastern China [J]. Journal of Environmental Science, 18(4): 680-688.

Chen J, Chang K, Karacsonyi D, et al. 2014. Comparing urban land expansion and its driving factors in Shenzhen and Dongguan, China [J]. Habitat International, 43: 61-71.

Chen N W, Hong H S. 2011. Nitrogen export by surface runoff from a small agricultural watershed in a southeast China: seasonal pattern and primary mechanism [J]. Biogeochemistry, 106(3): 311-321.

Chen N W, Hong H S. 2012. Integrated management of nutrients from the watershed to cast in the subtropical region [J]. Current Opinion in Environmental Sustainability, 4(2): 233-242.

Chen W J, He B, Nover D, et al. 2019. Farm ponds in southern China: challenges and solutions for conserving neglected wetland ecosystem [J]. Science of the Total Environment, 659: 1322-1334.

Chen Y Q, Yang T, Xu C Y, et al. 2010. Hydrologic alteration along the middle and upper East River(Dongjiang) basin, South China: a visually enhanced mining on the results of RVA method[J]. Stochastic Environmental Research and Risk Assessment, 24: 9-18.

Chen Y, Chen X W, Yin Y X. 2011. Characteristics of runoff changes in the Minjiang River Basin from 1960 to 2006[J].Journal of Natural Resources, 26(8): 1401-1411.

Chen Z, Wang L, Wei A, et al. 2019. Land-use change from arable lands to orchards reduced soil erosion and increased nutrient loss in a small catchment [J]. Science of the Total Environment, 648: 1097-1104.

Chi W, Zhao Y, Kuang W, et al. 2019. Impacts of anthropogenic land use/cover changes on soil wind erosion in China [J]. Science of the Total Environment, 668: 204-215.

Chris J, Van E. 2016. Annual and seasonal phosphorus export in surface runoff and tile drainage from agricultural fields with cold temperate climates[J]. Journal of Geophysical Research, 42(6): 1271-1280.

Christensen N L, Bartuska A M, Brown J H, et al. 1996. The report of the ecological society of America committee on the scientific basis for ecosystem management [J]. Ecological Application, (6): 665-691.

Correll D L, Jordan T E, Weller D E.1999. Effects of precipitation and air temperature on nitrogen discharges from Rhode River watersheds[J]. Water Air Soil Pollut, 115:547-575.

Costigan K H, Daniels M D. 2012. Damming the prairie: human alteration of Great Plains river regimes[J]. Journal of Hydrology, 444: 90-99.

Crump B C, Hobbie J E. 2005. Synchrony and seasonality in bacterioplankton communities of two temperate rivers [J]. Limnology and Oceanography, 50(6): 1718-1729.

Dai Z J, Liu J T. 2013. Impacts of large dams on downstream fluvial sedimentation: an example of the Three Gorges Dam(TGD) on the Changjiang(Yangtze River)[J]. Journal of Hydrology, 480: 10-18.

Davenport T E, Phillips N J, Kirschner B A, et al. 1996. The watershed protection approach: a framework for ecosystem protection [J]. Water Science and Technology, 33(425): 23-26.

Deelstra J, Iital A. 2008. The use of the flashiness index as a possible indicator for nutrient loss prediction in agricultural catchments [J]. Boreal Environment Research, 13(3): 209-221.

Dickinson W T, Rudra R P, Wall G J, 1990. Targeting remedial measures to control nonpoint source pollution [J]. Water Resource Bulletin AWRA, 26(3): 499-507.

Dodds W K, Bouska W W, Eitzmann J L, et al. 2009. Eutrophication of US freshwaters: analysis of potential economic damages [J]. Environmental Science & Technology, 43(1): 12-19.

Doll P, Kasper F, Lehner B. 2003. A global hydrologic model for deriving water availability indicators: model turning and validation[J]. Journal of Hydrology, 270: 105-134.

Domagelski J, Saleh D 2015. Sources and transport of phosphorus to rivers in California and adjacent States, U.S., as determined by SPARROW Modeling[J]. Journal of the American Water Resources Association, 51: 1463-1486.

Donald J B. 1996. The Watershed Protection Approach [J]. Water Science and Technology, 33(425): 17-21.

Doyle M E, Saurral R I, Barros V R. 2012. Trend in the distributions of aggregated monthly precipitation over the La Plata Basin[J]. International Journal of Climatology, 32: 2149-2162.

Du P F, Li Z Z, Huang J L. 2013. A modeling system for drinking water sources and its application to Jiangdong Reservoir in Xiamen city[J]. Frontiers of Environmental Science & Enginering, 7(5): 735-745.

Duan S W, Zhang S, Huang H Y. 2000. Transport of dissolved inorganic nitrogen from the major rivers to estuaries in China [J]. Nutrient Cycling in Agroecosystem, 57: 13-22.

Duan S W, Kaushal S S, Groffwan P M, et al. 2012. Phosphorus export across an urban to rural gradient in the Chesapeake Bay watershed [J]. Journal of Geophysical Research, 117 (G1): 105-115.

El-Khoury A, Seidou O, Lapen D R, et al. 2015. Combined impacts of future climate and land use changes on discharge, nitrogen and phosphorus loads for a Canadian river basin [J]. Journal of Environmental Management, 151: 76-86.

Ernst H R. 2003. Chesapeake Bay blues: Science, politics, and the struggle to save the bay [M]. Milton Keynes: Rowman & Littlefield.

Ervinia A, Huang J L, Huang Y L, et al. 2019. Coupled effects of climate variability and land use pattern on surface water quality: An elasticity perspective and watershed health indicators [J]. Science of the Total Environment, 693, 133592.

Ervinia A , Huang J L, Zhang Z Y. 2015. Land-use changes reinforce the impacts of climate change on annual runoff dynamics in a Southeast China coastal watershed [J]. Hydrology and Earth System Sciences Discussions, 12(6): 6305-6325.

Ervinia A , Huang J L, Zhang Z Y. 2018. Assessing the specific impacts of climate variability and human activities on annual runoff dynamics in a Southeast China coastal watershed[J]. Water, 9:92-108.

Ervinia A, Huang J L， Zhang Z Y. 2020. Nitrogen sources, processes and associated impacts of climate and land-use changes: Insights from the INCA-N model[J]. Marine Pollution Bulletin, 159: 111502.

Eshetu S, Sha J, Li X. 2019. An insight into land-cover changes and their impacts on ecosystem services before and after the implementation of a comprehensive experimental zone plan in Pingtan island, China [J]. Land Use Policy, 82: 631-642.

Eshleman K N, Sabo R D. 2016. Declining nitrate-N yields in the Upper Potomac River Basin: what is really driving progress under the Chesapeake Bay restoration [J]. Atmospheric Environment, 146(7): 280-289.

Esselman P C, Opperman J J. 2010. Overcoming information limitations for the prescription of an environmental flow regime for a Central American river[J]. Ecology & Society, 15(1): 299-305.

Fan M, Shibata H. 2015. Simulation of watershed hydrology and stream water quality under land use and climate change scenarios in Teshio River watershed, northern Japan[J]. Ecological Indicators, 50: 79-89.

Felzer B. 2012. Carbon, nitrogen, and water response to climate and land use changes in Pennsylvania during the 20th and 21st centuries [J]. Ecological Modelling, 240: 49-63.

Ferro V, Minacapilli M.1995. Sediment delivery processes at basin scale[J]. Hydrological Sciences Journal, 40: 703-717.

Foley J A, DeFries R, Asner G P, et al. 2005. Global Consequences of Land Use [J]. Science, 309(5734): 570-574.

Franks S W. 2002. Assessing hydrological change: deterministic general circulation models or spurious solar correlation[J]. Hydrological Processes, 16: 559-564.

Fuhrman J A. 2009. Microbial community structure and its functional implications [J]. Nature, 459(7244): 193-199.

Fukushima T, Ozaki N, Kaminishi H, et al. 2000. Forecasting the changes in lake water quality in response to climate changes, using past relationships between meteorological conditions and water quality[J]. Hydrological Processes, 14:593-604.

Furey P R, Gupta V K. 2001. A physically based filter for separating base flow form streamflow times series [J]. Water Resources Research, 37(11): 2709-2722.

Gabriel M, Knightes C, Cooter E, et al. 2018. Modeling the combined effects of changing land cover, climate, and atmospheric deposition on nitrogen transport in the Neuse River Basin [J]. Journal of Hydrology: Regional

Studies, 18: 68-79.

Galloway J N, Townsend A R, Erisman J W, et al. 2008. Transformation of the nitrogen cycle: recent trends, questions, and potential solutions [J]. Science, 320: 889-892.

Gao B, Yang D, Zhao T, et al. 2012. Changes in the eco-flow metrics of the Upper Yangtze River from 1961 to 2008[J]. Journal of Hydrology, 448-449: 30-38.

Gonzales-Inca C A, Kalliola R, Kirkkala T, et al. 2015. Multiscale landscape pattern affecting on stream 2ater quality in agricultural watershed, SW Finland [J]. Water Resource Management, 29(5): 1669-1682.

Goyette J O, Bennett E M, Maranger R. 2019. Differential influence of landscape features and climate on nitrogen and phosphorus transport throughout the watershed [J]. Biogeochemistry, 142(1): 155-174.

Greaver T L, Clark C M, Compton J E, et al. 2016. Key ecological responses to nitrogen are altered by climate change [J]. Nature Climate Change, 6: 836-843.

Green P A, Vörösmarty C J, Harrison I, et al. 2015. Freshwater ecosystem services supporting humans: pivoting from water crisis to water solutions [J]. Global Environmental Change, 34: 108-118.

Groffman P M, Law N L, Belt K T, et al. 2004. Nitrogen fluxes and retention in urban watershed ecosystems [J]. Ecosystems, 7(4): 393-403.

Haith D A, Shoenaker L L. 1987. Generalized watershed loading functions for stream flow nutrients [J]. Journal of the American Water Resources Association, 23(3): 471-478.

Han Z X, Shen Z Y, Gong Y W, et al. 2011. Temporal dimension and water quality control in an emission trading scheme based on water environmental functional zone [J]. Frontiers of Environmental Science & Engineering, 5: 119-129.

Han Y, Yu X, Wang X, et al. 2013. Net anthropogenic phosphorus inputs(NAPI) index application in Mainland China[J]. Chemosphere, 90(2): 329.

Hao F, Yang S, Cheng H, et al. 2006. A method for estimation of non - point source pollution load in the large - scale basins of China [J]. Acta Scientiae Circumstantiae, 26(3): 375-383.

Hassan Z, Shamsudin S, Harun S. 2014. Application of SDSM and LARS-WG for simulating and downscaling of rainfall and temperature [J]. Theoretical and Applied Climatology, 116: 243-257.

Hayashi S, Murakami S, Xu K Q, et al. 2015. Simulation of the reduction of runoff and sediment load resulting from the Gain for Green Program in the Jialingjiang catchment, upper region of the Yangtze River, China[J]. Journal of Environmental Management, 149: 126-137.

Heathcote I W. 2009. Integrated Watershed Management: Principles and Practice, 2nd Edition[M].New York: John Wiley & Sons.

Helence A A, Chantal G, Philippe M. 2013. Annual hysteresis of water quality: a method to analyse the effect of intra- and inter-annual climate conditions[J]. Journal of Hydrology, 478: 29-39.

Helmer R. 1977. Pollutants from land-based sources in the Mediterranean [J]. Ambio, 6(6): 312-316.

Holfeld H. 2000.Infection of the single-celled diatom stephanodiscus alpinus by the chytrid zygorhizidium: parasite distribution within host population, changes in Host Cell Size, and Host-Parasite Size relationship[J]. Limnology and Oceanography, 6: 1440-1444.

Holko L, Parajka J, Kostka Z, et al. 2011. Flashiness of mountain streams in Slovakia and Austria[J]. Journal of Hydrology, 405(3-4): 392-401.

Hong B, Swaney D P, Howarth R W. 2013. Estimating net anthropogenic nitrogen input to U.S. watersheds: comparison of methodologies [J]. Environmental Science & Technology, 47(10): 5199-5207.

Howarth R W, Chan F, Conley D J, et al. 2011. Coupled biogeochemical cycles: eutrophication and hypoxia in temperature estuaries and coastal marine ecosystems [J]. Frontiers in Ecology and the Environment, 9(1): 18-

26.

Howarth R W, Swaney D P, Billen G, et al. 2012. Nitrogen fluxes from the landscape are controlled by net anthropogenic nitrogen inputs and by climate [J]. Frontiers in Ecology and the Environment, 10(1): 37-43.

Hu J, Lü Y H, Fu B, et al. 2017. Quantifying the effect of ecological restoration on runoff and sediment yields: a meta-analysis for the Loess Plateau of China [J]. Progress Physical Geography, 41: 753-774.

Hu W W, Wang G X, Deng W, et al. 2008. The influence of dams on ecohydrological conditions in the Huaihe River basin, China[J]. Ecological Engineering, 33: 233-241.

Huang B Q, Huang J L, Pontius Jr R G, et al. 2018. Comparison of intensity analysis and the land use dynamic degrees to measure land changes outside versus inside the coastal zone of Longhai, China[J]. Ecological Indicators, 89: 336-347.

Huang J C, Lee T Y, Kao S J, et al. 2012. Land use effect and hydrological control on nitrate yield in subtropical mountainous watersheds [J]. Hydrology and Earth System Sciences, 16(3): 699-714.

Huang J L, Hong H S. 2010. Comparative study of two models to simulate diffuse nitrogen and phosphorus pollution in a medium-sized watershed, Southeast of China [J]. Estuarine, Coastal and Shelf Science, 86(3): 387-394.

Huang J L, Klemas V. 2012. Using remote sensing of land cover change in coastal watersheds to predict downstream water quality [J]. Journal of Coastal Research, 28(4): 930-944.

Huang J L, Pontius Jr R G, Li Q S, et al. 2012. Use of intensity analysis to link patterns with process of land change from 1986 to 2007 in a coastal watershed of southeast China [J]. Applied Geography, 34: 371-384.

Huang J L, Li Q, Pontius Jr R G, et al. 2013a. Detecting the dynamic linkage between landscape characteristics and water quality in a subtropical coastal watershed, Southeast China [J]. Environmental Management, 51(1): 32-44.

Huang J L, Zhang Z Y, Feng Y, et al.2013b. Hydrologic Response to Climate change and human activities in a Subtropical Coastal Watershed of Southeast China[J]. Regional Environment Change, 13:1195-1210.

Huang J L, Li Q S, Huang L, et al. 2013c. Watershed-scale evaluation for land-based nonpoint source nutrients management in the Bohai Sea Bay, China[J]. Ocean & Coastal Management, 71: 314-325.

Huang J L, Zhou P, Zhou Z R, et al. 2013d. Assessing the Influence of Land Use and Land Cover Datasets with Different Points in Time and Levels of Detail on Watershed Modeling in the North River Watershed, China[J]. International Journal of Environmental Research & Public Health, 10: 144-157.

Huang J L, Li Q S, Tu Z S, et al.2013e. Quantifying land-based pollution loads in the coastal area with sparse data: methodology and application in China[J]. Ocean Coast Management, 81:14-28.

Huang J L, Huang Y L, Zhang Z Y. 2014. Coupled effects of natural and anthropogenic controls on season and spatial variations of river water quality during base flow in a coastal watershed of southeast China [J]. PLoS One, 9(3): e91528.

Huang J L, Huang Y L, Pontius Jr R G,et al. 2015.Geographically weighted regression to measure spatial variations in correlations between water pollution versus land use in a coastal watershed[J]. Ocean & Coastal Management, 103: 14-24.

Huang L, Fang H, He G, et al. 2016. Effects of internal loading on phosphorus distribution in the Taihu Lake driven by wind waves and lake currents[J]. Environmental Pollution, 219: 760-773.

Huang Y L, Huang J L.2019. Coupled effects of land use pattern and hydrological regime on composition and diversity of riverine eukaryotic community in a coastal watershed of Southeast China [J]. Science of the Total Environment, 660: 787-798.

Huang Y L, Huang J L, Ervinia A, et al.2021. Land use and climate variability amplifies watershed nitrogen exports in coastal China[J]. Ocean & Coastal Management , 207:5734.

Hubbell S P, Borda-de-Água L. 2004. The unified neutral theory of biodiversity and biogeography reply [J]. Ecology, 85(11): 3175-3178.

Hunter H M, Walton R S. 2008. Land-use effects on fluxes of suspended sediment, nitrogen and phosphorus from a river catchment of the Great Barrier Reef, Australia [J]. Journal of hydrology, 356(1-2): 131-146.

Immerzeel W W, Van Beek L P, Bierkens M F. 2010. Climate change will affect the Asian water towers [J]. Science, 328(5984): 1382-1385.

Iwuji M, Iheanyichukwu C, Njoku J, et al. 2017. Assessment of Land Use Changes and Impacts of Dam Construction on the Mbaa River, Ikeduru, Nigeria[J]. Journal of Geography, Environment and Earth Science International, 13(1): 1-10.

Jackson-Blake L A, Starrfelt J. 2015. Do higher data frequency and Bayesian auto-calibration lead to better model calibration? Insights from an application of INCA-P, a process-based river phosphorus model [J]. Journal of Hydrology, 527: 641-655.

Jamil A A A, Dennis C F, Anurag S, et al. 2018. Land use and climate change impacts on runoff and soil erosion at the hillslope scale in the Brazilian Cerrado [J]. Science of the Total Environment, (622-623): 140-151.

Jansen L J, Gregorio A di. 2002. Parametric land cover and land-use classifications as tools for environmental change detection [J]. Agriculture, Ecosystem & Environment, 91(1-3): 89-100.

Janssens I, Dieleman W, Luyssaert S, et al.2010. Reduction of forest soil respiration in response to nitrogen deposition[J]. Nature Geoscience, 3(5): 315-322.

Jarvie H P, Wade A J, Butterfield D, et al. 2002. Modelling nitrogen dynamics and distributions in the River Tweed, Scotland: an application of the INCA model [J]. Hydrology and Earth System Sciences, 6(3): 433-453.

Jazouli A E, Barakat A, Khellouk R, et al. 2019. Remote sensing and GIS techniques for prediction of land use land cover change effects on soil erosion in the high basin of the Oum Er Rbia River(Morocco) [J]. Remote Sensing Applications: Society and Environment, 13: 361-374.

Jennerjahn T, Mitchell S. 2013. Pressures, stresses, shocks and trends in estuarine ecosystems—an introduction and synthesis [J]. Estuarine, Coastal and Shelf Science, 130: 1- 8.

Jiang J, Sharma A, Sivakumar B, Wang P, et al.2014. A global assessment of climate—water quality relationships in large rivers: An elasticity perspective[J]. Science of the Total Environment, 468:877-891.

Jing H, Rocke E, Hong L, et al. 2015. Protist communities in a marine oxygen minimum zone off Costa Rica by 454 pyrosequencing [J]. Biogeosciences Discussions, 12(16): 13483-13509.

Jobin T, Sabu J, K P, Thrivikramji. 2018. Assessment of soil erosion in a tropical mountain river basin of the southern Western Ghats, India using RUSLE and GIS [J]. Geoscience Frontiers, 9: 893-906.

Johnes P J. 1996.Evaluation and management of the impact of land use change on the nitrogen and phosphorus load delivered to surface waters:the export coefficient modelling approach[J]. Journal of Hydrology , 183 (3/4): 323-349.

Jordan T E, Weller D E, Correll D L. 2003. Source of nutrient inputs to the Patuxent River estuary [J]. Estuaries, 26(2): 226-243.

Kalkhoff S J , Hubbard L E , Tomer M , et al. 2016.Effect of variable annual precipitation and nutrient input on nitrogen and phosphorus transport from two Midwestern agricultural watersheds[J]. Science of the Total Environment, 559(15):53-62.

Katsiapi M, Mazaris A D, Charalampous E, et al. 2012. Watershed land use types as drivers of freshwater phytoplankton structure [J]. Hydrobiologia, 698(1): 121-131.

Kaushal S S, Groffman P M, Band L E, et al. 2008. Interaction between urbanization and climate variability amplifies watershed nitrate export in Maryland [J]. Environmental Science & Technology, 42(16): 5872-5878.

Kaushal S S, Mayer P M, Vidon P G, et al. 2014. Land use and climate variability amplify carbon, nutrient, and contaminant pulses: a Review with management implications [J]. Journal of the American Water Resources Association, 50(3): 585-614.

Khan A U, Jiang J, Sharma A, et al. 2017. How do terrestrial determinants impact the response of water quality to climate drivers? An elasticity perspective on the water-land-climate nexus[J]. Sustainability, 9: 1-20.

Kim J J, Ryu J H. 2018. Modeling hydrological and environmental consequences of climate change and urbanization in the Boise River Watershed, Idaho [J]. Journal of the American Water Resources Association, 55: 133-153.

Kinnell P I A. 2005. Raindrop-impact-induced erosion processes and prediction: a review [J]. Hydrological Processes, 19(14): 2815-2844.

Kohonen T. 2001. Self-Organizing Maps [M]. Berlin: Springer-Verlag.

Kohonen T. 2013. Essentials of the self-organizing map[J]. Neural Networks, 37: 52-65.

Kolpin D W, Blazer V S, Gray J L, et al. 2013. Chemical contaminants in water and sediment near fish nesting sites in the Potomac River basin: determining potential exposures to smallmouth bass(Micropterus dolomieu) [J]. Science of The Total Environment, 443(5): 700-716.

Kunkel K E, Easterling D R, Redmond K, et al. 2003. Temporal variations of extreme precipitation event in the United Stated: 1895-2000[J]. Geophysical Research Letters, 30(17): 1900.

Labat D, Godderis Y, Probst J L, et al. 2004. Evidence for global runoff increase related to climate warming[J]. Advances in Water Resources, 27(6): 631-642.

Lai C, Chen X, Wang Z, et al. 2016. Spatio-temporal variation in rainfall erosivity during 1960-2012 in the Peral River Basin, China [J]. Catena, 137: 382-391.

Lambin E F, Turner B L, Geist H J, et al. 2001. The cause of land-use and land-cover change: moving beyond the myths [J]. Global Environmental Change, 11: 261-269.

LAWA. 2013. German Guidance document for the implementation of the EC Water Framework Directive [OL]. http: //www.lawa.de/Publikationen.html[2021-11-10].

Larsson U, Elmgren R, Wulff F. 1985. Eutrophication and the Baltic Sea: causes and consequences. Ambio, 14 (1): 9-14.

Lawford R, Bogardi J, Marx S, et al. 2013. Basin perspectives on the water–energy–food security nexus [J]. Current Opinion in Environmental Sustainability, 5(6): 607-616.

Lee S W, Hwang S J, Lee S B, et al. 2009. Landscape ecological approach to the relationships of land use patterns in watersheds to water quality characteristics [J]. Landscape and Urban Planning, 92(2): 80-89.

Li H, Feng L, Zhou T. 2011. Multi-model projection of July–August climate extreme changes over China under CO_2 doubling. Part I: Precipitation[J]. Advances in Atmospheric Sciences, 28: 433-447.

Li H M, Tang H J, Shi XY, et al. 2014. Increased nutrient loads from the Changjiang(Yangtze) River have led to increased harmful algal blooms [J]. Harmful Algae, 39: 92-101.

Li X, Huang J L, Tu Z S, Yang S L. 2021. Bringing multi-criteria decision making into cell identification for shoreline management planning in a coastal city of Southeast China [J]. Ocean & Coastal Management, 207, 104483.

Li X, Wellen C, Liu G, et al. 2015. Estimation of nutrient sources and transport using spatially referenced regressions on watershed attributes: a case study in Songhuajiang River Basin, China[J]. Environmental Science and Pollution Research, 22: 6989-7001.

Li Y, Alan W, Liu H, et al. 2019. Land use pattern, irrigation, and fertilization effects of rice-wheat rotation on water quality of ponds by using self-organizing map in agricultural watersheds [J]. Agriculture, Ecosystems & Environment, 272(15): 155-164.

Li Y, Li Y, Salman Q, et al. 2015. On the relationship between landscape ecological patterns and water quality across gradient zones of rapid urbanization in coastal China [J]. Ecological Modelling, 318: 100-108.

Lian Y Q, You J Y, Sparks R, et al. 2012. Impact of human activities to hydrologic alterations on the Illinois River[J]. Journal of Hydrologic Engineering, 17(4): 537-546.

Liu A, Carroll S, Dawes L, et al. 2017. Monitoring of a mixed land use catchment for pollutant source characterization [J]. Environmental Monitoring and Assessment, 189(7): 336.

Liu B Y, Nearing M A, Shi P J, et al.2000.Slope length effects on soil loss for steep slopes[J]. Soil Society of American Journal, 64: 1759-1763.

Liu X, Zhang Y, Han W, et al. 2013. Enhanced nitrogen deposition over China [J]. Nature, 494: 459-462.

Liu Y, Fang F, Li Y. 2014. Key issue of land use in China and implications for policy making [J]. Land Use Policy, 40: 6-12.

Liu Y, Yang W, Yu Z, et al. 2015. Assessing Effects of Small Dams on Stream Flow and Water Quality in an Agricultural Watershed[J]. Journal of Hydrologic Engineering, 19(10): 05014015.

Losos E, Hayes J, Phillips A, et al. 1995. Taxpayer subsidized resource extraction harm species: double jeopardy[J]. Bioscience, 45: 446-455

Lu D, Yang N, Liang S, et al. 2016. Comparison of land-based sources with ambient estuarine concentrations of total dissolved nitrogen in Jiaozhou Bay(China) [J]. Estuarine, Coastal and Shelf Science, 180: 82-90.

Lu M C, Chang C T, Lin T C, et al. 2017. Modeling the terrestrial N processes in a small mountain catchment through INCA-N: A case study in Taiwan [J]. Science of the Total Environment, 593-594: 319-329.

Lu Y, Wang R, Zhang Y, et al. 2015. Ecosystem health towards sustainability. Ecosystem health towards sustainability [J]. Health Sustain, 1 (1): 1-15.

Luo J, Wei Y H D. 2009. Modeling spatial variations of urban growth patterns in Chinese cities: the case of Nanjing [J]. Landscape and Urban Planning, 91(2): 51-64.

Maharjan G R, Park Y S, Kim N W, et al. 2013. Evaluation of SWAT sub-daily runoff estimation at small agricultural watershed in Korea [J]. Frontiers of Environmental Science & Engineering, 7: 109-119.

Mallya G, Hantush M, Govindaraju R S.2018. Composite measures of watershed health from a water quality perspective[J]. Journal of Environmental Management, 214: 104-124.

Maotian L, Kaiqin X, Masataka W, et al. 2007. Long-term variations in dissolved silicate, nitrogen, and phosphorus flux from the Yangtze River into the East China Sea and impacts on estuarine ecosystem [J]. Estuarine, Coastal and Shelf Science, 71: 3-12.

Maria D A, Barragan J M, Sanabriaa C G. 2018. Ecosystem services and urban development in coastal Social-Ecological Systems: The Bay of Cadiz case study [J]. Ocean & Coastal Management, 154: 155-167.

Mathews R, Richter B D. 2007. Application of the Indicators of Hydrologic Alteration Software in Environmental Flow Setting[J]. Jawra Journal of the American Water Resources Association, 43(6): 1400-1413.

Matteau M, Assani A A, Mesfioui M. 2009. Application of multivariate statistical analysis methods to the dam hydrologic impact studies[J]. Journal of Hydrology, 371: 120-128.

McCool D K, Brown L C, Foster G R, et al. 1989.Revised slope length factor for the Universal Soil Loss Equation[J]. American Society of Agricultural Engineers, 32 (5):1571-1576.

McGill B J, Etienne R S, Gray J S, et al. 2007. Species abundance distributions: moving beyond single prediction theories to integration within an ecological framework [J]. Ecology Letters, 10(10): 995-1015.

McManamay R Y, Orth D J, Dolloff C A. 2012. Revisiting the homogenization of dammed rivers in the

southeastern US[J]. Journal of Hydrology, 424-425: 217-237.
Meenuu R, Rehana S, Mujumdar P P. 2013. Assessment of hydrologic impacts of climate change in Tunga-Bhadra river basin, India with HEC-HMS and SDSM[J]. Hydrological Processes, 27: 1572-1589.
Merz R, Bloschl G. 2003. A process typology of regional floods[J]. Water Resources Research, 39(12): 1340-1349.
Mirabella J. 2006. Hypothesis testing with SPSS: A non-statistician's guide & tutorial[EB/OL]. http: //math.csuci.edu/ocspss/HypothesisTesting.pdf [2021-11-10].
Mohammad Z, Thomas P, Luis L. 2017. Simulating the impacts of future land use change on soil erosion in the Kasilian watershed, Iran [J]. Land Use Policy, 67: 558-572.
Monteith D T, Evans C D, Reynolds B.2000. Are temporal variations in the nitrate content of UK upland freshwaters linked to the North Atlantic Oscillation? [J]. Hydrological Processes, 14:1745-1749.
Montgomery D R, Grant G E, Sullivan K. 1995. Watershed analysis as a framework for imp lementing ecosystem management [J]. Water Resources Bulletin, 31(3): 369-386.
Mori N, Takemi T. 2016. Impact assessment of coastal hazards due to future changes of tropical cyclones in the North Pacific Ocean [J]. Weather and Climate Extremes, 11: 53-69.
Morse N B, Wollheim W M. 2014. Climate variability masks the impacts of land use change on nutrient export in a suburbanizing watershed [J]. Biogeochemistry, 121(1): 45-59.
Mulholland P J, Helton A M, Poole G C, et al. 2008. Stream denitrification across biomes and its response to anthropogenic nitrate loading [J]. Nature, 452: 202-206.
Müller K, Steinmeier C, Küchler M. 2010. Urban growth along motorways in Switzerland [J]. Landscape and Urban Planning, 98(1): 3-12.
Muttiah R S, Wurbs R A. 2002. Modeling the impacts of climate change on water supply reliabilities[J]. Water International, 27(3): 407-419.
National Research Council. 1999. New Strategies For America's Watersheds [M]. Washington D C: The National Academy Press.
Nemergut D R, Schmidt S K, Fukami T, et al. 2013. Patterns and processes of microbial community assembly [J]. Microbiology and Molecular Biology Reviews, 77(3): 342-356.
Nendel C, Hu Y, Lakes T. 2018. Land-use change and land degradation on the Mongolian Plateau from 1975 to 2015-A case study from Xilingol, China [J]. Land Degradation & Development, 29(6): 1595-1606.
Nottingham A T, Turner B L, Whitaker J, et al. 2015. Soil microbial nutrient constraints along a tropical forest elevation gradient: a belowground test of a biogeochemical paradigm[J]. Biogeosciences , 12:6071-6083.
Olden J D, Poff N L. 2003. Redundancy and the choice of hydrologic indices for characterizing stream flow regimes[J]. River Research and Application, 19(2): 101-121.
Olkowska E, Kudlak B, Tsakovski S, et al. 2014. Assessment of the water quality of Klodnica River catchment using self-organizing maps [J]. Science of The total Environment, 476-477: 477-484.
Ouyang W, Hao F H, Song K Y, et al. 2011. Cascade dam-induced hydrological disturbance and environmental impact in the upper stream of the Yellow River[J]. Water Resource Management, 25: 913-927.
Ouyang Y, Higman J, Hatten J. 2012. Estimation of dynamic load of mercury in a river with BASINS-HSPF model[J]. Journal of Soils and Sediments, 12(2): 207-216.
Paerl H W. 2006. Assessing and managing nutrient-enhanced eutrophication in estuarine and coastal waters: interactive effects of human and climatic perturbations [J]. Ecological Engineering, 26(1): 40-54.
Pan C, Ma L, Wainwright J, et al. 2016. Overland flow resistances on varying slope gradients and partitioning on grassed slopes under simulated rainfall [J].Water Resources Research, 52(4): 2490-2512.
Pawlak J. 1980. Land-based inputs of some major pollutants to the Baltic Sea. Ambio, 9(3-4): 163-167.

Pearman J K, Irigoien X, Carvalho S. 2016. Extracellular DNA sequencing reveals high levels of benthic eukaryotic diversity in the central Rea Sea [J]. Marine Genomics, 26: 29-39.

Petts G E. 2009. Instream flow science for sustainable river management[J]. Journal of the American Water Resources Association, 45(5): 1071-1086.

Pittman J, Armitage D. 2019. Nerwork governance of land-sea social-ecological systems in the Lesser Antilles[J]. Ecological Economics, 157: 61-70.

Poff N L, Olden J D, Merritt D M, et al. 2007. Homogenization of regional river dynamics by dams and global biodiversity implications[J]. Proceedings of the National Academy of Sciences, 104(14): 5732-5737.

Poff N L, Richter B D, Arthington A H, et al. 2010. The ecological limits of hydrologic alteration(ELOHA): a new framework for developing regional environmental flow standards[J]. Freshwater Biology, 55(1): 147-170.

Pontius Jr R G, Thontteh O , Hao C .2008. Components of information for multiple resolution comparison between maps that share a real variable[J]. Environmental and Ecological Statistics, 15(2):111-142.

Pratt B, Chang H. 2012. Effects of land cover, topography, and built structure on seasonal water quality at multiple spatital scales[J]. Journal of Hazardous Materials, 209-210(Mar. 30): 48-58.

Qi H D, Lu J Z, Chen X L, et al. 2016. Water age prediction and its potential impacts on water quality using a hydrodynamic model for Poyang Lake, China [J]. Environment Science and Pollution Research, 23: 13327-13341.

Quan B, Bai Y, Romkens M J M, et al. 2015. Urban land expansion in Quanzhou City, China, 1995-2010 [J]. Habitat International, 48: 131-139.

Ranjan P, Kazama S, Sawamoto M, et al. 2009. Global scale evaluation of coastal fresh groundwater resources[J]. Ocean & Coastal Management, 52: 197-206.

Rankinen K, Lepistö A, Granlund K. 2002. Hydrological application of the INCA model with varying spatial resolution and nitrogen dynamics in a northern river basin [J]. Hydrology and Earth System Sciences, 6(3): 339-350.

Rebichi R A, Houston N A, Mize S V, et al. 2011. Sources and delivery of nutrients to the northwestern gulf of Mexico from streams in the South-Central United States[J]. Journal of the American Water Resources Association, 47: 1061-1086.

Reynolds C S, Padisák J, Sommer U. 1993. Intermediate disturbance in the ecology of phytoplankton and the maintenance of species diversity: a synthesis [J]. Hydrobiologia, 249(1-3): 183-188.

Ribarova I, Ninov P, Cooper D. 2008. Modeling nutrient pollution during a first flood event using HSPF software: Iskar River case study, Bulgaria[J]. Ecological Modelling, 211(1-2): 241-246.

Richter B D, Baumgarter J V, Powell J, et al. 1996. A method for assessing hydrologic alteration within ecosystems[J]. Conservation Biology, 10: 1163-1174.

Richter B D, Baumgartner J, Wigington R, et al. 1997. How much water does a river need?[J]. Freshwater Biology, 37(1): 231-249

Richter B D, Thomas G A. 2007. Restoring environmental flows by modifying dam operations[J]. Ecology and Society, 12: 12.

Richter B D, Warner A T, Meyer J L, et al. 2006. A collaborative and adaptive process for developing environmental flow recommendations[J]. River Research & Applications, 22(3): 297-318.

Roberts A D, Prince S D, Jantz C A, et al. 2009. Effects of projected future urban land cover on nitrogen and phosphorus runoff to Chesapeake Bay [J]. Ecological Engineering, 35(12): 1758-1772.

Robertson D M, Roerish E D. 1999. Influence of various water quality sampling strategies on load estimates for small streams[J]. Water Resources Research, 35(12): 3747-3759.

Rodrigues L N, Sano E E, Steenhuis T S, et al. 2012. Estimation of small reservoir storage capacities with remote sensing in the Brazilian Savannah Region[J]. Water Resources Management, 26(4): 873-882.

Ruban V, López-sánchez J F, Pardo P, et al. 2001. Harmonized protocol and certified reference material for the determination of extractable contents of phosphorus in freshwater sediments—a synthesis of recent works[J]. Fresenius' Journal of Analytical Chemistry, 370(2-3): 224-228.

Sangman J, Kyusung Y, Youngteck H, et al. 2010. Salinity intrusion characteristics analysis using EFDC model in the downstream of Geum River[J]. Journal of Environmental Sciences, (6): 934-939.

Sarwar M, Woodroffe C D. 2013. Rates of shoreline change along the coast of Bangladesh [J]. Journal of Coastal Conservation, 17(3): 515-526.

Schneider A, Mertes C M. 2014. Expansion and growth in Chinese cities, 1978–2010 [J]. Environmental Research Letters, 9: 1-11.

Schreiber P. 1904. On the relationship between precipitation and river flow in central Europe (Über die Beziehungen zwischen dem Niederschlag undder Wasserführung der Flüsse in Mitteleuropa) [J]. Zeitschrift für Meteorologie, 21:441-452.

Seibert J, Vis M J P. 2012. Teaching hydrological modeling with a user-friendly catchment-runoff-model software package [J]. Hydrology and Earth System Science, 16: 3315-3325.

Seto K C, Fragkias M. 2005. Quantifying spatiotemporal patterns of urban land-use change in four cities of China with time series landscape metrics [J]. Landscape Ecology, 20: 871-888.

Shen Y N, Lu J, Chen D J, et al. 2011. Response of stream pollution characteristics to catchment land cover in Cao-E River Basin, China [J]. Pedosphere, 21(1): 115-123.

Shiau J T, Wu F C. 2004. Feasible diversion and instream flow release using range of variability approach[J]. Journal of Water Resources Planning and Management, 130(5), 395-403.

Shrestha S, Bhatta B, Shrestha M, et al. 2018.Integrated assessment of the climate and landuse change impact on hydrology and water quality in the Songkhram River Basin, Thailand[J]. Science of the Total Environment, 643: 1610-1622.

Sinha E, Michalak A M. 2016. Precipitation dominates interannual variability of riverine nitrogen loading across the continental United States [J]. Environmental Science & Technology, 50(23): 12874-12884.

Sliva L, Williams D D. 2001.Buffer zone versus whole catchment approaches to studying land use impact on river water quality[J]. Water Research, 35(14): 3462-3472.

Smith R A, Schwarz G E, Alexander R B. 1997. Regional interpretation of water-quality monitoring data [J]. Water Resources Research, 33: 2781-2798.

Smith S V, Swaney D P, Talaue-Mcmanus L, et al. 2003. Humans, hydrology, and the distribution of inorganic nutrient loading to the ocean[J]. BioScience, 53(3): 235-245.

Song W, Deng X. 2017. Environment land-use/ land-cover change and ecosystem service provision in China [J]. Science of the Total Environment, 576: 705-719.

Spellerberg I. 2005. Monitoring Ecological Change [M]. Cambridge: Combridge University Press.

Strickling H L, Obenour D R. 2018. Leveraging spatial and temporal variability to probabilistically characterize nutrient sources and export rates in a developing watershed [J]. Water Resources Research, 54(7): 5143-5162.

Su Y, Wang X, Li K, et al. 2014. Estimation methods and monitoring network issues in the quantitative estimation of land-based COD and TN loads entering the sea: a case study in Qingdao City, China [J].Environmental Science and Pollution Research International, 21: 10067-10082.

Swaney D P, Humborg C, Emeis K, et al. 2012. Five critical questions of scale for the coastal zone. Estuarine[J]. Coastal and Shelf Science, 96: 9-21.

Tian Y Q, Huang B Q, Yu C C, et al. 2014. Dynamics of phytoplankton communities in the Jiangdong Reservoir of Jiulong River, Fujian, South China [J]. Chinese Journal of Oceanology and Limnology, 32(2): 255-265.

Tomer M D, Schilling K E. 2009. A simple approach to distinguish land-use and climate-change effects on watershed hydrology[J]. Journal of Hydrology, 376: 24-33.

Treseder K K. 2008.Nitrogen additions and microbial biomass: A meta-analysis of ecosystem studies[J]. Ecology Letter, 11(10): 1111-1120.

Tripathi M P, Panda R K, Raghuwanshi N S. 2003. Identification and prioritization of sub-watersheds for soil conservation management using SWAT model [J]. Biosystems Engineering, 85(3): 365-379.

Trush W J, Mcbain S M, Leopold L B. 2000. Attributes of an alluvial river and their relation to water policy and management[J]. Proceedings of the National Academy of Sciences of the United States of America, 97(22): 11858-11863.

Tu J. 2009. Combined impact of climate and land use changes on streamflow and water quality in eastern Massachusetts, USA [J]. Journal of Hydrology, 379: 268-283.

Turner R E, Rabalais N N. 1991. Changes in Mississippi River water quality this century [J]. BioScience, 41: 140-147.

Tuncer G, Karakas T, Balkas T L, et al. 1988. Land-based sources of pollution along the Black Sea coast of Turkey: concentrations and annual loads to the Black Sea. Marine Pollution Bulletin, 36(6): 409-423.

Uuemaa E, Roosaar J, Mander U. 2007. Landscape metrics as indicators of river water quality at catchment scale[J]. Nordic Hydrology, 38(2): 125-138.

Valipour M, Eslamian S. 2014. Analysis of potential evapotranspiration using 11 modified temperature-based models [J]. International Journal of Hydrology Science and Technology, 4(3): 192-207.

Valipour M. 2014. Temperature analysis of reference evapotranspiration models [J]. Meteorological Application, 22(3): 385-394.

van Egeren S J, Dodson S I, Torke B, et al. 2011. The relative significance of environmental and anthropogenic factors affecting zooplankton community structure in Southeast Wisconsin Till Plain lakes[J].Hydrobiologia, 68(1):137-146.

Volant A, Héry M, Desoeure A, et al. 2016. Spatial distribution of eukaryotic communities using high-throughput sequencing along a pollution gradient in the arsenic-rich creek sediments of Carnoulès Mine France [J]. Microbial Ecology, 72(3): 608-620.

Wang G S, Xia J. 2010. Improvement of SWAT2000 modelling to assess the impact of dams and sluices on stream flow in the Huai River basin of China[J]. Hydrological Processes, 24(11): 1455-1471.

Wang H, Stephenson S R, Qu S. 2019. Modeling spatially non-stationary land use/cover change in the lower Connecticut River Basin by combining geographically weighted logistic regression and the CA-Markov model[J]. International Journal of Geographical Information Science, 33(7): 1313-1334.

Wang Q, Wu X, Zhao B, et al. 2015. Combined multivariate statistical techniques, Water Pollution Index(WPI) and daniel trend test methods to evaluate temporal and spatial variations and trends of water quality at Shanchong River in the northwest basin of Lake Fuxian, China [J]. PLoS One, 10(3): e0118590.

Wang R Z, Xu T L, Yu L Z, et al. 2013. Effects of land use types on surface water quality across an anthropogenic disturbance gradient in the upper reach of the Hun River, Northeast China [J]. Environmental Monitoring and Assessment, 185(5): 4141-4151.

Weller D E, Jordan T E, Correll D L, et al. 2003. Effects of land-use change on nutrient discharges from the Patuxent River watershed [J]. Estuaries, 26(2): 244-266.

Westervelt J D. 2001. Simulation Modeling for Watershed Management[M]. New York: Springer.

Whitehead P G, Grossman J. 2012. Macronutrient cycles and climate change: key science areas and an international perspective [J]. Science of the Total Environment, 434: 13-17.

Whitehead P G, Wilby R L, Battarbee R W, et al. 2009. A review of the potential impacts of climate change on surface water quality[J]. Hydrological Sciences Journal, 54:101-122.

Whitehead P G, Wilby R L, Butterfield D, et al. 2006. Impacts of climate change on in-stream nitrogen in a lowland chalk stream: an appraisal of adaptation strategies [J]. Science of the Total Environment, 365: 260-273.

Wischmeier W H, Smith D D.1978. Predicting rainfall erosion losses.A Guide to Conservation Planning[R]. The USDA Agricultural Handbook No. 537.

Wollheim W M, Pellerin B A, Vorosmarty C J, et al. 2005. N retention in urbanizing headwater catchments[J]. Ecosystems, 8(8): 871-884.

Wu J, Chen B, Mao J, et al. 2018. Spatial temporal evolution of carbon sequestration vulnerability and its relationship with urbanization in China's coastal zone [J]. Science of the Total Environment, 645: 692-701.

Xia J, Chen S, Hao X, et al. 2010. Potential impacts and challenges of climate change on water quality and ecosystem: case studies in representative rivers in China [J]. Journal of Resources and Ecology, 1(1): 31-35.

Xia X H, Zhang S B, Zhang L W, et al. 2018. The cycle of nitrogen in river systems: sources, transformation, and flux [J]. Environmental Science: Processes & Impacts, 20(6): 863-891.

Xiao H G, Wei J. 2007. Relating landscape characteristics to non-point source pollution in mine waste-located watersheds using geospatial techniques [J]. Journal of Environmental Management, 82(1): 111-119.

Xiao L, Yang X, Chen S, et al. 2015. An assessment of erosivity distribution and its influence on the effectiveness of land use conversion for reducing soil erosion in Jiangxi, China [J]. Catena, 125: 50-60.

Xie Z Y, Pontius Jr R G, Huang J L, et al. 2020. Enhanced intensity analysis to quantify categorical change and to identify suspicious land transitions: a case study of Nanchang, China [J]. Remote Sens, 12: 3323.

Xiong M, Sun R, Chen L. 2019. A global comparison of soil erosion associated with land use and climate type [J]. Geoderma, 343: 31-39.

Xu K H, Milliman J D, Xu H. 2010. Temporal trend of precipitation and runoff in major Chinese Rivers since 1951[J]. Global and Planetary Change, 73: 219-232.

Xu X, Min X. 2013. Quantifying spatiotemporal patterns of urban expansion in China using remote sensing data [J]. Cities, 35: 104-113.

Xu Y, Ding Y, Zhao Z. 2002. Detection and evaluation of effect of human activities on climatic change in east Asia in recent 30 years [J]. Journal of Applied Meteorological Science, 13: 513-525.

Xu Z, Chau S N , Chen X , et al. 2020.Assessing progress towards sustainable development over space and time[J]. Nature, 577(7788):74-78.

Xu Z M. 2000. Introduction to Fujian water resources[J]. Journal of Hydrology, (2): 1-6.

Xu Z X, Chen Y N, Li J Y. 2004. Impact of climate change on water resources in the Tarim River Basin[J]. Water Resources Management, 18: 439-458.

Yan Q Y, Bi Y H, Deng Y, et al. 2015. Impacts of the three Gorges Dam on microbial structure and potential function [J]. Scientific Reports, 5: 8605.

Yan Y, Yang Z, Liu Q, et al. 2010. Assessing effects of dam operation on flow regimes in the lower Yellow River[J]. Procedia Environmental Sciences, 2(6): 507-516.

Yang N, Mei Y D, Zhou C. 2012a. An optimal reservoir operation model based on ecological requirement and its effect on electricity generation[J]. Water Resources Management, 26(1): 4019-4028.

Yang T, Zhang Q, Chen Y D, et al. 2008. A spatial assessment of hydrologic alteration caused by dam construction in the middle and lower Yellow River, China[J]. Hydrological Processes, 22(18): 3829-3843.

Yang X, Lo C P. 2002. Using a time series of satellite imagery to detect land use and land cover changes in the Atlanta, Georgia metropolitan area[J]. International Journal of Remote Sensing, 23: 1775-1798.

Yang Y, He Z, Wang Y, et al. 2013. Dissolved organic matter in relation to nutrients(N and P) and heavy metals in surface runoff water as affected by temporal variation and land uses – a case study from Indian River Area, south Florida, USA[J]. Agricultural Water Management, 118: 38-49.

Yang Y H, Chen Y N, Li W H, et al. 2012. Climate change of inland river basin in an arid area: a case study in northern Xinjiang, China[J]. Theoretical and Applied Climatology, 107: 143-154.

Yang Z F, Yan Y, Liu Q. 2012b. Assessment of the flow regime alterations in the Lower Yellow River, China [J]. Ecological Informatics, 10: 56-64.

Yi X, Zou R, Guo H. 2016. Global sensitivity analysis of a three-dimensional nutrients-algae dynamic model for a large shallow lake[J]. Ecological Modelling, 327: 74-84.

Yin X A, Yang Z F, Petts G E. 2011. Reservoir operating rules to sustain environmental flows in regulated rivers[J]. Water Resources Research, 47(8): 427-438.

You S J, Kim M, Lee J, et al. 2018. Coastal landscape planning for improving the value of ecosystem services in coastal areas: Using system dynamic model [J]. Environmental Pollution, 242: 2040-2050.

Yuan Y, Song D, Wu W, et al. 2016. The impact of anthropogenic activities on marine environment in Jiaozhou Bay, Qingdao, China: a review and a case study [J]. Regional Studies in Marine Science, 8: 287-296.

Yue Q, Zhao M, Yu H, et al. 2016. Total quantity control and intensive management system for reclamation in China[J]. Ocean & Coastal Management, 120: 64-69.

Zhang M F, Wei X H, Sun P S, et al. 2012. The effect of forest harvesting and climatic variability on runoff in a large watershed: the case study in the upper Minjiang River of Yangtze River basin [J]. Journal of Hydrology, 25: 1-11

Zhang P, Su Y, Liang S, et al. 2017. Assessment of long-term water quality variation affected by high-intensity land-based inputs and land reclamation in JiaozhouBay, China [J]. Ecological Indicators, 75: 210-219.

Zhang Q, Brady D, Ball W. 2013.Long-term seasonal trends of nitrogen, phosphorus, and suspended sediment load from the non-tidal Susquehanna River Basin to Chesapeake Bay [J]. Science of the Total Environment,452-453: 208-221.

Zhang Q, Xu C Y, Zhang Z X. 2009. Observed changed of drought/wetness episodes in the Pearl River basin, China, using the standardized precipitation index and aridity index [J]. Theoretical and Applied Climatology, 98: 89-99.

Zhang Z. 2009. Sustainable Development Strategy and Implementation Plan of Bohai Sea, Status and Progress National Marine Environmental Monitoring Center State Oceanic Administration, China. Manila, Philippines.

Zhang Z Y, Huang J L, Huang Y L, et al. 2015. Streamflow Variability Response to Climate Change and Cascade Dams Development in a Coastal China Watershed[J]. Estuarine, Coastal and Shelf Science, 166: 209-217.

Zhang Z Y, Huang Y L, Huang J L.2016. Hydrologic alteration associated with dam construction in a medium-sized coastal watershed of Southeast China[J]. Water ,8: 317.

Zhang Z Y, Liu J H, Huang J L. 2020a.Hydrologic impacts of cascade dams in a small headwater watershed under climate variability[J]. Journal of Hydrology ,590: 125426.

Zhang Z Y, Huang J L, Xiao C J.2020b. A simulation-based method to develop strategies for nitrogen pollution control in a creek watershed with sparse data[J]. Environmental Science and Pollution Research, 24(5): 38849-38860.

Zhang Z Y, Huang J L, Zhou M, et al. 2019. A coupled modeling approach for water management in a river–reservoir system [J]. International journal of environmental research and public health, 16, 2949.

Zhao F F, Xu Z X, Huang J X. 2008. Monotonic trend and abrupt changes for major climate variable in the headwater catchment of the Yellow River basin[J]. Hydrological Processes, 22(23): 4587-4599.

Zhao Q H, Liu S L, Deng L, et al. 2012. Landscape change and hydrologic alteration associated with dam construction[J]. International Journal of Applied Earth Observation and Geoinformation, 16: 17-26.

Zhou H Y, Zhang X L, Xu H L, et al. 2012. Influences of climate change and human activities on Tarim River over the past half century[J]. Environmental Earth Sciences, 67: 231-241.

Zhou P, Huang J L, Pontius Jr R G, et al. 2014. Land Classification and Change Intensity Analysis in a Coastal Watershed of Southeast China [J]. Sensors, 14: 11640-11658.

Zhou P, Huang J L, Pontius Jr R G,et al. 2016. New insight into the correlations between land use and water quality in a coastal watershed of China: Does point source pollution weaken it? [J]. Science of the Total Environment, 543: 591-600.

Zhou P, Huang J L, Hong H S.2018 Modeling nutrient sources, transport and management strategies in a coastal watershed, Southeast China[J]. Science of the Total Environment, 610-611: 1296-1309.

Zhu G, Xie Z, Xie H, et al. 2018. Land-sea integration of environmental regulation of land use/land cover change-a case study of Bohai Bay, China [J]. Ocean & Coastal Management, 151: 109-117.

Zingel P, Agasild H, Nõges T, et al. 2007. Ciliates are the dominant grazers on pico- and nanoplankton in a shallow, naturally highly eutrophic lake [J]. Microbial Ecology, 53(1): 134-142.